免费提供网络学习增值服务
手机登录方式见封底

石油石化职业技能培训教程

常减压蒸馏装置操作工

(上册)

中国石油天然气集团有限公司人事部 编

石油工業出版社

内容提要

本书是中国石油天然气集团有限公司人事部统一组织编写的《石油石化职业技能培训教程》中的一本。本书包括常减压蒸馏装置操作工应掌握的基础知识,初级工操作技能及相关知识、中级工操作技能及相关知识,并配套了相应等级的理论知识练习题,以便于员工对知识点的理解和掌握。

本书既可用于职业技能鉴定前培训,也可用于员工岗位技术培训和自学提高。

图书在版编目(CIP)数据

常减压蒸馏装置操作工. 上册/中国石油天然气集团有限公司人事部编. —北京:石油工业出版社,2020. 7

石油石化职业技能培训教程

ISBN 978-7-5183-4084-2

Ⅰ. ①常… Ⅱ. ①中… Ⅲ. ①常减压蒸馏-减压蒸馏装置-操作-技术培训-教材 Ⅳ. ①TE962. 07

中国版本图书馆 CIP 数据核字(2020)第 103269 号

出版发行:石油工业出版社

(北京市朝阳区安华里 2 区 1 号楼 100011)

网 址:www. petropub. com

编辑部:(010)64243803

图书营销中心:(010)64523633

经 销:全国新华书店

印 刷:北京中石油彩色印刷有限责任公司

2020 年 7 月第 1 版 2022 年 8 月第 2 次印刷

787×1092 毫米 开本:1/16 印张:34. 75

字数:886 千字

定价:98. 00 元

(如发现印装质量问题,我社图书营销中心负责调换)

版权所有,翻印必究

《石油石化职业技能培训教程》

编　委　会

主　任：黄　革

副主任：王子云　何　波

委　员（按姓氏笔画排序）：

丁哲帅　马光田　丰学军　王　莉　王　雷

王正才　王立杰　王勇军　尤　峰　邓春林

史兰桥　吕德柱　朱立明　刘　伟　刘　军

刘子才　刘文泉　刘孝祖　刘纯珂　刘明国

刘学忱　江　波　孙　钧　李　丰　李　超

李　想　李长波　李忠勤　李钟磬　杨力玲

杨海青　吴　芒　吴　鸣　何　峰　何军民

何耀伟　宋学昆　张　伟　张保书　张海川

陈　宁　罗昱恒　季　明　周　清　周宝银

郑玉江　胡兰天　柯　林　段毅龙　贾荣刚

夏申勇　徐春江　唐高嵩　黄晓冬　常发杰

崔忠辉　蒋革新　傅红村　谢建林　褚金德

熊欢斌　霍　良

《常减压蒸馏装置操作工》

编 审 组

主　　编： 刘　瑜　贾　亮

参编人员： 杨振磊　蒲人娟　王国荣　宋　韬　付崇风
丁　梁　郑华鹏　孙福国　高宝彦

参审人员： 李大凯　李建辉　吴长保　张志光　陈　鑫
巩国平　王占锋　陶　雪　刘丽华　能广学
李小平　周俊华　王　旭　赵儒盼　朱立军
崔　浩　周景山　窦传宇　毕永慧　李云广
李　彬　朱艳明　魏建新　徐凯军　史　伟
王莲静　李文广　邵　峰　魏　慧　于海飞
李江松　张立哲　欧建魁　宋艳伟　亓仁东

PREFACE 前言

随着企业产业升级、装备技术更新改造步伐不断加快，对从业人员的素质和技能提出了新的更高要求。为适应经济发展方式转变和“四新”技术变化要求，提高石油石化企业员工队伍素质，满足职工鉴定、培训、学习需要，中国石油天然气集团有限公司人事部根据《中华人民共和国职业分类大典(2015年版)》对工种目录的调整情况，修订了石油石化职业技能等级标准。在新标准的指导下，组织对“十五”“十一五”“十二五”期间编写的职业技能鉴定试题库和职业技能培训教程进行了全面修订，并新开发了炼油、化工专业部分工种的试题库和教程。

教程的开发修订坚持以职业活动为导向，以职业技能提升为核心，以统一规范、充实完善为原则，注重内容的先进性与通用性。教程编写紧扣职业技能等级标准和鉴定要素细目表，采取理实一体化编写模式，基础知识统一编写，操作技能及相关知识按等级编写，内容范围与鉴定试题库基本保持一致。特别需要说明的是，本套教程在相应内容处标注了理论知识鉴定点的代码和名称，同时配套了相应等级的理论知识练习题，以便于员工对知识点的理解和掌握，加强了学习的针对性。**此外，为了提高学习效率，检验学习成果，本套教程为员工免费提供学习增值服务，员工通过手机登录注册后即可进行移动练习。**本套教程既可用于职业技能鉴定前培训，也可用于员工岗位技术培训和自学提高。

常减压蒸馏装置操作工教程分上、下两册，上册为基础知识，初级工操作技能及相关知识，中级工操作技能及相关知识；下册为高级工操作技能及相关知识，技师、高级技师操作技能及相关知识。

本工种教程由抚顺石化分公司任主编单位，参与审核的单位有辽阳石化分公司、大连石化分公司、广西石化分公司、锦州石化分公司、华北石化分公司、呼和浩特石化分公司、锦西石化分公司、兰州石化分公司、大港石化分公司、庆阳石化分公司、青海油田分公司、吉林石化分公司、长庆石化分公司、玉门油田分公司、宁夏石化分公司、大庆石化分公司、哈尔滨石化分公司、塔里木油田分公司、独山子石化分公司。在此表示衷心感谢。

由于编者水平有限，书中不妥之处在所难免，请广大读者提出宝贵意见。

编者

CONTENTS 目录

第一部分　基础知识

第二部分　初级工操作技能及相关知识

第三部分　中级工操作技能及相关知识

理论知识练习题

附　录

第一部分

基 础 知 识

模块一　石油及油品基础知识

石油在开采加工之前又称原油,是一种黏稠的、深褐色液体,储存在地壳上层地区。石油的成油机理有有机成因和无机成因两种学说,前者较广为接受,认为石油是古代海洋或湖泊中的生物经过漫长的演化形成,属于化石燃料,不可再生;后者认为石油是由地壳内本身的碳生成,与生物无关,可再生。石油主要用作燃油,也是许多化学工业产品,如溶液、化肥、杀虫剂和塑料等的原料。

项目一　石油的分类和组成

CAE001　石油的一般性质

一、原油的分类

根据原油物理性质的不同,原油分类主要有以下几种方法。

(一)按原油的密度分类

轻质原油:密度<830.0kg/m^3;

中质原油:密度830.0~904.0kg/m^3;

重质原油:密度904.0~966.0kg/m^3;

特重质原油:密度>966.0kg/m^3。

通过原油的性质分析,了解原油密度变化,也就掌握了原油轻重变化的方向,可以预知性地调节各种参数,减少油品变化对整个装置的冲击,提高运行平稳率。

(二)按原油的硫含量分类

低硫原油:硫含量<0.5%;

含硫原油:硫含量0.5%~2.0%;

高硫原油:硫含量>2.0%。

了解原油硫含量的变化,可以预知腐蚀程度的变化。

(三)按原油的含蜡量分类

低蜡原油:蜡含量0.5%~2.5%;

含蜡原油:蜡含量2.5%~10%;

高蜡原油:蜡含量>10%。

(四)按原油的胶质含量分类

以重油(沸点高于300℃的馏分)中胶质含量来分:

低胶质原油:胶质含量<17%;

含胶质原油:胶质含量17%~35%;

多胶质原油:胶质含量>35%。

ZAE006 油品的特性因数

（五）按原油的特性因数分类

原油特性因数又称 K 值，它是油品的平均沸点和相对密度的函数，常用来判断原油的化学组成。其具体关系式如下：

$$K=\frac{1.216T^{1/3}}{d_{15.6}^{15.6}}$$

式中，T 为油品平均沸点的热力学温度（K），此处的 T 最早是实分子平均沸点，后改用立方平均沸点，现一般使用中平均沸点。

由上述公式可见，在平均沸点相近时，K 值取决于其相对密度，相对密度越大则 K 值越小。当相对分子质量相近时，相对密度大小的顺序为：芳香烃>环烷烃>烷烃。

石蜡基原油：$K>12.1$，烷烃含量高，密度小，凝点高，胶质含量低。

中间基原油：$K=11.5\sim12.1$，性质处于石蜡基和环烷基之间。

环烷基原油：$K=10.5\sim11.5$，密度大，凝点低。

根据特性因数和密度将原油按轻油、重油两个关键组分进行更为详细的分类，可分为七类：石蜡基、石蜡—中间基、中间—石蜡基、中间基、中间—环烷基、环烷—中间基、环烷基。

GAH001 石油的元素组成

二、石油的组成

ZAE001 石油中微量元素

（一）石油的元素组成

不同产地的原油，其相对密度也不相同，但一般都小于 1，多在 0.8~0.98 之间，个别低于 0.70。凝点差异也较大，有的高达 30℃以上，有的却低于−50℃。原油之所以在外观和物理性质上存在差异，根本原因在于其化学组分不完全相同。原油既不是由单一元素组成的单质，也不是由两种以上元素组成的化合物，而是由各种元素组成的多种化合物的混合物。因此，其性质就不像单质和纯化合物那样确定，而是所含各种化合物性质的综合体现。

原油的主要组成元素是碳和氢，碳氢化合物也简称为烃，烃是原油加工和利用的主要对象。原油中碳的含量约为 83%~87%，氢约为 11%~14%，两者合计约占原油的 95%以上。

原油中所含各种元素并不是以单质形式存在，而是以相互结合的各种烃类及非烃类化合物的形式而存在。其中的非烃类化合物是以烃类的衍生物形态存在于原油中，简单地说就是这些微量元素多数镶嵌在烃分子中。

原油中含有的硫、氮、氧等元素与碳、氢形成的硫化物、氮化物、氧化物和胶质、沥青质等非烃化合物含量可达 10%~20%，这些非烃化合物大都对原油的加工及产品质量带来不利影响，在原油的炼制过程中应尽可能将它们除去。此外，原油中所含微量的氯、碘、砷、磷、镍、钒、铁、钾等元素，也是以化合物的形式存在。其含量小，对石油产品的影响不大，但其中的砷会使催化重整的催化剂中毒，铁、镍、钒会使催化裂化的催化剂中毒。故在进行原油的这类加工时，对原料要有所选择或进行预处理。

（二）石油的烃类组成

原油中的烃类按其结构不同，大致可分为烷烃、环烷烃、芳香烃三类。不同烃类对各种原油产品性质的影响各不相同。

1. 烷烃

烷烃是原油的重要组分，是一种饱和烃，其分子通式为 C_nH_{2n+2}。

烷烃是按分子中含碳原子的数目为序进行命名的，碳原子数为 1～10 的分别用甲、乙、丙、丁、戊、己、庚、辛、壬、癸表示；10 以上者则直接用中文数字表示。例如只含一个碳原子的称为甲烷；含有十六个碳原子的称为十六烷。这样，就组成了为数众多的烷烃同系物。

烷烃按其结构不同又可分为正构烷烃与异构烷烃两类，凡烷烃分子主碳链上没有支碳链的称为正构烷烃，而有支链结构的称为异构烷烃。

正构烷烃因其碳原子呈直链排列，易产生氧化反应，即发火性能好，它是压燃式内燃机燃料的良好组分。但正构烷烃的含量也不能过多，否则凝点高，低温流动性差。异构烷烃由于结构较紧凑，性质安定，虽然发火性能差，但燃烧时不易产生过氧化物，即不易引起混合气爆燃，它是点燃式内燃机的良好组分。

在常温下，甲烷至丁烷的正构烷烃呈气态；戊烷至十五烷的正构烷烃呈液态；十六烷以上的正构烷烃呈蜡状固态（是石蜡的主要成分）。

由于烷烃是一种饱和烃，故在常温下，其化学安定性较好。烷烃的密度最小，黏温性最好，是燃料与润滑油的良好组分。

2. 环烷烃

环烷烃的化学结构与烷烃有相同之处，只是其碳原子相互连接成环状，故称为环烷烃。由于环烷烃分子中所有碳价都已饱和，因而它也是饱和烃。环烷烃的分子通式为 C_nH_{2n}。

环烷烃具有良好的化学安定性，与烷烃近似但不如芳香烃。其密度较大，自燃点较高，辛烷值居中。其燃烧性较好、凝点低、润滑性好，故是汽油、润滑油的良好组分。环烷烃有单环烷烃与多环烷烃之分。润滑油中含单环烷烃多则黏温性能好，含多环烷烃多则黏温性能差。

3. 芳香烃

芳香烃是一种碳原子为环状连接结构，形成稳定的大 π 键，分子通式有 C_nH_{2n-6}、C_nH_{2n-12}、C_nH_{2n-18} 等。它最初是由天然树脂、树胶或香精油中提炼出来的，具有芳香气味，所以把这类化合物称为芳香烃。芳香烃都具有苯环结构，但芳香烃并不都有芳香味。

芳香烃化学安定性良好，与烷烃、环烷烃相比，其密度最大，自燃点最高，辛烷值也最高，故其也是汽油的良好组分。但由于其发火性差，十六烷值低，故对于柴油而言则是不良组分。润滑油中若含有多环芳香烃则会使其黏温性显著变坏，故应尽量去除。

还有一种烃类，称为不饱和烃，如烯烃、炔烃。不饱和烃在原油中含量极少，主要是在二次加工过程中产生的。热裂化产品中含有较多的不饱和烃，主要是烯烃，也有少量二烯烃，但没有炔烃。这些不饱和烃不稳定，容易氧化生成胶质。举例来说，汽油存放时间长了，颜色慢慢变深，就是里面的烯烃氧化了。但是烯烃的辛烷值较高，凝点较低，是汽油的良好组分。

对于常减压蒸馏装置经常说的低压瓦斯（三顶不凝气），其组分主要是 C_1～C_4 的正构烷烃或异构烷烃，当然也含有少量的未冷凝的 C_5（汽油组分）。由于减压炉出口温度较高，在高温下会发生热裂化，产生少量的烯烃。另外，三顶气中还含有 H_2S，在装置现场，三顶脱

水系统是 H_2S 防护重点部位。

GAH002 石油的馏分组成

（三）石油的馏分组成

石油馏分是指原油中各种类型的烃类和非烃类化合物所形成的复杂混合物。石油馏分相对分子质量从几十到几千，其沸点范围也很宽，从常温到500℃以上。无论是对石油进行研究或进行加工利用，都必须对石油进行分馏。分馏就是按照组分沸点的差别将石油"切割"成若干"馏分"，例如<200℃馏分，200～350℃馏分等，每个馏分的沸点范围称为馏程或沸程。

馏分常冠以汽油、煤油、柴油、润滑油等石油产品的名称，但馏分并不就是石油产品，石油产品要满足油品规格的要求，还需将馏分进一步加工才能成为石油产品。各种石油产品往往在馏分范围之间有一定的重叠。例如，喷气燃料与轻柴油的馏分范围间有一段重叠。为了统一称呼，一般把原油在常压蒸馏时从开始馏出的温度（初馏点）到200℃（或180℃）之间的轻馏分称为汽油馏分（也称轻油或石脑油馏分），200℃（或180℃）到350℃之间的中间馏分称为煤柴油馏分，或称常压瓦斯油（简称AGO）。

由于原油从350℃开始即有明显的分解现象，所以对于沸点高于350℃的馏分，需在减压下进行蒸馏，再将减压下蒸出馏分的沸点换算成常压沸点。一般将相当于常压下350～500℃的高沸点馏分称为减压馏分或润滑油馏分，或减压瓦斯油（简称VGO）；而减压蒸馏后残留的沸点高于500℃的油称为减压渣油（简称VR）；同时人们也将常压蒸馏后大于350℃的油称为常压渣油或常压重油（简称AR）。

三、石油中的非烃类化合物

石油中的非烃类化合物含量虽少，但它们大都对石油炼制及产品质量有很大的危害，是燃料与润滑油的有害成分，所以在炼制过程中要尽可能将它们去除。非烃类化合物主要为含硫化合物、含氧化物、含氮化合物，主要存在于胶质与沥青质中。

CAE002 石油中硫的分布

（一）硫化物

硫在原油中主要是以单质硫（S）、硫化氢（H_2S）、硫醇（RSH）、硫醚、二硫化物、噻吩的形态存在。其中单质硫、硫化氢、硫醇称为活性硫化物，它们的化学性质较活跃，容易与铁发生反应生成硫化亚铁，使工艺管线和设备器壁减薄、穿孔，发生泄漏事故。硫醚、二硫化物、噻吩等属于非活性硫化物，它们对金属的腐蚀性较弱。但是，非活性硫化物受热后可以分解成活性硫化物。

硫在原油馏分中，一般是在塔顶不凝气中含量很高，在轻油组分中含量很少，随着馏分沸程的升高而增加，大部分硫均集中在重馏分和渣油中。

石脑油馏分中的硫化物主要是硫醇、硫醚以及少量二硫化物和噻吩。柴油馏分中的硫化物主要是硫醚类和噻吩类。高沸馏分中的硫化物大部分是稠环，硫原子也多在环结构上。

CAD002 硫化亚铁的物化性质

硫化亚铁的化学式为FeS（含硫36%），硫化亚铁为黑褐色六方晶体，难溶于水，密度4.74g/cm^3，熔点1193℃。

在200℃以上，硫化氢可以和铁反应生成硫化亚铁，360～390℃之间生成率最大，至450℃左右减缓而变得不明显。在350～400℃之间，单质硫很容易与铁直接化合生成硫化亚铁。在200℃以上，硫醇也可以和铁直接反应。

非活性硫化物包括硫醚、二硫醚、噻吩、多硫化物等，不能直接和铁发生反应，而是受热发生分解，生成活性硫，这些活性硫按上述规律和铁发生反应。

（二）氧化物

氧元素都是以有机化合物的形式存在的，大部分集中在胶状、沥青状物质中。这些含氧化合物，可分为酸性氧化物和中性氧化物两类。酸性氧化物中有环烷酸、脂肪酸以及酚类，总称为原油酸。酸性氧化物在原油里的多少用酸值表示，酸值越高，氧化物对金属的腐蚀性越强。中性氧化物有醛、酮等，它们在原油中含量极少，而且几乎没有腐蚀性。在原油的酸性氧化物中，以环烷酸为最重要，它占原油酸性氧化物的 90%左右。环烷酸的含量，因原油产地不同而异，一般多在 1%以下。

环烷酸在原油馏分中的分布规律很特殊，在低沸馏分以及高沸重馏分中环烷酸含量都比较低，在中间馏分中（沸程约为 250～350℃）环烷酸含量最高。而这个温度下的环烷酸腐蚀性也最高，正是由于这种特性，介质温度超过 240℃以上的工艺管线，如重油线和加热炉炉管都采用抗环烷酸腐蚀的 Cr5Mo 或更高级材质，设备内壁高温处一般使用 316L 复合钢板以抵抗环烷酸腐蚀。

（三）氮化物

原油中氮含量一般在万分之几至千分之几。大部分氮化物也是以胶状、沥青状物质形态存在于渣油中。氮化物的分布与硫化物相同：组分越重，氮化物含量越高，且 80%以上的氮化物集中在渣油中。氮化物对常减压蒸馏没有什么影响，但会使催化裂化的催化剂暂时失活。

（四）金属化合物

金属化合物在原油中，一部分以无机水溶性盐类的形式存在，如钾、钠的氯化物盐类，它们主要存在于原油乳化的水相中，可在脱盐过程中随水分脱掉；另外一部分以油溶性的有机化合物或络合物的形态存在，并且大部分集中在渣油中，这部分重金属包括砷、磷、镍、钒、铁、铜等元素，会造成电脱盐电流升高，对原油的加工有害无利。

四、石油的用途

石油是重要的能源产品。从石油中提炼出来的燃料，能为各种动力机械，如汽车、飞机、轮船、火车、拖拉机等提供原动力。石油是优质的润滑材料。润滑剂虽然不能直接为发动机提供能量，但它却能减小机械摩擦，降低磨损，减少能量损耗，延长机械使用寿命，保证机械设备正常安全运行。为了适应工业生产中各种专用设备、特殊工艺、技术的要求，人们还以石油中的某一适当馏分作基础油，调制出各种具有特殊使用性能和用途的润滑产品，如电器用油、金属加工、风动工具、热传导用油等。

石油是化学工业的重要基础原料，是“三大合成材料”的基本原料。随着近代有机合成工业和国民经济的各种需求结合日益紧密，石油化学工业随之兴起，化工原料、洗涤剂、合成橡胶、塑料、合成纤维、医药、农药、土壤改良剂等与石油化工密不可分。此外，从石油中还可以提炼出溶剂油、石蜡、地蜡，以及作建筑材料用的石油沥青等产品，石油产品及其副产品，已形成一个庞大的产品体系，并且广泛应用于国民经济各个行业。

石油产品可分为石油燃料、石油溶剂与化工原料、润滑剂、石蜡、石油沥青、石油焦六类。

其中,各种燃料产量最大,约占总产量的90%;各种润滑剂品种最多,产量约占5%。各国都制定了产品标准,以适应生产和使用的需要。

(1)汽油:消耗量最大的油品。汽油主要用作汽车、摩托车、快艇、直升机、农林用飞机的燃料。汽油的沸点范围(又称馏程)为30~205℃,密度为0.70~0.78g/cm^3,商品汽油按在气缸中燃烧时抗爆震燃烧性能的优劣区分,标记为辛烷值90或更高,号越大,性能越好。商品汽油中添加有添加剂(如MTBE)以改善使用和储存性能。因环保要求,今后将进一步限制汽油中芳香烃的含量。

(2)喷气燃料:主要供喷气式飞机使用。为适应高空低温高速飞行需要,这类油要求发热量大,在-50℃不出现固体结晶。

(3)煤油、沸点范围为180~310℃,主要供照明、生活炊事用。要求火焰平稳、光亮而不冒黑烟。

(4)柴油:沸点范围有180~370℃和350~410℃两类。对石油及其加工产品,习惯上对沸点或沸点范围低的称为轻,相反称为重。故上述前者称为轻柴油,后者称为重柴油。商品柴油按凝点分级,如0号、-20号等。柴油广泛用于大型车辆、船舰。由于高速柴油机(汽车用)比汽油机省油,柴油需求量增长速度大于汽油,一些小型汽车也改用柴油。对柴油质量要求是燃烧性能和流动性好。燃烧性能用十六烷值表示,越高越好。大庆原油制成的柴油十六烷值可达68,高速柴油机用的轻柴油十六烷值为42~55,低速的在35以下。

(5)燃料油:用作锅炉、轮船及工业炉的燃料。商品燃料油用黏度大小区分不同牌号。

(6)石油溶剂:用于香精、油脂、试剂、橡胶加工、涂料工业作溶剂,或清洗仪器、仪表、机械零件。

CBF002 润滑油(脂)的作用

(7)润滑油:从石油制得的润滑油约占总润滑剂产量的95%以上。除润滑性能外,其还具有冷却、密封、防腐、绝缘、清洗、传递能量的作用。产量最大的是内燃机油(占40%),其余为齿轮油、液压油、汽轮机油、电器绝缘油、压缩机油,合计占40%。商品润滑油按黏度分级,负荷大、速度低的机械用高黏度油,否则用低黏度油。炼油装置生产的是采取各种精制工艺制成的基础油,再加多种添加剂,因此具有专用功能,附加产值高。

(8)润滑脂:润滑剂加稠化剂制成的固体或半流体,用于不宜使用润滑油的轴承、齿轮部位。

(9)石油蜡:包括石蜡(占总消耗量的10%)、地蜡、石油脂等。石蜡主要作包装材料、化妆品原料及蜡制品,也可作为化工原料产脂肪酸(肥皂原料)。

(10)石油沥青:主要供道路、建筑用。

(11)石油焦:用于冶金(钢、铝)、化工(电石)行业作电极。

除上述石油商品外,各个炼油装置还得到一些在常温下是气体的产物,总称炼厂气,可直接作燃料或加压液化分出液化石油气,可作原料或化工原料。炼油厂提供的化工原料品种很多,是有机化工产品的原料基地,各种油、炼厂气都可按不同生产目的、生产工艺选用。常压下的气态原料主要是指乙烯、丙烯、合成氨、氢气、乙炔、炭黑。液态原料(液化石油气、轻汽油、轻柴油、重柴油)经裂解可制成石油化工所需的绝大部分基础原料(乙炔除外),是发展石油化工的基础。

项目二　石油产品的性质及评价

CAE003 油品的蒸气压

一、蒸气压

蒸气压是饱和蒸气压的简称。在一定温度下,液体与其蒸气达到平衡,此时的平衡压力仅因液体的性质和温度而改变,称为该液体在该温度下的饱和蒸气压。

J(GJ)AE001 恩氏蒸馏的概念

二、恩氏蒸馏

恩氏蒸馏是一种测定油品馏分组成的经验性标准方法,属于简单蒸馏。它是利用混合液体或液—固体系中各组分沸点(相对挥发度)不同,使低沸点组分蒸发,再冷凝以分离整个组分的单元操作过程,是蒸发和冷凝两种单元操作的联合。与其他的分离手段,如萃取、吸附等相比,它的优点在于不需使用系统组分以外的其他溶剂,从而保证不会引入新的杂质。其规定的标准方法是取 100mL 油样,在规定的恩氏蒸馏装置中按规定条件进行蒸馏,以收集到第一滴馏出液时的气相温度作为试样的初馏点,然后按每馏出 10%(体积)记录一次气相温度,直到蒸馏终了时的最高气相温度作为终馏点。恩氏蒸馏由于没有精馏柱,组分分离粗糙,但设备和操作方法简易,试验重复性较好,故现在仍广泛应用。

三、馏程

在规定条件下切割油品,从初馏点到终馏点(干点)的温度范围称为馏程。一般要求测出 10%、50%、90%馏出体积的温度和干点等。规定汽油 10%馏出温度是为了保证汽油具有良好的启动性。使用 10%馏出温度过高的汽油,冬季发动机启动时可能发生困难,我国车用汽油规定 10%馏出温度不大于 70℃。规定 50%馏出温度是为了确保汽油馏分的组成分布均匀,使发动机具有良好的加速性和平稳性,保证其最大功率和爬坡能力,一般规定车用汽油的 50%馏出温度不高于 120~145℃。90%馏出温度和干点表示汽油在气缸中蒸发的完全程度。这个温度过高,表明汽油中重组分过多,使得汽油在气缸中燃烧不完全,发动机的功率和经济性下降,并造成燃烧室中结焦和形成积炭,影响发动机正常工作。我国规定车用汽油 90%馏出温度不高于 190℃,干点不高于 205℃。

CAE004 油品的密度

四、密度

密度是石油及石油产品最常用、最简单的物理性能指标。石油的密度随着其组成中的碳、氢、硫含量的增加而增大,因而含芳香烃多、含胶质和沥青质多的石油及石油产品密度最大,含环烷烃多的居中,含有烷烃多的最小。在规定的温度下,单位体积内含物质的质量称为该物质的密度,以 kg/m^3 或 g/cm^3 表示。由于石油产品的体积随温度变化而变化,其密度也随温度变化而变化。因此,一定要注明测定石油产品密度时的温度。石油和石油产品在标准温度(20℃和 101.325kPa)下的密度称为标准密度。在其他温度下测得的视密度值应换算为标准密度报出试验结果。视密度:油品在 t(℃)时测得的密度,不能直接用于计量,要经过换算。标准密度:油品在标准温度时的密度,我国为 20℃,日本为 15℃,美国为 60℉。

CAF002 露点的概念

五、露点

多组分气体混合物在某一压力下冷却至刚刚开始凝结,即出现第一个小液滴时的温度,称为露点。露点温度也是该混合物在此压力下平衡汽化曲线的终馏点,即 100%馏出温度。

CAF001 泡点的概念

六、泡点

泡点是多组分液体混合物在某一压力下加热至刚刚开始沸腾,即出现第一个小气泡时的温度。泡点温度也是该混合物在此压力下平衡汽化曲线的初馏点,即 0%馏出温度。

CAE006 油品的闪点

七、闪点

闪点是指石油产品在规定条件下,加热到其蒸气和空气的混合物与火焰接触时会发生闪火现象的最低温度。闪点的测定方法有闭口杯法和开口杯法两种。

八、燃点

燃点是在测定油品开口杯闪点继续升高温度,在规定条件下可燃混合气能被外部火焰点燃并继续燃烧不少于 5s 的最低温度。燃点也称为开口杯法燃点,测定原则与测定开口闪点一致。

九、自燃点

自燃点是将油品加热到很高的温度后,再使之与空气接触,无须引火点燃,油品即因剧烈氧化而产生火焰的最低温度。

CAE007 油品的凝点

十、凝点

油样在规定试验条件下冷却到液面不移动时的最高温度称为凝点。

十一、爆炸极限

可燃气体、可燃液体的蒸气或可燃固体的粉尘在一定的温度、压力下与空气或氧气混合达到一定的范围时,遇到火源就会发生爆炸。这一浓度范围,称为爆炸极限。如果混合物的组成不在这一范围内,则供给能量再大,也不会着火。蒸气或粉尘与空气混合并达到一定的浓度范围,遇到火源就会燃烧或爆炸的最低浓度称为爆炸下限;最高浓度称为爆炸上限。气体或蒸气爆炸极限是以可燃性物质在混合物中的体积分数(%)来表示的,如氢与空气混合物的爆炸极限为 4%~75%。可燃粉尘的爆炸极限是以可燃性物质在混合物中的浓度(g/m^3)来表示的,如铝粉的爆炸极限为 $40g/m^3$。如果浓度低于爆炸下限,虽然有明火也不致爆炸或燃烧,因为此时空气占的比例很大,可燃蒸气和粉尘浓度不高;如果浓度高于爆炸上限,虽会有大量的可燃物质,但缺少助燃的氧气,在没有空气补充的情况下,即使遇明火,一时也不会爆炸。易燃性溶剂都有一定的爆炸极限范围,爆炸极限范围越宽,危险性越大。

ZAE003 油品黏度与化学组成的关系

十二、黏度及黏温特性

(一)黏度

当油品分子做相对运动时,油品内部呈现出对抗此运动的一种阻力(或摩擦力)称为黏度。黏度是评价油品流动性的指标,是油品特别是润滑油的重要质量指标,对油品流动和输送时的流量和压力降有重要影响。黏度的表示方法有很多,可分为绝对黏度和条件黏度两类,绝对黏度又分为动力黏度和运动黏度两种。石油产品的规格中,大都采用运动黏度,润滑的牌号很多是根据其运动黏度的大小来规定的。

油品黏度与它的化学组成密切相关,它反映了油品烃类组成的特性,油品黏度通常随着它的馏程增高而增加。但同一馏程的馏分,因化学组成的不同,黏度大小也不同。烷烃黏度低于芳香烃黏度,但在三环及三环以上的化合物中,芳香烃的黏度则高于环烷烃及环烷—芳香烃黏度,而且在环状化合物中随着侧链长度的增加及侧链数目的增加,黏度增加。润滑油中的理想组分是黏度大,且随着温度的变化,黏度变化较小的烃类。所以少环长侧链的环烷烃、芳香烃,是润滑油的理想组分。而多环短侧链的稠环芳香烃及胶质是润滑油的非理想组分,应在润滑油精制中除去。

ZAE002 油品的混合黏度

(二)油品的混合黏度

通常,经炼油厂精制后得到的只有常三线、减二线、减三线、减四线和光亮油(即减压残油经脱沥青、精制后所得的高黏度油料)等几种不同黏度的基础油料。许多牌号的润滑产品常常是利用两种或两种以上不同黏度的基础油组分按一定比例(该比例常称为调和比)混合调制成的,基础组分油的调和是润滑油产品调制的基础。调和是润滑油制备过程的最后一道重要工序,按照油品的配方,将润滑油基础油组分和添加剂按比例、顺序加入调和容器,用机械搅拌(或压缩空气搅拌)、泵抽送循环、管道静态混合等方法调和均匀,然后按照产品标准采样分析合格后即为正式产品。

混合油黏度和调和比的计算:不同黏度的油料混合后,其黏度不是加成关系,混合液体的黏度是非线性的,没有公式能够精确得出结果。和不同液体之间是否互溶及混合状态都有关系,公式也很复杂。对混合液体的黏度,可以参看《石油化工设计手册 第一卷 石油化工基础数据》的6.1.9液体混合物黏度的估算。

CAE005 油品黏度与温度的关系

(三)黏温特性

温度变化时,油品黏度也随之变化。温度升高则黏度降低,反之亦然。黏度随温度变化的特性称为油品的黏温特性。表示黏温特性的方法有两种:一种是黏度比,另一种是黏度指数 *VI*。黏度指数是由两种标准油的假定黏度指数演算而得的。一种油的 *VI* 值越大,表示它的黏度随温度的变化越小,通常认为该油品的黏温特性越好。

模块二　常减压蒸馏装置概况

项目一　常减压蒸馏工艺、原料、产品

一、工艺概况

常减压蒸馏是将原油经过加热、分馏、冷却等方法将原油分割成为不同沸点范围的组分,以适应产品和下游工艺装置对原料的要求。常减压蒸馏装置是原油加工的第一道工序,一般包括电脱盐、常压蒸馏和减压蒸馏三个部分。常减压蒸馏是原油的一次加工,在炼油厂加工总流程中有重要作用,常被称为"龙头"装置。一般来说,原油经常减压蒸馏装置加工后,可得到直馏汽油、喷气燃料、煤油、轻柴油、重柴油和燃料油等产品,某些含胶质和沥青质的原油,经减压深拔后还可直接生产出道路沥青。在上述产品中,除汽油由于辛烷值低,不直接作为产品外,其余一般均可直接或经过适当精制后作为产品出厂。常减压蒸馏装置的另一个主要作用是为下游二次加工装置提供原料。例如,重整料、乙烯裂解原料、催化裂化原料、加氢裂化原料、润滑油基础油等。但随着加工进口原油的增加,大量的轻烃的产生要求对其进行回收和利用,很多新建装置增加了轻烃回收装置。根据目的产品的不同,常减压蒸馏装置可分为燃料型、燃料—润滑油型和燃料—化工型三类。三者在工艺上并无本质区别,只是在侧线数目和分馏精度上有些差异,燃料—润滑油型常减压蒸馏装置因侧线数目多且产品都需要汽提,流程复杂,而燃料型、燃料—化工型则较为简单。

经过几十年的发展,常减压蒸馏已经成为一个较成熟的石油加工工艺,近几年来,常减压蒸馏技术更是不断地发展,在大型化、长周期、工艺流程的改进(两级预闪蒸、带预闪蒸的三级蒸馏、四级蒸馏技术)、新型塔内件、减压深拔和强化蒸馏技术、节能降耗、机械抽真空系统、先进控制系统技术的应用、交直流电脱盐和高速电脱盐等方面取得了较大的发展。

二、原料的种类、来源、性质及要求

我国原油分布较广,现将几种有代表性的原油情况分述如下。

大庆原油是一种低硫、低胶、高含蜡、凝点高的石蜡基原油,由于含烷烃多,所以各个馏分中,烷烃的相对含量较高。汽油馏分抗爆性能较差,小于180℃的馏分,马达法辛烷值仅为40左右。喷气燃料馏分的密度较小,结晶点较高。由于含硫量较低,在加工中,设备腐蚀问题不明显。大庆原油的重馏分组成较多,故需要二次深度加工,以提高轻质燃料收率。润滑油馏分的黏度特性好,但凝点高,加工时需要脱蜡。

胜利原油密度较大,含硫较多,胶质、沥青质含量较多,属于含硫中间基原油,因此,汽油馏分的辛烷值较大庆原油的高,催化重整原料中的芳香烃潜含量也比大庆催化重整

原料高。喷气燃料馏分密度大,结晶点低。减压馏分油可以作为裂化原料,其金属镍含量较大庆油高10倍,因此,减压馏分拔出深度受到限制。润滑油馏分经过脱蜡后,其黏度指数较相应的大庆油低。含硫较高,对设备腐蚀严重,需要采取合适的防腐措施。直馏产品、二次加工产品都需要精制。由于胶质、沥青质含量多,经蒸馏深拔渣油,可以得到质量较好的沥青。

孤岛混合原油是胜利油田中比较特殊的原油,其特点是含硫、氮、胶质较高、酸值大、黏度大、凝点较低,属于环烷—中间基原油。孤岛原油的馏分较重,200℃以前的馏分占原油的5.80%,300℃以前的馏分占原油的15.8%,500℃以前的总拔出率为原油的45.8%。直馏汽油馏分含环烷烃约60%,但需要精制,以除去含硫、含氮化合物才适合作重整原料。喷气燃料馏分密度大、结晶点低(<-65℃),体积发热值高,但芳香烃含量高,对燃烧性能不利。直馏柴油的凝点低,能满足轻柴油要求。它的主要不足之处是实际胶质太高,经碱洗后刚满足轻柴油的规格要求。减压馏分中润滑油组分的黏度指数低。大于500℃的减压渣油约占原油的53%,含有大量的胶质、沥青质,尤其是胶质的含量更高,可以直接作为普通道路沥青,还可以用来进一步加工成各种高质量的沥青产品。

中原混合原油的密度小,黏度、胶质和硫、氮含量均较低,属于低硫—石蜡基原油,是国内少有的轻质原油。宽、窄重整原料杂质含量低,可生产芳香烃和高辛烷值汽油。柴油馏分有较高的十六烷值,颜色安定性较好,只是酸度较高,需要进一步精制。减压馏分油比大庆、胜利油有较高的饱和烃含量和更低的芳香烃含量,是很好的裂化原料。350~500℃馏分中四环环烷烃含量占环烷烃总量的35%,作为润滑油的原料会影响黏温性能。大于500℃渣油中金属含量不高,可作为深度加工的较好原料。

辽河曙光首站原油密度大,黏度大,含蜡量低,属于低硫环烷—中间基原油。汽油馏分可作为汽油的调和组分。350~565℃催化裂化原料油饱和烃含量不高,裂化性能不佳,酸值较高。润滑油馏分适用浅度脱蜡、深度精制生产润滑油。

北疆原油室温下流动性一般,密度为852.2kg/m^3,属轻质原油;属低硫原油,酸值接近含酸原油;蜡含量为3.6%,为含蜡原油;凝点为13.6℃,低温季节原油的储、运、集、输存在一定困难;残炭值较低,为2.24%;盐含量为8.2mgNaCl/L,蒸馏前要进行电脱盐,使脱盐后原油盐含量满足不高于3mgNaCl/L的蒸馏塔进料要求;金属含量相对较低,其中Ni/V>1,呈现陆相生油特性。

长庆混合原油20℃的密度为843.8kg/m^3,属于轻质原油;酸值较低,为0.05mgKOH/g;硫含量较低,为0.09%,属于低硫、低酸原油;胶质、沥青质含量均较低;金属含量低,金属镍、钒含量加和仅为1.8μg/g。按照原油的硫含量和关键组分分类,该原油属低硫、中间—石蜡基原油。

CBC030 初、常顶产品的用途

CBC031 减压侧线产品的用途

CBC032 减压渣油产品的用途

三、产品的种类、性质及用途

常减压蒸馏装置可从原油中分离出各种沸点范围的产品和二次加工的原料。当采用初馏塔时,塔顶可分出窄馏分重整原料或汽油组分。常压塔能生产以下产品:塔顶生产汽油组分、重整原料、石脑油;常一线出喷气燃料(航空煤油)、煤油、溶剂油、化肥原料、乙烯裂解原料或特种柴油;常二线出轻柴油、乙烯裂解原料;常三线出重柴油或润滑油基础油；常压塔底出重油。减压塔能生产以下产品：减一线出重柴油、乙烯裂解原料；减二线可出乙烯裂解原料；减压各侧线油视原油性质和使用要求而可作为催化裂化原料、加氢裂化原料、润滑油基础油原料和石蜡的原料；减压渣油可作为延迟焦化、溶剂脱沥青、氧化沥青和减黏裂化的原料，以及燃料油的调和组分。

（1）燃料油。

一般来说，在原油的加工过程中，较轻的组分总是最先被分离出来，燃料油作为成品油的一部分，是石油加工过程中在汽油、煤油、柴油之后从原油中分离出来的较重的剩余产物，因此为重油、渣油，主要由石油的裂化残渣油和直馏残渣油制成。其特点是黑褐色黏稠状可燃液体，黏度适中，燃料性能好，发热量大，含非烃化合物、胶质、沥青质较多。作为炼油工艺过程中的最后一种产品，产品质量控制有着较强的特殊性。最终燃料油产品形成受到原油品种、加工工艺、加工深度等许多因素的制约。燃料油分为船用内燃机燃料油和炉用燃料油两大类。前者是由直馏重油和一定比例的柴油混合而成，用于大型低速船用柴油机（转速小于150r/min）；后者又称为重油，主要是减压渣油或裂化残油或二者的混合物，或调入适量裂化轻油制成的重质石油燃料油，供各种工业炉或锅炉作为燃料。

（2）润滑油、脂。

前文模块一中已介绍了石油的产品有润滑油和润滑脂。

润滑油主要用于减少运动部件表面间的摩擦，同时对机器设备具有冷却、密封、防腐、防锈、绝缘、功率传送、清洗杂质等作用。润滑油主要以来自原油蒸馏装置的润滑油馏分和渣油馏分为原料。润滑油最主要的性能是黏度、氧化安定性和润滑性，它们与润滑油馏分的组成密切相关。黏度是反映润滑油流动性的重要质量指标，不同的使用条件有不同的黏度要求。重负荷和低速度的机械要选用高黏度润滑油。氧化安定性表示油品在使用环境中，由于温度、空气中氧以及金属催化作用所表现的抗氧化能力。油品氧化后，根据使用条件会生成细小的沥青质为主的炭状物质，呈黏滞的漆状物质或漆膜，或黏性的含水物质，从而降低或丧失其使用性能。润滑性表示润滑油的减磨性能。润滑油添加剂是加入润滑剂中的一种或几种化合物，以使润滑剂得到某种新的特性或改善润滑剂已有的一些特性。

润滑脂的作用主要是润滑、保护和密封。绝大多数润滑脂用于润滑，称为减摩润滑脂。减摩润滑脂主要起降低机械摩擦、防止机械磨损的作用，同时还兼起防止金属腐蚀的保护作用，以及密封防尘作用。有一些润滑脂主要用来防止金属生锈或腐蚀，称为保护润滑脂。有少数润滑脂专作密封用，称为密封润滑脂，如螺纹脂。润滑脂大多是半固体状的物质，具有独特的流动性。

润滑脂的工作原理是稠化剂将油保持在需要润滑的位置上，有负载时，稠化剂将油释放出来，从而起到润滑作用。在常温和静止状态时它像固体，能保持形状而不流动，能黏附在金属上而不滑落。在高温或受到超过一定剪切作用时，它又像液体能流动并进行润滑，减低运动表面间的摩擦和磨损。当剪切作用停止后，它又能恢复一定的稠度。润滑脂的这种特殊的流动性，决定它可以在不适用润滑油的部位进行润滑。此外，由于它是半固体状物质，其密封作用和保护作用都比润滑油好。润滑脂主要是由稠化剂、基础油、添加剂三部分组成。一般润滑脂中稠化剂含量约为10%～20%，基础油含量约为75%～90%，添加剂及填料的含量在5%以下。

(3)轻烃。

天然气的主要成分是 C_1,含少量的 C_2,液化石油气的主要成分是 C_3、C_4,它们在常温常压下呈气态,称为气态轻烃。C_5~C_{16} 的烃在常温常压下是液态,称为液态轻烃。液态轻烃中最轻的部分是 C_5、C_6,再重的部分就是汽油、煤油和柴油等。

(4)石蜡。

石蜡是碳原子数很大的直链烷烃,还有少量带个别支链的烷烃和带长侧链的单环环烷烃。石蜡是从原油蒸馏所得的润滑油馏分经溶剂精制、溶剂脱蜡或经蜡冷冻结晶、压榨脱蜡制得蜡膏,再经脱油,并补充精制制得的片状或针状结晶。根据加工精制程度不同,可分为全精炼石蜡、半精炼石蜡和粗石蜡三种。石蜡的主要物理性质有:

① 石蜡熔点。

石蜡是烃类的混合物,因此它并不像纯化合物那样具有严格的熔点。所谓石蜡的熔点,是指在规定的条件下,冷却熔化了的石蜡试样,当冷却曲线上第一次出现停滞期的温度。各种蜡制品都对石蜡要求有良好的耐温性能,即在特定温度不熔化或软化变形。按照使用条件、使用的地区和季节以及使用环境的差异,要求商品石蜡具有一系列不同的熔点。

影响石蜡熔点的主要因素是所选用原料馏分的轻重,从较重馏分脱出的石蜡的熔点较高。此外,含油量对石蜡的熔点也有很大的影响,石蜡中含油越多,则其熔点就越低。

② 含油量。

含油量是指石蜡中所含低熔点烃类的量。含油量过高会影响石蜡的色度和储存的安定性,还会使它的硬度降低。所以从减压馏分中脱出的含油蜡膏,还需用发汗法或溶剂法进行脱油,以降低其含油量。但大部分石蜡制品中需要含有少量的油,这对改善制品的光泽和脱模性能是有利的。

③ 安定性。

石蜡制品在造型或涂敷过程中,长期处于热熔状态,并与空气接触,假如安定性不好,就容易氧化变质、颜色变深,甚至发出臭味。此外,使用时处于光照条件下石蜡也会变黄。因此,要求石蜡具有良好的热安定性、氧化安定性和光安定性。

影响石蜡安定性的主要因素是其所含有的微量的非烃化合物和稠环芳香烃。为提高石蜡的安定性,就需要对石蜡进行深度精制,以脱除这些杂质。

项目二　辅助材料

一、仪表风

仪表风指的是给各生产用气动动力,如气动阀门,和用来控制和显示工艺参数的仪表用气。

仪表所用气源(净化压缩空气)压力一般为 0.5~0.7MPa。气源中油雾和水是气动仪表的主要威胁,所以气源不得有油滴、油蒸气,含油量不得大于 15μg/g。为防止气动仪表恒节流孔或射流元件堵塞,防止气源中冷凝水使设备、管路生锈、结冰,造成供气管路堵塞或冻裂,要求除去气源中 20μm 以上的尘粒,气源露点低于仪表使用地区的极端最低温度。

二、水

脱氧水：也称除氧水，主要用于锅炉给水，目的是防止锅炉的氧腐蚀。在自然状态下，水中总会含一定量的氧气，这是由于氧气在水中有一定的溶解性。脱氧方法有热力除氧、真空除氧和化学除氧等。

除盐水：利用各种水处理工艺，除去悬浮物、胶体和无机的阳离子、阴离子等水中杂质后所得到的成品水。除盐水并不意味着水中盐类全部去除干净，一般根据不同用途，允许除盐水含微量杂质。

新鲜水：直接来自水源、经过沉淀、过滤、加药等处理过的，用于工业方面的净水。

循环水：主要用于冷却水系统中，所以也称循环冷却水，工厂主要用来冷凝蒸汽、冷却产品或设备，并循环使用。

软化水：除去水中的钙、镁离子无机盐类等，降低硬度的水。

CAD005 过热蒸汽的概念

三、蒸汽

炼厂蒸汽主要用于加热、吹扫、驱动设备等。根据压力和温度不同，蒸汽可分为饱和蒸汽和过热蒸汽。

当单位时间内进入空间的分子数目与返回液体的分子数目相等时，蒸发与凝结处于动平衡状态，这时虽然蒸发凝结仍在进行，但空间中蒸汽分子的密度不再增大，此时的状态称为饱和状态。在饱和状态下的液体称为饱和液体，其对应的蒸汽为饱和蒸汽，但最初只是湿饱和蒸汽，待蒸汽中的液态水完全蒸发后才是干饱和蒸汽。蒸汽从不饱和到湿饱和，湿饱和到干饱和的过程温度是不增加的，干饱和之后继续加热则温度会上升，成为过热蒸汽。

炼厂对蒸汽的要求为：

(1)蒸汽应具有稳定和符合要求的压力和温度。

(2)蒸汽应干燥，不含水分。蒸汽在输送过程中由于管道散热也会产生大量的冷凝水，这些冷凝水如不能及时排除，将在管道内积聚，产生水锤和冲击。

(3)蒸汽应洁净，不含水垢、焊渣、铁锈及其他固体杂质，蒸汽管道中的杂质会影响蒸汽系统的运行效率和安全运行。

(4)蒸汽中应不含空气和其他不凝性气体。当蒸汽中存在空气和其他不凝性气体时，将造成管道和设备的腐蚀，但更重要的是将严重影响蒸汽的换热效率。

四、氮气

氮气在常温常压下是一种无色无味的气体，且通常无毒。氮气占大气总量的78%（体积分数），在标准状况下气体密度是1.25g/L，氮气在水中溶解度很小，在常温常压下，1体积水中大约只溶解0.02体积的氮气。

氮气在炼厂用于吹扫、流体输送动力源、氮化处理、保护气、原料气等用途，因用途不同，对纯度的要求也不同，很多场合纯度大于98%就可使用。

五、破乳剂

原油破乳剂是油田和炼油厂必不可少的化学药剂之一，对减轻设备结垢和腐蚀、降低能耗、提高产品质量有明显效果。

破乳剂本身也是表面活性物质，但它性质是和乳化剂相反的。原油中的天然乳化剂是油包水型的表面活性剂，所以原油破乳剂就应是水包油型的表面活性剂，破乳剂的破乳作用是在油水界面进行的，它能迅速浓集于界面，能在油水界面上吸附或部分置换界面上吸附的天然乳化剂，从而夺取其在界面的位置而被吸附。这样，原有的比较牢固的吸附膜就被减弱甚至破坏，小水滴也就在电场的作用下比较容易絮凝和聚结，进而沉降分出。

六、缓蚀剂

常减压蒸馏装置的初馏塔、常压塔、减压塔顶部的腐蚀是 H_2S-H_2O-HCl 型腐蚀。中和缓蚀剂是一种低碱值有机胺类复合物，与水混溶，当该部位注入中和缓蚀剂后，它的缓蚀性能在金属表面形成保护膜，吸收 H+、使 HCl 被中和，达到缓蚀和中和效果，达到防腐蚀目的。

七、有机胺

原油脱盐后，显著降低了氯化氢的生成量，但残留的约 5%～10%氯化氢仍会造成冷凝区较为严重的腐蚀，因此需要在塔顶挥发线注氨，以中和水冷凝之前的氯化氢。注氨的缺点是生成氯化铵，它在 350℃以下时呈固体状态，在硫化氢存在时，会引起垢下腐蚀。

有机胺可以避免垢下腐蚀问题，防腐效果优于无机氨，但价格较贵。

模块三 无机化学基础知识

化学是在分子、原子层次上研究物质的组成、性质、结构与变化规律,创造新物质的科学,是自然科学的一种。世界由物质组成,化学则是人类用以认识和改造物质世界的主要方法和手段之一。它是一门历史悠久而又富有活力的学科,它的成就是社会文明的重要标志。

无机化学是研究无机化合物的化学,是化学领域的一个重要分支。无机化学的内容有化学的基本原理,化学元素的性质和相关的化学反应。

项目一 基本概念和定律

一、基本概念

(一)物理性质

物理性质是物质不需要发生化学变化就表现出来的性质,如颜色、状态、气味、密度、熔点、沸点、硬度、溶解性、延展性、导电性、导热性等,这些性质是能被感官感知或利用仪器测知的。

(二)化学性质

化学性质是物质在化学变化中表现出来的性质。例如所属物质类别的化学通性:酸性、碱性、氧化性、还原性、热稳定性及一些其他特性。化学性质与化学变化是任何物质所固有的特性,如氧气这一物质,具有助燃性为其化学性质;同时氧气能与氢气发生化学反应产生水,为其化学变化。任何物质就是通过千差万别的化学性质与化学变化,才区别于其他物质。

(三)物质的量

物质的量是国际单位制中 7 个基本物理量之一[7 个基本的物理量分别为:长度(单位:m)、质量(单位:kg)、时间(单位:s)、电流(单位:A)、发光强度(单位:cd)、温度(单位:K)、物质的量(单位:mol)],表示物质所含微粒数(N)(如分子、原子等)与阿伏伽德罗常数(N_A)之比,即 $n=N/N_A$。阿伏伽德罗常数的数值为 0.012kg ^{12}C 所含碳原子的个数,约为 6.02×10^{23}。它是把微观粒子与宏观可称量物质联系起来的一种物理量,表示物质所含粒子数目的多少。物质的量单位为摩尔,简称摩,符号为 mol。1mol 物质所含的粒子数与 0.012kg ^{12}C 中含有的碳原子数相同。

(四)化合价

化合价是一种元素的一个原子与其他元素的原子化合(即构成化合物)时表现出来的性质。一般地,化合价的价数等于每个该原子在化合时得失电子的数量,即该元素能达到稳定结构时得失电子的数量,这往往决定于该元素的电子排布,主要是最外层电子排布,当然还可能涉及次外层能达到的由亚层组成的亚稳定结构。

(五)化学方程式

化学方程式,也称为化学反应方程式,是用化学式表示化学反应的式子。化学方程式反映的是客观事实。因此书写化学方程式要遵守两个原则:一是必须以客观事实为基础;二是要遵守质量守恒定律。

化学方程式不仅表明了反应物、生成物和反应条件,同时,化学计量数代表了各反应物、生成物物质的量关系,通过相对分子质量或相对原子质量还可以表示各物质之间的质量关系,即各物质之间的质量比。对于气体反应物、生成物,还可以直接通过化学计量数得出体积比。

以 $NaHCO_3$ 受热分解的化学方程式为例:

第一步:写出反应物和生成物的化学式。

$$NaHCO_3 \longrightarrow Na_2CO_3+H_2O+CO_2$$

第二步:配平化学式。

$$2NaHCO_3 = Na_2CO_3+H_2O+CO_2$$

第三步:注明反应条件和物态等。

$$2NaHCO_3 \overset{\triangle}{=} Na_2CO_3+H_2O+CO_2\uparrow$$

第四步:检查化学方程式是否正确。

(六)化学反应速率

化学反应速率就是化学反应进行的快慢程度(平均反应速率),用单位时间内反应物或生成物的物质的量来表示。在容积不变的反应容器中,通常用单位时间内反应物浓度的减少或生成物浓度的增加来表示。

(七)化学平衡

化学平衡是指在宏观条件一定的可逆反应中,化学反应正、逆反应速率相等,反应物和生成物各组分浓度不再改变的状态。化学平衡的建立是以可逆反应为前提的。可逆反应是指在同一条件下既能正向进行又能逆向进行的反应。绝大多数化学反应都具有可逆性,都可在不同程度上达到平衡。

二、理想气体状态方程

理想气体状态方程,又称理想气体定律、普适气体定律,是描述理想气体处于平衡状态时,压强、体积、物质的量、温度间关系的状态方程。

(一)理想气体的概念和基本假定

忽略气体分子的自身体积,将分子看成是有质量的几何点;假设分子间没有相互吸引和排斥,即不计分子势能,分子之间及分子与器壁之间发生的碰撞是完全弹性的,不造成动能损失。这种气体称为理想气体。

从微观角度来看,气体分子本身的体积和气体分子间的作用力都可以忽略不计,不计分子势能的气体称为理想气体。

(二)理想气体状态方程式

理想气体状态方程为:

$$pV = nRT$$

式中，p 是指理想气体的压强（Pa），V 为理想气体的体积（m^3），n 表示气体物质的量（mol），而 T 则表示理想气体的热力学温度（K），还有一个常量 R 为理想气体常数。可以看出，此方程的变量很多。因此此方程以其变量多、适用范围广而著称，对常温常压下的空气也近似地适用。其中

$$R = 8.314 J/(mol \cdot K)$$

三、混合气体的分压定律

（一）混合气体与组分气体

由两种或两种以上的气体混合在一起组成的体系，称为混合气体。组成混合气体的每种气体，都称为该混合气体的组分气体。显然，空气是混合气体，其中的 O_2、N_2、CO_2 等均为空气的组分气体。

（二）总体积与分压

混合气体所占有的体积称为总体积，用 $V_{总}$ 表示。当某组分气体单独存在且占有总体积时，其具有的压强称为该组分气体的分压，用 p_i 表示，且有关系式：$p_i V_{总} = n_i RT$。

（三）总压和分体积

混合气体所具有的压强称为总压，用 $p_{总}$ 表示。当某组分气体单独存在且具有总压时，其所占有的体积，称为该组分气体的分体积，用 V_i 表示，关系式为：$p_{总} V_i = n_i RT$。

（四）体积分数

V_i/V 称为该组分气体的体积分数。

（五）分压定律——分压与总压的关系

道尔顿进行了大量实验，提出了混合气体的分压定律：混合气体的总压等于各组分气体的分压之和：$p_{总} = \sum p_i$。此定律为道尔顿分压定律。

理想气体混合时，由于分子间无相互作用，故在容器中碰撞器壁产生压力时，与独立存在时是相同的，亦即在混合气体中，组分气体是各自独立的，这是分压定律的实质。

四、物质的相态及其变化

（一）物质的相态

相态也就是物质的状态（或简称相，也叫物态），是物质在一定温度、压强下所处的相对稳定的状态。气态、液态、固态是物质三态，相应的物质分别称为气体、液体、固体，它们是以分子或原子为基元的三种聚集状态。水汽、水、冰是常见的同一物质的三态；氧、氢、氦等在常温下是气态，只在极低温度下才是液态或固态；金、钨等在常温下是固态，只在极高温度下才是液态或气态。固态物质的分子或原子只能围绕各自的平衡位置微小振动，固体有一定的形状、大小；液态物质的分子或原子没有固定的平衡位置，但还不能分散远离，液体有一定体积，形状随容器而定，易流动，不易压缩；气态物质相态的分子或原子作无规则热运动，无平衡位置，也不能维持在一定距离，气体没有固定的体积和形状，自发地充满容器，易流动，易压缩。

(二)相态的变化

熔化:通过对物质加热,使物质从固态变成液态的相变过程。熔化要吸收热量,是吸热过程。例如冰化成水是熔化。

凝固:液态变为固态,在转变过程中会放热,是与熔化相反的过程。例如水结成冰是凝固。

汽化:物体由液态变为气体,有蒸发、沸腾两种方式,要吸热。蒸发与物体的表面积、表面空气的流速、物体的温度有关。例如晾衣服时水蒸发是汽化。

液化:物体由气体变为液体,要放热,与汽化相对。例如冰棒拿出来外壳附着小水珠就是空气中的水蒸气液化的结果。

升华:物体直接由固态变为气态,需要吸热。例如干冰(固体二氧化碳)在常温下会升华成二氧化碳。

凝华:物体直接由气态变为固态,需要放热,与升华相对。例如北方冬天呼出的口气凝为冰霜。

(三)临界温度与临界压力

临界温度是使物质由气态变为液态的最高温度。每种物质都有一个特定的温度,在这个温度以上,不论怎样增大压强,气态物质都不会液化,这个温度就是临界温度。

临界压力是物质处于临界状态时的压力(压强),就是在临界温度时使气体液化所需要的最小压力,也就是液体在临界温度时的饱和蒸气压。

在临界温度和临界压力下,物质的摩尔体积称为临界摩尔体积。临界温度和临界压力下的状态称为临界状态。

项目二 溶解与溶液

一、溶解

广义上来说,超过两种以上物质混合而成为一个分子状态的均匀相的过程称为溶解。而狭义的溶解指的是一种液体使其他固体、液体、气体成为分子状态的均匀相的过程,是一种物质(溶质)分散于另一种物质(溶剂)中成为溶液的过程,如食盐或蔗糖溶解于水而成水溶液。

二、溶质、溶剂与溶液

(1)溶质是溶液中被溶剂溶解的物质。溶质可以是固体(如溶于水中的糖和盐等)、液体(如溶于水中的酒精等)、气体(如溶于水中的氯化氢气体等)。

(2)溶剂是一种可以溶化固体、液体或气体溶质的液体、气体或固体。溶剂、溶质都可以为固体、液体、气体。在日常生活中最普遍的溶剂是水。

(3)溶液是由至少两种物质组成的均一、稳定的混合物,被分散的物质(溶质)以分子或更小的质点分散于另一物质(溶剂)中。

在溶液中,溶质和溶剂只是一组相对的概念。一般来说,相对较多的那种物质称为溶剂,而相对较少的物质称为溶质。

GAG001 溶解度的计算

三、溶解度

在一定温度下，某固态物质在100g溶剂中达到饱和状态时所溶解的溶质的质量，称为这种物质在这种溶剂中的溶解度。物质的溶解度属于物理性质。

（1）固体的溶解度是指在一定的温度下，某固体物质在100g溶剂里达到饱和状态时所能溶解的质量（在一定温度下，100g溶剂里溶解某物质的最大量），用字母 S 表示，其单位是“g/100g 水”。在未注明的情况下，通常溶解度指的是物质在水里的溶解度，单位g。

（2）气体的溶解度通常指的是该气体（其压强为1标准大气压）在一定温度时溶解在100g溶剂里的体积数，也常用“g/100g溶剂”作单位（自然也可用体积）。

气体溶解度的影响因素：

① 溶剂，溶剂不同，溶解度也不同；

② 压强，对于气体，压强增大溶解度增大，否则相反；

③ 温度，对于气体，温度升高溶解度变小，温度降低溶解度增大。

特别注意：溶解度的单位是g（或者是g/100g溶剂），而不是没有单位。

四、饱和溶液与不饱和溶液

在一定温度下，向一定量溶剂里加入某种溶质，当溶质不能继续溶解时，所得的溶液称为这种溶质在这种条件下的饱和溶液。溶质溶于溶剂的溶解过程，首先是溶质在溶剂中的扩散作用，在溶质表面的分子或离子开始溶解，进而扩散到溶剂中。被溶解了的分子或离子在溶液中不断地运动，当它们和固体表面碰撞时，就有停留在表面上的可能，这种淀积作用是溶解的逆过程。当固体溶质继续溶解，溶液浓度不断增大到某个数值时，淀积和溶解两种作用达成动态平衡状态，即在单位时间内溶解在溶剂中的分子或离子数，和淀积到溶质表面上的分子或离子数相等时，溶解和淀积虽仍在不断地进行，但如果温度不改变，则溶液的浓度已经达到稳定状态，这样的溶液称为饱和溶液，其中所含溶质的量，即该溶质在该温度下的溶解度。由此可见，在饱和溶液中，溶质的溶解速率与它从溶液中淀积的速率相等，处于动态平衡状态。

如果在同一温度下，某种溶质还能继续溶解的溶液（即尚未达到该溶质的溶解度的溶液），称不饱和溶液。

如果溶质是气体，还要指明气体的压强。

五、溶液的浓度及计算

单位溶液中所含溶质的量称为该溶液的浓度。溶质含量越多，浓度越大。

溶液浓度有质量浓度、质量分数、体积分数、物质的量浓度、物质的量分数等。

ZAD001 质量分数的概念

（一）质量分数

溶液的浓度用溶质的质量占全部溶液质量的百分数表示的称为质量分数，用符号%表示。例如，25%的葡萄糖注射液就是指100g注射液中含葡萄糖25g。

(二)质量浓度

GAG002 物质的量浓度的计算

用单位体积($1m^3$ 或 1L)溶液中所含溶质的质量来表示的浓度为质量浓度，以符号 g/m^3 或 mg/L 表示。例如，1L 含铬废水中含六价铬质量为 2mg，则六价铬的浓度为 2mg/L。

(三)物质的量浓度

ZAD002 溶液摩尔分数的概念

溶液的浓度用 1L 溶液中所含溶质的物质的量来表示的称为物质的量浓度，也称摩尔浓度，用符号 mol/L 表示。例如 1L 浓硫酸中含 18.4moL 的硫酸，则浓度为 18.4mol/L。

物质的量浓度(mol/L)=溶质的物质的量/溶液体积

(四)物质的量分数

物质的量分数是指混合物中物质 B 的溶质的量 n_B 与混合物的总物质的量 n 之比，也称摩尔分数，用符号 x_B 表示，物质的量分数的 SI 单位为 1，即没有单位。

$$物质的量分数=\frac{一种组分的物质的量}{各组分的物质的量之和}$$

$$x_B=\frac{n_B}{n}$$

若溶液由 A 和 B 两种组分组成，溶质物质的量为 n_B，溶剂的物质的量为 n_A。

$$x_A=\frac{n_A}{n_A+n_B}$$

$$x_B=\frac{n_B}{n_A+n_B}$$

设某溶液中有组分数 $i, n_1, n_2, n_3, \cdots, n_i$ 表示溶液中各组分的物质的量，则：

$$x_B=\frac{n_B}{n_1+n_2+\cdots+n_i}$$

故

$$x_A+x_B+\cdots+x_i=n_A/n+n_B/n+\cdots+n_i/n=(n_A+n_B+\cdots+n_i)/n=n/n=1$$

简写为：

$$\sum x_i=1$$

溶液各组的物质的量分数之和等于 1。

六、电解质溶液离解平衡的概念

具有极性共价键的弱电解质(如部分弱酸、弱碱。水也是弱电解质)溶于水时，其分子可以微弱离解出离子；同时，溶液中的相应离子也可以结合成分子。一般地，自上述反应开始起，弱电解质分子离解出离子的速率不断降低，而离子重新结合成弱电解质分子的速率不断升高，当两者的反应速率相等时，溶液便达到了离解平衡。此时，溶液中电解质分子的浓度与离子的浓度分别处于相对稳定状态，达到动态平衡。

ZAH006 化学腐蚀的概念

七、金属的吸氧腐蚀与析氢腐蚀

化学腐蚀是指金属与外部介质直接起化学作用，引起表面的破坏。它与电化学腐蚀的区别是没有电流产生。

化学腐蚀过程：开始时，在金属表面形成一层极薄的氧化膜，然后逐步发展成较厚的氧化膜，当形成第一层金属氧化膜后，它可以减慢金属继续腐蚀的速度，从而起到保护作用，但所形成的膜必须是完整的，才能阻止金属的继续氧化。

（一）吸氧腐蚀

吸氧腐蚀是指金属在酸性很弱或中性溶液里，空气里的氧气溶解于金属表面水膜中而发生的电化学腐蚀。例如，钢铁在接近中性的潮湿的空气中的腐蚀就属于吸氧腐蚀。钢铁等金属的电化腐蚀主要是吸氧腐蚀。

（二）析氢腐蚀

析氢腐蚀是指金属在酸性较强的溶剂中，金属发生电化学腐蚀时放出氢气。

项目三 热力学基础知识

一、热力学第一定律

热力学第一定律是不同形式的能量在传递与转换过程中守恒的定律，表达式为 $Q=\Delta U+W$。热量可以从一个物体传递到另一个物体，也可以与机械能或其他能量互相转换，但是在转换过程中，能量的总值保持不变。热力学第一定律就是涉及热现象领域内的能量守恒和转化定律。

二、热力学第二定律

热力学第二定律：不可能把热从低温物体传到高温物体而不产生其他影响，或不可能从单一热源取热使之完全转换为有用的功而不产生其他影响，或不可逆热力过程中熵的微增量总是大于零。该定律又称“熵增定律”，表明了在自然过程中，一个孤立系统的总混乱度（即“熵”）不会减小。

ZAE004 烃类的热容

三、热力学常用概念

（一）热容

在不发生相变化和化学变化的前提下，系统与环境所交换的热与由此引起的温度变化之比称为系统的热容。系统与环境交换热的多少与物质种类、状态、物质的量和交换的方式有关。因此，系统的热容值受上述各因素的影响。另外，温度变化范围也影响热容值，即使温度变化范围相同，系统所处的始、末状态不同，系统与环境所交换的热值也不相同。所以，由某一温度变化范围内测得的热交换值计算出的热容值，只能是一个平均值，称为平均热容。

$$C_{平均}=Q/\Delta T$$

当温度变化时，平均热容就很难反映系统的真实状态。热容的定义式为：

$$C=\mathrm{d}Q/\mathrm{d}T$$

热容的单位为 J/K，是系统的广度性质。1mol 物质的热容称为摩尔热容，以 C_{m} 表示，单位为 J/(mol · K)；单位质量物质的热容称为质量热容，也称为比热容。

（二）汽化热

ZAE005 油品的汽化热

汽化热指单位质量的液体在温度保持不变的情况下转化为气体时所吸收的热量，也等于在一定的压强下（如在 1atm 下）单位质量的气态物质在这一温度下转化为液态时所放出的热量。

项目四 石油天然气生产中常见单质及化合物

一、氧气、氮气与氢气

（一）氧气

氧气化学式为 O_2，相对分子质量为 32，无色无味气体，是氧元素最常见的单质形态；熔点-218.4℃，沸点-183℃；不易溶于水，1L 水中溶解约 30mL 氧气。在空气中氧气约占 21%。液氧为天蓝色。固氧为蓝色晶体。氧气常温下不很活泼，与许多物质都不易作用；但在高温下则很活泼，能与多种元素直接化合，这与氧原子的电负性仅次于氟有关。

CAD004 氮气的性质

（二）氮气

氮气化学式为 N_2，相对分子质量为 28，通常状况下是一种无色无味的气体。氮气占大气总量的 78.08%（体积分数），是空气的主要成分。在标准大气压下，冷却至-195.8℃时，氮气变成没有颜色的液体，冷却至-209.8℃时，液态氮变成雪状的固体。氮气的化学性质不活泼，常温下很难跟其他物质发生反应，所以常被用来制作防腐剂。但在高温、高能量条件下可与某些物质发生化学变化，用来制取对人类有用的新物质。

CAD003 氢气的性质

（三）氢气

常温常压下，氢气是一种极易燃烧，无色透明、无臭无味的气体。相对分子质量为 2，氢气是世界上已知的密度最小的气体，氢气的质量只有空气的 1/14，即在 0℃时，一个标准大气压下，氢气的密度为 0.0899g/L，所以氢气可作为飞艇、氢气球的填充气体（由于氢气具有可燃性，安全性不高，飞艇现多用氦气填充）。氢气主要用作还原剂。

CAD001 硫化氢的性质

二、硫化氢与二氧化硫

（一）硫化氢

硫化氢，分子式为 H_2S，相对分子质量为 34.076，标准状况下是一种易燃的酸性气体，其水溶液为氢硫酸。蒸气压为 2026.5kPa（25.5℃），燃点 260℃，闪点<-50℃，熔点-85.5℃，沸点-60.4℃。硫化氢是一种重要的化学原料。

溶解性：溶于水（溶解比例 1∶2.6）、乙醇、二硫化碳、甘油、汽油、煤油等。临界温度 100.4℃，临界压力 9.01MPa。

危险标记：2.1 类易燃气体，2.3 类毒性气体，有剧毒。

颜色与气味：硫化氢是无色、剧毒、酸性气体。有一种特殊的臭鸡蛋味，嗅觉阈值为 0.00041mL/m^3，即使是低浓度的硫化氢，也会损伤人的嗅觉。浓度高时反而没有气味（因为高浓度的硫化氢可以麻痹嗅觉神经）。用鼻子作为检测这种气体的手段是致命的。

相对密度为 1.189（15℃，0.10133MPa）。它存在于地势低的地方，如地坑、地下室里。

如果发现处在被告知有硫化氢存在的地方，应立刻采取自我保护措施。只要有可能，都要在上风向、地势较高的地方工作。

爆炸极限：与空气或氧气以适当的比例（4.3%～46%）混合就会爆炸。因此含有硫化氢气体存在的作业现场应配备硫化氢监测仪。

可燃性：完全干燥的硫化氢在室温下不与空气中的氧气发生反应，但点火时能在空气中燃烧，钻井、井下作业放喷时燃烧，燃烧率仅为86%左右。硫化氢燃烧时产生蓝色火焰，并产生有毒的二氧化硫气体，二氧化硫气体会损伤人的眼睛和肺。在空气充足时，生成 SO_2 和 H_2O。

$$2H_2S+3O_2 = 2SO_2+2H_2O$$

若空气不足或温度较低时，则生成游离态的S和 H_2O。

$$2H_2S+O_2 = 2S+2H_2O$$

除了在氧气或空气中，硫化氢也能在氯气和氟气中燃烧。

硫化氢在溶液中存在以下平衡：

$$H_2S \rightleftharpoons H^++HS^-, pK_{a1}=6.88$$

$$HS^- \rightleftharpoons H^++S^{2-}, pK_{a2}=12.90$$

氢硫酸比硫化氢气体具有更强的还原性，易被空气氧化而析出硫，使溶液变混浊。在酸性溶液中，硫化氢能使 Fe^{3+} 还原为 Fe^{2+}，Br_2 还原为 Br^-，I_2 还原为 I^-，MnO_4^- 还原为 Mn^{2+}，$Cr_2O_7{}^{2-}$ 还原为 Cr^{3+}，HNO_3 还原为 NO_2，而它本身通常被氧化为单质硫。H_2S 也能还原溶液中的铜离子（Cu^{2+}）、亚硒酸（H_2SeO_3）、四价钋离子（Po^{4+}）等，如：

$$Po^{4+}+2H_2S \longrightarrow PoS\downarrow+S\downarrow+4H^+$$

硫化氢气体可以和金属产生沉淀，通常运用沉淀性被除去，一般的实验室中除去硫化氢气体，采用的方法是将硫化氢气体通入硫酸铜溶液中，形成不溶解于一般强酸（非氧化性酸）的硫化铜：

$$CuSO_4+H_2S = CuS\downarrow+H_2SO_4$$

但硫化氢与硫酸铁反应时，若硫化氢量少，只能生成单质硫，因为 Fe^{3+} 与 S^{2-} 会发生氧化还原反应：

$$H_2S+Fe_2(SO_4)_3 = 2FeSO_4+H_2SO_4+S\downarrow$$

注意：硫化氢的硫是-2价，处于最低价。但氢是+1价，能下降到0价，所以仍有氧化性，如：

$$2Na+H_2S = Na_2S+H_2\uparrow$$

硫化氢能发生归中反应：

$$2H_2S+SO_2 = 2H_2O+3S\downarrow$$

其中硫化氢是还原剂，二氧化硫是氧化剂，硫是氧化产物。

（二）二氧化硫

二氧化硫化学式为 SO_2，是最常见、最简单的硫氧化物，大气主要污染物之一。火山爆发时会喷出该气体，在许多工业过程中也会产生二氧化硫。由于煤和石油通常都含有硫元素，因此燃烧时会生成二氧化硫。当二氧化硫溶于水中，会形成亚硫酸。若把亚硫酸进一步在 pH2. 5 的条件下氧化，便会迅速高效生成硫酸（酸雨的主要成分）。这就是对使用这些燃料作为能源的环境效果担心的原因之一。

三、二氧化碳与一氧化碳

（一）二氧化碳

二氧化碳化学式为 CO_2，相对分子质量为 44，是空气中常见的温室气体，是一种气态化合物，一个二氧化碳分子由两个氧原子与一个碳原子通过共价键构成。

二氧化碳常温下是一种无色无味、不助燃、不可燃的气体，密度比空气大，略溶于水，与水反应生成碳酸。二氧化碳压缩后俗称为干冰。工业上可由碳酸钙强热下分解制取，实验室一般采用石灰石（或大理石）和稀盐酸反应制取。

（二）一氧化碳

在标准状况下，一氧化碳（CO）纯品为无色、无臭、无刺激性的气体。相对分子质量为 28. 01，密度 1. 25g/L，冰点-205. 1℃，沸点-191. 5℃。在水中的溶解度甚低，极难溶于水。与空气混合爆炸极限为 12. 5%～74. 2%。一氧化碳极易与血红蛋白结合，形成碳氧血红蛋白，使血红蛋白丧失携氧的能力和作用，造成组织窒息，严重时死亡。一氧化碳对全身的组织细胞均有毒性作用，尤其对大脑皮质的影响最为严重。在冶金、化学、石墨电极制造以及家用煤气或煤炉、汽车尾气中均有 CO 存在。

四、稀有气体

稀有气体或惰性气体是指元素周期表上的ⅧA 族元素。在常温常压下，它们都是无色无味的单原子气体，很难进行化学反应。天然存在的稀有气体有六种，即氦（He）、氖（Ne）、氩（Ar）、氪（Kr）、氙（Xe）和具放射性活度的氡（Rn）。

五、过氧化氢

过氧化氢化学式为 H_2O_2，纯过氧化氢是淡蓝色的黏稠液体，可任意比例与水混溶，是一种强氧化剂，水溶液俗称双氧水，为无色透明液体。其水溶液适用于医用伤口消毒及环境消毒和食品消毒。过氧化氢在一般情况下会缓慢分解成水和氧气，但分解速度极其慢，加快其反应速度的办法是加入催化剂——二氧化锰等，或用短波射线照射。

六、氢氧化钠

氢氧化钠化学式为 NaOH，相对分子质量为 40，俗称烧碱、火碱、苛性钠，为一种具有强腐蚀性的强碱，一般为片状或块状形态，易溶于水（溶于水时放热）并形成碱性溶液，另有潮解性，易吸取空气中的水蒸气（潮解）和二氧化碳（变质），可加入盐酸检验是否变质。

NaOH 是化学实验室其中一种必备的化学品，亦为常见的化工品之一。纯品是无色透明的晶体。密度 2. 130g/cm^3，熔点 318. 4℃，沸点 1390℃。工业品含有少量的氯化钠和碳酸钠，是白色不透明的晶体，有块状、片状、粒状和棒状等。

模块四　有机化学基础知识

有机化学又称为碳化合物的化学,是研究有机化合物的组成、结构、性质、制备方法与应用的科学,是化学中极重要的一个分支。含碳化合物称为有机化合物,是因为以往的化学家们认为含碳物质一定要由生物(有机体)才能制造。然而在 1828 年的时候,德国化学家弗里德里希·维勒,在实验室中首次成功合成尿素(一种生物分子),自此以后有机化学便脱离传统所定义的范围,扩大为含碳物质的化学。

有机化合物和无机化合物之间没有绝对的分界。有机化学之所以成为化学中的一个独立学科,是因为有机化合物确有其内在的联系和特性。在含多个碳原子的有机化合物分子中,碳原子互相结合形成分子的骨架,别的元素的原子就连接在该骨架上。在元素周期表中,没有一种别的元素能像碳那样以多种方式彼此牢固地结合。由碳原子形成的分子骨架有多种形式,有直链、支链、环状等。

项目一　有机化合物的分类、命名和结构

一、有机化合物的分类

有机物种类繁多,可分为烃和烃的衍生物两大类;根据有机物分子的碳架结构,还可分成开链化合物、碳环化合物和杂环化合物三类;根据有机物分子中所含官能团的不同,又分为烷烃、烯烃、炔烃、芳香烃和卤代烃、醇、酚、醚、醛、酮、羧酸、酯等。

(一)按碳的骨架分类

1. 链状化合物

链状化合物分子中的碳原子相互连接成链状,因其最初是在脂肪中发现的,所以又称脂肪族化合物。其结构特点是碳与碳间连接成不闭口的链。

2. 环状化合物

环状化合物指分子中原子以环状排列的化合物。环状化合物又分为脂环化合物和芳香化合物。

(1)脂环化合物:不含芳香环(如苯环、稠环或某些具有苯环或稠环性质的杂环)的带有环状的化合物,如环丙烷、环己烯、环己醇等。

(2)芳香化合物:含芳香环(如苯环、稠环或某些具有苯环或稠环性质的杂环)的带有环状的化合物,如苯、苯的同系物及衍生物,稠环芳香烃及衍生物,吡咯、吡啶等。

(二)按组成元素分类

1. 烃

仅由碳和氢两种元素组成的化合物总称为碳氢化合物,简称烃,如甲烷、乙烯、乙炔、苯等。

2. 烃的衍生物

烃分子中的氢原子被其他原子或者原子团所取代而生成的一系列化合物称为烃的衍生物,如卤代烃、醇、氨基酸、核酸等。

二、有机化合物的命名

(一)习惯命名法

习惯命名法又称为普通命名法,适用于结构简单的烷烃。命名方法如下:

(1)用“正”表示直链的烷烃,根据碳原子数目命名为正某烷。

碳原子数目为1~10个的用天干名称甲、乙、丙、丁、戊、己、庚、辛、壬、癸表示,碳原子数目在10个以上的,则用小写中文数字表示。“正”字也可用“n-”表示(n取自英文“normal”的第一个字母),但常可省略。

(2)用“异”表示末端具有(CH)CH—结构的烷烃。“异”字也可用“i-”或“iso”表示。

(3)用“新”表示末端具有(CH)C—结构的含5、6个碳原子的烷烃。“新”字也可用“neo”表示。

(二)系统命名法

有机化合物种类繁多,数目庞大,即使同一分子式,也有不同的同分异构体,若没有一个完整的命名方法来区分各个化合物,在文献中会造成极大的混乱,因此认真学习每一类化合物的命名是有机化学的一项重要内容。现在书籍、期刊中经常使用普通命名法和国际纯粹与应用化学联合会命名法,后者简称IUPAC命名法。中国的命名法是中国化学会结合IUPAC的命名原则和中国文字特点而制定的,在1960年修订了《有机化学物质的系统命名原则》,在1980年又加以补充,出版了《有机化学命名原则》增订本。

三、有机化合物的结构

有机化合物种类繁多、数目庞大(已知有3000多万种且还在以每年数百万种的速度增加),但组成元素少,只有C、H、O、N、P、S、X(卤素F、Cl、Br、I)等。

(一)有机化合物中碳原子的成键特点

碳原子最外层有4个电子,不易失去或获得电子而形成阳离子或阴离子。碳原子通过共价键与氢、氧、氮、硫、磷等多种非金属形成共价化合物。

由于碳原子成键的特点,每个碳原子不仅能与氢原子或其他原子形成4个共价键,而且碳原子之间也能以共价键相结合。碳原子间不仅可以形成稳定的单键,还可以形成稳定的双键或三键。多个碳原子可以相互结合成长短不一的碳链,碳链也可以带有支链,还可以结合成碳环,碳链和碳环也可以相互结合。因此,含有原子种类相同,每种原子数目也相同的分子,其原子可能有多种不同的结合方式,形成具有不同结构的分子。

(二)有机化合物的同分异构现象

化合物具有相同的分子式,但结构不同,因此产生了性质上的差异,这种现象称为同分异构现象。具有同分异构现象的化合物互为同分异构体。在有机化合物中,当碳原子数目增加时,同分异构体的数目也就越多。同分异构体现象在有机物中十分普遍,这也是有机化合物在自然界中数目非常庞大的一个原因。

项目二　烃和烃的衍生物

一、烷烃

烷烃，即饱和链烃，其整体构造大多仅由碳、氢形成的碳碳单键与碳氢单键所构成，同时也是最简单的一种有机化合物，分子通式为 C_nH_{2n+2}。

烷烃的物理性质随分子中碳原子数的增加，呈现规律性的变化。在室温下，含有 1~4 个碳原子的烷烃为气体；常温下，含有 5~10 个碳原子的烷烃为液体；含有 10~16 个碳原子的烷烃可以为固体，也可以为液体；含有 17 个碳原子以上的正烷烃为固体，但直至含有 60 个碳原子的正烷烃（熔点 99℃），其熔点（melting point）都不超过 100℃。低沸点（boiling point）的烷烃为无色液体，有特殊气味；高沸点烷烃为黏稠油状液体，无味。

二、醇

醇，是有机化合物的一大类，是脂肪烃、脂环烃或芳香烃侧链中的氢原子被羟基取代而成的化合物。一般所指的醇，羟基是与一个饱和的、sp3 杂化的碳原子相连。若羟基与苯环相连，则是酚；若羟基与 sp2 杂化的烯类碳相连，则是烯醇。酚与烯醇与一般的醇性质上有较大差异。

三、酚

羟基直接和芳烃核（苯环或稠苯环）的碳原子相连的分子称为酚，这种结构与脂肪烯醇有相似之处，故也会发生互变异构，称为酚式结构互变。

酚类化合物种类繁多，有苯酚、甲酚、氨基酚、硝基酚、萘酚、氯酚等。

酚类化合物是一种原型质毒物，对一切生活个体都有毒杀作用，能使蛋白质凝固，所以有强烈的杀菌作用。其水溶液很易通过皮肤引起全身中毒；其蒸气由呼吸道吸入，对神经系统损害更大。长期吸入高浓度酚蒸气或饮用酚污染了的水可引起慢性积累性中毒；吸入高浓度酚蒸气、酚液或被大量酚液溅到皮肤上可引起急性中毒。如不及时抢救，可在 3~8h 内因神经中枢麻痹而残废。慢性酚中毒常见有呕吐，腹泻、食欲不振、头晕、贫血和各种神经系病症。人对酚的口服致死量为 530mg/kg 体重。

酚对水产和微生物、农作物都有一定的毒害。水中含酚 0. 1~0. 2mg/L 时，鱼肉即有臭味不能食用；6. 5~9. 3mg/L 时，能破坏鱼的鳃和咽，使其腹腔出血、脾肿大甚至死亡。含酚浓度高于 100mg/L 的废水直接灌田，会引起农作物枯死和减产。

四、醛

醛是有机化合物的一类，是醛基（—CHO）和烃基（或氢原子）连接而成的化合物。醛基由一个碳原子、一个氢原子及一个双键氧原子组成。醛基也称为甲酰基。

常温下，除甲醛为气体外，分子中含有 12 个碳原子以下的脂肪醛为液体，高级的醛为固体；而芳香醛为液体或固体。低级的脂肪醛具有强烈的刺激性气味，分子中含有 9 个碳原子和分子中含有 10 个碳原子的醛具有花果香味,因此常用于香料工业。

由于羰基的极性,因此醛的沸点比相对分子质量相近的烃类及醚类高。但由于羰基分子间不能形成氢键,因此沸点较相应的醇低。

因为醛的羰基可以与水中的氢形成氢键,故低级的醛可以溶于水;但芳香醛一般难溶于水。

五、卤代烃

烃分子中的氢原子被卤素原子取代后的化合物称为卤代烃,简称卤烃。卤代烃的通式为:(Ar)R—X,X 可看作是卤代烃的官能团,包括 F、Cl、Br、I。

CH_3F、CH_3CH_2F、CH_3Cl、CH_3Br 在常温下是气体,余者低级为液体,高级的是固体。它们的沸点随分子中碳原子和卤素原子数目的增加(氟代烃除外)和卤素原子序数的增大而升高。密度随碳原子数增加而降低。一氟代烃和一氯代烃的密度一般比水小,溴代烃、碘代烃及多卤代烃密度比水大。绝大多数卤代烃不溶于水或在水中溶解度很小,但能溶于很多有机溶剂,有些可以直接作为溶剂使用。卤代烃大都具有一种特殊气味,多卤代烃一般都难燃或不燃。

卤代烃的同分异构体的沸点随烃基中支链的增加而降低。同一烃基的不同卤代烃的沸点随卤素原子的相对原子质量的增大而增大。

卤代烃是一类重要的有机合成中间体,是许多有机合成的原料,它能发生许多化学反应,如取代反应、消去反应等。卤代烷中的卤素容易被—OH、—OR、—CN、NH_3 或 H_2NR 取代,生成相应的醇、醚、腈、胺等化合物。

六、羧酸

由烃基和羧基相连构成的有机化合物称为羧酸。饱和一元羧酸的沸点甚至比相对分子质量相似的醇还高。例如:甲酸与乙醇的相对分子质量相同,但乙醇的沸点为 78.5℃,而甲酸为 100.7℃。

饱和一元羧酸中,甲酸、乙酸、丙酸具有强烈酸味和刺激性。含有 4~9 个 C 原子的具有腐败恶臭,是油状液体。含 10 个 C 以上的为石蜡状固体,挥发性很低,没有气味。

七、酯

酸(羧酸或无机含氧酸)与醇起反应生成的一类有机化合物称为酯。低级的酯是有香气的挥发性液体,高级的酯是蜡状固体或很稠的液体。几种高级的酯是脂肪的主要成分。低级酯一般是指含碳原子数少,而高级酯一般是指含碳原子数多。所以低级酯指的是含碳原子数少的酯,高级酯即指含碳原子数多的酯。

八、含氮的有机化合物

(一)胺

氨分子中的一个或多个氢原子被烃基取代后的产物,称为胺。根据胺分子中氢原子被取代的数目,可将胺分成伯胺、仲胺、叔胺。胺类广泛存在于生物界,具有极重要的生理活性和生物活性,如蛋白质、核酸、许多激素、抗生素和生物碱等都是胺的复杂衍生物,临床上使用的大多数药物也是胺或者胺的衍生物,因此掌握胺的性质和合成方法是研究这些复杂天然产物及更好地维护人类健康的基础。

（二）腈

腈是一类含有机基团—CN 的有机物。腈可以通过氰化钾和卤代烷在水或与水化学特性类似的溶液中,通过亲核取代反应制取。腈为无色液体或固体,有特殊气味,遇酸或碱分解,剧毒,遇明火、高热、强酸和氧化剂能引起燃烧或爆炸。其着火时,可用泡沫、雾状水、二氧化碳、砂土等扑救。腈常用于合成树脂、纤维、橡胶、医药、农药和染料等。

模块五 单元操作基础知识

项目一 流体流动与输送

一、流体静力学

流体静力学主要研究流体处于静止状态时的平衡规律，其基本原理在化工生产中应用广泛，如流体压力（差）的测量、容器液位的测定和设备液封等。

（一）流体的主要物理量

1. 流体的密度

单位体积流体所具有的质量，称为流体的密度，表达式为：

$$\rho = m/V$$

式中 ρ——流体的密度，kg/m^3；

m——流体的质量，kg；

V——流体的体积，m^3。

不同的流体密度不同。对于一定的流体，密度是压力 p 和温度 T 的函数。液体的密度随压力和温度变化很小，在研究流体的流动时，若压力和温度变化不大，可以认为液体的密度为常数。密度为常数的流体称为不可压缩流体。气体是可压缩的流体，其密度随压强和温度而变化。因此气体的密度必须标明其状态，从手册中查得的气体密度往往是某一指定条件下的数值，这就涉及如何将查得的密度换算为操作条件下的密度。在压强和温度变化很小的情况下，也可以将气体当作不可压缩流体来处理。

2. 流体的静压强

1）流体静压强的定义

流体垂直作用于单位面积上的力，称为压强，或称为静压强，也常称为压力，表达式为：

$$p = F_v/A$$

式中 p——流体的静压强，Pa；

F_v——垂直作用于流体表面上的力，N；

A——作用面的面积，m^2。

在法定单位中，压强的单位是 Pa，称为帕斯卡。习惯上还采用标准大气压（atm）、毫米汞柱（mmHg）、米水柱（mH_2O）、bar（巴）或工程大气压（at 或 kgf/cm^2）等，它们之间的换算关系为：

$$1atm = 760mmHg = 10.33mH_2O = 1.0133\times10^5Pa$$

$$1at = 1kgf/cm^2 = 735.6mmHg = 10mH_2O = 1.0133bar = 9.807\times10^4Pa$$

$$1atm = 1.033at$$

2)静压强的表示方法

流体的压强(后称压力)可以根据不同的基准来表示。以绝对真空为基准表示的压力称为绝对压力(简称绝压),是流体的真实压力;以当地大气压力为基准表示的压力称为表压力(简称表压)或真空度,分别表示被测流体压力高于或低于当地大气压力的数值,是压力表上的读数。当被测流体的绝对压力高于当地大气压力时,常用表压表示;当被测流体的绝对压力低于当地大气压力时,常用真空度或负表压表示。它们之间有以下关系:

绝对压力=表压力+当地大气压力

绝对压力=当地大气压力-真空度

绝对压力与表压力、真空度之间的关系也可以用图 1-5-1 表示。

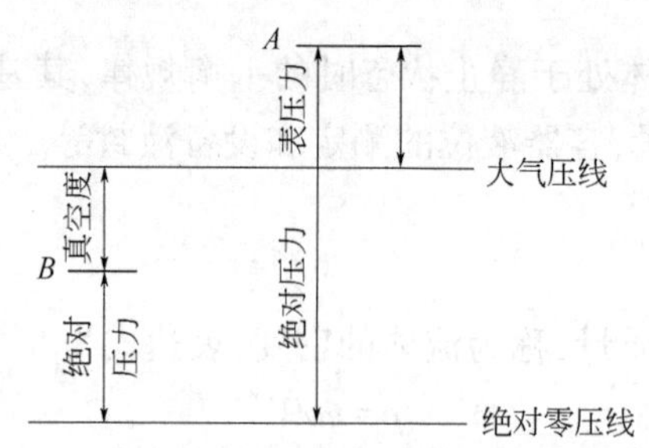

图 1-5-1 绝对压力与表压力、真空度之间的关系

J(GJ)BJ005 流体力学计算

(二)流体静力学基本方程

1. 静压力特性

静止流体内部压力具有以下特性:

(1)流体压力与作用面垂直,并指向该作用面;

(2)静压力与其作用面在空间的方位无关,只与该点位置有关,即作用于任意点处不同方向上的压力在数值上均相同,静压力各向同性。

流体静压力的上述特性不仅适用于流体内部,而且也适用于与固体接触的流体表面,即不论器壁的形状与方向如何,静压力总是垂直于器壁,并且指向器壁。因此,测量某点压力时,测压管不必选择插入方向,只要在该点位置上测量即可。

2. 流体静力学基本方程

流体静力学基本方程是研究流体在重力场中处于静止时的平衡规律,描述静止流体内部的压力与所处位置之间的关系。

图 1-5-2 中装有密度为 ρ 的液体,则在静止液体中处于不同高度 z_1、z_2 之间的压力关系为:

$$p_1+\rho g z_1=p_2+\rho g z_2$$

变形为:

$$\frac{p_1}{\rho}+z_1 g=\frac{p_2}{\rho}+z_2 g$$

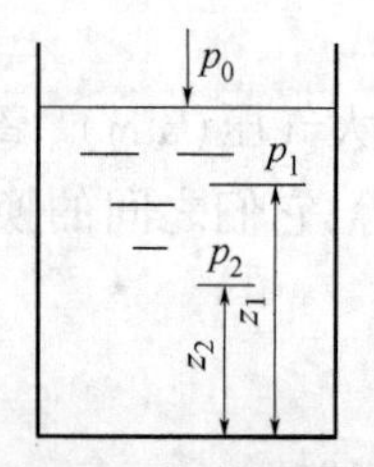

图 1-5-2 静止液体内部压力

若将平面 1 取在容器的液面上,其上方的压力为 p_0,则深度为 h 的平面处压力为:

$$p=p_0+\rho gh$$

以上均称为流体静力学基本方程。

静力学基本方程适用于在重力场中静止、连续的同种不可压缩流体，如液体。而对于气体来说，密度随压力变化，但若气体的压力变化不大，密度近似地取其平均值而视为常数时，上述方程仍适用。

(三)静力学方程式的应用

GBJ001　静力学方程式的应用

由静力学基本方程可知以下几点：

(1)静止流体中任一点的静压力是液体表面上和液柱重力所产生的压力之和。

(2)静止流体的压力随液体距离液面的深度呈线性规律分布。

(3)当液面上方压力 p_0 一定时，静止液体内部任一点的压力 p 与其密度 ρ 和该点的深度 h 有关。因此，在静止的、连续的同种流体内，位于同一水平面上各点的压力均相等，连通器上同一深度压力相等。压力相等的面称为等压面。液面上方压力变化时，液体内部各点的压力也将发生相应的变化。

(4) zg 项可理解为 mgz/m(m 为流体的质量)，其单位为 J/kg，即为单位质量流体所具有的位能；p/ρ 为单位质量的流体所具有的静压能。$\frac{p}{\rho}$项的单位为$\frac{N/m^2}{kg/m^3}=\frac{N\cdot m}{kg}=\frac{J}{kg}$。

由此可见，静止流体存在两种能量形式，即位能和静压能，二者均为流体的势能。

$$\frac{p}{\rho}+zg=C(\text{常数})$$

上式表明，在同一静止流体中，处在不同位置流体的位能和静压各不相同，但二者之和即总势能保持不变。因此，静力学基本方程也反映了静止流体内部能量守恒与转换的关系。

(5)

$$\frac{p_2-p_0}{\rho g}=h$$

表明压力或压力差可用液柱高度表示，但需注明液体的种类。

【例 1-5-1】　已知塔底液面距地面 3m，塔顶压力 0.4MPa，塔压降 0.05MPa，机泵入口距地面 1m，油品相对密度为 0.5，求机泵入口静压。

解：

$$\Delta h=3-1=2(\text{m})$$

$$\begin{aligned}p_{总}&=p_{顶}+p_{降}+\rho gh\\&=0.4+0.05+500\times9.81\times2\times10^{-6}\\&=0.46(\text{MPa})\end{aligned}$$

答：机泵入口静压为 0.46MPa。

ZAF002　动力学基本方程的应用

二、流体动力学

化工生产中流体大多是在封闭管路中流动，因此，必须研究流体在管内的流动规律。流体动力学主要研究流体在流动过程中的质量衡算，从而获得流体流动中的运动参数如流速、压力等的变化规律。

（一）流体的流量与流速

1. 流量

单位时间内流经管路任意截面的流体量称为流量，通常有两种表示方法。

（1）体积流量：单位时间内流经管路任意截面的流体体积，以 q_V 表示，单位为 m^3/s 或 m^3/h。

（2）质量流量：单位时间内流经管路任意截面的流体质量，以 q_m 表示，单位为 kg/s 或 kg/h。

体积流量与质量流量的关系为：

$$q_m = q_V \rho$$

2. 流速

单位时间内流体质点在流动方向上所流经的距离称为流速。与流量相对应，流速也有两种表示方法。

（1）平均流速：实验发现，流体质点在管路截面上各点的流速并不一致，而是形成某种分布。在工程计算中，为简便起见，常采用平均流速表征流体在该截面的速度。定义平均流速为流体的体积流量（q_V）与管路截面积（A）之比：

$$u = \frac{q_V}{A}$$

平均流速 u 单位为 m/s。习惯上，平均流速简称为流速。

（2）质量流速：单位时间内流经单位截面积的流体质量，以 G 表示，单位为 $kg/(m^3 \cdot s)$。

质量流速与平均流速的关系为：

$$G = \frac{q_m}{A} = \frac{q_V \rho}{A} = u\rho$$

流量与平均流速的关系为：

$$q_m = q_V \rho = uA\rho = GA$$

一般化工管路为圆形，其内径的大小可根据流量与流速计算。流量通常由生产任务决定，而流速需综合各种因素进行经济核算合理选择。一般液体的流速为 1～3m/s，低压气体流速为 8～12m/s。

（二）定态（稳定）流动与非定态（非稳定）流动

1. 定义

流体流动系统中，若各截面上的温度、压力、流速等物理量仅随位置变化，而不随时间变化，则此种流动称为定态流动；若流体在各截面上的有关物理量既随位置变化，也随时间变化，则称为非定态流动。

如图 1-5-3(a)所示，装置液位恒定，因而流速不随时间变化，为定态流动；图 1-5-3(b)装置流动过程中液位不断下降；流速随时间而递减，为非定态流动。

在化工厂中，连续生产的开、停车阶段属于非定态流动，而正常连续生产时，均属于定态流动。

ZAF001 稳态流动流体的物料衡算

2. 定态流动系统的质量衡算

如图 1-5-4 所示的定态流动系统，流体连续地从 1—1′截面进入，2—2′截面流出，且充满全部管路。以1—1′、2—2′截面以及管内壁所围成的空间为衡算范围。对于定态流动系统，在管路中流体没有增加和漏失的情况下，根据质量守恒定律，单位时间进入1—1′截面的流体质量与单位时间流出2—2′的流体质量必然相等：

$$q_{m1}=q_{m2}$$

或

$$\rho_1 u_1 A_1=\rho_2 u_2 A_2$$

推广至任意截面：

$$q_m=\rho_1 u_1 A_1=\rho_2 u_2 A_2=\cdots=\rho uA=C(\text{常数})$$

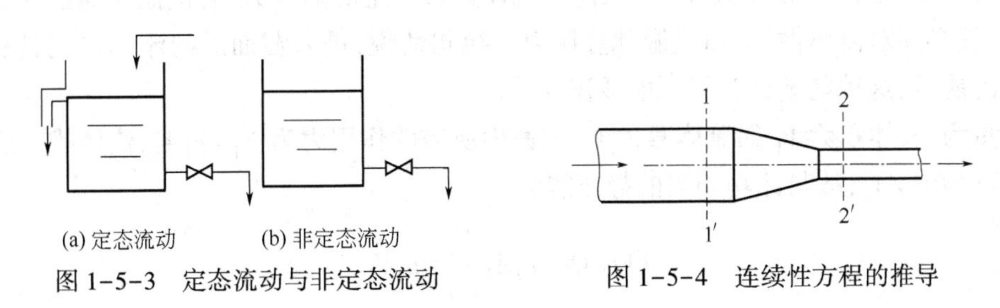

图1-5-3 定态流动与非定态流动　　图1-5-4 连续性方程的推导

以上三式均称为连续性方程，表明在定态流动系统中流体流经各截面时质量流量恒定，而流速 u 随管截面积 A 和密度 ρ 的变化而变化，反映了管路截面上流速的变化规律。

对不可压缩性流体，ρ 是常数，连续性方程可写为：

$$q_V=u_1A_1=u_2A_2=\cdots=uA=C(\text{常数})$$

上式表明不可压缩性流体流经各截面时的体积流量也不变，流速与管截面积成反比，管截面积越小，流速越大；反之亦然。

对于圆形管路，可变形为：

$$\frac{u_1}{u_2}=\frac{A_2}{A_1}=\left(\frac{d_2}{d_1}\right)^2$$

即不可压缩性流体在圆形管路中任意截面的流速与管内径的平方成反比。

3. 定态流动系统的机械能衡算

1）理想流体的机械能衡算

如前所述，理想流体是指没有黏性的流体，在流动过程中没有能量损失。在图1-5-5所示定态流动系统中，理想流体从1—1′截面流入，2—2′截面流出。

衡算范围为1—1′、2—2′截面以及管内壁所围成的空间，衡算基准为1kg流体，基准水平面为0—0′水平面。

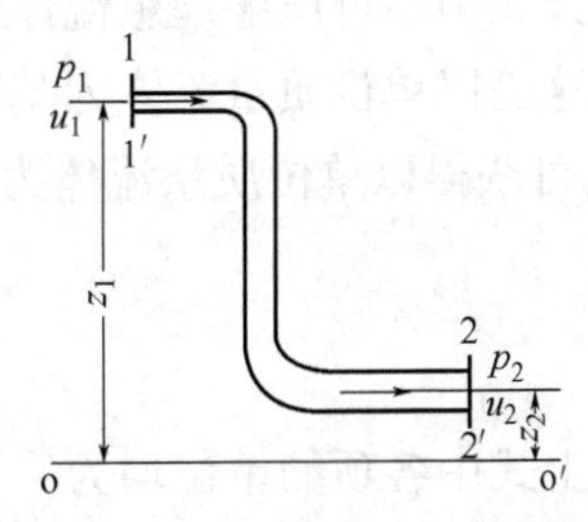

图1-5-5 理想流体机械能衡算

流体的机械能有以下三种形式。

（1）位能：流体受重力作用在不同高度所具有的能量称为位能。位能是一个相对值，随所选取的基准水平面的位置而定。在其上位能为正，其下为负。

将质量为 m 的流体自基准水平面0—0′升举 z 处所能做的功即为位能：

$$\text{位能}=mgz$$

1kg 流体所具有的位能为 zg，其单位为 J/kg。

(2)动能：流体以一定速度流动，便具有动能，其大小为：

$$动能=\frac{1}{2}mu^2$$

lkg 流体所具有的动能为$\frac{1}{2}u^2$，其单位为 J/kg。

(3)静压能：与静止流体相同，流动着的流体内部任意位置也存在静压力。对于图 1-5-5 的流动系统，由于在 1—1′截面处流体具有一定的静压力，若使流体通过该截面进入系统，就必须对流体做功，以克服此静压力。换句话说，进入截面后的流体也就具有与此功相当的能量，这种能量称为静压能或流动功。

质量为 m、体积为 V_1 的流体通过 1—1′截面所需的作用力为 $F_1=p_1A_1$，流体推入管内所走的距离为 V_1/A_1，故与此功相当的静压能为：

$$静压能=p_1A_1\frac{V_1}{A_1}=p_1V_1$$

lkg 流体所具有的静压能为$\frac{p_2V_2}{m}=\frac{p_2}{\rho_2}$，其单位为 J/kg。

以上三种能量均为流体在截面处所具有的机械能，三者之和称为某截面上流体的总机械能。在图 1-5-5 中由于理想流体在流动过程中无能量损失，因此，根据能量守恒原则，对于划定的流动范围，其输入的总机械能必等于输出的总机械能。在图 1-5-6 中，对于 1—1′截面与 2—2′截面之间的衡算范围，无外加能量时，则有：

$$z_1g+\frac{1}{2}u_1^2+\frac{p_1}{\rho_1}=z_2g+\frac{1}{2}u_2^2+\frac{p_2}{\rho_2}$$

对于不可压缩性流体，密度 ρ 为常数，可简化为：

$$z_1g+\frac{1}{2}u_1^2+\frac{p_1}{\rho}=z_2g+\frac{1}{2}u_2^2+\frac{p_2}{\rho}$$

此式为不可压缩理想流体的机械能衡算式，称为伯努利方程。

这是以单位质量流体为基准的机械能衡算式，各项单位均为 J/kg。若将其中各项同除以 g，可获得以单位质量流体为基准的另一种机械能衡算式。

$$z_1+\frac{1}{2g}u_1^2+\frac{p_1}{\rho g}=z_2+\frac{1}{2g}u_2^2+\frac{p_2}{\rho g}$$

上式中各项的单位均为$\frac{\text{J/kg}}{\text{N/kg}}=\frac{\text{J}}{\text{N}}=\text{m}$，表示单位质量(1N)流体所具有的能量。习惯上将 z、$\frac{u^2}{2g}$、$\frac{p}{\rho g}$分别称为位压头、动压头和静压头，三者之和称为总压头。这也称为伯努利方程。

2)实际流体的机械能衡算

工程上遇到的都是实际流体。对于实际流体，除在截面上具有的位能、动能及静压能外，在流动过程中还有通过其他外界条件与衡算系统交换的能量。

因实际流体具有黏性，在流动过程中必消耗一定的能量，这些消耗的机械能转变为热能，因此无法利用，所以将其称为能量损失或阻力。将1kg 流体的能量损失用$\sum W_f$表示，其单位为J/kg。

在实际流体管路系统中，还有流体输送机械（泵或风机）向流体做功。将1kg 流体从流体输送机械所获得的能量称为外功或有效功用W_e表示，其单位为J/kg。

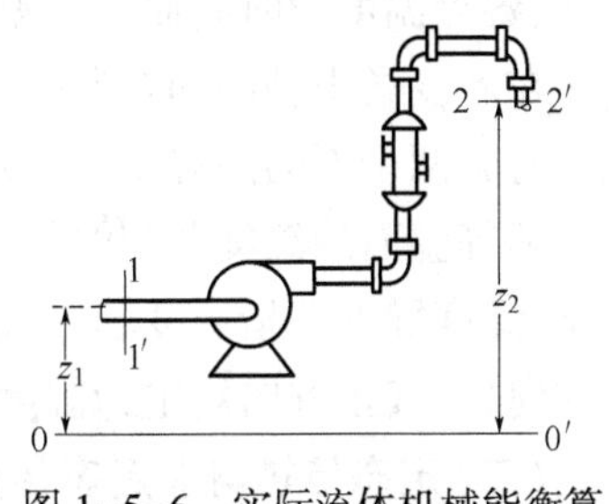

图1-5-6　实际流体机械能衡算

因此，在1—1'截面与2—2'截面（图1-5-6）之间进行机械能衡算，有：

$$z_1g+\frac{1}{2}u_1^2+\frac{p_1}{\rho}+W_e=z_2g+\frac{1}{2}u_2^2+\frac{p_2}{\rho}+\sum W_f$$

或

$$z_1+\frac{1}{2g}u_1^2+\frac{p_1}{\rho g}+H_e=z_2+\frac{1}{2g}u_2^2+\frac{p_2}{\rho g}+\sum h_f$$

以上两式为不可压缩实际流体的机械能衡算式，是理想流体伯努利方程的引申，习惯上也称为伯努利方程式。$H_e=W_e/g$，为单位质量流体从流体输送机械所获得的能量，称为外加压头或有效压头，其单位为m；$\sum h_f=\sum W_f/g$，为单位质量流体在流动过程中损失的能量称为压头损失，其单位亦为m。

ZAF012　流体流动类型的判断

（三）流体流动类型的判断

层流是流体的一种流动状态。当流速很小时，流体分层流动，互不混合，称为层流，或称为片流；逐渐增加流速，流体的流线开始出现波浪状的摆动，摆动的频率及振幅随流速的增加而增加，此种流况称为过渡流；当流速增加到很大时，流线不再清楚可辨，流场中有许多小漩涡，称为湍流，又称为乱流、扰流或紊流。

这种变化可以用雷诺数来量化。雷诺数较小时，黏滞力对流场的影响大于惯性力，流场中流速的扰动会因黏滞力而衰减，流体流动稳定，为层流；反之，若雷诺数较大时，惯性力对流场的影响大于黏滞力，流体流动较不稳定，流速的微小变化容易发展、增强，形成紊乱、不规则的湍流流场。

流态转变时的雷诺数值称为临界雷诺数。一般管道雷诺数$Re<2000$为层流状态，$Re>4000$为湍流状态，$Re=2000\sim4000$时为过渡状态。

项目二　传热

一、基本概念

在物体内部或物系之间，只要存在温度差，就会发生高温处向低温处的热量传递。自然界和生产领域中普遍存在着以温度差为推动力的热量传递现象。热量传递简称为传热。

（一）温度场

温度场是指物体或系统内各点温度分布的总和。也就是说，温度场中任意点的温度是其空间位置和时间的函数。若某温度场中任一点的温度不随时间而改变，称为定态温度场；

反之，各点温度随时间而变的温度场称为非定态温度场。

在温度场中，同一时刻所有温度相同的点组成的面称为等温面。由于空间任一点不可能同时有两个不同的温度，所以温度不同的等温面彼此不相交。

两等温面的温度差与时间的法向距离之比，在法向距离趋于零时的极限称为温度梯度。可见，温度梯度是指温度场内某一点在等温面法线方向上的温度变化率，是一种与等温面垂直的向量，其正方向规定为温度升高的方向。

（二）定态传热与非定态传热

若研究的传热过程是在定态温度场中进行的，则称为定态传热；反之，若研究的传热过程是在非定态温度场中进行的，则称为非定态传热。

（三）传热速率与热通量

研究传热过程中的重要问题之一是确定传热速率。传热速率是指在传热设备中单位时间内通过传热面的热量。热通量是指单位时间内通过单位传热面积传递的热量。

GBC010 加热炉的传热过程

二、热量传递的基本方式

根据热量传递机理的不同，有三种基本热传递方式：热传导、对流传热和热辐射。实际传热过程中，这三种传热方式或单独存在或同时存在。

（一）热传导

热传导简称导热。物体内部或两个直接接触的物体之间若存在温度差，热量会从高温部分向低温部分传递。从微观角度来看，导热是物质的分子、原子和自由电子等微观粒子的热运动产生的热传递现象。在气体中，高温区的气体分子动能大于低温区的气体分子动能，动能大小不同的分子相互碰撞，使热量从高温区向低温区传递。在非金属固体中，主要是由相邻分子的热振动与碰撞传递热量的；而在金属中，热传导主要是依靠其自由电子的迁移实现的。至于液体的导热机理，至今尚不清楚。

（二）对流传热

在流体中，冷、热不同部位的流体质点作宏观移动和混合，将热量从高温处传递到低温处的现象称为对流传热。例如，靠近暖气片的空气受热膨胀而向上浮升，周围的冷空气流向暖气片，形成空气的对流，将热量带到房间内各处。这种由于流体内部冷、热部分的密度不同而产生的对流称为自然对流。若冷、热两部分流体的对流是在泵、风机或搅拌等外力作用下产生的，则称为强制对流。由于流体中存在温度差，必然也同时存在流体分子间的热传导。

（三）热辐射

物质因本身温度的原因激发产生电磁波，向空间传播，则称为热辐射。热辐射的电磁波波长主要位于0.38~100μm波段内，属于可见光线和红外线范围。任何物体只要温度在热力学温度0K以上，都不断地向外界发射热辐射能，不需任何介质而以电磁波在空间传播，热辐射能被另一物体部分或全部吸收时即变为热能。

物体温度越高，辐射出的总能量就越大，短波成分也越多。

热辐射的本质决定了热辐射过程有以下三个特点：

（1）热辐射与热传导、对流传热不同，它不依赖物体的接触而进行热量传递，而热传导和对流传热都必须由冷、热物体直接接触或通过中间介质相接触才能进行。

(2)热辐射过程伴随着能量形式的两次转化,即物体的部分内能转化为电磁波能发射出去,当此波能射及另一物体表面而被吸收时,电磁波能又转化为内能。

(3)一切物体只要其温度 $T>0K$,都会不断地发射热射线。当物体间有温差时,高温物体辐射给低温物体的能量大于低温物体辐射给高温物体的能量,因此总的结果是高温物体把能量传给低温物体。即使各个物体的温度相同,热辐射仍在不断进行,只是每一物体辐射出去的能量,等于吸收的能量,从而处于动平衡的状态。

三、传热计算

J(GJ)BJ004 换热器传热量的计算

(一)总传热方程式

$$q=KA\Delta t$$

式中 q——传热速率(冷热流体在单位时间内交换的热量),W;

K——比例常数,或称传热系数,$J/(s\cdot m^2\cdot K)$或$W/(m^2\cdot K)$;

A——传热面积,m^2;

Δt——温差(热量传递的推动力),K。

(二)热传导方程式(傅里叶定律)

$$q=\lambda\frac{A}{\delta}\Delta t$$

式中 λ——导热系数,$J/(s\cdot m\cdot K)$或$W/(m\cdot K)$;

A——导热面积,m^2;

δ——壁厚,m。

把上式改写为下面的形式:

$$\frac{q}{A}=\frac{\Delta t}{\frac{\delta}{\lambda}}$$

表明单层平壁进行热传导时,其热阻 R 为:

$$R=\frac{\delta}{\lambda}$$

上式表明,平壁材料的导热系数越小,平壁厚度越大,则热传导阻力越大。

导热系数的物理意义是,壁面为 $1m^2$,厚度为 1m,两面温差为 1K 时,单位时间内以传导方式所传递的热量。导热系数值越大,则物质的导热能力越强,一般来说,金属>固体非金属>液体>气体。

各种物体都能够传热,但是不同物质的传热本领不同。容易传热的物体为热的良导体,不容易传热的物体为热的不良导体。金属都是热的良导体。瓷、木头和竹子、皮革、水都是不良导体。金属中最善于传热的是银,其次是铜和铝。最不善于传热的是羊毛、羽毛、毛皮、棉花,石棉、软木和其他松软的物质。液体,除水银外,都不善于传热,气体比液体更不善于传热。

当温度升高时,固体、气体的导热系数增大;非金属液体的导热系数变化不规律,大多数随温度升高而降低。

(三)对流传热方程式

对流传热是指流体与固体壁面间的传热过程,即由流体将热传给壁面,或由壁面传给流体的过程。对流传热是流体各部分发生相对位移而引起的传热现象,主要依靠流体质点的移动和混合来完成,所以对流传热与流体的流动状况密切相关。

工程上,一般采用下式计算对流传热过程的传热速率:

$$q=\alpha A(t_{w}-t)$$

式中 q——传热速率,W;

α——对流传热系数,W/(m^2 · K);

A——传热面积,m^2;

t_w——固体壁面温度,K;

t——流体平均温度,K。

(四)影响对流传热系数的主要因素

(1)引起流动的原因——强制对流或自然对流。一般来说,强制对流所造成的流体湍动程度和壁面附近的温度梯度远大于自然对流,因而其对流传热系数远高于自然对流传热系数。

(2)流动状况首先考虑的是流动形态,流动形态不同,对流传热系数的机理是不同的。一般来说,湍流时对流传热系数大大高于层流时的情况。同样是湍流的情况下,流体湍动程度大小有所不同,导致层流内层厚度不同。湍动程度越大,则层流内层越薄,对流传热系数越大。

(3)流体的性质对层流内层的热传导和自然对流中的环流速度有影响,因而对对流传热过程有重要影响。流体的黏度越小则层流内层越薄,热导率越大,则导热性能越好,质量热容越大,则相同流体温变时吸收或放出的热量越多;流体的密度越大则惯性力越大,层流内层越薄。气体的热导率远小于液体,因而前者对流传热系数远小于后者。

(4)传热面的情况,包括传热面表面形状、流道尺寸、传热面摆放方式等。传热面表面形状直接影响着流体的湍动程度。波纹管、翅片管或其他异形表面能够使流体在雷诺数很低时便达到湍流,或使流体获得比传热面为平滑时更大的湍动程度。流量一定时,流道截面越大,则流体的湍动程度越低;考虑自然对流传热时,传热面的垂直与水平放置、摆放位置的上与下等方面的不同都会影响环流的速度,从而影响自然对流传热效果。

J(GJ)BJ006 对数平均温差的计算

(五)换热器平均温差(Δt_m)的计算

1. 恒温传热 Δt_m 计算

换热器内冷、热两股流体的温度都是恒定的,换热器中各部位的温差是相同的,通常,当间壁两边流体的换热过程中均发生物态变化时,就是恒温传热。平均温差 Δt_m 为:

$$\Delta t_m=T-t$$

2. 变温传热 Δt_m 计算

换热器中各部位的 Δt 是不同的。间壁两边流体变温的流动情况如图 1-5-7 所示,流体在换热器内的传热的流动方式有:并流、逆流、错流、折流。

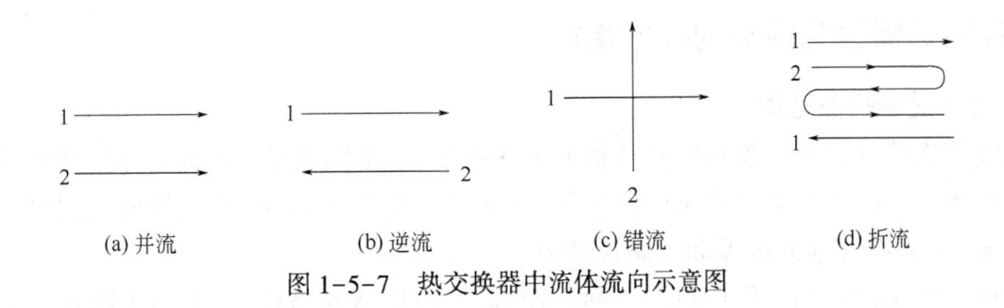

图 1-5-7　热交换器中流体流向示意图

(1)逆流与并流时的平均温差为:

$$\Delta t_{m}=\frac{\Delta t_{1}-\Delta t_{2}}{\ln\frac{\Delta t_{1}}{\Delta t_{2}}}$$

式中　Δt_1——换热器进口端的温度差,K;

Δt_2——换热器出口端的温度差,K。

当 $\Delta t_1/\Delta t_2<2$ 时,可以用算术平均值计算:

$$\Delta t_{m}=\frac{\Delta t_{1}+\Delta t_{2}}{2}$$

(2)错流与折流时的平均温差:

$$\Delta t_{m}=\psi_{\Delta t}\cdot\Delta t_{m逆}$$

式中　$\psi_{\Delta t}$——校正系数。

四、传热过程的应用

在工业生产中,传热过程涉及的主要问题有三类,分别简要介绍如下。

(一)物料的加热与冷却

化学反应过程都要在一定的温度下进行。因此,原料进入反应器之前,常需加热或冷却到一定温度。另外,在反应进行过程中,反应物常需吸收或放出一定的热量,因此要不断地输入或输出热量。在蒸发、蒸馏、干燥与结晶等单元操作中,也有物料的加热与冷却设备。物料的加热与冷却设备要求传热效果好,传热速率大。这样可使设备紧凑,设备费用低。

(二)热量与冷量的回收利用

热量与冷量都是能量,在能源短缺的今天,有效回收利用热量与冷量以节约能源是非常要的,是降低生产成本的重要措施之一。例如,利用锅炉排出的烟道气的废热,预热燃料所需要的空气。热量与冷量的回收利用也需要传热效果好、传热速率大的传热设备。随着传热技术的进步,出现了许多新型高效传热设备。

(三)设备与管路的保温

许多设备与管路在高温或低温下操作,为了减少热量与冷量的损失,在设备与管路的外表包上绝热材料的保温层,要求保温层的传热速率低。

ZAF004 强化传热的途径

五、换热器强化换热的技术措施

(一)改进传热面结构

螺纹管换热器具有与翅片管相类似的传热性能,所不同的是它由光管冷压成型,螺纹管换热器在我国炼油工业中已得到广泛应用,比光管节省25%~40%的传热面积,总传热系数可提高50%,并有较强的抗垢和抗腐蚀能力。

内插物管是管内侧强化传热的一种方式,是一种较新的结构,管内插入物种类很多,如金属丝网、环、盘状物、螺旋线、翼形物、麻花铁等,其中以麻花铁使用较广,可用于大黏度物流的管内强化换热或气气换热的强化。

折流杆换热器是利用折流杆代替折流板固定的换热管,既减少壳程压降和防止换热器震动(对大型换热器至关重要),又提高壳程的传热系数,特别适用于高黏度物流的传热,但总传热系数又受壳程制约。工业实践证明,其传热系数K值可达394~422W/(m^2·K),而壳程总压降只相当于弓形板的1/5左右。如采用综合效率(单位压降条件下总K值之比)相比,则折流杆比弓形板高1.7倍,可节省50%~70%面积。

波纹管是一种双面强化传热的管型,内外壁被轧成环状波纹凸肋,其内壁能改变流体流动状态,外壁能增大传热表面和扰动,达到双面强化传热的目的,与光管换热器相比,总传热系数强化倍数为1.8~2.2倍。

(二)控制结垢

换热器的管壁在操作中不断地被污垢所覆盖,直接影响传热性能和压力降。介质情况、操作条件和设备情况等因素,决定结垢的快慢、厚度和牢度。当介质中含有悬浮物、溶解物及化学安定性较差的物质时较易结垢。当流体的流速较低,温度升高较快,或管壁温度高于流体温度时,也比较容易结垢。管壁比较粗糙,或设备结构不合理、有死角时也促使结垢。针对产生的原因采取相应措施,如加强水质管理,进行必要的水质处理,除通常采用的方法外,有些地区采用磁化处理冷却水是有效的,有的在换热器入口加抗结垢剂,有的在管内镀层,还有在线化学清洗等,实用效果较好。

(三)材料选择

选择导热性强、耐腐蚀、价格低廉的材料也是不可忽视的因素。

六、常用保温材料及设备保温技术

CBF005 保温的常识

(一)常用保温材料

1. 有机质多孔保温材料

有机质多孔保温材料主要用于保冷及100℃以下的保温工程,聚烯发泡体和酚醛泡沫应用较多。

2. 纤维类保温材料

纤维类保温材料是中温、高温区最常用的保温材料。其优点是导热系数低,耐温性好,化学稳定性好,施工简便,价格便宜。其缺点是吸水性大,机械强度低。常用纤维类保温材料有以下几类:岩棉及其制品,矿棉及其制品,玻璃纤维,瓷纤维及其制品。

3. 无机质多孔保温材料

(1)微孔硅酸钙,使用温度600~1000℃。

(2)泡沫玻璃,使用温度-268~650℃。

(3)珍珠岩及其制品,使用温度-200~800℃。

4. 其他类

其他保温材料如泡沫陶瓷、多孔硅及蜂窝多孔硅等。

(二)设备保温技术

1. 加热炉的保温

加热炉的表面温度,炉顶比炉壁高得多,因此保温从炉顶着手,保温材料选用陶瓷纤维作内衬较好,一般炉壁采用胶合板状内衬里结构,炉顶采用吊挂结构。

2. 塔器的保温

塔类一般选用纤维类材料作为外保温,外护面为金属网加铁皮或铝皮。

3. 管线的保温

管线保温材料一般用纤维材料、珍珠岩制品或硅酸钙制品,结构为单层或多层,护面倾向于金属代替非金属。

项目三 蒸馏

一、基本概念

CAF003 沸点的概念

CAF007 蒸馏的概念

(一)蒸馏分离的依据

蒸馏是利用液体混合物中各组分挥发性的差异将其分离的化工单元操作。

沸点是指液体开始沸腾时的温度,指液体的蒸气压等于外部压力时的温度,因此,沸点随压力的降低而降低。

在一定的压力下,混合物中各组分的挥发性不同,也就是说,在相同的温度条件下,各组分的饱和蒸气压不同。例如,加热苯—甲苯溶液,使之部分汽化,饱和蒸气压较大、沸点较低的组分(如苯)挥发性大,因此汽化出来的气相中,苯的组成(即浓度)必然比原来溶液要高。若将此汽化的蒸气全部冷凝,则冷凝液中苯含量较高,从而使苯和甲苯得到初步分离。一般情况下,将挥发性大的组分称为易挥发组分或轻组分,以A表示;挥发性小的组分称为难挥发组分或重组分,以B表示。如果进行多次部分汽化或部分冷凝,最终可得到较纯的轻、重组分,这称为精馏。

精馏通常在塔设备中进行,既可用板式塔也可用填料塔。由于精馏过程是物质在两相间的转移过程,故属传质过程。

(二)蒸馏操作的分类

蒸馏操作有多种分类方法,如按蒸馏方式可分为简单蒸馏、平衡蒸馏、精馏及特殊精馏等;按物系的组分数可分为双组分蒸馏和多组分蒸馏;按操作压力可分为常压蒸馏、加压蒸馏和减压(真空)蒸馏;按操作方式又分为间歇蒸馏和连续蒸馏。

GAI003 汽提的基本原理

（三）汽提的基本原理

根据气体分压定律，利用加入水蒸气的办法来降低油气分压，使液相中较轻的组分沸点降低、汽化。侧线产品汽提的主要目的是蒸出轻组分，提高产品的闪点、初馏点。常压塔底汽提主要是为了降低塔底重油中350℃以前馏分的含量。

J(GJ)AF003 汽提的方式及要求

（四）汽提方式

最常用的汽提方法是采用温度比侧线抽出温度高的水蒸气进行直接汽提，汽提塔顶的气体则返回侧线抽出层的气相部位。炼厂采用的汽提蒸汽是压力在0.3~0.4MPa、温度为400~450℃的过热水蒸气。汽提蒸汽用量与需要提馏出来的轻馏分含量有关，国内一般采用汽提蒸汽量为被汽提油品的2%~4%（质量分数），侧线产品汽提馏出量约为油品的3%~4.5%（质量分数），塔底重残油的汽提馏出量约为1%~2%（质量分数）。如果需要提馏出的数量多达6%~10%，则应该由调整蒸馏塔的操作来解决。过多的汽提蒸汽将会增加精馏塔的气相负荷，并且增加产生过热水蒸气以及用于塔顶冷凝的能耗。

由于航煤的水含量有极严格限制，通常可采用温度比它高的另一个侧线（如常三线）通过重沸器进行间接汽提。这样做可以避免水蒸气混入产品，同时还可避免由于水蒸气的加入而增大常压塔和塔顶冷凝器的负荷及污水量，因此应尽量采用间接汽提。

部分装置将航煤汽提塔顶接至减压塔顶真空系统，进行真空闪蒸，但这样会损失一部分宝贵的馏分油。

二、简单蒸馏与精馏

（一）简单蒸馏

图1-5-8是简单蒸馏装置图。混合液加入蒸馏釜，在恒压下加热至沸腾，液体不断汽化，蒸气在冷凝器冷凝为液体，称为馏出液。在蒸馏过程中，釜内溶液的易挥发组分浓度不断下降，相应的蒸气中易挥发组分浓度也随之降低。因此，简单蒸馏过程为不稳定过程。馏出液通常按不同浓度范围分罐收集，最后从釜中排出残液。

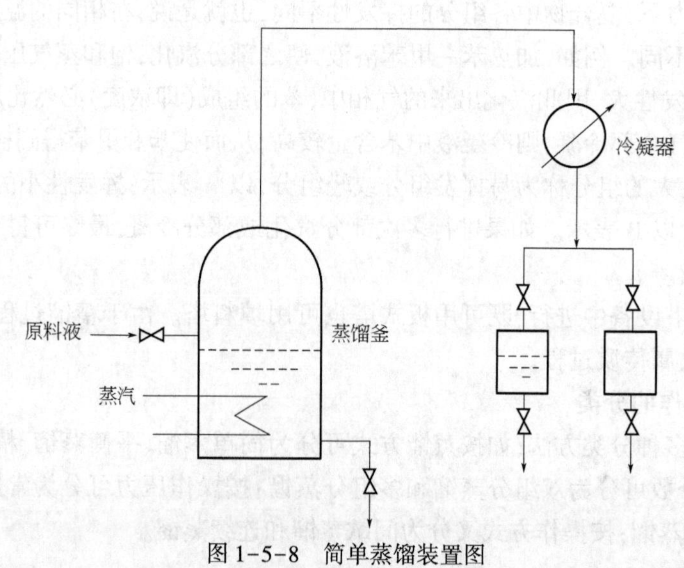

图1-5-8 简单蒸馏装置图

简单蒸馏只适用于混合液中各组分的挥发度相差较大，而分离要求不高的情况，或者作为初步加工，粗略分离多组分混合液，例如小批量的原油粗略分离。

（二）精馏

1. 精馏原理

精馏装置主要由精馏塔、冷凝器与蒸馏釜（或称再沸器）组成。精馏塔有板式塔与填料塔，本章以板式塔为例介绍精馏过程及设备。连续精馏装置如图1-5-9所示。

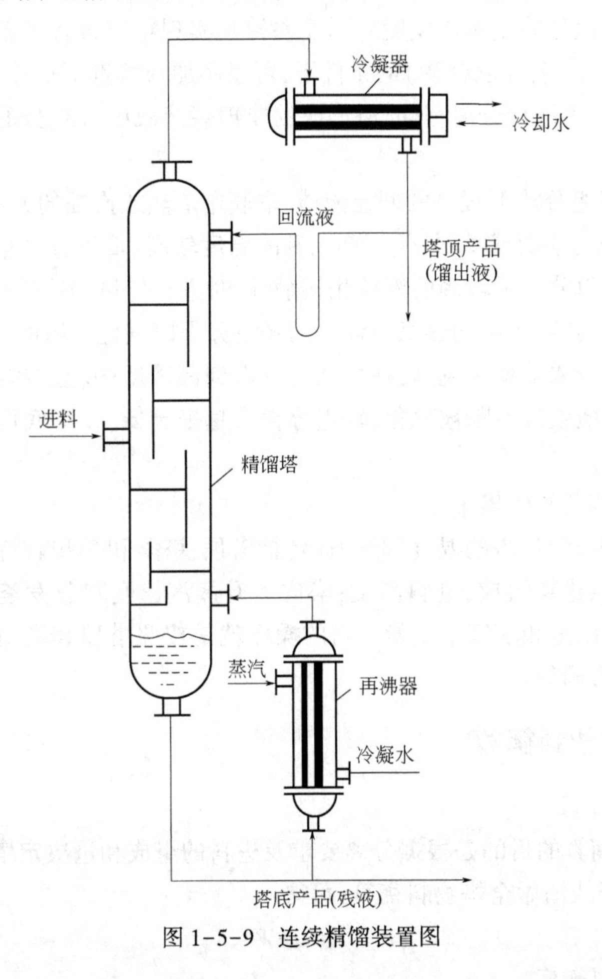

图1-5-9 连续精馏装置图

CAF006 提馏段的概念

CAF005 精馏段的概念

原料从塔的中部附近的进料板连续进入塔内，沿塔向下流到蒸馏釜。釜中液体被加热而部分汽化，蒸气中易挥发组分的浓度 y 大于液相中易挥发组分的浓度 x，即 $y>x$。蒸气沿塔向上流动，与下降液体逆流接触，因气相温度高于液相温度，气相进行部分冷凝，同时把热量传递给液相，使液相进行部分汽化；因此，难挥发组分从气相向液相传递，易挥发组分从液相向气相传递。结果，上升气相的易挥发组分逐渐增多，难挥发组分逐渐减少；而下降液相中易挥发组分逐渐减少，难挥发组分逐渐增多。

由于在塔的进料板以下（包括进料板）的塔段中，上升气相从下降液相中提出了易挥发组分，故称为提馏段。提馏段的上升气相经过进料板继续向上流动，到达塔顶冷凝器，冷凝为液体。冷凝液的一部分回流入塔顶，称为回流液，其余作为塔顶产品（或馏出液）排出。

塔内下降的回流液与上升气相逆流接触，气相进行部分冷凝，而同时液相进行部分汽化。难挥发组分从气相向液相传递，易挥发组分从液相向气相传递。结果，上升气相中易挥发组分逐渐增多，而下降液相中难挥发组分逐渐增多。由于塔的上半段上升气相中难挥发组分被除去而得到了精制，故称为精馏段。

ZAF010 实现精馏的必要条件

2. 精馏过程的必要条件

（1）精馏过程主要是依靠多次汽化及多次冷凝的方法，实现对液体混合物的分离，因此，液体混合物中各组分的相对挥发度有明显差异是实现精馏过程的首要条件。在混合物挥发度十分接近（如 C_4 馏分混合物）的条件下，可以用加入溶剂形成非理想溶液，以恒沸精馏或萃取精馏的方法来进行分离，此时所形成的非理想溶液中各组分的相对挥发度已有显著的差异。

（2）塔顶加入轻组分浓度很高的回流液体，塔底用加热或汽提的方法产生热的蒸汽。

（3）塔内要装设有塔板或填料，使下部上升的温度较高、重组分含量较多的蒸气与上部下降的温度较低、轻组分含量较多的液体相接触，同时进行传热和传质过程。蒸气中的重组分被液体冷凝下来。其释放出的热量液体中的轻组分得以汽化。塔内气流自下而上经过多次冷凝过程，使轻组分浓度越来越高，在塔顶可以得到高浓度的轻质馏出物，液体在自上而下的流动过程中，轻质组分不断被汽化，轻组分含量越来越低，在塔底可以得到高浓度的重质产品。

ZAF011 影响精馏操作的主要因素

3. 精馏操作过程的影响因素

精馏过程影响因素有：塔的温度和压力（包括塔顶、塔釜和某些有特殊意义的塔板）；进料状态；进料量；进料组成；进料温度；塔内上升蒸汽速度和蒸发釜的加热量；回流量；塔顶冷剂量；塔顶采出量和塔底采出量。塔的操作就是按照塔顶和塔底产品的组成要求来对这些影响因素进行调节。

ZAF005 蒸馏塔的物料衡算

三、精馏塔的物料衡算

（一）全塔物料衡算

进料全塔物料衡算的目的是根据分离要求及进料的组成和量决定塔顶、塔底产品的量。对图 1-5-10 中的虚线图做全塔物料衡算，可得：

$$F=D+W$$

全塔轻组分物料衡算：

$$Fx_F=Dx_D+Wx_W$$

由以上二式可求出：

$$\frac{D}{F}=\frac{x_F-x_W}{x_D-x_W}$$

$$\frac{W}{F}=1-\frac{D}{F}=\frac{x_D-x_F}{x_D-x_W}$$

式中 F——进料量，kmol/h 或 kg/h；

D——塔顶产品量，kmol/h 或 kg/h；

W——塔底产品量，kmol/h 或 kg/h；

x_F——进料中轻组分的浓度,摩尔分数或质量分数;

x_D——塔顶产品中轻组分的浓度,摩尔分数或质量分数;

x_W——塔底产品中轻组分的浓度,摩尔分数或质量分数。

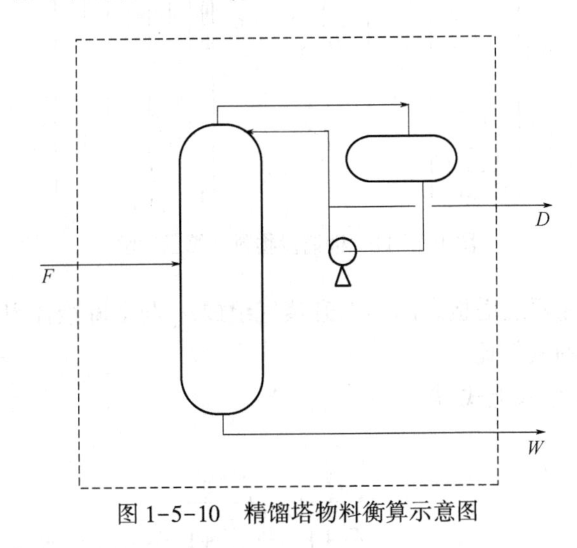

图 1-5-10　精馏塔物料衡算示意图

D/F、W/F 分别为馏出液和釜液的采出率;F、x_F 通常是给定的。从物料衡算可知以下两点:

(1)若 x_D、x_W 已知,则可求出 D、W;

(2)流量 D、W 及组成 x_D、x_W 中,若已知其中一个流量和一个组成,则可求出另一流量和组成。

生产中有时希望知道某个有用组分的回收率 η_A。回收率是某组分所回收的量占进料中该组分总量的分数。馏出液中轻组分的回收率:

$$\eta_A=\frac{Dx_D}{Fx_F}$$

釜液中重组分的回收率:

$$\eta_B=\frac{W(1-x_W)}{F(1-x_F)}$$

(二)精馏段的物料衡算与精馏段操作线方程

图 1-5-11 为各项流量与组成,流量的单位为 kmol/h,组成为摩尔分数。下面根据恒摩尔流量的假设,推导精馏段操作线方程。

总物料衡算:

$$V=L+D$$

易挥发组分物料衡算:

$$Vy_n=Lx_{n-1}+Dx_D$$

改写为精馏段操作线方程:

$$y_n=\frac{L}{V}x_{n-1}+\frac{D}{V}x_D$$

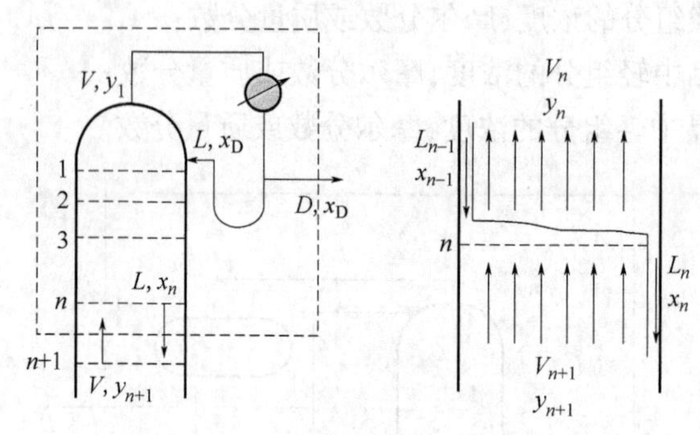

图 1-5-11　精馏段物料衡算示意图

表示精馏段中相邻两层塔板之间的上升蒸气组成 y_n 与下降液体组成 x_{n-1} 之间的关系，式中的 L/V 为精馏段的液气比。

将 $V=(L/D+1)D$ 代入上式，得：

$$y_n=\frac{\frac{L}{D}}{\frac{L}{D}+1}x_{n-1}+\frac{x_D}{\frac{L}{D}+1}$$

塔顶冷凝液在泡点下部分回流入塔，称为泡点回流。泡点回流时，精馏段下降液体量 L 等于回流量。回流量 L 与馏出液量 D 的比值称为回流比，表示为：

$$R=L/D$$

求得精馏段操作线方程另一表达式为：

$$y_n=\frac{R}{R+1}x_{n-1}+\frac{x_D}{R+1}$$

从上述两个精馏段操作线方程可知液气比为：

$$\frac{L}{V}=\frac{R}{R+1}$$

由此可知，R 增大能使 L/V 增大，有利于提高精馏段上升气相的纯度，即提高馏出液的纯度。

（三）提馏段的物料衡算与提馏段操作线方程

如图 1-5-12 所示，按照虚线范围（包括提馏段第 m 层板以下塔板及再沸器）做物料衡算，以单位时间为基础。

总物料衡算：

$$L'=V'+W$$

易挥发组分衡算：

$$L'X'_m=V'y'_{m+1}+Wx_W$$

整理得提馏段操作线方程如下：

$$y'm+1=\frac{L'}{L'-W}x'_m-\frac{W}{L'-W}x_W$$

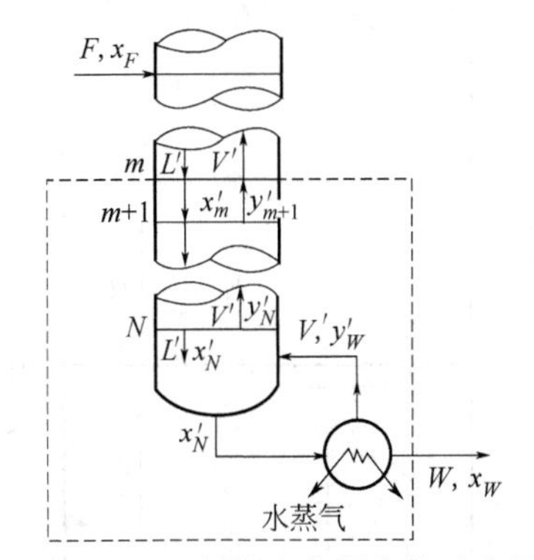

图 1-5-12 提馏段物料衡算示意图

四、连续精馏热量衡算

工业生产中常常采用图 1-5-13 所示的流程进行操作。连续精馏装置主要包括精馏塔、蒸馏釜(再沸器)等。精馏塔常采用板式塔,也可采用填料塔。加料板以上的塔段为精馏段;加料板以下的塔段(包括加料板)为提馏段。连续精馏装置在操作过程中连续加料,塔顶塔底连续出料,故是一稳定操作过程。

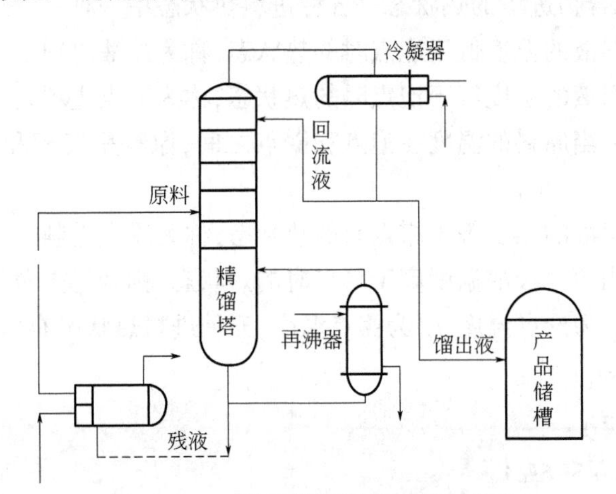

图 1-5-13 连续精馏操作流程示意图

(一)进料板衡算

对进料板做物料衡算和热量衡算,衡算范围见图 1-5-14。

物料衡算:

$$F+V'+L=V+L'$$

热量衡算:

$$FH_{m,F}+LH_{m,L}+V'H_{m,V'}=VH_{m,V}+L'H_{m,L'}$$

式中 H_m——各物料的摩尔焓,kJ/kmol。

同时近似认为:

$$H_{m,L}=H_{m,L'}$$

$$H_{m,V'}=H_{m,V}$$

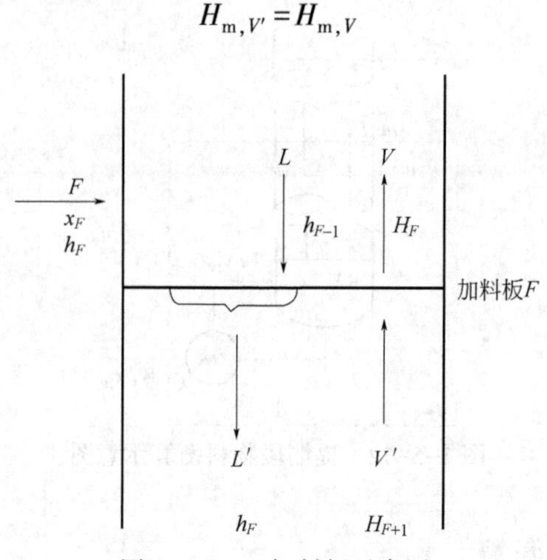

图 1-5-14 加料板示意图

(二)各种进料热状况

在精馏生产中,待分离的混合物进塔时热状态可能有不同的情况,进料的温度也可能不同。混合物的进料状态归纳起来有五种,即冷液进料、泡点进料、气液混合物进料、露点进料和过热蒸气进料。混合物进塔的热状态是五种进料热状态中一种。

冷液进料:当原料液的温度低于泡点时的热状态,称为冷液进料。

泡点进料:当原料液的温度等于泡点时的热状态,称为泡点进料。

气液混合物进料:当原料的温度在泡点和露点之间,原料呈气相和液相共存的热状态,称为气液混合进料。

露点进料:当原料液的温度等于露点时的热状态,称为露点进料。

过热蒸气进料:当原料液的温度高于露点时的热状态,称为过热蒸气进料。

t_5 为进料温度,t_b 为论点温度,t_d 为露点温度,五种进料热状况有以下关系:

(1)过冷液体,$t_f<t_b$;

(2)泡点进料,$t_f=t_b$;

(3)气液混合物,$t_b<t_f<t_d$;

(4)露点进料,$t_f=t_d$;

(5)过热蒸气进料,$t_f>t_d$。

(三)q 线方程(进料方程)

q 称为原料的热状态参数,q 在数值上近似等于 1kmol 进料变为进料板温度下饱和蒸气所需的热量与 1kmol 进料在进料板温度下汽化潜热之比。该比值是对进料板进行热量衡算确定。

1. q 线方程

混合物进料状态影响进料板上气相组成 y 与液相组成 x 之间关系(图 1-5-15),该影响可以从 q 线方程得到反映。q 线方程又称为进料方程,表示了进料板上气液两相之间的关系。

q 线方程为精馏段操作线与提馏段操作线交点(q 点)轨迹的方程,因此可以由精馏段

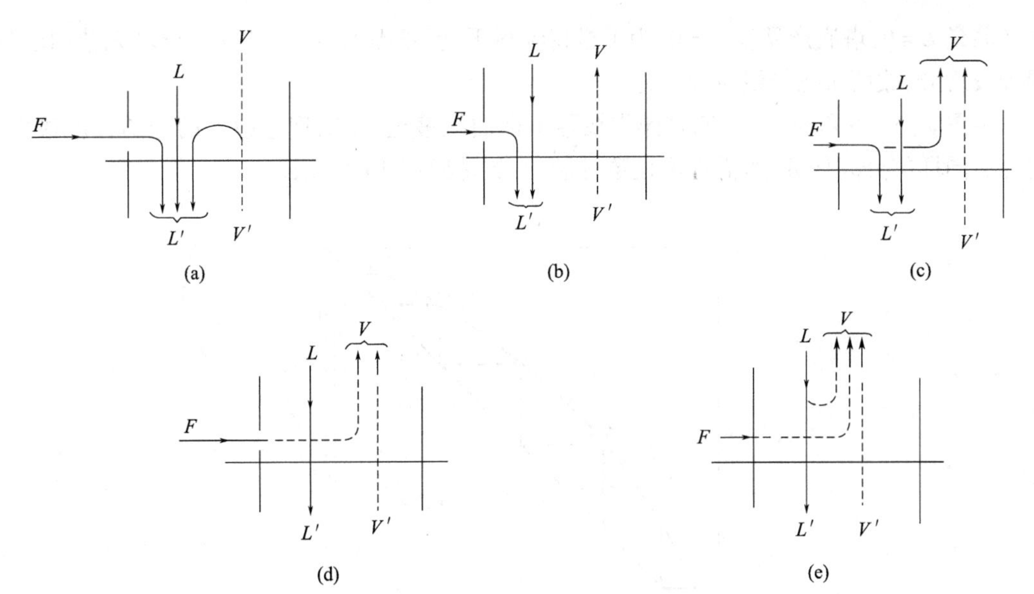

图 1-5-15　五种进料热状态下精馏段、提馏段气液关系

操作线方程式与提馏段操作线方程式联立求解得出 q 线方程：

$$y=\frac{q}{q-1}x-\frac{x_F}{q-1}$$

式中　x——进料板之上一板的液相摩尔分数；

y——进料板上升气相的摩尔分数；

x_F——原料的摩尔分数；

q——进料热状态参数。

2. 进料热状况对塔板数的影响：

当进料组成、分离要求、回流比一定时，进料热状况不同，所需的理论塔板数不同。q 值越小，即进料前经预热或部分汽化，所需理论板数越小，反之所需的理论板数越多。

(1)过冷液体：$q>1, \infty>q/(q-1)>1$；

(2)泡点进料：$q=1, q/(q-1)=\infty$；

(3)气液混合物：$0>q/(q-1)>-\infty$；

(4)露点进料：$q=0, q/(q-1)=0$；

(5)过热蒸汽进料：$q<0, 0<q/(q-1)<1$。

GAI002　回流比对精馏操作的影响

五、回流比

回流比是指塔顶回流量与塔顶产品量之比。在精馏过程中，回流比的大小直接影响精馏的操作费用和设备费用。回流比有两个极限，一个是全回流时的回流比，另一个是最小回流比。生产中采用的回流比介于二者之间。

CAF008　回流比的概念

(一)全回流和最小理论塔板数

1. 全回流的概念及特点

全回流即塔顶上升蒸气经冷凝器冷凝后全部冷凝液均引回塔顶作为回流。全回流时塔

顶产品量 $D=0$，塔底产品量 $W=0$，为了维持物料平衡，不需加料，即 $F=0$。全塔无精馏段与提馏段之分，故两条操作线应合二为一。

由图 1-5-16 可见，全回流时操作线距平衡曲线最远，说明理论板上的分离程度最大，对完成同样的分离任务，所需理论板数可最少，故是回流比的上限。

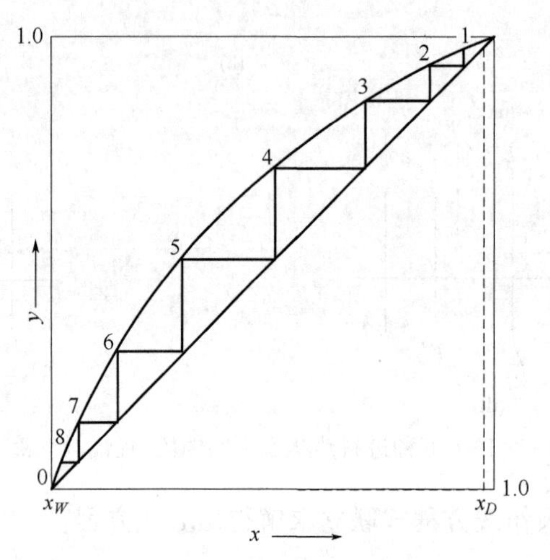

图 1-5-16　全回流时的理论板数

2. 全回流时理论板数的确定

全回流时的理论板数除用（y—x）图解法和逐板计算法外，还可用芬斯克方程进行计算。因全回流时无产品，故其生产能力为零，可见它对精馏塔的正常操作无实际意义，但全回流对精馏塔的开工阶段，或调试及实验研究具有实际意义。

（二）最小回流比

在精馏塔计算时，对一定的分离要求（指定 x_D，x_W）而言，当回流比减到某一数值时，两操作线交点 d 点恰好落在平衡线上（图 1-5-17），相应的回流比称为最小回流比，以 $R_{\min}$ 表示（图 1-5-18）。在最小回流比条件下操作时，所需的理论塔板数为无穷多。

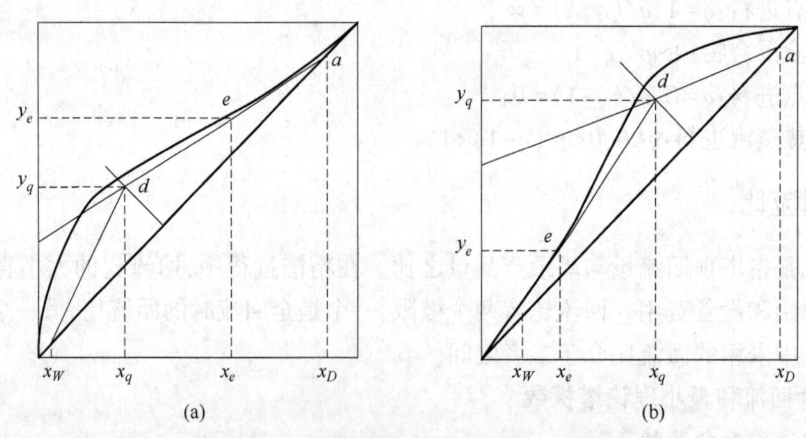

图 1-5-17　不同平衡线形状的最小回流比

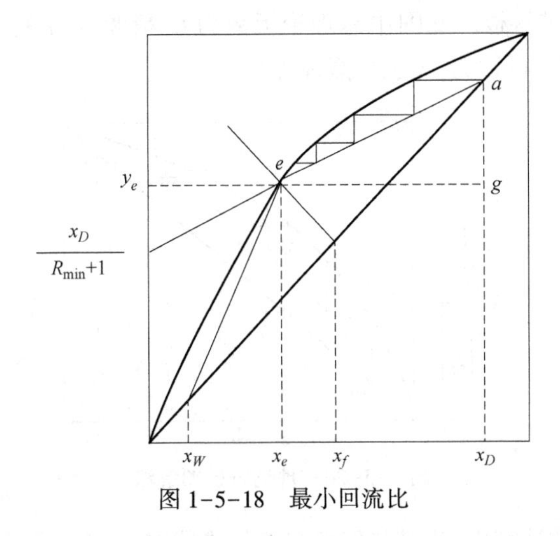

图 1-5-18 最小回流比

J(GJ)AF002 适宜回流比的确定

(三)适宜回流比的选择

精馏操作存在一适宜回流比。在适宜回流比下进行操作,设备费及操作费之和为最小。在精馏设备的设计计算中,通常操作回流比为最小回流比的 1.1~2 倍(图 1-5-19)。

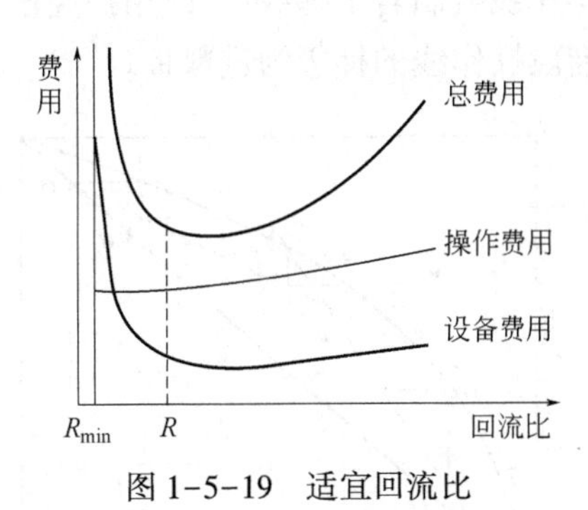

图 1-5-19 适宜回流比

加大回流比,可使塔顶产品中的轻组分浓度增加,但是,却减小了塔的生产能力,也使塔顶冷量、塔釜热量的消耗增大。在正常操作中应保持适宜的回流比,在保证产品质量的前提下,争取最好的经济效果。只有在塔的正常生产条件受到破坏或产品质量不合格时,才能调节回流比。

六、理论塔板数计算

理论板数的计算方法有图解法与逐板法,分述如下。

(一)理论板数的图解计算法

在 y—x 图上绘出了相平衡曲线与两操作线后,就可以在操作线与平衡曲线之间绘制梯级,计算出一定分离要求所需理论板数,称为图解法。该法是由 McCabe 与 Thiele 提出的,称为 M-T 法。

如图 1-5-20 所示,从 D 点开始,在精馏段操作线与平衡线之间,作水平线与垂直线,构成直角梯级。当直角梯级跨过 f 点时,则改在提馏段操作线与平衡曲线之间作直角梯级,直至梯级的垂直线达到或跨过 W 点为止。所绘的梯级数,就是理论板数,最后的梯级为蒸馏釜，跨过 f 点的梯级为进料板。此图中总理论板数为 6，精馏段为 3，第 4 理论板数，从进料板开始为提馏段，其理论板数为 3（包括蒸馏釜）。

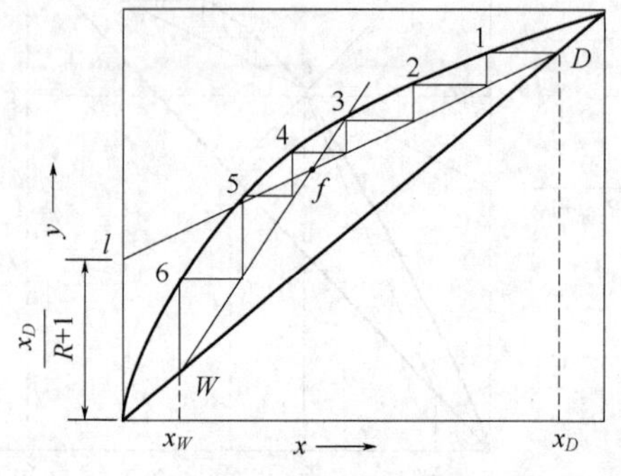

图 1-5-20 理论塔板图解法

在前面的理论板数计算中，当某梯级跨过两操作线交点 f 时，便由精馏段操作线改为提馏段操作线，跨过交点的这一梯级为进料板，这样绘制的梯级数量少。这个进料板位置称为最佳进料板位置。此时进料组成与进料板的气液相组成接近。如果提前改用提馏段操作线，或过了交点仍沿精馏段操作线绘制若干梯级后，改用提馏段操作线，如图 1-5-21 所示，梯级数增多。此时，改用提馏段操作线的梯级为进料板。

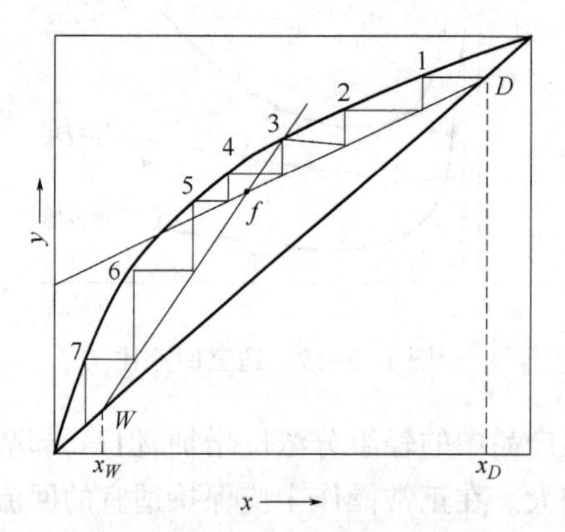

图 1-5-21 非最佳进料板位置

（二）理论板数的逐板计算法

逐板计算法与图解计算法一样，也是在已知 x_F、x_D、x_W、q 及 R 的条件下，应用相平衡方程与操作线方程从塔顶（或塔底）开始逐板计算各板的气相与液相组成，从而求得所需要的理论板数。

塔顶第一块塔板上升蒸气进入冷凝器，冷凝为饱和液体。馏出液组成 x_D 与蒸气组成 y_1 相同：

$$y_1 = x_D$$

离开第一块理论板的液体组成 x_1 应与 y_1 平衡，可由相平衡关系求得。

第二块理论板上升蒸气组成 y_2，可用精馏段操作线方程从 x_1 求得。

同理，用相平衡关系从 y_2 求出 x_2，再用操作线方程从 x_2 求出 y_3。依此类推，当计算到某一理论板(例如第 $n-1$ 板)下降液体组成(x_n-1)等于两操作线交点组成 x_f 即 $x_n-1=x_f$ 时,第 n 板为进料板。或者当 $x_n-1>x_f>x_n$ 时,也是第 n 板为进料板。从第 n 板开始以下为提馏段。

进料板以下,从第 n 理论板的下降液体组成 x_n 开始交替使用提馏段操作线方程与相平衡关系,逐板求得各板的上升蒸气组成与下降液体组成。当计算到离开某一理论板(例如第 N 板)的下降液体组成(x_N)等于或小于釜液组成 x_W,即 $x_N \leqslant x_W$ 时,板数 N 就是所需要的理论板总数(包括蒸馏釜)。

在理论板数的计算过程中,每使用一次气液相平衡关系,就表示需要一块理论板。间接加热的蒸馏釜离开它的气液两相达到平衡状态,相当于一块理论板。

(三)图解法与逐板法的比较

理论板数的图解计算法比较直观形象,不管是理想溶液还是非理想溶液,只要有气液相平衡数据,画出平衡曲线,就可用图解法计算理论板数。图解法对于精馏过程分析也比较方便。

对于能写出气液相平衡方程的物系,用逐板法计算方便准确。对于相对挥发度 α 较小的理想溶液,由于理论板数较多,图解法不易准确,宜采用逐板计算法。

J(GJ)BF003
塔验收的标准

七、塔的安装对精馏操作的影响

对于新建和改建的塔希望能满足分离能力高、生产能力大、操作稳定等要求。为此对于安装质量要求做到:

(1)塔身。塔身要求垂直,倾斜度不得超过千分之一,否则会在塔板上造成死区,使塔的精馏效率降低。

(2)塔板。塔板要求水平,水平度不能超过±2mm,塔板水平度若达不到要求,则会造成板面上的液层高度不均匀,使塔内上升的气相容易从液层高度小的区域穿过,使气液两相在塔板上不能达到预期的传热和传质要求,使塔板效率降低。筛板塔尤其要注意塔板的水平要求。对于蛇行塔板、浮动喷射塔板、斜孔塔板等还需注意塔板的安装位置,保持开口方向与该层塔板上的液体流动方向一致。

(3)溢流口。溢流口与下层塔板的距离应根据生产能力和下层塔板溢流堰的高度而定,但必须满足溢流堰板能插入下层受液盘的液体之中,以保持上层液相下流时有足够的通道和封住下层上升的蒸气,避免气相走短路。另外,泪孔是否畅通、受液槽、集油箱、升气管等部件的安装、检修情况都是需要注意的。

对于各种不同的塔板有不同的安装要求,只有按要求安装才能保证塔的生产效率。

模块六　炼油机械与设备

项目一　化工机械常用材料和零件

一、常用材料

常用材料有金属材料和非金属材料。金属材料是指由纯金属或由两种以上金属元素组成的合金。金属材料分为黑色金属和有色金属。铁、铬、锰及它们的合金(如钢、铸铁等)称为黑色金属。除钢、铁材料以外的金属材料称为有色金属,如铝、铜、金等及合金。钢按化学成分分为碳素钢、低合金钢与合金钢;按用途分为结构钢、工具钢、特殊用途钢(锅炉、容器等用钢)、建筑用钢等;按质量等级分为普通钢、优质钢、高级优质钢。

非金属材料有无机非金属材料、石棉、玻璃、陶瓷等。有机非金属材料有塑料、橡胶等。复合非金属材料有玻璃钢等。

二、常用零件

(一)筒体

筒体一般由钢板卷焊而成。直径小于500mm时,可直接使用无缝钢管。

标记为“筒体 $\phi D_g \times \delta, H(L)=\times\times\times$”,如“筒体 $\phi1000\times10, H=2000$”。

(二)封头

封头与筒体一起构成设备的壳体,常见的封头有球形、椭圆形、碟形、锥形、平板形五种。标记为“封头 $D_g \times \delta$,标准号”,如“封头 $D_g800\times6$,JB1154-73”。

(三)支座

支座用来支撑设备的质量和固定设备。

1. 悬挂式支座

悬挂式支座(图1-6-1),又称耳式支座,常用于立式设备,有A型和B型两种。主要性能参数为支座允许负荷(t)。标记如支座 A3JB1165-81。

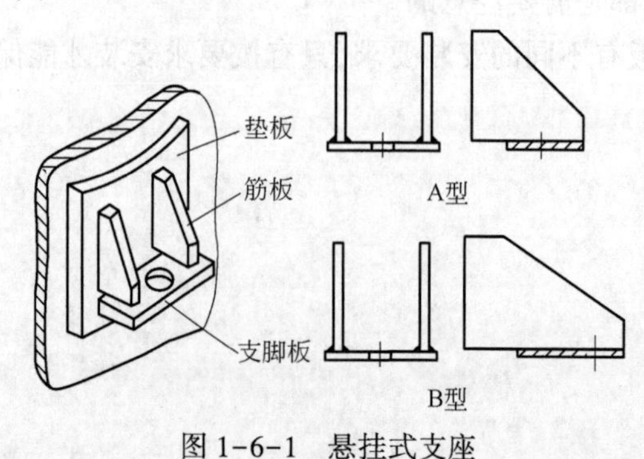

图1-6-1　悬挂式支座

2. 支承式支座

支承式支座(图 1-6-2),常用于立式设备,有 a 型和 b 型两种。主要性能参数为支座允许负荷(t)。标记如支座 2. 5JB1166-81。

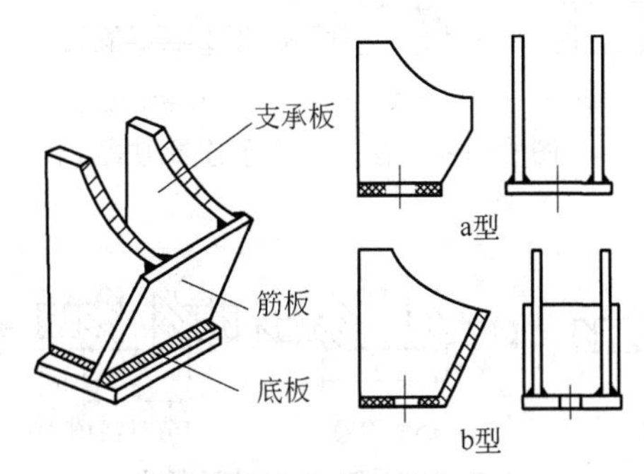

图 1-6-2 支承式支座

3. 鞍式支座

鞍式支座(图 1-6-3),常用于卧式设备,有 A 型(轻型)和 B 型(重型)两种,每种又分Ⅰ型(固定式)和Ⅱ型(活动式)。Ⅰ和Ⅱ常配合使用。标记如支座 DN1200-ⅡM-200JB1167-81。

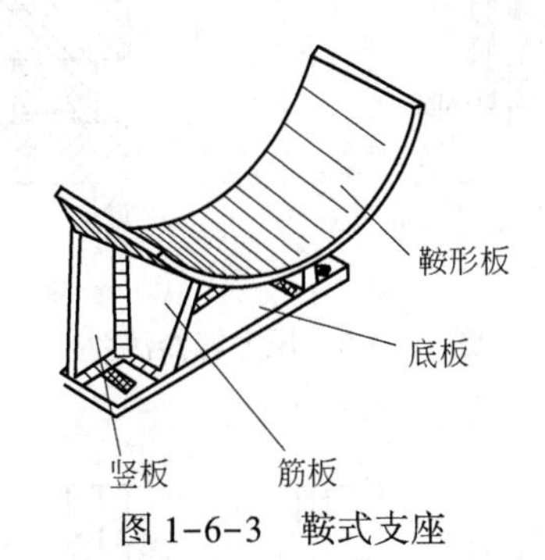

图 1-6-3 鞍式支座

(四)法兰

法兰包括管法兰和压力容器(设备)法兰两种。主要参数为公称直径 DN 和公称压力 PN。DN 对于管法兰为所连接管子的外径,压力容器法兰为所连接筒体(或封头)的外径。PN 为法兰的公称压力。

1. 管法兰

管法兰按与管子的连接方式(图 1-6-4)可分为五种基本类型:平焊法兰、对焊法兰、螺纹法兰、活动法兰、承插焊法兰。法兰的密封面形式(图 1-6-5)有多种,一般常用有凸面(RF)、凹面(FM)、凹凸面(MFM)、榫槽面(TG)、全平面(FF)、环连接面(RJ)。

管法兰标记如:HGJ46-91 法兰 300-2.5,表示 PN 为 2.5MPa,DN 为 300mm 的凸面带颈平焊钢制法兰。

法兰紧固件如:HGJ75-91 双头螺柱 M30×2×1600Cr13;HGJ75-91 螺栓 M16×808.8 级。

2. 压力容器法兰

压力容器法兰用于设备筒体与封头的连接,分为甲型平焊法兰、乙型平焊法兰和对焊法兰三种（图 1-6-6）。密封面有平面、榫槽面、凹凸面三种（图 1-6-7）。

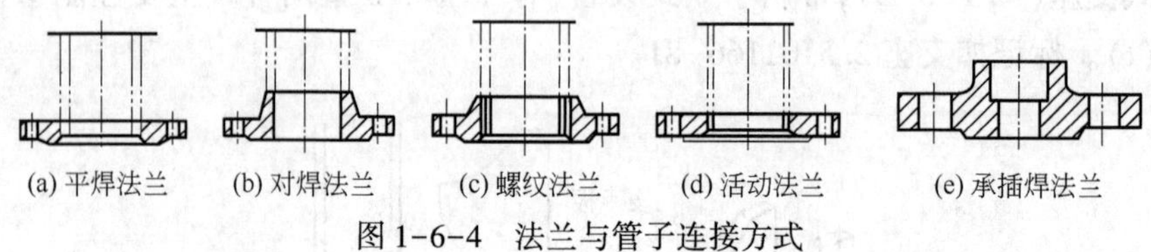

图 1-6-4 法兰与管子连接方式

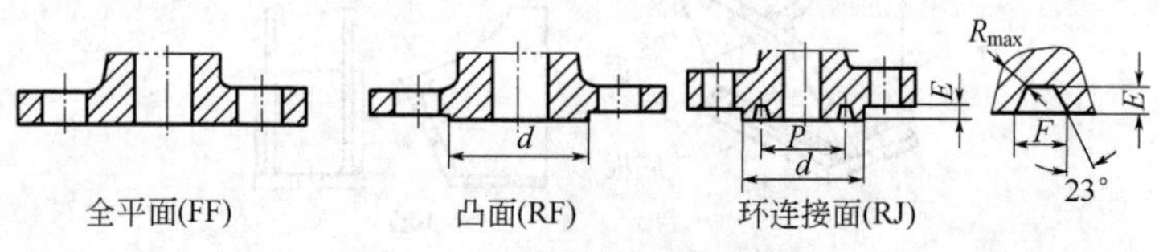

图 1-6-5 法兰密封面形式

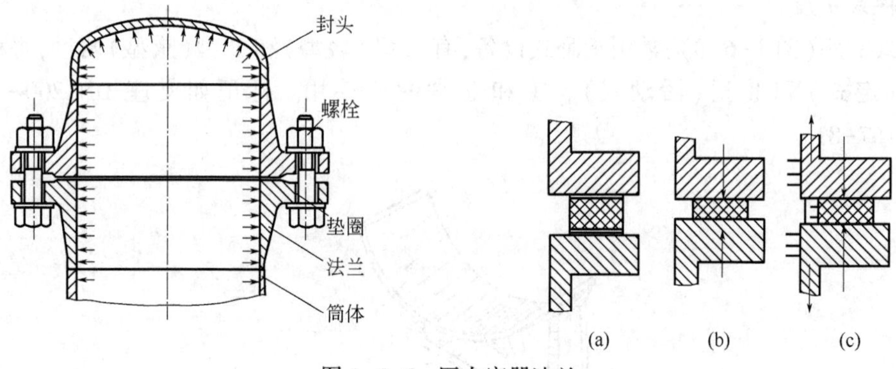

图 1-6-6 压力容器法兰

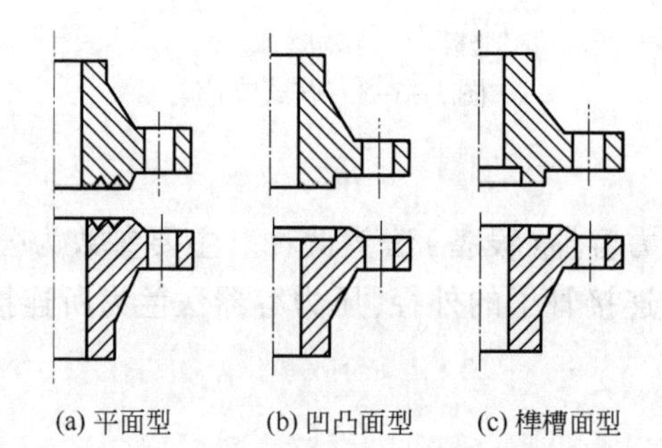

图 1-6-7 中低压压力容器法兰密封压紧面的形状

压力容器法兰的标记如：法兰 RF800-1. 0JB/T4701—2000，表示密封面形式为平面密封，公称压力为 1. 0MPa，公称直径为 800mm 的甲型平焊法兰。

3. 密封垫片

（1）非金属软垫片：指的是耐油石棉橡胶板（$t \leqslant 200$℃）和石棉橡胶板（$t \leqslant 350$℃）。

非金属垫片标记如：垫片 100-2. 5JB4704-92。

（2）缠绕式垫片：用 0Cr13、0Cr18Ni9 或 08F 等钢带与石棉、聚四氟乙烯或柔性石墨等填

充带相间缠卷而成。其共有四种类型(图 1-6-8):

A 型:基本型,不带加强环,用于榫槽密封面;

B 型:带内加强环,用于凹凸密封面;

C 型:带外加强环,用于平面密封面;

D 型:内外均有加强环,用于光滑密封面。

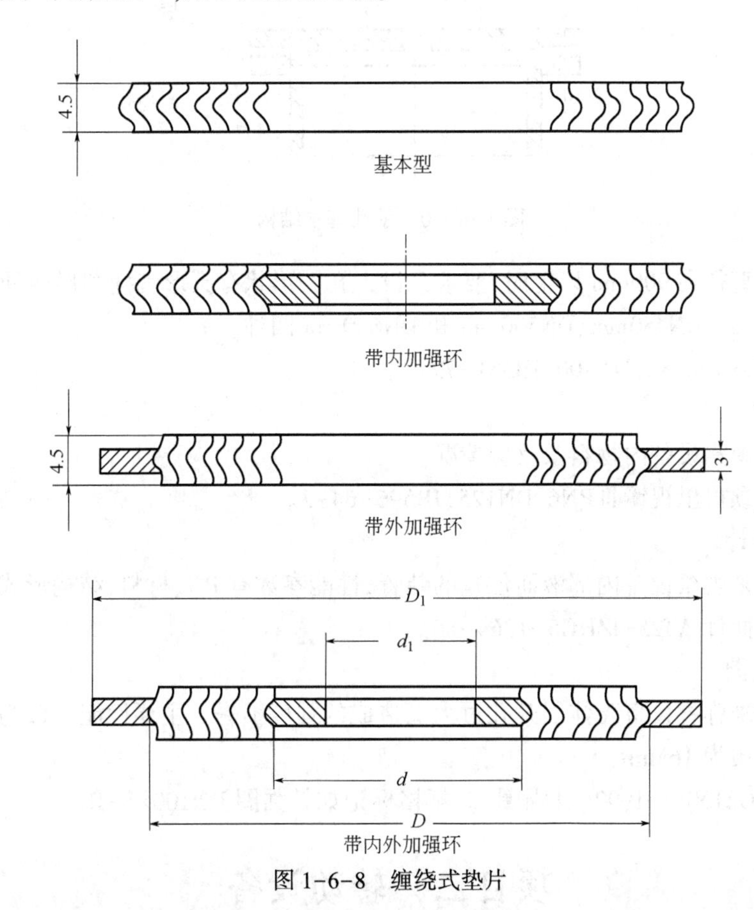

图 1-6-8　缠绕式垫片

缠绕式垫片标记如:垫片 B21-1000-2. 5JB4705-92。

(3)金属包垫片:以石棉橡胶板作内芯,外包厚度为 0. 2~0. 5mm 厚的薄金属板构成(图 1-6-9),金属板的材料可以是铝、铜及其合金,也可是不锈钢或优质碳钢,用于乙型平焊法兰和长颈对焊法兰。

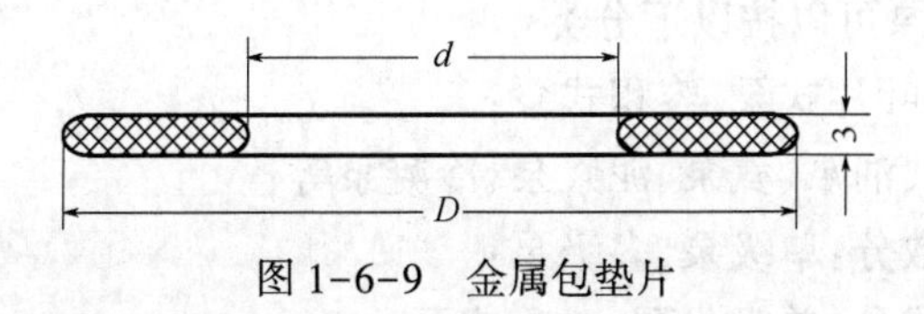

图 1-6-9　金属包垫片

金属包垫片标记如:垫片 G-1000-2. 5JB4706-92。

(五)手孔与人孔

为了设备内部零部件的安装、拆卸、清洗和检修而设手孔与人孔。

设备公称直径在900mm以下时，只设手孔。手孔标准直径有Dg150mm和Dg250mm两种。基本结构如图1-6-10所示。

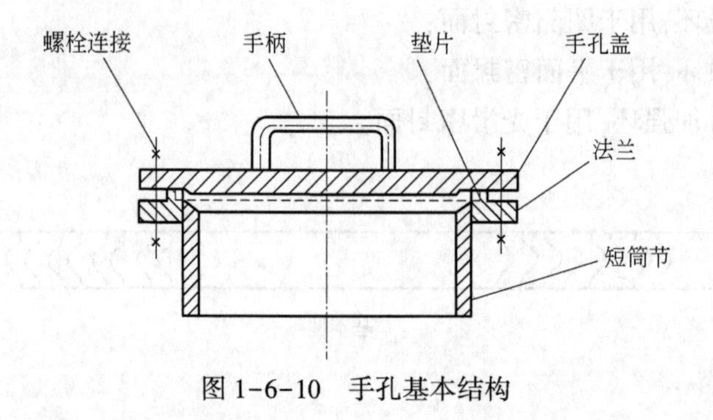

图1-6-10　手孔基本结构

设备公称直径在900mm以上时，要求开设人孔。形状有圆形和椭圆形两种。人孔标准直径有DN400mm、DN450mm、DN500mm和DN600mm四种。

标记如：人孔APN6，DN400，JB581-79。

（六）视镜

视镜用来观察设备内物料及反应情况。

标记如带颈衬里视镜ⅢPN6，DN125，JB596-64-3。

（七）液面计

液面计用来观察设备内部液面位置的装置，性能参数有PN、材料、结构形式等。

标记如液面计AT25-IZHG5-1364-80。

（八）补强圈

补强圈用来弥补设备壳体因开孔过大而造成的强度损失。主要性能参数为PN、厚度和坡口形式。材质为16MnR。

标准号HG21506—1992《补强圈》。规格标记如补强圈DN100×8-B。

项目二　转动设备

CAG001 常见泵的种类

一、泵

（一）泵的分类

炼油化工生产常用泵可以按以下分类：

（1）按工作原理分：叶片式泵、容积式泵；

（2）按用途分：水泵、油泵、氨泵、泥浆泵、冷凝泵等；

（3）按泵轴上叶轮数分：单级泵、多级泵；

（4）按叶轮吸入方式分：单吸式泵、双吸式泵；

（5）按安装方式分：卧式泵、立式泵；

（6）按输送介质温度分：热油泵、冷油泵；

（7）按泵体形式分：蜗壳泵、透平泵、筒带式泵。

下文仅介绍最常用的离心泵。

ZAH001 离心泵的基本结构

(二)离心泵的结构

离心泵的基本构造有六部分,分别是叶轮、泵体、泵轴、轴承、密封环、填料函。

CBE007 联轴器的作用

(1)叶轮是离心泵的核心部分,它转速高出力大。叶轮上的叶片又起到主要作用,叶轮在装配前要通过静平衡实验。叶轮上的内外表面要求光滑,以减少水流的摩擦损失。

(2)泵体也称泵壳,它是泵的主体,起到支撑固定作用,并与安装轴承的托架相连接。

(3)泵轴的作用是借联轴器和电动机相连接,将电动机的转矩传给叶轮,所以它是传递机械能的主要部件。联轴器的作用是连接不同机构中的两根轴(主动轴和从动轴)使之共同旋转并传递扭矩,部分联轴器还有缓冲、减振和提高轴系动态性能的作用。

(4)轴承是套在泵轴上支撑泵轴的构件,有滚动轴承和滑动轴承两种。

(5)密封环又称减漏环。叶轮进口与泵壳间的间隙过大会造成泵内高压区的水经此间隙流向低压区,影响泵的出水量,效率降低,间隙过小会造成叶轮与泵壳摩擦产生磨损。为了增加回流阻力减少内漏,延缓叶轮和泵壳的所使用寿命,在泵壳内缘和叶轮外援结合处装有密封环,密封的间隙保持在 0. 25~1. 10mm 为宜。

(6)填料函主要由填料、水封环、填料筒、填料压盖、水封管组成。填料函的作用主要是封闭泵壳与泵轴之间的空隙,不让泵内的水流到外面,也不让外面的空气进入泵内。当泵轴与填料摩擦产生热量就要靠水封管注水到水封圈内使填料冷却,保持水泵的正常运行。所以在水泵的运行、巡回检查过程中对填料函的检查特别要注意,在运行 600h 左右就要对填料进行更换。

CAG002 离心泵的工作原理

(三)离心泵的原理

离心泵是利用叶轮旋转而使液体产生的离心力来工作的。离心泵在启动前,必须使泵壳和吸水管内充满液体,然后启动电动机,使泵轴带动叶轮和液体做高速旋转运动,液体在离心力的作用下,被甩向叶轮外缘,经蜗形泵壳的流道流入离心泵的压水管路。液体泵叶轮中心处,由于液体在离心力的作用下被甩出后形成真空,吸水池中的液体便在大气压力的作用下被压进泵壳内,叶轮不停地转动,使得液体不断流入与流出,达到输送目的。

CAG003 离心泵的主要性能参数

(四)离心泵的主要性能参数

离心泵的主要性能参数有流量、扬程、功率和效率、转速、汽蚀余量。

ZBE003 离心泵的性能

1. 泵的扬程

泵加给每 kg 液体的能量称为扬程,或压头,亦即液体进泵前与出泵后的压头差,用符号 H_e 表示,其为所输送液体的液柱高度,单位为 m。

离心泵所产生的扬程可以理论计算,此计算值称为理论压头,离心泵实际所产生的压头比理论值低,因为泵内有各种损失。由于理论扬程的计算比较繁琐,泵体内的各种损失不能精确计算,所以离心泵实际所产生的扬程通常都是实验测定的。

2. 泵的流量

泵的流量是指泵在单位时间内排出的液体体积,用符号 Q_e 表示,其单位是 m^3/h。

按照生产工艺的需要和对制造厂的要求,泵的流量有以下几种表示方法:

(1)正常操作流量。在生产正常操作工况下,达到其规模产量时,所需要的流量。

(2)最大需要流量和最小需要流量。当生产工况发生变化时，所需的泵流量的最大值和最小值。

(3)泵的额定流量。由泵制造厂确定并保证达到的流量。此流量应等于或大于正常操作流量，并充分考虑最大、最小流量而确定。一般情况下，泵的额定流量大于正常操作流量，甚至等于最大需要流量。

(4)最大允许流量。制造厂根据泵的性能，在结构强度和驱动机功率允许范围内而确定的泵流量的最大值。此流量值一般应大于最大需要流量。

(5)最小允许流量。制造厂根据泵的性能，在保证泵能连续、稳定地排出液体，且泵的温度、振动和噪声均在允许范围内而确定的泵流量的最小值。此流量值一般应小于最小需要流量。

3. 泵的功率和效率

单位时间内液体经泵之后，实际得到的功率称为有效功率。泵从电动机得到的实际功率为轴功率，泵的有效功率比轴功率小，两者之比称为泵的总效率。由于泵在工作时存在各种损失，所以不可能将驱动机输入的功率全转变为液体的有效功率。轴功率和有效功率之差为泵的损失功率，其大小用泵的效率 η 来衡量，其值等于有效功率和轴功率之比。

泵的效率也就表示了泵输入的轴功率被液体利用的程度。

4. 转速

泵轴每分钟的转数，称为转速，单位为 r/min。泵的额定转速是泵在额定的尺寸（如叶片泵叶轮直径、往复泵柱塞直径等）下，达到额定流量和额定扬程的转速。

在应用固定转速的原动机（如电动机）直接驱动叶片泵时，泵的额定转速与原动机额定转速相同。

当以可调转速的原动机驱动时，必须保证泵在额定转速下，达到额定流量和额定扬程，并要能在其额定转速的105%的转速下长期连续运行，此转速称最大连续转速。可调转速原动机应具有超速自动停车机构，自动停车的转速为泵额定转速 120%，因此，要求泵能在其额定转速 120%的转速下短期正常运行。

在生产中采用可调转速的原动机驱动叶片泵，便于通过改变泵的转速来变更泵的工况，以适应生产工况的变化。但泵的运行性能必须满足上述的要求。

容积式泵的转速较低（往复泵的转速一般小于 200r/min，转子泵的转速小于 1500r/min），因此，一般应用固定转速的原动机。经过减速器减速后，达到泵的工作转速，也可用调速器（如液力变矩器等）或变频调速等方法改变泵的转速，以适应生产工况的需要。

5. 汽蚀余量

为防止泵发生汽蚀，在其吸入液体具有的能量（压力）值的基础上，再增加的附加能量（压力）值，称此附加能量为汽蚀余量。

在生产装置中，多采用增加泵吸入端液体的标高，即利用液柱的静压力作为附加量（压力），单位以米液柱计。在实际应用中有必需汽蚀余量 $NPSH_r$ 和有效汽蚀余量 $NPSH_a$。

1)必需汽蚀余量 $NPSH_r$

实质是被送流体经过泵入口部分后的压力降，其数值是由泵本身决定的。其数值越小表示泵入口部分的阻力损失越小。因此，$NPSH_r$ 是汽蚀余量的最小值。选用机泵时，被选泵

的 $NPSH_r$ 必须满足被送液体的特性和泵安装条件的要求。

2）有效汽蚀余量 $NPSH_a$

表示泵安装后，实际得到的汽蚀余量，此值是由泵的安装条件决定的，与泵本身无关。$NPSH_a$ 值必须大于 $NPSH_r$。一般为 $NPSH_a \geq NPSH_r+0.5$m。

J(GJ)AH001 离心泵性能曲线的意义

（五）离心泵特性曲线

离心泵的特性曲线，表明一台泵在一定的转速下，扬程、功率、效率与流量之间的关系。利用特性曲线可以完整了解一台离心泵的性能，以便合理选用和正确操作。图 1-6-11 是离心泵的特性曲线。由于泵的水力损失难以定量计算，因而泵的这些参数之间的关系只能通过实验测定。离心泵出厂前均由泵制造厂测定 $H-Q$、$\eta-Q$、$N-Q$ 三条曲线，列于产品样本以供用户参考。

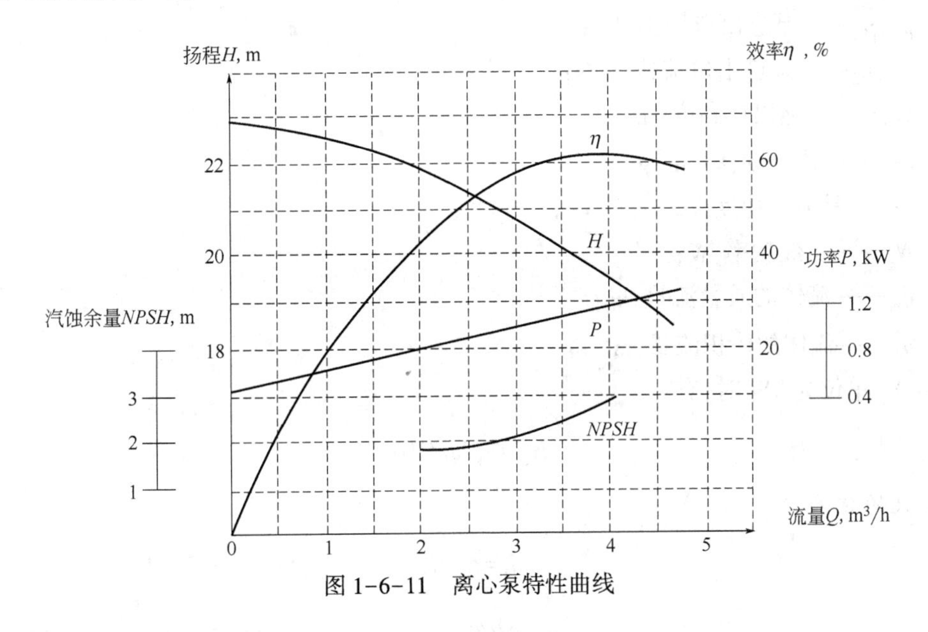

图 1-6-11　离心泵特性曲线

1. H—Q 曲线

H—Q 曲线表示泵的扬程与流量的关系。离心泵的扬程一般是随流量的增大而降低。

2. N—Q 曲线

N—Q 曲线表示泵的轴功率与流量的关系。离心泵的轴功率随流量增大而上升，流量为零时轴功率最小。所以离心泵启动时，应关闭泵的出口阀门，使启动电流减小，保护电动机。

3. η—Q 曲线

η—Q 曲线表示泵的效率与流量的关系。从特性曲线看出，当 $Q=0$ 时，$\eta=0$；随着流量的增大，泵的效率随之上升，并达到一最大值。以后流量再增大，效率就下降。说明离心泵在一定转速下有一最高效率点，称为设计点。泵在与最高效率相对应的流量及扬程下工作最经济，所以与最高效率点对应的 Q、H、N 值称为最佳工况参数。离心泵的铭牌上标出的性能参数就是指该泵在运行时效率最高点的状况参数。根据输送条件的要求，离心泵往往不可能正好在最佳工况点运转，因此一般只能规定一个工作范围，称为泵的高效率区，通常为最高效率的92%左右,选用离心泵时,应尽可能使泵在此范围内工作。

J(JG)AH003 离心泵扬程的计算

(六)离心泵的计算

1. 泵的扬程(压头)

$$H=z_2-z_1+\frac{p_2-p_1}{\rho g}+\frac{u_2^2-u_1^2}{2g}+H_{f,1-2}$$

J(GJ)AH002 离心泵功率的计算

2. 泵的有效功率

$$N_e=q_m Hg=q_V H\rho g$$

式中 H——扬程,m;

$H_{f,1-2}$——压头损失,m;

p_1,p_2——泵进出口压力,Pa;

u_1,u_2——泵进出口流速,m/s;

z_1,z_2——进出口高度,m;

ρ——液体密度,kg/m^3;

g——重力加速度,m/s^2;

N_e——有效功率,W;

q_m——流体的质量流量,kg/s;

q_V——流体的体积流量,m^3/s。

当 N_e 单位为kW时,有:

$$N_e=q_V H\rho/102$$

3. 泵的效率

$$\eta=N_e/N$$

$$\eta=\frac{QH\rho}{102N}\times100\%$$

式中 η——效率;

N——轴功率,kW;

Q——流体的流量,m^3/s。

4. 离心泵的允许吸上高度

$$H_{允}=\frac{p-p_1}{\rho g}+\frac{u_1^2}{2g}+h_f$$

式中 $H_{允}$——泵的允许吸上高度,m;

p_1——泵吸入口允许最低绝压,Pa;

p——大气压,Pa;

h_f——压头损失,m;

u_1——流体流速,m/s。

5. 允许汽蚀余量 Δh

$$\Delta h=\frac{p_1}{\rho g}+\frac{u_1^2}{2g}-\frac{p_{饱}}{\rho g}$$

式中　$p_{饱}$——操作温度下输送液体的饱和蒸气压,Pa。

6. 防止汽蚀现象发生最大的吸上高度 $z_{大}$

$$z_{大}=\frac{p}{\rho g}-\frac{p_{饱}}{\rho g}-\Delta h-h_f$$

7. 泵的流量、扬程、轴功率和转速之间的关系

(1)泵的流量与转速:

$$Q_1/Q_2=n_1/n_2$$

即流量与转速成正比关系。

(2)泵的扬程与转速:

$$H_1/H_2=(n_1/n_2)^2$$

即扬程与转速的平方成正比关系。

(3)泵的轴功率与转速:

$$N_1/N_2=(n_1/n_2)^3$$

即轴功率与转速的立方成正比关系。

所以变频控制的泵会根据生产的实际需要调节转速,以满足流量和扬程需要(自控阀就不具备这个能力了),从而以最合适的轴功率运行,可以节约大量的电能,还能延长泵叶轮的更换周期。

(七)离心泵流量调节方法

所谓调节,实际是改变泵的工作点,可以通过改变管路特性曲线和泵的特性曲线的方法达到。根据离心泵特性曲线可以知道,随着扬程增加流量迅速下降,轴功率随流量下降而缓慢下降。流量和扬程随转速的下降而下降,轴功率随转速的下降而急剧下降,所以调节方法有以下几种:

1. 节流调节

节流调节的原理,就是改变管路特性曲线的形状,从而变更离心泵的工作点。

如图 1-6-12 所示Ⅰ为泵的 $Q—H$ 曲线,Ⅱ为泵排出口闸阀全开时的管路特性曲线,工作点为 A,流量为 Q_A,当泵工作中要使流量减小时关小泵排出口闸阀,则闸阀的阻力增大,管路特性曲线变陡。Ⅲ为闸阀关小后的管路特性曲线,工作点为 B,流量为 Q_B。此时,若不关小闸阀,其管路阻力损失为 $\overline{CD}$ 高;关小闸阀后其阻力损失为 $\overline{CB}$ 高度。其中 $\overline{CB}-\overline{CD}=\overline{DB}$ 高度是由于闸阀关小而多消耗在闸阀上的能量,所以这种调节方法损失大,经济性差,但由于此种方法简便,在操作中

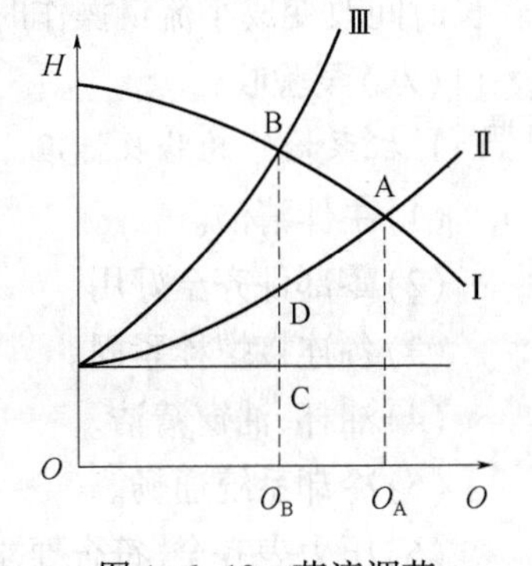

图 1-6-12　节流调节

广泛采用。

2. 旁路返回调节

此种调节方法是开启泵的旁路阀，一部分液体从泵的排出管返回吸入管，从而减小排出管流量。这种方法对旋涡泵较合适，这是因为旋涡泵的特性曲线在降低流量时扬程急剧上升，轴功率反而增加，而加大流量时轴功率反而稍有下降。

3. 变速调节

其原理就是通过改变离心泵转速来改变泵的特性曲线位置，从而变更工作点。

如图 1-6-13 所示，转速为 n_A 时，泵的特性曲线上移，工作点为 A；转速增高至 n_B 时，泵的特性曲线上移，工作点变为 B，流量和扬程都比 n_A 大时。转速降为 n_c 时，泵的性能曲线下移，工作点为 C，流量减小，扬程降低。

这种调节方法没有附加的能量损失，是一种比较经济的办法，但必须采用可变速电动机。

4. 切割叶轮外径调节

将离心泵叶轮外径车小，可使同一转速下泵的性能改变，既可改变流量也可改变扬程。

如图 1-6-14 所示，在额定转速下，叶轮外径为 D_2 时，工作点为 1，当叶轮外径车小为 D_2'时，泵的特性曲线下移，工作点为 2，流量减小，扬程降低。

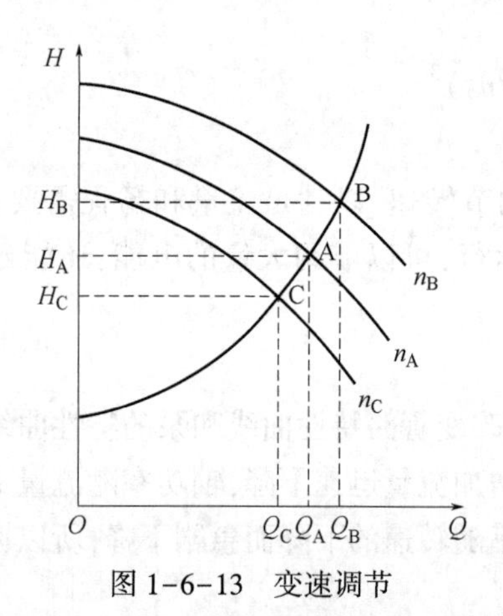

图 1-6-13 变速调节

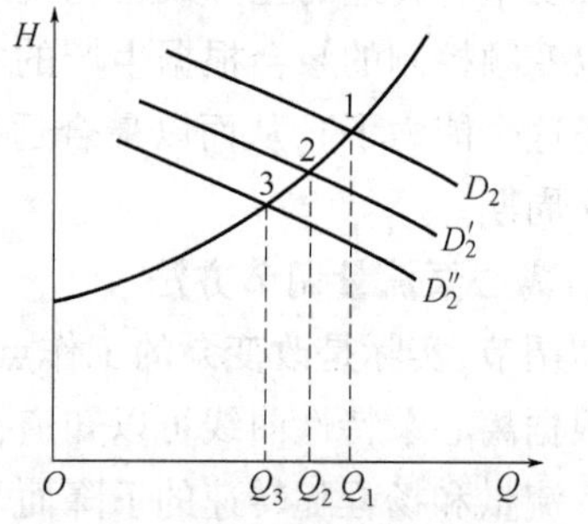

图 1-6-14 切割叶轮外径调节

这种调节方法，也没有附加的能量损失，是一种较经济的方法，但是只适用于离心泵在较长时间改变成小流量操作时采用。

GAK004 泵检修的验收标准

（八）泵验收

1. 机泵检修的验收标准

(1) 主体清洁。

(2) 零部件齐全好用。

(3) 各连接螺栓紧固。

(4) 油杯、油窗清洁。

(5) 冷却系统通畅。

(6) 压力表齐全、符合要求。

(7)盘车轻松。

(8)电动机检测符合要求。

2. 离心泵验收注意事项

J(JG)AH008 离心泵验收注意事项

(1)检修质量符合规程要求,检修记录齐全,准确。

(2)润滑油、封油、冷却水系统不堵、不漏。

(3)轴封渗漏符合要求。

(4)盘车时无轻重不匀的感觉,填料压盖不歪斜。

(5)带负荷运转时,应做到:

① 轴承温度符合指标要求;

② 轴承振动符合指标要求;

③ 运转平稳,无杂音,封油、冷却水和润滑油系统工作正常,附属管路无滴漏;

④ 电流不得超过额定值;

⑤ 流量、压力平稳,达到铭牌出力或满足生产需要;

⑥ 密封漏损不超过要求。

CBE008 离心泵的主要运行指标

(九)机泵主要运行指标

(1)泵一般不宜在低于30%的额定负荷下连续运行,泵出口关闭状态运行时间不宜超过1min,不能长期憋压运行。

(2)各固定连接部件不应有松动,转子机各运动部件不得有异常声响和摩擦现象。

(3)泵附属设备运行正常,管道应连接可靠无渗漏,管道无振动及异常响声。

(4)机泵的密封液应能有效地对机械密封进行润滑及冷却。

(5)关注机泵油窗油位,油窗油位一般在1/2~2/3位置,油杯油位一般要求高过油窗油位。

(6)机泵正常运转中,机泵滑动轴承的温升,滚动轴承的温升应符合该机泵技术文件的规定,技术文件无要求时,一般按以下要求执行:轴承温度:滑动轴承≤65℃,滚动轴承≤70℃。以上温度值均不能大于环境温度+50℃(温升值)。

(7)机泵正常运行中,泵及电动机轴承振动满足标准要求。轴承振动:转速1500r/min时,振幅≤0.09mm;转速3000r/min时,振幅≤0.06mm。

(8)密封介质泄漏不得超过下列要求:机械密封,轻质油不大于10滴/分,重油不大于5滴/分;软填料密封,轻质油不大于20滴/分,重油不大于10滴/分。

(9)电动机电流不能超过电动机额定值。

GAK003 离心泵并联操作特点

(十)离心泵串并联操作

1. 并联

在工程中,当流量要求有较大变化,即在某一定时间内要求减少或增大流量;或者一台泵不能满足流量要求时,可采用两台泵或多台泵并联工作(图1-6-15)。泵并联工作时流量小于各台泵单独运行时的流量之和,而且管路阻力曲线越陡(即管路阻力越大),并联运转时流量减少得越多。

两台泵同时工作时,泵的总特性曲线绘制方法是把各扬程下对应的泵流量加倍得到新的点,再把这些点连成光滑曲线,即图1-6-15中的(Ⅰ+Ⅱ)曲线。它与管路特性曲线Ⅲ相

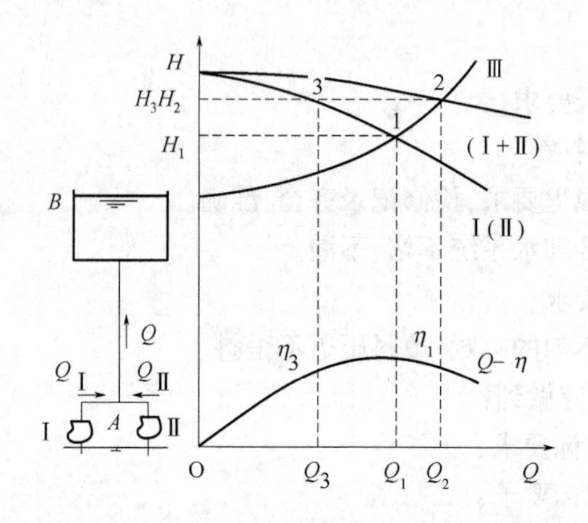

图 1-6-15　离心泵并联流量扬程特性曲线

Ⅰ(Ⅱ)—每台泵的性能曲线，由于性能曲线相同，故重合；η—每台泵的效率曲线；Ⅲ—管路的特性曲线，与Ⅰ(Ⅱ)曲线相交于点 1，即每台泵单独工作时的工作点是 1

交于点 2，由并联工作点 2 作水平线Ⅰ(Ⅱ)于点 3，则点 3 即为两台泵同时工作时每台泵的工作点。

由图 1-6-15 中可见，两台泵并联后的扬程 H_2 大于每台泵单独工作时的扬程 H_1。每台泵的流量 Q_3 小于单独工作时的流量 Q_1。两台泵同时工作的流量 Q_2 大于每台泵单独工作时的流量 Q_1，但 $Q_2<2Q_1$，即在同一管路中，两台泵并联后的流量与每台泵单独工作时比较不能成倍增加。

如果管路特性曲线Ⅲ较平坦(管线直径大压降小)，而泵的性能曲线Ⅰ(Ⅱ)较陡峭时，两泵并联增大流量的效果较好。

并联后两泵的效率为 η_3，比单独工作时效率 η_1 要低。

J(GJ)AH007 离心泵串联操作特点

2. 串联

在工程中，当用单台泵时，其流量已能满足，而扬程达不到预定要求或原有设备不能使用，要求改用更高扬程的系统时，可采用两台或多台泵串联以达到所需扬程(图 1-6-16)。但要注意各台泵串联后，其泵体强度是否能满足，以保安全。

将Ⅰ(Ⅱ)在相同流量下的扬程相加连成光滑曲线即得(Ⅰ+Ⅱ)，(Ⅰ+Ⅱ)与Ⅲ相交于点 2，即为两泵串联工作时的工作点。

由点 2 作垂线与Ⅰ(Ⅱ)交于 3，即得两台泵串联工作时每台泵的工作点。

从图 1-6-16 中可见，两台泵串联工作时的总流量 Q_2 等于每台泵单独工作时的流量 Q_1，串联工作时每台泵的扬程 H_3 小于单独工作时的扬程 H_1，两台泵串联工作时的扬程 H_2 大于每台单独工作时的扬程 H_1，但 $H_2<2H_1$，即两台泵串联时的扬程与每台泵单独工作时的扬程比较，不能成倍增加。

GAL002 变频器的工作原理

(十一)变频器的工作原理

J(GJ)BE013 变频调速器的原理

通常，把电压和频率固定不变的工频交流电变换为电压或频率可变的交流电的装置称作变频器，简称 VFD，是应用变频技术与微电子技术的原理，通过改变电动机工作电源频率的方式来控制交流电动机的电力控制设备。使用的电源分为交流电源和直流电源,一般的直流电源大多是由交流电源通过变压器变压、整流滤波后得到的。交流电源在人们使用电源中占总使用电源的95%左右。

为了产生可变的电压和频率,该设备首先要把电源的交流电变换为直流电(DC),这个过程为整流。

一般逆变器是把直流电源逆变为一定频率和一定电压的逆变电源,对于逆变电源频率和电压可调的逆变器称为变频器。

变频器输出的波形是模拟正弦波,主要是用在三相异步电动机调速用,又称变频调速器。

用于电动机控制的变频器,既可以改变电压,又可以改变频率。变频器主要采用交—直—交方式(VVVF变频或矢量控制变频),先把工频交流电源通过整流器转换成直流电源,然后再将直流电源转换成频率、电压均可控制的交流电源以供给电动机。

异步电机调速有许多方法,如变极调速、变转差率调速和变频调速等。前两种转差损耗大,效率低,对电动机特性来说都有一定的局限性。变频调速是通过改变定子电源的频率来改变同步频率实现电动机调速的。在调速的整个过程中,从高速到低速可以保持有限的转差率,因而具有高效、调速范围宽(10%~100%)和精度高等性能,节电效果可达到20%~30%。

变频器主要是由整流(交流变直流)、滤波、逆变(直流变交流)、制动单元、驱动单元、检测单元微处理单元等组成的。

二、压缩机

J(GJ)AH006 压缩机的分类

(一)分类

压缩机是一种用于输送气体和提高气体压力的机器,广泛应用于石油化工企业之中。

根据压缩气体的方式不同,压缩机通常分为两大类:一类是容积式压缩机,另一类是速度式(或称动力式)压缩机。

容积式压缩机有:(1)往复式(活塞式,膜式);(2)回转式(螺杆式,滑片式,转子式)。

速度式压缩机有:(1)轴流式;(2)离心式;(3)喷射式。

GAK001 离心式压缩机的工作原理

(二)离心式压缩机工作原理

汽轮机(或电动机)带动压缩机主轴叶轮转动,气体在叶轮中受旋转离心力和扩压流动的作用,从叶轮出来后气体的压力和速度提高,然后利用扩压器使气流减速,将动能转化为势能,气体的压力提高。由于工作轮不断旋转,气体能连续不断地被甩出去,从而保持了气压机中气体的连续流动。如果一个工作叶轮得到的压力还不够,可通过使多级叶轮串联起来工作的办法,来达到对出口压力的要求。级间的串联通过弯通、回流器来实现。这就是离心式压缩机的工作原理。

GAK002 离心式压缩机的结构

(三)基本结构

离心式压缩机由转子及定子两大部分组成。转子包括转轴和固定在轴上的叶轮、轴套、平衡盘、推力盘及联轴节等零部件。定子主要是指不能转动的零部件,由机壳、扩压器、弯道、回流器和蜗室构成。另外在转子与定子之间需要密封气体之处还设有密封元件,压缩机的定子和转子之间的密封通常采用迷宫密封、浮动环密封和干气密封。轴承多采用推力滑动轴承和径向滑动轴承。

三、风机

风机是依靠输入的机械能，提高气体压力并排送气体的机械，它是一种从动的流体机械。

风机是我国对气体压缩和气体输送机械的习惯简称，通常所说的风机包括通风机、鼓风机、压缩机以及罗茨鼓风机、离心式风机、回转式风机、水环式风机，但是不包括活塞压缩机等容积式鼓风机和压缩机。气体压缩和气体输送机械是把旋转的机械能转换为气体压力能和动能，并将气体输送出去的机械。

（一）按照气流运动分类

（1）离心风机：气流进入旋转的叶片通道，在离心力作用下气体被压缩并沿着半径方向流动。

（2）轴流风机：气流轴向进入风机叶轮后，在旋转叶片的流道中沿着轴线方向流动的风机。相对于离心风机，轴流风机具有流量大、体积小、压头低的特点，用于有灰尘和腐蚀性气体场合时需注意。

（3）斜流式（混流式）风机：在风机的叶轮中，气流的方向处于轴流式与离心式之间，近似沿锥流动，故可称为斜流式（混流式）风机。这种风机的压力系数比轴流式风机高，而流量系数比离心式风机高。

（二）按所产生的风压分类

（1）低压离心风机：风机进口为标准大气条件，风机全压≤1kPa 的离心风机。

（2）中压离心风机：风机进口为标准大气条件，风机全压为>1kPa 而≤3kPa 的离心风机。

（3）高压离心风机：风机进口为标准大气条件，风机全压为>3kPa<而≤15kPa 的离心风机。

（4）低压轴流风机：风机进口为标准大气条件，风机全压≤0.5kPa 的轴流风机。

（5）高压轴流风机：风机进口为标准大气条件，风机全压>0.5kPa 而≤15kPa 的轴流风机。

（三）按比转速分类

比转速是指要达到单位流量和压力所需的转速，按比转速风机分类有：

（1）低比转速风机：比转速为 11~30。

（2）中比转速风机：比转速为 30~60。

（3）高比转速风机：比转速为 60~81。

（四）按用途的风机分类

按用途不同，风机可分为引风机、纺织风机、消防排烟风机等。

四、电动机

电动机是把电能转换成机械能的一种设备，主要由定子与转子组成。它是利用通电线圈（也就是定子绕组）产生旋转磁场并作用于转子形成磁电动力旋转扭矩。电动机按照使用电源不同分为直流电动机和交流电动机。

ZAI003　常用电动机型号含义

(一)常用电动机型号

总体来讲电动机型号由产品代号、规格代号、特别场所代号和增补代号四部分构成。

型号中代号的含义:

Y——异步电动机。

B——隔爆,YB代表隔爆异步电动机。

A——增安型防爆,YA代表增安异步电动机,YB属于防爆电动机。

K——空冷,如YKK代表机体内、冷却器的初、次级冷却介质均为空气冷却的异步电动机。

S——水冷、运输机,如YBKS代表电动机内部为空冷、冷却器是水冷系统的防爆电动机;YBS是输送机专用防爆电机。

R——绕线转子电动机,如YR是绕线转子异步电动机。

P——屏蔽,如YP是屏蔽异步电动机。

L——立式,如YL是立式异步电动机。

J——绞车用电动机,如YBJ是绞车专用防爆电动机。

F——透风、粉尘,如YBF代表风机专用防爆电动机,YFB代表粉尘防爆电动机。

T——透风、同步。T、TK代表同步电动机。

W——无火花、无刷励磁,如YW代表无火花型三相异步电动机,TAW代表增安型无刷励磁同步电动机。

GB——管道泵,如YBGB代表管道用隔爆型异步电动机。

PT——变频调速。

异步电动机型号和防爆电机型号举例分别见图1-6-16和图1-6-17。

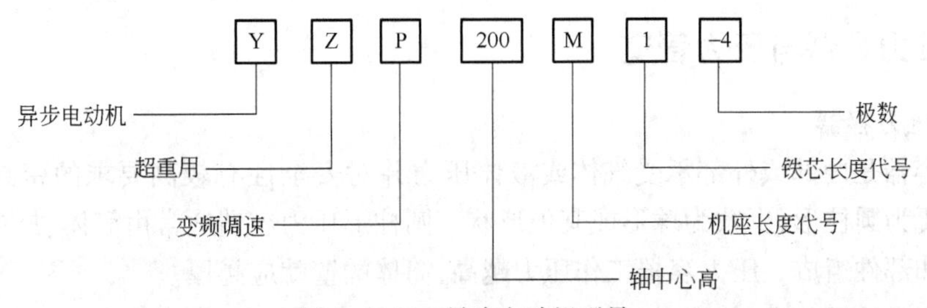

图1-6-16　异步电动机型号

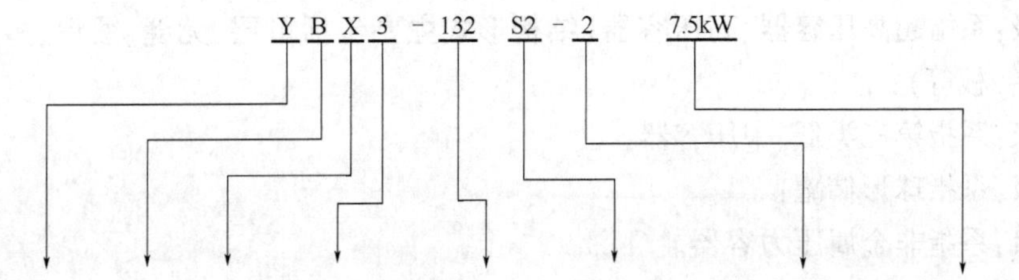

图1-6-17　防爆电动机型号

又如 YBX3-132M2-6F,Y 代表异步电动机,B 代表隔爆,X 代表高效率节能型,3 代表设计序号,3 代表三次设计,132 代表机座的中心高(132mm),M 代表机座长度(M 表示中机座),2 代表 2 号铁芯长,6 代表极数(6 极),F 代表特殊环境代号(防腐型)。

这里需要注意的是所有型号中字母均采用汉语拼音字母。

J(GJ)AI001 电功率及功率因数计算方法

(二)电功率及功率因数计算方法

电流在单位时间内做的功称为电功率,是用来表示消耗电能的快慢的物理量,用 P 表示,它的单位是瓦特,简称瓦,符号是 W。

作为表示电流做功快慢的物理量,一个用电器功率的大小数值上等于它在 1s 内所消耗的电能。

$$P=U\cdot I$$

对于纯电阻电路,计算电功率还可以用公式:

$$P=I^2R,P=U^2/R$$

功率因数(Power Factor)的大小与电路的负荷性质有关,如白炽灯泡、电阻炉等电阻负荷的功率因数为 1,一般具有电感性负载的电路功率因数都小于 1。功率因数是电力系统的一个重要的技术数据。功率因数是衡量电气设备效率高低的一个系数。功率因数低,说明电路用于交变磁场转换的无功功率大,从而降低了设备的利用率,增加了线路供电损失。

在交流电路中,电压与电流之间的相位差(Φ)的余弦称为功率因数,用符号 $\cos\Phi$ 表示,在数值上,功率因数是有功功率和视在功率的比值:

$$\cos\Phi=P/S$$

项目三　静止设备

ZAH007 压力容器的概念

一、压力容器与压力管道

GBE008 压力容器的划分标准

(一)压力容器

压力容器是内部或外部承受气体或液体压力并对安全性有较高要求的密封容器。压力容器主要为圆柱形,少数为球形或其他形状。圆柱形压力容器通常由筒体、封头、接管、法兰等零件和部件组成。压力容器工作压力越高,筒体的壁就应越厚。

1. 压力容器设计类别、级别的划分

1)A 类

A1 级:系指超高压容器、高压容器(结构形式主要包括单层、无缝、锻焊、多层包扎、绕带、热套、绕板等);

A2 级:系指第三类低、中压容器;

A3 级:系指球形储罐;

A4 级:系指非金属压力容器。

2)C 类

C1 级:系指铁路罐车;

C2 级:系指汽车罐车或长管拖车;

C3 级:系指罐式集装箱。

3)D 类

D1 级:系指第一类压力容器;

D2 级:系指第二类低、中压容器。

4)SAD 类

系指压力容器分析设计。

GAK007 压力容器定期检验常识

2. 压力容器定期检验常识

根据 TSG R7001—2013《压力容器定期检验规则》,压力容器定期检验分为:年度检查、全面检验和耐压检验。

全面检验是指在用压力容器停机时的检验,全面检验应当由检验机构进行,其检验周期为:

(1)安全状况等级为 1~2 级,一般为每 6 年一次。

(2)安全状况等级为 3 级,一般为 3~6 年一次。

(3)安全状况等级为 4 级,其检验周期由检验机构确定。安全状况等级为 4 级的压力容器,其累积监控使用的时间不得超过 3 年。在监控使用期间,应当对缺陷进行处理提高其安全状况等级,否则不得继续使用。

(4)新压力容器一般投入使用满 3 年时进行首次全面检验,下次的全面检验周期由检验机构根据本次全面检验结果再确定。

(5)介质为液化石油气且有应力腐蚀现象的,每年或根据需要进行全面检验。

GBE006 三类压力容器的划分标准

3. 压力容器根据压力进行分级

1)三类容器

符合下列情况之一者为三类容器:

(1)高压容器;

(2)中压容器(毒性程度为极度和高度危害介质);

(3)中压贮存容器(易燃或毒性程度为中度危害介质,且设计压力与容积之积 $pV \geqslant 10\text{MPa} \cdot \text{m}^3$;

(4)中压反应容器(易燃或毒性程度为中度危害介质,且 $pV \geqslant 0.5\text{MPa} \cdot \text{m}^3$;

(5)低压容器(毒性程度为极度和高度危害介质,且 $pV \geqslant 0.2\text{MPa} \cdot \text{m}^3$;

(6)高压、中压管壳式余热锅炉;

(7)中压搪玻璃压力容器;

(8)使用强度级别较高(抗拉强度规定值下限≥540MPa 的材料制造)的压力容器;

(9)移动式压力容器,包括铁路罐车(介质为液化气体、低温液体)、罐式汽车(液化气体、低温液体或永久气体运输车)和罐式集装箱(介质为液化气体、低温液体)等;

(10)球形贮罐(容积 $V \geqslant 50\text{m}^3$);

(11)低温液体贮存容器($V \geqslant 5\text{m}^3$)。

GBE005 二类压力容器的划分标准

2)二类容器

符合下列情况之一且不在第 1)款之内者为二类容器:

(1)中压容器;

(2)低压容器(毒性程度为极度和高度危害介质);

(3)低压反应容器和低压贮存容器(易燃介质或毒性程度为中度危害介质);

(4)低压管壳式余热锅炉;

(5)低压搪玻璃压力容器。

GBE004 一类压力容器的划分标准

3)一类容器

低压容器且不在第1)款、第2)款之内者。

J(GJ)BE005 压力容器的选材常识

4. 压力容器的选材

合理的选材是压力容器设计的难点和重点之一。

决定压力容器安全性的内在因素是结构和材料性能,外在因素是载荷、时间和环境条件。材料是构成设备的物质基础,材料性能对压力容器运行的安全性影响显著。合理选材是压力容器设计的基本任务之一,为使压力容器在寿命周期内安全可靠的运行,设计师不但要了解原材料的性能,而且要了解制造工艺、使用环境和时间对材料性能的影响规律。影响材料性能的因素很多,合理选材更依赖于定性分析和经验积累。

压力容器材料费用占总成本的比例很大,一般超过30%。选材不当,不仅会增加成本,而且有可能导致压力容器破坏事故。

选材主要有以下几项原则:

(1)设备的使用及操作条件,如温度、压力、介质特性和工作特点等;

(2)材料的力学性能,压力容器用钢尤其是承压组件用钢要求具有较大的塑性储备和较高的韧性;

(3)材料的焊接及冷热加工性能;

(4)设备结构及制造工艺;

(5)材料的来源,采购周期及经济合理性等(优先选用压力容规范推荐的材料及国内材料标准中已有的材料,尽量采用国产材料);

(6)同一工程设计中尽量注意用材的统一性。

J(GJ)BE009 压力容器的完好标准

5. 压力容器的完好标准

(1)运行正常,效能良好。其具体标志为:

① 容器的各项操作性能指标符合设计要求,能满足生产的需要。

② 操作过程中运转正常,易于平稳地控制操作参数。

③ 密封性能良好,无泄漏现象。

④ 带搅拌的容器,其搅拌装置运转正常,无异常的振动和杂声。

⑤ 带夹套的容器,加热或冷却其内部介质的功能良好。

⑥ 换热器无严重结垢。列管式换热器的胀口、焊口;板式换热器的板间;各类换热器的法兰连接处均能密封良好,无泄漏及渗漏。

(2)装备完整,质量良好。其包括以下各项要求:

① 零部件、安全装置、附属装置、仪器仪表完整、质量符合设计要求。

② 容器本体整洁,尤其、保温层完整,无严重锈蚀和机械损伤。

③ 由衬里的容器,衬里完好,无渗漏及鼓包。

④ 阀门及各类可拆连接部位无跑、冒、滴、漏现象。

⑤ 基础牢固,支座无严重锈蚀,外管道情况正常。

⑥ 各类技术资料齐备、准确、有完整的技术档案。

⑦ 容器在规定期限内进行了定期检验,安全性能良好,并已办理使用登记证。

⑧ 安全附件检定、校验和更换。

GBE016 压力容器的表示方法

6. 压力容器的表示方法

(1)按压力容器的设计压力(p)分为低压、中压、高压、超高压四个压力等级,具体代号划分如下:

① 低压(代号 L)0. 1MPa≤p<1. 6MPa;

② 中压(代号 M)1. 6MPa≤p<10MPa;

③ 高压(代号 H)10MPa≤p<100MPa;

④ 超高压(代号 U)p≥100MPa。

(2)按压力容器在生产工艺过程中的作用原理,分为反应压力容器、换热压力容器、分离压力容器、储存压力容器,具体代号划分如下:

① 反应压力容器(代号 R):主要是用于完成介质的物理、化学反应的压力容器,如反应器、反应釜、分解锅、硫化罐、分解塔、聚合釜、高压釜、超高压釜、合成塔、变换炉、蒸煮锅、蒸球、蒸压釜、煤气发生炉等;

② 换热压力容器(代号 E):主要是用于完成介质的热量交换的压力容器,如管壳式余热锅炉、热交换器、冷却器、冷凝器、蒸发器、加热器、消毒锅、染色器、烘缸、蒸炒锅、预热锅、溶剂预热器、蒸锅、蒸脱机、电热蒸汽发生器、煤气发生炉水夹套等;

③ 分离压力容器(代号 S):主要是用于完成介质的流体压力平衡缓冲和气体净化分离的压力容器,如分离器、过滤器、机油器、缓冲器、洗涤器、吸收塔、钢洗塔、干燥塔、汽提塔、分汽缸、除氧器等;

④ 储存压力容器(代号 C,其中球罐代号 B):主要是用于储存、盛装气体、液体、液化气体等介质的压力容器,如各种形式的储罐。

在一种压力容器中,如同时具备两个以上的工艺作用流程,按工艺过程中的主要作用来划分品种。

(3)介质毒性程度的分级和易燃介质的划分如下:压力容器中化学介质毒性程度和易燃介质的划分参照 HG/T 20660—2017《压力容器中化学介质毒性危害和爆炸危险程度分类标准》的规定。无规定时,按下述原则确定毒性程度:

① 极度危害(Ⅰ级)最感容许浓度<0. 1mg/m^3;

② 高度危害(Ⅱ级)最高容许浓度 0. 1mg/m^3 到<1. 0mg/m^3;

③ 中度危害(Ⅲ级)最高容许浓度 1. 0mg/m^3 到<10mg/m^3;

④ 轻度危害(Ⅳ级)最高容许浓度≥10mg/m^3。

压力容器中的介质为混合物质时,应以介质的组分并按上述毒性程度或易燃介质的划分原则,出具设计单位的工艺设计或使用单位的生产技术部门提供介质毒性程度或是否属于易燃介质的依据,无法提供依据时,按毒性危害程度或爆炸危险程度最高的介质确定。

ZAH008 压力管道的概念

(二)压力管道

压力管道定义为:利用一定的压力,用于输送气体或者液体的管状设备,其范围规定为最高工作压力大于或者等于0.1MPa(表压)的气体、液化气体、蒸汽介质或者可燃、易爆、有毒、有腐蚀性、最高工作温度高于或者等于标准沸点的液体介质,且公称直径大于50mm的管道。公称直径小于150mm且其最高工作压力小于1.6MPa(表压)的输送无毒、不可燃、无腐蚀性气体的管道和设备本体所属管道除外。压力管道不但是指其管内或管外承受压力,而且其内部输送的介质是“气体、液化气体和蒸汽”或“可能引起燃爆、中毒或腐蚀的液体”物质。

1. 压力管道设计类别及级别划分

(1)长输管道为GA类,级别划分为:

① 符合下列条件之一的长输管道为GA1级:输送有毒、可燃、易爆气体介质,设计压力$p>1.6$MPa的管道;输送有毒、可燃、易爆液体介质,输送距离(指产地、储存库、用户间的用于输送商品介质管道的直接距离)≥200km且管道公称直径DN≥300mm的管道;输送浆体介质,输送距离≥50km且管道公称直径DN≥150mm的管道。

②符合下列条件之一的长输管道为GA2级:输送有毒、可燃、易爆气体介质,设计压力$p\leq1.6$MPa的管道;GA1范围以外的管道。

(2)公用管道为GB类,级别划分为:

① GB1:燃气管道;

② GB2:热力管道。

(3)工业管道为GC类,级别划分为:

① 符合下列条件之一的工业管道为GC1级:输送毒性程度为极度危害介质的管道;输送火灾危险性为甲、乙类可燃气体或甲类可燃液体介质且设计压力$p\geq4.0$MPa的管道;输送可燃流体介质、有毒流体介质,设计压力$p\geq4.0$MPa且设计温度大于等于400℃的管道;输送流体介质且设计压力$p\geq10.0$MPa的管道。

②符合下列条件之一的工业管道为GC2级:输送火灾危险性为甲、乙类可燃气体或甲类可燃液体介质且设计压力$p<4.0$MPa的管道;输送可燃流体介质、有毒流体介质,设计压力$p<4.0$MPa且设计温度大于等于400℃的管道;输送非可燃流体介质,设计压力$p<10.0$MPa且设计温度<400℃的管道。

ZBF010 工业管道外部检查的要点

2. 工业管道外部检查的要点

(1)管道、管件有无损坏、变形、泄漏情况,管线位置和变形,支架的异常情况,焊缝是否有缺陷。

(2)测厚重点检查重要管道或有明显腐蚀和冲刷的弯头、三通、管径突变部位等。

(3)合金钢及高温管道材质和螺栓材质不明的要分析。

(4)保温伴热是否完好。

(5)对高温管道根据工作温度要抽查金相和硬度。

(6)对于工作介质(如含硫化氢)可能引起应力腐蚀碳素钢和低合金钢管道要抽查硬度。

GAK008 压力管道定期检验常识

3. 压力管道定期检验常识

在用工业管道(简称管道)的定期检验,包括年度检查和全面检验。

全面检验,是指检验机构按照一定的时间周期,根据本规则规定,对管道检验时安全状况所进行的符合性验证活动。

定期检验工作的一般程序,包括检验方案制订、检验前的准备、检验实施、缺陷以及问题的处理、检验结果汇总、出具检验报告等。

管道的安全状况分为 1 级至 4 级。管道应当根据全面检验情况,按照规定进行评级。GC1、GC2 级管道一般于投用后 3 年内进行首次全面检验,GC3 级管道一般于投用后 6 年内进行首次全面检验。以后的检验周期由检验机构根据管道的安全状况等级,按照以下要求确定:

(1)安全状况等级为 1、2 级,GC1、GC2 级管道一般每 6 年检验一次,GC3 级管道不超过 9 年检验一次;

(2)安全状况等级为 3 级,一般每 3 年检验一次;

(3)安全状况等级为 4 级,应当对缺陷进行处理,缺陷处理后经检验,仍不满足安全性能要求的不得继续使用。

有以下情况之一的管道,全面检验周期可以适当缩短:

(1)介质对管道材料的腐蚀情况不明或者腐蚀减薄情况异常的;

(2)具有环境开裂倾向或者产生机械损伤现象,并且已经发现开裂的;

(3)改变使用介质并且可能造成腐蚀现象恶化的;

(4)材质劣化现象比较明显的;

(5)未按要求进行年度检查的;

(6)检验中对影响安全的其他因素有怀疑的。

注:环境开裂主要包括应力腐蚀开裂、氢致开裂等。机械损伤主要包括各种疲劳、高温蠕变等。

J(GJ)BF001 工业管道试压的标准

4. 工业管道试压的标准

1)一般要求

J(GJ)BF005 炉管整体水压试验的方法

管道安装完毕后,应按设计要求对管道系统进行压力试验。按试验的目的可分为检查管道力学性能的强度试验、检查管道连接质量的严密性试验、检查管道系统真空保持性能的真空试验和基于防火安全考虑而进行的渗漏试验等。除真空管道系统和有防火要求的管道系统外,多数管道只做强度试验和严密性试验。管道系统的强度试验与严密性试验,一般采用水压试验,如因设计结构或其他原因,不能采用水压试验时,可采用气压试验。

(1)压力试验应符合下列规定:

① 压力试验应以液体为试验介质。当管道的设计压力小于或等于 0.6MPa 时,也可采用气体为试验介质,但应采取有效的安全措施。脆性材料严禁使用气体进行压力试验。

② 当现场条件不允许使用液体或气体进行压力试验时,经建设单位同意,可同时采用下列方法代替:

a. 所有焊缝(包括附着件上的焊缝),用液体渗透法或磁粉法进行检验;

b. 对接焊缝用 100%射线照相进行检验。

③ 当进行压力试验时,应划定禁区,无关人员不得进入。

④ 压力试验完毕,不得在管道上进行修补。

⑤ 建设单位应参加压力试验,压力试验合格后,应和施工单位一同按规范规定填写管道系统压力试验记录。

(2)压力试验前应具备的条件:

① 试验范围内的管道安装工程除涂漆、绝热外,已按设计图纸全部完成,安装质量符合有关规定。

② 管道上的膨胀节已设置了临时约束装置。

③ 试验用压力表已校验,并在周检期内,其精度不得低于 1.5 级,表的满刻度值应为被测压力的 1.5~2 倍,压力表不得少于 2 块。

④ 符合压力试验要求的液体或气体已经备齐。

⑤ 按试验的要求,管道已经固定。

⑥ 对输送剧毒流体的管道及设计压力大于等于 10MPa 的管道,在压力试验前,下列资料已经建设单位复查:

a. 管道组成件的质量证明书;

b. 管道组成件的检验或试验记录;

c. 管子加工记录;

d. 焊接检验及热处理记录;

e. 设计修改及材料代用文件。

⑦ 待试管道与无关系统已用盲板或采取其他措施隔开。

⑧ 待试管道上的安全阀、爆破板及仪表元件等已经拆下或加以隔离。

⑨ 试验方案已经过批准,并已进行了技术交底。

2)水压试验的程序、步骤、方法

(1)连接。将试压设备与试压的管道系统相连,试压用的各类阀门、压力表安装在试压系统中,在系统的最高点安装放气阀、在系统的最低点安装泄水阀。

(2)灌水。打开系统最高点的放气阀,关闭系统最低点的泄水阀,向系统灌水。试压用水应使用纯净水,当对奥氏体不锈钢管道或对连有奥氏体不锈钢管道或设备的管道进行试验时,水中氯离子含量不得超过 25×10^{-6}mg/L。待排气阀连续不断地向外排水时,关闭放气阀。

(3)检查。系统充水完毕后,不要急于升压,而应先检查一下系统有无渗水漏水现象。

(4)升压。充水检查无异常,可升压,升压用手动试压泵(或电动试压泵),升压过程应缓慢、平稳,先把压力升到试验压力的一半,对管道系统进行一次全面的检查,若有问题,应泄压修理,严禁带压修复。若无异常,则继续升压,待升压至试验压力的 3/4 时,再做一次全面检查,无异常时再继续升压到试验压力,一般分 2~3 次升到试验压力。

(5)持压。当压力达到试验压力后,稳压 10min,再将压力降至设计压力,停压 30min,以压力不降、无渗漏为合格。

(6)试压后的工作。试压结束后,应及时拆除盲板、膨胀节限位设施,排尽系统中的积水。

3)水压试验应注意的事项

(1)试验前,向系统充水时,应将系统的空气排尽。

(2)试验时,环境温度不应低于 5℃,当环境温度低于 5℃时,应采取防冻措施。

(3)试验时,应测量试验温度,严禁材料试验温度接近脆性转变温度。

(4)承受内压的地上钢管道及有色金属管道试验压力应为设计压力的1.5倍,埋地钢管道的试验压力应为设计压力的1.5倍,且不得低于0.4MPa。

(5)当管道与设备作为一个系统进行压力试验时,管道的试验压力等于或小于设备的试验压力时,应按管道的试验压力进行试验;当管道试验压力大于设备的试验压力,且设备的试验压力不低于管道设计压力的1.15倍时,经建设单位同意,可按设备的试验压力进行试验。

(6)当管道的设计温度高于试验温度时,试验压力应按下式计算:

$$p_s=1.5p[\sigma]_1/[\sigma]_2$$

式中　p_s——试验压力(表压),MPa;

p——设计压力(表压),MPa;

$[\sigma]_1$——试验温度下,管材的许用应力,MPa;

$[\sigma]_2$——设计温度下,管材的许用应力,MPa。

当$[\sigma]_1/[\sigma]_2$大于6.5时,取6.5。

当p_s在试验温度下,产生超过屈服强度的应力时,应将试验压力p_s降至不超过屈服强度时的最大压力。

(7)承受内压的埋地铸铁管道的试验压力,当设计压力小于等于0.5MPa时,应为设计压力的2倍,当设计压力大于0.5MPa时,应为设计压力加0.5MPa。

(8)对位差较大的管道,应将试验介质的静压记入试验压力中。液体管道的试验压力以最高点的压力为准,但最低点的压力不得超过管道组成件的承受力。

(9)对承受外压的管道,其试验压力应为设计内、外压力之差的1.5倍,且不得低于0.2MPa。

(10)夹套管内管的试验压力应按内部或外部设计压力的高者确定。

(11)当试验过程中发现泄漏时,不得带压处理,应降压修复,待缺陷消除后,应重新进行试验。

ZBE004　换热器型号的表示方法

二、换热器

(一)定义及型号表示方法

换热器是将热流体的部分热量传递给冷流体,使流体温度达到工艺流程规定指标的热量交换设备,又称热交换器。

炼油厂使用的换热器主要是管壳式换热器,常减压蒸馏装置使用最多的是浮头式换热器。此外,还有固定管板式换热器、U形管式换热器。它们以使用温度、压力及两侧流动介质特性为选用依据。换热器型号表示方法如下:

X-X-X-X-X

其中,第一位表示换热器形式;第二位表示壳程直径,mm;第三位表示换热面积,m^2;第四位表示公称压力,kgf/cm^2;第五位表示管程数。

CAG004　换热器的种类

(二)换热器的分类

适用于不同介质、不同工况、不同温度、不同压力的换热器,结构形式也不同,换热器的具体分类如下。

1. 按传热原理分类

(1)表面式换热器。表面式换热器是温度不同的两种流体在被壁面分开的空间里流动,通过壁面的导热和流体在壁表面对流,两种流体之间进行换热。表面式换热器有管壳式、套管式和其他形式的换热器。

(2)蓄热式换热器。蓄热式换热器通过固体物质构成的蓄热体,把热量从高温流体传递给低温流体,热介质先通过加热固体物质达到一定温度后,冷介质再通过固体物质被加热,使之达到热量传递的目的。蓄热式换热器有旋转式、阀门切换式等。

(3)流体连接间接式换热器。流体连接间接式换热器,是把两个表面式换热器由在其中循环的热载体连接起来的换热器,热载体在高温流体换热器和低温流体之间循环,在高温流体接受热量,在低温流体换热器把热量释放给低温流体。

(4)直接接触式换热器。直接接触式换热器是两种流体直接接触进行换热的设备,例如,冷水塔、气体冷凝器等。

2. 按用途分类

(1)加热器:是把流体加热到必要的温度,但加热流体没有发生相的变化。

(2)预热器:预先加热流体,为工序操作提供标准的工艺参数。

(3)过热器:用于把流体(工艺气或蒸汽)加热到过热状态。

(4)蒸发器:蒸发器用于加热流体,达到沸点以上温度,使其流体蒸发,一般有相的变化。

ZAH003 管壳式换热器的结构形式

3. 按结构分类

换热器按照结构形式通常分为管式换热器和板式换热器。

管式换热器包括:蛇管式换热器、套管式换热器、管壳式(列管式、U形管式、浮头式)换热器。

板式换热器包括:螺旋板式换热器、板式换热器、板翅式换热器、板壳式换热器。

管壳式换热器:管壳式又称列管式换热器,主要有壳体、管束、管板和封头等部分组成,壳体多呈圆形,内部装有平行管束或者螺旋管,管束两端固定于管板上。在管壳式换热器内进行换热的两种流体:一种在管内流动,其行程称为管程;另一种在管外流动,其行程称为壳程。管束的壁面即为传热面。管子的型号不一,一般为直径16mm、19mm或者25mm三个型号,管壁厚度一般为1mm、1.5mm、2mm以及2.5mm。进口换热器,直径最低可以到8mm,壁厚仅为0.6mm。管壳式换热器,螺旋管束设计,可以最大限度增加湍流效果,加大换热效率。内部壳层和管层的不对称设计,最大可以达到4.6倍。这种不对称设计,决定其在换热领域的广泛应用。最大换热效率可以达到14000W/(m^2·K),大大提高生产效率,节约成本。

为达到逆流传热,除管程采用多管程外,壳程采用折流挡板来配合趋向逆流换热,以提高传热系数。一般常用的折流板形式有弓形和盘环形。

为防止壳程入口液体直接冲刷管束,避免冲蚀管束和造成振动,在入口处常常设置防冲板缓冲壳程入口液流,其开孔数量与安装位置可按设计规定执行。

(三)常减压蒸馏装置常用换热器

常减压蒸馏装置常用的换热器包括:浮头式换热器、固定管板式换热器、U形管式换热器、板式换热器等。

ZBE006 浮头式换热器的特点

1. 浮头式换热器

如图 1-6-18 所示，浮头式换热器两端管板只有一端与壳体固定，另一端可以自由移动，此端称为浮头，可以拆卸，方便检修。但是其结构复杂，浮头端小盖在操作时无法知道泄漏，在安装时要特别注意其密封。其适用于管壳壁间温差较大，或容易腐蚀和结垢的场合。

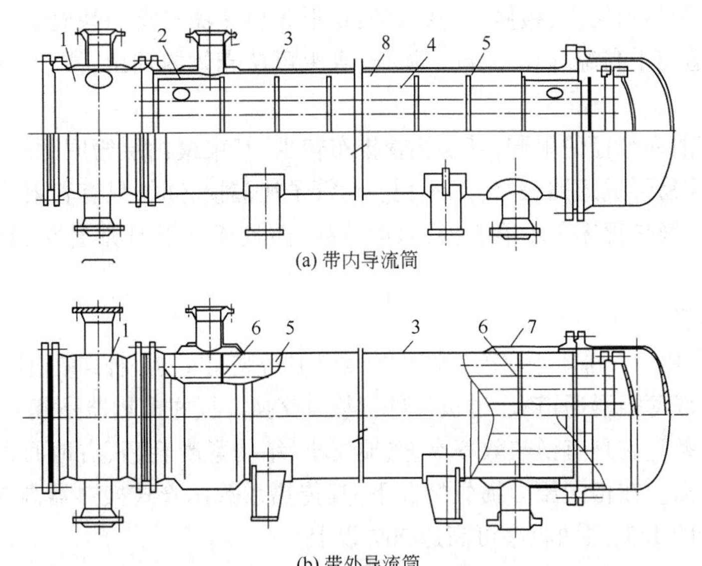

(a) 带内导流筒

(b) 带外导流筒

图 1-6-18 浮头式换热器

1—前管箱；2—内导流筒；3—壳体；4—换热管；5—折流板；6—(导流筒)内折流板；7—外导流筒；8—内导流筒壳体周边减少布管的空间

ZBE005 固定管板式换热器的特点

2. 固定管板式换热器

固定管板式换热器广泛应用于炼油各工艺中，它使用可靠，结构简单，制造容易，经验成熟，适应性强。固定管板式换热的两端管板，采用焊接方法与壳体连接固定(图 1-6-19)。这种换热器比较适用于温差较小、壳程压力不高、壳程结垢不严重或能用化学清洗的场合。

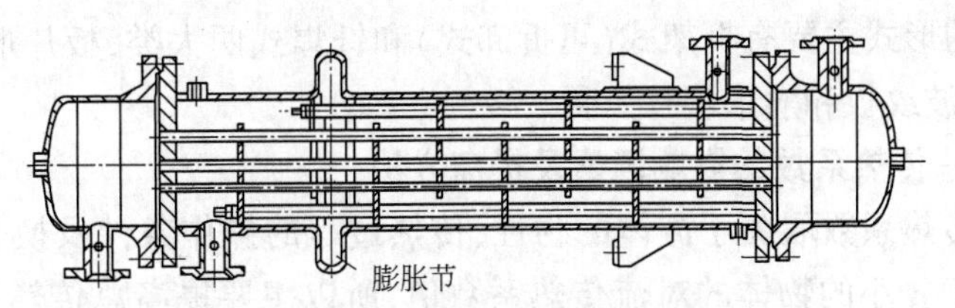

图 1-6-19 固定管板式换热器

3. U 形管式换热器

U 形管式换热器如图 1-6-20 所示，主要结构包括管箱、筒体、封头、换热管、接管、折流板、防冲板和导流筒、防短路结构、支座及管壳程的其他附件等。

U 形管换热器的传热系数高、换热性能好，节省换热面积，节能效果好；它结构简单、紧

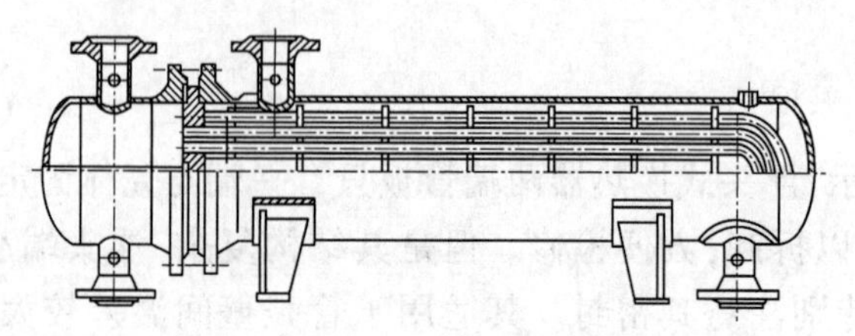

图 1-6-20　U 形管式换热器

凑、密封性能高，散热损失小，检修、清洗方便；U 形管换热器只有一块管板，热补偿性能好、承压能力较强，适用于高温、高压工况下操作；管束可从壳体内抽出，便于检修和清洗，且结构简单。

由于受弯管曲率半径的限制，其换热管排布较少，管束最内层管间距较大，管板的利用率较低，壳程流体易形成短路，对传热不利。当管子泄漏损坏时，只有管束外围处的 U 形管才便于更换，内层换热管坏了不能更换，只能堵死，而且坏一根 U 形管相当于坏两根管，报废率较高。

4. 板式换热器

板式换热器是由一系列具有一定波纹形状的金属片叠装而成的一种高效换热器（图 1-6-21）。各种板片之间形成薄矩形通道，通过板片进行热量交换。板式换热器是液—液、液—气进行热交换的理想设备。它具有换热效率高、热损失小、结构紧凑轻巧、占地面积小、应用广泛、使用寿命长等特点。在相同压力损失情况下，其传热系数比管式换热器高 3～5 倍，占地面积为管式换热器的 1/3，热回收率可高达 90%以上。

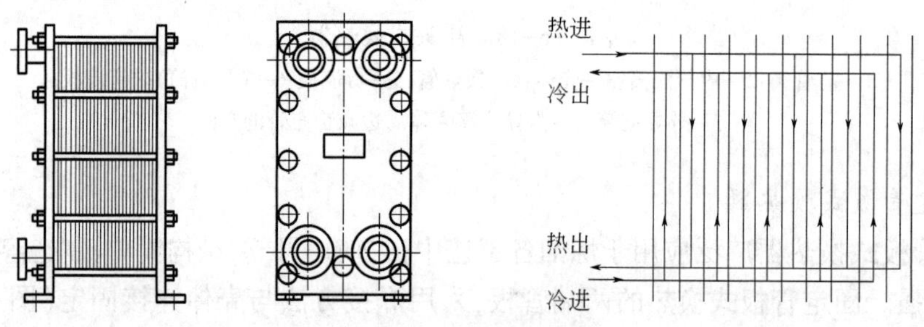

图 1-6-21　板式换热器

板式换热器的形式主要有框架式（可拆卸式）和钎焊式两大类，板片形式主要有人字形波纹板、水平平直波纹板和瘤形板片三种。

J(GJ)AF001 换热器总传热系数的影响因素

（四）换热器总传热系数的影响因素及提高方法

换热器的总传热系数取决于流体的物性、传热过程的操作条件及换热器的类型等。K 值总是接近于 α 小的物体的对流传热系数值，所以想要提高总传热系数，关键在于提高 α 小的一侧的对流传热系数；另外，减慢污垢形成速率或及时清除污垢，也是有效的提高总传热系数方法。

J(GJ)BE006 提高冷换设备传热系数 K 的方法

提高换热器传热系数 K 的方法：

（1）提高对流传热系数 α。

① 加流体的流速或改变流体流动方式；

② 采用导热系数较大的流体作加热剂；

③ 尽量采用有物态变化的流体，可得到很高的对流传热系数。

(2)设法防止垢层的形成，减少垢层热阻，及时消除垢层和尽量使用不易成垢流体。

(五)换热器日常检查及维护

GAK005 换热器日常检查及维护

日常检查的内容：运行异响、压力、温度、流量、泄漏、介质、保温层、振动、基础支架等。特别注意检查支架地脚螺栓，保持一端是可移动的。

1. 腐蚀检查

换热器的主要腐蚀部位是管束、管束与管板连接处及壳体。

2. 防腐蚀措施

防止换热器腐蚀的根本方法是采用能耐介质腐蚀的金属和非金属材料，或采取有效的防腐蚀措施，措施有：

(1)防腐涂层；

(2)金属保护层；

(3)电化学保护；

(4)防止制造存在的应力引起的应力腐蚀。

3. 振动防护

换热器内的振动主要是壳程介质所激发的，对换热管危害很大。振动防护措施有：

(1)降低流体在壳体内的流速；

(2)提高管束的固有频率；

(3)改变换热管的支撑情况。

J(JG)AH009 换热器及管道检修的验收标准

(六)换热器及管道检修的验收标准

(1)相关各阀门，包括进、出口阀、副线阀、吹扫、放空、排污、采样阀是否安装合格。

(2)各焊口质量是否符合标准。

(3)基础和地脚螺栓是否安装牢固，静电接地是否符合要求。

(4)油漆、保温完整无损，达到完好标准。

(5)试压合格、记录齐全。

J(GJ)BF004 管壳式换热器压力试验的注意事项

(七)管壳式换热器压力试验

压力试验的目的是检验压力容器在超工作压力下的宏观强度及焊缝及其他连接部位的致密性。管壳式换热器的试压要求与一般压力容器相同，按 GB 150.1~150.4—2011《压力容器》规定，但其方法与其他压力容器有明显不同。

1. 固定管板式换热器的压力试验

先壳程试压，检查壳程受压元件、焊缝及连接部位，同时检查换热管与管板的连接接头。再进行管程试压，检查管程受压元件、焊缝及连接部位。

2. U 形管换热器、U 形管釜式重沸器及填料函式换热器的压力试验

先用试压环进行壳程试压，检查壳程受压元件、焊缝及连接部位，同时检查换热管与管板的连接接头。再进行管程试压，检查管程受压元件、焊缝及连接部位。

3. 浮头式换热器、浮头釜式重沸器的压力试验

先用试压环和浮头专用试压工装对壳程进行试压(如为釜式重沸器还应配试压专用壳

体），检查管板及换热管与管板的连接接头。再拆掉试压环，装上浮头盖，进行管程试压，检查管程受压元件、焊缝及连接部位。

4. 按压差设计的管壳式换热器压力试验

先按图样规定的最大试验压力差进行壳程试压，检查换热器与管板的连接接头。然后装配好换热器，按图纸规定的试验压力和步进程序对管程和壳程进行步进试压，检查管程、壳程受压元件、焊缝及连接部位。

5. 管程试验压力大于壳程试验压力时的试压

当管程试验压力大于壳程试验压力时，检查换热管与管板的连接接头发生困难，通常采用以下方法处理：提高壳程试验压力，由于设计时壳程元件都有一定的裕量，故可提高壳程压力至管程试验压力相同，然后按正常试压顺序试压。此时必须对壳程元件按提高压的压力进行压力试验校核。

6. 用高渗透性介质进行壳程试压

当管程压力比壳程压力大得多或无法提高壳程试验压力时，可采用高渗透性介质如氨、氟里昂等进行壳程试验，以检查换热管与管板的连接接头。0.1MPa 的氟里昂具有相当于 2MPa 的空气检漏能力；0.1MPa 的氨气具有 16MPa 的水检漏能力。采用这种方法应由供需双方商定，在试压前对壳程进行正常水压试验并用压缩空气做气密性试验。改变管板设计压力：有时也可以将管板的设计改为按压差设计的方法来解决管程压力高于壳程压力的试压问题。

CAI002 压力测量仪表的分类

三、常用仪表

CBE031 压力表的作用

（一）压力测量仪表的分类

压力测量仪表是用来测量气体或液体压力的工业自动化仪表，又称压力表或压力计。压力表的作用是测量和指示压力产品内压力的大小。常用压力测量仪表有：

（1）弹簧管压力表；

（2）膜盒压力表；

（3）电动、气动压力变送器；

（4）法兰压力变送器。

CAI003 流量测量仪表的分类

（二）流量测量仪表的分类

流量测量仪表是用来测量管道或明沟中的液体、气体或蒸汽等流体流量的工业自动化仪表，又称流量计。

常用的流量仪表有：

（1）差压式流量仪表，如孔板流量计、文丘里管流量计；

（2）自然震荡式流量仪表，如涡街流量计；

（3）容积式流量仪表，如腰轮流量计；

（4）面积式流量计，如转子流量计；

（5）力平衡式流量计，如靶式流量计；

（6）科氏力质量流量计。

GBE019 流量计的工作原理

流量计按测量原理不同又可分为以下几个大类：

（1）力学原理。属于此类原理的仪表有利用伯努利定理的差压式、转子式；利用动量定理的冲量式、可动管式;利用牛顿第二定律的直接质量式;利用流体动量原理的靶式;利用角动量定理的涡轮式;利用流体振荡原理的旋涡式、涡街式;利用总静压力差的皮托管式以及容积式和堰、槽式等。

(2)电学原理。用于此类原理的仪表有电磁式、差动电容式、电感式、应变电阻式等。

(3)声学原理。利用声学原理进行流量测量的有超声波式、声学式(冲击波式)等。

(4)热学原理。利用热学原理测量流量的有热量式、直接量热式、间接量热式等。

(5)光学原理。激光式、光电式等是属于此类原理的仪表。

(6)原子物理原理。核磁共振式、核辐射式等是属于此类原理的仪表。

(7)其他原理。有标记原理(示踪原理、核磁共振原理)、相关原理等。

(三)温度测量仪表的分类

CBF006 温度测量仪表的种类

1. 按作用原理

CAI004 温度测量仪表的分类

温度测量仪表按作用原理不同,主要有膨胀式温度计、压力式温度计、电阻温度计,热电偶温度计等几种。它们是分别利用物体的膨胀、压力、电阻、热电势随温度变化的原理制成的。

2. 按测温方式

温度测量仪表按测温方式不同,可分为接触式和非接触式两大类。常减压蒸馏装置采用的温度测量仪表是接触式仪表,主要包括热电偶、双金属温度计、温度计套管等。

(四)液位测量仪表的种类

CBF007 液位测量仪表的种类

常用的液位测量仪表有:

(1)玻璃板液面计,用于就地指示。

(2)浮球液面控制器,用于两位控制、发讯,也可用于就地指示。

(3)浮筒浮球液面变送器,可进行连续测量,就地式远传指示。

(4)一般差压式液面变送器,测量精度比较高、反应速度快、量程宽,可连续测量和远传指示。

(5)单法兰、双法兰差压变送器,采用法兰取压,硅油作隔离介质,适用于黏性、有沉淀、易结晶介质的液位测量。双法兰比单法兰更适用于液位波动比较大的场合。

四、塔

塔是可使气液或液液两相之间进行紧密接触,达到相际传热和传质的目的。常见的作用有:精馏、吸收、解吸、萃取等。

(一)塔设备的分类

塔按内件结构分为板式塔和填料塔两大类。

塔按操作压力可分为加压塔、常压塔和减压塔。

(二)塔设备的结构

塔设备的主要结构有塔体、裙座、接管、除沫器、塔板(塔盘)、支承装置、塔底防涡器等。

一般操作条件下塔体及内构件由碳钢制造;特殊操作环境的塔体用碳钢内衬不锈钢,内构件用不锈钢;填料塔的填料材料可用陶瓷、金属、塑料等材料制造。

ZBE001 蒸馏塔塔板结构的主要形式

（三）板式塔的类型与特点

板式塔内装有一定数量的塔板，气体以鼓泡或喷射的方式穿过塔板上的液层使两相密切接触，进行传质。两相的组分浓度沿塔高呈阶梯式变化。

板式塔是分级接触型气液传质设备，种类繁多。根据目前实际使用情况，板式塔主要塔型是浮阀塔、筛板塔、泡罩塔及舌形塔。

J(GJ)BC015 常见蒸馏塔板的种类及特点

（1）泡罩塔塔板的主要结构包括泡罩、升气管、溢流管与降液管。泡罩安装在升气管的顶部，分圆形和条形两种。泡罩有 $\phi80$mm、$\phi100$mm、$\phi150$mm 三种尺寸，可根据塔径的大小选择。泡罩的下部周边开有很多齿缝，齿缝一般为三角形、矩形或梯形。泡罩在塔板上为正三角形排列。

泡罩塔的主要优点：由于有升气管，在很低的气速下操作时，不会产生严重的漏液现象，即操作弹性较大，塔板不易堵塞，适用于处理各种物料。其缺点是结构复杂，造价高；板上液层厚，气体流径曲折，塔板压降大，生产能力及板效率较低。近年来，泡罩塔板已逐渐被筛板、浮阀塔板所取代，在新建塔设备中已很少采用。

（2）筛板塔塔板上开有许多均匀的小孔，孔径一般为 3~8mm，筛孔直径大于 10mm 的筛板称为大孔径筛板。筛孔在塔板上为正三角形排列。塔板上设置溢流堰，使板上能保持一定厚度的液层。操作时，气体经筛孔分散成小股气流，鼓泡通过液层，气液间密切接触而进行传热和传质。在正常的操作条件下，通过筛孔上升的气流应能组织液体经筛孔向下泄漏。筛板的优点是结构简单，造价低；板上液面落差小，气体压降低，生产能力较大；气体分散均匀，传质效率较高。其缺点是筛孔易堵塞，不宜处理易结焦、黏度大的物料。

（3）浮阀塔板是在泡罩塔板和筛孔塔板的基础上发展起来的，它吸收了两种塔板的优点。其结构是在塔板上开有若干个阀孔，每个阀孔装有一个可以上下浮动的阀片。阀片本身连有几个阀腿，插入阀孔后将阀腿底脚拨转 90°，用以限制操作时阀片在板上升起的最大高度，并限制阀片不被气体吹走。阀片周边冲出几个略向下弯的定矩片，当气速很低时，靠定矩片与塔板呈点接触而坐落在网孔上，阀片与塔板的点接触也可防止停工后阀片与板面黏结。操作时，由阀孔上升的气流经阀片与塔板间隙沿水平方向进入液层，增加了气液接触时间，浮阀开度随气体负荷而变，在低气量时，开度较小，气体仍能以足够的气速通过缝隙，避免过多的漏液；在高气量时，阀片自动浮起，开度增大，使气速不至于过大。浮阀塔板的优点是结构简单、制作方便、造价低；塔板开孔率大，生产能力大，由于阀片可随气量变化自由升降，故操作弹性大；因上升气流水平吹入液层，气液接触时间较长，故塔板效率较高。其缺点是处理易结焦、高黏度的物料时，阀片易与塔板黏结；在操作过程中有时会发生阀片脱落或卡死等现象，使塔板效率和操作弹性下降。

（4）喷射型塔板。泡罩塔、筛孔塔以及浮阀塔中，气体是以鼓泡或泡沫状态和液体接触，当气体垂直向上穿过液层时，使分散形成的液滴或泡沫具有一定向上的初速度。若气速过高，会造成较为严重的液沫夹带，使塔板效率下降，因而生产能力受到一定的限制。为克服这一缺点，近年来开发出喷射型塔板，大致有以下几种类型。①舌型板。在塔板上冲出许多舌孔，方向朝塔板液体流出口一侧张开。舌片与板面成一定的角度，有 18°、20°、25°三种（一般为 20°），舌片尺寸有 50mm×50mm 和 25mm×25mm 两种。舌孔按正三角形排列，塔板的液体流出口一侧不设溢流堰，只保留降液管，降液管截面积要比一般塔板设计得大些。

②浮舌板。与舌型塔板相比,浮舌塔板的结构特点是其舌片可上下浮动。因此,浮舌塔板兼有浮阀塔板和固定舌型塔板的特点,具有处理能力大、压降低、操作弹性大等优点。③斜孔板。在板上开有斜孔,孔口向上与板面成一定角度。斜孔的开口方向与液流方向垂直,同一排孔的孔口方向一致,相邻两排开孔方向相反,使相邻两排孔的气体向相反的方向喷出。

(四)板式塔的溢流类型

J(GJ)BC016 板式塔溢流的形式及适用场合

GBE014 板式塔的溢流类型

板式塔溢流设施的形式有多种,以适应塔内气液相负荷变化和传热、传质方式的不同,以及塔径大小不同等因素,以确保提供最佳的分离效果。对于液体在塔板上呈连续相、气体呈分散相的情况下,液体从进口堰往出口堰方向流动。为保证流动顺利进行,塔板上必然存在着液面的落差,即进口堰附近的液面比出口堰附近的液面高。液面落差的大小与液体流量、塔径以及液体黏度等因素有关,如果液流量加大、液体黏度加大,或在塔板上液体流程增大都会相应导致落差的加大。液面落差太大时会使进口堰附近的气体流量急剧减少、漏液严重,大量气体在出口堰一侧穿过液层,流速加大会导致雾沫夹带增加,这些因素都会使塔板的分离效率下降。

为了合理地进行塔板结构的设计,有四种不同的溢流方式供选择:

(1)U形流。对直径在0.6~1.8m之间的小型蒸馏塔,而且塔内液体流量很小(在5~12m^3/h以下),塔板上的进、出口堰在同侧相邻布置,液体在板上从入口经U形流动在出口溢流。

(2)单溢流。单溢流适用于液体量在120m^3/h以下、塔径小于2.4m的蒸馏塔,进口堰和出口堰对称地设置在塔的两侧,液体沿直径方向一次流过塔板。

(3)双溢流。液流量较大(90~280m^3/h)时、塔径在1.8~6.4m的情况下,为了避免在塔板上液面落差过大而采用双溢流的塔板结构形式。对于双溢流的蒸馏塔,它是由两种结构形式的塔板依次交替组合起来的。一种是进口堰在塔的两侧,出口堰在塔的中部,液体由两侧向中间流动经出口堰流往下一层塔板。另一种是进口堰在塔的中部,出口堰在塔的两侧,流体由塔板当中往两侧流动。

(4)阶梯式流。液流量在200~440m^3/h时、塔径在3.0~6.4m的情况下,为避免液面落差过大,板面设计成阶梯式,自进口往出口方向逐渐降低,每一阶梯上都有相应的出口堰以保证每一小块塔面上液层厚度大致相同,从而使各部分的气流比较均匀。

炼厂常减压蒸馏装置中绝大多数塔采用的是单溢流和双溢流两种溢流方式。

对于喷射接触、板上液体呈分散相的网孔、浮喷塔板,由于板上没有液层存在,故而不存在液面落差的问题。这样的塔在直径高达6.4m,采用单溢流的塔板结构时仍然可以得到较好的分离效果。

(五)板式塔异常操作的现象

J(GJ)BC032 板式塔异常操作的现象

ZAF008 雾沫夹带的概念

了解蒸馏塔塔板的流体力学特性对于提高塔的处理能力、改善产品分割具有重要的意义。随着塔内气、液相负荷的变化,操作会出现以下不正常的现象:

(1)雾沫夹带。雾沫夹带是指塔板上的液体被上升的气流以雾滴携带到上一层塔板,从而降低塔板的效率、影响产品的分割。塔板间距越大,液滴沉降时间增加,雾沫夹带量可相应减少。与现场生产操作有关的是气体流速变化的影响,气体流速越大阀孔速度(或网孔气速)、空塔气速均相应上升,会使雾沫夹带的数量增加。除此之外雾沫夹带量还与液体流量、气、液相黏度和密度、界面张力等物性有关。

ZAF007 液泛的概念

(2)液泛。液泛又称淹塔,淹塔是发生在塔内,气、液相流量上升造成塔板压降随之升高,由于下层塔板上方压力提高,如果要正常地溢流,入口溢流管内液层高度也必然升高。当液层高度升到与上层塔出口持平时,液体无法下流,造成淹塔。淹塔一般是在塔下部出现,也就是在最低的一条抽出侧线油品颜色变黑。它与处理量过高、原油带水、汽提蒸汽量过大等因素有关。其主要的防止方法:①尽量加大降液管截面积,但会减少塔板开孔面积;②改进塔板结构,降低塔板压力降;③控制液体回流量不太大。

ZAF009 漏液产生的原因

(3)漏液。塔板漏液的情况是在塔内气速过低的条件下产生的。浮阀、筛孔、网孔、浮喷等塔板,当塔内气速过低时,板上的液体就会通过升气孔向下一层塔板泄漏,导致塔板分离效率降低。漏液的现象往往是在开、停工低处理量操作时出现,有时也与塔板设计参数选择不当有关。

(4)降液管超负荷及液层吹开。液体负荷太大而降液管面积太小,液体无法顺利地向下一层塔板溢流也会造成淹塔。液体流量太小,容易造成板上液层被吹开,导致气体短路,影响分离效果。这些现象生产操作时极少发生。

GBE020 填料塔的结构特点

(六)填料塔的特点和填料性能

1. 结构特点

CAF004 填料的作用

塔内装填一定高度的填料层,液体沿填料表面呈膜状向下流动,作为连续相的气体自下而上流动,与液体逆流传质。两相的组分浓度沿塔高呈连续变化。

填料塔是以填料为气液接触元件,气液两相在填料中逆向连续接触,对于气体吸收、真空蒸馏及处理腐蚀性流体的操作,颇为适用。

J(GJ)BC013 填料性能的评价参数

2. 填料性能的评价参数

(1)比表面积:单位体积填料的表面积称为比表面积,以 a 表示,其单位为 m^2/m^3。填料的比表面积越大,所提供的气液传质面积越大。因此,比表面积是评价填料性能优劣的一个重要指标。

J(GJ)BE002 常减压蒸馏常用填料的性能指标

(2)空隙率:单位体积填料中的空隙体积称为空隙率,以 e 表示,其单位为 m^3/m^3,或以%表示。填料的空隙率越大,气体通过的能力越大且压降低。因此,空隙率是评价填料性能优劣的又一重要指标。

(3)当量理论板高度:相当于一块理论塔板需要的填料高度。

GBE015 填料的选用原则

3. 填料的选用原则

填料性能优劣主要取决于有较大的比表面积,液体在填料表面有较好的均匀分布性能,气流能在填料层中均匀分布,具有较大的空隙率。

在相同的操作条件下,填料的比表面积越大,气液分布越均匀,表面的润湿性能越好,则传质效率越高;填料的空隙率越大,结构越开敞,则通量越大,压降亦越低。

填料的选择包括确定填料的种类、规格及材质等。所选填料既要满足生产工艺的要求,又要使设备投资和操作费用最低。

填料种类的选择要考虑分离工艺的要求,通常考虑以下几个方面:

(1)传质效率要高。一般而言,规整填料的传质效率高于散装填料。

(2)通量要大。在保证具有较高传质效率的前提下,应选择具有较高泛点气速或气相动能因子的填料。

(3)填料层的压降要低。

(4)填料抗污堵性能强,拆装、检修方便。

J(GJ)BE007 常减压蒸馏塔塔内构件选材的注意事项

(七)蒸馏塔体及塔内主要部件材质选择

蒸馏装置的塔器从其操作温度来看不算太高,通常不会超过400℃,从耐温的要求来考虑,一般的低碳钢均满足其要求,对低含硫、低酸值的原油(如大庆原油)一般采用A3或者0#锅炉钢作为塔体或塔内主要部件的材料。多数原油由于含有较多的硫或者环烷酸,造成在生产过程中塔严重的腐蚀,针对腐蚀原因的不同在材质选择上应采取相应的措施。为了满足强度的要求,常减压蒸馏装置的蒸馏塔尤其是减压塔壁厚较大,如果全都由合金材料制作势必大量增加设备的投资,一般都是采取塔体外壁碳钢、内衬防腐蚀合金薄板的办法。塔内用于气液传质的塔板以及有关支撑固定的零部件,则应当用防腐蚀的金属材料来制作。塔壁衬里常用0Cr13或1Cr13薄板,近年来炼油厂在解决高温硫腐蚀及环烷酸腐蚀时,不少工厂应用A3F钢渗铝的方法来提高塔板耐蚀力,取得了较好的效果。浮阀塔板上使用的浮阀在原油腐蚀性很弱的情况下,可以用A3F钢,在有较强腐蚀的条件下,应采用1Cr13材质来制造浮阀。

解决常减压蒸馏装置的防腐蚀工作,一方面要在塔设备材质的选择方面给予重视,另一方面要加强装置深度脱盐,避免或减少氯化氢气体的生成。

J(GJ)AH005 塔检修方案的主要内容

(八)塔检修方案的主要内容

(1)编制依据;

(2)检修方法及检修技术措施;

(3)安全技术措施;

(4)施工机具及措施用料。

五、过滤器

过滤器是输送介质管道上不可缺少的一种装置,通常安装在喷头、流体输送设备、管道等设备进口端。过滤器由筒体、滤网、排污部分、传动装置等部分构成。流体经过过滤器滤网的滤筒后,杂质被阻挡,当需要清洗时,只要将可拆卸的滤筒取出,处理后重新装入即可,因此维护极为方便。

流体中颗粒杂质被截留在滤网内,截留下来颗粒越来越多,过滤速度越来越慢,虑孔越来越小,因此在进出口产生压力差,当压力差达到设定值时,便应手动或自动对滤网进行清洗。

过滤器的种类繁多,是所有带过滤材料的一种装置的统称,它包括设备型过滤器、框架型过滤器、管道型过滤器等。

工业过滤器分过滤气体、过滤液体、固体回收过滤器三种。

一般选型需要知道过滤物料的温度、黏度、流量、杂质固含量、杂质粒径分布情况、压力、酸碱度等。

管道过滤器的过滤元件一般是金属滤网或金属滤芯,分手动的、自清洗反冲洗过滤器。适合情况:高黏度、大流量、低固含量、粗颗粒的液体过滤。例如Y型过滤器、篮式过滤器等。

Y 型过滤器(图 1-6-22)是输送介质的管道系统不可缺少的一种过滤装置,Y 型过滤器通常安装在减压阀、泄压阀、定水位阀或其他设备的进口端,用来清除介质中的杂质,以保护阀门及设备的正常使用。Y 型过滤器具有结构先进、阻力小、排污方便等特点。Y 型过滤器适用介质可为水、油、气。一般通水网为 18~30 目,通气网为 10~100 目,通油网为 100~480 目。

篮式过滤器(图 1-6-23)主要由接管、主管、滤篮、法兰、法兰盖及紧固件等组成。当液体通过主管进入滤篮后,固体杂质颗粒被阻挡在滤篮内,而洁净的流体通过滤篮、由过滤器出口排出。当需要清洗时,旋开主管底部螺塞,排净流体,拆卸法兰盖,清洗后重新装入即可。因此,使用维护极为方便。

图 1-6-22　Y 型过滤器

图 1-6-23　篮式过滤器

CBE027 疏水阀的特点

六、疏水阀

CBE020 疏水阀的作用

疏水阀在蒸汽加热系统中起到阻汽排水作用,选择合适的疏水阀,可使蒸汽加热设备达到最高工作效率。要想达到最理想的效果,就要对各种类型疏水阀的工作性能、特点进行全面了解。

疏水阀的品种很多,各有不同的性能。选用疏水阀时,首先应选其特性能满足蒸汽加热设备的最佳运行,然后考虑其他客观条件。

疏水阀要能"识别"蒸汽和凝结水,才能起到阻汽排水作用。"识别"蒸汽和凝结水基于三个原理:密度差、温度差和相变。于是就根据三个原理制造出三种类型的疏水阀:机械型、热静力型、热动力型。

(一)机械型疏水阀

机械型也称浮子型,是利用凝结水与蒸汽的密度差,通过凝结水液位变化,使浮子升降带动阀瓣开启或关闭,达到阻汽排水目的。机械型疏水阀的过冷度小,不受工作压力和温度变化的影响,有水即排,加热设备里不存水,能使加热设备达到最佳换热效率。最大背压率为80%,工作质量高,是生产工艺加热设备最理想的疏水阀。

机械型疏水阀有自由浮球式、自由半浮球式、杠杆浮球式、倒吊桶式等。

1. 自由浮球式疏水阀

自由浮球式疏水阀的结构简单,内部只有一个活动部件精细研磨的不锈钢空心浮球,既是浮子又是启闭件,无易损零件,使用寿命很长。"YQ牌"疏水阀内部带有Y系列自动排空气装置,非常灵敏,能自动排空气,工作质量高。

设备刚启动工作时,管道内的空气经过Y系列自动排空气装置排出,低温凝结水进入疏水阀内,凝结水的液位上升,浮球上升,阀门开启,凝结水迅速排出,蒸汽很快进入设备,设备迅速升温,Y系列自动排空气装置的感温液体膨胀,自动排空气装置关闭。疏水阀开始正常工作,浮球随凝结水液位升降,阻汽排水。自由浮球式疏水阀的阀座总处于液位以下,形成水封,无蒸汽泄漏,节能效果好。最小工作压力0.01MPa,从0.01MPa至最高使用压力范围之内不受温度和工作压力波动的影响,连续排水。能排饱和温度凝结水,最小过冷度为0℃,加热设备里不存水,能使加热设备达到最佳换热效率。背压率大于85%,是生产工艺加热设备最理想的疏水阀之一。

2. 自由半浮球式疏水阀

自由半浮球式疏水阀只有一个半浮球式的球桶为活动部件,开口朝下,球桶既是启闭件,又是密封件。整个球面都可为密封,使用寿命很长,能抗水锤,没有易损件,无故障,经久耐用,无蒸汽泄漏。背压率大于80%,能排饱和温度凝结水,最小过冷度为0℃,加热设备里不存水,能使加热设备达到最佳换热效率。

当装置刚启动时,管道内的空气和低温凝结水经过发射管进入疏水阀内,阀内的双金属片排空元件把球桶弹开,阀门开启,空气和低温凝结水迅速排出。当蒸汽进入球桶内,球桶产生向上浮力,同时阀内的温度升高,双金属片排空元件收缩,球桶漂向阀口,阀门关闭。当球桶内的蒸汽变成凝结水,球桶失去浮力往下沉,阀门开启,凝结水迅速排出。当蒸汽再进入球桶之内,阀门再关闭,间断和连续工作。

3. 杠杆浮球式疏水阀

杠杆浮球式疏水阀基本特点与自由浮球式相同,内部结构是浮球连接杠杆带动阀芯,随凝结水的液位升降进行开关阀门。杠杆浮球式疏水阀利用双阀座增加凝结水排量,可实现体积小排量大,最大疏水量达100t/h,是大型加热设备最理想的疏水阀。

4. 倒吊桶式疏水阀

倒吊桶式疏水阀内部是一个倒吊桶为液位敏感件,吊桶开口向下,倒吊桶连接杠杆带动阀芯开闭阀门。倒吊桶式疏水阀能排空气,不怕水击,抗污性能好;过冷度小,漏汽率小于3%,最大背压率为75%,连接件比较多,灵敏度不如自由浮球式疏水阀。因倒吊桶式疏水阀是靠蒸汽向上浮力关闭阀门,工作压差小于0.1MPa时,不适合选用。

当装置刚启动时,管道内的空气和低温凝结水进入疏水阀内,倒吊桶靠自身质量下坠,倒吊桶连接杠杆带动阀芯开启阀门,空气和低温凝结水迅速排出。当蒸汽进入倒吊桶内,倒吊桶的蒸汽产生向上浮力,倒吊桶上升连接杠杆带动阀芯关闭阀门。倒吊桶上开有一小孔,当一部分蒸汽从小孔排出,另一部分蒸汽产生凝结水,倒吊桶失去浮力,靠自身质量向下沉,倒吊桶连接杠杆带动阀芯开启阀门,循环工作,间断排水。

5. 组合式过热蒸汽疏水阀

组合式过热蒸汽疏水阀有两个隔离的阀腔,由两根不锈钢管连通上下阀腔,它是由浮球式和倒吊桶式疏水阀的组合,该阀结构先进合理,在过热、高压、小负荷的工作状况下,能够及时地排放过热蒸汽消失时形成的凝结水,有效地阻止过热蒸汽泄漏,工作质量高。最高允许温度为600℃,阀体为全不锈钢,阀座为硬质合金钢,使用寿命长,是过热蒸汽专用疏水阀。

当凝结水进入下阀腔,副阀的浮球随液位上升,浮球封闭进汽管孔。凝结水经进水导管上升到主阀腔,倒吊桶靠自重下坠,带动阀芯打开主阀门,排放凝结水。当副阀腔的凝结水液位下降时,浮球随液位下降,副阀打开。蒸汽从进汽管进入上主阀腔内的倒吊桶里,倒吊桶产生向上的浮力,倒吊桶带动阀芯关闭主阀门。当副阀腔的凝结水液位再升高时,下一个循环周期又开始,间断排水。

(二)热静力型疏水阀

热静力型疏水阀是利用蒸汽和凝结水的温差引起感温元件的变形或膨胀带动阀芯启闭阀门。热静力型疏水阀的过冷度比较大,一般过冷度为15~40℃,它能利用凝结水中的一部分显热,阀前始终存有高温凝结水,无蒸汽泄漏,节能效果显著。热静力型疏水阀是在蒸汽管道、伴热管线、采暖设备、温度要求不高的小型加热设备上,最理想的疏水阀。

热静力型疏水阀有膜盒式、波纹管式、双金属片式三种。

1. 膜盒式疏水阀

膜盒式疏水阀的主要动作元件是金属膜盒,内充一种汽化温度比水的饱和温度低的液体,有开阀温度低于饱和温度15℃和30℃两种供选择。膜盒式疏水阀的反应特别灵敏,不怕冻,体积小,耐过热,任意位置都可安装。背压率大于80%,能排不凝结气体,膜盒坚固,使用寿命长,维修方便,使用范围很广。

装置刚启动时,管道出现低温冷凝水,膜盒内的液体处于冷凝状态,阀门处于开启位置。当冷凝水温度渐渐升高,膜盒内充液开始蒸发,膜盒内压力上升,膜片带动阀芯向关闭方向移动,在冷凝水达到饱和温度之前,疏水阀开始关闭。膜盒随蒸汽温度变化控制阀门开关,起到阻汽排水作用。

2. 波纹管式疏水阀

波纹管式疏水阀的阀芯不锈钢波纹管内充一种汽化温度低于水饱和温度的液体。随蒸汽温度变化控制阀门开关,该阀设有调整螺栓,可根据需要调节使用温度,一般过冷度调整范围低于饱和温度15~40℃。背压率大于70%,不怕冻,体积小,任意位置都可安装,能排不凝结气体,使用寿命长。

当装置启动时,管道出现冷却凝结水,波纹管内液体处于冷凝状态,阀芯在弹簧的弹力下,处于开启位置。当冷凝水温度渐渐升高,波纹管内充液开始蒸发膨胀,内压增高,变形伸长,带动阀芯向关闭方向移动,在冷凝水达到饱和温度之前,疏水阀开始关闭,随蒸汽温度变化控制阀门开关,阻汽排水。

3. 双金属片式疏水阀

双金属片疏水阀的主要部件是双金属片感温元件,随蒸汽温度升降受热变形,推动阀芯开关阀门。双金属片式疏水阀设有调整螺栓,可根据需要调节使用温度,一般过冷度调整范围低于饱和温度 15~30℃,背压率大于 70%,能排不凝结气体,不怕冻,体积小,能抗水锤,耐高压,任意位置都可安装。双金属片有疲劳性,须经常调整。

当装置刚启动时,管道出现低温冷凝水,双金属片是平展的,阀芯在弹簧的弹力下,阀门处于开启位置。当冷凝水温度渐渐升高,双金属片感温起元件开始弯曲变形,并把阀芯推向关闭位置。在冷凝水达到饱和温度之前,疏水阀开始关闭。双金属片随蒸汽温度变化控制阀门开关,阻汽排水。

(三)热动力型疏水阀

这类疏水阀根据相变原理,靠蒸汽和凝结水通过时的流速和体积变化的不同热力学原理,使阀片上下产生不同压差,驱动阀片开关阀门。因热动力式疏水阀的工作动力来源于蒸汽,所以蒸汽浪费比较大。热动力型疏水阀结构简单、耐水击、最大背压率为 50%,有噪声,阀片工作频繁,使用寿命短。

热动力型疏水阀有热动力式、圆盘式、脉冲式、孔板式。

1. 热动力式疏水阀

动力式疏水阀内有一个活动阀片,既是敏感件又是动作执行件。根据蒸汽和凝结水通过时的流速和体积变化的不同热力学原理,使阀片上下产生不同压差,驱动阀片开关阀门。漏汽率 3%,过冷度为 8~15℃。

当装置启动时,管道出现冷却凝结水,凝结水靠工作压力推开阀片,迅速排放。当凝结水排放完毕,蒸汽随后排放,因蒸汽比凝结水的体积和流速大,使阀片上下产生压差,阀片在蒸汽流速的吸力下迅速关闭。当阀片关闭时,阀片受到两面压力,阀片下面的受力面积小于上面的受力面积,因疏水阀汽室里面的压力来源于蒸汽压力,所以阀片上面受力大于下面,阀片紧紧关闭。当疏水阀汽室里面的蒸汽降温成凝结水,汽室里面的压力消失。凝结水靠工作压力推开阀片,凝结水又继续排放,循环工作,间断排水。

2. 圆盘式蒸汽保温型疏水阀

圆盘式蒸汽保温型疏水阀的工作原理和热动力式疏水阀相同,它在热动力式疏水阀的汽室外面增加一层外壳。外壳内室和蒸汽管道相通,利用管道自身蒸汽对疏水阀的主汽室进行保温。使主汽室的温度不易降温,保持汽压,疏水阀紧紧关闭。当管线产生凝结水,疏水阀外壳降温,疏水阀开始排水;在过热蒸汽管线上如果没有凝结水产生,疏水阀不会开启,工作质量高。阀体为合金钢,阀芯为硬质合金,该阀最高允许温度为 550℃,经久耐用,使用寿命长,是高压、高温过热蒸汽专用疏水阀。

3. 脉冲式疏水阀

脉冲式疏水阀有两个孔板,根据蒸汽压降变化调节阀门开关,即使阀门完全关闭入口和出口也是通过第一、第二个小孔相通,始终处于不完全关闭状态,蒸汽不断逸出,漏汽量大。

该疏水阀动作频率很高，磨损厉害、寿命较短；体积小、耐水击，能排出空气和饱和温度水，接近连续排水，最大背压25%，因此使用者很少。

4. 孔板式疏水阀

孔板式疏水阀是根据不同的排水量，选择不同孔径的孔板控制排水量。其结构简单，选择不合适会出现排水不及或大量跑汽，不适用于间歇生产的用汽设备或冷凝水量波动大的用汽设备。

七、加热炉

（一）加热炉特点及结构原理

加热炉是具有用耐火材料包围的燃烧室，利用燃料燃烧产生的热量将物质加热的设备。

1. 加热炉的分类

加热炉按外形可分为四类：箱式炉、立式炉、圆筒炉、大型方炉。

ZAH004 加热炉的结构

2. 加热炉的结构

加热炉一般由辐射室、对流室、余热回收系统、燃烧及通风系统五部分组成。

3. 加热炉的工作原理

炼油厂管式加热炉是直接见火的加热设备。燃料在管式加热炉的辐射室内燃烧，释放出的热量主要通过辐射传热和对流传热传递给炉管，再经热传导和对流传热传递给管内被加热的介质，这就是加热炉的工作原理。

4. 管式加热炉的特点

管式加热炉是石油炼制、石油化工及化学、化纤工业中使用的工艺加热炉。其特征是：

（1）被加热的物质在管内流动，故仅限于加热气体或液体，而且这些气体或液体通常是易燃易爆的烃类，危险性大，操作条件苛刻。

（2）加热方式为直接受火式。

（3）只烧液体或气体燃料。

（4）长周期连续运转，不间断操作。

ZAF003 热负荷的基本概念

（二）管式加热炉操作参数

1. 加热炉的热负荷

每台管式加热炉单位时间内向管内介质传递总热量称为热负荷，它表示加热炉的生产能力的大小，一般用MW为单位。管内介质所吸收的热量用于升温、汽化或化学反应，全部是有效热负荷，因此，加热炉的热负荷也称有效热负荷。

2. 炉膛体积发热强度

燃料燃烧的总发热量除以炉膛体积称为炉膛体积发热强度，简称为体积热强度，它表示单位体积的炉膛在单位时间内燃料燃烧所发出的热量，单位为kW/m^3。该值越大，则完成相同传热任务所需加热炉的结构越紧凑。

3. 炉管表面热强度

单位面积炉管（一般按炉管外径计算表面积）单位时间内所传递的热量称为炉管的表面热强度，也称热流率，单位为W/m^2。它的影响因素主要有：炉管管壁温度，炉膛传热的均匀性，管内油品的性质、温度、压力、流速等，炉管材质。按炉管在加热炉中所处的位置不同，分为辐射炉管表面热强度和对流炉管表面热强度。炉管表面热强度越高，在一定热负荷所需的炉管就越少，炉子可减少，投资降低，但提高有一个限度。

炉管表面热强度是表明炉管传热速率的一个重要工艺指标。在设计时，对于热负荷一定的加热炉，随着热强度的增大，可减少炉管用量、缩小炉体、节省钢材和投资。但炉管表面热强度过高将引起炉管局部过热，从而导致炉管结焦、破裂等不良后果。根据不同工艺过程、物料生焦难易程度、油料在炉管内流速大小、炉型传热均匀程度及炉膛控制温度高低等因素，加热炉的允许热强度值可在较大范围内变化。常减压加热炉辐射管热强度在23000~44000W/m^2 范围内，对流管平均热强度是根据采用光管、翅片管或钉头管以及炉管内外介质的平均温差和烟气流速通过计算确定的。

CBC018 加热炉炉膛温度的控制要求

4. 炉膛温度和炉膛热强度

炉膛温度，俗名火墙温度，指的是烟气离开辐射室进入对流室时的温度。这个温度越高，则辐射炉管传热量越大，进入对流室的热量也越大，但若温度过高，容易烧坏炉管及中间管架。

ZBH003 加热炉炉膛各点温度差别大的调节方法

加热炉的炉膛温度一般控制在800℃左右，但不是绝对的。炉膛温度高有利于辐射传热，但太高后会使炉管结焦和烧坏。此外，进入对流室的烟气温度也会过高，对流管易烧坏。因此，炉膛温度是确保加热炉长周期安全运转的一个重要指标。增加辐射管面积可以降低炉膛温度，但要求受热均匀适量。过多增加辐射管，处理量并不能与炉管成比例增加，反而会浪费钢材。

炉膛各点温度差别大时，应观察各火嘴燃烧情况是否良好，供风是否充足，各火嘴火焰是否均匀分布，无偏烧现象；也可适当调大炉膛温度低一侧的火焰，或关小炉膛温度较高一侧的火焰。

炉膛热强度即单位时间内单位体积炉膛内燃料燃烧的总发热量。炉膛尺寸一定后，多烧燃料必然提高炉膛热强度，相应地，炉膛温度也会提高，炉子内炉管受热量也就增多。

5. 排烟温度

加热炉燃烧所产生的烟气排入大气时的温度称为排烟温度。

6. 理论空气用量与实际空气用量

燃料燃烧是一个完全氧化的过程，燃料由可燃元素碳、氢、硫等所组成。1kg 碳、氢或硫在氧化反应过程中所需氧量是不同的，其理论值分别为2.67kg、8kg和1kg，供燃烧用的氧气来自空气。因空气中含氧量是一个常数(体积分数21%)，故可以根据燃料组成，计算出燃烧1kg燃料所需的空气用量理论值，这就称为燃料燃烧的理论空气用量，单位为kg空气/kg燃料。对于液体燃料，其值约为14kg空气/kg燃料。

在实际燃烧中，由于空气与燃料的均匀混合不能达到理想的程度，为使1kg燃料达到完全燃烧，实际所供空气量应比理论空气量稍多一些，即要过剩一些，该数值就称为燃料的实际空气用量，单位仍为kg空气/kg燃料。

ZBC025 加热炉过剩空气系数的控制范围

7. 过剩空气系数

过剩空气系数是实际进入炉膛的空气量与理论计算所需的空气量之比，通常以 α 表示。炼厂加热炉根据燃料种类、火嘴及炉型的不同，其 α 值约在1.05~1.35范围内。

GBC011 加热炉过剩空气系数的计算

8. 回火和脱火

当空气与瓦斯的混合气体从瓦斯喷头流出的速度低于火焰传播速度时，火焰回到燃烧器内部燃烧，这种现象称为回火。回火有时会引起爆震或熄火，长时间也可能烧坏混合室或发生其他事故。

当空气与瓦斯的混合气体从瓦斯喷头流出的速度大于脱火极限时，瓦斯离开喷头一段距离才着火，这种现象称为脱火。脱火使火焰燃烧不稳定以致熄火。

9. 加热炉的遮蔽段

在对流室烟气的入口处的几排炉管，因位置在辐射室与对流室的交界处，所以，它和辐射管一样能接受炉膛中高温烟气的直接辐射，同时又接受了高速烟气流过时的对流传热，由于辐射和对流传热的综合效果，使这几排管子(一般为两排)的热强度，即单位面积的传热量是所有管子中最高的，因而容易损坏，习惯上把这几排管子称为加热炉的遮蔽段。

ZBC026 加热炉热效率的定义

10. 加热炉的热效率和管内流速

炉子热效率：加热炉负荷占燃料燃烧放出总热量的百分数称为炉子热效率。热效率越高，燃料越节省。它表示炉子提供的能量被有效利用的程度，表示了炉子是否先进。

管内流速：流速越小，传热系数越小，介质在炉内的停留时间也越长，结果介质越易结焦，炉管越容易损坏，但流速过高又增加管内压力降，增加动力消耗，因此管内流速要适宜。

ZBH006 燃料气带油的处理要点

11. 加热炉系统对燃料气的要求

燃料气的硫含量要低且不能带水、带液态油等。硫化物燃烧生成硫化氢等物易腐蚀火嘴、炉管及污染大气。燃料气带水时，从火嘴喷口可发现有水喷出，加热炉各点温度，尤其是炉膛和炉出口温度急剧下降，火焰发红。带水过多时火焰熄灭，少量带水会出现缩火现象。

燃料气带液态油进入火嘴燃烧时，由于液态油燃烧不完全，导致烟囱冒黑烟，或液态油从火嘴处滴落炉底以致燃烧起火，或液态油在炉膛内突然猛烧产生炉管局部过热而损坏炉体。此时应及时降低炉温，防止发生过热，加强燃料气脱油脱液，炉底接汽带掩护防止起火。燃料气带油脱净后，逐步恢复正常生产。

12. 烧油时雾化蒸汽用量的影响

使用雾化蒸汽的目的，是利用蒸汽的冲击和搅拌作用，使燃料油成雾状喷出，与空气得到充分的混合而达到燃烧完全。

雾化蒸汽量必须适当，过少时，雾化不良，燃料油燃烧不完全，火焰尖端呈暗红色；过多时，火焰发白，虽然雾化良好，但易缩火，破坏正常操作。雾化蒸汽不得带水，否则火焰冒火星，喘息甚至熄火。

13. 雾化蒸汽压力对加热炉操作的影响

雾化蒸汽压力过小，则不能很好地雾化燃料油，燃料油就不能完全燃烧。这时火焰软而无力，呈黑红色，烟囱冒黑烟，燃烧道及火嘴头上容易结焦。雾化蒸汽压力过大，火焰颜色发白，火焰发硬且长度缩短，跳火，容易熄灭，炉温下降，仪表出风风压相应增高，燃料调节阀开度加大,在提温时不易见效,反应缓慢,同时也浪费蒸汽和燃料。

雾化蒸汽压力波动,火焰随之波动,时长时短,燃烧状况时好时坏或烟囱冒黑烟,炉膛及出口温度随之而波动,通常以蒸汽压力比燃料油压力大0.07~0.12MPa为宜。

14. 燃料油性质及压力对加热炉操作的影响

(1)燃料油重、黏度大,则雾化不好,造成燃烧不完全,火嘴处掉火星,炉膛内烟雾大甚至因喷嘴喷不出油而造成炉子熄火,同时还会造成燃料油泵压力升高、烟囱冒黑烟、火嘴结焦等现象。

(2)燃料油轻则黏度低,造成燃料油泵压力下降,供油不足,致使炉温下降或炉子熄火,返回线凝结,打乱平稳操作。

(3)燃料油含水时,会造成燃料油泵压力波动,炉膛火焰冒火星,易灭火,含水量大时会出现燃料油泵抽空、炉子熄火、燃料油冒罐等现象。

(4)燃料油压力过大,火焰发红、发黑、长而无力,燃烧不完全,特别在调节温度和火焰时易引起冒黑烟或熄火,燃料油泵电动机易跳闸。燃料油压力过小,则燃料油供应不足,炉温下降,火焰缩短,个别火嘴熄灭。

总之,燃料油压力波动,炉膛火焰就不稳定,炉膛及出口温度相应波动。

15. 燃料气分液罐的作用

燃料气分液罐是加热炉的专用容器,用于分离燃料气所携带的水滴或油滴,使火焰稳定,并将经过分液的燃料气送去火嘴,此外分液罐还有缓冲作用。

GBE009 加热炉对流室炉管的选型依据

16. 常减压加热炉管材的选择依据

常减压加热炉管材质主要根据进料的硫含量进行选择。常压加热炉,当被加热介质的硫含量小于0.5%时,选用碳钢炉管。当硫含量不小于0.5%时,对流室选用碳钢管,辐射室及遮蔽管选用Cr5Mo炉管,或全部选用Cr5Mo炉管。

减压加热炉一般全部选用Cr5Mo炉管。当被加热介质含环烷酸且酸值不小于0.5mmKOH/g油时,汽化段选用16C-12Ni-2Mo(ASTMTP316L)。

CAG006 常用阀门的种类

八、常用阀门

CBE018 闸阀的作用

(一)阀门的分类

CBE019 截止阀的作用

1. 按用途和作用分类

1)截断阀

CBE026 截止阀的特点

截断阀用来截断或接通管道介质,如闸阀、截止阀、球阀、蝶阀、隔膜阀、旋塞阀等。

截止阀的特点是操作可靠,关闭严密;但结构复杂,价格较贵,流体阻力大,启、闭缓慢。在安装时,应考虑其方向性,介质流体方向由下向上流过阀瓣,即低进高出。

CBE025 闸阀的特点

闸阀的特点:

(1)优点。流体流动阻力小;与截止阀相比结构长度较小;启闭较省力;介质流动方向不受限制;全开时,密封面受工作介质的冲蚀很小;形体结构比较简单。

(2)缺点。密封面启闭时容易擦伤;零件较多,结构较复杂,制造维护都比较困难;外形尺寸和开启高度都较大,所需安装空间较大;操作行程大,启闭时间长。

2)止回阀

止回阀用来防止管道中的介质倒流。止回阀的作用是只允许介质向一个方向流动,而且阻止反向流动。通常这种阀门是自动工作的,在一个方向流动的流体压力作用下,阀瓣打开;流体反方向流动时,由流体压力和阀瓣的自重合阀瓣作用于阀座,从而切断流动。其中内螺纹止回阀、蝶式止回阀就属于这种类型的阀门。

止回阀包括旋启式止回阀和升降式止回阀。旋启式止回阀有一介铰链机构,还有一个像门一样的阀瓣自由地靠在倾斜的阀座表面上。为了确保阀瓣每次都能到达阀座面的合适位置,阀瓣设计有铰链机构,以便阀瓣具有足够的旋启空间,并使阀瓣真正、全面地与阀座接触。阀瓣可以全部用金属制成,也可以在金属上镶嵌皮革、橡胶或者采用合成覆盖面,这取决于使用性能的要求。旋启式止回阀在完全打开的状况下,流体压力几乎不受阻碍,因此通过阀门的压力降相对较小。升降式止回阀(图 1-6-24)结构主要包括阀盖、垫片、阀体、阀瓣、密封座圈,阀瓣坐落位于阀体止阀座密封面上。此阀门除阀瓣可以自由地升降外,其余部分如同截止阀一样,流体压力使阀瓣从阀座密封面上抬起,介质回流导致阀瓣回落到阀座上,并切断流动。根据使用条件,阀瓣可以是全金属结构,也可以是在阀瓣架上镶嵌橡胶垫或橡胶环的形式。像截止阀一样,流体通过升降式止回阀的通道也是狭窄的,因此通过升降式止回阀的压力降比旋启式止回阀大些,而且旋启式止回阀的流量受到的限制很少。

CBE022 升降式止回阀的结构

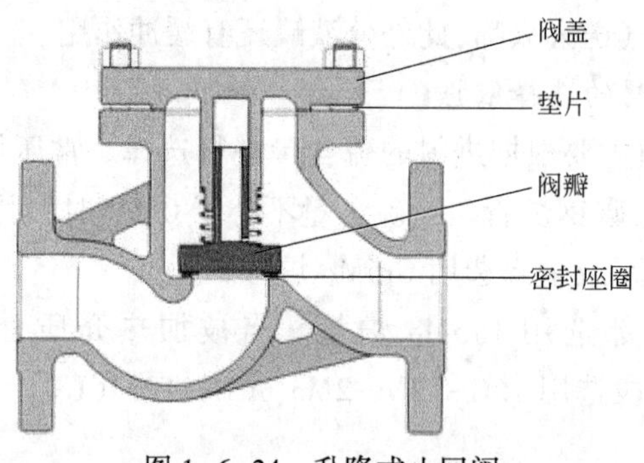

图 1-6-24 升降式止回阀

3)分配阀

分配阀用来改变介质的流向,起分配、分离或混合介质的作用,如三通球阀、三通旋塞阀、分配阀、疏水阀等。

4)调节阀

调节阀用来调节介质的压力和流量,如减压阀、调节阀、节流阀等。

5)安全阀

安全阀防止装置中介质压力超过规定值,从而对管道或设备提供超压安全保护,如安全阀、事故阀等。

2. 按主要参数分类

1)按公称压力

(1)真空阀:指工作压力低于标准大气压的阀门。

(2)低压阀：指公称压力 PN≤1.6MPa 的阀门。

(3)中压阀：指公称压力 PN 为 2.5MPa、4.0MPa、6.4MPa 的阀门。

(4)高压阀：指公称压力 PN 为 10.0~80.0MPa 的阀门。

(5)超高压阀：指公称压力 PN≥100.0MPa 的阀门。

2)按工作温度

(1)超低温阀：用于介质工作温度 t<-101℃的阀门。

(2)常温阀：用于介质工作温度-29℃<t<120℃的阀门。

(3)中温阀：用于介质工作温度 120℃<t<425℃的阀门。

(4)高温阀：用于介质工作温度 t>425℃的阀门。

3)按驱动方式

按驱动方式分类阀门分为自动阀类、动力驱动阀类和手动阀类、压缩空气驱动的阀门、液动阀。此外还有以上几种驱动方式的组合，如气—电动阀等。

(1)电力驱动阀门。电力驱动阀门是常用的驱动方式的阀门，通常称这种驱动装置形式的驱动装置为阀门电动装置。阀门电动装置的优点如下：

① 启闭迅速，可以大大缩短启闭阀门所需的时间；

② 可以大大减轻操作人员的劳动强度，特别适用于高压、大口径阀门；

③ 适用于安装在不能手动操作或难于接近的位置，易于实现远距离操纵，而且安装高度不受限制；

④ 有利于整个系统的自动化；

⑤ 电源比气源和液源容易获得，其电线的敷设和维护也比压缩空气和液压管线简单得多。

阀门电动装置的缺点是构造复杂，在潮湿的地方使用更为困难，用于易爆介质时，需要采用隔爆措施。

阀门电动装置一般由传动机构(减速器)、电动机、行程控制机构、转矩限制机构、手动—电动切换机构、开度指示器等组成。

CBE017　气动阀的调节方法

(2)气动和液动阀门。气动阀门和液动阀门是以一定压力的空气、水或油为动力源，利用气缸(或液压缸)和活塞的运动来驱动阀门的，一般气动的空气压力小于 0.8MPa，液动的水压或油压为 2.5~25MPa。例如用于驱动隔膜阀，回转型气、液驱动装置用于驱动球阀、蝶阀或旋塞阀。液动装置的驱动力大，适用于驱动大口径阀门，如用于驱动旋塞阀、球阀和蝶阀时，必须将活塞的往复运动转换为回转运动。除采用气缸或液压缸的活塞来驱动外，还有采用气动薄膜驱动的，因其行程和驱动力较小，故主要用于调节阀。

(3)手动阀门。手动阀门是最基本的驱动方式的阀门。它包括用手轮、手柄或扳手直接驱动和通过传动机构进行驱动两种。当阀门的启力矩较大时，可通过齿轮或蜗轮传动进行驱动，以达到省力的目的。齿轮传动分直齿圆柱齿轮传动和锥齿传动。齿轮传动减速比小，适用于闸阀和截止阀；蜗轮传动减速比较大，适用于旋塞阀、球阀和蝶阀。

4)按公称通径

(1)小通径阀门：公称通径 DN≤40mm 的阀门；

(2)中通径阀门:公称通径 DN 为 50~300mm 的阀门;

(3)大通径阀门:公称阀门 DN 为 350~1200mm 的阀门;

(4)特大通径阀门:公称通径 DN≥1400mm 的阀门。

5)按结构特征

如图 1-6-25 所示,阀门的结构特征根据关闭件相对于阀座移动的方向可分为:

(1)截门形:关闭件沿着阀座中心移动,如截止阀;

(2)旋塞和球形:关闭件是柱塞或球,围绕本身的中心线旋转,如旋塞阀、球阀;

(3)闸门形:关闭件沿着垂直阀座中心移动,如闸阀、闸门等;

(4)旋启形:关闭件围绕阀座外的轴旋转,如旋启式止回阀等;

(5)蝶形:关闭件的圆盘,围绕阀座内的轴旋转,如蝶阀、蝶形止回阀等;

(6)滑阀形:关闭件在垂直于通道的方向滑动,如滑阀。

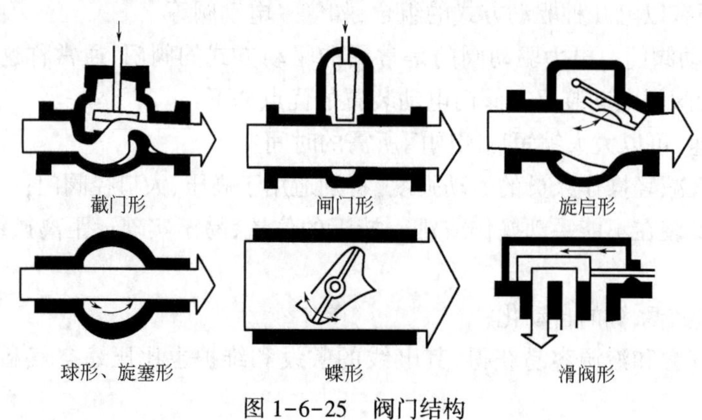

图 1-6-25 阀门结构

这种分类方法既按原理、作用,又按结构划分,是目前国际、国内最常用的分类方法,一般分闸阀、截止阀、节流阀、仪表阀、柱塞阀、隔膜阀、旋塞阀、球阀、蝶阀、止回阀、减压阀安全阀、疏水阀、调节阀、底阀、过滤器、排污阀等。

CAI001 常用控制阀的分类

(二)常用控制阀的种类

1. 直通单座调节阀

体内只有一个阀芯和阀座,由于只有一个阀芯,容易保证密封,泄漏量小,因此适用于泄漏量要求小的场合。

因阀体流道较复杂,加之导向处易被固体卡住,不适用于高黏度、悬浮液、含固体颗粒等易沉淀、易堵塞的场合。

2. 直通双座调节阀

阀体内有两个阀芯和阀座,阀芯为双导向,由于流体压力作用在两个阀芯上,不平衡力相互抵消许多,因此允许压差大。这种能互相抵消许多不平衡力的结构为平衡式结构。

因阀体流道较复杂,加之导向处易被固体卡住,不适用于高黏度、悬浮液、含固体颗粒等易沉淀、易堵塞的场合。

3. 套筒阀

由套筒阀塞节流代替单、双座阀的阀芯、阀座节流。由于套筒阀的阀塞设有平衡孔,可以减少介质作用在阀塞上的平衡力，加上足够的阀塞导向，因此不易引起阀芯的振荡，所以阀的稳定性好。

套筒由阀塞自身导向，加上流道复杂，更容易堵卡。

4. 三通阀

三通阀有三个出入口与管道相连，相当于两台单座阀合成一体。按作用方式分为合流阀和分流阀两种。三通阀工作时，一个通路处全关，另一个通路全开位置，关闭时受力与单座阀相似。

5. 蝶阀

蝶阀相当于切下一段管道来作阀体，中间阀板节流，大致分为普通蝶阀和椭圆蝶阀。其体积小，质量轻，特别适应于大口径的场合，有较好的近似对数流量特性，调节性能好。

（三）阀门的使用与维护

1. 阀门的使用

要做好阀门的使用，就要从以下几个方面着手：

（1）选用正常确的阀门。选用阀门必须综合考虑介质的腐蚀性能、温度、压力、流速、流量，结合工艺、操作、安全等因素选用正确的阀门形式。

（2）阀门的安装。阀门安装质量的好坏直接影响阀门今后的使用，阀门的安装应有利于操作、维修和拆装。

（3）阀门的操作。阀门操作正确与否，直接影响使用寿命，应从以下几个方面加以注意：

① 阀门在日常操作中一定按规定使用，不能超温、超压运行，操作要注意方法，特别是不能用扳手过力操作，防止把阀门传动机构损坏，关紧后最好往回松一下，防止咬死。对一些特殊阀门有特殊要求的，一定要按规定操作。

② 高温阀门，当温度升高到200℃以上时，螺栓受热伸长，容易使阀门密封关不严，这时要对螺栓进行热紧，在热紧时不宜在阀门全关时进行，以免阀杆顶死。

③ 气温在0℃以下时，对停汽、停水的阀门要注意排凝，以免冻裂门。不能排凝的要注意保温。

④ 填料压盖不宜压过紧，应以不泄漏和阀杆操作灵活为准。

⑤ 在操作中通过听、闻、看、摸及时发现异常现象，及时处理或联系处理。

2. 阀门的维护

阀门的维护要做好以下几点：

（1）阀门要定期清扫。阀门的各部件容易积灰、油污等，不清扫对阀门产生磨损和腐蚀。

（2）阀门要定期润滑。阀门的传动部位必须保持润滑良好，减少摩擦，避免磨损。润滑部位要接具体情况定期加油，经常开启。

（3）阀门各部件保持完好。阀件应齐全、完好，法兰和支架的螺栓应齐全、满扣，不能松动。不允许敲打。不允许支承重物或站人。有驱动装置的要保证驱动装置清洁、润滑完好。

（4）阀门的防腐。阀门损坏主要是腐蚀引起的，阀门在使用中防腐是很重要的，阀门腐蚀有内腐蚀和外腐蚀，内腐蚀因介质不同而腐蚀形态各异，操作人员很难控制，在运行中操作人员重点是做好外防腐。

(5)阀门的保温。阀门保温是节约能源,提高热效率和保证设备正常运行的一项重要措施。它包括阀门的保温、保冷、加热保护等。常用的材料有:玻璃纤维类、硅藻类、蛭石类等。

(四)气动调节阀

1. 简介

调节阀又名控制阀,在工业自动化过程控制领域中,是通过接受调节控制单元输出的控制信号,借助动力操作去改变介质流量、压力、温度、液位等工艺参数的最终控制元件,一般由执行机构和阀门组成。在日常工作中常见气动调节阀。气动调节阀是一种直角回转结构,它与阀门定位器配套使用,可实现比例调节;V型阀芯最适用于各种调节场合,额定流量系数大,可调比大,密封效果好,调节性能灵敏,体积小,可竖卧安装,适用于控制气体、蒸汽、液体等介质。

CAI005 控制阀的风开风关原则

2. 气开阀、气关阀及选用原则

有气(信号压力)便打开的阀称为气开阀FC,一旦信号中断阀便回到当初的原始状态(关闭)。有气(信号压力)才能关闭的阀称为气关阀FO,一旦信号中断阀便回到当初的原始状态(打开)。

调节阀气开阀、气关阀选择,主要是根据工艺生产的需要和安全要求来决定的,原则是当信号压力中断时,应能确保工艺设备和生产的安全。如果阀门处于全开位置安全性高,则应选用气开阀,反之,则应选用气关式阀。

GAM002 调节阀一般故障的判断方法

3. 调节阀故障判断

由于气动调节阀应用范围越来越广,相继就出现了各种小故障,常见的故障主要有调节阀不动作、动作不稳定、调节阀振动、调节阀的泄漏量增大以及调节阀的动作迟钝。

1)调节阀不动作

故障现象及原因如下:

(1)无信号、无气源。

①气源未开;②由于气源含水在冬季结冰,导致风管堵塞或过滤器、减压阀堵塞失灵;③压缩机故障;④气源总管泄漏。

(2)定位器无气源。

①过滤器堵塞;②减压阀故障;③管道泄漏或堵塞。

(3)有气源,无信号。

①调节器故障;②信号管泄漏;③定位器波纹管漏气;④调节网膜片损坏。

(4)定位器有气源,无输出。

定位器的节流孔堵塞。

(5)有信号、无动作。

① 阀芯脱落;②阀芯与阀座卡死;③阀杆弯曲或折断;④阀座与阀芯冻结或有焦块污物;⑤执行机构弹簧因长期不用而锈死。

2)调节阀的动作不稳定

故障现象和原因如下:

(1)信号压力不稳定。

①控制系统的时间常数($T=RC$)不适当;②调节器输出不稳定。

(2)气源压力不稳定。

①压缩机容量太小;②减压阀故障。

(3)气源压力稳定,信号压力也稳定,但调节阀的动作仍不稳定。

①定位器中放大器的球阀受脏物磨损关不严,耗气量特别增大时会产生输出震荡;②定位器中放大器的喷嘴挡板不平行,挡板盖不住喷嘴;③输出管、线漏气;④执行机构刚性太小;⑤阀杆运动中摩擦阻力大,与相接触部位有阻滞现象。

3)调节阀振动

故障现象和原因如下:

(1)调节阀在任何开度下都振动。

①支撑不稳;②附近有振动源;③阀芯与衬套磨损严重。

(2)调节阀在接近全闭位置时振动。

①调节阀选大了,常在小开度下使用;②单座阀介质流向与关闭方向相反。

4)流量可调范围变小

主要原因是阀芯被腐蚀变小,从而使可调的最小流量变大。

5)调节阀的泄漏量增大

泄漏的现象和原因如下:

(1)阀全关时泄漏量大。

①阀芯被磨损,内漏严重;②阀未调好关不严。

(2)阀达不到全闭位置。

①介质压差太大,执行机构刚性小,阀关不严;②阀内有异物;③衬套烧结。

6)调节阀的动作迟钝

迟钝的现象及原因如下:

(1)阀杆仅在单方向动作时迟钝。

①气动薄膜执行机构中膜片破损泄漏;②执行机构中O形密封圈泄漏。

(2)阀杆在往复动作时均有迟钝现象。

①阀体内有黏物堵塞;②聚四氟乙烯填料变质硬化或石墨—石棉填料润滑油干燥;③填料加得太紧,摩擦阻力增大;④由于阀杆不直导致摩擦阻力大;⑤没有定位器的气动调节阀也会导致动作迟钝。

(五)自动控制系统

ZAJ001　简单回路PID参数的概念

1.简单回路PID参数的概念

1)比例(P)控制

比例控制是一种最简单的控制方式。其控制器的输出与输入误差信号成比例关系。当仅有比例控制时系统输出存在稳态误差。

2)积分(I)控制

在积分控制中,控制器的输出与输入误差信号的积分成正比关系。对一个自动控制系统,如果在进入稳态后存在稳态误差,则称这个控制系统是有稳态误差的或简称有差系统。

为了消除稳态误差，在控制器中必须引入“积分项”。积分项对误差取决于时间的积分，随着时间的增加，积分项会增大。这样，即便误差很小，积分项也会随着时间的增加而加大，它推动控制器的输出增大使稳态误差进一步减小，直到接近于零。因此，比例+积分（PI）控制器，可以使系统在进入稳态后几乎无稳态误差。

3）微分（D）控制

在微分控制中，控制器的输出与输入误差信号的微分（即误差的变化率）成正比关系。自动控制系统在克服误差的调节过程中可能会出现振荡甚至失稳。其原因是存在有较大惯性组件（环节）或有滞后组件，具有抑制误差的作用，其变化总是落后于误差的变化。解决的办法是使抑制误差的作用的变化“超前”，即在误差接近零时，抑制误差的作用就应该是零。这就是说，在控制器中仅引入“比例”项往往是不够的，比例项的作用仅是放大误差的幅值，而需要增加的是“微分项”，它能预测误差变化的趋势，这样，具有比例+微分的控制器，就能够提前使抑制误差的控制作用等于零，甚至为负值，从而避免了被控量的严重超调。所以对有较大惯性或滞后的被控对象，比例+微分（PD）控制器能改善系统在调节过程中的动态特性。

ZAJ002 串级控制的概念

ZAJ003 分程控制的概念

2. 串级调节的概念

串级调节：一种由主、副两个调节器彼此串接的双回路调节系统。主调节器根据主参数与给定值的偏差输出信号，作为副调节器的给定值，副调节器同时接受副参数信号和给定值并控制调节机构。

3. 分程控制的概念

分程控制是将控制器输出信号全程分割成若干个信号段，每个信号段控制一个控制阀，每个控制阀仅在控制器输出信号整个范围的某段内工作，它主要用于带有逻辑关系的多种控制手段而又具有同一控制目的的系统中，是为协调不同控制手段的动作逻辑而设计的。它也适用于一个对象特性非线性严重、需采取逐段逼近的方式进行精确控制的系统。

GAM001 比值控制的概念

4. 比值控制的概念

比值控制系统是指实现两个或两个以上参数符合一定比例关系的控制系统。在化工炼油及其他工业生产过程中，工艺上常需要将两种或两种以上的物料保持一定的比例关系，如比例一旦失调，将影响生产或造成事故。在需要保持比值关系的两种物料中，必有一种物料处于主导地位，这种物料称为主物料，表征这种物料的参数称为主动量，用 Q 表示。比值控制系统可分为：开环比值控制系统，单闭环比值控制系统，双闭环比值控制系统，变比值控制系统，串级和比值控制组合的系统等。

J(GJ)AJ001 先进控制的概念

5. 先进控制的概念

先进控制是对那些不同于常规单回路控制，并具有比常规 PID 控制效果更好的控制策略的统称，而非专指某种计算机控制算法。先进控制的任务非常明确，即用来处理那些常规控制效果不好，甚至无法控制的复杂工业过程控制的问题。主要的先进控制策略有：预测控制、推断控制、统计过程控制、模糊控制、神经控制、非线性控制以及鲁棒控制等。

先进控制的主要特点在于：

（1）与传统的 PID 控制不同，先进控制主要是基于模型的控制策略，如模型预测控制和推断控制等，这些控制策略充分利用工业过程输入输出有关信息建立系统模型，而不必依赖对反应机理的深入研究。目前，基于知识的控制，如智能控制和模糊控制正成为先进控制的一个重要发展方向。

（2）先进控制通常用于处理复杂的多变量过程控制问题，如大时滞、多变量耦合、被控变量与控制变量存在着各种约束等。先进控制是建立在常规单回路控制基础之上的动态协调约束控制，可使控制系统适应实际工业生产过程动态特性和操作要求。

（3）先进控制的实现需要较高性能的计算机作为支持平台。由于先进控制受控制算法的复杂性和计算机硬件两方面因素的影响，复杂系统的先进控制算法通常是在上位机上实施的。随着 DCS 功能的不断增强和先进控制技术的发展，部分先进控制策略可以与基本控制回路一起在 DCS 上实现。后一种方式可有效地增强先进控制的可靠性、可操作性和可维护性。

GAM003 控制回路的正反作用判断

6. 控制回路的正反作用判断

在控制系统中，不仅是控制器，而且被控对象、测量元件及变送器和执行器都有各自的作用方向。它们如果组合不当，使总的作用方向构成正反馈，则控制系统不但不能起控制作用，反而破坏了生产过程的稳定。所以在系统投运前必须注意检查各环节的作用方向，其目的是通过改变控制器的正、反作用，以保证整个控制系统是一个具有负反馈的闭环系统。

所谓作用方向，就是指输入变化后，输出的变化方向。当某个环节的输入增加时，其输出也增加，则称该环节为“正作用”方向；反之，当环节的输入增加时，输出减少的称“反作用”方向。

对于测量元件及变送器，其作用方向一般都是“正”的，因为当被控变量增加时，其输出量一般也是增加的，所以在考虑整个控制系统的作用方向时，可不考虑测量元件及变送器的作用方向（因为它总是“正”的），只需要考虑控制器、执行器和被控对象三个环节的作用方向，使它们组合后能起到负反馈的作用。

对于执行器，它的作用方向取决于是气开阀还是气关阀。当控制器输出信号增加时，气开阀的开度增加，因而流过阀的流体流量也增加，故气开阀是“正”方向。反之，由于当气关阀接收的信号增加时，流过阀的流体流量反而减少，所以是“反”作用。执行器的气开或气关形式主要应从工艺安全角度来确定。

对于被控对象的作用方向，则随具体对象的不同而各不相同。当操纵变量增加时，被控变量也增加的对象属于“正作用”的。反之，被控变量随操纵变量的增加而降低的对象属于“反作用”的。

由于控制器的输出决定于被控变量的测量值于给定值之差，所以被控变量的测量值与给定值变化时，对输出的作用方向是相反的。对于控制器作用方向的规定：当给定值不变，被控变量测量值增加时，控制器的输出也增加，称为“正作用”方向，或者当测量值不变，给定值减小时，控制器的输出增加的称为“正作用”方向。反之，如果测量值增加（或给定值减小）时，控制器的输出减小的称为“反作用”方向。

在一个安装好的控制系统中，对象的作用方向由工艺机理可以确定，执行器的作用方向由工艺安全条件可以确定，而控制器的作用方向要根据对象及执行器的作用方向来确定，以使整个控制系统构成负反馈的闭环系统。

ZAJ004 联锁的基本概念

7. 联锁的基本概念

工艺联锁和报警是用于生产装置（或独立单元）超出安全操作范围、机械设备故障、系统自身故障或物料、能源中断时，发出警报直至自动（必要时也可以手动）产生的一系列预先定义动作，使操作人员和生产装置处于安全状态的系统。

九、安全附件

（一）安全附件定义

由于压力容器的使用特点及其内部介质的化学工艺特性，往往需要在容器上设置一些安全装置和测量、控制仪表来监控工作介质的参数，以保证压力容器的使用安全和工艺过程的正常进行。

安全附件是为了使压力容器和压力管道安全运行而安装的安全装置，包括安全阀、爆破片、紧急切断装置、压力表、液面计、测温仪表等，安全附件作为锅炉、压力容器、压力管道的安全装置纳入特种设备管理，《压力容器安全技术监察规程》《特种设备安全监察条例》中对安全附件的设计、制造、安装、使用、管理、校验周期等都作出了具体详细规定，要求设计、制造、安装、修理、改造单位要取得国家相应资质并在许可范围内进行。

CAG005 安全附件的种类

（二）安全附件的分类

压力容器的安全附件，按使用性能或用途来分，可以包括以下四种：

（1）泄压装置，压力容器超压时能自动排放压力的装置，如安全阀、爆破片和易熔塞等。

（2）计量装置，是指能自动显示容器运行中与安全有关的工艺参数的器具，如压力表、温度计、液面计等。

（3）报警装置，是指容器在运行中出现不安全因素致使容器处于危险状态时能自动发出音响或其他明显报警信号的仪器，如压力报警器、温度检测仪。

（4）联锁装置，是为了防止操作失误而设的控制机构，如联锁开关、联动阀等。

CBE028 安全阀的特点

（三）安全阀结构

安全阀结构主要有弹簧式和杠杆式。弹簧式是指阀瓣与阀座的密封靠弹簧的作用力。杠杆式是靠杠杆和重锤的作用力。随着大容量的需要，又有一种脉冲式安全阀，也称为先导式安全阀，由主安全阀和辅助阀组成。当管道内介质压力超过规定压力值时，辅助阀先开启，介质沿着导管进入主安全阀，并将主安全阀打开，使增高的介质压力降低。

安全阀的排放量决定于阀座的口径与阀瓣的开启高度，也可分为两种：（1）微启式，开启高度是阀座内径的 1/20～1/15；（2）全启式，开启高度是阀座内径的 1/4～1/3。

此外，随着使用要求的不同，有封闭式和不封闭式。封闭式即排出的介质不外泄，全部沿着规定的出口排出，一般用于有毒和有腐蚀性的介质。不封闭式一般用于无毒或无腐蚀性的介质。

1. 重锤杠杆式安全阀

重锤杠杆式安全阀是利用重锤和杠杆来平衡作用在阀瓣上的力。根据杠杆原理，它可以使用质量较小的重锤通过杠杆的增大作用获得较大的作用力，并通过移动重锤的位置（或变换重锤的质量）来调整安全阀的开启压力。

重锤杠杆式安全阀结构简单，调整容易而又比较准确，所加的载荷不会因阀瓣的升高而有较大的增加，适用于温度较高的场合，过去用得比较普遍，特别是用在锅炉和温度较高的压力容器上。但重锤杠杆式安全阀结构比较笨重，加载机构容易振动，并常因振动而产生泄漏；其回坐压力较低，开启后不易关闭及保持严密。

2. 弹簧微启式安全阀

弹簧微启式安全阀是利用压缩弹簧的力来平衡作用在阀瓣上的力。螺旋圈形弹簧的压缩量可以通过转动它上面的调整螺母来调节，利用这种结构就可以根据需要校正安全阀的开启（整定）压力。弹簧微启式安全阀结构轻便紧凑，灵敏度也比较高，安装位置不受限制，而且因为对振动的敏感性小，所以可用于移动式的压力容器上。这种安全阀的缺点是所加的载荷会随着阀的开启而发生变化，即随着阀瓣的升高，弹簧的压缩量增大，作用在阀瓣上的力也跟着增加。这对安全阀的迅速开启是不利的。另外，阀上的弹簧会由于长期受高温的影响而使弹力减小。用于温度较高的容器上时，常常要考虑弹簧的隔热或散热问题，从而使结构变得复杂起来。

3. 脉冲式安全阀

脉冲式安全阀由主阀和辅阀构成，通过辅阀的脉冲作用带动主阀动作，其结构复杂，通常只适用于安全泄放量很大的锅炉和压力容器。

上述三种形式的安全阀中，用得比较普遍的是弹簧式安全阀。

（四）安全阀的相关名词

（1）公称压力：表示安全阀在常温状态下的最高许用压力，高温设备用的安全阀不应考虑高温下材料许用应力的降低。安全阀是按公称压力标准进行设计制造的。

（2）开启压力：也称额定压力，是指安全阀阀瓣在运行条件下开始升起时的进口压力，在该压力下，开始有可测量的开启高度，介质呈可由视觉或听觉感知的连续排放状态。

（3）排放压力：阀瓣达到规定开启高度时的进口压力。排放压力的上限需服从国家有关标准或规范的要求。

（4）超过压力：排放压力与开启压力之差，通常用开启压力的百分数来表示。

（5）回坐压力：排放后阀瓣重新与阀座接触，即开启高度变为零时的进口压力。

（6）启闭压差：开启压力与回坐压力之差，通常用回坐压力与开启压力的百分比表示，只有当开启压力很低时采用二者压力差来表示。

（7）背压力：安全阀出口处的压力。

（8）额定排放压力：标准规定排放压力的上限值。

（9）密封试验压力：进行密封试验的进口压力，在该压力下测量通过关闭件密封面的泄漏率。

（10）开启高度：阀瓣离开关闭位置的实际升程。

（11）流道面积：指阀瓣进口端到关闭件密封面间流道的最小截面积，用来计算无任何阻力影响时的理论排量。

（12）流道直径：对应用于流道面积的直径。

（13）帘面积：当阀瓣在阀座上方时，在其密封面之间形成的圆柱面形或圆锥面形通道面积。

（14）排放面积：阀门排放时流体通道的最小截面积。对于全启示安全阀，排放面积等于流道面积；对于微启式安全阀，排放面积等于帘面积。

（15）理论排量：是流道截面积与安全阀流道面积相等的理想喷管的计算排量。

（16）排量系数：实际排量与理论排量的比值。

（17）额定排量系数：排量系数与减低系数（取0.9）的乘积。

（18）额定排量：指实际排量中允许作为安全阀适用基准的那一部分。

（19）当量计算排量：指压力、温度、介质性质等条件与额定排量的适用条件相同时，安全阀的计算排量。

（20）频跳：安全阀阀瓣迅速异常地来回运动，在运动中阀瓣接触阀座。

（21）颤振：安全阀阀瓣迅速异常地来回运动，在运动中阀瓣不接触阀座。

（五）安全阀的选用原则

（1）蒸汽锅炉安全阀，一般选用敞开全启式弹簧安全阀0490系列。

（2）液体介质用安全阀，一般选用微启式弹簧安全阀0485系列。

（3）空气或其他气体介质用安全阀，一般选用封闭全启式弹簧安全阀。

（4）液化石油气汽车槽车或液化石油气铁路罐车用安全阀，一般选用全启式内装安全阀。

（5）采油井出口用安全阀，一般选用先导式安全阀。

（6）蒸汽发电设备的高压旁路安全阀，一般选用具有安全和控制双重功能的先导式安全阀。

（7）若要求对安全阀做定期开启试验时，应选用带提升扳手的安全阀。当介质压力达到开启压力的75%以上时，可利用提升扳手将阀瓣从阀座上略为提起，以检查安全阀开启的灵活性。

（8）若介质温度较高时，为了降低弹簧腔室的温度，一般当封闭式安全阀使用温度超过300℃及敞开式安全阀使用温度超过350℃时，应选用带散热器的安全阀。

（9）若安全阀出口背压是变动的，其变化量超过开启压力的10%时，应选用波纹管安全阀。

（10）若介质具有腐蚀性时，应选用波纹管安全阀，防止重要零件因受介质腐蚀而失效。

（六）安全阀安装使用注意事项

安全阀的安装和维护应注意以下事项：

（1）安装位置、高度、进出口方向必须符合设计要求，注意介质流动的方向应与阀体所标箭头方向一致，连接应牢固紧密。

（2）阀门安装前必须进行外观检查，阀门的铭牌应符合国家标准《工业阀门　标志》（GB/T 12220—2015）的规定。对于工作压力大于1.0MPa及在主干管上起到切断作用的阀门，安装前应进行强度和严密性能试验，合格后方准使用。强度试验时，试验压力为公称压力的1.5倍，持续时间不少于5min，阀门壳体、填料应无渗漏为合格。严密性试验时，试验压力为公称压力的1.1倍；试验持续的时间符合GB 50243—2016《通风与空调工程施工质量难收规范》的要求。

（3）各种安全阀都应垂直安装。

（4）安全阀出口处应无阻力，避免产生受压现象。

(5)安全阀在安装前应专门测试,并检查其密封性。

(6)对使用中的安全阀应做定期检查。

(7)容器内有气、液两相物料时安全阀应装在气相部分。

(8)安全阀用于泄放可燃液体时,安全阀的出口应与事故储罐相连。当泄放的物料是高温可燃物时,其接收容器应有相应的防护设施。

(9)一般安全阀可就地放空,放空口应高出操作人员 1m 以上且不应朝向 15m 以内的明火地点、散发火花地点及高温设备。室内设备、容器的安全阀放空口应引出房顶,并高出房顶 2m 以上。

(10)当安全阀入口有隔断阀时,隔断阀应处于常开状态,并要加以铅封,以免出错。

(七)安全阀的完好标准

J(GJ)BE010 安全阀的完好标准

1. 宏观检查与初校

检查安全阀零部件是否完好,有无裂纹、严重锈蚀和机械擦伤等情况;检查安全阀的规格、型号和性能是否符合设备设计时的选用条件和实际使用状况,经宏观检查合格的安全阀即可进行初校。若经宏观检查不合格或初校时开启压力不稳定,有泄漏等迹象时,要进行解体、清洗、修理等工作。对于有脱脂要求的,应严格用三氯乙烯、四氯化碳或丙酮清洗,确保密封面无油脂。

2. 整定压力校验和调整

初校后,对安全阀进行整定压力的校验和调整。调整时,缓慢升高安全阀的进口压力,当达到整定压力的90%时,减缓升压速度,每秒钟不超过 0.01MPa,直至安全阀开启。整定压力校验和调整后及时记录,不合格的安全阀可继续修理直至合格,无法修理的不合格安全阀按判废处理。

3. 密封性能试压

整定压力校验合格后方可进密封性能试验。整定压力调整好后,降低并调整安全阀进口压力,使其在密封试验压力状态下保持一定时间,进行安全阀密封性能试验,其合格标准参照 GB/T 12243—2005《弹簧直接载荷式安全阀》或其他有关规程、标准执行。密封性能试验方法,按照 GB/T 12242—2005《压力释放装置 性能试验规范》的要求进行。试验合格的转下道工序,不合格的转修理或不合格安全阀处理并及时记录。连续反复进行整定压力校验和密封性能试验,一般不少于二次,对于充装易燃介质,毒性程度为极高、高度、中度介质,不允许有微量泄漏的设备,其安全阀密封性能试验不少于三次,每次校验符合要求,并及时记录。

4. 压力修正

对有背压要求的安全阀在整定压力和密封性能试验时,应考虑到背压的影响和校验时介质、温度与设备运行状况的差异,给予必要的修正,并填写校验记录。对于无法修复的不合格安全阀的处理应由具有校验员资格证的检验人员判废,并出具校验意见通知书。

5. 挂牌铅封、出具报告

对已校验合格的安全阀及时挂牌并铅封,并按规定存放在指定地点。出具报告。

(八)安全阀常见故障原因

1.漏气

(1)阀芯和阀座接触面损坏,或中间夹有脏物;

(2)阀杆或衬套磨损,弹簧与阀杆之间间隙太大,阀杆弯曲,安装时阀杆倾斜,中心线不正;

(3)杠杆与支点之间偏斜,阀芯阀座接触面因受压力不均匀而损坏;

(4)弹簧永久性变形,失去弹力;

(5)弹簧与弹簧托盘接触面不平整;

(6)弹簧的平面不平行或两侧撑杆长度不一致,使弹簧受力不均,引起阀芯阀盖接触不正;

(7)弹簧腐蚀后断面减少,弹力不够。

2.达到开启压力而不开启

(1)阀芯和阀座被黏住;

(2)阀杆与外壳衬套之间间隙过小,受热后膨胀卡死;

(3)阀芯和阀座之间的严密性严重损坏,长期泄漏,作用在阀芯上的压力减小,安全阀不能在预定的压力下开启;

(4)调整不当,弹簧压得太紧,重锤向后移动过多。

3.不到规定压力即排气

(1)调整的开启压力不正确,弹簧压紧不够;

(2)弹簧出现永久性变形失去应有的压力;

(3)重锤未固定好。

十、蒸发器

由于生产要求的不同,蒸发设备有多种不同的结构形式。对常用的间壁传热式蒸发器,按溶液在蒸发器中的运动情况,大致可分为以下两大类。

(一)单程型蒸发器

特点:溶液以液膜的形式一次通过加热室,不进行循环。

优点:溶液停留时间短,故特别适用于热敏性物料的蒸发;温度差损失较小,表面传热系数较大。

缺点:设计或操作不当时不易成膜,热流量将明显下降;不适用于易结晶、结垢物料的蒸发。

此类蒸发器主要有:升膜式蒸发器、降膜式蒸发器、刮板式蒸发器。

(二)循环型蒸发器

特点:溶液在蒸发器中做循环流动,蒸发器内溶液浓度基本相同,接近完成液的浓度,操作稳定。

此类蒸发器主要有:中央循环管式蒸发器、悬筐式蒸发器、外热式蒸发器、列文式蒸发器、强制循环蒸发器。其中,前四种为自然循环蒸发器。

项目四 设备润滑

CAG008 润滑的概念

润滑是摩擦学研究的重要内容,是改善摩擦副的摩擦状态以降低摩擦阻力减缓磨损的技术措施,一般通过润滑剂来达到润滑的目的。另外,润滑剂还有防锈、减振、密封、传递动力等作用。充分利用现代的润滑技术能显著提高机器的使用性能和寿命并减少能源消耗。

润滑剂若依其物理状态可分为下列四大类:固体润滑剂、气体润滑剂、液体润滑剂、半固体润滑剂。

一、润滑油的选择与使用

(一)选用原则

在选择润滑油时,要考虑其主要特性:

(1)首先要考虑润滑油应具有适合的黏度,载荷大、温度高的轴承,宜选用黏度大的油;载荷小、转速高的轴承,宜选用黏度小的油;

(2)润滑油应当有高黏度指标,以防在温度变化中,黏度发生变化;

(3)润滑油应当有良好的氧化稳定性,以便长期使用中不变质;

(4)根据条件要求,润滑油应具有极压性;

(5)在润滑油性能中,泡沫能促进变质,所以润滑油应具有良好防泡性;

(6)润滑油应具有低倾点,以便在低温时不变硬;

(7)润滑油应具有良好的油水分离性,以便在混水后不发生乳化,并能及时将水分离出来;

(8)润滑油应具有良好的洗涤去污性,以便将活动部位上的炭粉及蜕化变质新生物清除;

(9)润滑油应具有防锈性,防止生锈。

(二)各机械部位选用适用油的要点

1. 平轴承

平轴承按照其使用目的,分有轴颈轴承、止推轴承、导轴承等,当选择适用油时,首先必须考虑其轴承在结构上是否正确。考虑:(1)是否使用适合的轴承材料;(2)轴承面是否可分布到足够的润滑油;(3)轴承的空隙是否正确;(4)轴承与轴的组合,在结构上是否正确;(5)轴承是否很精密。

轴承的故障,因润滑油的缺点而起的情形很多,因构造条件以及尘埃、磨损粉等异物混入而引起的情形也不少。

轴承油的选定,一般说来,必须考虑下列要素。

1)适当的黏度

作为轴承用润滑油,最重要的是在使用温度下油的黏度。在运转中,必须有足以支撑压力的黏度,倘若黏度不适当,将发生动力的损失、温度过度上升、烧着等现象。

2)运转温度

润滑油必须按照运转中的轴承温度来选定。理想的轴承润滑油应是低黏度、低流动点之油品。此外，如需要长时间暴露在高温下的轴承，则必须要氧化安定性较好，并且不得有容易挥发或在轴承上炭化的油品。这种情形在循环给油时特别重要。

3）轴承负荷

轴承负荷大时，轴承接触面的油膜容易破裂，因此必须有充分的油膜强度。如负荷重时，需要使用能制造出不易被挤压出来的强力油膜的高黏度油。

4）运转速度

要选定适当的润滑油，也必须考虑运转速度。对转速快的，为了防止因黏性摩擦而起的摩擦抵抗与温度上升，务必选定低黏度的润滑油。对大型且在重负荷下运转的低速度轴颈轴承时，一般都使用高黏度的润滑油以便油膜支撑重负荷。

2. 抗磨轴承

1）油润滑抗磨轴承

要选定抗磨轴承用润滑油时，必须充分考虑负荷、回转数、运转温度、加油方法、周围环境等。润滑油要满足：耐负荷性优异，氧化安定性优异（长期使用也不至于劣化），不腐蚀金属，黏度指数要高（温度变化，黏度变化要小），消泡性能优异（必须具有迅速消泡的能力）。

2）脂润滑抗磨轴承

因为润滑脂具有特异的流动性，容易涂封，因此使得轴承构造得以简易化，又容易保养，所以抗磨轴承采用润滑脂润滑的情形极多。

润滑脂是由基础油与增稠剂构成的，普通的前者用矿油，后者用金属皂所制成。

钙基润滑脂是具有滑溜的奶油状外观，虽有耐水性，但滴点低，不能在有高温等危险性的场所使用。使用温度的界限为70~80℃。

钠基润滑脂作为增稠剂，外观依增稠剂的状态，有纤维状到奶油状等外观。这种滑脂与钙基润滑脂比起来，滴点较高，因此使用温度范围广，可以使用最高温度约为100℃；可是因为耐水性不良，应避免在水分多的地方使用。

锂基润滑脂的外观呈奶油状，耐热性与耐水性均极佳，机械上的安定性也良好，因此广泛用在一般抗磨轴承及密封轴承。工厂简化润滑脂，选用该脂极佳。

作为抗磨轴承用润滑脂，除上述之外，还有钙复合润滑脂。多用途润滑脂通常是指锂基润滑脂，但有时也包括使用其他具有同等性能的增稠剂的润滑脂。

使用于温度特高场所的润滑脂，则为非皂基润滑脂。这种润滑脂所含增稠剂使用经过特别处理的无机物，可以使用到约150℃。此外，视需要有时也可能加入石墨、二硫化钼等的填料与氧化防止剂、防锈油、极压添加剂等，也有使用合成油、合成增稠剂的耐热耐冷兼用润滑脂，但价格高昂，主要使用于航空机用。

润滑脂的稠度是用针入度来表示，针入度越大，则稠度越稀，脂号数越小；反则亦然。普通的抗磨轴承大多使用2号及3号，高速大型的轴承则使用3号。又如近年来已经用得非常多的集中润滑装置，一方面必须满足轴承润滑的要求，也必须满足加油装置的要求。在稠度方面，考虑到加油管中的压送性，大多使用0号润滑脂。

3. 齿轮

1）密闭式齿轮

齿轮的润滑油，必须依照齿轮的种类、运转温度、减速比、回转数、负荷及加油方法等来选择。

齿轮的使用状态千差万别,如周围温度、湿度、气氛等环境条件都不同,因此,要选定润滑油时,这些状态都必须一并加以考虑,机器制造商的润滑油推荐基准也应视为重要的项目。

齿轮油种类繁多,代表性规格有:API、JIS、AGMA 及 SAE 等,若从一般的品质层面加以分类则有纯矿物油或 R&O 齿轮油、螺旋齿轮油、极压 EP 齿轮油及多用途齿轮油,这些齿轮油又依其黏度再加以细分。

因此,重要的是必须先确定使用条件之后,再选定工业用齿轮油的黏度及其他特性,黏度以外应具备的品质,则应视环境条件、齿轮种类等,参考各不同厂牌产品的说明而定。

2)开放式齿轮

润滑油虽然也可使用在开放式齿轮上,但为了防止油的飞溅流出或从齿面间被挤压出来,大多会要求黏着性及油膜强度优异的润滑剂。作为符合这些要求的润滑油,一般都使用掺有动植物油的复合油,但因为黏度高,所以加油法有限,用法不便。配有挥发性溶剂的溶剂稀释型开放式齿轮油,涂敷、喷雾的加油法均可使用于任何场合,用法容易,同时可在齿面形成强固的膜,非常方便,但因为使用挥发性溶剂,所以对其有害性及保管方法均要加以小心。

开放式齿轮因为尘埃与水分的附着而发生磨损或生锈的情形很多,所以应尽量防尘、防水,同时也必须使用防锈性优异的润滑油。

用润滑油的滴下加油只限于小型、负荷轻时。对大型、重负荷时,最好是使用开放式齿轮油。

水泥机械等因为润滑脂特别容易附着尘埃,所以长久使用时,要定期将老旧润滑脂与尘埃擦拭干净后,再涂新润滑脂。

螺旋齿轮的滑度很大,而且因为蜗杆与车轮之间的油会受到强力的挤压作用,所以要完全保持油膜很困难,必须要油膜强度大且润滑性好的高黏度油。

此外,蜗杆若位置于上部构造时,启动时容易发生油膜耗减,所以必须特别注意。要选定在低温条件下的螺旋齿轮润滑油时,最好跟润滑油制造厂商商量。使用锥形蜗轮时,油膜的形成尤为困难,所以必须使用高黏度而润滑性优异的润滑油。

4. 油压装置

油压装置在车辆、船舶、航空、钢铁设备、建设机械的工厂等广泛利用,油压系统用油是工业设备用油中最大的一类,约占工业用油的 40%。为了提高油压装置的效率,第一重要的是选择适当的黏度,使用温度、黏度特性好的油。一般是使用抗磨液压油,但如建设机械等,启动时与运转时的油温有很大变动的油压装置,特别需要温度、黏度特性优异的油(高黏度指数、低流动点)。

5. 滑动面

1)油润滑

对工作机械等精密的滑动面,必须使用有防止附着滑动、防止凸起等性质的润滑油。倘若因机械的设计、构造,滑动面用润滑油也采用从液压油槽供油的形式时,油压作动油将由油压机构以加压的状态加油到滑动面,兼作为滑动面用润滑油使用,因此必须要用具有油压运转油特性与具有滑动面用润滑油特性的兼用油。至于采用油压兼用以外,即单独加油方式的,则依机械的种类、负荷来选定适当黏度的润滑油。一般来说,负荷越增加就越需要使用高黏度的润滑油。

2)脂润滑

与油润滑一样,使用润滑脂润滑时,也必须依照负荷及加油方法,选择具有适当稠度、极压性的润滑脂。一般的稠度,要依照加油方法,使用0~2号,在品质上,重负荷用的,最好使用极压性特别优异的润滑脂。

ZAH005 润滑管理常识

二、润滑管理常识

(一)润滑管理工作的基本内容

企业需建立润滑管理制度,运用科学的润滑技术,设立适当的润滑管理组织机构,配备必要的专职或兼职润滑管理技术人员,要合理分工、职责明确。润滑管理工作的基本内容如下:

(1)确定润滑管理组织,拟定润滑管理的规章制度、岗位职责条例和工作细则。

(2)贯彻设备润滑工作的"五定"管理。

(3)编制设备润滑技术档案(包括润滑图表、卡片、润滑工艺规程等),指导设备操作工、维修工正确开展设备的润滑。

(4)组织好各种润滑材料的供、储、用。抓好油料计划、质量检验、油品代用、节约用油和油品回收等几个环节,实行定额用油。

(5)编制设备年、季、月的清洗换油计划和适合于本厂的设备清洗换油周期结构。

(6)检查设备的润滑状况,及时解决设备润滑系统存在的问题,如补充、更换缺损润滑元件、装置、加油工具、用具等,改进加油方法。

(7)采取措施,防止设备泄漏。总结、积累治理漏油经验。

(8)组织润滑工作的技术培训,开展设备润滑的宣传工作。

(9)组织设备润滑有关新油脂、新添加剂、新密封材料、润滑新技术的试验与应用,学习、推广国内外先进的润滑管理经验。

CBE015 润滑油"五定"的概念

(二)润滑油"五定"

为减少机动设备的摩擦阻力,减少零件的磨损,降低动力消耗,延长设备寿命,必须做到"五定"。

CBE016 机泵润滑油定量的意义

定质:依据机泵设备、型号、性能、输送介质、负荷大小,转速高低及润滑油、脂性能不同,根据季节不同选用不同种类的润滑油、脂牌号。

定量:依据设备型号、负荷大小、转速高低、工作条件、计算结果和实际使用油量多少,确定设备所需润滑油量。

定点:保证机动设备,每个活动部分及摩擦点,达到充分润滑。

定时:根据润滑油、脂性能与设备工作条件,负荷大小及使用要求,定时对设备输入一定润滑剂。

定人:油库、加油站,及每台设备由专人负责发放、保管、定时、定量加油。

CBF003 润滑油"三级过滤"的注意要点

(三)润滑油"三级过滤"

从领油大桶到储油桶是一级,滤网是60目;

从储油桶到加油壶是二级,滤网是 80 目;

从加油壶到加油点是三级,滤网是 100 目。

CBF015 润滑油变质的判断方法

(四)润滑油变质的判断方法

润滑油有乳化、发黑、发红、发白等现象需及时进行更换,防止因润滑油黏度不足影响设备正常运行。

项目五　设备密封与密封材料

一、密封的类型和原理

CAG007 密封的概念

(一)概念

能阻止或切断介质间传质过程的有效方法称为密封。

CBE006 机械密封的作用

在常减压蒸馏装置常见的密封主要是指转动设备使用的机械密封。机械密封(简称机封,也叫端面密封)是指由至少一对垂直于旋转轴线端面在流体压力和补偿机构弹力(或磁力)的作用下以及辅助密封的配合下保持贴合且相对滑动所构成的防止流体泄漏的装置。

GBE010 机械密封的原理

(二)密封原理

密封是采用某种特制的结构,以彻底切断泄漏介质通道、堵塞或隔离泄漏介质通道、增加泄漏介质通道中流体流动阻力的方法建立一个有效的封闭体系,达到无泄漏的目的。

机械密封是一种旋转机械的轴封装置,比如离心泵、离心机、反应釜和压缩机等设备。由于传动轴贯穿在设备内外,这样,轴与设备之间存在一个圆周间隙,设备中的介质通过该间隙向外泄漏,如果设备内压力低于大气压,则空气向设备内泄漏,因此必须有一个阻止泄漏的轴封装置,轴封的种类很多,由于机械密封具有泄漏量少和寿命长等优点,所以世界上机械密封是这些设备最主要的轴密封方式。

机械密封工作时,动环在补偿弹簧力的作用下,紧贴静环,随轴转动,形成贴合接触的摩擦副,被输送介质渗入接触面产生一层油膜形成油楔力,油膜有助于阻止介质泄漏,也可润滑端面,减少磨损。

弹力加载机构与辅助密封是金属波纹管的机械密封,称为金属波纹管密封。在轻型密封中,还有使用橡胶波纹管作辅助密封的,橡胶波纹管弹力有限,一般需要辅以弹簧来满足加载弹力。

(三)密封类型

被密封的部位是在两个需要密封的机械偶合面之间。通常根据此偶合面在机器运转时有无相对运动,可把密封分为动密封和静密封两大类。再按照密封件的制造材料、安装方式、结构形式等进一步分成不同的小类;静密封中有非金属静密封(O 形密封圈、橡胶垫片、聚四氟乙烯带等),半金属密封(组合密封垫圈),金属静密封(金属密封垫圈),液态静密封(密封胶);动密封中有自封式压紧型密封(O 形密封圈、滑环组合密封圈、异形密封圈等),自封式自紧型密封(U 形密封圈、组合 U 形密封圈、V 形组合密封圈、复合唇形密封圈、双向组合唇形密封圈等),活塞环密封(活塞环),机械密封(机械密封圈),油封(旋转骨架油封、高压油封、黄油封等），防尘密封（防尘圈、骨架防尘圈）。

（四）静密封

两个相对静止的结合面之间的密封为静密封。静密封没有相对滑动问题，主要保证两结合面间有连续闭合的压力区，即可防止泄漏。

最简单的静密封方式是靠结合面加工平整、光洁，在一定压力下贴紧密封，但加工要求较高，密封效果往往也不够理想。

在结合面间加垫片密封是较常用的。用纸、软金属、塑料、复合软木或石棉做成垫片，采取螺栓固紧方式以一定压力压在结合面间，垫片产生弹塑性变形，填塞密封面上的不平，消除间隙而起密封作用。静密封是人们经常使用的密封材料、密封元件与相应的密封结构形式相结合，在生产系统处于安装、检修、停产状态下（即在没有工艺介质温度、压力等参数条件下）建立起来的封闭体系，也就是说密封是在静的条件下实现的，这个封闭体系形成之后才经受密封介质温度、压力、振动、腐蚀等因素作用。因此，这里所说的静是指密封结构形成的过程中不受任何工艺介质因素的影响。

生产中还广泛使用密封胶代替垫片。液态密封胶有一定流动性，容易充满结合面的缝隙，黏附在金属表面上，能大大减少泄漏，即使在比较粗糙的加工面上密封效果也很好。结合面缝隙若大于0.2mm，可考虑垫片与密封胶合用，此时垫片主要填塞结合面间隙，而密封胶则充满结合面间的凹坑，形成不易泄漏的压力区。

（五）动密封（即接触式密封和非接触式密封）

两个相对运动结合面之间的密封称为动密封。例如回转轴和静止元件间的密封，其密封件既要保证密封，又要控制相对运动元件之间的摩擦发热和磨损，维持一定寿命。各种密封结构采取不同的方式来解决这对矛盾。

1. 密封圈

密封圈用耐油橡胶、塑料或皮革制成，一般装在机座上，靠材料本身的弹力或弹簧的作用以一定压力紧套在轴上起密封作用。

密封圈可以根据需要做成各种不同的断面形式。O形密封圈断面为O形，结构简单，装拆方便。当液体油要向外泄漏时，密封圈借助流体的压力挤向沟槽的一侧，在接触边缘上压力增高，构成有效的密封。这种随介质压力升高而提高密封效果的性能称为“自紧作用”。

回转轴中常用的还有J形、U形等断面的密封圈。它们都具有唇形的结构，使用时将开口面向密封介质，介质压力越大，密封唇与轴贴得越紧，密封唇与轴接触面积比O形圈大，在稍高速度下也有较好的密封效果。这类密封圈往往带有弹簧箍以增大密封压力，有的还有金属外壳，可与机座较精确配装，这样组成的密封组件常被称为“油封”。

绝大部分密封圈采用综合性能好又耐用的合成橡胶制造。聚四氟乙烯摩擦系数小，耐腐蚀能力强，常用填充玻璃纤维、金属粉（青铜、钼）、二硫化钼及石墨等物提高其强度和耐磨性，用以制造高低温或腐蚀介质的密封圈。

2. 毡圈密封

毡圈密封属填料密封的一种。填料密封是将毛毡、石棉、橡胶或塑料等密封材料作为“填料”，用压盖轴向压紧，使填料受压缩而产生径向压力抱在轴上，达到密封的目的。毡圈密封一般只用在低速脂润滑处，主要起防尘作用。

3. 迷宫密封

如果轴转速高，O 形密封圈与轴之间摩擦发热严重，促使密封圈老化、磨损，大大缩短寿命，此时宜采用非接触式的迷宫密封。这种结构使静止件与转动件之间设有多个拐弯的缝隙，构成“迷宫”，使介质不易漏出。一般隙缝为 0.2～0.5mm。

4. 机械密封

最简单的机械密封是由动环、静环及弹簧等组成的。动环固定于轴上，随轴转动。静环固定于基座端盖上。由于动环与静环端面在弹性元件压力下互相贴合，起到很好的密封作用，故又称端面密封。

机械密封的结构（图 1-6-26）包括：

ZAH002　机械密封结构

（1）主要部件，动环、静环、冷却装置和压紧弹簧（视具体设备而定）。

（2）辅助密封件，密封圈（有 O 形、X 形、U 型、楔形、矩形柔性石墨、PTFE 包覆橡胶 O 形圈等）。

（3）弹力补偿机构，弹簧、推环、弹簧座及键或各种螺钉。

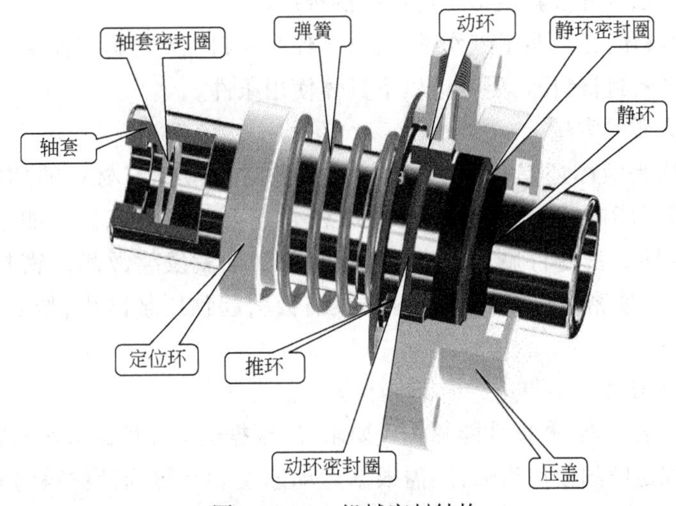

图 1-6-26　机械密封结构

5. 干气密封

干气密封也是由动环、静环及弹性元件组成的，不同的是其动环或静环端面上开有几微米至几十微米深的沟槽，并且在两密封面间产生了一个具有较强刚度的、稳定的气膜，用“气体阻塞”替代传统的“液体阻塞”，即用带压密封气替代带压密封液实现密封。一般来说，凡使用机械密封的场合均可采用干气密封。

二、密封材料及密封件

（一）密封材料的选择与使用

1. 密封材料的要求

在工作介质中有良好的稳定性，即体积变化小（不易膨胀及收缩），难溶解、软化和硬化；在工作介质中压缩恢复性大，永久变形小；有适当的机械强度和硬度，受工作介质影响后，其变化小；耐热性、耐寒性及吸振性能好；耐磨性好，摩擦系数小；材料密实；具有与密封面贴合的柔软性和弹性；耐臭氧性和耐老化性好，经久耐用；易制造加工，价格便宜。

2. 常用密封材料的种类

在液压系统中，常用的密封材料目前以合成橡胶和合成树脂为主，其中合成橡胶是主要的密封材料，它具有密封材料所必需的优良弹性和机械强度，又有较好的耐油性和耐热性，因此，应用范围十分广泛；在超出橡胶材料规定的温度和耐化学腐蚀的条件下，不能使用合成橡胶时，可采用填充聚四氟乙烯等合成树脂材料；在高温、高压下，合成橡胶和合成树脂材料都无法使用时，则使用金属材料。

3. 密封材料的选用

密封材料种类繁多，根据其特征被用于各种密封。液压、气动密封最常见的橡胶材料是NBR。另外，对耐热性、耐油性有特别要求时，可用氟橡胶；对耐磨性和耐压性有特别要求时，可选用 AU/EU（聚氨酯橡胶）。近年来又增加了提高 NBR 耐热老化性的 NEM（又称加氢 NBR；H-NBR），以及许多新型密封材料可供选用。

在选择密封材料时必须明了工作条件，选用什么材料主要考虑工作条件，另外要适当考虑价格因素。选择密封材料时，要考虑以下具体使用条件。

1）密封工作介质的类型

密封工作介质是液体还是气体，如果是液体要考虑液体与材料的相容性；气体也要考虑与润滑剂、润滑脂的相容性；气体和负压密封还要注意透气性。如果密封材料和密封流体不相容，会导致密封件膨胀或收缩，在使用初期就发生故障。密封件膨胀引起摩擦阻力增加，同时会使密封件滚动。密封件收缩会引起预压量减少，偏心补偿能力降低，直至泄漏。

2）动密封或静密封

动密封对材料的摩擦、磨损性能有相应要求，应根据运动速度的大小选择摩擦系数合适的材料。为了得到足够的使用寿命，还需根据运动速度和行程选择材料的耐磨性。对低速性有要求时，应特别注意材料摩擦系数的大小以及动、静摩擦系数之差。

3）密封件结构形式（挤压型还是唇形）

结构形式不同，密封工作原理也不同，必然对材料的弹性、强度、变形率等多项力学性能要求不同。

4）工作温度

各种密封用橡胶、塑料的适用温度范围差异比较大，选用材料时要确切掌握密封件的工作温度，特别是元件处于怎样的低温环境下，据此选用材料；根据材料工作温度范围，控制元件、系统、密封件的温升，选用可以承受最高温度的材料。

5）工作压力

工作压力是液压、气动系统的主要工作参数，可在 1～400MPa 之间或更大的范围内变动，材料的耐压能力应适应工作压力的要求。

6）工作环境有无污染

如果工作环境有粉尘污染，会加剧材料磨损，应提高材料的耐磨性。

7)元件工作中平稳或震动

如果工作在振动条件下,材料应有足够的弹性,补偿因振动造成偏移导致的密封接触应力不足。

8)材料与装配工艺的关系

密封件的装配工艺甚至密封装置的结构与材料的变形能力有关,一般情况下装配工艺应适应材料性能,在允许的情况下,在选用材料时应适当考虑密封件的装配性能。

各项工作条件对密封材料的要求,往往是互相制约的,不可能达成统一。就合成橡胶而言,所有特性全部优良的材料极难得到。就密封性与摩擦性两者而言,从材料特性来看总是追求其中一项必以牺牲另一项为代价。这时必须适度平衡两项性能要求。所以随着更高密封要求的提出,必须根据使用条件寻求专用材料,即使在同一个元件中,根据要求不同有时要选用多种密封材料。

(二)密封件的选择和使用

1. 基本要求

(1)在工作压力下,应具有良好的密封性能,并随着压力的增加能自动提高其密封性能,即泄漏在高压下没有明显的增加;(2)密封件长期在流体介质中工作,必须保持材质特性的稳定;(3)密封的动、静摩擦阻力要小,摩擦系数要稳定,不能出现运动部件卡住或运动不均匀等现象;(4)磨损小,使用寿命长;(5)制造简单,拆装方便,成本低廉。

2. 影响密封性能的因素

(1)工作介质的种类;(2)使用油温(以密封部位的温度为准);(3)使用压力的大小和波形;(4)密封偶合面的滑移速度;(5)挤出间隙的大小;(6)密封件与偶合面的偏心程度;(7)密封偶合面的粗糙度、密封件和安装槽的形式、结构、尺寸、位置等。

3. 设计选用原则

密封件的选择方法,首先要根据密封设备的使用条件和要求,如负载情况、工作压力及速度大小和变化情况、使用环境以及对密封性能的具体要求等,正确选择与之相匹配的密封结构形式;然后再根据所用工作介质种类和使用温度,合理选择密封件材料;此外,在具有尘埃和杂质的环境中使用密封装置时,还必须根据污染情况和对防尘的要求,选择合适的防尘圈。

1)U 形圈

U 形圈是液压缸中最常用的油封,它是一种典型的唇口密封件,无论是用于活塞还是用于活塞杆都能获得良好的密封效果。

U 形圈在低压情况下,只靠唇口的过盈变形产生密封,因接触面积小,摩擦力相对较低。随着压力升高,唇口弹性变形量增加,拉伸、压缩及弯曲应力增加,U 形圈径向压紧力自动变大,与密封面接触的长度不断增加,直到 U 形圈整个轴向长度与密封面接触,从而保证高压下具有良好的密封性。

2)防尘圈

所有液压缸都必须安装防尘圈。活塞杆回程时,防尘圈将黏附在其表面上的脏物刮掉,保护密封圈和导向套免受损伤。双作用防尘圈兼有辅助密封功能,其内侧唇边刮掉黏附在活塞杆表面上的油膜,从而提高密封效果。

4. 设计选用标准

在密封件的选用和设计时，应尽量遵从国际标准ISO、中国国家标准GB、德国工业标准DIN和日本工业标准JIS等。

（三）密封件的存放

储存密封件时注意事项：

（1）没有必要时不要打开密封件包装，否则灰尘将黏在密封件上或刮伤密封件。

（2）存放在阴凉处，不要放在阳光直接照射处，紫外线和水汽会加速橡胶和塑料变质和尺寸变化。

（3）当存放没有包装的产品时，小心不要粘上或包进杂质，按原来状态存放。尼龙要封紧以防水分引起尺寸变化。

（4）密封件不要放在靠近热源的地方，比如锅炉、炉子等，热会加速密封件老化。

（5）不要将密封件放在靠近电视和产生臭氧的地方。

（6）不要用针、铁线、绳子悬挂密封件，否则，密封件将会变形，损坏唇口。

（7）有时，密封件表面发生颜色变化或出现白色粉末（起霜现象），不会影响密封件的性能。

（8）组合密封的RAREFLON环，如跌落或受外边冲击，很容易刮伤，要特别小心处理。

（四）密封件在液压油缸中的作用

液压油缸是液压系统中最终完成作业的一个重要的执行元件，液压油缸由缸筒、活塞、活塞杆、缸盖、密封件等组成；密封件在油缸中的作用是防止工作介质的泄漏及外界灰尘和异物的侵入。外漏会造成工作介质的浪费、污染机器和环境，甚至引起机械操作失灵及设备人身事故；内漏会引起液压系统容积效率急剧下降，达不到所需的工作压力，甚至不能正常工作；侵入系统中的灰尘颗粒，会引起和加剧液压元件的磨损，进一步导致泄漏。现代液压系统对密切件的要求极高，它的工作可靠性和使用寿命，是衡量液压系统好坏的一个重要指标。

J(GJ)AH004 机械密封失效的原因

三、密封泄漏的原因及处理

（一）泄漏原因

1. 安装问题

密封安装方向错误导致泄漏；安装时混入或管路内异物、粉尘，进入密封引起泄漏；装配不良造成密封损坏引起泄漏；密封杆表面划痕引起泄漏；焊接加工时，同心度不够导致偏心，偏负荷引起泄漏；涂层加工不匀，涂料进入密封圈。

2. 密封选用问题

因压力过高造成间隙咬伤；混入空气后，绝热压缩引起密封烧损；密封材料与介质不相容，引起膨胀等材料变质反应；高温引起材料变质劣化；低温导致材料硬化，收缩而引起泄漏；高频往复运动导致密封件发热，干磨；低压、低速时，运动不平稳，润滑不良导致密封磨损加剧；因元件受到震动引起泄漏；环境粉尘引起密封圈异常磨损；密封沟槽生锈引起泄漏。

3. 密封装配设计问题

导向支承件材料选用不当，损伤缸筒、活塞杆；摩擦副间隙不合适，导致间隙挤出咬伤；

缸筒活塞缸端部的螺纹倒角不当，损伤密封圈；刚度、自重计算错误引起运动状态不良；密封安装倒角不当损伤密封圈；滑动面粗糙度不合适，磨损密封圈；电镀不均匀，密封通过的表面上开孔、划伤，磨损密封圈；密封沟槽，特别是轴密封槽粗糙度不够，磨损、损伤密封件；活塞、活塞杆镀层气孔引起泄漏；润滑不良磨损，咬伤缸筒、活塞杆。

4. 保管问题

保管、运输时受到高温，引起密封材料变质、劣化；强阳光臭氧，放射线引起密封材料变质；缺乏适当的保存方法，使密封圈变形；长期存放引起密封材料老化。

(二)密封泄漏排除

1. 旋转动密封泄漏排除

1)泄漏过多

(1)装配不良：正确安装密封圈，勿反装或错位。

(2)唇边压力不足(油封)：校核密封尺寸正确与否，弹簧是否正常工作。

(3)轴粗糙或有斑疤：降低轴的粗糙度，或选用较软的密封件或其他密封材料。

(4)密封唇开裂：可能是由于轴表面粗糙，使用的密封材料不正确或速度、温度高等原因造成。

(5)密封圈损坏或磨坏：更换密封圈并提高密封圈耐磨性。

2)摩擦大

(1)润滑不良：改换成聚四氟乙烯摩擦面。

(2)预加载荷过大：改换密封形式。

(3)压力过大：改换密封形式。

3)密封损坏

(1)安装不当或粗心：利用适当的技术和工具。

(2)轴粗糙：查看表面粗糙度和倒角技术要求。

(3)有磨粒存在(还表现为轴磨损)：在多尘环境中配用防尘密封。

4)密封过分磨损

(1)密封形式或材料选用错误：根据工作条件配用形式更为适合的密封。

(2)压力过高：根据工作条件配用形式更为适合的密封。

(3)温度过高：根据工作条件配用形式更为适合的密封。

2. 往复运动密封泄漏排除

1)摩擦大

(1)装配不良；按照该密封件的推荐标准校核，必要时减少过盈量或压力。

(2)密封尺寸不当：校核尺寸规格。

(3)表面粗糙度太大：降低表面粗糙度或采用可在粗糙表面摩擦的密封材料。

(4)摩擦运动速度大：需改变密封形式。

(5)密封介质工作压力过大：需改变密封形式或密封件材料。

2)爬行

(1)密封件干摩擦：改善工作条件。

(2)表面粗糙度太大：降低表面粗糙度或采用可在粗糙表面摩擦的密封材料。

(3)润滑油膜形成不良:改善工作条件或改变密封形式,如采用聚四氟乙烯组合密封。

3)泄漏过多

(1)密封件装反:校核,或必要时采用双向密封。

(2)预加载荷不足:校核尺寸和预加载荷。

(3)密封件收缩:检查密封材料与密封介质是否相容。

(4)密封件磨损:更换密封件,检查磨损原因,如果寿命短考虑更换密封形式。

4)密封损坏

(1)最初装配不当:按要求更换密封件,并认真检查安装状态。

(2)扭转失效(O 形密封圈):校核几何和 O 形圈的适用性。

(3)间隙咬伤:减少挤出间隙,必要时加设挡圈。

(4)磨损:校核尺寸,必要时调整挤出间隙。

四、垫片、法兰、螺栓材料的选择与使用

(一)常用法兰

1. 法兰的种类

钢管道用的法兰种类较多,最常用的是平焊钢法兰,按其接触面可分为凹凸式、平面式、榫槽式密封面三种。

2. 法兰的材质

法兰的材质通常与相应钢管的材质相同,采用普通碳素钢、优质碳素钢或低合金钢钢板等加工而成。

3. 法兰的规格表示

通常选用标准法兰,平焊钢法兰的规格一般以公称直径 DN 和公称压力 PN 表示。

(二)常用螺栓、螺母

1. 螺栓螺母的种类

螺栓螺母的种类比较多。在管道工程中,法兰连接时常用的螺栓有两种:一种是粗制六角头螺栓(一端带有部分螺纹),与其相配的螺母为普厚粗制六角螺母;另一种是双头精致螺栓(两端均有螺纹),与其相配的螺母为精致六角螺母,其中最常用的是粗制六角头螺栓及其螺母(图 1-6-27),螺母剖切图见图 1-6-28。

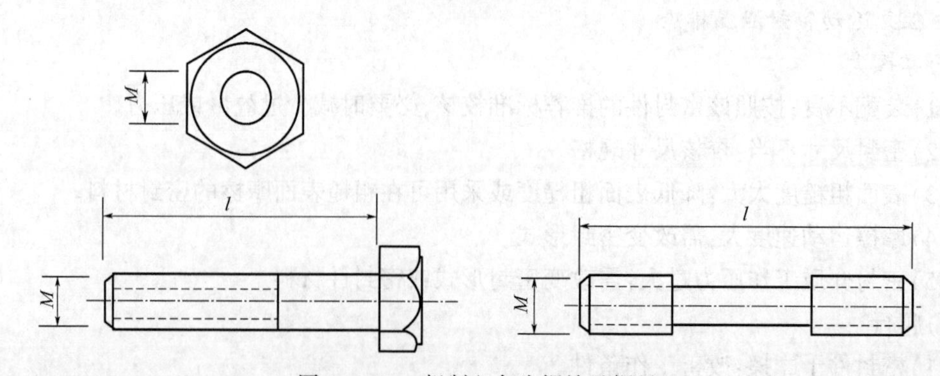

图 1-6-27 粗制六角头螺栓及螺母

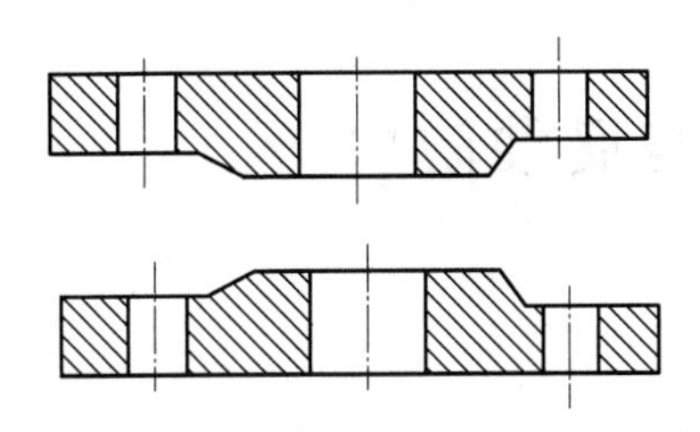
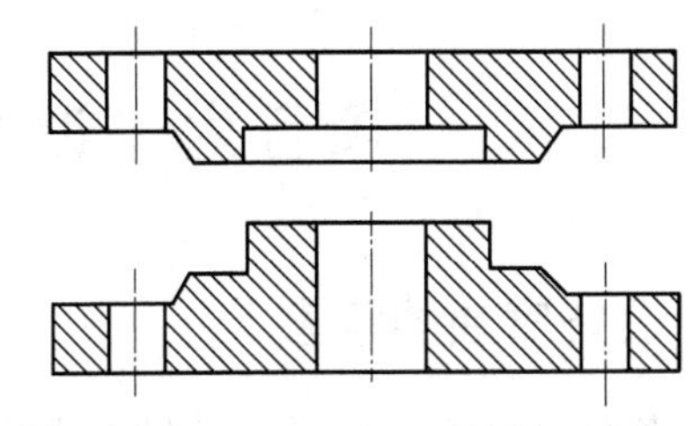

图 1-6-28 螺母剖切图

2. 螺栓螺母的材质

通常用普通碳素钢、优质碳素钢或低合金钢加工螺栓螺母。

3. 螺栓、螺母的适用场合

粗制六角头螺栓及其螺母，常用于介质工作压力≤1.6MPa、工作温度不超过250℃的给水、供热、压缩空气等管道的法兰连接。

4. 螺栓螺母的规格表示

例如，M20×80，表示螺栓的直径为20mm，螺杆长80mm，与其相配的螺母为M20。

（三）常用垫片

管道工程中，垫片材质的选用要根据管内输送介质的性质、工作压力、温度选用。

钢管法兰垫片及通风管法兰垫片见表1-6-1和表1-6-2。

表1-6-1 钢管法兰垫片常用材料

材质名称	最高工作压力，MPa	最高工作温度，℃	适用介质
普通橡胶板	0.6	60	水、空气
耐热橡胶板	0.6	120	热水、蒸汽
耐油橡胶板	0.6	60	各种常用油料
耐酸碱橡胶板	0.6	60	浓度≤20%酸碱溶液
低压石棉橡胶板	1.6	200	蒸汽、水、燃气
中压石棉橡胶板	4.0	350	蒸汽、水、燃气
高压石棉橡胶板	10.0	450	蒸汽、空气
耐油石棉橡胶板	4.0	350	各种常用油料
软聚氯乙烯板	0.6	50	酸碱稀溶液、水
聚四氟乙烯板	0.6	50	酸碱稀溶液、水
石棉绳（板）		600	烟气
耐酸石棉板	0.6	300	酸、碱、盐溶液
铜、铝金属薄板	20.0	600	高温、高压蒸汽

表1-6-2 通风管法兰垫片常用材质

风管输送的介质种类	垫片材质	风管输送的介质种类	垫片材质
空气温度低于70℃	橡胶板、闭孔海绵橡胶板	含腐蚀性介质的气体	耐酸橡胶、软聚氯乙烯板
空气温度高于70℃	石棉绳、石棉橡胶板	除尘系统	橡胶板
含湿空气	橡胶板、闭孔海绵橡胶板	洁净系统	泡沫氯丁橡胶垫

项目六　设备腐蚀与腐蚀防护

一、设备腐蚀的危害

由于腐蚀现象无处不在，由腐蚀造成的国民经济损失占其总值5%左右。在化工原料生产企业，这个比重还会增加两倍。在化工生产企业，设备的腐蚀与防护控制已成为企业生产过程中成本控制的重要因素之一。若对设备的腐蚀不能做好相应的防护措施，则很容易发生因设备腐蚀损坏而造成的停车现象，影响企业的正常生产，给企业带来相应的经济损失。

J(GJ)AH010 常见的腐蚀环境类型

二、设备腐蚀的分类与腐蚀原理

从腐蚀的外观形态来看，金属腐蚀可分为全面腐蚀和局部腐蚀。

全面腐蚀也称均匀腐蚀，腐蚀反应在不同程度上分布在整个或大部分金属表面上，宏观上难以区分腐蚀电池的阴极和阳极。一般表面均匀覆盖着腐蚀产物膜，在不同程度上能使腐蚀减缓，如高温氧化和易钝化金属（如不锈钢、钛、铝等）在氧化环境中形成的钝化膜，都具有良好的保护性，甚至能使腐蚀过程几乎停止。全面腐蚀分布较均匀，危害较小。

局部腐蚀即非均匀腐蚀，腐蚀反应集中在局部表面上。局部腐蚀又可分为电偶腐蚀、小孔腐蚀、缝隙腐蚀、晶间腐蚀、选择性腐蚀、应力腐蚀破裂、磨损腐蚀、腐蚀疲劳和氢损伤等。

（一）电偶腐蚀

当一种不太活泼的金属（阴极）和一种比较活泼的金属（阳极）在电解质溶液中接触时，因构成腐蚀原电池而引发电流，从而造成（主要是阳极金属）电偶腐蚀。电偶腐蚀也称双金属腐蚀或金属接触腐蚀。

（二）小孔腐蚀

小孔腐蚀也称点蚀，坑蚀或孔蚀。它发生在金属表面极为局部的区域内，造成洞穴或坑点并向内部扩展，甚至造成穿孔，是破坏性和隐患最大的腐蚀形态之一。孔蚀发生于易钝化的金属，由于表面覆盖保护性钝化膜，使得腐蚀轻微，但由于表面往往存在局部缺陷，当溶液中存在破坏钝化膜的活性离子（主要是卤素离子）与配位体时，容易造成钝化膜的局部破坏。此时，微小破口处暴露的金属成为阳极；周围钝化膜成为阴极，阳极电流高度集中使腐蚀迅速向内发展，形成蚀孔。

（三）缝隙腐蚀

当金属表面上存在异物或结构上存在缝隙时，由于缝内溶液中有关物质迁移困难所引起缝隙内金属的腐蚀，总称为缝隙腐蚀。例如，金属铆接板、螺栓连接的接合部、螺纹接合部等情况下金属与金属间形成的缝隙，金属同非金属（包括塑料、橡胶、玻璃等）接触所形成的缝隙，以及砂粒、灰尘、脏物及附着生物等沉积在金属表面上所形成的缝隙等。在一般电解质溶液中，以及几乎所有的腐蚀性介质中都可能引起金属缝隙腐蚀，其中以含 Cl^- 溶液最容易引起该类腐蚀。

（四）晶间腐蚀

晶间腐蚀是在晶粒或晶体本身未受到明显侵蚀的情况下，发生在金属或合金晶界处的一种选择性腐蚀。晶间腐蚀会导致强度和延展性的剧降,因而造成金属结构的损坏,甚至引发事故。

晶间腐蚀的原因是在某些条件下晶界比较活泼,若晶界处存有杂质或合金偏析,如铝合金的铁偏析、黄铜的锌偏析、高铬不锈钢的碳化铬偏析等都容易引起晶间腐蚀。以奥氏体不锈钢为例,含铬量须大于11%才具有良好的耐蚀性。当焊接时,焊缝两侧2~3mm处可被加热到400~910℃,在这个温度下,晶界的铬和碳易化合形成Cr_3C_6,Cr从固溶体中沉淀出来,晶粒内部的Cr扩散到晶界很慢,晶界就成了贫铬区,在某些电解质溶液中就形成"碳化铬晶粒(阴极)—贫铬区(阳极)"电池,使晶界贫铬区腐蚀。

(五)选择性腐蚀

由于合金组分在电化学性质上的差异或合金组织的不均匀性,造成其中某组分或相优先溶蚀,这种情况称为选择性腐蚀。选择性腐蚀的结果,轻则使合金损失强度,重则造成穿孔、破损,酿成严重事故。例如,黄铜脱锌、铝铜脱铝等属于成分选择性腐蚀;灰口铸铁的"石墨化"属于组织选择性腐蚀。

(六)磨损腐蚀

磨损腐蚀是金属受到液体中气泡或固体悬浮物的磨耗与腐蚀共同作用而产生的破坏,是机械作用与电化学作用协同的结果,它比单纯作用的破坏性大得多。

按照机械作用性质不同,又可分为摩振腐蚀、冲击腐蚀、空泡腐蚀。摩振腐蚀是指加有负荷的两种材料之间相互接触的表面,因摩擦、滑动或振动而造成的腐蚀。冲击腐蚀是指在湍流情况下,被液体中夹带的固体物质对金属结构突出部位的冲击作用所加剧的腐蚀过程,如泵的出口处和管路弯头部位常发生这种现象。空泡腐蚀是指腐蚀性液体在高速流动时,由于气泡的产生和破灭,对所接触的结构材料产生水锤作用其瞬时压力可达数千大气压,能将材料表面上的腐蚀产物保护膜和衬里破除,使之不断暴露新鲜表面而造成的腐蚀损坏。

(七)应力腐蚀破裂

应力腐蚀破裂是金属结构在内部残存应力和外部拉伸应力的持续作用下产生的严重腐蚀现象。它常常是在耐全面腐蚀的情况下发生的,没有形变先兆的突然断裂,容易造成严重事故。

(八)腐蚀疲劳

腐蚀疲劳是指在介质的腐蚀作用和交变循环应力作用下金属材料疲劳强度降低而过早破损的现象。例如振动部件如泵轴、吊索等都容易发生腐蚀疲劳。

腐蚀疲劳最易发生在能产生孔蚀的环境中,无疑蚀孔起了应力集中的作用。周期应力使保护膜反复局部破裂,裂口处裸露金属遭受不断腐蚀。与应力腐蚀破裂不同的是,腐蚀疲劳对环境没有选择性。氧含量、温度、pH值和溶液成分都影响腐蚀疲劳,阴极极化可以减缓腐蚀疲劳,而阳极极化将促进腐蚀疲劳。

(九)氢损伤

由于化学或电化学反应(包括腐蚀反应)所产生的原子态氢扩散到金属内部引起的各种破坏,包括氢鼓泡、氢脆和氢腐蚀三种形态。氢鼓泡是由于原子态氢扩散到金属内部,并在金属内部的微孔中形成分子氢。由于氢分子扩散困难,就会在微孔中累积而产生巨大的内压,使金属鼓泡、甚至破裂。氢脆是由于原子氢进入金属内部后,使金属晶格产生高度变形,因而降低了金属的韧性和延性,导致金属脆化。氢腐蚀则是由于氢原子进入金属内部后与金属中的组分或元素反应,如氢渗入碳钢并与钢中的碳反应生成甲烷,使钢的韧性下降,而钢中碳的脱除,又导致强度的下降。

GAK006 常见防腐蚀的方法

三、设备防腐措施

(一)做好防腐设计、严把质量关、加强防腐管理

化工设备的防腐要从设计阶段开始,在设备的设计阶段,要充分运用有关腐蚀和腐蚀控制的全部经验和知识,设计出性能好、使用寿命长、既经济又安全的设备和装置。这样的设备既能符合工艺过程的需要,又能保证使用寿命长和降低生产成本。具体来说,防腐蚀设计从设计到运转大体可分为四个阶段:设计时的防腐措施、制造施工时的防腐措施、设备安装时的防腐蚀措施以及设备运转时的防腐措施。

首先,防腐设计包括强度设计、正确的防腐蚀结构设计、材料选择及防腐保护方法的选择。其次,制造质量对设备腐蚀影响极大,某些材料从耐蚀性来说是好的,但制造质量达不到要求,设备也不会达到预期的防腐效果。制造时应充分考虑包括防治腐蚀在内的加厂、装配及制造过程中的管理。再次,安装质量直接影响设备的使用性能,安装不正确,会导致改变流体流动状态和流速,在一定环境下还会导致应力腐蚀破裂。安装时的防腐措施主要包括包装、运输、施工、装配时的防腐问题,而在安装过程中还要特别注意非金属材料质脆、强度低的特点。最后,设备运转时的防腐措施包括正常运转时的防腐管理,异常运转时的早期排除、维修、保养、监控、开车及停车时的防腐管理。

(1)避免死角的出现。

设备中局部液体残留或固体物质沉降堆积,不仅会在设备操作时局部浓缩或聚集、引起腐蚀,并且会在设备停车时引起腐蚀。设计时要尽量避免死角和排液不尽的死区等。

(2)避免间隙的产生。

许多设备都容易存有缝隙,液体流通不畅的地方易形成缝隙腐蚀,如碳钢、铝、不锈钢、低合金钢等设备都有这种现象。缝隙腐蚀产生后又往往引发孔蚀和应力腐蚀,造成更大的破坏,而良好的结构设计是防止缝隙腐蚀最好的方法。经常存在问题的部位是密封面和连接部位。由于焊接能避免连接部位的缝隙,因此,比螺栓连接要好。

(二)增强工作人员的防腐意识

建立机械企业工程人员、管理人员在注重企业生产同时,企业应高度重视企业防腐蚀工作的有效机制,使他们在安排生产、指导生产的同时要对企业所属设备防腐蚀工作同时安排、同时检查。只有从思想上、组织上落实,防腐蚀才能真正从源头抓起,做到预防为主,防治结合。

(三)合理使用防腐涂料

防腐涂料法是目前机械设备在使用过程中有效预防腐蚀的另一重要方法,其作用主要体现在以下几个方面:

(1)防腐蚀涂料具有较强的屏蔽作用,将腐蚀介质和材料之间的接触进行有效阻止,而且将腐蚀电池的通路也进行有效阻隔,对于电阻就有一定程度的增大。

(2)防腐蚀涂料具有一定的缓腐蚀作用,如一些颜料和其他与之成膜或者水分的反应等,对于化工机械金属材料的腐蚀有缓解的作用。

(3)防腐蚀涂料具有相应的阴极保护作用。漆膜的电极电位较底材料金属低,在腐蚀的电池当中可以将它作为阳极进行“牺牲”,这样对于底材料金属就有一种保护作用。

项目七　设备维护

一、常规维护管理

通过擦拭、清扫、润滑、调整等一般方法对设备进行护理,以维持和保护设备的性能和技术状况,称为设备维护保养。设备的维护保养内容一般包括日常维护、定期维护、定期检查和精度检查,设备润滑和冷却系统维护也是设备维护保养的一个重要内容。

设备维护保养主要有:清洁、整齐、润滑良好、安全四项。

设备管理的主要内容:

(1)设备的检修与运行管理;

(2)设备评级管理;

(3)设备缺陷管理;

(4)设备技术管理;

(5)设备的技术改造。

巡检的五字检查法是看、听、摸、查、闻。

设备管理“四懂三会”的内容:

CBE003　设备管理“四懂三会”的内容

(1)四懂:懂性能、懂原理、懂结构、懂用途。

(2)三会:会操作、会保养、会排除故障。

二、机泵维护

(一)离心泵的日常维护

(1)泵应在规定的转速下运行;

(2)在小流量下运行时,打开再循环阀门,保证泵入口的最小流量,并限制最大流量,从而保证泵在安全工况区运行;

(3)运行中避免用泵入口门调节流量;

(4)按首级叶轮汽蚀寿命定期更换新叶轮。

ZBE017　离心泵操作的注意事项

(二)离心泵维护要点

(1)离心泵维护应随时注意泵的声音和振动,如果发现机组声音不正常或有较大的振动,应立即停车,检查原因,及时排除,以防止事故的发生。

(2)离心泵维护应随时注意各种仪表指针的位置,如有突然变动,应检查其原因。通常表的读数突然上升时,很可能吸入液面过低或进水管被杂物堵塞。压力表读数的突然下降,很可能是泵抽空、汽蚀造成,找到原因后设法消除。

(3)离心泵维护应经常检查轴承的温度和润滑情况。用油环润滑的轴承,须注意油环是否转动灵活,轴承机油应及时添加,以保持适当的油量,油量过多或过少都会引起发热。油质要清洁。

（4）离心泵维护应注意密封是否有泄漏。

（5）离心泵维护应经常检查进口管路有无堵塞、漏气现象。

（6）离心泵维护应注意电动机电流、温度、轴承运行情况、振动情况、是否有杂音等。

CBF001 电动机正常运转时的检查要点

（三）电动机正常运转时的检查要点

（1）电流、电压。正常运行时，电流不应超过允许值。

（2）温度。除电动机本身故障外，由于负载过大、通风不良、环境温度过高等也会引起电动机各部分温度过高。温度允许值参照操作规程或厂家规定。

（3）声响、振动、异味。电动机正常运转时，声音应均匀，无杂音。振动在规程允许值范围内。电动机附近有焦臭味道或冒烟，应立即查明原因，采取措施。

（4）轴承工作情况。主要是轴承润滑情况，温度是否过高，是否有杂音。

三、常用设备检查要求

（一）紧固件

（1）螺纹连接件和锁紧件齐全，牢固可靠。螺栓头部和螺母无棱角严重变形，螺纹无乱扣或秃扣。

（2）螺母拧紧后，螺栓螺纹应露出螺母1~3个螺距。不得在螺母下面加多余的垫圈来减少螺栓的伸出长度。

（3）同一部位的紧固件规格应一致。主要连接部件或受冲击载荷容易松动部位的螺母应使用防松螺母（背帽）或其他防松装置。使用花螺母时，开口销应符合要求；螺母止动垫圈的包角应稳固；铁丝锁紧螺母时，其拉紧方向应和螺旋方向一致，接头应向内弯曲。

（4）螺栓不得弯曲。螺栓螺纹在连接件光孔内部分不少于两个螺距。沉头螺栓拧紧后，沉头部不得高出连接件的表面。

（5）键不得松动，键和键槽之间不得加垫。

（二）轴和轴承

（1）轴无裂纹、损伤或锈蚀，运行时无异常振动。

（2）轴承磨损允许最大间隙不超过表1-6-3的规定。

表1-6-3 轴承磨损允许最大间隙 mm

轴径或轴承内径	滑动轴承（顶间隙）	滚动轴承	圆锥滚动轴承	
			调整值	允许值
≥30，<50	0.25			
≥50，<80	0.30	0.20		
≥80，<120	0.35	0.25	0.05~0.12	0.20
≥120，<180	0.40	0.30	0.06~0.14	0.25
≥180，<250	0.50	0.35	0.07~0.17	0.30

（3）轴承润滑良好，不漏油，转动灵活，无异响。滑动轴承温度不超过65℃，滚动轴承温度不超过75℃。

（三）齿轮

（1）齿轮无断齿，齿面无裂纹或剥落。

(2)点蚀坑面积不超过下列规定:点蚀区高度接近齿高的100%;点蚀区高度占齿高的30%,长度占齿长的40%;点蚀区高度占齿高70%,长度占齿长的10%;齿面出现的胶合区不超过齿高1/3、齿长1/2。

(3)齿厚磨损不超过下列规定:硬齿面齿轮,齿面磨损达硬化层的80%;软齿面齿轮,齿厚磨损为原齿厚的15%;开式齿轮,齿厚磨损为原齿厚的25%。

(4)齿轮副啮合的接触斑点面积应符合下列规定:圆柱齿轮,沿齿长不小于50%,沿齿高不小于40%;圆锥齿轮,沿齿长、齿高均不小于50%;弧齿锥齿轮,沿齿长、齿高均不小于30%~50%;蜗轮,沿齿长不小于35%,沿齿高不小于50%;圆柱齿轮副、蜗轮副接触斑点的分布应在齿面中部,圆锥齿轮副应在齿面的中部并偏向小端。

(5)齿轮的磨损、点蚀,胶合及接触斑点面积可以检修记录为依据进行检查,记录的有效期不超过规定的检修间隔期。

(四)减速器

(1)箱体无裂纹或变形,接合面配合紧密,不漏油。

(2)运转平稳,无异响。

(3)油脂清洁,油量合适,润滑油面约为大齿轮直径的1/3,轴承润滑脂占油腔的1/2~1/3。

(五)联轴器

(1)联轴器的端面间隙和同轴度应符合表1-6-4的规定。

表1-6-4 联轴器端面间隙和同轴度

形式		端面间隙,mm	同轴度	
			径向位移,mm	倾斜,‰
齿轮式	≤250mm	4~7	≤0.20	≤1.2
	250~500mm	7~12	≤0.25	
	500~900mm	12~18	≤0.30	
弹性		设备最大窜量加2~4	≤0.5	≤1.2
链式			≤0.5	
木销			≤1.0	
胶带		20~60	≤3.0	≤1.5

(2)齿轮联轴器齿厚磨损不超过原齿厚的25%,键和螺栓不松动。

(3)弹性联轴器的弹性圈外径磨损后,与孔径差不大于3mm,柱销螺母应有防松装置。

(4)链式联轴器轮无裂纹或严重咬伤,链轮齿厚磨损不超过3~5mm。

(5)木销联轴器木销齐全,有防脱落装置。

(六)电气设备

(1)电动机、开关箱、电控设备、接地装置、电缆、电器及配线,符合相应设备的规定。

(2)照明灯符合安全要求。

(七)安全防护装置

(1)一切容易碰到的裸露电气设备和设备外漏的转动部分,以及可能危及人身安全的部位或场所，都应设置防护罩或防护栏。

(2)机房应备有必要的消防器材。

(八)涂饰

(1)机壳及外露金属表面(有镀层者除外)均应进行防腐处理。涂漆要与原出厂颜色一致。

(2)设备的防护栏、油标、注油孔、油塞等，其外表应涂红色油漆，以引起注意。

(九)设备环境

(1)工具、备件、材料整齐存放在专用箱(柜、架)内。

(2)设备及其作业现场整洁，设备附近无积水，无油污，无杂物。

(3)设备有铭牌、编号牌，并固定牢靠，保持清晰。

四、"四不漏"的规定

(1)不漏油：固定设备的静止接合部位无油迹，转动及滑动部位允许有油迹，擦干后3min不见油，半小时不成滴；移动设备的固定接合部位允许有油迹，擦干后30s不见油；转动部位15min不成滴。非密闭转动部位不甩油。

(2)不漏风：距压风管路、风包和风动工具100mm处，用手试验无明显感觉。

(3)不漏水：静止的固定接合面不见水，转动部件允许滴水，但不成线。

(4)不漏电：绝缘电阻符合下列要求，漏电继电器正常投入运行：1140V不低于60kΩ，660V不低于30kΩ，380V不低于15kΩ，127V不低于10kΩ。

模块七 制图与识图

项目一 机械制图基础知识

一、图纸的幅面与格式

(一)图纸幅面尺寸

图纸幅面是指图纸宽度与长度组成的图面。绘制图样时,应采用规定的图纸基本幅面尺寸。幅面代号分别为A0、A1、A2、A3、A4五种,基本幅面尺寸和关系见表1-7-1、图1-7-1。

表1-7-1 图纸幅面尺寸

幅面代号		A0	A1	A2	A3	A4
幅面尺寸($B \cdot L$),mm		841×1189	594×841	420×594	297×420	210×297
周边尺寸	e	20		10		
	c	10		5		
	a	25				

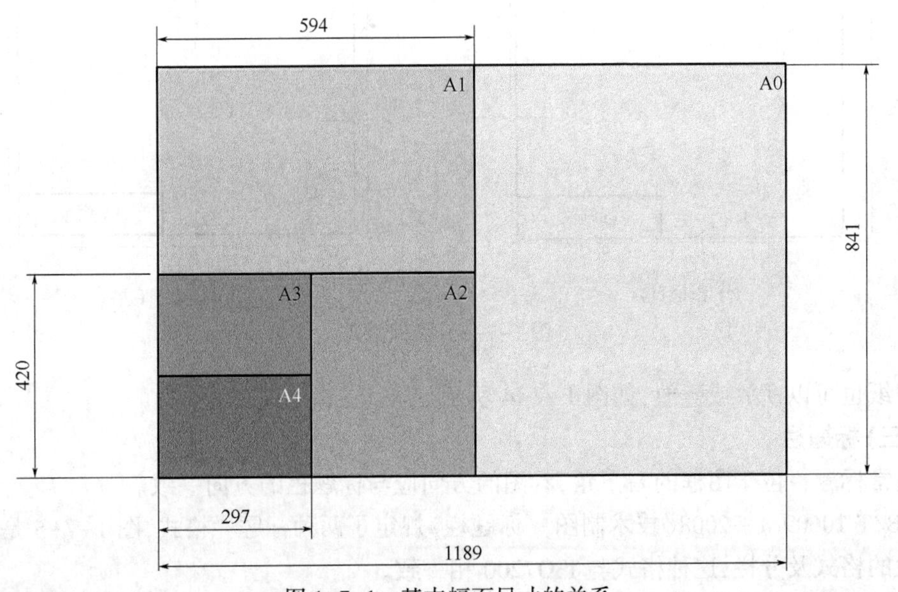

图1-7-1 基本幅面尺寸的关系

图纸也可以按规定加长图纸的幅面,加长幅面的尺寸由基本幅面的短边成整数倍增加后得出。如果将 A3 幅面加长 2 倍，将 A4 幅面加长 2 倍，其图纸的大小如图 1-7-2 所示。

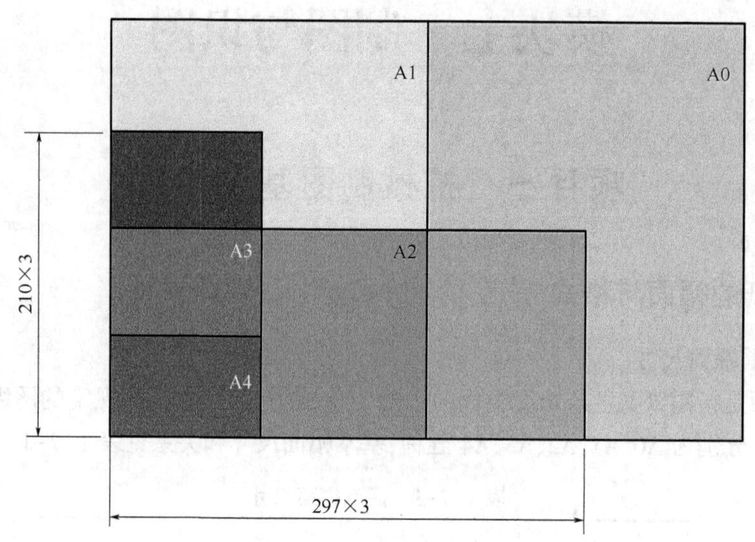

图 1-7-2 加长图纸的幅面

（二）图框线

图框格式分为留装订边的图框格式和不留装订边的图框格式两种形式，如图 1-7-3 所示。

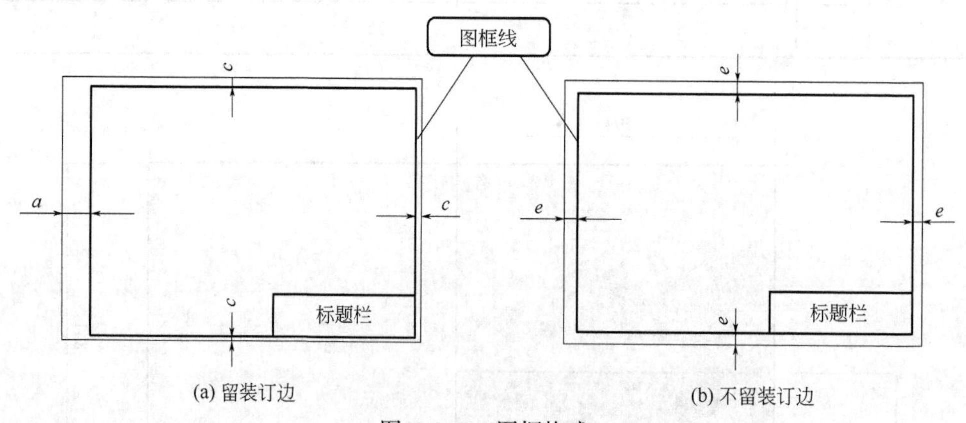

图 1-7-3 图框格式

图纸也可以横放或竖放，如图 1-7-4 所示。

（三）标题栏

通常标题栏位于图框的右下角，看图的方向应与标题栏的方向一致。

GB/T 10609. 1—2008《技术制图　标题栏》规定了两种标题栏格式，图 1-7-5 是第一种标题栏的格式及分栏，这种格式与 ISO7200 相一致。

图 1-7-6 为简易的标题栏格式。

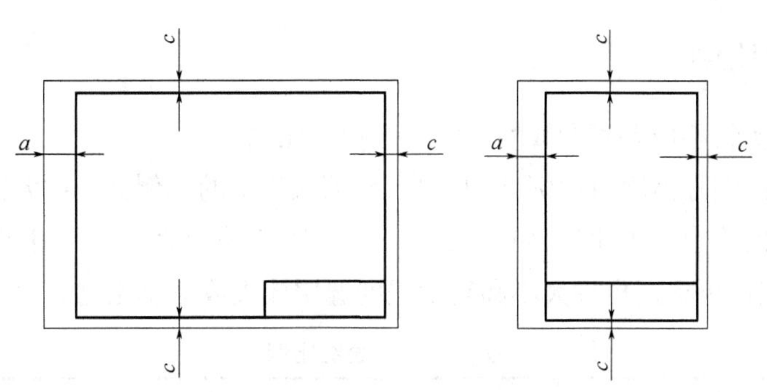

图 1-7-4　图纸的横放或竖放

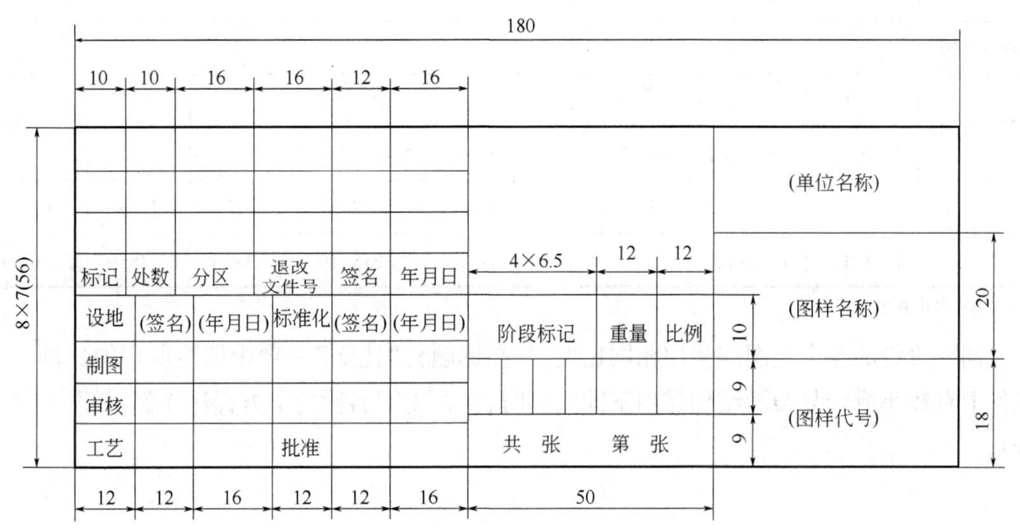

图 1-7-5　标题栏格式、分栏及尺寸

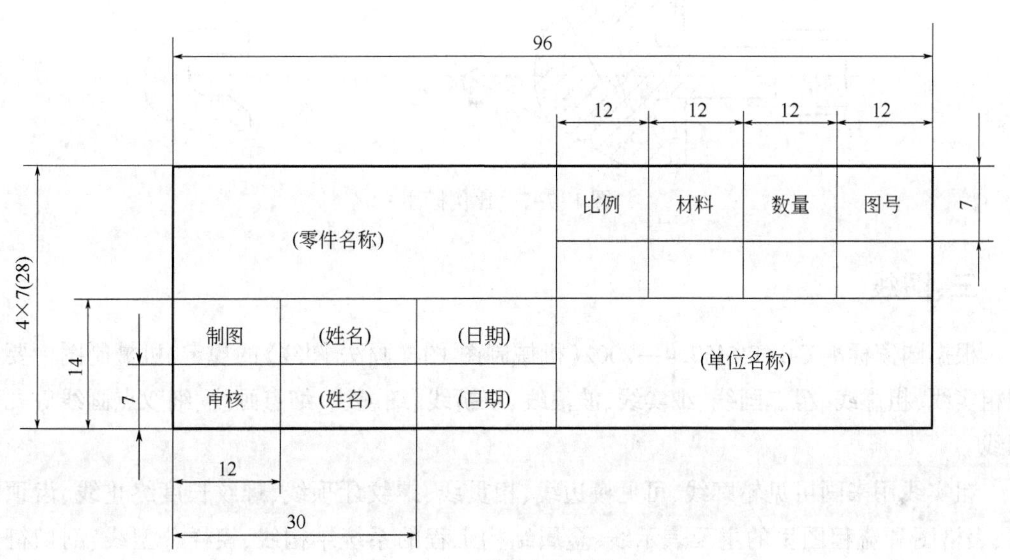

图 1-7-6　简易标题栏格式

二、图纸的比例

图中图形与实物相应要素的线性尺寸之比称为比例。

比值为 1 的比例称为原值比例，即 1 : 1。比值大于 1 的比例称为放大比例，如 2 : 1 等。比值小于 1 的比例称为缩小比例，如 1 : 2 等。绘图时应采用表 1-7-2 中规定的比例，最好选用原值比例，但也可根据机件大小和复杂程度选用放大或缩小比例。

表 1-7-2　绘图比例

种类	比例							
	优先选取			允许选取				
原值比例	1 : 1							
放大比例	5 : 1	2 : 1		4 : 1	25 : 1			
	5×10^n : 1	2×10^n : 1	1×10^n : 1	4×10^n : 1	2.5×10^n : 1			
缩小比例	1 : 2	1 : 5	1 : 10	1 : 1.5	1 : 2.5	1 : 3	1 : 4	1 : 6
	1 : 2×10^n	1 : 5×10^n	1 : 1×10^n	1 : 1.5×10^n	1 : 2.5×10^n	1 : 3×10^n	1 : 4×10^n	1 : 6×10^n

注：n 为正整数。

同一机件的各个视图应采用相同比例，并在标题栏“比例”一项中填写所用的比例。当机件上有较小或较复杂的结构需用不同比例时，可在视图名称的下方标注比例，如图 1-7-7 所示。

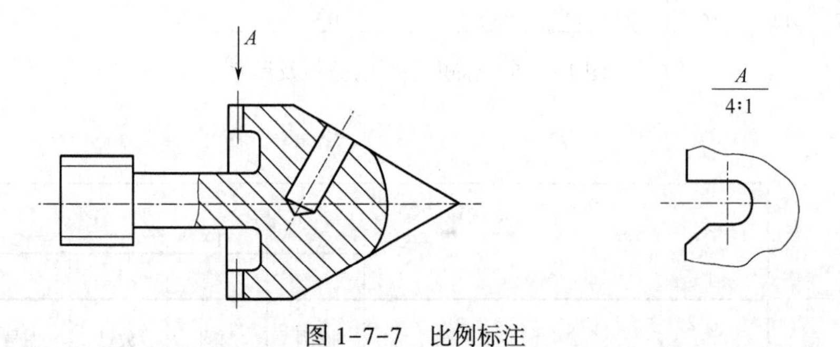

图 1-7-7　比例标注

三、图线

根据国家标准 GB/T 4457.4—2002《机械制图 图样画法 图线》的规定，机械制图中要用到粗实线、粗虚线、粗点画线、细实线、波浪线、双折线、细虚线、细点画线、细双点画线等九种图线。

粗实线用来画可见轮廓线、可见棱边线、相贯线、螺纹牙顶线、螺纹长度终止线、齿顶圆线、表格图和流程图里的主要表示线、金属结构工程的系统结构线、模样分型线、剖切符号用线。

粗虚线用来画允许表面处理的表示线。

粗点画线用来画限定范围表示线。

细实线用来画过渡线、尺寸线、尺寸界线、指引线和基准线、剖面线、重合断面的轮廓线、短中心线、螺纹牙底线、尺寸线的起止线、表示平面的对角线、零件成型前的弯折线、范围线、锥形结构的基面位置线、辅助线、不连续同一表面连线、成规律分布的相同要素连线、投影线、网格线。

波浪线和双折线用来画断裂处边界线、视图与剖视图的分界线。

细虚线用来画不可见轮廓线、不可见棱边线。

细点画线用来画轴线、对称中心线、分度圆线、孔系分布的中心线、剖切线。

细双点画线用来画相邻辅助零件的轮廓线、可动零件的极限位置的轮廓线、重心线、成型前轮廓线、轨迹线、毛坯图里的制成品轮廓线、中断线。

四、尺寸标注

标注尺寸的基本规则如下：

(1)机件的真实大小应以图样上所注的尺寸数值为依据，与图形的大小及绘图的准确度无关。

(2)图样中(包括技术要求和其他说明)的尺寸，以 mm 为单位时，不需标注单位符号(或名称)，如采用其他单位，如 m、in 和 rad、min、s 等，则应注明相应的单位符号(或名称)，而这些名称或符号应符合国际单位制的规定。

(3)图样中所标注的尺寸，是该图样所示机件的最后完工尺寸，否则应另加说明。这里所谓最后完工尺寸，是指这一张图样所表达的机件的最后要求，如毛坯图中的尺寸为毛坯的最后完工尺寸；半成品图中的尺寸是半成品的最后完工尺寸；零件图中的尺寸是该零件交付装配时的尺寸等。至于为了达到该尺寸的要求，中间所经过的各个工序的尺寸，则与之无关。否则必须另加说明。

(4)机件的每一尺寸，一般只标注一次。这不仅节省绘图时间，减少图中不必要的线条，更主要的是避免产生两者不一致的错误。

(5)尺寸的配置必须合理：

① 应标注在反映该结构最清晰的图形上。例如孔组分布的定位尺寸、圆弧的半径尺寸、弧长及角度等，都应该标注在反映它们实形的视图上。圆的直径尺寸除外。

② 同一要素的尺寸应尽量集中在同一处，如孔的直径和深度、槽的宽度和深度等。

③ 加工工序不同的尺寸应尽量分别排列；为减少看图时的麻烦，较快地找到加工该工序时所需的尺寸，除应将有关尺寸尽量集中在一起外，不要混杂在一起。

(6)尺寸标注应符合设计和工艺的要求：对于功能尺寸应直接注出，不能依靠其他尺寸的换算关系来保证机件的功能要求。对于非功能尺寸一般按工艺的要求标注，以便加工和检验。

项目二　管道、设备图的识读

J(GJ)BI002 炼化设备图的标准化零部件

一、炼化设备图的标准化零部件

化工设备的零部件的种类和规格较多，工艺要求不同、结构形状也各有差异，可以分为两类：一类是通用零部件；另一类是各种典型化工设备的常用零部件。为了便于设计、制造和检修，把这些零部件的结构形状统一成若干种规格，相互通用，称为通用零部件。

J(GJ)AA002 化工设备图基础知识

二、炼化设备图的表示方法

GAB001 化工设备图表示方法

炼化设备图一般用以下几个部分表示：

(1)一组视图，用以表达设备的工作原理、各部件间的装配关系和相对位置，以及主要零件的基本形状。

(2)必要的尺寸，是制造、装配、安装和检验设备的重要依据。

(3)管口表，说明设备上所有管口的用途、规格、连接面形式等内容的表格。

(4)技术特性表，表明设备的主要技术特性的表格，一般安排在管口表的上方。

(5)技术要求，包括技术条件、焊接要求、设备的检验以及其他要求。

(6)零部件序号、明细栏和标题栏。

GBI004 炼化设备图的尺寸标注

三、炼化设备图的尺寸标注

图样除了画出设备各部分的形状外，还必须准确地、详尽地和清晰地标注尺寸，以确定其大小，作为制造时的依据。

图样上的尺寸由尺寸界线、尺寸线、尺寸起止符号和尺寸数字组成。尺寸界线应用细实线绘画，一般应与被注长度垂直，其一端应离开图样的轮廓线不小于2mm，另一端宜超出尺寸线2~3mm。必要时可利用轮廓线作为尺寸界线。尺寸线也应用细实线绘画，并应与被注长度平行，但不宜超出尺寸界线之外(特殊情况下可以超出尺寸界线之外)。图样上任何图线都不得用作尺寸线。尺寸起止符一般应用中粗短斜线绘画，其倾斜方向应与尺寸界线成顺时针45°角，长度宜为2~3mm。在轴测图中标注尺寸时，其起止符号宜用小圆点。还应注意：

(1)机件的真实大小应以图样上所注的尺寸数值为依据，与图形的大小及绘图的准确度无关。

(2)图样中(包括技术要求和其他说明)的尺寸，以mm为单位时，不需标注计量单位的代号或名称，如采用其他单位，则必须注明相应的计量单位的代号或名称。

(3)图样中所标注的尺寸，为该图样所示机件的最后完工尺寸，否则应另加说明。

(4)机件的每一尺寸，一般只标注一次，并应标注在反映该结构最清晰的图形上。

J(GJ)AA001 设备布置图基础知识

四、设备布置图的内容和画法

设备布置图包括各层的设备布置平面图和设备布置剖面图。平面图表示各设备平面布置情况;剖面图表示室内设备在立面上的位置关系,其剖切位置可以从平面图上找到,下面介绍设备布置图的内容与画法。

(1)设备布置平面图的内容为:厂房平面图;设备的平面布置和位号、名称;厂房定位轴线尺寸;各设备的定位尺寸、设备基础的平面尺寸和定位尺寸等。

(2)设备布置剖面图的内容为:厂房剖面图;设备的立面布置尺寸和位号、名称、设备基础的标高尺寸;厂房定位轴线尺寸和标高尺寸。

(3)设备布置图的画法:为了突出设备的图形,图中的厂房部分用细实线绘制。图中的设备按各自外形轮廓用粗实线画出带管口方位的平面图和立面图。设备的位号、名称应与工艺流程图一致。

设备在平面图中的定位尺寸,一般以建筑定位轴线为基准,标出设备的中心距离,或用设备中心线为基准标注尺寸。设备的高度方向尺寸一般以标注设备的基准面或设备中心线的标高来定。

五、管道布置图的内容和阅读

GBI002 管道的表示方法

管道的常用表示方法是管径代号、外径和壁厚。

管道布置图又称管道安装图或配管图,主要表达车间或装置内管道和管件、阀、仪表控制点的空间位置、尺寸和规格,以及与有关机器、设备的连接关系。

GBI001 管道布置图的内容

内容主要包括:

(1)一组视图;

(2)尺寸与标注;

(3)分区索引图;

(4)方位标;

(5)标题栏。

GBI003 管道布置图的阅读

管道布置图是在设备布置图上增加了管道布置情况的图样。管道布置图解决的主要问题是用管道如何把设备连接起来,阅读管道布置图应抓住这个主要问题弄清楚管道布置情况。

(1)明确视图数量及关系;

(2)看懂管道的走向;

(3)分析管道位置。

六、管道轴测图的阅读

J(GJ)BI001 管道轴测图的阅读

管道轴测图也称为管段图、空视图,是用来表达一个设备至另一设备或某区间一段管道的空间走向,以及管道上所附管件、阀门、仪表控制点等具体安装布置情况的立体图样。这种管道轴测图是按轴测投影原理绘制的,图样立体感强,便于识读,有利于管段的预制和安装施工。但这种图样由于要求表达的内容十分详细,所能表达的范围较小,仅限于一段管道,它反映的只是个别局部。若要了解整套装置(或整个车间)设备与管道安装布置的全貌,还需要有反映整套装置(或整个车间)设备与管道安装布置的全貌的管道平面布置图、立面剖视图或设计模型与之配合。

轴测图阅读时需了解：

(1)轴测投影面,得到轴测投影的平面,称为轴测投影面,一般用字母 P 表示。

(2)轴测轴,直角坐标体系的坐标轴在轴测投影面 P 上的投影 OX、OY、OZ 称为轴测轴,简称 X 轴、Y 轴、Z 轴。

(3)轴间角,每两个轴测轴间的夹角,称为轴间角：$\angle XOY$、$\angle XOZ$、$\angle YOZ$。

(4)轴向伸缩系数,轴测轴上的单位长度与相应空间直角坐标轴上的单位长度之比,称为轴向伸缩系数。X、Y、Z 方向的轴向伸缩系数分别用 p、q、r 表示。

模块八 计量基础知识

项目一 计量单位

一、法定计量单位与国际单位制的构成

(一)我国的法定计量单位

按照国务院《关于在我国统一实行法定计量单位的命令》的规定,我国法定计量单位的构成如图 1-8-1 所示。

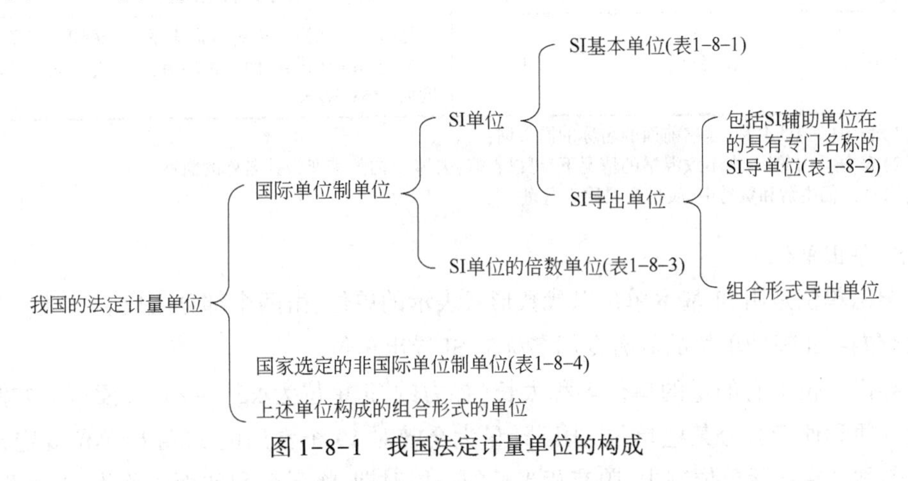

图 1-8-1 我国法定计量单位的构成

组合形式单位是指两个或两个以上单位,用乘除形式组合而成的新单位,也包括分母只有一个单位,分子为 1 的单位。如速度单位米每秒(m/s)、密度单位千克每立方米(kg/m^3)、线膨胀系数单位每摄氏度($℃^{-1}$)、电能单位千瓦小时(kW·h)。

(二)国际单位制

国际单位制是 1960 年在第十一届国际计量大会(CGPM)上通过,并在以后的实践中逐步发展和日趋完善的,它是目前世界上最先进、科学和实用的单位制。

国际单位制的构成如图 1-8-1 所示。

从图 1-8-1 的构成可以看出,国际单位制简称“SI”,但不能将国际单位制单位简称 SI 单位,因为“SI 单位”仅指 SI 基本单位和 SI 导出单位两部分,而国际单位制单位不仅包括这两部分单位,还包括 SI 单位的倍数单位。

SI 单位又称主单位,任何一个量只有一个 SI 单位,其他单位都是 SI 单位的倍数单位。如长度的 SI 单位是米,其他单位如毫米、分米、千米等,都是米的倍数单位。

1. SI 基本单位

国际单位制的 SI 基本单位共有 7 个,它们的名称、单位符号和定义见表 1-8-1。

表 1-8-1 国际单位制的基本单位

量的名称	单位名称	单位符号	定义
长度	米	m	米是光在真空中在 1/299792458s 时间间隔内所经路径的长度
质量	千克(公斤)	kg	千克等于国际千克原器的质量
时间	秒	s	秒是铯-133 原子基态的两个超精细能级之间跃迁所对应的辐射的 9192631770 个周期的持续时间
电流	安[培]	A	安培是在真空中，截面积可忽略的两根相距 1m 的无限长平行圆直导线内通以等量恒定电流时，若导线间相互作用力在每米长度上为 2×10^{-7}N，则每根导线中的电流为 1A
热力学温度	开[尔文]	K	开尔文是水的三相点热力学温度的 1/273.16
物质的量	摩[尔]	mol	摩尔是一系统的物质的量，该系统中所包含的基本单元数与 0.012kg 碳-12 的原子数目相等。在使用摩尔时，基本单元应予指明，可以是原子、分子、离子、电子及其他粒子，或是这些粒子的特定组合
发光强度	坎[德拉]	Cd	坎德拉是一光源在给定方向上的发光强度，该光源发出频率为 540×10^{12}Hz 的单色辐射，且在此方向上的辐射强度为 1/683W/sr

注：(1)表中( )内的名称，是它前面的名称的同义词；
(2)表中[ ]内的字，在不致混淆的情况下，可以省略，去掉[ ]内的字即为其名称的简称；
(3)在人们生活和贸易中，质量习惯称为重量。

2. SI 导出单位

SI 导出单位是用 SI 基本单位以代数形式表示的单位，由两个部分组成。

(1)包括 SI 辅助单位的具有专门名称的 SI 导出单位。

SI 导出单位中有的量的单位名称太长(如力的 SI 单位为 $kg\cdot m/s^2$)，读写不方便。为了使用方便和便于区分某些单位，国际计量大会曾对 19 个常用的 SI 导出单位规定并给出了专门名称。在国际单位制中，曾有相当长的一段时期，将弧度和球面度称为 SI 辅助单位，后国际计量委员会重新规定它们是具有专门名称的 SI 导出单位中的一部分，因此具有专门名称的 SI 导出单位现共有 21 个，见表 1-8-2。

表 1-8-2 包括 SI 辅助单位在内的具有专门名称的 SI 导出单位

量的名称	SI 导出单位		说明
	单位名称	单位符号	用 SI 基本单位和 SI 导出单位表示
频率	赫[兹]	Hz	$1Hz=1s^{-1}$
力；重力	牛[顿]	N	$1N=1kg\cdot m/s^2$
压力；压强；应力	帕[斯卡]	Pa	$1Pa=1N/m^2$
能量；功；热	焦[耳]	J	$1J=1N\cdot m$
功率；辐射通量	瓦[特]	W	1W=1J/s
电荷量	库[仑]	C	$1C=1A\cdot s$
电压；电位；电动势	伏[特]	V	1V=1W/A
电容	法[拉]	F	1F=1C/V

续表

量的名称	SI 导出单位		说明
	单位名称	单位符号	用 SI 基本单位和 SI 导出单位表示
电阻	欧[姆]	Ω	1Ω = 1V/A
电导	西[门子]	S	1S = 1A/V
磁通量	韦[伯]	Wb	1Wb = 1V · s
磁通量密度;磁感应强度	特[斯拉]	T	$1T = 1Wb/m^2$
电感	亨[利]	H	1H = 1Wb/A
摄氏温度	摄氏度	℃	1℃ = 1K
光通量	流[明]	lm	1lm = 1cd · sr
光照度	勒[克斯]	lx	$1lx = 1lm/m^2$
[放射性]活度	贝可[勒尔]	Bq	$1Bq = 1s^{-1}$
吸收剂量	戈[瑞]	Gy	1Gy = 1J/kg
剂量当量	希[沃特]	Sv	1Sv = 1J/kg
平面角	弧度	rad	1rad = 1m/m = 1
立体角	球面度	sr	$1sr = 1m^2/m^2 = 1$

(2)组合形式的 SI 导出单位。

组合形式的 SI 导出单位由 SI 基本单位和具有专门名称的 SI 导出单位以代数形式组合而成。

(3)SI 单位的倍数单位。

SI 单位的倍数单位是由 SI 词头与 SI 单位构成的。在国际单位制中,用以表示倍数单位的词头称为 SI 词头,见表 1-8-3。

表 1-8-3　用以表示倍数单位的 SI 词头

因数	词头名称		符号
	英文	中文	
10^{24}	yotta	尧[它]	Y
10^{21}	zetta	泽[它]	Z
10^{18}	exa	艾[可萨]	E
10^{15}	peta	拍[它]	P
10^{12}	tera	太[拉]	T
10^{9}	giga	吉[咖]	G
10^{6}	mega	兆	M
10^{3}	kilo	千	k
10^{2}	hecto	百	h
10^{1}	deca	十	da
10^{-1}	deci	分	d
10^{-2}	centi	厘	c

续表

因数	词头名称		符号
	英文	中文	
10^{-3}	milli	毫	m
10^{-6}	micro	微	μ
10^{-9}	nano	纳[诺]	n
10^{-12}	pico	皮[可]	p
10^{-15}	femto	飞[母托]	f
10^{-18}	atto	阿[托]	a
10^{-21}	zepto	仄[普托]	z
10^{-24}	yocto	幺[科托]	y

注:(1)SI 词头不能单独使用,也不能重叠使用;
(2)词头符号与所紧接的单位符号应作为一个整体,它们共同组成一个新单位。

表 1-8-4 我国选定为法定单位的非 SI 单位

量的名称	单位名称	单位符号	换算关系和说明
时间	分 小时 天(日)	min h d	1min = 60s 1h = 60min = 3600s 1d = 24h = 86400s
平面角	(角)秒 (角)分 度	(″) (′) (°)	1″ = (π/648000) rad(π 为圆周率) 1′ = 60″ = (π/10800) rad 1° = 60′ = (π/180) rad
旋转速度	转每分	r/min	$1r/min = (1/60) s^{-1}$
长度	海里	nmile	1nmile = 1852m(只用于航程)
速度	节	kn	1kn = 1nmile/h = (1852/3600) m/s(只用于航程)
质量	吨 原子质量单位	t u	$1t = 10^3 kg$ $1u \approx 1.660540\times10^{-27} kg$
体积	升	L(l)	$1L = 1dm^3 = 10^{-3} m^3$
能	电子伏	eV	$1eV \approx 1.602177\times10^{-19} J$
级差	分贝	dB	
线密度	特克斯	tex	1tex = 1g/km(适用于纺织行业)
面积	公顷	hm^2	$1hm^2 = 10^4 m^2$

GAJ002 计量误差的概念

二、误差的概念、来源及其消除方法

在测量工作中,由于测量方法和测量设备等的不完善,以及人们认识能力所限和周围环境的影响,以至于测量结果与被测量真值之间不可避免地存在着差异,表现为测量结果始终含有误差。随着科学技术的发展和人们认识水平的提高,虽然可以将误差控制的越来越小,但终究不能完全消除。测量结果都有误差,误差自始至终存在于一切科学实验和测量的过程中,这就是误差公理。误差的存在是必然的和普遍的,所以在测量中要充分认识误差进而最大限度地减小和消除误差对测量结果的影响。

(一) 误差定义

误差是测量结果减去被测量的真值,有时也称为绝对误差,可用下式表示:

误差=测量结-真值

测量结果是指由测量所得到的赋予被测量的值。在给出测量值时,应说明它是未修正测量结果还是已修正测量结果。

真值是与给定量的定义完全一致的值,也就是在测量一个量时,该量本身所具有的真实大小。量的真值是一个理想的概念,一般是不可知的。只有在某些特定条件下,真值才是可知的,例如三角形三个内角之和为 180°;按定义规定的国际千克基准的值可认为真值是 1kg 等。所以这里的真值实际上用的是约定真值。

为满足使用需要,在实际测量中,常用被测量的实际值代替真值,而实际值的定义是满足规定准确度的用来代替真值使用的量值。例如在检定工作中,将高一等级准确度的标准所测得的量值称为实际值。如用二等标准温度计检定工作用温度计时,把二等标准温度计测量的值视为实际值,由此计算被检温度计的测量误差。

(二) 误差的来源

J(GJ)AG002 计量误差的主要来源

1. 装置误差

计量装置是指为确定被测量值所必需的计量器具和辅助设备的总称,包括标准器具仪器、仪表及其附件等。由于计量装置本身不完善和不稳定所引起的计量误差称为装置误差。

2. 环境误差

由于各种环境因素与测量所要求的标准状态不一致,及随时间和空间位置的变化引起的测量装置和被测量本身的变化而造成的误差,称为环境误差。这些因素包括温度、湿度、气压、震动、照明、重力加速度、电磁场和野外工作时的风效应、阳光照射、透明度、空气含尘量等。

3. 人员误差

人员误差主要表现为测量人员由于受分辨能力、反应速度、固有习惯和操作熟练程度的限制以及疲劳或一时疏忽的生理、心理上的原因所造成的误差,称为人员误差,简称“人差”,如视差、观察误差、估读误差等。

4. 方法误差

采用近似的或不合理的测量方法和计算方法而引起的误差称为方法误差。如计算中 3. 1416 以近似代替圆周率所造成的计算结果的误差。

我们必须注意到以上各种误差来源,有时是联合起作用的。在误差分析中,几个误差联合作用时,可作为一个独立误差因素考虑,这样就可能使它与其他各个因素独立或无关,以使误差合成时得到简化。

(三) 误差的分类

按照误差的特点与性质,误差可分为随机误差、系统误差、粗大误差三类。

1. 随机误差

随机误差是指测量结果与在重复性条件下对同一被测量进行无限多次测量所得结果的平均值之差。

随机误差=误差-系统误差

2. 系统误差

系统误差是指在同一条件下，对同一被测量进行无限多次测量所得结果的平均值与被测量的真值之差。例如由于计量表刻度不准确引起的误差就是系统误差。

3. 粗大误差

粗大误差是指超出在规定条件下预期的误差。此误差值较大，明显歪曲测量结果，如测量时对错标志、读错或记错数、使用有缺陷的仪器以及在测量时因操作不细心引起的过失性误差等。粗大误差又称疏忽误差或过失误差。

上述虽将误差分为三类，但必须注意各类误差之间在一定条件下可以相互转化。对某项具体误差，在此条件下为系统误差，而在另一条件下却可为随机误差，反之亦然。例如制造量油尺，存在着制造误差。对某一把量油尺的制造误差是确定数值，可认为是系统误差，但对加工的一批量油尺而言，制造误差是变化的，又成为随机误差。掌握误差的转化特点，可将系统误差转化为随机误差，然后用数据统计处理方法减小其影响；或将随机误差转化为系统误差，然后用修正方法减小其影响。

总之，系统误差和随机误差之间并不存在绝对的界限。随着对误差性质认识的深化和测试技术的发展，有些随机误差可能被分离出来作为系统误差处理，或将某些系统误差作为随机误差来处理。

J(GJ)AG001 消除误差的方法

（四）消除误差的方法

研究误差最终是为了达到减少或消除误差的目的，以提高测量准确度。

1. 系统误差的消除

1）恒定系统误差的消除

（1）检定修正法——将计量器具送检，求出其示值的修正值以在测量结果中加入修正值消除之。

（2）异号法（反向对称法）——改变测量中的某些条件，如测量方向等，使两种条件下测量结果的误差符号相反，取其平均值以消除误差。

（3）交换法——本质上也是异号，但形式上是将测量中的某些条件，如被测物的位置等相互交换，使产生系统误差的原因对测量结果起相反的作用，然后取交换前后测量结果的平均值，从而抵消系统误差。

（4）替代法——保持测量条件不变，用某一已知量替换被测量，再测量以达到消除系统误差的目的。

2）可变系统误差的消除

对呈线性变化的系统误差可采用“对称测量消除法”，即将测量程序按某时刻对称地再做一次，它可以有效地消除随时间变化的线性系统误差；而对周期性变化的系统误差，根据周期变化的特点可采用“半周期偶数测量法”消除之；至于其他有规律性变化的系统误差往往可以求出其变化函数关系，再进行修正，即采用某些特殊的消除法，如消除由引线电阻引起的系统误差的“四步平衡消除法”。

2. 随机误差的消除

根据随机误差的对称性和低偿性可知，当无限次的增加测量次数时，就会发现测量误差算术平均值的极限为零。因此只要测量次数无限多,其测量结果的算术平均值就不存在随机误差。在实际工作中,虽不可能无限次增加测量次数,但应尽可能地多测几次,并取得多次测量结果的算术平均值作为最终测得值,以达到减少或消除随机误差的目的。

3. 粗大误差的消除

如果在一系列测得值中混有“异常值”的话,那么必定会歪曲测量的结果,使测得值失去其可靠性和使用价值。因此在作数据处理之前应将“异常值”剔除,这样剩下的测得值就会使测量结果更符合客观情况。然而问题在于如何判别“异常值”,即如何判定测量列中是否含有“异常值”。若人为地丢掉一些误差大一点的,但不属于“异常值”的测得值以求得到精密度更好的结果,如此产生的所谓“高精度”测量结果是虚假的,它恰恰使原有的准确度降低了,所以处理“异常值”一定要持慎重的态度。当然剔除的关键在于正确的判别。有一种用于判别“异常值”的常用方法——“莱依达准则”,这是一种统计学的方法,用莱依达准则判别测量列中是否有“异常值”的过程可能是多次的,也比较复杂,在这里不详细介绍。

项目二　计量检测设备

一、计量检测设备的类型

《中华人民共和国计量法》第九条规定了强检和非强检的计量器具的划分,即县级以上人民政府计量行政部门对社会公用计量标准器具,部门和企事业单位使用的最高计量标准器具以及用于贸易结算、安全防护、医药卫生、环境监测等方面,且列入强检目录的工作计量器具属强制检定,除此以外的其他计量标准器具和工作计量器具则属非强制检定的。当然区分强检还是非强检应按实际工作情况和使用状态结合条款来决定,如立式、卧式罐列入国家强检目录,但企业不用于贸易结算的立式、卧式罐应划为非强检计量器具进行管理。

在石油贸易交接计量中已列入强检目录的计量器具有:

(1)尺:套管尺、钢卷尺、带锤钢卷尺。

(2)玻璃液体温度计。

(3)秤:台秤、地秤等。

(4)轨道衡。

(5)计量罐、计量罐车:包括立式计量罐、卧式计量罐、球形计量罐、汽车计量罐车、铁路计量罐车、船舶计量舱。

(6)燃油加油机。

(7)密度计。

(8)流量计:液体流量计、气体流量计等。

部分石油计量器具国家检定规程规定的检定周期见各器具国家标准。

二、计量检测设备等级划分

计量基准、标准为实现单位统一、量值准确可靠，按照国家规定的准确度等级，逐级建立计量标准，作为检定的依据。

（一）计量基准、标准定义

为了定义、实现、保存或复现量的单位、一个或多个量值，用作参考的实物量具、测量仪器、参考物质或测量系统称为计量基准或计量标准。

（1）一组相似的实物量具或测量仪器，通过它们的组合使用所构成的标准称为集合标准。

（2）一组其值经过选择的标准，它们可单个使用或组合使用，从而提供一系列同种量的值，称为标准组。

（二）国家计量基准

国家基准是经国家决定承认的测量标准，在一个国家内作为对有关量的其他测量标准定值的依据。

“国家决定承认”确定了国家基准的法制地位。我国计量法第五条规定：“国务院计量行政部门负责建立各种计量基准器具，作为统一全国量值的最高依据。”计量基准管理办法第二条规定：“计量基准是指用以复现和保存计量单位量值，经国务院计量行政部门批准，作为统一全国量值最高依据的计量器具。”现在，国家基准必须由国家质量技术监督局来组织建立和批准承认。

（三）基准原级标准

基准原级标准是具有最高的计量学特性，其值不必参考相同量的其他标准，被指定的或普遍承认的测量标准。

基准，它具有最高的计量学特性，当被国家决定承认后，就称之为国家基准。所以，一般来讲，原级标准就是国家基准，但还有那些没被国家承认的，却被一些部门指定的或公众普遍承认的基准。基准的概念同等地适用于基本量和导出量。现在，在我国7个基本量除物质的量的单位摩尔（mol）外，均建立了原级标准，而且也均批准为国家基准。

（四）次级标准

通过与相同量的基准比对而定值的测量标准称为次级标准。有时副基准、工作基准又称次级标准。为区别原级标准，且它的量值是通过与相同量的基准比对确定的，在计量学特性上要稍低于原级标准，但又高于日常用的工作标准。在我国将副基准、工作基准与次级标准相对应。

建立副基准的主要目的是保护国家基准，因为多次直接使用国家基准可能会损坏其原有的计量学特性。此外，当有必要时，副基准可以代替国家基准。如果实际上没有以上这些需要可以不必建立副基准。

建立工作基准的目的，是有利于国家基准和副基准保持其原有的计量特性。它可以频繁地用于检定、校准计量标准或高准确度的工作计量器具。为了减少量值传递环节，次级标准即副基准与工作基准的建立并不是必需的，要从实际出发。

(五)参考标准

参考标准是在给定地区或在给定组织内,通常具有最高计量学特性的测量标准,在该处所做的测量均从它导出。

该定义给出参考标准存在的范围及其性质和作用。它与社会公用计量标准、部门和企业事业单位的最高计量标准相当。

社会公用计量标准是指经过政府计量行政部门考核、批准,作为统一本地区量值的依据,在社会上实施计量监督具有公证作用的计量标准。建立社会公用计量标准,是由当地人民政府计量行政部门根据本地区的需要决定,不需经上级人民政府计量行政部门审批。但建立之后,必须经考核合格才能使用。

国务院有关主管部门和省、自治区、直辖市人民政府有关主管部门根据本部门的特殊需要,可以建立本部门使用的计量标准器具,其各项最高计量标准器具需经同级人民政府计量行政部门主持考核合格后使用,作为统一本部门量值的具有最高计量学特性的测量标准。

企业、事业单位根据需要,可以建立本单位使用的计量标准器具,其各项最高计量标准器经有关人民政府计量行政部门主持考核合格后使用,作为统一本单位量值的具有最高计量学特性的测量标准。

社会公用计量标准,部门和企业、事业单位的最高计量标准,是属于强制检定的计量标准。

以上各条阐明了在我国参考标准的法律地位及其作用。

(六)工作标准

用于日常校准或核查实物量具、测量仪器或参考物质的测量标准称为工作标准。日常的校准、检定工作基本上用工作标准。因此,它的数量很大,它通常用参考标准校准。根据需要,工作标准还可以按其不同的准确度进行分等分级。

此外,用于确保日常测量工作正确进行的核查标准也为工作标准。该标准通过周期性的重复测量,以确定测量过程是否处于统计控制状态。

工作标准是实现量值溯源的重要环节。它常与一些辅助的测量仪器和辅助的技术设备共同组成检定或校准用的"检定设备"或"校准设备"。

工作标准必须小心维护,经常核查是否足够准确,到有效期时应由上一级标准对其实施检定或校准。当参考物质作为工作标准时,它应该是有证参考物质。

GAJ001 物料计量表检定要求

(七)物料计量表检定要求

流量计的检定和校准是根据国家计量局颁布的各种流量计的检定规程进行的。目前所用的流量计,除标准节流装置不必进行实验检定外,其余的流量计出厂时几乎都要进行检定。在流量计使用的过程中,也应经常进行校准。液体流量计的校准方法主要有容积法、质量法、标准体积管法和标准流量计比较法。气体流量计的校准方法主要有音速喷嘴法、伺服式标准流量计比较法和钟罩法。

ZAG001 A级计量设备的种类

三、A 类计量器具的范围

(1)强制检定计量器具:计量法规定的用于贸易结算、安全防护、环境监督方面的列入强制检定目录的计量器具。

(2)公司用于量值传递的最高标准及其配套的计量器具。

(3)用于生产过程控制中关键参数检测的计量器具。

(4)用于精密测试中精度较高,使用频繁、量值易改变、使用环境恶劣、寿命较短的计量器具。

(5)用于统一量值的标准物质。

ZAG002 新物料计量表投用的步骤

四、新物料计量表投用步骤

(一)质量流量计投用

投用前确认仪表供电是否正常、工艺管道是否吹扫干净,如果已吹扫干净,先用旁路阀手动控制 5min 后,关闭旁路阀打开流量计出口阀,再打开入口阀,确认介质已充满管道,先关闭出口阀再关闭入口阀,流量计进行零点校正。60s 后结束,先打开出口阀,再打开入口阀流量计投用。

(二)涡街流量计投用

投用前确认仪表通信是否正常、工艺管道是否吹扫干净,如果已吹扫干净,用旁路阀手动控制 5min 后,先慢慢打开入口阀,再打开出口阀,如果不按上述步骤操作传感器会受到冲击力易损坏。

(三)转子流量计投用

投用前解开指针固定皮筋,检查仪表信号回路指示是否正常、工艺管道是否吹扫干净,如果吹扫干净,先用旁路阀手动控制 2~3min 后再检查流量计的零点,必要时串入电流表测试。确认零点后,关闭旁路阀,先打开入口阀,再慢慢打开出口阀,流量计投用。

模块九　安全环保基础知识

项目一　防火防爆

J(GJ)AB003 防火防爆的技术措施

一、化工生产防火防爆的基本要求

在石油化工生产中，由于高温、高压及易燃易爆物质等因素的存在，火灾爆炸事故屡屡发生，特别是随着生产规模的扩大，火灾爆炸事故的危险性及造成的损失也越大。因此，防火防爆工作在生产中显得尤为重要。作为一名石油化工工人，必须更多地了解物质燃烧、爆炸等基础知识，掌握防火防爆基本措施，才能充分保障化工生产的安全运行。

GBD009 “四不动火”的原则

(一)燃烧和燃烧的基本条件

1. 燃烧

燃烧，俗称“着火”，是可燃物质与氧化剂作用所发生的一种放热发光的剧烈化学反应。发光、放热和生成新物质是燃烧反应的三个特征。

2. 燃烧的基本条件

要发生燃烧，必须具备可燃物质、助燃物质和着火源“三要素”。

(1)可燃物：凡能在空气、氧气或其他氧化剂中发生燃烧反应的物质，都称为可燃物。

(2)助燃物(氧化剂)：凡是与可燃物质相结合并能帮助、支持和导致着火或爆炸的物质，称为助燃物。

(3)点火源：凡是能引起可燃物着火或爆炸的热能源，统称为点火源(又称着火源)。可分为明火焰、炽热体、火星、电火花、化学反应热和生物热、光辐射等。点火源温度越高，越容易引起可燃物燃烧。

燃烧“三要素”是发生燃烧的基本条件，此外，要发生燃烧还必须具备一个充分条件，即可燃物和助燃物具备一定数量和浓度，点火源具备一定的能量。“三要素”同时存在并且发生相互作用，才是引起燃烧的必要条件。

(二)爆炸及其主要特征

爆炸是物质在瞬间突然发生物理或化学变化，同时释放出大量气体和能量(光能、热能和机械能)并伴有巨大声音的现象。爆炸的主要特征是物质的状态或成分瞬间发生变化，能量突然释放，温度和压力骤然升高，产生强烈的冲击波并发出巨大的响声。

(三)四不动火的原则

动火作业许可证未经签发不动火；

动火作业的部位、时间、内容与动火许可证不符不动火；

动火作业许可证规定的安全措施没有落实不动火；

监护人不在现场不动火。

二、静电及其危害

（一）静电产生的原因

1. 静电产生的内因

（1）物质的溢出功不同。任何两种固体物质，当两者做距离小于25×10^{-8}cm的紧密接触时，在接触界面上会产生电子转移现象，这是由于各种物质溢出功的不同，两物质相接触时，溢出功较小的一方失去电子带正电，而另一方就获得电子带负电。

（2）物质的电阻率不同。电阻率高的物体的导电性能差，带电层中的电子移动较困难；构成了静电荷集聚的条件。

（3）介电常数（电容率）不同。在具体配置条件下，物体的电容与电阻结合起来决定了静电的消散规律。如果液体的介电常数大于20，并以连续性存在及接地，一般说来，无论是运输还是储存都不可能积累静电。

2. 静电产生的外因

（1）紧密的接触和迅速的分离。任何物体的表面都是不光滑的，所谓的接触是多点接触，当接触距离小于25×10^{-8}cm时，就有电子转移，即形成双电层。若分离得足够快，物体就带电。

（2）附着带电。某种极性的离子或带电粉尘附着到与地绝缘的固体上，能使该固体带上静电或改变其带电状况。物体获得电荷的多少，取决于该物体对地电容及周围情况。人在有带电微粒的场合活动后，由于带电微粒吸附于人体，因而会带电。

（3）感应起电。在工业生产中，存在带静电物体使附近不相连的导体带电的现象。

（4）电解起电。将金属浸入电解溶液中，或在金属表面形成液体薄膜，由于界面的氧化—还原反应，金属离子将向溶液里扩散；即形成界面电流，随着这一过程的进行，界面上出现双电层，形成电位差。在一定的条件下，这个电位差足以阻止金属离子继续溶解，达到平衡状态。平衡状态遭到破坏时，金属离子继续扩散，形成电流。

（5）压电效应起电。某些固体材料在机械力的作用下会产生电荷。压电效应产生的电荷密度小，但是在局部面积上分布着不均匀的正负电荷。虽然压电效应产生的电荷密度小，仍具有可能引起爆炸的能量。

（6）极化起电。在静电场内，绝缘体内部和表面出现电荷，是极化作用的结果。按照分子结构的不同，极化分为两类：一是非极性分子极化，二是极性分子极化。

（7）喷出带电。粉体、液体和气体从截面很小的开口喷出时，这些流动的物体与喷口激烈的摩擦，同时流体本身分子之间又相互碰撞，会产生大量的静电。

（8）飞沫带电。喷在空间的液体，由于扩散和分离，出现了许多小滴组成的新的液面，产生静电。

另外还有淌下、沉浮、冻结等许多产生静电的方式。同时需要指出的是产生静电的方式不是单一的，而是几种方式共同作用的结果。

（二）静电的危害

静电的危害有三种：

（1）爆炸和火灾。爆炸和火灾是静电的最大危害。静电的能量虽然不大，但因其电压很高且易放电，易出现静电火花。在易燃易爆的场所，可能因为静电火花引起火灾或爆炸。

(2)电击。静电造成的电击，可能发生在人体接近带电物体的时候，也可能发生在带静电电荷的人体接近接地体的时候。一般情况下，静电的能量较小，因此在生产过程中的静电电击不会直接使人致命，但电击易引起坠落、摔倒等二次事故。电击还可引起职工紧张，影响工作。

(3)影响生产。在某些生产工程中，不消除静电将会影响生产或降低产品质量。此外，静电还可引起电子元件误动作，引发二次事故。

ZAI002 防雷防静电的常识

(三)防雷、防静电常识

(1)防雷、防静电接地极每年定期检测。要留有检测记录并确认，如接地电阻值超标，应立即安排整改。各单位负责核算储罐放空线等易燃、易爆设备是否在防雷保护范围内，定期检查避雷针氧化及外观情况。

(2)储罐、工艺设备、管线防雷接地电阻值应在10Ω以下，防静电接地电阻值应在100Ω以下。

(3)接地极引线应采用螺栓连接，测试时断开测量。为防止腐蚀氧化，螺栓连接处应有涂油等防腐措施，并进行定期检查。

(4)每台储罐至少有两点接地，周长每增加30m，则增设一点。

三、石油化工防火防爆技术措施

(一)防火技术措施

(1)消除着火源。如安装防爆灯具、禁止烟火、接地避雷、隔离和控温等。

(2)控制可燃物。用难燃和不燃材料代替可燃材料；降低可燃物质在空气中的浓度；对于那些相互作用能产生可燃气体或蒸气的物品加以隔离，分开存放。

(3)隔离空气。在必要时可使生产在真空条件下进行，或在设备容器内充装惰性介质保护；也可将可燃物隔离空气储存，如将钠储存在煤油中。

(4)防止形成新的燃烧条件，阻止火灾范围的扩大。设置阻火装置，筑构防火墙或在建筑物之间留防火间距，一旦发生火灾，使之不能形成新的燃烧条件，从而防止火灾范围扩大。

(二)防爆技术措施

(1)避免可燃物质与空气(或氧气)混合。

(2)控制爆炸性混合物浓度，避免达到爆炸极限。

(3)抑制导致爆炸性混合物爆炸的引爆能量。

(4)严格控制操作过程，防止压力容器和管道超温和超压。

(5)定期进行检测检验，及时消除压力容器(管道)壁厚减薄等设备隐患。

(三)防火防爆十大禁令

(1)严禁在厂内吸烟及携带火种和易燃、易爆、有毒、易腐蚀物品入厂。

(2)严禁未按规定办理“用火作业许可证”在厂区内进行用火作业。

(3)严禁穿易产生静电的服装进入油气区工作。

(4)严禁穿带铁钉的鞋进入油气区及易燃、易爆装置。

(5)严禁用汽油、易挥发溶剂擦洗设备、衣物、工具及地面等。

(6)严禁未经批准的各种机动车辆进入生产装置、罐区及易燃易爆区。

(7)严禁就地排放易燃、易爆物料及危险化学品。

(8)严禁在油气区用黑色金属或易产生火花的工具敲打、撞击和作业。

(9)严禁堵塞消防通道及随意挪用或损坏消防设施。

(10)严禁损坏厂内各类防爆设施。

CAH002 装置电气设备灭火常识

四、灭火常识

(一)装置电气设备灭火常识

电气火灾是由输电、配电线路漏电、短路或负载过热引起的。电气设备发生火灾一般有以下两个特点：

(1)着火后电气设备可能还带电，处理过程中若不注意可能会引起触电；

(2)有的电气设备工作时含有大量的油，不注意可能会发生喷油或爆炸，造成更大事故。

所以电气设备火灾的处理与一般火灾处理方式不同，具体处理方法如下：

(1)发现电子装置、电气设备、电缆等冒烟起火，要尽快切断电源；

(2)使用砂土、二氧化碳或四氯化碳、二氟二溴甲烷等不导电灭火介质或干粉灭火器灭火，忌用泡沫和水进行灭火；

(3)灭火时不可将身体或灭火工具触及导线和电气设备，特别要留心地上的电线，以防触电；

(4)火过大无法扑灭时，应及时拨打119。

GAC002 常见危险化学品的火灾扑救方法

(二)常见危险化学品的火灾扑救方法

危险化学品很容易发生火灾、爆炸事故，而且不同的化学品以及在不同的情况下发生火灾时，其扑救方法有很大差异，若处置不当，不仅不能有效扑救，反而会使灾情进一步扩大。此外，由于化学品本身及其燃烧产物大多具有较强的毒害性和腐蚀性，极易造成人员的中毒、灼伤等，因此扑救危险化学品火灾事故是一项极其重要又非常危险的工作。

在现实工作中，从事化学品生产、使用、储存、运输的人员应熟悉和掌握化学品的主要危险特性，一旦发生火灾，每个职工都应清楚地知道他们的作用和职责，熟练掌握发生火灾时相应的扑救对策是非常必要的。

J(GJ)AB004 扑救化学品火灾时的注意事项

一般来讲，扑救化学品火灾时，首先应注意：灭火人员不应单独行动；事故现场进出口应始终保持清洁和畅通；要选择正确的灭火剂和合适的灭火器材；灭火时应始终考虑人员的安全；扑救危险化学品火灾决不可盲目行事，应针对每一类化学品，选择正确的灭火剂和合适的灭火器材来安全地控制火灾；化学品火灾的扑救必须由专业消防队来进行，其他人员不可盲目行动，待专业消防队到达后，配合扑救。

1. 扑救压缩或液化气体火灾的基本对策

液化气体一般是储存在不同的容器内，或通过管道输送，发生火灾时应采取以下基本对策：

扑救气体火灾切忌盲目扑灭，在没有采取堵漏措施的情况下，必须保持其稳定燃烧。否则，可燃气体泄漏出来与空气混合，遇火源发生爆炸，后果不堪设想。首先应扑灭外围被火源引燃的可燃物大火,切断火势蔓延途径,控制燃烧范围,并立即抢救受伤和被困人员。如果大火中有压力容器或有受到火焰辐射热威胁的压力容器,能疏散的应尽量在水枪的掩护下疏散到安全地带。如果是输气管道泄漏着火,应设法找到气源阀门。确认阀门完好的,关闭阀门,火焰就会自动熄灭。储罐或管道泄漏阀门无效时,应根据火势判断气体压力和泄漏口的大小及位置,准备好相应的堵漏材料(如软木塞、橡皮塞、气囊塞、黏合剂、弯管工具等)。堵漏工作准备就绪后,可采取有效措施灭火,火被扑灭后,应立即用堵漏材料进行堵漏,同时用雾状水稀释和驱散泄漏出来的气体。若泄漏口很大,根本无法堵住,这时可采取措施冷却着火容器及周围容器和可燃物,控制着火范围,直到燃气燃尽,火焰就会自动熄灭。

现场指挥应密切注意各种危险征兆,一旦事态恶化,指挥员必须做出准确判断,及时下达撤退命令。

2. 扑救易燃液体火灾的基本对策

易燃液体通常也是储存在不同的容器内,或通过管道输送,与气体不同的是,液体容器有的密封,有的是敞开的,一般是常压,只有反应釜(炉、锅)及输送管道内的液体压力较高。易燃液体有密度和水溶性等涉及能否用水和普通泡沫扑救的问题以及危险性很大的沸溢和喷溅问题。因此,扑救易燃液体火灾是一场非常艰难的战斗,一般采取以下基本对策:

(1)首先切断火势蔓延的途径,冷却和疏散受火势威胁的压力及密闭容器和可燃物,控制燃烧范围。如有液体流淌时,应筑堤(或用围油栏)拦截或挖沟导流。及时了解和掌握着火液体的品名、密度、可溶性以及有无毒害、腐蚀、沸溢、喷溅等危险,以便采取相应的灭火和防护措施。

(2)对较大的储罐或流淌火灾,应准确判断着火面积。

(3)小面积(一般 $50m^2$ 以内)液体火灾,一般可用雾状水扑灭,用泡沫、干粉、二氧化碳灭火一般更有效。

(4)大面积液体火灾必须根据其密度、水溶性和燃烧面积大小,选择正确的灭火剂扑救。密度小又不溶于水的液体(如汽油、苯等)用直流水、雾状水扑救往往无效,一般使用普通蛋白泡沫或轻水泡沫灭火。比水重又不溶于水的液体起火时可用水扑救,泡沫也可以,用干粉灭火要视燃烧面积大小和燃烧条件而定。具有水溶性的液体(如醇类、酮类等),从理论上来讲可用水稀释扑救,但用这种方法要使液体闪点消失,水必须在溶液内占有较大比例,因此,一般使用抗溶性泡沫扑救。

(5)扑救毒害性、腐蚀性或燃烧产物毒害较强的易燃液体火灾时,扑救人员必须携带防护面具,采取防护措施。

(6)扑救原油和重油等具有沸溢和喷溅危险的液体火灾时,如有条件,可采用放水搅拌、冷却等防止发生沸溢和喷溅的措施。

3. 扑救毒害品、腐蚀品火灾的基本对策

毒害品和腐蚀品对人体都有一定的危害。毒害品主要经口或吸入蒸气或通过皮肤接触引起人体中毒。腐蚀品是通过皮肤接触使人体形成化学灼伤。毒害品、腐蚀品有些本身能着火,有的本身并不着火,但与其他可燃物品接触后能着火。这类物品发生火灾一般应采取以下基本对策:

(1)灭火人员必须穿防护服,佩戴防护面具。对有特殊物品火灾,应使用专业防护服。

在扑救毒害品火灾时应尽量使用隔绝式氧气或防毒面具。

(2)首先限制燃烧范围。毒害品、腐蚀品火灾极易造成人员伤亡，灭火人员在采取防护措施后，应立即投入抢救受伤和被困人员的工作中，以减少人员伤害。

(3)扑救时应尽量使用低压水流或雾状水，避免毒害品、腐蚀品溅出。遇酸碱类腐蚀品最好调制相应的中和剂稀释中和。

(4)遇毒害品、腐蚀品容器泄漏，在扑灭火势后应立即采取堵漏措施。腐蚀品需用防腐材料堵漏。浓硫酸、硝酸遇水能放出大量的热，会导致沸腾飞溅，需特别注意防护。

1)毒害品着火应急措施

因为绝大部分有机毒害品都是可燃物，且燃烧时能产生大量的有毒或剧毒的气体，所以，做好毒害品着火时应急灭火措施是十分重要的。在一般情况下，如果是液体毒害品，可根据液体的性质(有无水溶性和相对密度的大小)选用抗溶性泡沫或机械泡沫及化学泡沫灭火，或用沙土、干粉、石粉等灭火；如果是固体毒害品着火，可根据其性质分别采用水、雾状水或沙土、干粉、石粉扑救。

2)腐蚀品着火时应急措施

腐蚀品着火，一般可用雾状水或干沙、泡沫、干粉等扑救，不宜用高压水，以防酸液四溅，伤害扑救人员；硫酸、卤化物、强碱等遇水发热、分解或遇水产生酸性烟雾的物品着火时，不能用水施救，可用干沙、泡沫、干粉等扑救。灭火人员要注意防腐蚀、防毒气，应戴防毒口罩、防毒眼镜或防毒面具，穿橡胶雨衣和长筒胶鞋，戴防腐蚀手套等。灭火时人应站在上风处，发现中毒者，应立即送往医院抢救，并说明中毒品的品名，以便医生救治。

五、常用灭火器材及其使用方法

目前，常用的灭火器有清水、酸碱、泡沫、二氧化碳、干粉灭火器等。

(一)手提式泡沫灭火器的使用方法

使用手提式泡沫灭火器时，应手提筒体上部的提环，迅速赶到起火点。

在运送灭火器过程中，不能过分倾斜和摇晃，更不能横置或颠倒。当距离起火点大约10m时，使用者的一只手握住提环，另一只手抓住筒体的底圈，将灭火器颠倒过来，泡沫即可喷出。在喷射过程中，灭火器一直保持颠倒的垂直状态，不能横置或直立过来，否则，喷射会中断。如扑救可燃固体物质火灾，应把喷嘴对准燃烧最猛烈处喷射；如扑救容器内的油品火灾，应将泡沫喷射在容器的壁上，从而使得泡沫沿器壁流下，再平行地覆盖在油品表面上，避免泡沫直接冲击油品表面；如扑救流动油品火灾，操作者应站在上风方向，并尽量减少泡沫射流与地面的夹角，使泡沫由近而远地逐渐覆盖在整个油面。

(二)手提式二氧化碳灭火器的使用方法

二氧化碳灭火器内充装的是加压液化的二氧化碳，主要用于扑救易燃、可燃液体、可燃气体和带电设备的初起火灾。由于二氧化碳灭火时不污损物件，灭火后不留痕迹，所以二氧化碳灭火器更适于扑救精密仪器和贵重设备的初起火灾。使用手提式二氧化碳灭火器时，可手提灭火器的提把，或把灭火器扛在肩上，迅速赶到火场。在距离起火点大约5m处，放下灭火器，一只手握住喇叭型喷筒根部的手柄，把喷筒对准火焰，另一只手旋开手轮(对鸭嘴式二氧化碳灭火器，压下压把)，二氧化碳就会喷射出。扑救流散液体火灾时，应使二氧化碳由近而远向火焰喷射，如燃烧面积大，操作者可左右摆动喷筒，直至把火扑灭。扑救容器内火灾时，操作者应手持喷筒根部的手柄，从容器上部的一侧向容器内喷射，但不要使二氧化碳直接冲击到液面上，以免将可燃液体冲出容器而扩大火灾。使用手提式二氧化碳灭火器时应注意以下六点：

(1)应设法使二氧化碳尽量多地喷射到燃烧区域内，使之达到灭火浓度而使火焰熄灭；

(2)灭火器在喷射过程中应始终保持直立状态，切不可平放或颠倒使用；

(3)不要用手直接握住喷筒或金属管，以防冻伤手；

(4)室外使用时，应在上风方向喷射(如在室外大风条件下使用，则灭火效果很差，因喷射的二氧化碳气体易被风吹散)；

(5)在狭小的室内使用时，灭火后操作者应迅速撤离，以防被二氧化碳窒息而发生意外；

(6)扑救室内火灾后，应先打开门窗通风，然后再进入，以防窒息。

(三)手提式干粉灭火器使用方法

使用手提式干粉灭火器时，应手提灭火器提把，迅速赶到着火处。在距离起火点5m左右处，放下灭火器，在室外使用时，应站上风方向。使用前，先把灭火器上下颠倒几次，使筒内干粉松动。如使用的是内装式(动力气体钢瓶装置在灭火器筒体内)或储压式(动力气体与干粉共储于灭火器的筒体内)干粉灭火器，应先拔下保险销，一只手握住喷嘴，另一只手用力压下压把，干粉便会从喷嘴喷射出来。如使用的是外置式(动力气体钢瓶装置在灭火器筒体外)干粉灭火器，则一只手握住喷嘴，另一只手提起提环，握住提柄，干粉便会从喷嘴喷射出来。用干粉灭火器扑救流散液体火灾时，应从火焰侧面，对准火焰根部喷射，并由近而远，左右扫射，快速推进，直至把火焰全部扑灭。用干粉灭火器扑救容器内可燃液体火灾时，也应从侧面对准火焰根部，左右扫射。当火焰被赶出容器时，应快速向前，将余火全部扑灭。灭火时应注意不要把喷嘴直接对准液面喷射，以防干粉气流的冲击力使油液飞溅，引起火势扩大，造成灭火困难。用干粉灭火器扑救固体物质火灾时，应使灭火喷嘴对准燃烧最猛烈处，左右扫射，并应尽量使干粉灭火剂均匀地喷洒在燃烧物表面，直至把火全部扑灭。使用干粉灭火器在灭火过程中应注意以下两点：

一是干粉灭火器在灭火过程中应始终保持直立状态，不得横卧或颠倒使用，否则不能喷射干粉；二是注意防止干粉灭火器灭火后复燃，因为干粉灭火的冷却作用甚微，在着火点存在着炽热物的条件下，灭火后易产生复燃。

六、火灾逃生知识

CAA007 火场逃生知识

(一)提高检查消除火灾隐患能力

(1)确定消防安全管理人，抓好本单位消防安全管理工作。

(2)定期开展防火检查巡查，落实员工岗位消防责任。

(3)发现火灾隐患要立即消除，确保单位消防安全。

(4)火灾隐患不能立即消除的，要落实整改措施限时消除。

(二)提高组织扑救初期火灾能力

(1)建立兼职消防安全队伍，制定灭火和应急疏散预案。

(2)定期组织灭火疏散演练,熟悉应急处置程序。

(3)消防安全员应熟练掌握火警处置程序。

(4)一旦发生火情,应按职责分工及时到位处置。

(三)提高组织人员疏散逃生能力

(1)应明确疏散引导人员,落实岗位人员职责。

(2)应熟悉逃生路线,掌握火场逃生自救技能。

(3)发生火灾时,应立即启用报警器、广播等设备组织人员疏散,并报火警。

(4)应履行岗位职责,迅速引导工作区人员疏散。

(四)提高消防宣传教育培训能力,消防设施标识化,消防常识普及化

(1)应健全消防安全教育培训制度,定期开展宣传教育活动。

(2)消防设施器材应设置醒目标识,标明操作使用和维护保养方法。

(3)重点部位(场所)和疏散通道,安全出口应设置提醒或警示标语。

(4)接受消防安全培训,懂得灭火疏散和逃生自救基本技能。

(五)逃生时请记住以下口诀

第一:熟悉环境,暗记出口。

事先了解和熟悉建筑物的疏散通道和安全出口情况,做到心中有数,以防万一。高层建筑至少有两部楼梯可以供疏散使用。火灾发生后,可以寻着指示灯或者指示标识逃生。千万不要乘坐电梯,以免电梯停电或失控。

第二:发生火灾,不要惊慌。

发生火灾时,可以用灭火器或者消防栓第一时间扑灭,此时还应呼喊周围的人出来参与灭火和报警,如果火势无法控制,应该立即自己疏散,并且走时要把房门关上,防止烟气进入走道。逃出火场后,不要再顾忌遗留在室内的物品,再返回去拿。

第三:不要贸然地打开房门。

开门前用手摸门把手,如门锁温度很高,或者烟雾从门缝中往里钻,说明外面的火已经很大,不要贸然地打开房门,如果门锁温度正常,或者门缝没有烟雾钻进来,说明火离自己还有一段距离,可以打开一道门缝,观察一下外面的情况。

第四:关闭房门内所有门窗,防止空气对流。

当大火和浓烟已经封闭通道,应关闭房门内所有门窗,防止空气对流,延迟火焰蔓延的速度,并且用一些布条堵住门窗的缝隙。

第五:尽快就近跑向已知的紧急疏散出口。

当离开房间发现起火部位就在本楼层时,应尽快就近跑向已知的紧急疏散出口,遇有防火门应该及时关上,如果楼道被烟气封锁或者包围的时候应该尽量降低身体尤其是头部的高度,用湿毛巾或者衣物堵住口鼻。

第六:不要盲目跳楼。

一般高层建筑都会设有避难层。如果不能安全逃到地面,那么应往避难层逃生,在避难层等待救援。当被大火困在房内无法脱身时,不能盲目从窗口往下跳,要用湿毛巾捂住鼻子,阻挡烟气侵袭,耐心等待救援,并想方设法报警呼救。

第七:不要贪恋财物。

需要特别提醒的是,在火灾发生时一定要保持沉着冷静,不得盲目采取行动,迅速分析判断火势趋向和灾情发展的可能,抓住有利时机,选择合理的逃生路线和方法,争分夺秒地逃离火灾现场,千万不要迟疑或又返回抢拿财物,以免贻误最佳逃生时机。

第八:保持良好的心态。

在火灾突然发生的异常情况下,由于烟气及火的出现,多数人心里恐慌,这是最致命的弱点,保持冷静的头脑对防止惨剧的发生是至关重要的。以往的火灾中,有些人盲目逃生,如跳楼,惊慌失措,找不到疏散通道和安全出口等,失去逃生时机而死亡。在发生火灾时,保持心理稳定是逃生的重要前提,若能临危不乱,先观察火势,再决定逃生方式,运用学到的避难常识,把灾难损失降至最低限度。

CAA005 空气呼吸器的使用方法

(六)空气呼吸器的使用方法

(1)检查气瓶压力,打开气瓶阀,观察压力表,建议压力低于200MPa时不要使用。

(2)关闭气瓶阀,缓缓按动供气阀上的黄色按钮放气,观察压力表在50~60MPa时报警是否会响起。

(3)将SCBA瓶阀向下背在身上,拉紧腰带和肩带,打开气瓶阀2圈以上。

(4)将面罩带在头上,拉紧头带,然后用手掌堵住面罩进气口吸气,检查面罩是否带好。

(5)将供气阀安装到面罩上,听到“咔嗒”声即可使用。

(6)用完后将瓶阀关闭,按供气阀的按钮将剩余气体放掉。

(7)重新充气,面罩消毒,备用。

CAA006 报火警的程序

(七)报火警的程序

(1)发生火灾时,拨打“119”火警电话向消防队报警(或本单位火警电话号码);

(2)电话接通后,报告发生火灾单位和详细地址、起火部位、起火物质和火灾程度,为消防部门扑灭火灾提供方便条件;

(3)报告报警人姓名及所用电话号码;

(4)派人到附近路口等位置迎消防车,指示道路。

ZAB012 常见现场伤害的急救要点

七、常见现场伤害的急救要点

(一)心肺复苏常识

1. 意义

心脏骤停是循环突然完全停止的一种临终前状态。若不及时处理,会造成脑和全身器官组织的不可逆损害而导致死亡。特别是脑组织,一般认为心脏骤停超过4min,就可导致脑组织的不可逆坏死,若能及时采取正确有效的心肺复苏措施,则可能恢复。

2. 心肺复苏

心肺复苏共分三期,第一期复苏最为重要,只有分秒必争的建立人工循环,维持基础的生命活动,才有可能进行第二期、第三期的复苏。因为这一期抢救,多发生在现场没有医务人员在场的情况下,因此普及心肺复苏基本知识,健全急救系统甚为重要。第二期、第三期复苏主要在医院进行。

第一期复苏的步骤:

(1)观察病人有无反应:可以用呼其姓名或拍打病人身体等方法来判断病人是否存在反应。

(2)呼救:如病人无反应,应立即呼救,请他人打电话通知医院派救护车及救护人员,自己切不可离开现场而放弃抢救。

(3)放置妥病人的体位:把病人放置在水平仰卧位背靠硬板或硬地。

(4)通畅气道,去除口腔中引起气道堵塞的污物。因为舌后移是导致意识丧失患者气道堵塞的最常见原因,通常可用一手抬举颈部或抬举下颏。对已有颈部损伤者,则常抬举下颏而不抬举颈部使其头后仰。若肥肉、硬币、弹子等误入气管,常出现"三凹症",可用拍打背部或用拳头挤压上腹部的办法使异物咳出来,解除梗阻。

(5)判断病人有无自主呼吸。

(6)人工呼吸。人工呼吸的方法很多,但现场最常用的是口对口人工呼吸,具体方法如下:操作者用一手的拇指和食指捏住患者的鼻孔。操作者深吸一口气后,使口唇与病人口唇外缘密合后吹气(若患者牙关紧闭,则可改为口对鼻呼吸)。在复苏开始时,应先予以 4 次快速吸气后的大吹气。以后则每胸外挤压 15 次,连续快速吹气 2 次。若有两人操作,可每 5 次胸外挤压后,予以吹气一次。

(7)判断病人有无脉搏:可用手触摸病人的颈动脉有无搏动来断定。

(8)人工胸外挤压:操作者一手掌根置于患者胸骨下半部,并与胸骨长轴平等,另一手掌根重叠于前者之上,双肘关节伸直,自背肩部直接向前臂,掌根垂直加压,使胸骨下端下降 4~5cm 挤压后应放松,使胸部弹回原来形状。一般成人,若单人操作每分钟挤压 80 次,若两人操作则 60 次。若操作有效,则可能后颈动脉或股动脉有搏动。

操作时应防止肋骨骨折、胸骨骨折、气胸肺挫伤、肝脾破裂等并发症的发生。

(二)触电的抢救

根据现场情况与患者的情况,诊断并不困难,抢救方法如下:

(1)断电源或用绝缘物挑拨电器或电线。

(2)神志清醒、伴心慌乏力者可送医院观察。

(3)呼吸停止、心搏存在者应进行人工呼吸。

(4)心搏停止者应进行主肺复苏。

(5)灼伤创面,要重视消毒包扎,减少污染。

(三)淹溺的抢救

淹溺可分为两种:

(1)水淹溺,淡水是低渗的,所以水分进入血循环,引起暂时性血容量过多,肺泡塌陷及溶血。

(2)海水淹溺:海水为高渗,吸入后可致肺水肿及血容量减少。

抢救步骤如下:通畅气道,清除口鼻污泥、杂草及呕吐物。患者尚有呼吸、心跳,但有明显呼吸道堵塞,可先倒水。具体方法:病人腹部置于抢救者屈膝的大腿上,使病人头部上仰,然后按压背部,可使口咽及气管内的水分迅速倒出,动作要敏捷,切不可因倒水而影响其他抢救措施。若呼吸已停,则做口对口人工呼吸,吹气频率为每分钟 14~15 次。若心跳停止,应做心肺复苏。

(四)创伤的现场处理

创伤可分为闭合性和开放性。闭合性创伤是指伤后皮肤保持完整者,多由钝性物或暴力牵引造成,常见的有挫伤、扭伤、挤压伤等。开放性创伤指皮肤发生破损,常见的有刺伤、切伤、火器伤等。严重的创伤还有心搏骤停、窒息、大出血、休克等情况。现场处理措施:

(1)局部治疗:止动;无菌条件下包扎;骨折的固定(开放性骨折不要复位);如大出血则需上止血带。记录上止血带时间(在伤口的近端30~60min松一次)。

(2)全身治疗:维持循环和呼吸,有心搏骤停做心肺复苏,抬高患肢。

八、安全色的含义及用途

ZAB011　安全色的含义及用途

安全色表示安全信息的颜色。安全色要求醒目,容易识别,其作用在于迅速指示危险,或指示在安全方面有着重要意义的器材和设备的位置。安全色应该有统一的规定,国际标准化组织建议采用红色、黄色和绿色三种颜色作为安全色,并用蓝色作为辅助色,中国国家标准GB 2893—2008《安全色》规定红、蓝、黄、绿四种颜色为安全色。

各安全色的含义和用途:

(1)红色:表示禁止、停止,用于禁止标志、停止信号等。

(2)蓝色:表示指令、必须遵守的规定,一般用于指令标志。

(3)黄色:表示警告、注意,用于警告、警戒标志等。

(4)绿色:表示提示、安全状态等。

安全色是表达安全信息的颜色,表示禁止、警告、指令、提示等意义。正确使用安全色,可以使人员能够对威胁安全和健康的物体和环境尽快做出反应,迅速发现或分辨安全标志,及时得到提醒,以防止事故、危害发生。

九、可燃气体报警仪知识

ZBE020　可燃气体报警仪知识

当工业环境、日常生活环境(如使用天然气的厨房)中可燃性气体发生泄漏,可燃气体报警器检测到可燃性气体浓度达到报警器设置的报警值时,可燃气体报警器就会发出声、光报警信号,以提醒人员采取安全措施。且气体报警器可联动相关的联动设备,如排风、切断电源、喷淋等系统,防止火灾、爆炸、中毒事故,从而保证安全生产。

十、事故风险控制的基本过程

J(GJ)AB002　事故风险控制的基本过程

基本程序包括:

(1)风险识别。对尚未发生的、潜在的和客观存在的各种风险系统地、连续地进行识别和归类,并分析产生风险事故的原因。

(2)风险估测。在风险识别基础上,估计风险发生的概率和损失幅度。

(3)风险评价。在风险识别和风险估测基础上,对风险发生的概率、损失程度,结合其他因素全面进行考虑,评估发生风险的可能性及其危害程度,并与公认的安全指标相比较,以衡量风险的程度,并决定是否需要采取相应的措施。

(4)选择风险管理技术。

(5)风险管理效果评价。

项目二　安全用电

ZAI001 电气使用常识

一、电气设备使用常识

使用电气设备主要的危险是发生电击和电伤。电击是指在电流通过时使全身受害，仅使人体局部受伤时称为电伤，最危险的是电击。

电流对人的伤害：烧伤人体，破坏机体组织，引起血液及其他有机物质的电解和刺激神经系统等。

电流对人体的危害程度与通过人体的电流大小、作用时间及人体本身的情况等因素有关。事实证明，通过人体的电流在0.05A以上时就要发生危险，0.1A以上就可以使人死亡。触电的时间越久，危险程度越大。若触电时的电流在0.015A时，人就不易脱离电源。

人体有一定的电阻，尤其是皮肤的电阻较大。在每一接触面上的电阻在1000～180000Ω，皮肤潮湿时电阻会显著降低。电阻越小，在一定的电压下通过的电流就越大，危险性也越大。一般来说，当电压在45V以下时，电流通过人体是安全的。因此，安全电压（如安全灯）应在45V以下。

发生触电事故的主要原因：

（1）在已损坏的设备（如电动机、导线、电气开关等）上工作；

（2）接触了带电的裸线或破旧的导线；

（3）没有接地装置或接地装置不良；

（4）缺乏必要的防护用具。

CAH001 防触电常识

二、安全用电常识

（1）电气设备的安装、维修应由持证电工负责，严禁非专业人员或非单位人员动用，特别是配电柜开关，未经许可动用者将承担一切法律责任和后果。

（2）各种仪表、操纵盘、检测量器具的数据调试、各种电气开关、空气开关的管理应指定专人负责，其他人不得随意乱动。

（3）机械设备的修理过程中，要有专人指挥，调试设备操作者要有修理人员的应答后方可操作。

（4）机械设备运行时，不能将手或身体进入运行中的设备机械传动位置，对设备进行清洁时，须确保切断电源，机械停止工作并确保安全的情况下才能进行，防止发生人身伤亡事故。

（5）厂房内不能乱拉电线和乱接电气设备，不要用湿手去摸灯口、开关和插座；修理电器或更换灯泡时，先关闭开关；开关、插座或用电器具损坏或外壳破损时应及时修理或更换，未经修复不能使用。

（6）如果发现有烧焦橡皮、塑料的气味，应立即拉闸停电，查明原因妥善处理后才能合闸。万一发生火灾，要迅速拉闸救火，如果不能停电，应用盖土、盖砂的办法救火，一定不要泼水救火,以防触电。

(7)人触电后,脱离低压电源的方法有三种:①拉闸断电;②切断电源线;③用绝缘物品脱离电源。

(8)千万不要用铜线、铝线、铁线代替熔断丝,空气开关损坏后立即更换,熔断丝和空气开关的大小一定要与用电容量相匹配,否则容易造成触电或电气火灾。

(9)电炉、电烙铁等发热电器不得直接搁在木板上或靠近易燃物品,无自动控制的电热器具用后要随手关电源,以免引起火灾。

(10)工厂内的移动式用电器具,如坐地式风扇、手提砂轮机、手电钻等电动工具都必须安装使用漏电保护开关实行单机保护。

(11)如发现有人触电,应赶快切断电源或用干燥的木棍、竹竿等绝缘物将电线挑开,使触电者马上脱离电源。如触电者昏迷或呼吸停止,应立即进行人工呼吸,及时送医院抢救。

(12)如果触电者呼吸停止、心跳尚存,应对其实行人工呼吸。

(13)如果触电者心跳停止,呼吸尚存,应对其实行胸外心脏按压。

GAL001 装置用电设备的防护等级的常识

三、装置用电设备的防护等级

IP 防护等级系统是将电器依其防尘防湿气的特性加以分级,等级由两位数字组成。第1位数字(表1-9-1)表示电器防尘、防止外物侵入的等级(这里所指的外物含工具、人的手指等均不可接触到电器内的带电部分,以免触电);第2位数字(表1-9-2)表示电器防湿气、防水侵入的密闭程度,数字越大表示其防护等级越高。

表1-9-1　IP后第1位数字防尘等级

数字	防护范围	说明
0	无防护	对外界的人或物无特殊的防护
1	防止直径大于50mm的固体外物侵入	防止人体(如手掌)因意外而接触到电器内部的零件,防止较大尺寸(直径大于50mm)的外物侵入
2	防止直径大于12.5mm的固体外物侵入	防止人的手指接触到电器内部的零件,防止中等尺寸(直径大于12.5mm)的外物侵入
3	防止直径大于2.5mm的固体外物侵入	防止直径或厚度大于2.5mm的工具、电线及类似的小型外物侵入而接触到电器内部的零件
4	防止直径大于1.0mm的固体外物侵入	防止直径或厚度大于1.0mm的工具、电线及类似的小型外物侵入而接触到电器内部的零件
5	防止外物及灰尘	完全防止外物侵入,虽不能完全防止灰尘侵入,但灰尘的侵入量不会影响电器的正常运作
6	防止外物及灰尘	完全防止外物及灰尘侵入

表1-9-2　IP后第2位数字防水等级

数字	防护范围	说明
0	无防护	对水或湿气无特殊的防护
1	防止水滴侵入	垂直落下的水滴(如凝结水)不会对电器造成损坏
2	倾斜15°时,仍可防止水滴侵入	当电器由垂直倾斜至15°时,滴水不会对电器造成损坏

续表

数字	防护范围	说明
3	防止喷洒的水侵入	防雨或防止与垂直的夹角小于60°的方向所喷洒的水侵入电器而造成损坏
4	防止飞溅的水侵入	防止各个方向飞溅而来的水侵入电器而造成损坏
5	防止喷射的水侵入	防止来自各个方向由喷嘴射出的水侵入电器而造成损坏
6	防止大浪侵入	装设于甲板上的电器，可防止因大浪的侵袭而造成损坏
7	防止浸水时水的侵入	电器浸在水中一定时间或水压在一定的标准以下，可确保不因浸水而造成损坏
8	防止沉没时水的侵入	可完全浸于水中的结构，实验条件由生产者及使用者决定

项目三　危险化学品

一、危险化学品的定义与分类

（一）危险化学品的定义

危险化学品是指具有毒害、腐蚀、爆炸、燃烧、助燃等性质，对人体、设施、环境具有危害的剧毒化学品和其他化学品。

（二）危险化学品的分类

我国危险化学品分为八个体系：

（1）爆炸品：具有爆炸性强和敏感度高的特性，因此爆炸品在储运中必须远离火种、热源，并要防震等。

（2）压缩气体和液化气体：按照理化性质可分为易燃气体、不燃气体、有毒气体。

（3）易燃液体：具有高度易燃性、易爆性、高度流动扩散性、受热膨胀性、忌氧化剂和酸、毒性六大危险特性。

（4）易燃固体、自燃物品和遇湿易燃物品：燃点低，对热、撞击、摩擦敏感，易被外部火源点燃，燃烧迅速，并可能散发出有毒烟雾或有毒气体，如红磷、硫黄等。

（5）氧化剂：具有强氧化性，易分解并放出氧和热量，对热、震动或摩擦较为敏感；有机过氧化物易燃易爆、极易分解，对热、震动和摩擦极为敏感。

（6）有毒品：毒物可经过食入、吸入、经皮三种途径进入人体；进入肌体后，积累达到一定的量会扰乱或破坏肌体的正常生理功能，引起病理改变，甚至危及生命。

（7）放射性物质：按放射性活度大小细分为一级放射性物品、二级放射性物品和三级放射性物品。

（8）腐蚀品：腐蚀性对人体伤害，破坏有机体和腐蚀金属。

二、危险化学品的危害

（一）危险化学品的毒性

危险化学品可通过呼吸道、消化道和皮肤进入人体，在体内积蓄到一定剂量后，就会表现出慢性中毒症状。工业毒性危险化学品对人体的危害主要有以下方面：

1. 刺激

许多化学品对人体有刺激作用，一般受刺激的部位为皮肤、眼睛和呼吸系统。许多化学品和皮肤接触时，能引起不同程度的皮肤炎症；与眼睛接触轻则导致轻微的、暂时性的不适，重则导致永久性的伤残。一些刺激性气体、尘雾可引起气管炎，甚至严重损害气管和肺组织，如二氧化硫、氯气、煤尘。一些化学物质将会渗透到肺泡区，引起强烈的刺激。

2. 过敏

某些化学品可引起皮肤或呼吸系统过敏，如出现皮疹或水疱等症状，这种症状不一定在接触的部位出现，而可能在身体的其他部位出现，引起这种症状的化学品有很多，如环氧树脂、胶类硬化剂、偶氮染料、煤焦油衍生物和铬酸等。呼吸系统过敏可引起职业性哮喘，这种症状的反应一般包括咳嗽，特别是夜间，以及呼吸困难。引起这种反应的化学品有甲苯、聚氨酯单体、福尔马林等。

3. 窒息

窒息涉及对身体组织氧化作用的干扰，症状有致使机体组织的供氧不足而引起的单纯窒息、导致血液携氧能力严重下降而引起的血液窒息、影响细胞和氧的结合能力而引起的血液窒息。

4. 麻醉和昏迷

接触某些高浓度的化学品，有类似醉酒的作用，如乙醇、丙醇、丙酮、丁酮、乙炔、烃类、乙醚、异丙醚会导致中枢神经抑制，这些化学品一次大量接触可导致昏迷甚至死亡。

5. 中毒

人体由许多系统组成，全身中毒是指化学物质引起的对一个或多个系统产生有害影响并扩展到全身的现象，这种作用不局限于身体的某一点或某一区域。化学毒性危险化学品引起的中毒往往是多器官、多系统的损害。机体与有毒化学品之间的相互作用是一个复杂的过程，中毒后症状也不一样。同一种毒性危险化学品引起的急性和慢性中毒损害的器官及表现也有很大差别。例如，苯急性中毒主要表现为对中枢神经系统的麻醉作用，而慢性中毒主要为造血系统的损害。这在有毒化学品对机体的危害作用中是一种很常见的现象。

6. 致癌

长期接触某些化学物质可能引起细胞的无节制生长，形成恶性肿瘤。这类肿瘤可能在第一次接触这些物质的许多年以后才表现出来，潜伏期一般为 4~40 年。如砷、石棉、铬、镍等物质可能导致肺癌；铬、镍、木材、皮革粉尘等易引起鼻腔癌和鼻窦癌；接触联苯胺、萘胺、皮革粉尘等易引起膀胱癌；接触砷、煤焦油和石油产品等易引起皮肤癌；接触氯乙烯单体易引起肝癌。

7. 致畸

接触化学物质可能对未出生胎儿造成危害，干扰胎儿的正常发育。在怀孕的前 3 个月，胎儿的脑、心脏、胳膊和腿等重要器官正在发育，一些研究表明化学物质可能干扰正常的细胞分裂过程，如麻醉性气体、水银和有机溶剂，从而导致胎儿畸形。

8. 致突变

某些化学品对人的遗传基因的影响可能导致后代发生异常，实验结果表明 80%~85% 的致癌化学物质对后代有影响。

9. 尘肺

尘肺是指在肺的换气区域发生了小尘粒的沉积以及肺组织对这些沉积物的反应,尘肺病患者肺的换气功能下降,在紧张活动时将发生呼吸短促症状。这种作用是不可逆的,一般很难在早期发现肺的变化。当X射线检查发现这些变化时,病情已较重了。能引起尘肺病的物质有石英晶体、石棉、滑石粉、煤粉和铍。

(二)危险化学品的腐蚀性

腐蚀性物品接触人的皮肤、眼睛或肺部、食道等,会引起表皮细胞组织发生破坏而造成灼伤,而且被腐蚀性物品灼伤的伤口不易愈合。内部器官被灼伤时,严重的会引起炎症,如肺炎,甚至会造成死亡。特别是接触氢氟酸时,能发生剧痛,使组织坏死,如不及时治疗,会导致严重后果。

(三)危险化学品的易燃性

压缩气体和液化气体、易燃液体、易燃固体、自燃物品和遇湿易燃物品、氧化剂和有机过氧化物等均可能发生燃烧而导致火灾事故。

(四)危险化学品的爆炸危险

除爆炸品外,可燃性气体、压缩气体和液化气体、易燃液体、易燃固体、自燃物品、遇湿易燃物品、氧化剂和有机过氧化物等都有可能引发爆炸。如硝酸铀、硝酸钍、硝酸铀酰(固体)、硝酸铀酰六水合物溶液等都具有强氧化性,遇可燃物能引起着火或爆炸。

三、危险化学品的中毒处理

(1)救援人员应戴上防毒面具和穿化学防护服,必要时进行通风换气。

(2)根据现场事态发展,决定是否组织人员疏散,避免造成更大的人员伤害事故。

(3)在没有采取可靠个体防护措施的情况下,任何人不得进入危险场所盲目施救,以免事故扩大。

(4)现场处置结束后,应组织损坏设备抢修,恢复系统正常运行方式。

四、生产工作场所的防护措施

目前采取的危险化学品事故预防控制措施主要有替代、隔离、通风、个体防护、保持卫生、应急预案演练和定期职业病体检。

(1)替代:预防、控制化学品危害最理想的方法是不使用有毒有害和易燃易爆的化学品,但这一点有时做不到,通常的做法是选用无毒或低毒的化学品替代有毒有害的化学品,选用可燃化学品替代易燃化学品。例如,用甲苯替代喷漆和除漆用的苯,用脂肪族烃替代胶水或黏合剂中的苯等。

(2)隔离:通过封闭、设置屏障等措施,避免作业人员直接暴露于有害环境中。最常用的隔离方法是将生产或使用的设备完全封闭起来,使工人在操作中不接触化学品。

(3)通风:借助于有效的通风,使作业场所空气中有害气体、蒸气或粉尘的浓度低于安全浓度,以确保工人的身体健康,防止火灾、爆炸事故的发生。

通风分为局部排风和全面通风两种。局部排风是把污染源罩起来,抽出污染空气,所需风量小,经济有效,并便于净化回收。全面通风又称稀释通风,向作业场所提供新鲜空气,抽出污染空气,降低有害气体、蒸气或粉尘在作业场所中的浓度。全面通风所需风量大,不能净化回收。

对于点式扩散源,可使用局部排风。使用局部排风时,应使污染源处于通风罩控制范围内。对于面式扩散源,要使用全面通风。采用全面通风时,在厂房设计阶段就要考虑空气流向等因素。因为全面通风的目的不是消除污染物,而是将污染物分散稀释,所以全面通风仅适合于低毒性作业场所,不适合于腐蚀性、污染物量大的作业场所。

(4)个体防护:当作业场所中有害化学品的浓度超标时,工人就必须使用合适的个体防护用品。个体防护用品既不能降低作业场所中有害化学品的浓度,也不能消除作业场所的有害化学品,而只是一道阻止有害物进入人体的屏障,只能作为一种辅助性措施。

防护用品主要有头部防护器具、呼吸防护器具、眼防护器具、身体防护用品、手足防护用品等。

(5)保持卫生:包括保持作业场所清洁和作业人员的个人卫生两个方面。经常清洗作业场所,对废物、溢出物加以适当处置,保持作业场所清洁,也能有效地预防和控制化学品危害。作业人员应养成良好的卫生习惯,防止有害物附着在皮肤上,防止有害物通过皮肤渗入体内。

(6)应急预案演练:对于一些能够评估到的意外事件,且常常危及职工生命健康,为了保护职工的生命安全和国家财产不受损失或少受损失,应该本着有备无患的原则,根据各单位实际情况制定相应的预案,并定期开展预案演练,以便能在事故发生后做好抢救工作。

(7)定期职业病体检:建立定期职业病体检的工作机制,定期进行职业病体检,可以及早发现和采取控制措施,有效地控制职业病。

五、硫化氢的防护方法

ZAB004 硫化氢的防护方法

硫化氢是一种神经毒剂,也是窒息性和刺激性气体。

(一)中毒途径和症状

硫化氢经过呼吸及皮肤渗透途径进入人体,浓度较低的硫化氢在体内大部分转变为硫酸盐和硫酸盐而解毒,但高浓度硫化氢对中枢神经系统有麻醉作用。吸入硫化氢后的症状是头昏、恶心、呕吐,吸入数秒后很快出现急性中毒症状,呼吸加快后呼吸麻痹而死亡。

(二)应急处理方法

一旦发生硫化氢泄漏应迅速撤离泄漏区,人员至上风处,并立即进行隔离。小泄漏时隔离150m,大泄漏时隔离300m,严格限制出入,切断火源。建议应急处理人员戴空气呼吸器,穿防化服。

从上风处进入现场,尽可能切断泄漏源,合理通风,加速扩散。使用喷雾状水稀释、溶解并构筑围堤或挖坑收容产生的大量废水。

(三)个人防护措施

呼吸防护:空气中浓度超标时,紧急事态抢救或撤离时,建议佩戴空气呼吸器。

身体防护:穿全封闭防化服或者B级液体致密性防化服。

眼睛防护:戴化学安全防护眼镜,如果佩戴是空气呼吸器,则不需要防护眼镜。

手部防护:戴防化学品手套。

其他:工作现场严禁吸烟、进食和饮水。工作毕,淋浴更衣,及时换洗工作服。作业人员应学会自救互救。进入罐、限制性空间或其他高浓度区作业时,须有人监护。

(四)急救措施

皮肤接触:脱去污染的衣着,用流动清水冲洗,就医。

眼睛接触:立即提起眼睑,用大量流动清水或生理盐水彻底冲洗至少15min,就医。

吸入:迅速脱离现场至空气新鲜处,保持呼吸道通畅。如呼吸困难,应立即送医院就医。

灭火方法:消防人员必须穿戴全封闭防化服,切断气源。若不能立即切断气源,则不允许熄灭正在燃烧的气体。喷水冷却容器,可能的话将容器从火场移至空旷处。

常用灭火器材有雾状水、二氧化碳灭火器或干粉灭火器。

项目四 职业卫生与劳动保护

一、劳动保护与职业卫生的基本概念、范围及有关规定

(一)劳动保护

劳动保护是依靠科学技术和管理,采取技术措施和管理措施,消除生产过程中危及人身安全和健康的不安全环境、不安全设备和设施和不安全行为,防止伤亡事故和职业危害,保障劳动者在生产过程中的安全与健康的总称。劳动保护工作贯彻"安全第一,预防为主、群防群治,防治结合"的方针,坚持"管生产必须管劳动保护"的原则,实行"用人单位负责、行业管理、国家监察、群众监督和劳动者遵章守纪"相结合的管理体制。

(二)职业卫生

职业卫生是为了保护劳动者在劳动、生产过程中的安全、健康,在改善劳动条件、预防工伤事故及职业病,实现劳逸结合和女职工、未成年工的特殊保护等方面所采取的各种组织措施和技术措施的总称,以保障职工在职业活动过程中的安全与健康为目的的工作领域及在法律、技术、设备、组织制度和教育等方面所采取的相应措施。职业卫生针对的对象是人的防护,而不是环境的保护。

ZAB003 职业病的概念

二、职业病的危害

职业病是指企业、事业单位和个体经济组织(以下统称用人单位)的劳动者在职业活动中,因接触粉尘、放射性物质和其他有毒、有害物质等因素而引起的疾病。

职业危害是指对从事职业活动的劳动者可能导致职业病的各种危害。职业病危害因素包括职业活动中存在的各种有害的化学、物理、生物因素及在作业过程中产生的其他职业有害因素。

项目五　作业许可证制度

一、动火作业的安全程序

ZAB008　用火作业的安全程序

CAA002　用火作业安全知识

（一）动火作业的概念

用火作业是指气焊、电焊、铅焊、锡焊、塑料焊等各种焊接作业；气割、等离子切割或使用砂轮机、磨光机等各种金属切割作业；使用喷灯、液化气炉、火炉、电炉等明火作业；烧（烤、煨）管线、熬沥青、炒砂子、铁锤敲击（产生火花）物件、喷砂和产生火花的其他作业；生产装置和罐区连接临时电源并使用非防爆电气设备和电动工具。

（二）用火作业的安全监督

以防止发生火灾、爆炸为重点，要严格坚持“四不动火”的原则；作业前必须严格执行安全用火规范，落实好相应的防范措施后才能办证作业；禁火区域为厂区；需动火作业时，必须经审批后在指定场所进行。

（三）动火作业的分级

（1）动火作业实行分级管理，炼油与化工系统分为特级、一级、二级。另外，在没有火灾危险性的区域划出固定用火作业区，在此区域内用火，称为固定用火作业。

（2）特级动火是指在处于运行状态的易燃易爆生产装置和罐区等重要部位的具有特殊危险的动火作业。特级动火的作业一般是指在装置、厂房内包括设备、管道上的作业。凡是在特级动火区域内的动火必须办理特级动火证。

（3）一级动火是指在甲类、乙类火灾危险区域内动火的作业。甲类、乙类火灾危险区域是指生产、储存、装卸、搬运、使用易燃易爆物品或挥发、散发易燃气体、蒸气的场所。凡在甲类、乙类生产厂房、生产装置区、储罐区、库房等与明火或散发火花地点的防火间距内的动火，均为一级动火。其区域为30m半径的范围，所以，凡是在这30m范围内的动火，均应办理一级动火证。

（4）二级动火是指特级动火及一级动火以外的动火作业。即指化工厂区内除一级和特级动火区域外的动火和其他单位的丙类火灾危险场所范围内的动火。凡是在二级动火区域内的动火作业均应办理二级动火许可证。

以上分级方法只是一个原则，但若企业生产环境发生了变化，其动火的管理级别也应做相应的变化。如全厂、某一个车间或单独厂房的内部全部停车，装置经清洗、置换分析都合格，并采取了可靠的隔离措施后的动火作业，可根据其火灾危险性的大小，全部或局部降为二级动火管理。若遇节假日、重要敏感时段（包括法定节假日，国家重大活动和会议期间）或在生产不正常的情况下动火，应在原动火级别上做升级动火管理，如将一级升为特级，二级升为一级等。

（四）禁止动火的情况

有下列情形之一的，不得进行动火作业：

（1）动火申请没有批准的，不动火；

(2)防火、灭火措施不落实,不动火;

(3)周围易燃杂物未清除,不动火;

(4)附近难以移动的易燃结构未采取安全防范措施,不动火;

(5)凡盛装过油类等易燃液体的容器,管道未洗刷干净、未排净残存液体,不动火;

(6)凡储存过受热膨胀、易燃、易爆物品的车间、仓库和其他场所,未排除易燃易爆危险,不动火;

(7)未配备相应的灭火器材,不动火;

(8)动火中没有现场安全负责人,不动火;

(9)动火中发现有不安全苗头,不动火。

CAA001 高处作业的防护措施

二、高处作业的安全程序

ZAB006 高处作业的安全程序

凡在坠落高度基准面2m以上(含2m)有可能坠落的高处进行的作业,都称为高处作业。高处作业高度分为2~5m(含)、5(不含)~15m(含)、15(不含)~30m、30m以上4个区段,分别称为一级、二级、三级、特级高处作业。高处作业必须办理高处作业许可证。

高处作业的一般要求:进入施工现场必须戴安全帽;悬空高处作业人员应挂牢安全带,临边作业采取临边防护措施;人员活动集中和出入口处的上方应搭设防护棚;高处作业的安全技术措施应在施工方案中确定,并在施工前完成,最后经验收确认符合要求;患有精神病、癫痫病、高血压、心脏病等疾病及其他不适合高处作业的人员,不得从事高处作业施工;高处作业的人员应按规定定期进行体检。

(一)申请办理高处作业许可证

(1)提供办理高处作业许可证的相关资料和设施;

(2)项目负责人组织填写作业许可证和高处作业许可证;

(3)高处作业许可证确认,书面审核和现场核查通过之后,由主管领导确认和签字。

(二)高处作业许可证审批

(1)特级高处作业许可审批。

(2)一般高处作业作业许可审批。

(三)取消作业,终止作业许可作业证的情况

当发生下列任何一种情况时,现场监督人员应立即取消作业,终止相关作业许可证,并通知批准人,若要继续作业应重新办理许可证:

(1)作业环境和条件发生变化;

(2)作业内容发生改变;

(3)高处作业与作业计划的要求发生重大偏离;

(4)发现有可能造成人身伤害的违章行为;

(5)现场作业人员发现重大安全隐患;

(6)事故状态下。

(四)高处作业许可证的有效期

高处作业许可证的有效期限不得超过一个班次。如果在书面审查和现场核查过程中,经确认需要更多的时间进行作业,应根据作业性质、作业风险、作业时间,经相关各方协商一

致确定作业许可证的延期次数。超过延期次数的,重新办理许可证。

(五)许可证的审批、分发、延期、取消、关闭

许可证的审批、分发、延期、取消、关闭具体执行“作业许可管理规定”。

(六)高处作业的防护措施

进行高处作业前,针对作业内容进行危害识别,制定相应的作业程序及安全措施,并将安全措施填入“高处作业许可证”内。

(1)应制定安全应急预案,内容包括作业人员遇紧急状况时的逃生路线等高空避险方法,现场应配备的应急救援设施和灭火器材等;现场人员应熟知应急预案的内容。

(2)高处作业人员应使用与作业内容相适应的安全带,安全带应系挂在施工作业处上方的牢固构件或“生命线”上,实行高挂(系)低用;安全带系挂点下方应有足够的净空。

(3)劳动保护服装应符合高处作业的要求。

(4)高处作业严禁上下投掷工具、材料和杂物等,所用材料应堆放平稳,应设安全警戒区,并设专人监护;工具在使用时应系有安全绳,不用时应将工具放入工具套(袋)内;在同一坠落平面上,一般不应进行上下交叉高处作业,如需进行交叉作业,中间应设置安全防护层,坠落高度超过24m的交叉作业,应设双层防护。

(5)高处作业人员不应站在不牢固的结构物上进行作业,不应高处休息;脚手架的搭设必须符合国家有关规程和标准;应使用符合安全要求的吊笼、梯子、防护围栏、挡脚板和安全带等;作业前,应仔细检查所用的安全设施是否坚固、牢靠;夜间高处作业应有充足的照明。

(6)在邻近地区设有排放有毒、有害气体及粉尘超出容许浓度的烟囱及设备的场合,严禁进行高处作业,如在容许浓度范围内,也应采取有效的防护措施;遇有不适宜高处作业的恶劣气象(如六级风以上、雷电、暴雨、大雾等)条件时,严禁露天高处作业。

三、进入受限空间作业的程序

CAA004 进入受限空间作业安全知识

ZAB005 进入受限空间的作业程序

(一)受限空间作业的概念

进入受限空间作业是指在生产或施工作业区域内进入炉、塔、釜、罐、仓、槽车、烟道、隧道、下水道、沟、坑、井、池、涵洞等封闭或半封闭,且有中毒、窒息、火灾、爆炸、坍塌、触电等危害的空间或场所的作业。

在进入受限空间作业前,应办理“进入受限空间作业许可证”。进入受限空间可能会涉及用火、高处、临时用电等作业,此时还要办理相应的作业许可证。进入受限空间作业的安全监督,除防止发生火灾爆炸外,应以防止中毒窒息和人员触电为重点,必须严格执行作业安全规范,落实好相应的防范措施后才能办证作业。

(二)受限空间作业的分级

1. 一般受限空间

除符合以下所有物理条件外,还至少存在以下危险特征之一的空间称为一般受限空间:

1)物理条件

(1)有足够的空间,让人员可以进入并进行指定的工作;

(2)进入和撤离受到限制,不能自如进出;

(3)并非设计用来给员工长时间在内工作的空间。

2)危险特征

(1)存在或可能产生有毒有害气体；

(2)存在或可能产生掩埋作业人员的物料；

(3)内部结构可能将作业人员困在其中(如内有固定设备或四壁向内倾斜收拢)。

2. 特殊受限空间

下列情况均属于特殊受限空间：

(1)受限空间内无法通过工艺吹扫、蒸煮、置换处理达到合格；

(2)与受限空间相连的管线、阀门无法断开或加盲板；

(3)受限空间作业过程中无法保证作业空间内部的氧气浓度合格；

(4)受限空间内的有毒有害物质高于 GBZ 2.1—2019《工作场所有害因素职业接触限值　第1部分:化学有害因素》、GBZ 2.2—2007《工作场所有害因素职业接触限值　第2部分:物理因素》中的最高容许浓度。

(三)受限空间作业的安全措施

进入受限空间作业前,应针对作业内容进行危害识别,制定相应的作业程序及安全措施。对照“进入受限空间作业许可证”有关安全措施逐条确认,并将补充措施填入相应栏内并确认。

(1)制定安全应急预案,内容包括作业人员紧急状况时的逃生路线和救护方法,现场应配备的救生设施和灭火器材等;现场人员应熟知应急预案的内容。

(2)在进入受限空间作业前,应切实做好工艺处理,与其相连的管线、阀门应加盲板断开;不得以阀门代替盲板,盲板处应挂牌标示。

(3)作业前容器应进行工艺处理,采取蒸煮、吹扫、置换等方法,并进行采样分析。

(4)无监护人在场,不应进行任何作业。当受限空间状态改变时,为防止人员误入,在受限空间的入口处设置“危险！严禁入内”警告牌。

(5)为保证设备内空气流通和人员呼吸需要,可采用自然通风,必要时采取强制通风方法,但严禁向内充氧气。进入受限空间内的作业人员每次工作时间不宜过长,应安排轮换作业或休息。

(6)取样分析应有代表性、全面性。设备容积较大时应对上、中、下各部位取样分析,应保证设备内部任何部位的可燃气体浓度和氧含量合格(氧含量在19.2%~23.5%),并且有毒有害物质不超过国家规定的工作场所空气中有毒物质和粉尘的容许浓度。作业期间应至少每隔4h取样复查一次,若有一项不合格应停止作业。

(7)带有搅拌器等转动部件的设备,应在停机后切断电源,摘除保险或挂接地线,并在开关上上锁,挂“有人工作、严禁合闸”警示牌,必要时派专人监护。进入金属容器(炉、塔、釜、罐等)和特别潮湿、工作场地狭窄的非金属容器内作业照明电压应不高于12V;当需使用电动工具或照明电压高于12V时,应按规定安装漏电保护器,其接线箱(板)严禁带入容器内使用。

(8)当作业环境内存在爆炸性气体,则应使用防爆电筒或电压不高于12V的防爆安全行灯,行灯变压器不应放在容器内或容器上;作业人员穿戴防静电服装,使用防爆工具。

(9)进入受限空间作业的人员及所带工具、材料须进行登记,作业结束后,进行全面检查，确认无误后，方可交验。

四、起重作业

ZAB010　起重作业的安全程序

管理要点：

(1)起重作业实行许可管理。

(2)起重作业按照作业申请、作业审批、作业实施、作业关闭四个环节进行管控。

注意事项：

(1)开展JSA风险分析，并制定相应作业程序和安全措施。

(2)起重操作人员、指挥人员、司索人员持有有效的资格证书；指挥人员应佩戴鲜明的标志，并按规定的联络信号统一指挥；作业人员应坚守岗位。

(3)起重指挥人员必须按规定的指挥信号进行指挥，操作人员应清楚吊装方案和指挥信号。

(4)起重指挥人员应严格执行吊装方案，发现问题及时与编制人协商解决。

(5)正式起吊前应进行试吊，检查全部机具、地锚受力情况；发现问题，应先将工件放回地面，待故障排除后重新试吊；确认一切正常后方可正式吊装。

(6)吊装过程中出现故障，起重操作人员应立即向指挥人员报告；没有指挥令，任何人不得擅自离开岗位。

(7)起吊重物就位前，不得解开吊装索具。

(8)作业前按规定进行安全技术交底，作业人员应穿戴合格的劳保用品。

(9)作业现场应实行视频监控，设定警戒线，禁止无关人员进入警戒区域。

五、能量隔离

CAA003　能量隔离安全知识

(一)相关名词解释

能量：可能造成人员伤害或财产损失的工艺物料或设备所含有的能量，主要指电能、机械能(移动设备、转动设备)、热能(机械或设备、化学反应)、势能(压力、弹簧力、重力)、化学能(毒性、腐蚀性、可燃性)、辐射能等。

隔离：将阀件、电气开关、蓄能配件等设定在合适的位置或借助特定的设施使设备不能运转或能量不能释放。

安全锁：用来锁住能量隔离设施的安全器具。安全锁按使用功能分为两类，个人锁，只供个人专用的安全锁；集体锁，现场共用的安全锁，并包含锁箱，集体锁为同花锁，是一把钥匙可以开多把锁的组锁。

锁具：保证能够上锁的辅助设施，如锁扣、阀门锁套、链条等。

“危险！禁止操作”标签：标明何人、何时上锁及理由并置于安全锁或隔离点上的标签。

测试：验证系统或设备隔离的有效性。

(二)隔离或控制能量的方式

隔离或控制能量的方式包括但不限于：

(1)移除管线，加盲板；

(2)双切断阀门，打开双阀之间的导淋；

(3)切断电源或对电容器放电;

(4)退出物料,关闭阀门;

(5)辐射隔离,距离间隔;

(6)锚固、锁闭或堵塞。

(三)能量隔离分类

(1)电气隔离,如断开开关,拉开关闸刀等,包括必要的测试及挂牌上锁;

(2)工艺隔离,如阀门的开启和关闭及挂牌上锁等;

(3)机械隔离,如加装、拆除盲板;

(4)仪表隔离,如断开、拆离仪表及挂牌上锁等;

(5)辐射隔离,如隔离、关闭辐射源及设置警戒区域;

(6)其他。

(四)辨识与隔离

(1)属地单位应辨识作业过程中所有能量的来源及类型,编制能量隔离作业书,由测试人和作业人双方确认签字,经属地单位项目负责人审核后张贴在作业现场醒目处。

(2)根据能量的性质及隔离方式选择相匹配的断开、隔离设施。管线、设备的隔离执行"管线/设备打开管理规定";电气隔离执行相关标准与规定。

(五)上锁、挂标签

根据能量隔离作业书,对已完成隔离的隔离点选择合适的锁具,填写"危险!禁止操作"标签,对所有隔离点上锁、挂标签。

(六)确认

上锁、挂标签后,属地单位与作业单位应共同确认能量已隔离或去除。当有一方对上锁、隔离的充分性、完整性有任何疑虑时,均可要求对所有的隔离再做一次检查。确认可采用但不限于以下方式:

(1)在释放或隔离能量前,应先观察压力表或液面计等仪表处于完好工作状态;通过观察压力表、视镜、液面计、低点导淋、高点放空等多种方式,综合确认储存的能量已被彻底去除或已有效地隔离。在确认过程中,应避免产生其他的危害。

(2)目视确认连接件已断开、设备已停止转动。

(3)对存在电气危险的工作任务,应有明显的断开点,并经测试无电压存在。

(七)测试

(1)有条件进行测试时,属地单位应在作业人员在场时对设备进行测试(如按下启动按钮或开关,确认设备不再运转)。测试时,应排除联锁装置或其他会妨碍验证有效性的因素。

(2)如果确认隔离无效,应由属地单位重新确定能量隔离方案,实施能量隔离。

(3)在工作进行中临时启动设备的操作(如试运行、试验、试送电等),恢复作业前,属地单位应重新填写能量隔离作业书,再次对能量隔离进行确认、测试,双方确认签字。

(4)工作进行中,若作业单位人员提出再测试确认要求时,须经属地单位项目负责人确认、批准后实施再测试。

(八)解锁

(1)解锁依据先解个人锁后解集体锁、先解锁后解标签的原则进行。

(2)作业人员完成作业后,本人解除个人锁。当确认所有作业人员都解除个人锁后,由属地单位监护人本人解除个人锁。

(3)涉及电气、仪表隔离时,属地单位应向电气、仪表专业人员提供集体锁钥匙,由电气、仪表专业人员进行解锁。

(4)属地单位确认设备、系统符合运行要求后,按照能量隔离作业书,负责解除现场集体锁。

(5)当作业部位处于应急状态下需解锁时,可以使用备用钥匙解锁;无法取得备用钥匙时,经属地项目负责人同意后,可以采用其他安全的方式解锁。解锁应确保人员和设施的安全。解锁应及时通知上锁、挂标签的相关人员。

(6)解锁后设备或系统试运行不能满足要求时,再次作业前应重新按要求进行能量隔离。

六、临时用电的安全程序

ZAB009　临时用电的安全程序

临时用电安全管理规定:

(1)在正式运行的电源上所接的一切临时用电,应办理临时用电作业许可证。

(2)运行的生产装置、罐区和具有火灾爆炸危险场所内一般不允许接临时电源,确属装置生产、检修施工需要时,需办理临时用电作业许可证。

(3)作业前,针对作业内容应进行危害识别,制定相应的作业程序及安全措施。将安全措施填入"临时用电作业许可证"内。

(4)许可证办理。

施工单位负责人持电工作业操作证、施工作业单等资料到电力车间办理临时用电作业许可证。车间负责人应对作业程序和安全措施进行确认后签发临时用电作业许可证。

施工单位负责人应向施工作业人员进行作业程序和安全措施的交底。作业完工后,施工单位应及时通知负责配送电人员停电,施工单位拆除临时用电线路。

(5)作业安全措施。

有自备电源的施工和检修队伍,自备电源不应接入公司电网。安装临时用电线路的电气作业人员,应持有电工作业证。临时用电设备和线路应按供电电压等级和容量正确使用,所用的电气元件应符合国家规范标准要求,临时用电电源施工、安装应严格执行电气施工安装规范,并接地良好。

(6)注意事项:

① 防爆场所使用的临时电源,电气元件和线路应达到相应的防爆等级要求,并采取相应的防爆安全措施。

② 临时用电线路及设备的绝缘应良好。

③ 临时用电架空线应采用绝缘铜芯线。架空线最大弧垂与地面距离在施工现场不低于2.5m,穿越机动车道不低于5m。架空线应架设在专用电杆上,严禁架设在树木和脚手架上。

④ 需埋地敷设的电缆线路应设有“走向标志”和“安全标志”。电缆埋地深度不应小于0.7m,穿越公路时应加设防护套管。

⑤ 现场临时用电配电盘、箱应有编号,应有防雨措施,盘、箱、门应能牢靠关闭。

⑥ 行灯电压不应超过36V,在特别潮湿的场所或塔、釜、槽、罐等金属设备作业装设的临时照明行灯电压不应超过12V。

⑦ 临时用电设施应安装符合规范要求的漏电保护器,移动工具、手持式电动工具应一机一闸一保护。

(7)电器技术员应每天进行两次巡回检查,建立检查记录和隐患问题处理通知单,确保临时供电设施完好。存在重大隐患或发生威胁安全的紧急情况时,电气技术员有权紧急停电处理。

(8)临时用电单位应严格遵守临时用电规定,不得变更地点和工作内容,禁止任意增加用电负荷或私自向其他单位转供电。

ZAB007 施工作业的安全程序

七、施工作业的安全程序

(1)按国家规定配备消防器材:

① 临时搭设的建筑物区域内,每$100m^2$配备2只10L灭火器。

② 大型临时设施总面积超过$1200m^2$,应备有专供消防用的积水桶(池)、黄沙等设施,上述设施周围不得堆放物品。

③ 临时木工间、油漆间和机具间等每$25m^2$配备一个种类合适的灭火器,油库、危险品库应配备足够数量、种类合适的灭火器。

④ 24m高度以上高层建筑施工现场,应设置有足够扬程的高压水泵或其他防火设备和设施。

(2)施工现场防火安全应符合下列要求:

① 各单位在编制施工组织设计时,施工总平面图、施工方法和施工技术均要符合消防安全要求。

② 施工现场应明确划分用火作业、易燃可燃材料堆场、仓库、易燃废品集中站和生活区等区域。

③ 施工现场夜间应有照明设备,保持消防车通道无阻,并要安排力量加强值班巡逻。

④ 施工作业期间需搭设临时性建筑时,必须经施工企业负责人批准,施工结束应及时拆除,不得在高压架空下面搭设临时性建筑物或堆放可燃物品。

⑤ 施工现场配备的消防器材,应指定专人维护、管理、定期换粉更新,保证完整好用。

⑥ 在土建施工时,应先将消防器材和设施配备好,有条件的,应敷设好室外消防水管和消防栓。

⑦ 焊、割作业点与氧气瓶、电石桶和乙炔发生器等危险物品的距离不得少于10m,与易燃易爆物品的距离不得少于30m;如达不到上述要求的,应执行动火审批制度,并采取有效的安全隔离措施。

⑧ 乙炔发生器和氧气瓶的存放之间不得小于2m,使用时,二者的距离不得小于5m。

⑨ 氧气瓶、乙炔发生器等焊割设备上的安全附件应完整有效,否则不准使用。

⑩ 施工现场的焊、割作业,必须符合防火(六氟丙烷)要求,作业人员和消防系统的操作人员,必须持证上岗,并严格遵守消防安全操作规程。

⑪ 冬季施工采用保温加热措施时,应符合以下要求:采用电热器加温,应设电压调整器控制电压,导线应绝缘良好,连接牢固,并在现场设置多处测量点。采用锯末生石灰蓄热,应选择安全配方比,并经工程技术人员同意方可使用。用保温或加热措施前,应进行安全教育,施工过程中,应安排专人巡逻检查,发现隐患及时处理。

⑫ 施工现场的动火作业,必须执行审批制度。一级动火作业由所在单位行政负责人填写动火申请表,编制安全技术措施方案,报公司保卫部门及消防部门审查批准后,方可动火。二级动火作业由所在工地、车间的负责人填写动火申请表,编制安全技术措施方案,报单位主管部门审查批准后,方可动火。三级动火作业由所在班组填写动火申请表,经工地、车间负责人及主管人员审查批准后,方可动火。

项目六 HSE 管理

ZAB001 HSE 危害的概念、危害因素

一、HSE 管理概述

(1)危害:可能造成人员伤害、职业病、财产损失、作业环境破坏的根源或状态。

(2)危险因素:在生产、劳动过程中,存在对职工的健康和劳动能力产生有害作用,并导致疾病的因素,通常为了区别客体对人体不利作用的特点和效果,分为危险因素(强调突发性和瞬间作用)和危害因素(强调在一定时间范围内的积累作用)。有时对两者不加以区分,统称危险因素。客观存在的危险、有害物质和能量超过临界值的设备、设施和场所,都可能成为危险因素。

(3)中国石油天然气集团有限公司健康安全环境(HSE)管理原则:

① 任何决策必须优先考虑健康安全环境;

② 安全是聘用的必要条件;

③ 企业必须对员工进行健康安全环境培训;

④ 各级管理者对业务范围内的健康安全环境工作负责;

⑤ 各级管理者必须亲自参加健康安全环境审核;

⑥ 员工必须参与岗位危害识别及风险控制;

⑦ 事故隐患必须及时整改;

⑧ 所有事故事件必须及时报告、分析和处理;

⑨ 承包商管理执行统一的健康安全环境标准。

二、HSE 管理工作方法

(1)遵守所在国家和地区的法律、法规,尊重当地的风俗习惯;

(2)以人为本,预防为主,追求零伤害、零污染、零事故的目标;

(3)保护环境,推行清洁生产,致力于可持续发展;

(4)优化配置 HSE 资源,持续改进健康安全环境管理水平;

(5)各级最高管理者是 HSE 第一责任人,HSE 表现和业绩是奖惩、聘用人员以及雇用承包商的重要依据;

(6)实施 HSE 培训,培育和维护企业 HSE 文化;

(7)向社会坦诚地公开 HSE 业绩。

三、班组 HSE 管理

各班组长要在合理安排好日常业务工作的情况下,组织开展 HSE 活动,HSE 活动每月不少于 2 次,每次时间不少于 1h。要严格保证 HSE 活动时间,不准挪作他用。领导和部门负责人要经常参加班组 HSE 活动,督促、检查 HSE 活动的开展情况,并进行组织指导,以促进 HSE 活动正常开展。HSE 活动内容:

(1)学习有关安全生产法令、法规、文件、通报、安全技术流程、安全生产管理制度及安全技术知识;

(2)结合集团公司事故汇编和安全信息、讨论分析典型事故,总结和吸取事故教训;

(3)开展防火、防爆、防中毒及自我保护能力训练,以及异常情况紧急处理和应急预案演练;

(4)开展事故应急预案训练和岗位练兵,结合岗位生产工作特点开展岗位安全技能训练;

(5)开展岗位安全技术练兵、比武活动;

(6)开展查隐患、纠违章活动;

(7)其他 HSE 活动。

GAA002 班组安全活动记录填写要求

班组 HSE 活动记录、安全记录要认真记录,做到真实、齐全、清楚、实用。记录内容包括参加人员、参加领导、活动内容、发言情况、领导和注册安全监督阅签等。要防止搞形式主义、走过场和弄虚作假。

安全监督要对班组 HSE 活动和记录每月定期进行监督检查。对达不到要求的班组要提出批评和整改意见,以提高班组 HSE 活动水平。

四、石油化工污染的种类、污染物来源

石油化工污染物按污染物的性质可分为无机化学工业和有机化学工业污染;按污染物的形态可分为废气、废水和废渣。此外,噪声也是一种污染,过强的噪声会引起多种疾病,同样需要治理。总的来说,石油化工污染物都是在生产过程中产生的,但其产生的原因和进入环境的途径则是多种多样的。其具体包括:(1)化学反应不完全所产生的废料;(2)副反应所产生的废料;(3)燃烧过程中产生的废气;(4)冷却水;(5)设备和管道的泄漏;(6)其他生产中排出的废弃物等。

石油化工行业排放的主要污染物及污染特点如下。

GAC001 石油化工行业水体污染物的种类

(一)水体污染物

水体污染物主要为有机物、石油类、酸碱污染物等。

1. 有机物

石油化工行业废水中的有机物种类繁多，它们在水中能继续氧化分解，大量消耗水中的溶解氧。

2. 石油类

石油类污染物主要来源于石油的开采、储运、使用和加工过程，对水质和水生生物有相当大的危害。漂浮在水面上的油类可迅速扩散，形成油膜，阻碍水面与空气接触，使水中溶解氧减少，且油类含有多环芳香烃致癌物质，可经水生生物富集后危害人体健康。

3. 酸、碱污染物质

石油化工生产中酸污染较普遍，常用的无机酸有硫酸、盐酸、硝酸、磷酸，有机酸主要有脂肪酸和芳香族酸两类。酸能腐蚀损害鱼类的鳃，降低其吸氧能力，并使动物体内血液滞流，排泄器官失去作用；水的 pH 值<5 时，鱼类即不能正常生活。常用的无机碱有碳酸钠、氢氧化钠、氢氧化钙等，碱性污染物质对皮肤、眼睛和黏膜都有强烈的腐蚀作用，可导致皮肤灼伤和坏死；进入动物消化系统则会引起消化道黏膜糜烂、出血和腐蚀，甚至穿孔；碱性废水会使土壤盐碱化。

(二)大气污染物质

大气污染物质主要有二氧化硫、氮氧化物、氯气、氯化氢、硫化氢等。

(1)二氧化硫：主要来自炼油装置、硫酸工业和电厂。二氧化硫对人呼吸道及眼睛有强烈的刺激作用，大量吸入可引起肺水肿、喉水肿、声带痉挛而窒息。二氧化硫是形成酸雨的主要污染物。

(2)氮氧化物：主要来源于燃料的燃烧，同时在硝酸、塔式硫酸氮肥、染料、己二酸等化工产品的生产中也会排放出氮氧化物(NO_x)。氮氧化物和碳氢化合物在太阳光照射下发生光化学反应，会产生二次污染物——光化学烟雾，危害人的健康和环境。此外，氮氧化物也是形成酸雨的主要污染物。

(3)氯、氯化氢：主要来自氯碱厂和氯碱加工厂。氯气和氯化氢会引起人体上呼吸道黏膜炎性肿胀、充血和眼黏膜刺激等症状。当浓度很高或接触时间很长时，会引起呼吸道深度病变，引发支气管炎、肺炎和肺气肿等。

(4)硫化氢：主要来自部分炼油装置和含硫污水处理、硫黄回收等装置，对人眼及呼吸道黏膜有强烈的刺激作用，大量吸入可引起肺水肿、支气管炎及肺炎，高浓度使人昏迷并因呼吸麻痹而死亡。

(三)石油化工行业污染的特点

石油化工行业污染的特点可归纳为下列几个方面：

(1)危害大，毒性大。有刺激或腐蚀性，能直接损害人体健康，腐蚀金属、建筑物，污染土壤、森林及河流、湖泊等。

(2)污染物种类多。污染物种类繁多，既有酸类，又有碱类；既有无机类，也有有机类；既有气体的，也有液体或固体的。

(3)污染后恢复困难。受污染的环境，要恢复到原来状态，需要很长时间。即便停止排放并清除了污染物，被污染的生物也极难消除污染。

GBD007 常减压蒸馏装置的主要污染源

五、常减压蒸馏装置的主要污染源

为减少常减压蒸馏装置各污染源对环境的影响，对装置正常生产产生的废气、废水、固废及噪声等污染必须采取有效、可行的污染防治措施进行预防和治理。

(一) 废气污染防治措施

常减压蒸馏装置产生的废气主要为常压炉、减压炉烟气和无组织排放废气，烟气中污染物主要为二氧化硫和二氧化氮；无组织排放废气主要为非甲烷总烃。为减少加热炉烟气中污染物的产生和排放，采取源削减和污染治理相结合的方式进行污染防治。首先，采用脱硫后的高压瓦斯作为加热炉燃料，为进一步减少 SO_2 排放，应尽量使用天然气；其次，采用低氮燃烧器；最后，烟气有组织高空排放，常压炉烟气和减压炉烟气合并后，由 100m 高烟囱高空排放，通过大气的扩散和稀释，降低污染物对大气环境的影响。采取加强设备维护，减少静密封泄漏等措施减少装置无组织排放废气的产生。

(二) 废水污染防治措施

常减压蒸馏装置产生的废水包括含盐废水、含硫废水、含油废水。含盐废水和含油废水一起进入厂区污水处理场，采用炼油行业成熟可靠的隔油、浮选、生化处理技术，处理后的废水再经气浮、臭氧氧化、BAF 曝气滤池曝气、过滤、消毒深度处理，达到回用标准后回用于循环水系统作补水。含硫废水采用单塔汽提工艺，汽提出硫化氢送硫黄回收装置生产硫黄，汽提净化水部分回用于电脱盐单元，部分送到污水处理场深度处理后回用。

(三) 固废污染防治措施

常减压整理装置产生的固废主要包括污泥残渣、废机油和废含油抹布装置或设备检修产生的危废，均属于危险固废，需委托有危废处理资质单位处理。

(四) 噪声防治措施

常减压蒸馏装置噪声污染源包括加热炉、引风机、机泵、空冷等设备，噪声源强度在 80~90dB(A)。为减少产噪设备对环境的污染，尽可能使用低噪声设备；采用风机出口安装消声器，进气管设消音过滤器，在送风管道安装柔性接头，并做减震基础，产噪设备安装减震器，厂界外侧种植高大树木作为防护林带等措施进行噪声防治。

六、清洁生产

(一) 清洁生产的本质

清洁生产是一种新的污染防治战略，它是一种工业与环保相结合的生产方式，着眼于利用资源削减和再循环手段将先前的污染治理转向把污染降低或消除在生产到消费的过程中，包括清洁的能源、清洁的生产过程和清洁的产品。清洁生产是一种新的创造性思想，将整体预防的环境战略持续应用于生产过程、产品和服务中，以增加生态效率和减少人类危害及环境污染的风险。清洁生产技术的实施主要包括以下几个过程：在产品设计时，选择无污染的替代产品；对生产过程，要求节约原材料和能源，选择无毒无害的原材料，淘汰有毒原材料，减少所有废弃物的数量和降低其毒性；对产品，要求减少从原材料提炼到产品最终处置的全生命周期的不利影响；对服务，要求将环境因素纳入设计和所提供的服务中。这样可使清洁生产既可以满足人类要求，又可以合理利用资源和能源，并保护环境。但是清洁生产只是一个相对的概念，其清洁的工艺和清洁的产品及清洁的能源是和现有的工艺、产品、能源比较而言的。它本身是一个不断完善的过程，随着社会经济的发展和科学技术的进步，需要适时地提出更新的目标，争取达到更高的水平，但它最终目的是从生态—经济大系统的整体优化出发，对物质转化的全过程不断采取战略性、综合性、预防性措施，以提高物料和能源的利用率，减少及消除废物的生产和排放，降低生产活动对资源的过度使用以及对人类和环境造成的风险，实现社会的可持续发展。

（二）清洁生产的必要性

目前在我国尤其在西部的整个工业生产体系中，发展模式依然是传统的、大量消耗能源和粗放型的生产，这是造成工业污染的主要原因。长期以来，人们只是采取“先污染后治理”的方式，而疏忽了生产过程中污染的防治。虽然对污染防治也产生了一定的效果，但是，其付出的代价也很大，而且存在着许多无法避免的缺点，有时甚至得不偿失。首先，末端治理需要较多的投资，且建设周期长，运行费用高，经济效益低，直接影响企业治理污染的积极性；其次，生产过程中本来可以回收利用的原材料没有得到回收利用，而是随着“三废”排入环境或被废弃掉，造成资源和能源的极大浪费以及环境污染的加剧；再次，末端处理废物有一定的风险性，如废物填埋和储存过程中可能造成泄漏等；最后，采用落后的工艺和设备进行生产，可能使工人处于有毒、有害的工作环境中，生产的产品可能使用户的健康受到损害。

由此可见，传统的工业生产方式存在着很多弊端，这种末端治理方式是短视行为，不利于可持续发展。

由于末端治理的污染防治策略存在着许多无法避免的缺陷，因此，为了人类社会的可持续发展，迫切需要采取一种新的生产方式来改变这种状况，而清洁生产恰恰适应这种需求，它的起点就在于防止污染的产生，强调在污染发生前就削减它。由于对生产过程与产品采取了预防性的集体战略，从生产的选料、能源及产品的生命周期进行分析，因而会减少甚至避免了生产过程中出现的危害及后期治理过程中出现的麻烦和浪费。从目前相关报道来看，清洁生产不仅可以降低产品成本费用，减少末端治理的浪费，提高资源利用率，而且可以大大降低其再生产过程中对人的危害。尤其对于经济不太发达没有能力支付后期治理所需大量资金的发展中国家来讲，清洁生产方式更显出其巨大的优越性。

（三）清洁生产的应用

目前，国内一些比较有远见的企业已开始尝试使用清洁生产技术，取得了很好的效果，尤其在制革、电镀和化肥等一些污染较大的生产工业中，实践证明，清洁生产技术的应用，不仅大大降低了污染物的排出量，而且减少了原料耗费量，节约了能源，降低了生产成本，使资源利用率不断提高，产生了很好的经济效益和环境效益。

（四）清洁技术发展前景

由于各国政府的大力支持，联合国工业发展组织和联合国环境规划署启动的国家清洁生产中心项目在约 30 个发展中国家建立了国家清洁生产中心，这些中心与十几个发达国家的清洁生产组织构成了一个巨大的国际清洁生产网络。现在，全球没有开展过清洁生产的国家或地区已为数不多了。我国于 1997 年 4 月国家环境保护局发布了《关于推行清洁生产的若干意见》，1999 年 5 月国家经贸委发布了《关于实施清洁生产示范试点的通知》。联合国环境规划署 1999 年 10 月举行了第六届国际清洁生产高级研讨会，会上出台了《国际清洁生产宣言》，中国国家环境保护总局王心芳副局长代表中国政府在《国际清洁生产宣言》上郑重签字，表明了我国政府大力推动清洁生产的决心。陕西、辽宁、江苏、本溪、太原和沈阳等省市制定和颁布了地方清洁生产的政策和法规。

清洁生产今后发展的重点是机制创新。各国政府过去在推行清洁生产中主要采用供给侧方式，这种方式未能有效地广泛推动清洁生产。在我国已经加入 WTO 的大形势下，企业家对市场竞争的认识和体会有了较快的提高，如果政府部门能因势利导，建立以市场运作为基础的推动机制，清洁生产在我国的发展前景必然看好。

（五）存在问题

虽然国家已在大力提倡清洁生产技术，但力度还不够。许多企业还是没有认识到其重要性，仍然在得过且过，或者是欺上瞒下，没有使清洁生产落到实处，有的企业即使做了，做得依然还不够。许多企业不注重生产过程中的合理管理，资源和能源浪费现象还比较严重，因此相关部门需要加大执法力度，弄虚作假者一经发现应严加处理。如今，我国已成为 WTO 中的一员，企业的市场竞争力就是企业的生命，为了在市场竞争中立于不败之地，就要真正把清洁生产技术落到实处，把企业搞活。这只靠法律规范是远远不够的，还要注意加强人员素质培训，使工人自觉意识到清洁生产的好处和重要性，才能主动付诸实施，并在生产过程中不断地改进、创新，再加上政府部门的因势利导，必然会使清洁生产健康成长，这样才能够保障经济和环境的可持续发展。

J(GJ)AB001 应急预案的编制方法

七、应急预案的编制方法

（一）一般灾害性事故应急预案内容

（1）应急机构的组成及职责；（2）灾害事故应急处理的原则（生命第一原则、损失最小化原则、及时性、有效性、第一响应等）；（3）报警与报告程序；（4）生产和技术处理（停机、关闸、停产等明确的规定）；（5）灾害控制与扑救；（6）伤员的救护；（7）警戒疏散与交通管制；（8）应急物资准备与供应；（9）救援与救助（寻求什么样的外援、公安、消防、医疗、军队、政府等）；（10）生产恢复；（11）应急演练。

（二）一般设备事故的应急预案（锅炉、塔吊、吊车、压力容器等）内容

（1）应急处理的知识；（2）事故的部位及类型；（3）引发事故的原因；（4）事故的应急处理原则；（5）主要操作程序及要点；（6）报警、报告与救护；（7）生产恢复；（8）应急演练。

（三）化工事故应急预案（针对化工厂厂级应急预案）内容

（1）厂区的基本情况；（2）危险化学品的数量及其分布图；（3）指挥机构的设备及职责；（4）资金保障及通讯联络的方式；（5）应急救援专业队伍的任务和训练；（6）预防事故的措施；（7）事故处理；（8）工程抢救抢修；（9）现场医疗救护；（10）紧急安全疏散；（11）社会支援。

ZAB002 防冻、防凝的知识

项目七 防冻、防凝知识

蒸馏装置设备都是露天布置，有的机泵也放在室外，我国除北回归线以南的少数地区外，都有冬季且冬季寒冷、气温较低。在冬季生产中，我国北方地区，设备及管线内的存水如处于静止状态,就会冻结,轻度冻结,使管线堵塞不通,会影响开工及正常生产的顺利进行。天气很冷时,设备及管线内存水结冰后,体积膨胀,可能发生设备、管线或阀门冻裂、垫片冻坏等事故。如不能及时发现,当冰融化解冻后,很可能造成严重的泄漏,引起跑油、中毒、着火、爆炸等一系列事故,这是很危险的。因此,冬季蒸馏装置开工、停工、正常生产中都必须认真做好防冻、防凝工作,具体做法:

(1)长期停用的设备、管线与生产系统连接处要加好盲板,并把积水排放后吹扫干净。露天的闲置设备和敞口设备要防止积水、积雪冻坏设备。

(2)运转和临时停运的设备、水管、汽管、控制阀要有防冻保温措施,或采取维持小量的长流水、少过汽的办法,达到既节约又防冻的要求。停水、停汽后要吹扫干净。

(3)要加强巡回检查脱水:如各设备低点及管线低点有水的部位要经常检查脱水,泵的冷却水不能中断,备用泵按规定时间盘车,蒸汽伴热系统、取暖系统经常保持畅通。各处的蒸汽与水线甩头应保持长冒汽、长流水,压力表、液面计要经常检查,并做好防冻防凝保温工作。

(4)冬季生产中开不动或关不动的阀门不能硬开硬关。机泵盘不动车,不得启用。

(5)对冻凝的铸铁阀门要用温水解冻或用少量蒸汽慢慢加热,防止骤然受热损坏。

(6)施工和生活用水,要设法排放到地沟或不影响通行的地方,冰溜子要随时打掉。有冰雪的楼梯要打扫干净。

(7)加强管理,建立防冻、防凝台账。

项目八 法律常识

一、劳动合同

(一)劳动合同

劳动合同是指劳动者与用人单位之间确立劳动关系,明确双方权利和义务的协议。订立和变更劳动合同,应当遵循平等自愿、协商一致的原则,不得违反法律、行政法规的规定。劳动合同依法订立即具有法律约束力,当事人必须履行劳动合同规定的义务。

GAF001 劳动合同的经济补偿与赔偿规定

(二)劳动合同的经济补偿与赔偿规定

经济补偿金是指用人单位按照法律规定在特定条件下向劳动者支付的一种经济补偿,经济补偿金补偿的情形、补偿的具体标准都有法律明确的规定。同时,经济补偿金通常只适用于用人单位向员工支付,劳动法及相关法律没有规定员工向用人单位支付的经济补偿金的情形。

赔偿金是指用人单位或者员工因违反法律规定或者违反合同约定,造成对方经济损失而向对方支付的赔偿,法定赔偿金的适用情形无须双方事先约定。根据《中华人民共和国劳动合同法》第八十七条,用人单位违法解除劳动合同的,应当按照解除劳动合同经济补偿金标准的二倍向劳动者支付赔偿金。

同时,《中华人民共和国劳动合同法》第八十五条规定:用人单位未按照劳动合同的约定或者国家规定及时足额支付劳动者劳动报酬的,低于当地最低工资标准支付劳动者工资的,安排加班不支付加班费的,解除或者终止劳动合同、未依法向劳动者支付经济补偿的,由劳动行政部门责令限期支付劳动报酬、加班费或者经济补偿;劳动报酬低于当地最低工资标准的,应当支付其差额部分;逾期不支付的,责令用人单位按应付金额百分之五十以上百分之一百以下的标准向劳动者加付赔偿金。

CAC001 劳动者的休息休假制度

二、劳动者的休息、休假制度

工作时间和休息、休假制度在《中华人民共和国劳动法》第四章中有明确规定,规定如下:

第三十六条　国家实行劳动者每日工作时间不超过八小时、平均每周工作时间不超过四十四小时的工时制度。

第三十七条　对实行计件工作的劳动者,用人单位应当根据本法第三十六条规定的工时制度合理确定其劳动定额和计件报酬标准。

第三十八条　用人单位应当保证劳动者每周至少休息一日。

第三十九条　企业因生产特点不能实行本法第三十六条、第三十八条规定的,经劳动行政部门批准,可以实行其他工作和休息办法。

第四十条　用人单位在下列节日期间应当依法安排劳动者休假:

(一)元旦;

(二)春节;

(三)国际劳动节;

(四)国庆节;

(五)法律、法规规定的其他休假节日。

第四十一条　用人单位由于生产经营需要,经与工会和劳动者协商后可以延长工作时间,一般每日不得超过一小时;因特殊原因需要延长工作时间的,在保障劳动者身体健康的条件下延长工作时间每日不得超过三小时,但是每月不得超过三十六小时。

第四十二条　有下列情形之一的,延长工作时间不受本法第四十一条的限制:

(一)发生自然灾害、事故或者因其他原因,威胁劳动者生命健康和财产安全,需要紧急处理的;

(二)生产设备、交通运输线路、公共设施发生故障,影响生产和公众利益,必须及时抢修的;

(三)法律、行政法规规定的其他情形。

第四十三条　用人单位不得违反本法规定延长劳动者的工作时间。

第四十四条　有下列情形之一的,用人单位应当按照下列标准支付高于劳动者正常工作时间工资的工资报酬:

(一)安排劳动者延长工作时间的,支付不低于工资的百分之一百五十的工资报酬;

(二)休息日安排劳动者工作又不能安排补休的,支付不低于工资的百分之二百的工资报酬;

(三)法定休假日安排劳动者工作的,支付不低于工资的百分之三百的工资报酬。

第四十五条 国家实行带薪年休假制度。

劳动者连续工作一年以上的,享受带薪年休假。具体办法由国务院规定。

项目九 质量控制知识

GAD001 不合格品的处置途径

一、不合格品的处置途径

对不合格品处置的四种方式:

(1)纠正:包括返工和降级;

(2)报废;

(3)返修后让步或让步;

(4)“三包”和召回。

GAD002 质量统计控制图

二、质量统计控制图

质量控制图是一种根据假设检验的原理,在以横坐标表示样组编号、以纵坐标表示根据质量特性或其特征值求得的中心线和上、下控制线直角坐标系中,把抽样所得数计算成对应数值并以点子的形式按样组抽取次序标注在图上视点子与中心线、界限线的相对位置及其排列形状,鉴别工序中有否存在系统原因,分析和判断工序是否处于控制状态,从而具有区分正常波动与异常波动功能的统计图形。

J(GJ)AC001 现场质量管理的主要内容

三、现场质量管理的主要内容

现场质量管理的主要内容“5M1E”指的是:

(1)人(Man/Manpower):操作者对质量的认识、技术熟练程度、身体状况等。

(2)机器(Machine):机器设备、工夹具的精度和维护保养状况等。

(3)材料(Material):材料的成分、物理性能和化学性能等。

(4)方法(Method):包括加工工艺、工装选择、操作规程等。

(5)测量(Measurement):测量时采取的方法是否标准、正确。

(6)环境(Environment):工作地的温度、湿度、照明和清洁条件等。

现场质量管理是指从原料投入到产品完成入库的整个生产制造过程中所进行的质量管理,它的工作重点大部分都集中在生产车间。

现场质量管理的目标是通过保证和提高产品质量、服务质量和施工质量,降低物质消耗,生产符合设计质量要求的产品,即实现符合性质量。

J(GJ)AC002 质量改进的概念

四、质量改进的概念

质量改进(Quality Improvement)是为向本组织及其顾客提供增值效益,在整个组织范围内所采取的提高活动和过程的效果与效率的措施。现代管理学将质量改进的对象分为产品质量和工作质量两个方面，是全面质量管理中所叙述的“广义质量”的概念。

质量改进是质量管理的一部分，它致力于增强满足质量要求的能力。当质量改进是渐进的并且组织积极寻找改进机会时，通常使用术语“持续质量改进”。质量改进的对象是产品或服务质量以及与它有关的工作质量。质量改进的最终效果是获得比原来目标高得多的产品（或服务）。

模块十 计算

项目一 产率、收率的概念及计算

一、产率

产率是指某一产物的实际产量，占按某一反应物参加反应的总量计算，所得到的该产物的理论产量的百分率，计算公式为：

$$产率=\frac{实际产量}{理论产量}\times 100\%$$

二、收率

收率是合格品与理论产量或理论用量的比值：

$$成品收率=\frac{实际合格产量}{理论产量(用量)}\times 100\%$$

项目二 装置成本、物耗与能耗计算

一、装置成本

成本就是企业为实现一定的经济目的而耗费的本钱，计算公式：产品总成本=固定成本总额+变动成本总额=固定成本总额+单位产品变动成本×产品总量。

二、装置物耗

装置物耗是指在加工制造过程中所领用之各项消耗性材料及工具等。

J(GJ)BC027
装置能耗的概念

三、装置能耗

装置能耗主要是工艺过程必须消耗的燃料、水蒸气、电力、水等所产生的能量消耗，计算公式为：

$$E_p=E_r+E_s+E_e+E_w+E_x+E_h$$

式中 E_p——装置能耗；

E_r——装置燃料能耗；

E_s——装置蒸汽能耗；

E_e——装置电力能耗；

E_w——装置各种水的能耗；

E_x——装置其他能耗工质的能耗；

E_h——装置与界外交换的有效热量。

GBC023 常减压装置能耗的影响因素

四、常减压装置能耗的影响因素

影响常减压装置能耗的客观因素较多，主要有以下几个方面：

（一）原油性质对能耗的影响

原油性质对能耗的影响比较复杂。轻质原油的产品大部分在常压塔蒸出，常压部分的工艺总用能多，但减压部分的加热用能减少，对湿式减压来说，塔底汽提蒸汽用量降低。因此，原油的轻重究竟对能耗有多大影响，必须在一定约束条件下才能通过理论计算进行比较。

（二）产品方案对能耗的影响

装置的能耗随产品方案不同而变化，同一装置，相同原料出航煤比出分子筛料需要的分离精度高，因此，需要提高塔顶回流量，而不得不降低可回收取热量，使能耗稍高。更明显的例子是减压系统，出润滑油料与出催化原料相比，前者对产品分割有严格的要求，分离精度较高，这就必须有较高的过汽化率，以确保一定的塔内回流量，此外还必须增加保证产品质量所需的汽提蒸汽（塔底吹汽及侧线吹汽）和减顶冷凝冷却系统的冷却负荷，所以减压系统的能耗较大。因此润滑油型常减压蒸馏装置比燃料油型多耗能量。

（三）装置处理量对能耗的影响

一般来说，低负荷运转会使装置的能耗上升，这主要有以下几种原因：

（1）换热器在降低流速后结垢速率增加。

（2）分馏塔盘在较低的气速下易漏液，从而降低塔板效率。

（3）当处理量下降时，没有降低加热炉供风量，造成过剩空气量上升。

（4）电动泵的效率离开最佳点，造成效率下降。

（5）散热损失并不因处理量减少而减小。

（6）加热炉降低热负荷时，冷空气漏入量并不因此而降低，致使效率下降。

（7）分馏塔的中段回流量未加调整，不必要地提高了分馏精度，造成能量浪费。

（8）抽空器并不因处理量降低而少用蒸汽。

（9）燃烧器的雾化蒸汽并不因此而降低。

上述原因可以分成两类，一类包括降低处理量所造成的设备效率降低，（1）（2）项，以及操作没有及时调整所带来的能量损失，（3）（7）项。这类原因所影响的能耗称为“可变能耗”，其能耗随负荷的变化而变化，其他原因属于第二类，这类原因所影响的能耗称为“固定能耗”，其能耗值不随负荷的变化而变化。据国外统计，原油蒸馏装置的“固定能耗”约占装置总能耗的13%，我国由于对设备及管线的保温重视不够，“固定能耗”比例估计大于15%。防止装置低负荷运转时单位能耗上升的主要措施就是降低“固定能耗”，具体做法：搞好保温以及减少散热损失；减少或取消较长距离的高温管线；检查原动机，避免大马拉小车，采用调速电动机；配置与处理量相适应的动力设备等。

(四)装置规模对能耗的影响

规模小的装置加工能耗较高,其原因除小设备、小机泵可能效率较低外,主要是散热损失大。粗略计算一个年处理能力为 50×10^4t 的常减压蒸馏装置,其单位散热面积一般为年处理能力 250×10^4t 同类装置的2.4倍以上。因此规模小的装置,其“固定能耗”占的比例比大装置大,这是小型炼油厂在技术经济上的致命弱点。

(五)气候条件(或地区差别)对能耗的影响

冬季(或北方)比夏季(或南方)散热损失大,但冷却水消耗及空冷器电耗较小,而为防冻防凝所需的伴热蒸汽和采暖蒸汽则纯属因季节(或地区)变化增加的能耗项。总的来说,冬季(或北方)的能耗比夏季(或南方)稍高一些。

(六)运转周期中的不同时期的能耗

一般来说,常减压装置的能耗在运转末期要比运转初期高,这是因为一些传热设备(如加热炉和换热器)积灰、积垢使传热效率降低而造成的。

GBJ002 常压塔物料平衡的计算

五、常压塔、减压塔物料平衡的计算

GBJ003 减压塔物料平衡的计算

物料平衡指的是单位时间内进入系统的物料量应等于离开系统的物料量:

常压炉进料量=常顶油量+常一油量+常二油量+常三油量+常渣油量

减压炉进料量=减顶油量+减压各侧线油量+减渣油量

项目三 加热炉计算

J(GJ)BJ002 加热炉热效率的计算

一、加热炉热效率

加热炉炉管内物料所吸收的热量占燃料燃烧所发出的热量及其他供热之和的百分数即为加热炉的热效率,它是表明燃料有效利用率的一个指标,是加热炉操作的一个主要工艺参数。

热效率随烟气排出温度、过剩空气系数、炉体保温情况及燃料燃烧完全程度而不同,变化范围很大。

在无外界热源预热燃烧用空气时,加热炉热效率 η 通常可按以下两种方法进行简化估算:

(1)根据炉管内物料吸热量和燃料用量用下式计算(正平衡计算):

$$\eta=\frac{\theta}{BQ_1}$$

式中 η——加热炉热效率;

θ——全炉物料吸热量,即全炉有效热负荷,MJ/h;

B——燃料用量,kg/h。

(2)根据烟囱排烟温度 T_S 及时剩余空气系数 α 值由下式进行近似计算(反平衡计算):

$$\eta=1-[q'+(2\%-4\%)]$$

式中 q'——与排烟温度 T_S 及过剩空气系 α 有关的常数,其值由图1-10-1查得,此图只适用于空气不预热的情况。

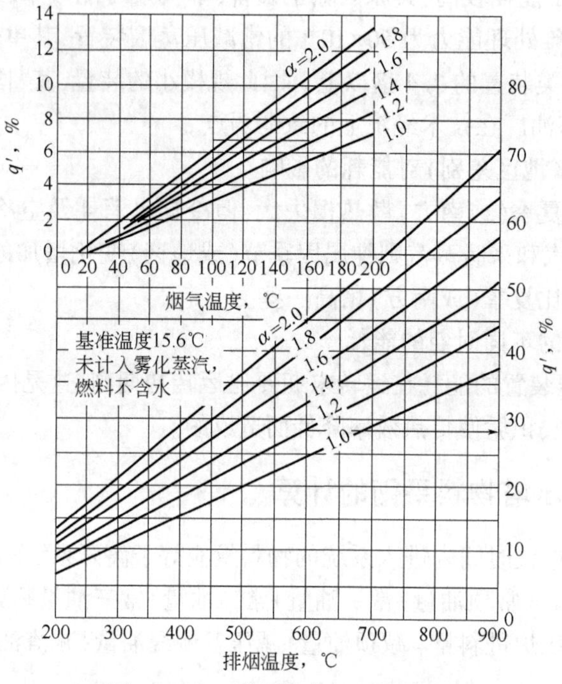

图1-10-1　排烟温度与q'的关系

J(GJ)BJ001 加热炉燃料用量的计算

二、加热炉燃料用量

在无外界热源预热燃烧用空气时，加热炉燃料消耗量可以用下式简化计算：

$$B=\frac{\theta}{Q_1\eta}$$

式中　B——燃料用量，kg/h；

θ——加热炉有效热负荷，MJ/h；

Q_1——燃料低发热值，MJ/kg；

η——加热炉热效率。

J(GJ)BJ003 炉管表面热强度的计算

三、加热炉表面热强度的计算

装置传热的计算主要有两类：一类是设计计算，即根据生产要求的热负荷Q，确定换热设备的传热面积；另一类是校核计算，即计算给定换热设备的传热量，流体的流量或温度等。涉及能量衡算和热量衡算：

（1）能量衡算——能量衡算的基础是物料衡算，要用到守恒的概念，也就是要计算进入的能量和离开的能量，它包含很多种形式，如热量衡算是其中的一种。

（2）热量衡算——热量衡算是以物料核算为出发点，然后把在设备中所发生的化学反应中的热效应（放热或吸热）、物理变化（蒸发或冷凝）中的热效应、从外界输入热量或从系统中移去热量及随反应产物和经过设备器壁而散失的热量——考虑在内来计算。

加热炉的热量衡算:

$$Q_{吸}=Q_{放}-Q_{损}$$

式中 $Q_{吸}$——炉管吸收的总热量,kJ;

$Q_{放}$——燃料释放的总热量,kJ;

$Q_{损}$——热量损失(含烟气损失、炉墙吸收的热量、其他热损失),kJ。

在计算表面热强度时,一般默认 $Q_{损}$ 为零。

计算步骤:

(1)分析所需计算传热过程涉及设备的传热类型、冷热介质流程或涉及物料的性质、状态;

(2)对相关数据进行初步处理,根据要求统一单位;

(3)根据需要正确选择公式;

(4)数据代入公式逐步计算;

(5)得出计算结果;

(6)分析核对结果。

【例 1-10-1】某加热炉辐射段热负荷为 2140×10^4kJ/h,辐射管传热面积为 928m^2,求辐射管表面热强度。

解:已知 $Q=2140\times10^4$kJ/h,$A=928m^2$,求辐射管表面热强度 q=?

$$q=\frac{Q}{A}=\frac{2140\times10^4}{928}=23060[\mathrm{kJ/(m^2\cdot h)}]$$

答:辐射管表面热强度为 23060kJ/(m^2·h)。

模块十一　计算机和管理基础知识

项目一　常用办公软件

一、Word 软件使用常识

CAB001 Word文档的录入与排版方法

（一）Word 文档的录入与排版方法

1. Word 文档录入

首先找到桌面上的“Word”图标，双击打开一个空白的 Word 文档，输入自己要处理的文字，然后点击“文件”里面“保存”，先把输入的内容保存一下，以免丢失。

2. Word 文档排版

（1）先排版标题，先让标题居中，方法是先选中标题，再按住鼠标左键不放，将标题拖黑才算选中（图 1-11-1），然后点击工具栏中的“居中”按钮，即可将标题居中。

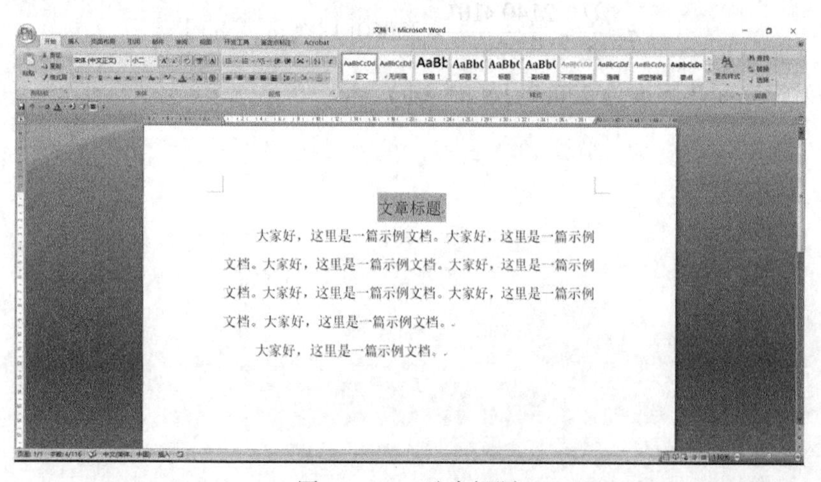

图 1-11-1　选中标题

（2）更改标题的字体（图 1-11-2）。选中标题，按住鼠标左键不放，将标题拖黑才算选中，点击“字体”的下拉箭头，选择需要的字体，在这里将标题更改为“宋体”。

（3）更改标题的字号（图 1-11-3）。选中标题，在字体右边，点击“字号大小”的下拉箭头，选择标题的字号大小，在这里将标题的字号大小设置为“二号”。

（4）排版正文（图 1-11-4）。首先要把正文的所有文字全部选中，设置正文的字体，方法同设置标题的字体一样，在这里将正文字体设置为“宋体”。

（5）设置正文的字号（图 1-11-5），首先选中正文的所有文字，设置正文字号的方法与设置标题字号的方法相同，在这里将正文的字号设置为“四号”。

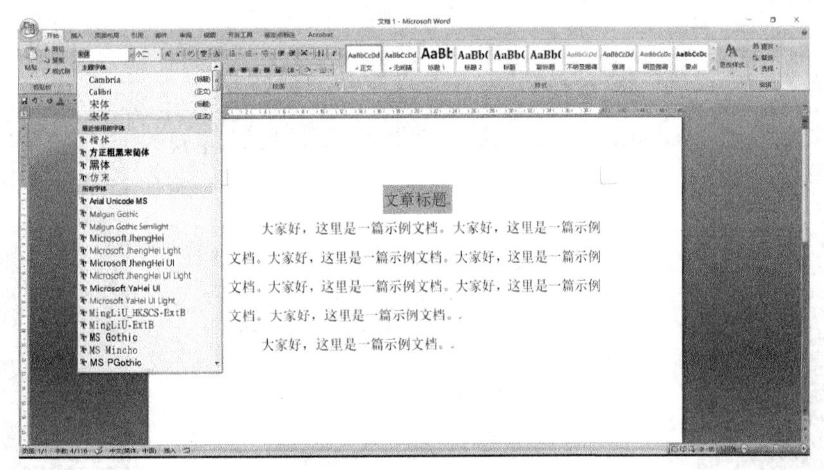

图 1-11-2　标题字体

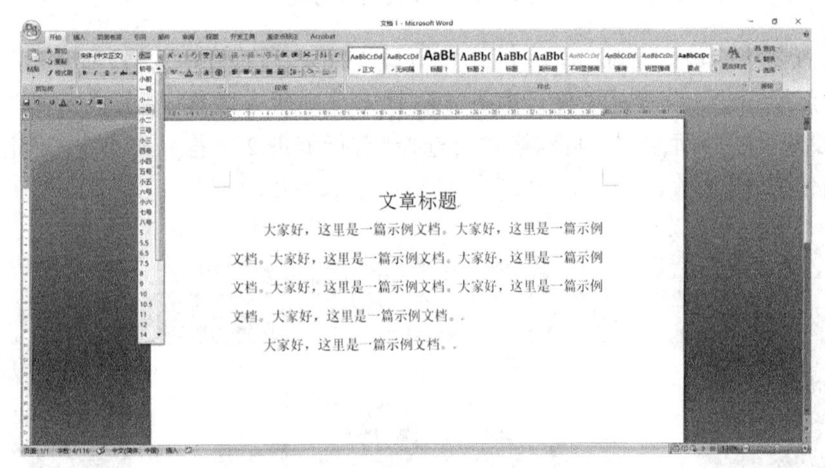

图 1-11-3　更改标题字号

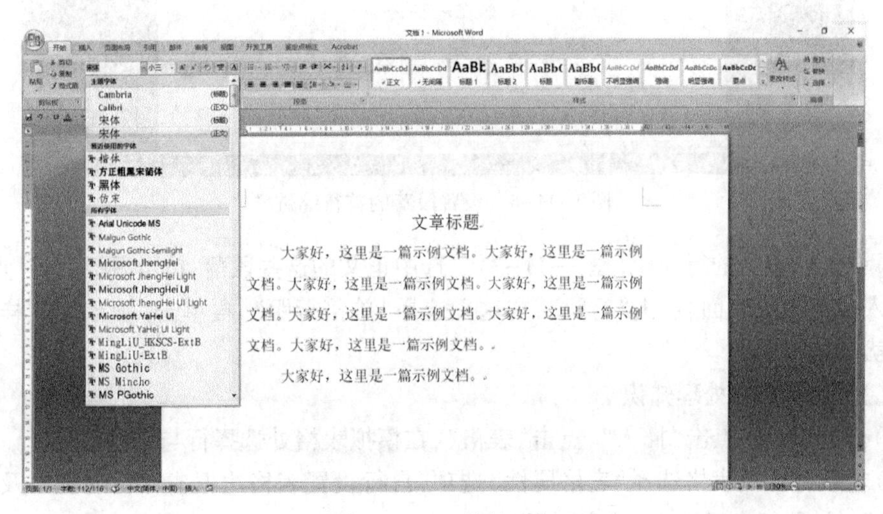

图 1-11-4　排版正文

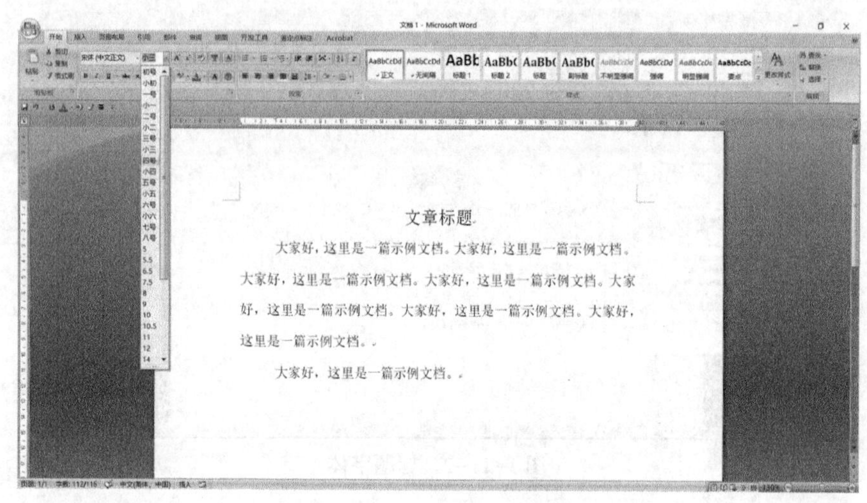

图 1-11-5　设置正文字号

（6）设置段落的首行缩进（图 1-11-6）。每段前第一行都要空两格，都要有两个字符的缩进，称为首行缩进。设置每段首行缩进方法是先选中所有段落，单击鼠标右键，点击“段落”，进入段落设置界面，点击“特殊格式”，选择“首行缩进 2 字符”，再单击“确定”，这样段落的首行缩进就设置好了。

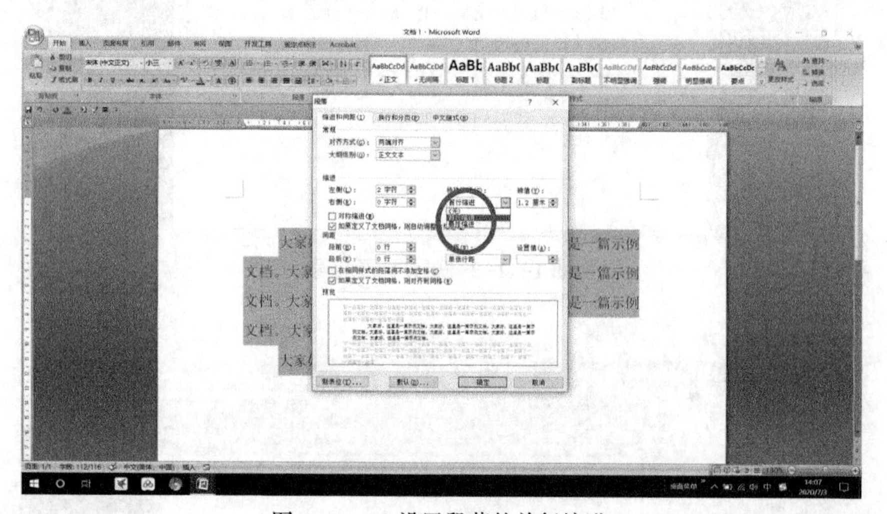

图 1-11-6　设置段落的首行缩进

（7）设置段落间的行间距（图 1-11-7）。选中正文的这些段落，单击鼠标右键，点击“段落”，进入段落设置界面，点击“行距”，在这里选择“单倍行距”，再单击“确定”，这样段落的行间距就设置好了。

ZAC001 Word 表格处理知识

（二）Word 表格处理知识

（1）打开 Word，点击“插入”，点击“表格”，在模拟表格处选择行与列的数目。

（2）之后右键点表格选择“表格属性”选项，自行设置表格边框、行高、列宽以及底纹边框粗细等。设置好之后点击“确定”即可。

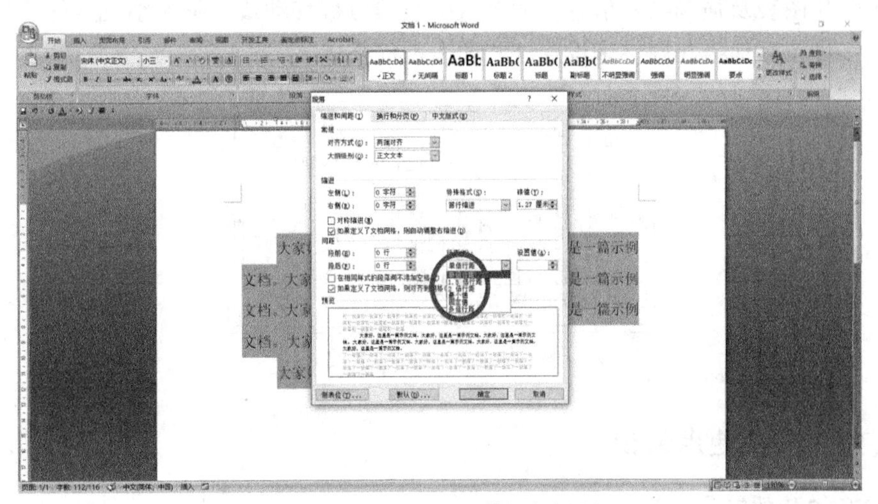

图 1-11-7　设置段落间行间距

ZAC002 Excel 工作表的建立方法

二、Excel 软件使用常识

(一)Excel 工作表的建立方法

在 Excel 文档中创建工作簿的几种方法:

(1)打开 Windows 系统"开始"菜单"所有程序"中的"Excel"程序即默认创建一个空白工作簿。

(2)在文件夹或桌面处空白处点击鼠标右键→新建→Excel 工作表(需正确安装 Office 软件)。

(3)在打开的 Excel 工作表点击"菜单"上的"文件"→新建→空白工作表。

(4)在打开的 Excel 程序中按下快捷键:Ctrl+N。

GAE001 Excel 公式与函数的运用知识

(二)Excel 公式与函数的运用知识

Excel 公式是 Excel 工作表中进行数值计算的等式,公式输入是以"="开始的,简单的公式有加、减、乘、除等。

复杂一些的公式可能包含函数(预先编写的公式,可以对一个或多个值执行运算,并返回一个或多个值,可以简化和缩短工作表中的公式,尤其在用公式执行很长或复杂的计算时)、引用、运算符(一个标记或符号,指定表达式内执行的计算的类型,有数学、比较、逻辑和引用运算符等)和常量(不进行计算的值,因此也不会发生变化)。

GAE002 Excel 简单的图表处理方法

(三)Excel 简单的图表处理方法

在 Microsoft Excel 中,图表是指将工作表中的数据用图形表示出来。例如,将各地区每周的销售用柱形图显示出来,如图 1-11-8 所示。图表可以使数据更加有趣、吸引人、易于阅读和评价,也可以帮助分析和比较数据。

当基于工作表选定区域建立图表时,Microsoft Excel 使用来自工作表的值,并将其当作数据点在图表上显示,数据点用条形、线条、柱形、切片、点及其他形状表示,这些形状称作数据标示。

建立了图表后,可以通过增加图表项,如数据标记,图例、标题、文字、趋势线,误差线及网格线来美化图表及强调某些信息。大多数图表项可被移动或调整大小，也可以用图案、颜色、对齐、字体及其他格式属性来设置这些图表项的格式。

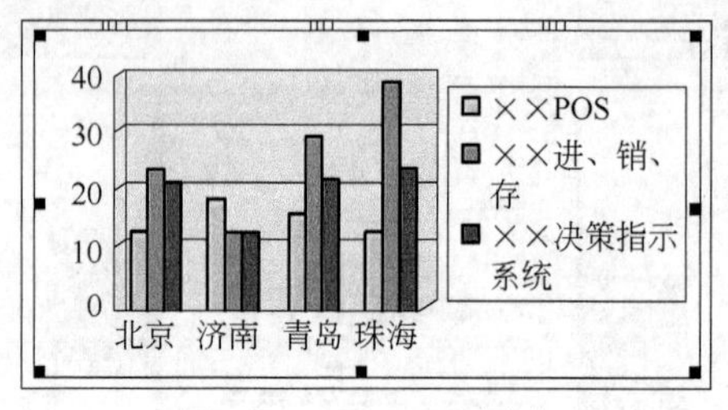

图 1-11-8 Excel 图表

J(GJ)AD001 幻灯片的制作方法

三、PPT 软件使用常识

（一）幻灯片的制作方法

（1）打开软件，在右下角处点击新建空白文档，就会出现一个空白文档，如图 1-11-9 所示。

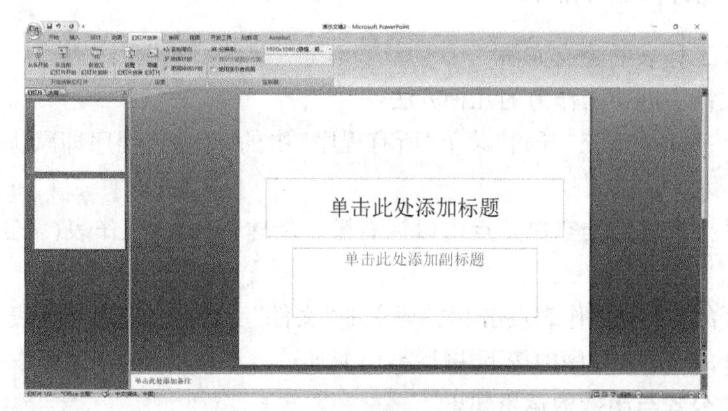

图 1-11-9 新建空白文档

（2）鼠标指到空白文档，右键点击新建空白文档，就会新建一个，依次新建，确定所需的页面为止，如图 1-11-10 所示。

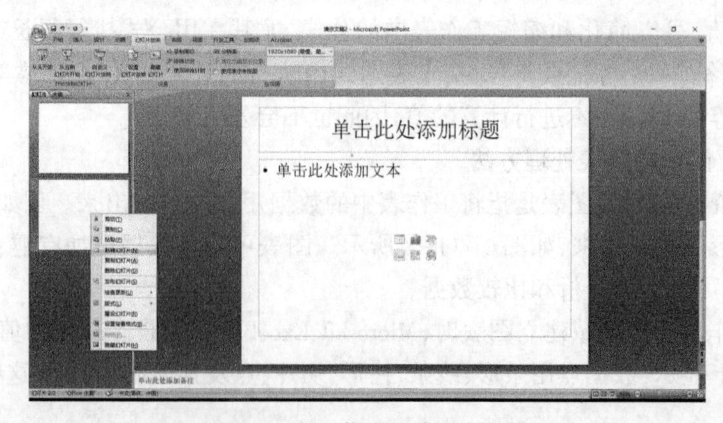

图 1-11-10 依次新建空白文档

(3)点击插入,可以将图片、剪贴画、视频等插入幻灯片,然后调整其大小就可以,如图 1-11-11 所示。

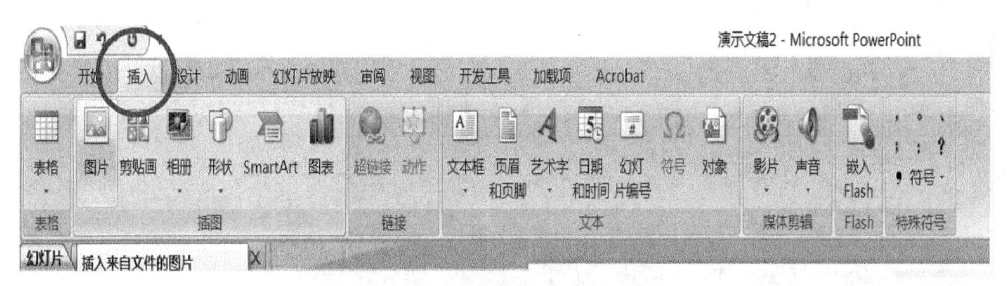

图 1-11-11 填充图片和视频

(4)输入所需文字,左键将其全选后,会出现一个新栏,将字体大小、粗细,颜色进行调整,完成字体,如图 1-11-12 所示。

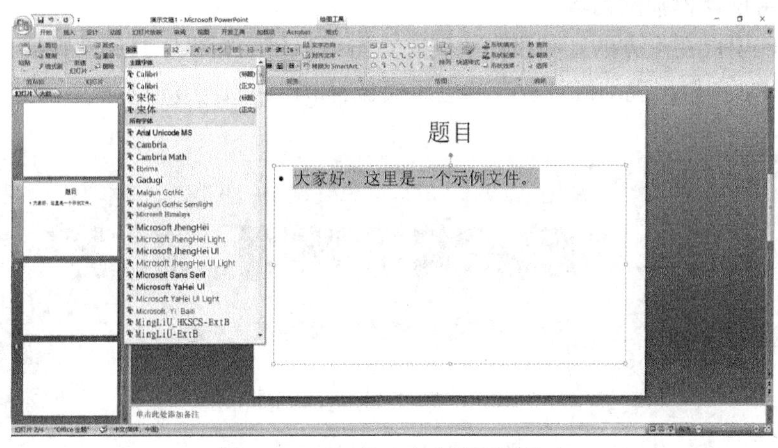

图 1-11-12 输入文字并调整格式

(5)将字体图片调整好之后,又剩下背景调整,右键单击页面空白处,会出现纯色、渐变、图案等,选择自己喜欢的进行填充,完成制作,如图 1-11-13 所示。

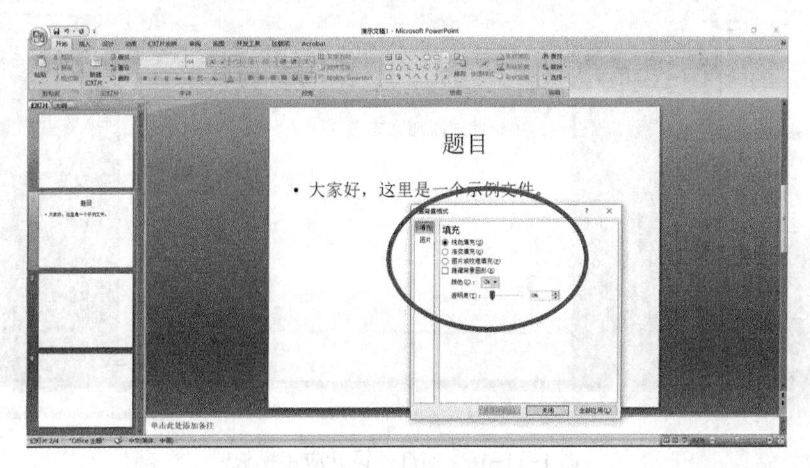

图 1-11-13 背景调整

(6)点击幻灯片放映,再点击"从头开始"就可以放映,或者按"F5"进行放映,如图1-11-14所示。

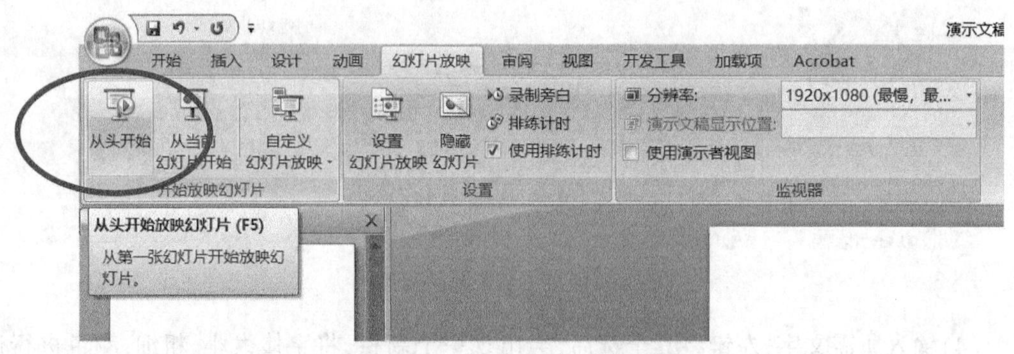

图1-11-14 点击"从头开始"放映幻灯片

J(GJ)AD002 应用设计模板的内容

(二)应用设计模板的内容

(1)打开PPT,在上方的工具栏中找到并点击"设计",如图1-11-15所示。

(2)在PPT右栏出现幻灯片设计的应用模板,如图1-11-16所示。

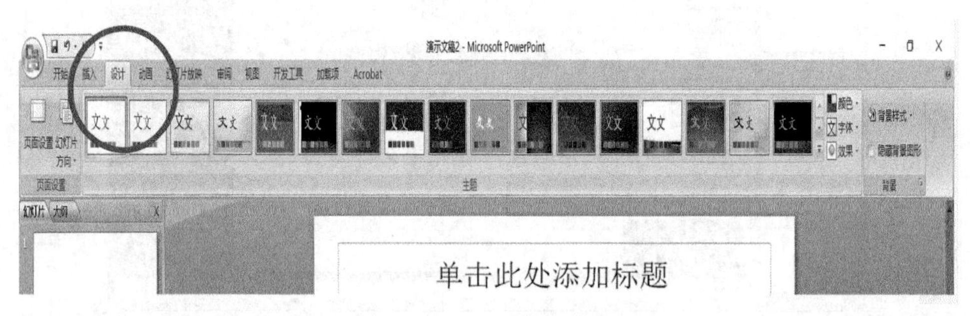

图1-11-15 "设计"按钮

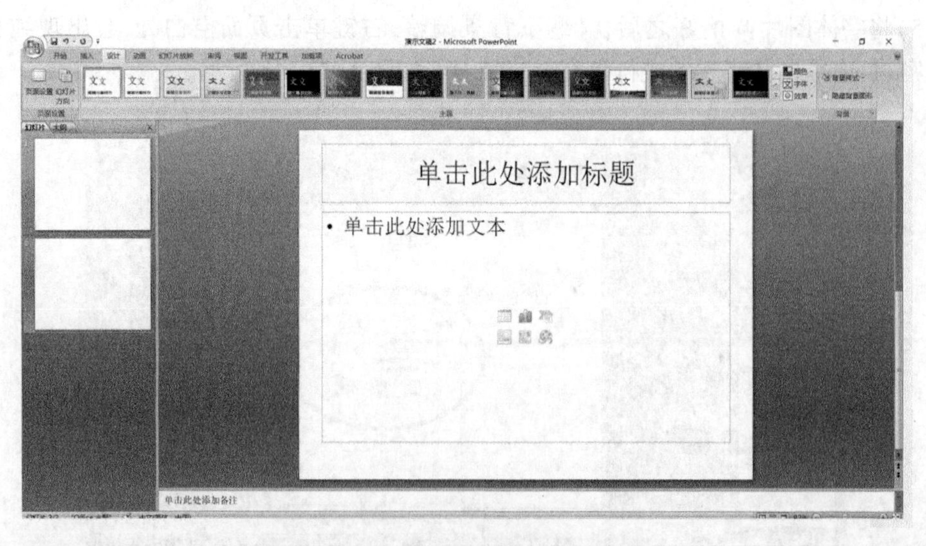

图1-11-16 幻灯片设计应用模板

(3)选中自己喜欢的模板,并点击该模板,也可以右击鼠标,选择"应用于所有的幻灯片",如图 1-11-17 所示。

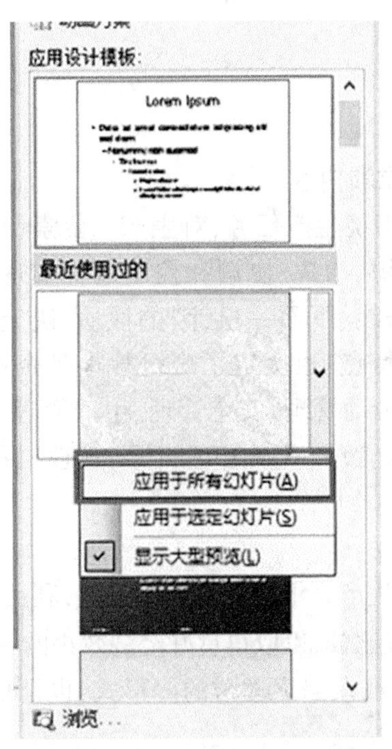

图 1-11-17　应用幻灯片模板

(4)查看幻灯片模板的应用,如图 1-11-18 所示。

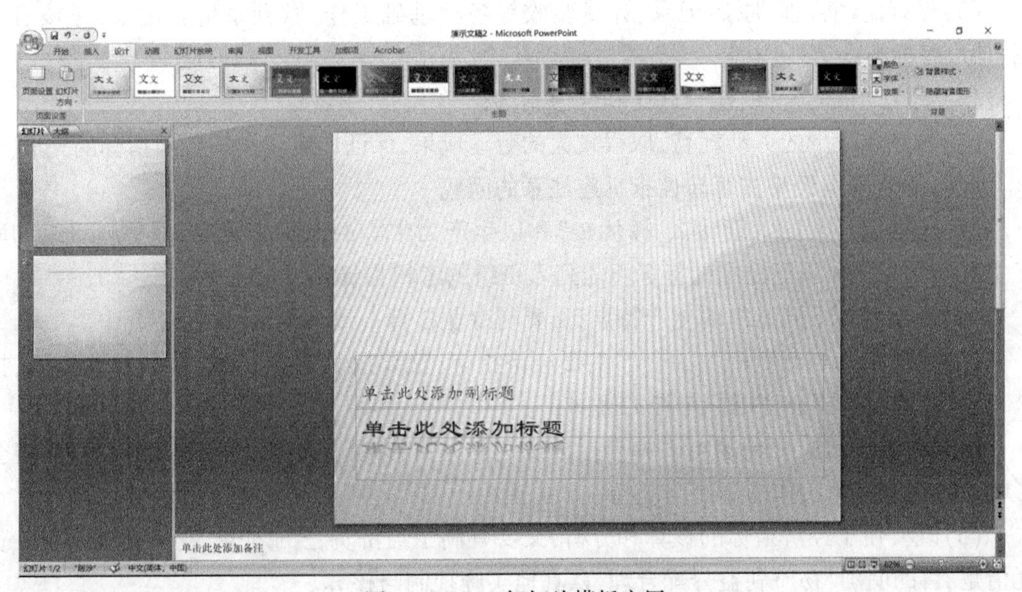

图 1-11-18　幻灯片模板应用

项目二　管理知识

GAN001 班组管理的基本要求和内容

一、班组管理

（一）班组管理的基本要求和内容

班组管理主要是指班组围绕生产任务，对生产三要素（劳动者、劳动资料、劳动对象）进行有效整合，通过计划、组织、指挥、协调和控制过程实现责任目标所进行的创造性活动。班组工作具有“上面千条线、下面一根针”的性质，决定了落实企业各项管理制度和员工参与管理是班组管理的特点，也决定了班组管理是企业管理的基础，其内容具有广泛性、针对性与时效性，包括劳动管理、安全管理、生产管理、设备管理、质量管理、经营管理、成本管理、信息管理、技术管理、现场管理、计划管理、目标管理、定路管理、班组台账管理、6S 管理等。

GAN002 班组的成本核算

（二）班组的成本核算

班组经济核算是在轮班、生产小组或流水线范围内，利用价值或实物指标，将其劳动耗费和劳动占用与劳动成果进行比较，以取得良好经济效果的一种管理方法，它是整个生产现场管理的基础，又是组织广大群众当家理财的好形式，也是现场成本控制不可缺少的重要环节。

（1）建立起适应班组生产和经营特点的核算组织；

（2）确定适合班组生产特点的经济核算指标，并使班组和个人有明确的经济责任；

（3）做好定额管理、原始记录、计量验收等各项基础工作，做到事事有记录，考核有依据，计量有标准；

（4）建立严格的考核、检查评比和奖惩制度；

（5）做到以较少的劳动耗费，取得较大的劳动成果，保证厂级和车间各项指标的完成。

（三）确定班组经济核算单位指标应注意的问题

（1）应根据“干什么，管什么，算什么”和以生产为中心的原则来确定，那些与班组和职工主观因素无关和不能控制的指标不能列入班组的考核指标；

（2）既要照顾不同班组的生产特点，又要与专业核算一致和衔接；

（3）既要包括与班组相关的全部主要经济指标，又要反对事无巨细，过分强调全面，搞繁琐哲学，影响主要经济指标考核的倾向；

（4）要通俗易懂、简便易行。如果指标规定得太繁，计算过于复杂，工人难以胜任，将会影响班组经济核算工作的开展与坚持；

（5）既要便于经济指标的核算和分析，又要有利于经济责任的划分，使各班组及职工责任清楚、目的明确、物质利益分配合理，认真地实施控制与核算。

（四）班组经济核算指标

（1）产量指标，可采用实物、劳动工时、计划价格和产量计划完成率计算。

（2）质量指标，可以采用等级品率、合格品率、废品率、返修品率等指标。

(3)材料消耗指标,可以采用材料耗用数量、耗用金额表示,也可用材料利用率等相对数表示。

(4)工时指标,包括工时利用率和出勤率等指标。

(5)设备完好率和利用率指标,用相对数表示。

(6)成本降低指标,是综合性指标,一般只包括班组直接消耗的各种材料和支出的费用,不包括固定资产折旧及修理费用。

二、操作记录知识

ZAA001 岗位交接班记录的填写要求

(一)操作记录的种类

(1)交接班日记。

(2)工艺记录

装置主要操作参数数据记录;分析记录,原料、半成品和产品质量分析;装置外排污水分析;锅炉水质分析、机组润滑油分析等项;装置物料平衡记录;主要能源及原材料消耗记录;主要化工原材料分析与使用记录;装置长周期运行关键控制数据、装置隐患部位监控数据等。

(二)操作记录的填写要求

ZAA002 关键设备巡检记录的填写要求

(1)操作记录和交接班日记应真实记录生产实际状况;

(2)操作记录应在规定时间内填写;

(3)交接班日记和操作记录不得涂改和刮改,若出现笔误,应用"—"横线划改;

(4)交接班日记和操作记录须用蓝黑墨水或碳素墨水使用仿宋体书写;

(5)操作记录必须保持整洁干净;

(6)操作记录应签名;

(7)交接班日记必须把当班本岗位情况详细记录下来,向下班交代清楚,不得故意隐瞒实情;

(8)交接班后接班者必须在交接班日记上签名,并记录接班时本岗位情况。

(三)炼化企业工艺记录管理规定

GAA001 班组交接记录的填写要求

(1)原始记录应由相关岗位人员填写。岗位操作记录和交接班日记由规定的岗位操作人员填写,日常管理由车间(装置)工艺技术人员负责。

(2)采用DCS控制的装置,操作数据部分可用计算机进行打印,存档保存。地区分公司技术管理部门应定期对装置工艺记录的记录、收集、保存情况进行检查与考核。

(3)不管是否采用DCS控制,操作人员必须按时手工填写工艺记录。

(4)操作记录和交接班日记的填写执行以下规定:

① 操作记录和交接班日记应真实记录生产实际状况;

② 操作记录应在规定时间内填写;

③ 交接班日记和操作记录不得涂改和刮改,若出现笔误,应用"—"横线划改;

④ 交接班日记和操作记录须用蓝黑墨水或碳素墨水使用仿宋体书写;

⑤ 操作记录必须保持整洁干净;

⑥ 操作记录应签名；

⑦ 交接班日记必须把当班本岗位情况详细记录下来，向下班交代清楚，不得故意隐瞒实情；

⑧ 交接班后接班者必须在交接班日记上签名，并记录接班时本岗位情况。

（5）地区分公司技术管理部门应定期对装置工艺记录进行检查，车间（装置）应指定管理人员定期对工艺记录进行检查并签字。

（6）车间（装置）技术人员应及时收集记录，防止遗漏、积攒，并按日期顺序整理好，在安全场所分类放置并加以标识，以便于检索、存取。

（7）装置工艺记录内容包括：

① 装置主要操作参数数据记录；

② 分析记录：原料、半成品和产品质量分析；装置外排污水分析；锅炉水质分析、机组润滑油分析等项；

③ 装置物料平衡记录；

④ 主要能源及原材料消耗记录；

⑤ 主要化工原材料分析与使用记录；

⑥ 装置长周期运行关键控制数据、装置隐患部位监控数据。

（8）运行工程师交接班记录包括以下内容：

① 装置加工计划完成情况及分析；

② 装置馏出口质量指标完成情况及分析；

③ 装置工艺方案执行情况、操作调整情况、操作变动确认情况；

④ 装置的能源消耗情况；

⑤ 装置运行情况简述；

⑥ 本班运行控制过程中存在的问题及解决情况；

⑦ 交班时存在的技术问题。

（9）班长交接班记录包括以下内容：

① 接班情况，主要包括重点部位预检情况；

② 本班工艺卡片执行情况；

③ 重点部位、隐患部位监控情况；

④ 原料切换、生产方案变化情况；

⑤ 上级指令执行情况；

⑥ 设备运行情况，包括动设备、静设备、控制仪表；

⑦ 安全、消防设施及现场安全状况；

⑧ 环保及现场环境卫生情况；

⑨ 劳动纪律及班组成员出勤情况；

⑩ 其他需要说明的情况，包括工器具交接等。

（10）增、减新的装置工艺记录，需由使用单位提出申请，经地区分公司技术管理部门审核批准后，进行登记、编号后方可印制下发。

三、生产管理理念

J(GJ)AK001
生产管理理念

生产管理是对企业生产系统的设置和运行的各项管理工作的总称，又称生产控制，其内容包括：

(1)生产组织工作，即选择厂址，布置工厂，组织生产线，实行劳动定额和劳动组织，设置生产管理系统等。

(2)生产计划工作，即编制生产计划、生产技术准备计划和生产作业计划等。

(3)生产控制工作，即控制生产进度、生产库存、生产质量和生产成本等。

生产管理理念就是生产管理的思想和方法。

四、现场管理理念

J(GJ)AK003
现场管理理念

现场管理是指用科学的标准和方法对生产现场各生产要素，包括人(工人和管理人员)、机(设备、工具、工位器具)、料(原材料)、法(加工、检测方法)、环(环境)、信(信息)等进行合理有效的计划、组织、协调、控制和检测，使其处于良好的结合状态，达到优质、高效、低耗、均衡、安全、文明生产的目的。现场管理是生产第一线的综合管理，是生产管理的重要内容，也是生产系统合理布置的补充和深入。

五、设备管理理念

J(GJ)AK002
设备管理理念

设备管理是以企业经营目标为依据，通过一系列的技术、经济、组织措施，对设备的全过程进行的科学管理，即实行从设备的规划工作起直至报废的整个过程的管理。这个过程一般可分为前期管理和使用期管理两个阶段。设备的前期管理是指设备在正式投产运行前的一系列管理工作，设备在选型购置时，应进行充分的交流、调研、比较、招标和选型，加强技术经济论证，充分考虑售后技术支持和运行维护，选用综合效率高的技术装备。

设备的使用期管理分设备初期管理、中期管理和后期管理。设备的初期管理一般指设备自验收之日起、使用半年或一年时间内，对设备调整、使用、维护、状态监测、故障诊断，以及操作、维修人员培训教育，维修技术信息的收集、处理等全部管理工作，建立设备固定资产档案、技术档案和运行维护原始记录。设备的中期管理是设备过保修期后的管理工作。做好设备的中期管理，有利于提高设备的完好率和利用率，降低维护费用，得到较好的设备投资效果。设备的后期管理指设备的更新、改造和报废阶段的管理工作。对性能落后，不能满足生产需要，以及设备老化、故障不断，需要大量维修费用的设备，应进行改造更新。

企业设备管理应当以效益为中心，坚持依靠技术进步，促进生产经营发展和预防为主的方针，以科学发展观为指导，贯彻国家的方针、政策、法规，通过技术、经济和组织措施，对企业的主要生产设备进行综合管理，坚持设计、制造与使用相结合，维护与计划检修相结合，修理、改造与更新相结合，专业管理与群众管理相结合，技术管理与经济管理相结合的原则，做到综合规划、合理选购、及时安装、正确使用、精心维护、科学检修、安全生产、适时改造和更新，不断改善和提高企业技术装备的素质，为企业的生产发展、技术进步、提高经济效益服务。

项目三　公文写作知识

GAO001 总结与报告的格式

一、总结与报告的格式

总结报告是对一定时期内的工作加以总结，分析和研究，肯定成绩，找出问题，得出经验教训，摸索事物的发展规律，用于指导下一阶段工作的一种书面文体。它所要解决和回答的中心问题，不是某一时期要做什么，如何去做，做到什么程度的问题，而是对某种工作实施结果的总鉴定和总结论，是对以往工作实践的一种理性认识。

（一）总结的内容与格式

工作情况不同，总结的内容也就不同，总的来说，一般包括以下几个方面：

（1）基本情况：包括工作的有关条件，工作经过情况和一些数据等。

（2）成绩，缺点：这是总结报告的中心重点，总结的目的就是要肯定成绩，找出缺点。

（3）经验教训：在写总结时，须注意发掘事物的本质及规律，使感性认识上升为理性认识，以指导将来的工作。

总结的格式也就是总结的结构，是组织和安排材料的表现形式，其格式不固定，一般有以下几种：

（1）条文式：条文式也称条款式，是用序数词给每一自然段编号的文章格式。通过给每个自然段编号，总结被分为几个问题，按问题谈情况和体会。这种格式有灵活，方便的特点。

（2）两段式：总结分为两部分。前一部分为总，主要写做了哪些工作，取得了什么成绩；后一部分是结，主要讲经验，教训。这种总结格式具有结构简单，中心明确的特点。

（3）贯通式：贯通式是围绕主题对工作发展的全过程逐步进行总结，要以各个主要阶段的情况，完成任务的方法以及结果进行较为具体的叙述。常按时间顺序叙述情况，谈经验。这种格式具有结构紧凑，内容连贯的特点。

（4）标题式：把总结的内容分成若干部分，每部分提炼出一个小标题，分别阐述。这种格式具有层次分明，重点突出的特点。

一篇总结，采用何种格式来组织和安排材料，是由内容决定的。所选结论应反映事物的内在联系，服从全文中心。

（二）报告的内容与格式

报告使用范围很广。按照上级部署或工作计划，每完成一项任务，一般都要向上级写报告，反映工作中的基本情况、工作中取得的经验教训、存在的问题以及今后工作设想等，以取得上级领导部门的指导。一切报告都是下级向上级机关或业务主管部门汇报工作，让上级机关掌握基本情况并及时对自己的工作进行指导，所以，汇报性是“报告”的一大特点。

报告的格式包括标题、事由和公文名称、主送机关、发文单位的直属上级领导机关。

正文，结构与一般公文相同。从内容方面来看，报情况的，应有情况、说明、结论三部分，其中情况不能省略；报意见的，应有依据、说明、设想三部分，其中意见设想不能省去。从形式上来看，复杂一点的要分开头、主体、结尾。开头使用多的是导语式、提问式给个总概念或引起注意。主体可分部分加二级标题或分条加序码。

结尾，可展望、预测，亦可省略，但结语不能省。

打报告要注意做到：情况确凿，观点鲜明，想法明确，口吻得体，不要夹带请示事项。

结语：呈转报告的要写上"以上报告如无不妥，请批转各地参照执行。"最后写明发文机关、日期。

二、技术改造的目的、程序、主要内容

J(GJ)AM001 技术改造的目的、程序、主要内容

项目建议书内容包括：

(1)现状及存在的主要问题。

(2)改造的必要性。

① 改造的必要性分析；

② 建设条件分析。

(3)改造方案及内容。

① 技术装备工艺；

② 改造工程内容及规模。

(4)环境保护及节能措施方案。

(5)投资估算及资金筹措。

① 投资估算。

a. 建设投资估算(先总述总投资，后分述建筑工程费、设备购置安装费等)；

b. 投资估算表(总资金估算表、单项工程投资估算表)；

c. 其他费用(征地、拆迁、外部配套等)、涉及用汇单列说明。

② 资金筹措。

(6)效益效果分析。

① 经济效益。

② 社会效益。

三、培训教案编写的要求

J(GJ)AN001 培训教案编写的要求

(一)培训教案编写

完整的培训教案由课程设计、培训教材、测试题目、演示课件四个部分组成。

(1)课程设计提供培训项目基本信息，具体包括课程名称、目标学员、课程目的、课程提纲、课程时间等。

(2)培训教材要根据成人学习特点，能体现出本培训项目的课程目标、课程结构与课程详细内容。

(3)测试题目是根据课程目标与课程内容要求选择学员评估方式，设计适量的课堂练习题与课程测试题，检验和巩固学员的学习效果。

(4)演示课件要发挥演示文稿的特点，即按照课程结构设计页面、添加文字、编制图表、案例等体现知识要点与难点的内容，把教材知识点呈现在 PPT 中。

J(GJ)AN002 培训教学的实施

（二）培训教学的实施

要素一：充分把准学员需求。

培训师和企业培训管理者都要共同努力，有效沟通，把准学员们真正的培训需求。在做培训之前，通过问卷调查、电话沟通、高层访谈等方式了解为什么要做这个课程，老师在课程中就这些问题展开了针对性的培训。一句话，把准了学员需求，培训就成功了一半。

要素二：充分做好培训前期准备。

无论是培训师还是企业培训组织者、学员都需要做好充足的培训前准备工作。老师要理解学员的需求，做好有针对性的教材 PPT 编写和案例设计，包括课程演绎流程、教学手法运用，在培训之前与企业方总经理、人力资源部高级经理进行有效沟通，达成共识，在培训教材制作完毕后交由企业方高层审定才实施培训。

要素三：企业领导者充分重视培训。

企业培训，只有高层领导者和学员们都真正重视起来，才能确保效果。高管层无一缺席，大家都全程参加学习，在课间分组活动和讨论时，各位高层领导不仅仅与中层管理者一起讨论问题，参与管理活动，有些亲自充当团队小组组长角色，在课堂中手把手和管理者们一起有效互动和沟通，完成老师布置的作业和任务，同时积极、主动参与心得分享交流。

要素四：培训师实战的功底和高超控场授课技巧。

一堂完美的培训，培训师始终是主角。老师的教学水准与状态决定培训效果。因此，培训师要对整个课程教学的掌控做到严谨、活泼、高效、有序、有料、有趣。

严谨是指培训的时间掌控要严谨，做到不多余、不拖拉、不浪费、时间适度。同时教学的内容要严谨，所要讲的章节、知识点、案例、操作工具，要做到讲解透彻、分寸有度，通俗易懂，方便学员们理解接受。

活泼是指教学表达方式不枯燥乏味。教学形式活泼，互动方式多样，且不是为了培训而故意强加几个游戏或故事。

高效是指每讲完一个单元、一个小节要复述，要让学员分享，并进行相关的理论测试或以作业形式让学员完成，考测学员的掌握和理解度，做到让学员们很好地掌握和理解所讲的内容和工具，使教学目标能高效完成。

有序是指培训师要确保教学所讲的内容条理性要有条不紊，逻辑思维要井然有序，循序渐进，学员们在培训师的带动下，一步步引入纵深和正题。

有料是指培训师讲课的内容充实、案例充实、针对性强，大家听起来不枯燥，感到很有收获。同时，老师在课堂上能认真、高效解答学员们提出的各类问题。

有趣是指培训师的表达方式、演讲方式有趣味，风趣幽默，能将原本枯燥的理论、乏味的管理工具通过各种表达方式、教学技法的运用，使学员们感到有味道，能接受。

要素五：良好的教学环境、合适的培训时间、活跃的课程氛围。

企业培训的效果肯定是与教学的环境、培训时间上的安排以及课程的整体气氛息息相关。教学的环境包括硬环境和软环境两个方面。硬环境是指培训的场地空间要适宜，大家坐下去不拥挤，有活动的空间，教室里的灯光、温度、湿度等适中，投影仪、电脑、激光笔、音响、话筒、功放、白板、笔、纸和记分牌等在培训前都准备就绪，这些细节是确保培训顺利进行的关键。另外课堂上的软环境比硬环境更重要。

要素六：积极、不懈地做好培训效果的转化。

培训完毕后效果不明显，很多企业和学员反馈："老师讲起来很精彩，想起来也的确感动，可回到公司去就是不能应用和行动。"这个问题关键是没有做好培训效果的转化。因此，课后去实施课堂上老师所讲、所要求的内容才会起作用，学以致用是关键。

J(GJ)AL001 技术论文的编写格式

四、技术论文的编写格式

(1)题目，是科技论文的中心和总纲，要求准确恰当、简明扼要、醒目规范、便于检索。一篇论文题目不要超出20个字，用小2号黑体加粗，居中。

(2)署名，表示论文作者声明对论文拥有著作权、愿意文责自负，同时便于读者与作者联系。署名包括工作单位及联系方式。用小4号宋体。

(3)摘要，摘要是对论文内容不加注释和评论的简短陈述，是文章内容的高度概括。中文摘要200字左右，中文名称的"内容摘要"用小2号黑体加粗，居中，其内容另起一行用小4号宋体(1.5倍行距)，每段首起空两格，回行顶格。

英文"内容提要"为"Abstract"，用小2号Times New Roman宋体加粗，居中，其内容另起一行用小4号Times New Roman字体，标点符号用英文形式。

(4)关键词，是为了满足文献检索需要而从论文中萃取出的、表示全文主题内容信息条目的单词、词组或术语，一般列出3~8个。

(5)引言，又称前言、导言、绪论，是一篇论文的开场白，由它引出文章，所以写在正文之前。项目名称用小2号黑体加粗，居中；内容另起一行用小4号宋体。每段首起空两格，回行顶格。

(6)正文，是科技论文的主体，是用论据经过论证证明论点而表述科研成果的核心部分，占论文的主要篇幅。文字用5号宋体，每段首起空两格，回行顶格。多倍行距，设置值为1.25。

(7)结论，是实验、观测结果和理论分析的逻辑发展，是经过判断、推理、归纳等逻辑分析过程而得到的对事物本质和规律的认识，是整篇论文的总论点。项目名称用小2号黑体加粗，居中；内容另起一行用小4号宋体。每段首起空两格，回行顶格。

(8)参考文献，凡是引用前人(包括作者自己过去)已发表文献中的观点、数据、材料等，都要对它们在文中出现的地方予以标明，并在文末(致谢段之后)列出参考文献。项目名称用小4号黑体加粗，在正文或附录后面空两行顶格排列；参考文献内容另起一行用5号仿宋体排列。

四、毕业论文的撰写格式

第二部分

初级工操作技能及相关知识

模块一　开车准备

项目一　机泵启动前的准备

一、相关知识

CBE033 离心泵开泵的注意要点

离心泵是指靠叶轮旋转时产生的离心力来输送液体的泵。泵在启动前，必须使泵壳和吸入管内充满液体，然后启动电动机，使泵轴带动叶轮和液体做高速旋转运动，液体发生离心运动，被甩向叶轮外缘，经蜗形泵壳的流道流入泵的出口管路。离心泵的结构与原理见本书第一部分模块六。

CBA001 开车前机泵电动机试验的要点

(一)开车前机泵电动机试验的要点

(1)电动机转向的确认。

(2)连续运转 2h。对于高压电动机，通常要求在各项数据稳定后，连续运行 2h。

(3)测量绝缘电阻。110kW 以上电动机测量直流电阻。

(4)记录运行电压、电流。测量启动电流和空载电流，空载电流一般为额定电流的 1/3。

(5)电动机的振动。空载时测量，是否符合要求。

CBA003 “四不开工”的原则

(二)“四不开工”原则

为保证安全、顺利地实现开工，必须做到“四不开工”：

(1)检修质量不合格不开工。

(2)设备安全隐患未消除不开工。

(3)安全设施未做好不开工。

(4)场地卫生不好不开工。

CBA002 装置开工的基本条件

(三)常减压装置开工准备阶段工作

(1)做好装置开工方案及工艺卡片的会签和审批工作。

(2)装置检修完毕，所属设备、管线、仪表等经检查符合质量要求。贯通，试压结束，发现问题全部解决。

(3)法兰、垫片、螺母、丝堵、人孔等按要求上好把紧。

(4)对装置全体人员进行了装置改造和检修项目的详细交底，并组织全体人员学习讨论开工方案，开工人员考试合格。

(5)装置安全设施灵活好用，卫生状况符合要求。

(6)所加盲板全部拆除，对应法兰全部上垫片把紧。

(7)准备足够的润滑油及各种化工原材料。

(8)联系收好足够的封油及减顶回流油，并脱好水。

(9)水、电、汽、风(含仪表、工业风)、氮气、燃料均已引入装置，并确定电动机转向是否正确。

(10)改好所有流程,并经操作员、班组、车间三级检察确认无问题。

(11)联系生产调度了解原油,各产品用罐安排,联系质量检验部门进行原油分析。

二、技能要求

(一)准备工作

(1)设备、材料准备,劳动保护用品穿戴齐全。

(2)使用工具:扳手,油壶。

(3)人员:2 人操作,持证上岗。

(二)操作步骤

1. 离心泵开泵准备

确认泵单机试运完毕,泵处于无工艺介质状态,联轴器安装完毕,防护罩安装好。确认泵的机械、仪表、电气完好,泵盘车均匀灵活,确认泵的入口过滤器干净并安装好,轴承箱油位正常,封油系统符合要求。确认泵的出口和入口阀关闭,确认预热线上的阀关闭,密封油线的阀关闭,泵的密闭排凝阀关闭,泵的排凝和放空阀打开,确认泵的电动机开关处于关或停止状态。关闭泵的排凝阀,关闭泵的放空阀,确认压力表安装好,投用压力表。

2. 投用辅助系统

(1)投用冷却水。打开冷却水给水阀和排水阀(轴承箱、填料箱、泵体、油冷却器)。确认回水畅通。

(2)加注合格的润滑油,油位 1/2~2/3,确认各润滑点无泄漏。

3. 离心泵灌泵

离心泵灌泵,缓慢打开入口阀,打开泵顶部放空阀排气,确认排气完毕,关闭泵顶部放空阀,盘车。

高温泵灌泵暖泵,投用预热线阀或稍开入口阀,确认泵不转,打开密闭排凝阀排气,确认排气完毕,关闭放空阀。15min 盘车 180°,控制暖泵升温速度不大于 50℃/h。确认泵体与介质温差小于 50℃,打开泵入口阀(若暖泵前机泵已灌泵完毕,只需用预热线或机泵出口阀门控制预热速度即可)。

(三)注意事项

(1)45℃以上介质防止烫伤;

(2)腐蚀性介质防止灼伤;

(3)有毒性介质防止中毒。

项目二　投用蒸汽伴热线的操作

一、相关知识

(一)用于伴热的蒸汽要求

用于蒸汽伴热的蒸汽应根据厂内条件而定,蒸汽温度应取蒸汽的饱和温度。

蒸汽分配站的设置应符合下列要求：

(1)在 3m 半径范围内如果有三个或三个以上的伴热点时,应设蒸汽分配站。

(2)蒸汽分配站伴管蒸汽应从主蒸汽管顶部引出,并在靠近引出处设切断阀,切断阀宜设置在水平管道上；

(3)每根伴管宜单独从蒸汽分配站引出,并在每根伴管上设切断阀；

(4)伴管蒸汽宜从高点引入,沿被伴热管道由高向低敷设,凝结水应从低点排出,应尽量减少 U 形弯,以防止产生气阻和液阻。

蒸汽疏水站的设置应符合下列要求：

(1)在 3m 半径范围内如果有三个或三个以上的凝结水回收点时,应设疏水站；

(2)每根伴管宜单独设疏水阀,不宜与其他伴管合并疏水；

(3)伴管疏水阀宜选用本体带过滤器型,否则宜在疏水阀前设置 Y 形过滤器；

(4)通过疏水阀后的不回收凝结水,宜集中排放；

(5)为防止蒸汽窜入凝结水管网使系统背压升高,干扰凝结水系统正常运行,疏水阀宜采取法兰或螺纹连接；

(6)在密闭凝结水系统中,有凝结水返回管宜顺介质流向 45°斜接在凝结水回收总管的顶部；

(7)疏水阀的背压不能高于制造厂推荐的背压值。

(二)管线设备冻凝的现象

CBG004 管线设备冻凝的现象

(1)管线、设备温度低于内部介质凝固点。

(2)介质流量回零。

(3)管线、设备因冻凝发生故障、损坏。

(三)管线设备冻凝的处理方法

CBH004 管线设备冻凝的处理方法

首先对冻凝管线、设备进行判断(判断的方法:看、听、摸、敲、比),冻凝的时间长短、冻凝的程度、冻凝的介质,是否有伴热线、伴热线是否正常投用。没有伴热线的管线,可以加临时伴热线,用简易保温措施进行保温,并从低点放空进行逐段处理。能恢复伴热线正常投用的,设法正常投用伴热线以解冻。冻凝的时间较短、冻凝的程度较低、冻凝介质凝点较低的可采用热水或蒸汽吹扫解冻,主管外用胶管通蒸汽加热管壁,有保温层的可以将胶管插入保温层内。如果介质黏度较大、凝点较高、冻凝时间长,处理方法除了以上的方法外,还可以设法对管线断口等方式分段处理。

阀门等设备冻凝,可根据情况利用热水、蒸汽等缓慢暖化解冻,不可升温过快,容易导致设备损坏。对冻凝的铸铁阀门要用温水解冻或用少量蒸汽慢慢加热,防止骤然受热损坏。

(四)蒸汽吹扫时发生水击现象的处理

CBH002 蒸汽吹扫时发生水击现象的处理要点

蒸汽吹扫管线的操作,如发生水击现象,应关小或关闭吹扫蒸汽,加强脱水和暖管后再重新开大蒸汽吹扫。

二、技能要求

(一)准备工作

(1)设备、材料准备,劳动保护用品穿戴齐全。

(2)使用工具:扳手。

(3)人员:2人操作,持证上岗。

(二)操作步骤

(1)确认伴热线管线、阀门、疏水器等设备、配件齐全完好。

(2)确认伴热线流程及各阀门开关状态。

(3)确认蒸汽来源及温度、压力等指标符合要求。

(4)伴热线来汽阀门处于关闭状态,改通后部流程,关闭伴热线各导淋阀门,疏水器完好,凝结水后路畅通。

(5)切净来汽冷凝水,缓慢打开来汽阀门,防止水击。

(6)蒸汽即将引至哪里,有导淋阀门的,可打开导淋阀门排冷凝水,排净后关闭导淋阀门。

(7)伴热流程全部贯通后,调节给汽量至正常,检查疏水器是否正常,检查各处是否存在漏点。

(三)蒸汽吹扫的注意事项

(1)给汽时注意切水,防止水击。

(2)疏水器故障及时检修更换。

(3)注意放空头是否存在堵塞。

(4)注意防范蒸汽烫伤。

项目三 配合仪表工校对控制阀的操作

一、相关知识

(一)仪表控制阀的作用

在现代化工厂的自动控制中,调节阀起着十分重要的作用,这些工厂的生产取决于流动着的液体和气体的正确分配和控制。这些控制无论是能量的交换、压力的降低或者是简单的容器加料,都需要某些最终控制元件去完成。最终控制元件可以认为是自动控制的"体力",这些控制元件就是控制阀。

控制阀,在工业自动化过程控制领域中,通过接受调节控制单元输出的控制信号,借助动力操作去改变介质流量、压力、温度、液位等工艺参数的最终控制元件。在气动调节系统中,调节器输出的气动信号可以直接驱动弹簧——薄膜式执行机构或者活塞式执行机构,使阀门动作。

(二)仪表控制阀的结构原理

控制阀根据调节部位信号,自动控制阀门的开度,从而达到介质流量、压力和液位的调节,又称调节阀。

控制阀由电动执行机构或气动执行机构和调节阀两部分组成。调节阀通常分为直通单座式调节阀和直通双座式调节阀两种,后者具有流通能力大、不平衡力小和操作稳定的特点,所以通常特别适用于大流量、高压降和泄漏少的场合。

控制阀由两个主要的组合件构成——阀体和执行机构。典型的控制阀构成如图 2-1-1 所示。

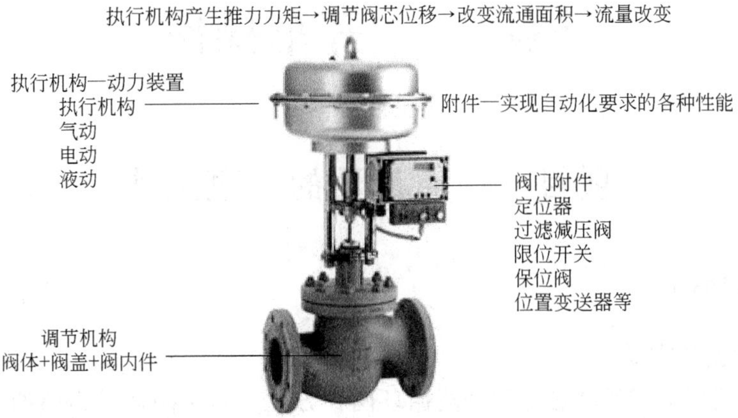

执行机构产生推力力矩→调节阀芯位移→改变流通面积→流量改变

执行机构—动力装置
执行机构
气动
电动
液动

附件—实现自动化要求的各种性能

阀门附件
定位器
过滤减压阀
限位开关
保位阀
位置变送器等

调节机构
阀体+阀盖+阀内件

图 2-1-1　控制阀的基本结构

二、技能要求

(一)准备工作

(1)设备、材料准备,劳动保护用品穿戴齐全。

(2)使用工具:扳手,对讲机。

(3)人员:2 人操作,持证上岗。

CBH017 调节阀故障切出的步骤

(二)操作步骤

(1)维修作业相关票据,并采取相应安全措施。

(2)控制阀需下线检修时,必须改副线操作。缓慢打开控制阀副线阀,同时缓慢关闭控制阀阀前阀,并与内操及时用对讲机联系,防止介质流量发生大的波动,直至阀前阀关死,再关闭控制阀阀后阀。

(3)与内操确认当前控制阀输出风压,与现场控制阀开度确认,是否吻合。

(4)联系内操将控制阀风压输出至 0、100、50 及其他位置,确认控制阀开度是否与风压输出吻合。

(5)同时检查阀杆动作是否平滑、顺畅、准确,检查阀杆与阀芯、推杆的连接有无松动,是否产生过大的变形,裂纹和腐蚀;阀体是否有腐蚀、损伤;密封是否存在泄漏。执行机构气缸是否漏气,弹簧是否有老化现象,轴承转动是否灵活。控制阀外观要求各部件齐全、标尺清晰、手轮灵活好用。

(6)控制阀维修合格后,控制阀调整至关闭位置,全开下游阀门,缓慢打开上游阀门,缓慢打开控制阀,同时缓慢关闭副线阀,控制阀重新投用。

(三)注意事项

(1)如需拆阀检修,应进行前后阀切断,排液、降温,方可拆管线检修。

(2)控制阀效验短时间内可不排空介质,如时间较长为避免介质冻凝、膨胀泄漏等,必须排空介质。

模块二　开车操作

项目一　原油泵的开泵操作

CBB002 装置开路循环的流程

一、相关知识

CBB001 装置开路循环的目的

(一)原油循环方式

原油循环可以分成闭路循环和开路循环两种方式。闭路循环是指原油自减压塔出去后不送至油品罐区,而是回到原油泵出口或入口。闭路循环的优点是升温迅速,缺点是温度升起来以后,原油再换成冷油后会造成相当大的波动。开路循环(图 2-2-1)是指原油自减压塔直接去油品罐区,和正常生产流程一样,这样可以将水带至原油罐进行脱水,缺点是升温较慢。现在大多数装置都采用开路循环。

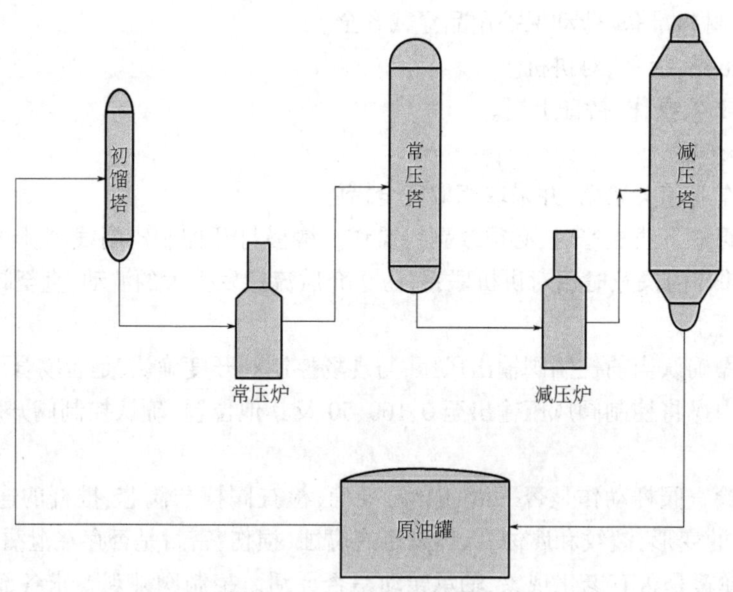

图 2-2-1　原油开路循环

CBB003 装置冷循环的目的

CBB004 装置冷循环的操作要点

(二)装置开工冷循环的目的及操作注意事项

装置开工冷循环目的是引油、系统管线置换、脱水、测试仪表、建立三塔底液位平衡。引油冷循环过程中应认真执行操作操作规程,引油速度应严格控制,除此之外,必须注意以下问题:

(1)进油前联系生产调度及有关单位安排好退油流程和退油罐,并吹扫贯通。

(2)进油过程中可根据各装置实际情况在各低点放空进行排水,尽量将设备内存水脱除以免将大量水推至退油罐。但是必须特别注意各低点放空，水见油时要立即将该放空阀门关闭防止跑油。

(3)减压炉进油后加热炉可先点1～2只火嘴，炉出口温度不大于80℃，加热炉点火应按加热炉操作规程进行。

(4)渣油采样口见油后开始采样分析含水量，每隔20～30min采样分析一次，含水量小于3%(有的控制含水量小于1%)即可改装置内冷循环。

(5)改装置内冷循环后要及时将退油线吹扫好，并用蒸汽暖线为切换原油做准备。

(6)冷循环中应联系仪表投用，并根据冷循环时仪表指示与正常生产仪表指示的误差来判断仪表使用情况。

(7)冷循环中要将各加热炉分支进料调均匀，不得偏流，如有短路必须将其顶通。

(8)联系有关单位了解进油量，是否与装置实际允许进油量相符。

(9)冷循环中如果塔底泵发生故障，要立即降低原油量，控制好各塔底液位，防止塔底液面装高。如果停止循环，停泵顺序是先停原油泵、初馏塔底泵、常压塔底泵，最后停渣油泵。如要重新启动机泵，顺序与其相反。

(10)冷循环中可根据情况尽早将电脱盐系统投用，使其充分发挥脱水作用。

(11)投用电脱盐系统时(有原油接力泵的装置)，要先将原油接力泵开启，打开接力泵出口阀门，视接力泵入口压力控制原油泵出口阀门，然后将电脱盐系统缓慢地并入流程。

进退油应平稳缓慢，保持塔底液位平稳，及时检查、处理泵抽空、管线设备泄漏、堵塞等问题。

CBA007　开车前抽真空试验的目的

(三)开车前抽真空试验的目的

为了进一步检查减压系统的气密性，考察抽真空系统设备、流程状态是否正常。

CBC019　减压塔顶真空度的控制要求

(四)减压塔顶真空度的控制要求

减压塔真空度采用多级蒸汽喷射泵和机械真空泵的串接运行来获得。蒸汽压力的改变将明显影响真空度。因此，在应用蒸汽喷射泵时，一般要在蒸汽管线设置压力调节系统，以保证至喷射泵的最佳蒸汽压力。真空度要满足正常生产和减压拔出率的要求。

CBC014　塔底液面的影响因素

(五)初馏塔塔底液面的影响因素

(1)初馏塔进料流量。初馏塔底泵抽出流量变化；提降处理量或调节初馏塔底液位时，进出塔流量没有平衡好。例如进入塔的流量大，抽出塔的流量小，液位将升高。

(2)原油性质变化将引起塔底液位波动。例如，原油变重，塔底液位上升；原油变轻，塔底液位下降。

(3)初馏塔进料温度变化，塔顶温度没有及时调节时，进料温度高，液位降低；进料温度低，液位升高。

(4)塔顶压力、温度高低影响塔底液位变化。温度低、压力高，降低塔内油汽化率，未汽化油进入塔底，使塔底液位升高；塔顶温度高、压力低，塔底液位降低。

二、技能要求

(一)准备工作

(1)设备、材料准备，劳动保护用品穿戴齐全。

(2)使用工具:扳手,油壶。

(3)人员:2人操作,持证上岗。

(二)操作步骤

(1)泵处于有工艺介质状态,预热正常,确认联轴器安装完毕,防护罩安装好。

(2)泵的机械、仪表、电气确认完毕。

(3)泵盘车均匀灵活,泵的入口过滤器干净并安装好,确认冷却水引至泵前,确认润滑油系统符合要求,轴承箱油位正常。

(4)确认泵的入口阀开启,泵的出口阀关闭,确认泵的电动机开关处于关或停止状态,电动机送电。

(5)压力表安装好,正常投用。

(6)与相关岗位操作员联系。

(7)启动电动机。

(8)确认泵出口达到启动压力且稳定,电动机电流在正常范围内,缓慢打开出口阀门。

(9)与相关岗位操作员联系,调整泵的排量。

(10)启动后的调整和确认:确认泵的振动正常,确认轴承温度正常,确认润滑油液面正常,确认润滑油的温度、压力正常,确认无泄漏,确认冷却水正常,确认电动机的电流正常,确认泵入口压力稳定,确认泵出口压力和流量稳定。

(三)注意事项

(1)如果出现下列情况立即停止启动泵:异常泄漏,振动异常,异味,异常声响,火花,烟气,电流持续超高。

(2)将放空阀关严或加丝堵。

(3)泵不能在小于30%的额定流量下长期运行。

(4)在出口管路关闭的情况下,泵连续工作时间不能超过3min。

项目二　增加瓦斯火嘴数量的操作

一、相关知识

(一)自产瓦斯净化方案

常减压装置自产瓦斯净化方案有以下几种:

(1)常减压装置自身设置瓦斯脱硫净化装置。

(2)自产瓦斯升压后送入催化等装置进行脱硫。

(3)自产瓦斯升压后进入厂管网,进入相关脱硫净化装置。

CBE030 阻火器的概念

(二)阻火器的概念

阻火器是用来阻止易燃气体和易燃液体蒸气的火焰蔓延的安全装置。

CBC023 加热炉火嘴调节的要求

(三)加热炉火嘴调节的要求

(1)操作正常时,炉膛各部温度均在指标范围内,以多火嘴、短火焰、齐火苗为原则。

(2)燃烧正常时,炉膛明亮,火焰呈淡蓝色、清晰明亮、不歪不散为佳。

(3)严禁火焰调节过长,直扑炉管或炉墙。

二、技能要求

(一)准备工作

(1)设备、材料准备,劳动保护用品穿戴齐全。

(2)使用工具:扳手,护目镜。

(3)人员:2 人操作,持证上岗。

(二)操作步骤

(1)确认炉区具备点火操作条件。

(2)确认一个准备点火的燃料气火嘴。

(3)确认该火嘴的软连接固定好。

(4)确认燃料气压力性质正常。

(5)确认其他燃料气火嘴燃烧正常。

(6)调整其火嘴风门和烟道挡板开度,确认炉膛负压、氧含量在工艺要求范围内。

(7)将预先点燃的火棒置于欲点燃的火嘴处,待人从炉底撤出,缓慢打开该火嘴手阀,点火时防止回火。或使用远程点火。

(8)确认该火嘴已点燃,调整该火嘴燃烧状况。

(9)如果 5s 内该火嘴没有点燃,关闭该火嘴燃料气手阀。查找原因(阀门不通、火嘴堵塞、管线带液等)。

(10)确认所点的火嘴燃烧良好。

(三)注意事项

(1)必须按照对称均匀分布的顺序点火嘴,闲置火嘴定期切换。

(2)禁止同时点燃两个以上火嘴。

项目三 油品采样的操作

一、相关知识

油品采样器结构如图 2-2-2 所示。

柱塞贯穿于阀体及连接法兰之中,保证了每次采到真实样品,也消除了凝堵的因素,可以装氮气吹扫来清除残留在阀及针间的样品。

CBC027 油品的采样方法

二、技能要求

(一)准备工作

(1)设备、材料准备,劳动保护用品穿戴齐全。

(2)使用工具:采样瓶,抹布。

(3)人员:2 人操作,持证上岗。

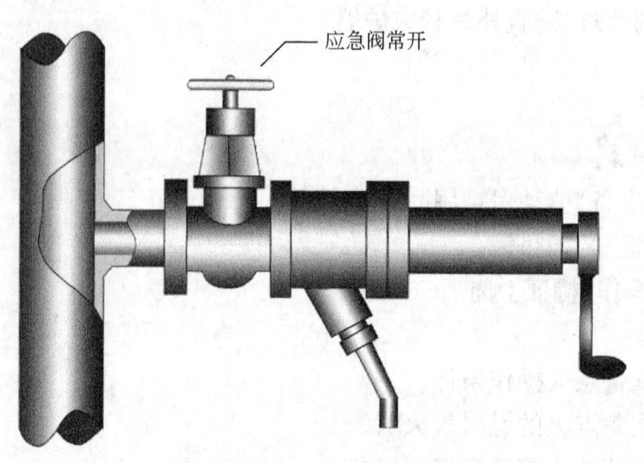

图 2-2-2　油品采样器结构

（二）操作步骤

（1）检查采样瓶标识，防止拿错。检查采样瓶内是否清洁。

（2）确认采样器完好。

（3）确认附近的灭火器、消防汽带等安全设施完好备用。

（4）采样时一人操作，一人监护。

（5）将采样瓶瓶口对准采样器的出液管口，瓶口不要对准面部、身体，防止喷溅。

（6）逆时针方向慢慢旋转采样器手柄至出液口流出介质为止。

（7）等样品采足后，立即顺时针方向旋转采样器用柄至丝杆全部旋入为止。

（8）采样完毕，清理采样点卫生。

（三）注意事项

（1）开阀要缓慢、开度要小，防止喷溅。

（2）若取样口冻凝，则关闭阀门暖线解冻后取样。

（3）若采样口不通，停止取样，汇报车间处理。

项目四　电脱盐罐送电操作

一、相关知识

CBC001 原油电脱盐的原理

（一）电脱盐的原理

原油中含有水，同时也含有胶质、沥青质等天然乳化剂。原油在开采和输送过程中，由于剧烈扰动，使水以微滴状态分散在原油中，原油中的乳化剂靠吸附作用浓集在油水界面上，组成牢固的分子膜，形成稳定的乳化液。乳化液的稳定程度，取决于乳化剂性质、乳化剂浓度、原油本身性质、水分散程度、乳化液形成时间长短等因素。机械强烈的搅动，乳化剂浓度高，原油黏度大，乳化液形成的时间长，将增加乳化液的稳定程度。原油电脱盐，主要是加入破乳剂，破坏其乳化状态，在电场的作用下，使微小水滴聚结成大水滴，使油水分离。由于原油中的大部分盐类是溶解在水中，因此脱水与脱盐是同时进行的。

(二) 电脱盐典型的工艺流程

CBC002 电脱盐典型的工艺流程

电脱盐工艺流程如图 2-2-3 所示，包括原油流程、注破乳剂流程、注水流程和取样流程。

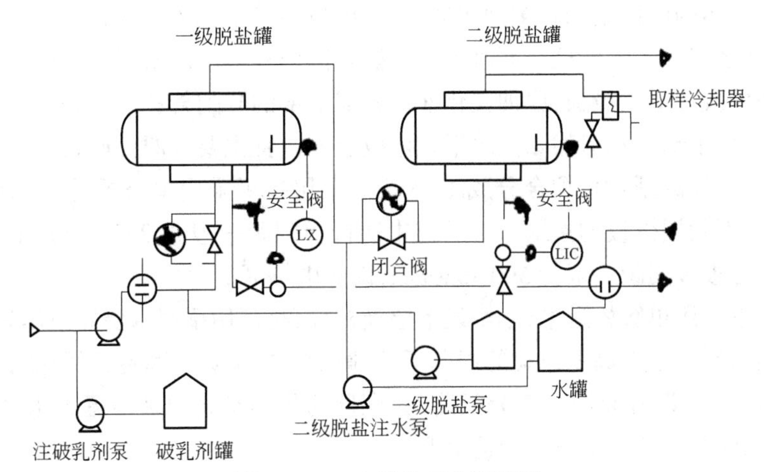

图 2-2-3　电脱盐工艺流程图

1. 原油流程

原油经原油泵送入换热区，换至电脱盐要求的温度后进入一级电脱盐罐，进行一级脱盐脱水。一级脱盐率一般在 90%～95%。经一级脱后原油进入二级电脱盐罐，进行二级脱盐脱水，二级脱盐率一般在 70%～85%。我国大部分炼油厂采用两级脱盐脱水流程，根据原油含盐含水情况以及对脱后原油含盐含水要求，也有采用一级或三级电脱盐的流程。为使操作灵活，原油换热后进入电脱盐罐的温度应能调节。

2. 注破乳剂流程

将破乳剂配制成 1%～2%浓度的溶液，由于破乳剂相对分子质量较大，容易沉入罐底，因此配制中应注意搅拌。破乳剂应在注水前注入原油中，一般注在原油泵入口处，使破乳剂在经原油泵和换热区这一路途能与原油充分混合，均匀地分散到原油中，到达水滴表面，起到破乳作用，注入时要做到准确计量。

破乳剂有油溶性、水溶性两种。水溶性破乳剂，经一级脱盐后，绝大部分随水被排掉，所以采用水溶性破乳剂时应考虑在二级电脱盐前再注入破乳剂。油溶性破乳剂，在水滴聚结沉降后，大部分仍然留在原油中，还可以在二级电脱盐中发挥作用。

3. 注水流程

注入电脱盐的洗涤水，经混合器与原油充分混合，使水与原油密切接触，达到洗涤作用。对洗涤水的水质要求：不含有大量的盐；含氨要小于 100mg/L；不能含有碱性物质。新鲜水首先注入二级电脱盐，二级电脱盐排水作为一级电脱盐注水回用。一级排水与二级注水换热，降低一级排水温度，还可以回收一部分低温热量。

CBC010 电脱盐设备的作用

(三) 电脱盐装置的设备及作用

原油电脱盐装置主要包括：电脱盐罐，高压配电系统，原油注水，切水系统，破乳剂注入系统，含盐污水预处理系统以及自控系统。

1. 电脱盐罐

原油电脱盐装置的核心设备是电脱盐罐，原油电脱盐罐的设备本体形式经历了立式、球形、卧式容器三个阶段。

原油电脱盐罐的电极结构是多种多样的，其中目前最常见的形式有水平式电极、立式悬挂电极、单层及多层鼠笼式电极。而水平式电极是国内外最广泛采用的形式，一般是在电脱盐罐内设有两层或三层电极板，原油乳化液从容器下部的分配管进入，原油从上部的集合管出去，含盐污水从下部切水口切除。水平式电极板的设置主要有两种形式：三层极板与两层极板，极板与变压器的型式相配合分成1~3段。三层极板采用单极板送电，即三层极板中间一层送电，上下两层极板均接地。上层与中层极板间距一般为200~220mm，处于强电场区。中层与下层极板间距一般为500~540mm，即弱电场区。

两层极板也采用单级板送电，不增设下层极板，而是利用罐底水层界面作为一个接地极板。但是在油水界面上下高低波动的情况下，则影响到弱电场的稳定，对脱盐脱水不利。在下层电极板的下方，设有原油入口分配器，分配器的作用是将原油沿罐的水平截面均匀分布，使原油与水的乳化液在电场中匀速上升。

分配器结构基本上分两种：(1)管式分配器，在管上匀布小孔；(2)倒槽式分配器，在槽的四周开有小孔，倒槽式分配器适用于黏度大、杂质多的重质原油，可以避免分配器堵塞。

罐的上方设有集合管或集合槽，将脱后原油沿水平方向均匀地收集并送出电脱盐罐。

罐的底部设有排水收集管，将沉积在罐底部的水沿水平方向收集并排出罐外。在罐底部还有反冲洗设施，在不停工的情况下，定期将沉积在罐底部的污泥状杂质搅起并随水排出罐外。

2. 混合器

在原油进脱盐罐之前，要注破乳剂、注水，使其与原油充分混合，因此在脱盐罐前要设混合器。混合器的结构有两种形式：一种由静态混合器与偏转球形阀组成，静态混合器起混合作用，偏转球形阀带执行机构，可调节混合器前后的压差；另一种采用双座调节阀作为混合器，此种阀占地小，便于安装。

3. 高压配电系统

变压器是为电脱盐提供强电场的电源设备。由于电脱盐设施处理的原油品种、处理量及操作条件的变化，要求变压器提供的电压应能随时调节。全阻抗变压器，是采用较为先进的供电设备，在变压器的输入端设有限制电压的感抗绕组，当极板间的二次电流增大时，一次电流也随之增大，此时由于感抗绕组的存在，使一次电压下降，二次电压随着下降，二次电流也下降，因此，极板间电压随着极板间导电率变化相应变化，起到自动调节电压的作用，目前我国已生产出不同容量、具有多挡位可调节输出电压的全阻抗防爆电脱盐专用变压器。

CBC020 电脱盐温度的控制要求

(四)电脱盐温度的控制要求

电脱盐温度是原油脱盐过程中一个重要操作条件。提高温度，使原油黏度降低，减少水滴运动阻力，有利水滴运动。温度升高还使油水界面的张力降低，水滴受热膨胀，使乳化液膜减弱，有利破乳和聚结。另外温度升高，增大了布朗运动速度，也增强了聚结力。因此适当提高温度有利于破乳。

从电脱盐的原理中看到，温度还通过影响油水密度差、原油黏度而影响水滴的沉降速度，从而影响脱盐率。

从两组数据可看到温度在一定的范围内对沉降分离的影响。从表2-2-1中看到，油水密度差在100~130℃之间随温度升高是上升的，到150℃时开始下降。从表2-2-2看到121℃时沉降速度为93℃的2倍，当温度升至149℃时，沉降速度只是93℃时的3倍，表明温度再进一步升高，沉降速度的增长开始下降。

表2-2-1　油水密度差随温度的变化

温度，℃	水相对密度	油相对密度	油水相对密度差
100	0.958	0.81	0.148
110	0.950	0.80	0.150
120	0.942	0.79	0.152
130	0.935	0.78	0.155
150	0.915	0.775	0.141

表2-2-2　沉降速度与温度的关系（$d_4^{20}=0.9569$）

温度，℃	黏度，mm^2/s	相对沉降速度
93	28	V
121	13	$2V$
149	7.2	$3.1V$

温度升至一定值时$CaCl_2$、$MgCl_2$开始水解，同时随着温度的升高，原油的电导率也随之增大，电耗随之增高。因此对不同的原油应该有不同的脱盐温度，并且要综合考虑进行优选，找出最佳操作温度。我国目前的原油脱盐温度一般控制在120~135℃，也有人推荐使原油的黏度在$9mm^2/s$时的温度较为合适。

（五）电脱盐罐电极棒击穿的现象

CBG009　电脱盐罐电极棒击穿的现象

（1）电脱盐罐跳闸，且可能会送不上电。

（2）电脱盐跳闸后，送电后电压表读数也会持续偏低。

（3）电极引入棒法兰连接处漏油等。

（六）电脱盐罐超压的现象

CBG001　电脱盐罐超压的现象

（1）电脱盐压力指示上升，现场压力表指示上升。

（2）电脱盐安全阀起跳。

（七）电脱盐罐超压的原因

CBG006　电脱盐罐超压的原因

（1）原油控制阀突然开大或停风（风关阀）。

（2）原油大量带水。

（3）原油脱后换热系统操作不当发生憋压。

（4）原油脱后分支控制阀因故障关闭。

二、技能要求

（一）准备工作

（1）设备、材料准备，劳动保护用品穿戴齐全。

(2)使用工具:扳手。

(3)人员:2人操作,持证上岗。

(二)操作步骤

(1)检查电脱盐系统所有阀门、法兰、附属设备、测量设备完好无泄漏。

(2)检查电脱盐系统仪表信号准确,电气设备正常,达到生产状态。

(3)电脱盐罐装油,确认电脱盐罐油位正常。

(4)确认电脱盐罐装满油,原油流量恒定,温度变化不大。

(5)变压器送电(初次送电一般选择中间挡位),如罐内出现放电或电流过大等情况,应立即停止送电,待静止沉降一段时间后,再试送电。

(6)送电后,注意观察电流、电压、液位、温度变化情况。

(7)对投用后的电脱盐罐、电气指示系统、各机泵及附属管线等进行全面检查,发现问题及时处理。

(三)注意事项

电气作业必须由专业人员操作,并符合相关安全规范。

项目五　挥发线注水的操作

一、相关知识

(一)"一脱四注"防腐措施的内容

"一脱四注"是炼油厂常用的防腐措施之一,是行之有效的工艺防腐措施。所谓"一脱"指的是原油脱盐。原油中少量的盐,水解产生氯化氢气体,形成 HCl—H_2S—H_2O 腐蚀介质,造成常压塔顶塔板、冷凝系统的腐蚀。原油脱盐后,减少原油加工过程中氯化氢的生成量,可以减轻腐蚀。所谓"四注",指的是注碱、注中和剂、注水、注缓蚀剂。

1. 注碱

原油注碱的目的主要是使脱盐后残留在原油中的 $MgCl_2$、$CaCl_2$ 变成 NaCl。NaCl 不易水解,不会产生 HCl 气体,从而进一步减少氯化氢的生成量,以便有效地控制盐腐蚀。另外也中和部分石油酸和硫化氢,减少它们的腐蚀。

2. 注中和剂

原油脱盐注碱后,常压塔顶冷凝系统仍有残留的 5%~10%的氯化氢,造成冷凝区严重的腐蚀。在塔顶注中和剂,目的是在水蒸气冷凝成液态水之前,中和气相中的氯化氢气体,以免生成腐蚀性的氯化氢水溶液。

CBC007 塔顶注水的作用

3. 注水

注氨的产物氯化铵会堵塞设备(塔),注水的目的是溶解氯化铵,防止氯化铵沉积,以免堵塔,并且使露点前移,保护冷凝设备。

4. 注缓蚀剂

缓蚀剂是能形成膜的有机胺类化合物。这类物质具有表面活性,能物理或化学吸附在金属表面,形成一层抗水性保护膜,遮蔽金属同腐蚀性水相接触,使金属免受腐蚀。

(二)塔顶注水系统流程图

塔顶注水系统通常由注水罐、注水泵、流量计及相应控制仪表等组成,流程见图 2-2-4。

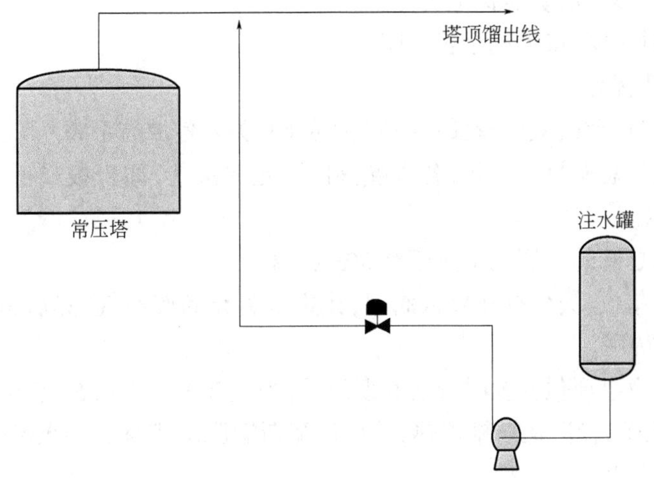

图 2-2-4　塔顶注水系统流程示意图

二、技能要求

CBC026 塔顶注水的调节要点

(一)准备工作

(1)设备、材料准备,劳动保护用品穿戴齐全。

(2)使用工具:扳手。

(3)人员:2 人操作,持证上岗。

(二)操作步骤

(1)确认塔顶注水罐液位正常。

(2)启动塔顶注水泵。

(3)投用流量控制阀。

(4)确认流程畅通。

(5)控制注水量在指标范围内。

(6)联系化验采样分析塔顶含硫污水。

(7)根据分析结果调节注水量。

(三)注意事项

注意确认注水流程,如蒸顶注水、常顶注水、回流罐脱水等,各分支均畅通,流量正常。

项目六　加热炉点火操作

一、相关知识

(一)加热炉日常检查内容

(1)炉出口温度、炉膛温度,温差是否在指标范围内,火盆、炉管和衬里等是否正常。

（2）根据负荷变化，勤调“三门一板”，使效率最佳。

（3）余热回收系统电动机振动、温度，蝶阀是否可自由开关，膨胀节、热管是否正常。

（4）定时检验仪表，消防器材是否齐全。

（5）防爆门、看火窗、点火孔是否关闭。

CBD001 瓦斯管线的置换方法

（二）瓦斯引入操作

（1）检查燃料气管线，关闭有关放空阀、排凝阀，关闭各炉前手阀。

（2）引氮气吹扫总燃料气管线；各火嘴阀门一定要关严，加盲板或拆软管，严防在点火前瓦斯窜入炉膛内。

（3）采样分析总管的含氧气不大于0.5%为合格。

（4）联系有关单位，缓缓打开界区阀门，让集合管充满燃料气，然后引至火炬系统进行置换，合格后准备待用。

（5）引瓦斯注意事项包括及时分析瓦斯组成，当氧含量小于0.5%（体积分数）时即可引瓦斯至炉前点小火炬，投用瓦斯罐伴热，并加强瓦斯罐脱水排凝。待火焰燃烧稳定后，可以关闭小火炬，准备点火。

（6）使用蒸汽扫线，在停汽后要尽快引入氮气或燃料气，防止管线降温后空气进入。

CBB013 点火前吹扫瓦斯管线的目的

（三）点火前吹扫瓦斯管线和燃料油循环的目的

吹扫瓦斯管线的目的是置换管线内存在的空气，防止引瓦斯后在管线内遇空气形成爆炸性气体。

CBB014 点火前燃料油循环的目的

点火前燃料油循环的目的是脱水。

CBB011 加热炉点火的必备条件

（四）加热炉点火前准备工作

炼化装置必须制定加热炉开停工操作程序。开停工程序是确保炉膛不产生爆炸性混合气体，建立稳定的火焰和工艺流量的指导性程序。该程序随着加热炉的仪表自动化程度的不同而不同。

1. 燃料系统和火嘴准备

（1）确认火嘴安装正确，火嘴位置和定位准确，燃料气孔和空气通道畅通。燃料系统处于盲断状态，炉前阀在关闭位置。

（2）确认燃料管线和阀门经过压力测试，无泄漏，并经过氮气吹扫置换，除去管线中的杂质。燃料系统建立循环，确认燃料压力及雾化介质供应系统的压力够用。

（3）确认燃烧器调节风门操作灵活，为吹扫加热炉把风门开度控制在100%的开度位置。

2. 加热炉准备

（1）确保没有杂物留在加热炉中，所有的人孔、看火窗、防爆门都应该关闭。

（2）检查所有烟、风道挡板的开、关和开启方向，保证与设计相符。

3. 炉管建立流量

（1）炉管水压试验应遵循加热炉生产厂家及相关制度标准。

（2）必须在每路炉管中充满流体并稳定流动，应该遵循加热炉生产厂家的指导，以确保每段炉管流量均匀。

（3）在进料过程中，要检查炉管流量表、阀门和控制器的操作。如果某段没有正确的流量指示或流量波动，在吹扫和点炉之前要进行分析和解决。在没有达到正常流量的75%之前，建议将炉管的流量控制阀设定在手动操作状态。

CBB012　点火前炉膛吹扫的标准

4. 吹扫炉膛

(1)用蒸汽或启动风机供风吹扫炉膛，进行至少5倍的体积置换，需要大约15~20min，或者在烟囱顶部出现蒸汽为止。建议利用风机进行空气置换。

(2)在吹扫过程中，检查负压表状态，确保负压表可以读出炉膛内的负压值。

(3)联系检验车间，进行炉膛可燃气体测爆分析，准备点长明灯。

CBB009　抽真空的原理

(五)抽真空的原理

蒸汽喷射抽空器工作原理是：工作蒸汽通过喷嘴形成高速度、蒸汽压力能转变为速度能，与吸入的气体在混合室混合后进入扩压室。在扩压室中，速度逐渐降低，速度能又转变为压力能，从而使抽空器排出的混合气体压力显著高于吸入室的压力。

CBB010　抽真空系统的投用要点

(六)抽真空系统投用要点

(1)减压塔正压、负压试验合格。

(2)抽真空系统各设备状态完好，流程、阀门开关状态确认无误。

(3)蒸汽、循环水等动力系统正常。

(4)仪表系统完好。

(5)外引回流油准备完好。

(6)多级抽真空系统投用顺序严格执行操作规程。

(7)抽真空速度要执行抽真空曲线，各部及时相应调整。

二、技能要求

(一)准备工作

(1)设备、材料准备，劳动保护用品穿戴齐全。

(2)使用工具：扳手。

(3)人员：2人操作，持证上岗。

(二)操作步骤

(1)确认炉区具备点火操作条件。

(2)确认一个准备点火的真空火嘴。

(3)确认该火嘴的软连接固定好。

(4)确认减顶瓦斯压力、性质正常，并已引至炉前，流程正确。

(5)确认其他燃料气火嘴燃烧正常。

(6)调整其火嘴风门和烟道挡板开度，确认炉膛负压、氧含量在工艺要求范围内。

(7)将预先点燃的火棒置于欲点燃的火嘴处，待人从炉底撤出，缓慢打开该火嘴手阀，点火时防止回火。

(8)确认该火嘴已点燃，调整该火嘴燃烧状况。

(9)如果5s内该火嘴没有点燃，关闭该火嘴燃料气手阀，查找原因(阀门不通、火嘴堵塞、管线带液等)。重新吹扫，分析合格后再点火。

(10)确认所点的火嘴燃烧良好。

（11）按需要对角点燃全部火嘴，确认燃烧正常。

（12）火嘴全部引燃后，调整配风至正常燃烧状态。

（三）注意事项

（1）燃料气及时脱液。

（2）及时检查火嘴燃烧情况，防止个别火嘴熄火。

（3）加强对火嘴火焰形态及供风的调节，保证燃烧良好。

项目七　原油注水的操作

CBC003 原油电脱盐注水的作用

一、相关知识

（一）原油注水的目的

原油电脱盐，注入一定量的水与原油混合，增加水滴的密度，使之更易聚结；还可以溶解悬浮于原油中的盐，使之与水一起脱除，增加水的注入量破坏原油乳化液的稳定性，对脱盐也有利。

（二）原油注水系统流程图

原油注水系统通常由注水罐、注水泵、流量计及相应控制仪表等组成，示意图如图 2-2-5 所示。

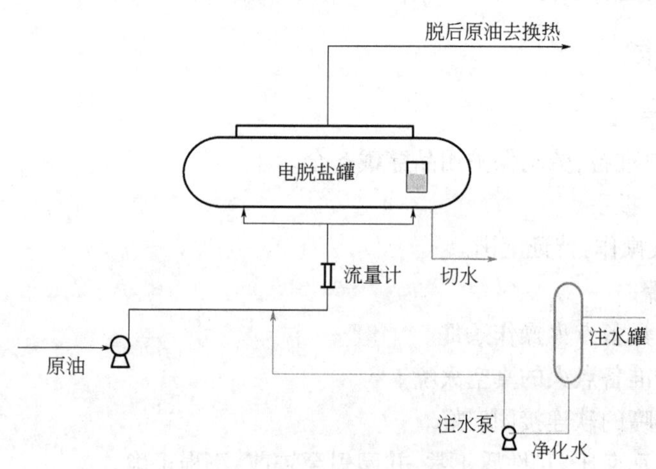

图 2-2-5　原油注水系统流程图

CBA008 开车前装置收汽油的目的

CBA009 开车前装置收封油的目的

CBA010 开车前装置收馏分油的目的

（三）开车前装置收汽油、收封油、收馏分油的目的

收汽油是为了在开工过程中建立初馏塔或常压塔塔顶回流，加快开工速度。

开工前期装置没有适合作封油的馏分油产出，因此提前收封油保证高温泵正常、安全运转。

收馏分油是为了在开工过程中建立减压塔顶回流，进行减压系统开工操作，也可根据需要收馏分油作为中段回流。

二、技能要求

（一）准备工作

（1）设备、材料准备，劳动保护用品穿戴齐全。

（2）使用工具：扳手。

（3）人员：2人操作，持证上岗。

（二）操作步骤

（1）改好装置内收水和注水流程，仪表校验正常并投用。

（2）联系调度，保证电脱盐注水水量和水质。

（3）联系内操，确认电脱盐界位、混合压差、电脱盐温度、压力等指标在正常范围内。

（4）注水罐液面正常，启动电脱盐注水泵，通过注水控制阀调节注水量至正常。

（5）内操及时调节电脱盐排水流量，维持电脱盐界位正常。

（三）注意事项

（1）严防电脱盐油水界位的大幅波动。

（2）注水量应严格控制。

（3）投用注水后关注电脱盐电流变化，及时调整混合强度，防止乳化。

CBB006　装置恒温脱水的操作要点

项目八　恒温脱水操作

一、相关知识

CBB005　装置恒温脱水的目的

开工恒温脱水的目的

在管线和设备贯通试压时有大量存水，冷循环时，原油中有较多的水分不可能全部脱净，如果不将这些水除去就升温，必然会使水分在塔内大量汽化，压力急剧上升，塔顶油水分离器水量猛增，塔底泵抽空，严重时会冲坏塔板，甚至损坏设备，使装置无法继续开工，因此在较低温度下恒温脱水是开工必不可少的步骤。

二、技能要求

（一）准备工作

（1）设备、材料准备，劳动保护用品穿戴齐全。

（2）使用工具：扳手。

（3）人员：2人操作，持证上岗。

（二）操作步骤

（1）平衡好各塔底液面。

（2）加热炉按规程速度升温到110～130℃。

（3）过热蒸汽引进加热炉并放空。

（4）切换各塔底备用泵。

(5)视情况投用电脱盐。

(6)注意各塔顶油水分离器界位情况、排水情况,防止跑油。

(7)调整渣油冷却器冷却水,保证渣油冷后温度。

(8)渣油含水率<0.5%时可以继续升温。

(三)注意事项

(1)及时处理机泵抽空。

(2)判断水分基本脱净情况下方可继续升温。

模块三　正常操作

项目一　机泵的巡检

一、相关知识

(一)听针的使用方法

听针一端接触设备的轴承等部位,一端与耳朵接触,听取运转时设备里面的响声。如果设备有问题的话,有经验的操作员能听出来一些不正常的声音。

正常的电动机声音为高频连续的,而轴承有缺油或故障的声音为间断的"咔啦"声响。如果高频声音中夹杂着轻微的间断"咔啦"声说明轴承稍微缺油,但是不影响运行,通常再开1~3个月没问题;间断低频"咔啦"声越响,说明轴承问题越严重。

原理:声音来源于轴承滚珠间摩擦,润滑油充足时摩擦小且均匀,所以声音不大,且频率高;当轴承缺油时摩擦增加,"咔啦"声来源于滚珠与轴承内壁不平整处的摩擦声,因此频率较低,且声音较大。

(二)离心泵反转的原因

CBE011　离心泵反转的原因

(1)泵预热量过大。

(2)泵出口单向阀不严。

(三)机泵发生抱轴的现象

CBG010　机泵发生抱轴的现象

(1)机泵轴承箱过热。

(2)机泵轴承箱冒烟。

(3)机泵轴承箱振动、噪声。

(四)装置循环水中断处理

CBH012　装置停循环水的处理原则

(1)降量、降温。

(2)关塔底吹汽。

(3)低压瓦斯改火炬。

(4)各侧线减少拔出量。

(5)若长时间停水,则加热炉熄火,减压破真空,装置按紧急停工处理。

(6)有条件的也可用其他水源改进循环水维持生产。

二、技能要求

(一)准备工作

(1)设备、材料准备,劳动保护用品穿戴齐全。

(2)使用工具:听针,测温仪,测振仪。

(3)人员:2 人操作,持证上岗。

(二)操作步骤

(1)检查电动机的温度、电流、振动情况。

(2)检查泵进出口压力,机泵流量稳定。

(3)检查泵轴承温度及振动情况。

(4)检查冷却水情况。

(5)检查泵的润滑油油位及润滑情况。

(6)检查密封情况。

(7)检查电动机、机泵等各部位是否有杂音。

(8)检查各连接部位是否紧固。

(9)检查封油情况。

(三)注意事项

发现异常情况及时联系处理或切换备用泵。

项目二　控制阀改副线的操作

一、相关知识

(一)控制阀开度的判断

(1)根据阀门定位器数据指示判断。

(2)直行程控制阀根据阀杆升降及刻度指示判断开度。

(3)偏心旋转阀根据阀杆旋转角度及阀体上刻度指示判断开度。

(二)控制阀阀组流程图

仪表控制阀阀组一般由前后手阀、放空阀、副线阀组成,如图 2-3-1 所示。

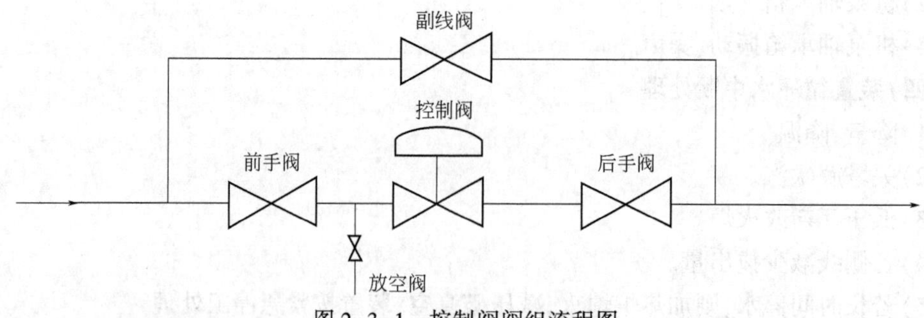

图 2-3-1　控制阀阀组流程图

二、技能要求

(一)准备工作

(1)设备、材料准备,劳动保护用品穿戴齐全。

(2)使用工具:扳手,对讲机。

(3)人员:2 人操作,持证上岗。

(二)操作步骤

(1)控制阀改手动。

(2)缓慢打开副线阀,同时缓慢关小控制阀的前手阀。

(3)操作过程注意工艺参数的变化,及时调节,尽可能平稳。

(4)缓慢开大副线阀,关小直至关死控制阀的前手阀。

(5)关闭控制阀的后手阀。

(三)注意事项

注意区分阀门形式,注意阀门的正反作用,了解各类型阀门的安装要求及使用场合。

项目三　加热炉的吹灰操作

一、相关知识

CBE023 吹灰器的作用

(一)加热炉吹灰的目的

加热炉燃料燃烧产生烟气、烟尘,被炉管不断吸附,造成炉管积灰结垢,并进一步造成排烟温度上升、热效率下降,甚至加剧炉管的腐蚀或损坏。因此,为了提高加热炉热效率和保持加热炉的长周期运行,应定期对炉管进行吹灰操作。

(二)加热炉吹灰的主要方式

(1)蒸汽吹灰器。蒸汽吹灰器为传统吹灰器,目前使用数量最多。根据结构和介质的特点,常用蒸汽吹灰器有固定回转式和可伸缩喷枪式两种,前者又分为手动和电(或气)动两种。

固定回转式吹灰器伸入炉内,吹灰时可利用手动装置使链轮回转,或开动电动机械或风动马达使之回转。在炉外装有阀门和传动机构。吹灰器的吹灰管穿过炉墙处设有防止空气漏入炉内的密封装置。这种吹灰器结构较简单,但由于吹灰管长期在炉内,管子易损坏,故一般在低温烟气区如余热回收系统使用。

可伸缩式吹灰器的结构比固定回转式复杂,它的喷枪只在吹灰时才伸入炉内,吹毕又自行退出,故不易烧坏。伸缩式吹灰器的设置间距按其距吹灰管中心线的水平或垂直方向的最大吹扫距离,一般为 1.2m 或 5 排炉管两者中的较小者确定。伸缩式吹灰器通过耐火墙的部位应设置不锈钢套筒,这种吹灰器一般在高温烟气区使用。

(2)声波吹灰器。最大声能在 140dB 左右,由于能量不足,与灰粒的固有频率差别很大,与积灰特性不适应,吹灰效果很差,基本上不能除掉已有的积灰,只能在其吹灰时阻止积灰的产生。

(3)燃气脉冲激波吹灰器。吹灰作用的空间范围、距离都较大,有效克服蒸汽吹灰器需伸缩进退的问题,其强烈的激波和气流冲击作用又能产生远远优于声波吹灰器的吹灰效果。但是该技术也存在一定的不足,首先,在锅炉上的应用范围很窄,由于爆燃后极易卷吸高温烟气和燃气泄漏等方面的考虑,目前还只能应用于温度相对较低的尾部烟道下部(如空预器等)。其次,存在一定的安全隐患,由于工作介质为可燃气体,一旦设计结构不合理,生产质量有问题,都易引起可燃气体的泄漏,从而造成炉膛或环境发生安全事故。最后,系统较为复杂,对控制系统的要求很高。

CBC022 减压炉管注汽的目的

(三)减压炉管注汽的目的

减压炉出口温度高,油品在炉管内容易结焦,注汽可以提高油品在炉管内流速并提高油品汽化率,从而防止油品结焦。

CBE042 空气预热器的作用

(四)空气预热器的作用

空气预热器是提高加热炉热效率的重要设备,它的主要作用是回收利用烟气余热,减少排烟带出的热损失,减少加热炉燃料消耗;同时,空气预热器的采用,还有助于实行风量自动控制,使加热炉在合适的空气过剩系数范围内运行,减少排烟量,相应地减少排烟热损失和对大气的污染。由于采用空气预热器需强制供风,整个燃烧器封闭在风壳之内,因而燃烧噪声也减少,同时也有利于高度湍流燃烧的高效新型燃烧器的采用,使炉内传热更趋均匀。

二、技能要求

(一)准备工作

(1)设备、材料准备,劳动保护用品穿戴齐全。

(2)使用工具:扳手。

(3)人员:2人操作,持证上岗。

(二)操作步骤

激波吹灰器使用步骤:

(1)加热炉各工艺参数正常。

(2)吹灰器各部件外观完好,无泄漏迹象。

(3)打开乙炔瓶口开关,瓶口减压阀出口压力0.12~0.15MPa。打开空气阀,空气压力大于0.4MPa。

(4)按下控制盘电源开关(指示灯亮),选择指定运行参数(如脉冲次数、强度)。

(5)待参数设置完毕,按"启动"按钮,设备按设定参数自动投入工作,随后可听到间隔的爆燃声。

(6)观察烟囱排烟,确定吹灰效果。

(7)设定的爆燃次数完成后,回至待命状态。

(8)自动运行工作完成后,切断乙炔气瓶气源。

(9)关闭控制盘电源开关。

(三)注意事项

声波、激波吹灰器一般为全自动控制,各厂家使用方法也不尽相同,使用中严格遵守使用说明书,并及时检查吹灰设备是否有异常情况,尤其是激波吹灰器是否有可燃气体的泄漏。

CBC028 烟气的采样方法

项目四　加热炉烟气采样操作

一、相关知识

(一) 加热炉烟气系统流程图

加热炉烟气系统主要由独立烟囱、引风机、鼓风机、空气预热器等组成,如图 2-3-2 所示。

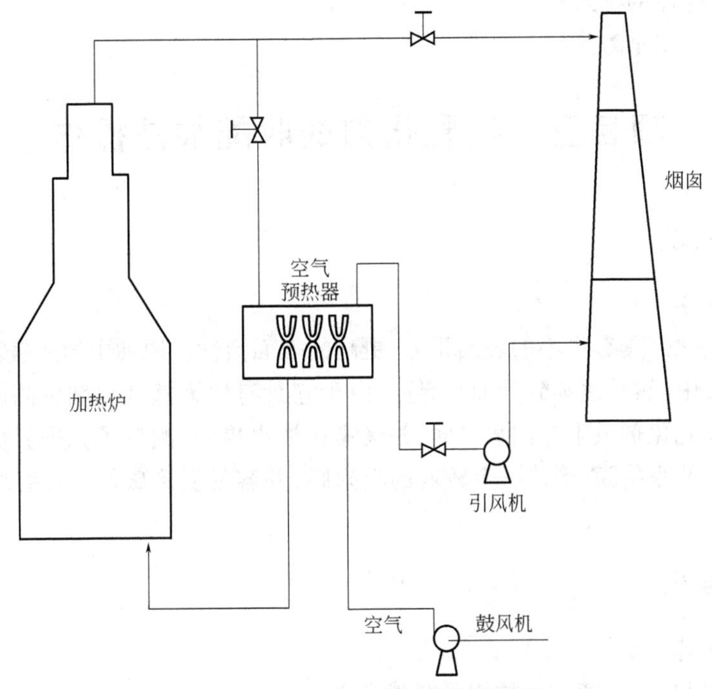

图 2-3-2　加热炉烟气系统流程图

烟囱为自然通风状态或引风机故障情况下,为加热炉炉膛提供抽吸力;引风机为正常生产时为加热炉炉膛提供抽吸力;鼓风机为燃料燃烧提供所需的空气;空气预热器为空气与高温烟气换热,回收烟气携带的热量。

(二) 加热炉烟气的分析项目

加热炉主要分析的项目有排烟温度、氧气、一氧化碳、二氧化碳含量等,根据环保需要还要求在线分析颗粒物、硫化物、氮氧化物等项目。

二、技能要求

(一) 准备工作

(1) 设备、材料准备,劳动保护用品穿戴齐全。

(2) 使用工具:烟气采样器。

(3) 人员:2 人操作,持证上岗。

（二）操作步骤

（1）采样人员配合和监督分析人员在正确的时间和地点采样。

（2）采样器自采样孔插入深度不低于500㎜，用胶管接好采样管和采样袋，检查密封情况后启动电泵（或使用手动采样器）采样。

（3）采用置换方式排净采样管和采样袋的空气，至少置换3次。

（4）收集烟气到采样袋至符合要求量，按要求封闭进出口。

（5）停电泵，采样结束。

（三）注意事项

（1）注意采样器的密封性检查。

（2）注意人身安全防护。

项目五　破乳化剂的收配加注操作

CBC004 原油电脱盐注破乳剂的作用

一、相关知识

破乳剂的作用

破乳剂比乳化剂具有更小的表面张力、更高的表面活性。原油中加入破乳剂后，首先分散在原油乳化液中，然后逐渐到达油水界面，由于它具有比天然乳化剂更高的表面活性，因此破乳剂将代替乳化剂吸附在油水界面，并聚集在油水界面，改变了原来界面的性质，破坏了原来较为牢固的吸附膜，形成一个较弱的吸附膜，并容易受到破坏，以达到乳化液中各相分离的目的。

二、技能要求

（一）准备工作

（1）设备、材料准备，劳动保护用品穿戴齐全。

（2）使用工具：扳手。

（3）人员：2人操作，持证上岗。

（二）操作步骤

（1）用风动隔膜泵（或齿轮泵）将桶装破乳剂打入破乳剂罐；

（2）改好注破乳剂流程；

（3）打开破乳剂泵出入口阀，启动破乳剂泵，转动调节手轮控制破乳剂量。

（三）注意事项

（1）破乳剂分为水溶性与油溶性，且性质相差较大，应根据本装置破乳剂性质操作。

（2）注意个人安全防护。

（3）必须保持单点单泵的注入方式。

项目六　采渣油样的操作

一、相关知识

（一）渣油的火灾危险性

不同组分的渣油、蜡油自燃点也不一样，一般情况下蜡油比渣油的自燃点要高，组分越重，自燃点越低，组分越轻，自燃点越高；闪点正好相反。一般来说，渣油的自燃点在200℃以上到350℃不等，而蜡油自燃点相对比渣油高30~50℃。

因此，常减压装置无论是常压渣油还是减压渣油，在塔底及塔底泵等高温部位的温度均超过了其自燃点，一旦泄漏、遇空气就会发生自燃。

（二）高温采样器的结构

高温采样器基本原理是，为高温油品采样管线增加了冷却设施、吹扫设施，以降低油品的温度，保证采样操作安全进行，结构图如图2-3-3所示。

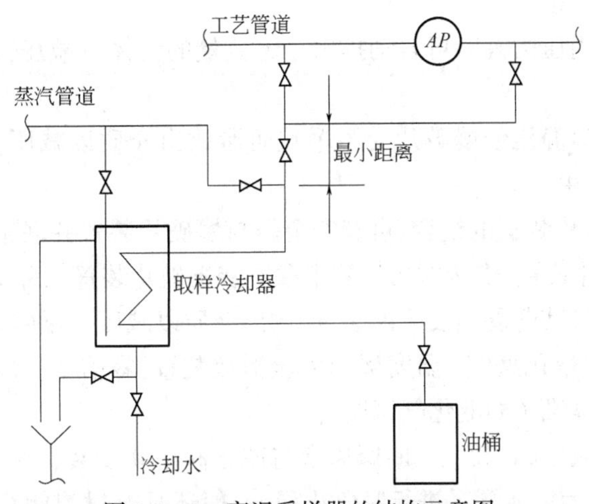

图2-3-3　高温采样器的结构示意图

二、技能要求

（一）准备工作

（1）设备、材料准备，劳动保护用品穿戴齐全。

（2）使用工具：扳手。

（3）人员：2人操作，持证上岗。

（二）操作步骤

（1）检查采样器各部件完好，打开采样器冷却水，冷却油品至安全温度。

（2）蒸汽吹扫采样管线。

（3）开始采样：将采样瓶口对准采样器的出液管口；逆时针方向慢慢旋转采样器的手柄至出液口流出介质为止；待样品采完后，立即顺时针方向旋转采样器的手柄至丝杆全部旋入为止。

(4)采样结束，蒸汽再次吹扫采样管线。

(5)关闭吹扫蒸汽，关闭采样器冷却水。

(三)注意事项

(1)防止喷溅。

(2)做好个人安全防护。

(3)冷却水不通、吹扫不通或采样器有泄漏等情况，停止采样，联系车间处理。

项目七 容器的巡检

一、相关知识

(一)容器的安全附件

压力容器主要有下列安全附件：安全阀、爆破片、爆破帽、易熔塞、紧急切断阀、减压阀、压力表、温度计、液位计等。

(1)安全阀：容器内压力高时可自动排出一定数量的流体以减压；当容器内的压力恢复正常后，阀门自行关闭。

(2)爆破片：由进口静压使爆破片受压爆破而泄放出介质以减压，爆破后即不可再用，须更换，即具有非重闭性。

(3)安全阀与爆破片装置的组合：可有安全阀与爆破片装置并联组合、安全阀进口和容器之间串联安装爆破片装置、安全阀出口侧串联安装爆破片装置三种组合方式。

(4)爆破帽：超压时其薄弱面发生断裂，泄放出介质以减压。爆破后不可再用，须更换。

(5)易熔塞：属于“熔化型”（“温度型”）安全泄放装置，容器壁温度超限时动作，主要用于中、低压的小型压力容器（如液化气钢瓶）。

(6)紧急切断阀、减压阀：紧急切断阀通常与截止阀串联安装在紧靠容器的介质出口管道上，以便在管道发生大量泄漏时进行紧急止漏；一般还具有过流闭止及超温闭止的性能。减压阀间隙小，介质通过时产生节流，压力下降，用于将高压流体输送到低压管道。

(7)压力表：指示容器内介质压力，是压力容器的重要安全装置。

(8)液位计：又称液面计，是用来观察和测量容器内液位位置变化情况，特别是对于盛装液化气体的容器，液位计是一个必不可少的安全装置。

(9)温度计：用来测量压力容器介质的温度，对于需要控制壁温的容器，还必须装设测试壁温的温度计。

CBC029 初馏塔设置的目的

(二)设置初馏塔的目的

是否设置初馏塔主要根据原油性质及加工流程而定。

第一，当常减压装置需要生产重整原料、而原油中砷含量又较高时，则需要设置初馏塔（进塔温度较低），以从塔顶拔出砷含量小于200μg/L侧顶油，其余的轻馏分油则因进料温度较高、砷含量较高自常压塔顶分出，如大庆原油的加工流程即如此。对胜利、任丘等原油中砷含量不高的原油加工，就可直接从常压塔顶拔出重整原料。

第二,是在加工含硫含盐均较高的原油时,由于塔顶低温部位的 $H_2S—HCl—H_2O$ 型腐蚀严重,设置初馏塔后,可将大部分腐蚀转移至初馏塔顶,从而减轻了常压系统塔顶的腐蚀,这样做在经济上较为合理。

第三,是对轻质油含量较高的原油,为降低原油换热系统及常压炉的压降,降低常压炉的热负荷,往往需要将原油换热至 230℃左右后,先进入初馏塔,将已汽化的轻馏分从原油中分出,然后再将初底油进一步加热,如国外轻质原油的加工流程。目前我国也有不少炼厂采用将换热至约 230℃的原油先进入闪蒸塔,拔出轻馏分,然后再将闪蒸后的油去常压炉加热的流程。

(三)汽包给水中断的现象与处理

CBG008 汽包给水中断的现象

现象:

(1)汽包给水流量大幅下降甚至回零。

(2)汽包液位快速下降。

处理方法:

CBH008 装置汽包给水中断的处理原则

(1)查找给水中断原因。

(2)若控制阀故障,立即打开副线阀补水。

(3)若短时间给水中断,关小热源,同时打开系统蒸汽补自产蒸汽阀门,维持生产,等待供水恢复。

(4)若给水无法恢复,打开系统蒸汽补自产蒸汽阀门,并切除热源或汽包系统。

(四)塔底液位指示失灵的处理要点

CBH018 塔底液位指示失灵的处理要点

(1)马上联系仪表人员检查处理。

(2)有多个塔底液位指示仪表的,参照其他仪表操作。

(3)有现场就地指示仪表的,参照现场就地指示仪表操作。

(4)浮球液面计指示失灵,可以通过现场压浮球粗略判断塔内液位位置。

(5)短时间完全失去液位参考,根据物料平衡维持生产。长时间失去液位参考,根据情况进行紧急停工或安排正常停工处理。

二、技能要求

(一)准备工作

(1)设备、材料准备,劳动保护用品穿戴齐全。

(2)使用工具:扳手。

(3)人员:2 人操作,持证上岗。

(二)操作步骤

(1)检查容器的温度、压力在正常范围内。

(2)检查容器的液位、界位在正常范围内。

(3)检查各安全附件完好,投用正常。

(4)检查容器及与其连接管道振动值正常。

(5)检查容器的喷淋、切液系统正常,保温层牢固,防腐层完整。

(6)检查受压元件无裂缝、鼓包、变形、泄漏等危及安全的缺陷。

（三）注意事项

（1）各工艺参数 DCS 数值与现场仪表对照，防止假象。

（2）进行紧固、维修等特殊操作，按相关安全规范执行。

项目八　泵注封油的操作

CBF014　封油的作用

一、相关知识

封油的作用：在有毒、强腐蚀性介质、密封要求严格，不允许外泄或输送介质中含有固体颗粒，泄入填料函会磨损密封面，或使用双端面机械密封时，需注封油。封油有润滑、冷却、冲洗、密封作用，还有防止输送介质泄漏和负压下空气或冷却水进入填料函的作用。

二、技能要求

（一）准备工作

（1）设备、材料准备，劳动保护用品穿戴齐全。

（2）使用工具：扳手。

（3）人员：2 人操作，持证上岗。

（二）操作步骤

（1）引封油正常循环。

（2）打开封油放空阀排气、排水后，关闭放空阀。若管线内存凉油也应放出，防止引起泵抽空。

（3）打开泵封油注入阀，缓慢注入泵体内，先注后密封封油，后注前密封封油。确认封油温度、压力、注入情况均正常。

（4）检查泵是否抽空，运转是否正常。

（三）注意事项

（1）严格控制封油压力、温度在正常范围内。

（2）若封油引起泵抽空，暂停封油注入，调节泵上量正常后重新操作。

CBC017　加热炉总出口温度的控制要求

项目九　加热炉出口温度的调节

一、相关知识

CBC013　塔顶温度的影响因素

（一）初馏塔、常压塔塔顶温度、压力变化的影响因素

初馏塔和常压塔塔顶温度和压力是控制产品质量的重要参数，当塔顶温度、压力变化时，不做调节会引起塔顶产品质量变化。影响其变化的原因主要有：

（1）进料温度或炉出口温度升高时，塔内汽化量增大，引起塔顶压力、温度变化。应加大回流量，适当提高塔顶温度，保证产品质量。

(2)原油和初馏塔底油性质变轻时，塔顶压力升高，应适当提高塔顶温度；原油变重时塔顶压力降低，应适当降低塔顶温度。

(3)进初馏塔原油含水量增大，常压塔汽提蒸汽量增大，导致塔顶温度、压力升高，应适当降低塔顶温度，但注意控制塔顶压力不继续上升，如压力继续上升不可再增加回流量。

(4)塔顶回流带水，塔顶温度大幅度下降，塔顶压力上升。

(5)塔进料流量增大，塔顶压力上升，液位过高，如发生装满冲塔，塔顶压力温度将急剧上升。

(6)注意塔顶瓦斯排放管路是否畅通，如作低压瓦斯燃料，应检查火嘴，火嘴不畅通，瓦斯排放受阻，塔顶压力会上升。产品罐因仪表指示失灵或抽出油泵故障，未及时将罐中油送出，造成产品罐装满，也会引起塔顶压力升高，应迅速采取将罐中油抽出送走措施，使塔顶压力恢复正常。

(7)塔内汽化量的增大或减少。吹汽量增大，塔顶压力升高；吹汽量减少，塔顶压力下降。吹汽压力变化与吹汽流量变化一致，吹汽压力升高，塔顶压力上升。

(二)加热炉燃料的种类

常减压装置燃料一般包括燃料气(炼厂系统瓦斯、天然气等)，自产瓦斯(蒸发塔顶瓦斯、常压塔顶瓦斯、减压塔顶瓦斯等)。

(三)加热炉出口温度的控制指标

加热炉出口温度因装置、原料、加工方案等因素而异，大部分情况下，常压炉为360~370℃，减压炉370~390℃，加热炉出口温度应尽可能平稳，控制在±3℃范围内。

二、技能要求

(一)准备工作

(1)设备、材料准备，劳动保护用品穿戴齐全。

(2)使用工具：扳手，护目镜，对讲机。

(3)人员：2人操作，持证上岗。

(二)操作步骤

为了保持炉出口温度平稳，应该随时掌握入炉原料油的温度、流量和压力的变化情况，密切注意炉子各点温度的变化，及时调节。其中以辐射管入口温度和炉膛温度尤为重要，这两个温度的波动，预示着炉出口温度的变化。根据这两个温度的变化及时进行调节，可以实现炉出口温度平稳运行。为了保证出口温度波动在工艺指标范围之内(+1℃)，主要调节措施有：

(1)首先要做到四勤：勤看、勤分析、勤检查、勤调节，尽量做到各班组之间操作的统一。

(2)及时、严格、准确地进行“三门一板”的调节，做到炉膛内燃烧状况良好。

(3)根据炉子负荷大小、燃烧状况决定点燃的火嘴数，整个火焰高度不大于炉膛高度的2/3，炉膛各部受热要均匀。

(4)保证燃料油、蒸汽、瓦斯压力平稳，严格要求燃料油的性质稳定。

(5)在处理量不变、气候不变时，一般情况下调整和固定好炉子火嘴风门和烟道挡板，调节时幅度要小,不要过猛。

(6)炉出口温度在自动控制状态下控制良好时,应尽量减少人为调节过多造成的干扰。

(7)进料温度变化时,可根据进料流速情况进行调节。变化较大时,可采用同时或提前调节出口温度。

(8)提降进料量时,可根据进料流量变化幅度调节。进料量一次变化1%时,一般采取同时调节或提前调节炉出口温度。进料一次变化2%时,必须提前调节。

(9)炉子切换火嘴时,可根据燃料发热值、原火焰长短、原点燃火嘴数,进行间隔切换火嘴。不可集中在一个方向切换。切换的方法是:先将原火焰缩短,开启切换火嘴的阀门,待切换火嘴点燃后,再关闭原火嘴的阀门。

(三)注意事项

(1)调节幅度要平缓。

(2)注意氧含量和炉膛负压的配合调节。

模块四　停车操作

项目一　加热炉停风机的操作

一、相关知识

(一)加热炉风机的结构、原理

风机在工作中,气流由风机轴向进入叶片空间,然后在叶轮的驱动下,一方面随叶轮旋转,另一方面在惯性的作用下提高能量,沿半径方向离开叶轮,靠产生的离心力来做功,这种风机为离心式风机(图2-4-1)。加热炉风机一般为离心式风机。

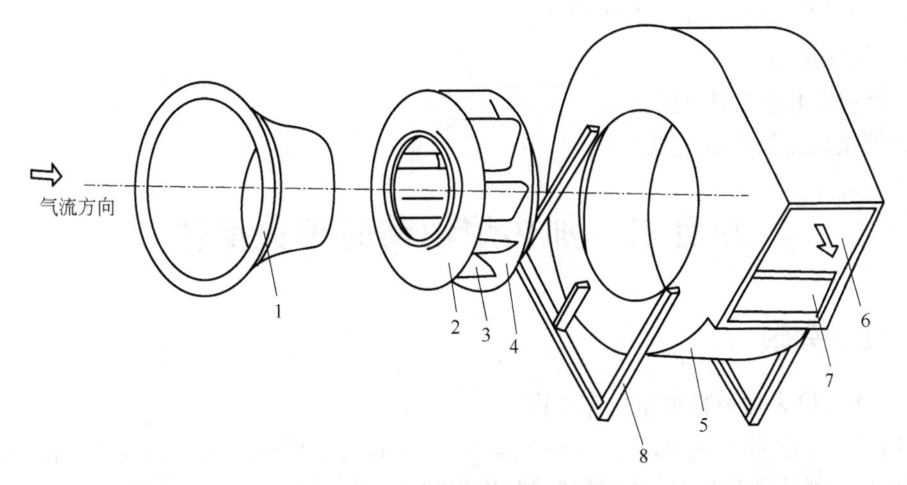

图2-4-1　离心式风机结构

1—吸气口;2—叶轮前盘;3—叶片;4—叶轮后盘;5—机壳;6—排气口;7—截流板(风舌);8—支架

(二)加热炉风机系统流程

常减压装置加热炉一般设置鼓风机和引风机,鼓风机吸入空气,为燃料燃烧提供助燃物;引风机从炉膛顶部吸入烟气,排入烟囱;并设置空气预热器,进行空气与烟气换热,提高加热炉热效率。

CBG003　加热炉鼓风机突然停机的现象

(三)加热炉鼓风机突然停机的现象

(1)鼓风机停运,加热炉氧含量大幅下降甚至回零,烟囱冒烟。

(2)如联锁启动,现场快开风门打开,加热炉氧含量波动。

CBD010　停车过程机泵的调节方法

(四)停车过程机泵的调节方法

及时调节机泵流量,退油时及时将流量调小,防止机泵抽空,存油基本退净、泵抽空后立即停泵,防止损坏机泵。

二、技能要求

（一）准备工作

（1）设备、材料准备，劳动保护用品穿戴齐全。

（2）使用工具：扳手。

（3）人员：2人操作，持证上岗。

（二）操作步骤

（1）确认蝶阀在正常控制位置。各风门开度在正常范围，风机出口挡板在全开位置，入口挡板在适当工艺位置，鼓引风机正常运转。

（2）停机。

将两炉烟囱直排挡板打开，把引风机入口挡板适当关小，保持炉膛负压平稳。入口挡板关死时，停引风机。

打开两炉自然通风门，根据需要全打开或部分打开。同时逐渐关小鼓风机入口挡板，直至关死，停鼓风机。

（3）加热炉进入自然通风操作状态。

（三）注意事项

（1）严格防止炉膛出现正压。

（2）严格防止氧含量过低。

项目二　加热炉油嘴的熄火操作

一、相关知识

（一）加热炉火嘴燃料油手阀布置图

加热炉火嘴燃料油手阀如图2-4-2所示，一次阀正常操作时为全开状态，用二次阀调节燃料流量。燃烧器停用时，关闭切断阀、操作阀。

跨线阀为投用燃料油前或停用燃料油后，吹扫燃料油线至炉膛。注意操作中任何时候不能同时打开跨线阀和燃料油一次阀，容易造成燃料油向扫线蒸汽线内窜油。

（二）燃料油使用雾化蒸汽的目的

加热炉使用雾化蒸汽的目的，是利用蒸汽的冲击和搅拌作用，使燃料油成雾状喷出，与空气充分混合而达到完全燃烧。

CBD008 加热炉熄火后燃料油线的处理要点

（三）加热炉熄火后燃料油线的处理要点

燃料油线应在加热炉熄火前及时停用、吹扫，各燃烧器火嘴手阀处向炉膛内吹扫，主线向污油罐吹扫，吹扫完毕后，按规定加盲板。

二、技能要求

（一）准备工作

（1）设备、材料准备，劳动保护用品穿戴齐全。

(2)使用工具:扳手。

(3)人员:2 人操作,持证上岗。

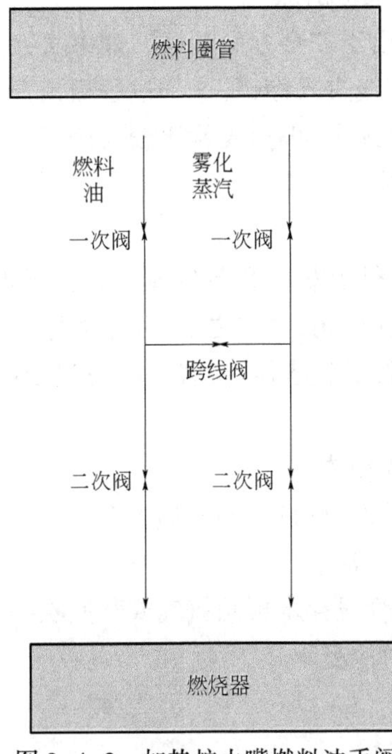

图 2-4-2　加热炉火嘴燃料油手阀

(二)操作步骤

(1)确认加热炉各工艺参数在正常范围内。

(2)停一个燃料油火嘴:佩戴护目镜,调整燃料油量至火嘴燃烧的最小油量,关闭燃料油火嘴入口阀一次阀;打开蒸汽跨线阀吹扫燃料油线,燃料油火嘴吹扫干净后,关闭吹扫蒸汽跨线阀,关闭燃料油二次阀,关闭雾化蒸汽。

(3)调整该火嘴风门,瓦斯火燃烧正常。

(4)检查调整炉膛温度偏差。

(5)确认燃料油系统循环正常。

(三)注意事项

(1)严禁燃料油一次阀、吹扫蒸汽跨线阀同时打开,避免蒸汽线窜油。

(2)吹扫燃料油线应缓慢给汽,防止大量燃料油进入炉膛导致冒黑烟。

项目三　开吹扫蒸汽的操作

一、相关知识

(一)蒸汽吹扫(贯通试压)的目的

CBA005 装置贯通试压的目的

(1)检查流程是否畅通。

(2)吹扫管线内油品或脏物。

(3)检查管线设备是否存在漏点。

(二)汽油线扫线前要先用水顶的原因

汽油线扫线前先用水顶是出于安全方面考虑。如果直接用蒸汽吹扫,蒸汽遇到高温蒸汽会迅速汽化,大量油气通过管线进入储罐,这个过程极易产生静电,是很危险的。如果先用水顶,管线内大部分汽油被水顶走,再扫线就比较安全了。水顶后可先用氮气吹扫顶水,否则直接用蒸汽吹扫会发生水击。

CBA006 装置分段试压的目的

(三)装置分段试压的目的

装置分段试压是为了充分利用蒸汽和节约蒸汽。试压时一般先试压力低的管线、设备,后试压力高的管线、设备。在试塔、容器之前,可先试与塔、容器相连的管线,待这些管线试压完毕后,可将管线内蒸汽排入塔、容器,接着对塔、容器进行试压。通过这样分段试压可充分利用蒸汽。

CBD002 轻油(汽煤油)管线的吹扫方法

(四)汽煤油管线、设备的吹扫方法

(1)确认流程及阀门开关状态,确认吹扫介质去向。

(2)引水置换管线、设备内存油。

(3)用水置换完毕后,放净管线存水再用氮气或蒸汽吹扫管线、设备。

(4)蒸汽吹扫前排净蒸汽内冷凝水。

(5)缓慢打开蒸汽阀吹扫。

(6)检查吹扫是否畅通。

(7)吹扫结束后先关闭管线末端阀门再停蒸汽,防止油品倒窜。

CBD003 重油管线的吹扫方法

(五)重(渣)油管线、设备的吹扫方法

(1)改通吹扫流程。

(2)蒸汽吹扫前排净蒸汽内冷凝水。

(3)缓慢打开蒸汽阀吹扫。

(4)若蒸汽量不足可增加给汽点。

(5)吹通后再吹扫一段时间,确认吹扫干净。

(6)换热器系统要分别加强单独吹扫。

(7)扫线时所有连通线、正副线、盲肠等管线、控制阀都要扫净,不能留死角。

(8)扫线过程中不允许排放油蒸气,低点放空只能作为检查扫线情况并及时关闭。

(9)吹扫结束后停蒸汽,放掉管线、设备内蒸汽、冷凝水。

(10)流程上多台设备时,要集中蒸汽一台一台吹扫,确保吹扫效果。

二、技能要求

(一)准备工作

(1)设备、材料准备,劳动保护用品穿戴齐全。

(2)使用工具:扳手。

(3)人员:2人操作,持证上岗。

(二)操作步骤

CBA004 蒸汽使用的注意事项

(1)改通吹扫流程。

(2)打开蒸汽线放空头排净冷凝水。

(3)缓慢打开蒸汽吹扫阀。

(4)检查吹扫情况,是否有水击、憋压。

(三)注意事项

(1)严禁低点排空排放油气,放空只能作为检查吹扫效果的手段。

(2)严防伤人、窜线、水击等事故。

项目四　原油停注水的操作

一、相关知识

(一)注水水质的要求

净化水首先注入二级电脱盐,二级电脱盐排水作为一级电脱盐注水回用,一级排水与二级注水换热,降低一级排水温度,还可以回收一部分低温热量。注水不能含有大量的盐,不能含有碱性物质。

(二)注水量的要求

注水量是调节电脱盐操作的重要手段之一,保持油水乳化液中适当水含量是水微滴聚结、电脱盐脱水的必要条件,增大注水量有利于脱盐效率提高。实践证明,每级注水量达到6%~8%时,增加注水量能够显著提高脱盐率,超过此限度再继续增加注水量,脱盐率提高较少或不再提高。注水过多还影响电脱盐操作,降低生产能力,因此注水量可根据具体装置实际进行分析、调节。

CBC011 原油电脱盐油水界位对生产操作的影响

(三)原油电脱盐油水界位对生产操作的影响

(1)界位过高容易造成电脱盐电流升高,过高甚至会造成电脱盐跳闸。

(2)界位过高可能造成脱后原油含水量高。

(3)界位过低可能造成电脱盐脱水带油。

(四)停工前工艺流程的调整

CBD009 停工前工艺流程的调整

(1)联系有关单位落实停工时间,并了解各种油品退油进罐情况,扫线退油流程及扫线罐安排。

(2)停止热出料,并及时扫线。

(3)停工前须将各种特种油品转入普通油品罐。重整料转入汽油,三顶低压瓦斯改放空。

二、技能要求

(一)准备工作

(1)设备、材料准备,劳动保护用品穿戴齐全。

(2)使用工具:扳手,对讲机。

(3)人员:2 人操作,持证上岗。

(二)操作步骤

(1)关闭注水阀。

(2)关闭注水泵出口阀,停泵。

(3)根据水位情况关小排水阀直至全关,控制好电脱盐油水界位。

(三)注意事项

同时调节脱水流量,加强电脱盐油水界位控制,注意电脱盐罐电流、电压。

项目五 装置降温操作

CBG005 燃料气中断的现象

一、相关知识

瓦斯中断的现象

瓦斯流量、压力急剧下降,炉膛温度、炉出口温度急剧下降,火嘴熄灭。

二、技能要求

(一)准备工作

(1)设备、材料准备,劳动保护用品穿戴齐全。

(2)使用工具:扳手。

(3)人员:2 人操作,持证上岗。

CBD006 加热炉降温的方法

(二)操作步骤

(1)加热炉以降温曲线规定的速度降温。

CBD007 加热炉熄瓦斯嘴的方法

(2)燃料系统仪表改手动,缓慢降低燃料控制阀的风压。

(3)关小现场各火嘴。

(4)视降温情况逐个对称熄灭火嘴及瓦斯嘴。

(5)停工过程中常压炉降至 250℃时炉子熄火;减压炉降至 300℃时炉子熄火,开大烟道挡板。

(三)注意事项

(1)有燃料油火的先熄灭油火,便于吹扫。

(2)及时检查各法兰口等易漏点。

模块五　设备维护

项目一　运行泵润滑油质量的检查

一、相关知识

2014 年我国颁布实施了 GB/T 498—2014《石油产品及润滑剂分类方法和类别的确定》,根据石油产品的主要特征对石油产品进行分类,其类别名称为燃料、溶剂和化工原料、润滑剂、工业润滑油和有关产品、蜡、沥青五大类。润滑剂、工业润滑油和有关产品代号为 L。

(一)润滑油的性能指标

(1)密度。密度是润滑油最简单、最常用的物理性能指标。润滑油的密度随其组成中含碳、氧、硫的数量的增加而增大,因而在同样黏度或同样相对分子质量的情况下,含芳香烃多的,含胶质和沥青质多的,润滑油密度最大,含环烷烃多的居中,含烷烃多的最小。

(2)黏度。黏度反映油品的内摩擦力,是表示油品流动性的一项指标。在未加任何功能添加剂的前提下,黏度越大,油膜强度越高,流动性越差。

(3)黏度指数。黏度指数表示油品黏度随温度变化的程度。黏度指数越高,表示油品黏度受温度的影响越小,其黏温性能越好,反之越差。

(4)闪点。闪点是表示油品蒸发性的一项指标。油品的馏分越轻,蒸发性越大,其闪点也越低。反之,油品的馏分越重,蒸发性越小,其闪点也越高。同时,闪点又是表示石油产品着火危险性的指标。油品的危险等级是根据闪点划分的,闪点在 45℃以下为易燃品,45℃以上为可燃品。

(5)水分。水分是指润滑油中含水量,通常是质量分数。润滑油中水分的存在,会破坏润滑油形成的油膜,使润滑效果变差,加速有机酸对金属的腐蚀作用,锈蚀设备,使油品容易产生沉渣。总之,润滑油中水分越少越好。

(6)机械杂质。机械杂质是指存在于润滑油中不溶于汽油、乙醇和苯等溶剂的沉淀物或胶状悬浮物。这些杂质大部分是砂石和铁屑之类,以及由添加剂带来的一些难溶于溶剂的有机金属盐。通常,润滑油基础油的机械杂质都控制在 0.005%以下(机械杂质在0.005%以下被认为是无)。

(二)机泵更换润滑油的方法

CBE043 机泵润滑油更换的方法

(1)按要求打好润滑油。

(2)拆开加油孔及放油孔堵头,放净油箱存油。

(3)加入经“三级过滤”的合适的润滑油。

(4)冲洗油箱,检查流出的润滑油无杂质、无水分。

(5)上好放油孔堵头,加入润滑油至油镜的两红线之间,上紧加油孔堵头。

二、技能要求

(一)准备工作

(1)设备、材料准备,劳动保护用品穿戴齐全。

(2)使用工具:手电筒。

(3)人员:2 人操作,持证上岗。

(二)操作步骤

(1)抽样检查外观及颜色。

(2)抽样检查无水分。

(3)抽样检查无乳化。

(4)抽样检查无杂质。

(三)注意事项

认真执行润滑油“五定”和设备管理规章制度。

项目二 更换压力表的操作

一、相关知识

CBE029 压力表的种类

(一)压力表的分类

压力表(图 2-5-1)分为一般压力表、绝对压力表、差压表。一般压力表以大气压力为基准;绝压表以绝对压力零位为基准;差压表测量两个被测压力之差。

图 2-5-1 压力表

1. 按测量范围

按测量范围不同压力表分为真空表、压力真空表、微压表、低压表、中压表及高压表。真空表用于测量小于大气压力的压力值;压力真空表用于测量小于和大于大气压力的压力值;微压表用于测量小于 60000Pa 的压力值;低压表用于测量 0~6MPa 压力值;中压表用于测量 10~60MPa 压力值;高压表用于测量 100MPa 以上压力值。

2. 按显示方式

按显示方式不同压力表可分为指针压力表、数字压力表。

3. 按使用功能

压力表按使用功能不同可分为就地指示型压力表和带电信号控制型压力表。

4. 按测量介质特性不同

(1)一般型压力表:一般型压力表用于测量无爆炸、不结晶、不凝固对铜和铜合金无腐蚀作用的液体、气体或蒸汽的压力。

(2)耐腐蚀型压力表:耐腐蚀型压力表用于测量腐蚀性介质的压力,常用的有不锈钢型压力表、隔膜型压力表等。

(3)防爆型压力表:防爆型压力表用在环境有爆炸性混合物的危险场所,如防爆电接点压力表、防爆变送器等。

(4)专用型压力表。

5. 按用途

按用途不同压力表可分为普通压力表、氨压力表、氧气压力表、电接点压力表、远传压力表、耐振压力表、带检验指针压力表、双针双管或双针单管压力表、数显压力表、数字精密压力表等。

CBE032　压力表的使用依据

(二)压力表的安全要求

(1)经过一段时间的使用与受压,压力表机芯难免会出现一些变形和磨损,压力表就会产生各种误差和故障。为了保证其原有的准确度而不使量值传递失真,应及时更换,以确保指示正确、安全可靠。

(2)压力表要定期进行清洗。因为压力表内部不清洁,就会增加各机件磨损,从而影响其正常工作,严重的会使压力表失灵、报废。

(3)在测压部位安装的压力表,根据规定,检定周期一般不超过半年。关系到生产安全和环境监测方面的压力表,检定周期必须按照检定规程,只可小于半年;如果工况条件恶劣,检定周期必须更短。

(4)测压部位介质波动大,使用频繁,准确度要求较高,以及对安全因素要求较严的,可按具体情况将检定周期适当缩短。

用于安全防护的压力表需强制检定,包括以下7类:

(1)锅炉主气缸和给水压力部位的测量;

(2)固定式空压机风仓及总管压力的测量;

(3)发电机、汽轮机油压及机车压力的测量;

(4)医用高压灭菌器、高压锅压力的测量;

(5)带报警装置压力的测量;

(6)密封增压容器压力的测量;

(7)有害、有毒、腐蚀性严重介质压力的测量,如弹簧管压力表、电远传和电接点压力表。

二、技能要求

(一)准备工作

(1)设备、材料准备,劳动保护用品穿戴齐全。

(2)使用工具:活动扳手。

(3)人员:2人操作,持证上岗。

(二)操作步骤

CBF008　更换压力表的注意事项

(1)选择合适的压力表(包括量程、精度、规格)及其垫片。

(2)关闭压力表引压阀。

(3)先拆松压力表,检查引出阀是否关严。

(4)若关严,拆下旧压力表。

(5)清洁密封面。

(6)放上铜垫片,装上新压力表。

(7)打开压力表引压阀,投用压力表,并检查指示是否正常。

(三)注意事项

(1)认真核对压力表类型。

(2)若引出阀不严,立即重新上紧压力表,联系车间处理。

项目三 重油机泵的吹扫操作

一、相关知识

重油机泵的吹扫流程如图 2-5-2 所示,打开吹扫蒸汽后,将泵内存油吹扫入重污油线,送至重污油罐。

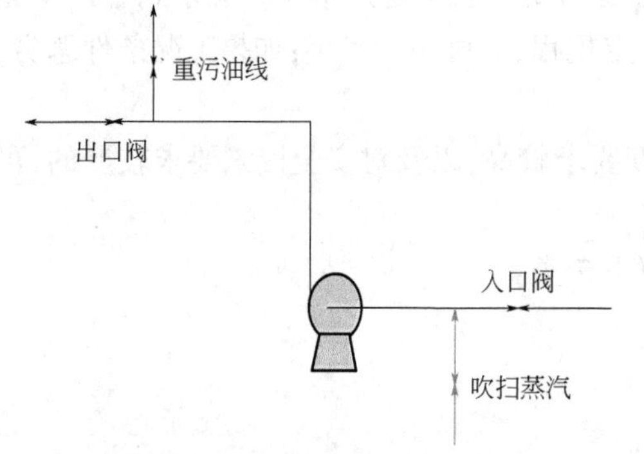

图 2-5-2 重油泵吹扫流程示意图

二、技能要求

(一)准备工作

(1)设备、材料准备,劳动保护用品穿戴齐全。

(2)使用工具:扳手。

(3)人员:2 人操作,持证上岗。

(二)操作步骤

(1)关闭泵进出口阀,关闭封油注入阀,关闭泵各连通阀,关闭泵压力小于 1.0MPa 压力表。

(2)给上冷却水。

(3)改通吹扫流程,蒸汽排凝。

(4)打开泵进重污油线排出阀,缓慢给汽吹扫。

(5)检查吹扫是否畅通。

(6)吹扫完好,先关闭进重污油线排出阀,停蒸汽。

(7)打开机泵导淋阀,消压。

(三)注意事项

(1)吹扫油气严禁就地排放,导淋只能作为检查吹扫效果手段。

(2)导淋阀容易发生凝堵,注意防范喷溅、烫伤。

(3)污油应吹入污油线,严禁非密闭排放。

(4)应反复憋压,确认吹扫效果。

项目四　机泵检修验收

一、相关知识

(一)机泵完好标准

CBF004　机泵完好标准

1. 运转正常效能良好

(1)压力、流量平稳,输出能满足正常生产需要或达到铭牌能力的90%以上;

(2)润滑、冷却系统畅通,油杯、轴承箱、液面管等齐全好用;润滑油(脂)选用符合规定,滚动或滑动轴承温度分别不超过70℃或65℃;

(3)运转平稳无杂音,振动符合相关标准规定;

(4)轴封无明显泄漏;

CBE012　机泵密封泄漏的标准

(5)填料密封泄漏:轻质油不超过20滴/min,重质油不超过10滴/min;

(6)机械密封泄漏:轻质油不超过10滴/min,重质油不超过5滴/min。

2. 内部部件无损,质量符合要求

(1)叶轮表面平整,无明显腐蚀;

(2)转子轴向跳动量符合标准;

(3)轴承无磨损,润滑油无杂质;

(4)密封动静环接触面良好,各密封面良好。

3. 主体整洁,附件齐全完好

(1)安全护罩、对轮、膜片等齐全好用;

(2)主体完整,挡水盘等齐全好用;

(3)基础、泵座坚固完整,地脚螺栓及各部连接螺栓应满扣、齐整、牢固;

(4)进出口阀及润滑、冷却管线安装合理,横平竖直,不滴不漏;逆止阀灵活好用;

(5)泵体整洁,保温、油漆完整美观;

(6)备用机完好。

4. 技术资料齐全准确

(1)具备设备档案,并符合石化企业设备管理制度要求;

(2)定期状态检测记录;

(3)设备结构图及易损配件图;

(4)运行及缺陷记录;设备履历卡片。

(二)电动机温度超标的处理方法

CBH006　电动机温度超标的处理方法

(1)若电动机超负荷,及时降低电动机负荷。

(2)若电动机润滑不好,及时加注润滑油、脂。

(3)若环境温度高,设法降低环境温度。

(4)电动机温度持续超标无法解决,及时切换备机,并联系维修人员。

(三)电动机电流超标的处理方法

CBH007　电动机电流超标的处理方法

(1)若电动机超负荷,及时降低电动机负荷。

(2)电流持续超标无法解决,及时切换备机,并联系维修人员检查处理。

CBH015 机泵振动超标的处理方法

(四)泵振动大的处理方法

(1)泵抽空严重,调节泵上量。

(2)轴承损坏,切换机泵。

(3)同心度不正,切换机泵。

(4)发生汽蚀现象,停泵排除故障。

(5)地脚螺栓松动,紧固地脚螺栓。

(6)窜轴严重,切换机泵。

二、技能要求

(一)准备工作

(1)设备、材料准备,劳动保护用品穿戴齐全。

(2)使用工具:扳手。

(3)人员:2人操作,持证上岗。

(二)操作步骤

(1)紧固各连接部位。

(2)油杯、油镜齐全、清晰。

(3)冷却系统畅通。

(4)压力表齐全且符合标准。

(5)各零部件齐全好用。

(6)封油系统齐全好用。

(7)密封无泄漏。

(8)盘车轻松,转动顺畅无卡涩。

(三)注意事项

机泵检修结束后,认真按规定程序执行试压、灌泵、预热等操作,才能保证机泵处于完好备用状态。

模块六　设备使用

项目一　调节阀门开度的操作

一、相关知识

电动阀的调节方法

CBE010 电动阀的调节方法

1. 操作前的准备

操作阀门前，应认真阅读操作说明。操作前一定要清楚介质的流向，应注意检查阀门开闭标志。检查电动阀外观，看该电动阀门是否受潮，如果有受潮要及时处理；如果发现有其他问题要及时处理，不得带故障操作。对停用3个月以上的电动装置，启动前应检查确认手柄在手动位置后，再检查电动机的绝缘、转向及电气线路。

2. 电动阀门操作注意事项

(1) 启动时，确认离合器手柄在相应位置。如果是在控制室控制电动阀，把转换开关打到REMOTE位置，然后通过DCS操作控制电动阀的开关。

(2) 如果手动控制，把转换开关打在LOCAL位置，就地操作电动阀的开关，电动阀开到位或者关到位的时候它会自动停止工作，最后把运行转换开关打到中间位置。采用现场操作阀门时，应监视阀门开闭指示和阀杆运行情况，阀门开闭度要符合要求。采用现场操作全关闭阀门时，在阀门关到位前，应停止电动关阀，改用微动将阀门关到位。

(3) 对行程和超扭矩控制器整定后的阀门，首次全开或全关阀门时，应注意监视其对行程的控制情况，如阀门开关到位置没有停止的，应立即手动紧急停机。

(4) 在开、闭阀门过程中，发现信号指示灯指示有误、阀门有异常响声时，应及时停机检查。

(5) 操作成功后应关闭电动阀门的电源。

(6) 同时操作多个阀门时，应注意操作顺序，并满足生产工艺要求。

(7) 开启有旁通阀门的较大口径阀门时，若两端压差较大，应先打开旁通阀调压，再开主阀，主阀打开后，应立即关闭旁通阀。

二、技能要求

(一) 准备工作

(1) 设备、材料准备，劳动保护用品穿戴齐全。

(2) 使用工具：扳手。

(3) 人员：2人操作，持证上岗。

（二）操作步骤

（1）与内操联系确认操作内容。

（2）现场确认阀门类型，确定手轮方向，确认阀门外观无异常。

（3）稍开阀门，与内操确认流量增大。

（4）稍关阀门，与内操确认流量减小。

（5）调节至适当流量。

（6）确认阀门无泄漏。

（三）注意事项

操作过程中通过声音、温度、阀杆移动等及时判断阀门是否工作正常。

项目二　计量泵流量的调节

一、相关知识

CBE004 计量泵的结构

（一）计量泵的结构

计量泵由电动机、传动箱、缸体等三部分组成。

传动箱部件是由涡轮蜗杆机构、行程调节机构和曲柄连杆机构组成；通过旋转调节手轮来实行高调节行程，从而改变移动轴的偏心距来达到改变柱塞（活塞）行程的目的。

缸体部件由泵头、吸入阀组、排出阀组、柱塞和填料密封件组成。

CBE005 计量泵流量的调节方法

（二）计量泵的调节方式

计量泵的流量调节是靠旋转调节手轮，带动调节螺杆转动，从而改变弓形连杆间的间距，改变柱塞（活塞）在泵腔内移动行程来决定流量的大小。调节手轮的刻度决定柱塞行程，精确率为95%。也可通过设置进出口连通线，使一部分液体由出口返回入口来调节流量。

CBE036 计量泵开泵的注意要点

（三）计量泵开泵注意要点

（1）确认流程正确、畅通，保持单点单泵的注入方式。

（2）启动前必须全开入口阀、出口阀，打开出口阀后，应尽快将泵启动。

CBE037 计量泵停泵的注意要点

（四）计量泵停泵注意要点

停泵后关闭注点阀及泵出口阀、泵入口阀，防止介质倒窜。冬季需及时采取防冻凝措施。

二、技能要求

（一）准备工作

（1）设备、材料准备，劳动保护用品穿戴齐全。

（2）使用工具：扳手。

（3）人员：2人操作，持证上岗。

（二）操作步骤

（1）顺时针旋转调量表，流量增加。

(2)逆时针旋转调量表,流量减少。

(3)开大泵进出口连通阀,流量减小。

(4)关小泵进出口连通阀,流量增大。

(5)检查调节后的流量与目标值对比,做进一步的调节,使流量达到要求。

(6)调节后计量泵流量满足生产要求。

(三)注意事项

计量泵严禁用出口阀调节流量。

项目三 离心泵的开泵操作

一、相关知识

(一)热油泵、冷油泵的区分

一般200℃以下为冷油泵(20~200℃),200℃以上为热油泵(200~400℃)。

(二)机泵冷却的作用

CBE009 机泵冷却的作用

CBF010 机泵冷却的注意事项

CBF009 机泵冷却的方法

机泵在运行中液体与泵体产生流动摩擦,转动部分与固定部分如轴承的滚珠与内外圈、轴套与填料等部分会产生摩擦,因摩擦会产生热量,同时由于介质温度高传导给机泵,使泵体发热,冷却的目的是降低泵体、泵座、轴承箱、轴封处温度,防止这些部位因温升而变形、老化和损坏。

当泵输送介质温度大于100℃时,轴承需要冷却;大于150℃时,密封腔需要冷却;大于200℃时,泵的支座需要冷却。

冷却水的作用:

(1)降低轴承的温度。

(2)带走从轴封渗漏出来的少量液体,并传导出摩擦热。

(3)降低填料函温度,改善机械密封的工作条件,延长其使用寿命。

(4)冷却泵支座,以防止因热膨胀而引起电动机同心度的偏移。

冷却水一般是用循环水或新鲜水,只有当它们的全硬度大于0.225g/L时,才用软化水并循环使用。

(三)机泵盘车的作用

CBF013 机泵盘车的作用

CBE014 机泵盘车的规定

所谓“盘车”是指在启动电动机前,用人力将电动机转动几圈,用以判断由电动机带动的负荷(即机械或传动部分)是否有卡死而阻力增大的情况,从而不会使电动机的启动负荷变大而损坏电动机(即烧坏)。所以,一般在停机一个班(8h)后,再启动电动机时,就要盘车。

(四)离心泵切换方法

CBE034 离心泵切换的注意要点

离心泵切换时,应做到:

(1)备用泵启动之前应做好全面检查及启动前的准备工作。热油泵应处于完全预热状态。

(2)开泵入口阀,使泵体内充满介质并用排空排净空气。

(3)启动电动机,然后检查各部的振动情况和轴承的温度,确认正常,电流稳定,泵体压力高于正常操作压力,逐步将出口阀门开大,同时相应将原运行泵阀门关小直至关死并停泵。

CBE035 离心泵停泵的注意要点

(五)离心泵停运方法

离心泵停运时,应注意:

CBF012 机泵停工检修前准备工作的要点

(1)先把泵出口阀关闭,再停泵,防止泵倒转。倒转对泵有危害,使泵体温度很快上升,造成某些零件受损。

(2)停泵注意轴的减速情况,如时间过短,要检查泵内是否有磨、卡等现象。

(3)如是热油泵,再停冲洗油或封油,打开进出口管线平衡阀或连通阀,防止进出口管线冻凝。

(4)如该泵要修理,就必须蒸汽扫线,拆泵前要注意泵体压力,如有压力,可能进出口阀关不严。

CBE040 机泵预热的要点

(六)热油泵的预热方法

1. 热油泵预热的原因

CBE013 高温离心泵密封预热的意义

热油泵如不预热,泵体内冷油或冷凝水,与温度高达200~350℃的热油混合,就会发生汽化,引起该泵的抽空。热油进入泵体后,泵体各部位不均匀受热发生不均匀膨胀,引起泄漏、裂缝等,还会引起轴拱腰现象,产生振动。热油泵输送介质的黏度大,在常温和低温下流动性差,甚至会凝固,造成泵不能启动或启动时间过长,引起跳闸。

2. 预热步骤

(1)先用蒸汽将泵内存油或存水吹扫净;

(2)开出口阀门将热油引进泵内,通过放空不断排出,并不断盘车,泵发烫后关闭出口阀;

(3)缓慢开进口阀(此时最易抽空),不断盘车通过放空不断排出;

(4)逐渐开启出口阀,进出口循环流通。

CBF011 热油泵停运降温的注意事项

(七)热油泵停运降温方法

(1)各部冷却水不能马上停,要待各部温度下降至正常温度方可停冷却水。

(2)关闭关严入口阀、预热阀。

(3)降温15~30min盘车一次,直至泵体温度降至100℃以下为止。

CBE038 真空泵开泵的注意要点

(八)真空泵启停

1. 真空泵开泵方法

(1)确认泵入口阀关闭,出口阀、平衡线阀打开。

(2)确认分液罐液位计液位维持正常范围内。

(3)有液位计的真空泵,开泵前泵腔内不得充满液体,不得无液体。液体应在机泵轴线位置,即泵腔1/3~2/3处。防止机泵启动后密封泄漏。

(4)真空泵启动后打开泵入口阀门,打开机泵进水阀门,关闭平衡线阀。

(5)如果出现下列情况立即停泵:异常泄漏,振动异常,异味,异常声响,火花,烟气,电流持续超高,减速机温度超标。

2. 真空泵停泵方法

CBE039 真空泵停泵的注意要点

(1)关闭泵入口阀,关闭机泵进水阀门。

(2)停泵后立即关闭泵出口阀和平衡线阀,确认泵不反转,盘车。

二、技能要求

(一)准备工作

(1)设备、材料准备,劳动保护用品穿戴齐全。

(2)使用工具:扳手。

(3)人员:2人操作,持证上岗。

(二)操作步骤

(1)确认电动机送电,具备开机条件,机泵处于完好备用状态。

(2)与相关岗位操作员联系。

(3)关闭泵预热阀。

(4)盘车均匀灵活。

(5)启动电动机。

(6)如果出现下列情况立即停泵:异常泄漏、振动、产生异味、异常声响、火花、烟气、电流持续超高。

(7)确认泵出口达到启动压力且稳定。

(8)确认出口压力,电动机电流在正常范围内。

(9)与相关岗位操作员联系,调整泵的排量至正常。

(三)注意事项

启动后的调整和确认:确认泵的振动正常,确认轴承温度正常,确认润滑油液面正常,确认润滑油的温度、压力正常,确认无泄漏,确认冷却水正常,确认电动机的电流正常,确认泵入口压力稳定,确认泵出口流量稳定,满足生产要求。

项目四　换热器的停用操作

一、相关知识

换热器是一种在不同温度的两种或两种以上流体间实现物料之间热量传递的节能设备,是使热量由温度较高的流体传递给温度较低的流体,使流体温度达到流程规定的指标,以满足工艺条件的需要,同时也是提高能源利用率的主要设备之一。

CBD004 换热器的吹扫方法

(一)换热器的吹扫方法

(1)确认准备吹扫的换热器已与系统隔离,管壳程分别吹扫,吹扫一程时,另一程应打开放空阀或污油线,防止憋压。

(2)排净吹扫蒸汽冷凝水。

(3)稍开蒸汽吹扫阀。

(4)打开污油线阀。

(5)逐渐开大吹扫蒸汽,确认污油线过量、吹扫正常。

(6)根据设备具体情况确定吹扫时间。

(7)重油换热器应反复憋压,保证吹扫效果。

(8)吹扫时间到后,打开放空阀检查吹扫效果。

(9)吹扫完毕,关闭蒸汽阀,关闭污油线阀,打开放空阀排汽。

(10)管壳程都吹扫完毕,放净存汽后,吹扫完毕。

CBH014 换热器出现内漏的处理方法

(二)换热器内漏处理

(1)根据产品油品质量分析、流量、油品颜色、化验分析等判断、确定泄漏设备。

(2)切除泄漏的换热器,联系维修。

(3)切除泄漏的换热器后,根据换热温度变化情况进行相应工艺调整,必要时适当降低处理量。

二、技能要求

(一)准备工作

(1)设备、材料准备,劳动保护用品穿戴齐全。

(2)使用工具:扳手。

(3)人员:2 人操作,持证上岗。

(二)操作步骤

(1)缓慢打开热流副线阀。

(2)缓慢关闭热流进出口阀。

(3)缓慢打开冷流副线阀。

(4)关闭冷流进出口阀。

(三)注意事项

(1)严禁先关冷流后关热流。

(2)严禁关闭冷流后,热流不关闭。

(3)根据实际需要进行停用后的处理。

项目五　空冷器的投用操作

一、相关知识

空气冷却器是以环境空气作为冷却介质,横掠翅片管外,使管内高温工艺流体得到冷却或冷凝的设备,为空气冷却式换热器,简称“空冷器”,也称翅片风机,常用它代替水冷式管壳式换热器冷却介质。

(一)空冷器的结构

如图 2-6-1 所示,空冷器通常由管箱管束、风机、电动机等组成,湿式空冷还有喷淋水泵、水槽及补水设施等。

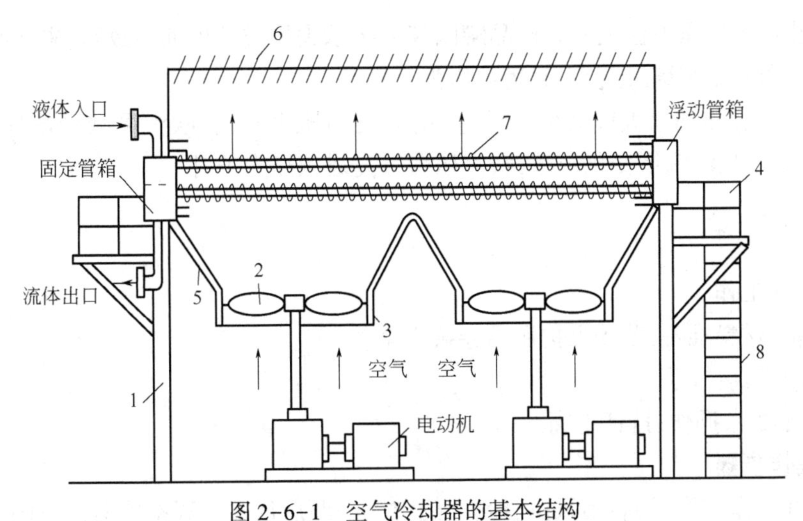

图 2-6-1 空气冷却器的基本结构

1—构架;2—风机;3—风筒;4—平台;5—风箱;6—百叶窗;7—管束;8—梯子

(二)塔顶空冷器风机突然停机故障处理

CBG011 塔顶空冷风机突然停机的现象

现象:塔顶冷后温度快速上升;塔顶压力快速上升;塔顶自产瓦斯流量上升。

处理方法:

CBH005 塔顶空冷风机突然停机的处理方法

(1)查明空冷器风机停机数量及原因,及时联系处理。

(2)重新启动或增开空冷器风机、水泵,控制塔顶冷后温度在指标范围内。

(3)若塔顶冷后温度持续超标,可适当降低塔顶负荷或降低处理量,维持生产。

(三)常压塔顶空冷器泄漏的故障处理

CBH021 常压塔顶空冷器泄漏的处理要点

(1)查清泄漏部位,能在线紧固处理的,在线紧固处理。

(2)无法在线处理的,关闭该组空冷器入口阀、出口阀,切除该组空冷器。

(3)用消防水掩护漏点,防止起火。如果起火,切除该组空冷器,利用消防器材灭火或报火警。

(4)空冷器放空,氮气吹扫,交付检修。

(5)增开其他组空冷器风机、水泵,保证塔顶冷后温度在指标范围内。若无法维持冷后温度,装置可适当降量,维持生产。

CBC012 塔顶压力的影响因素

(四)塔顶压力的影响因素

初馏塔和常压塔塔顶压力是控制产品质量的重要参数,当塔顶压力变化时,不做调节,会引起塔顶产品质量变化。

(1)原油炉出口温度升高时,塔内汽化量增大会引起塔顶压力、变化,应加大回流量。

(2)原油和初底油性质变轻时,塔顶压力升高,原油变重时塔顶压力降低。

(3)进初馏塔原油含水量增大,常压塔汽提蒸汽量增大,会导致塔顶温度、压力升高。

(4)塔顶回流带水,塔顶压力上升。

(5)塔进料流量增大,塔顶压力上升,液位过高,如发生装满冲塔,塔顶压力、温度将急剧上升。

(6)注意塔顶瓦斯排放管路是否畅通。如作低压瓦斯燃料,应检查火嘴,火嘴不畅通,瓦斯排放受阻,塔顶压力会上升。产品罐因仪表指示失灵或抽出油泵故障,未及时将罐中汽油送出,造成产品罐装满,也会引起塔顶压力升高。

(7)塔内汽化量的增大或减少,吹汽量增大塔顶压力升高,吹汽量减少塔顶压力下降;吹汽压力变化与吹汽流量变化一致,吹汽压力升高塔顶压力上升。

二、技能要求

(一)准备工作

(1)设备、材料准备,劳动保护用品穿戴齐全。

(2)使用工具:扳手。

(3)人员:2人操作,持证上岗。

(二)操作步骤

(1)检查工作完毕后,启动风机,检查、确定无问题后依次打开空冷器出口阀、入口阀。

(2)油品完全通入后,全面检查一次设备状况,有无泄漏。

(3)如无泄漏可启动管道泵,启动管道泵前关闭管道泵出口阀,然后缓慢打开出口阀。

(4)根据冷后温度,可调整各路水量、减少风机运转台数或改反转、松皮带、停用风机。

(三)注意事项

(1)电动机、轴承温度高于70℃时应停风机检查处理。

(2)电动机运转不正常如跳动或声音不正常,轴承发出不正常声音时应停风机检查处理。

(3)传动皮带掉下或严重松动,传动效果极差,影响转数时,应停风机处理。

(4)风翅与风筒摩擦或防护罩严重松动掉下时,应停风机处理。

(5)管束胀口、丝堵漏油严重时,应将该片空冷停下处理。

项目六　加热炉风门的调节

一、相关知识

(一)燃烧器的结构

近年来,随着环保排放指标的不断提高,常减压蒸馏装置加热炉已逐步更换为低氮燃烧器,NO_X 排放量控制在100mg/L以下。如图2-6-2所示,低氮燃烧器的主要特点是由中心枪和边枪位置固定,燃料分散燃烧后使火焰中心温度降低,从而减少氮氧化物生成。使用的燃烧器主要结构包括:主燃料枪、通风口、异性耐火砖构成,通风口设置在燃烧器壳体的侧面,其主燃料枪、两级燃料枪分别独立设置,主燃料枪在燃烧器壳体中心,二级燃料枪在异性耐火砖的圆周上并直接与炉膛连通,二级燃料枪由燃料分级管构成,其异性耐火砖位于耐火衬里部分为圆环形,内部配有火道,圆周上具有防止二级燃料分级管的通道。

CBE002 加热炉“三门一板”的作用

(二)加热炉的“三门一板”

CBE001 加热炉“三门一板”的概念

“三门一板”即风门、油门、汽门和烟道挡板,它决定了燃料油蒸汽雾化的好坏。供风量是否恰当,对燃料的完全燃烧有很大的作用,直接影响到加热炉的热效率。因此司炉工应勤调“三门一板”,搞好蒸汽雾化,严格控制过剩空气系数,使加热炉在高效率下操作。

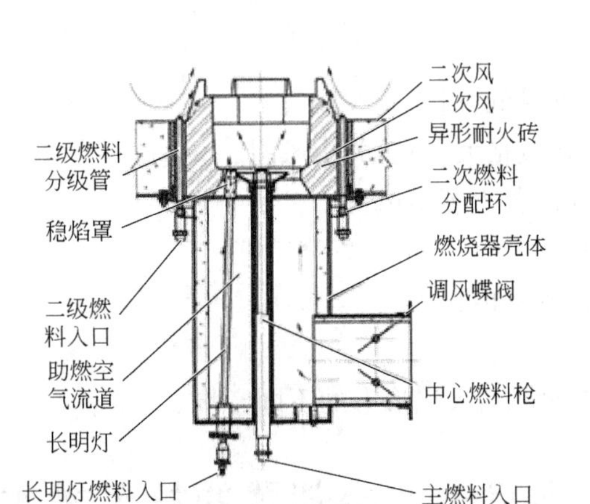

图 2-6-2　低氮燃烧器结构图

(三)加热炉烟囱的作用

CBE024 烟囱的作用

烟囱是烟气排放的通道,因其内外烟气与空气的温度差而产生密度差,也可产生抽吸力。加热炉炉膛负压即是由烟囱或引风机提供的抽吸力形成的。

CBE041 烟道挡板调节的要求

在正常操作时,应通过调节烟道挡板,使炉膛负压维持在-150~-30Pa。当烟道挡板开度过大时,炉膛负压过大,造成空气大量进入炉内,降低了热效率;同时使炉管氧化剥皮而缩短使用寿命。烟道挡板开度过小或炉子超负荷运转时,炉膛会出现正压,加热炉容易回火伤人,不利于安全生产。

(四)加热炉冒黑烟的处理方法

CBH001 烟囱冒黑烟的处理方法

(1)检查瓦斯流量是否异常增大。如异常增大,及时关小瓦斯流量控制阀。

(2)检查供风系统是否正常。如出现异常,检查鼓风机及供风系统各挡板,及时恢复。

(3)检查引风机运转是否正常。如出现异常,检查引风机及烟道系统各挡板,及时恢复。

(4)检查瓦斯是否带液。及时脱液,同时关小各火嘴阀。

(5)炉膛负压控制在指标内。

(五)加热炉回火的现象

CBG012 加热炉回火的现象

(1)加热炉出现正压。

(2)烟囱冒大量黑烟。

(3)烟气和火焰从炉底、看火窗喷出。

(4)加热炉防爆门被冲开。

(5)加热炉负荷突然增大。

二、技能要求

(一)准备工作

(1)设备、材料准备,劳动保护用品穿戴齐全。

(2)使用工具:扳手。

(3)人员:2 人操作,持证上岗。

（二）操作步骤

（1）燃烧不充分，含氧量低，适当调大风门。

（2）入炉空气过多，含氧量大，适当关小风门。

（3）通过二次风门均衡各火嘴供风量。

（4）调节风门，控制火焰颜色、形态、燃烧完好。

（5）炉膛负压控制在指标内。

（三）注意事项

注意区分一次风、二次风对火焰形态的不同影响。

项目七　冷却器的投用操作

一、相关知识

（一）冷却器的作用与类型

冷却器是换热设备的一类，用以冷却流体，通常用水或空气为冷却剂以除去热量。

冷却器主要可分为列管式、波纹板式和风冷式三种。其中，列管式冷却器又可分为双重管式、立式、卧式、浮头式等多种，列管式冷却器的特点是用作冷却的水从管内部流过，而油则从列管的间隔中流过，中间设置的折板让油折流，它所使用的双程甚至四程流动方式让它的冷却效果更加强烈。波纹板式冷却器也可分为人字、斜波纹式等，其主要利用波纹构造排列的接触点，让流体在流速并不高的情况下形成紊流，大幅度提升了散热的效果。风冷式冷却器可分为间接式、固定式、悬挂式等多种，具有结构简单、体积小、质量小、使用方便等特点。

（二）列管式冷却器的结构

列管式冷却器主要由外部壳体和内部冷却器体两部分构成，如图 2-6-3 所示。其中，外部壳体包括筒体、分水盖和回水盖，其上设有进油管、出油管、进水管、出水管，并附有排

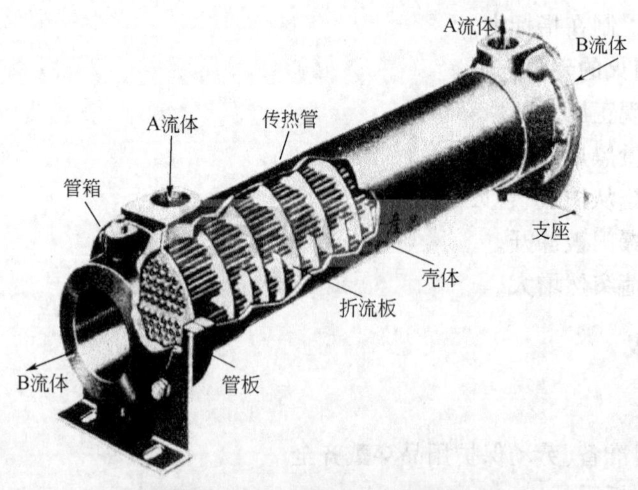

图 2-6-3　列管式冷却器结构

油、排水、排气螺塞、锌棒安装孔连温度计接口等。冷却器体包括冷却器管、定孔盘、动孔盘、折流板等。冷却器管两端与定、动孔盘连接,定孔盘和外体法兰连接,动孔盘可在外体内自由伸缩,以消除温度对冷却器管由于热胀冷缩而产生的影响。折流板可起到强化传热及支撑冷却器管的作用。

列管式冷却器的热介质由筒体上的接管进口,顺序经各折流通道,曲折地流至接管出口。而冷却器介质则采用双管程流动,即冷却器介质由进水口经分水盖进入一半冷却器管之后,再从回水盖流入另一半冷却器管,进入另一侧分水盖及出水管。冷介质在双管程流过程中,吸收热介质放出的余热由出水口排出,使得工作介质保持额定的工作温度。

CBD005 冷却器的吹扫方法

(三)冷却器的吹扫方法

(1)确认准备吹扫的冷却器已与系统隔离,管程打开放空阀,放净存水,吹扫壳程时,管程放空阀保持打开,防止憋压。

(2)排净吹扫蒸汽冷凝水。

(3)稍开蒸汽吹扫阀。

(4)打开壳程污油线阀。

(5)逐渐开大吹扫蒸汽,确认污油线过量、吹扫正常。

(6)根据设备具体情况确定吹扫时间。

(7)重油换热器应反复憋压,保证吹扫效果。

(8)吹扫时间到后,打开放空阀检查吹扫效果。

(9)吹扫完毕,关闭蒸汽阀,关闭污油线阀,打开放空阀排汽。

(10)管壳程都吹扫完毕,放净存汽后,吹扫完毕。

CBH020 水冷器泄漏的处理要点

(四)水冷器泄漏的处理要点

(1)轻微泄漏,联系维修人员紧固,注意防止泄漏油品滴落高温部位或污染周围环境,必要时用汽带掩护,防止起火。

(2)泄漏严重,换热器走旁路,甩掉换热器。

(3)泄漏如果发生起火,火势较小,用现场灭火器材灭火,火势大难以控制,马上报火警通知消防队。停掉该换热器运行的介质,切断油来源。

CBB007 装置设备热紧的目的

(五)装置设备热紧的目的

装置检修中所有的法兰、螺栓等都是在常温常压下紧好的。由于各种材料的热膨胀系数不一样,温度升高以后,高温部位的密封面有可能发生泄漏。因此,在升温开侧线以前,必须对设备、管线进行详细检查,高温部位须进行热紧。

CBB008 装置设备热紧的操作要点

(六)开工时装置设备热紧的操作要点

恒温热紧的温度通常在常压炉出口温度250℃,时间1～2h。当常压炉出口温度升至300℃时,须再次恒温1h,以进一步考验设备。经过详细检查无问题,常压炉可继续升温,进入开侧线阶段。

二、技能要求

(一)准备工作

(1)设备、材料准备,劳动保护用品穿戴齐全。

(2)使用工具:扳手。

(3)人员:2人操作,持证上岗。

(二)操作步骤

(1)确认冷却器检修验收合格。

(2)确认冷却器冷热介质入口、出口阀均关闭,副线阀开,冷却器所有放空阀门关闭。

(3)缓慢打开冷却水入口阀,缓慢关闭冷却水旁路阀,打开冷却水出口放空阀排气,气排净后缓慢打开冷却水出口阀。

(4)缓慢打开冷却器热介质出口阀、入口阀,缓慢关闭冷却器热介质旁路阀,确认冷却器无泄漏。

(5)按要求进行热紧。

(6)检查调整冷却器热介质入口和出口温度,确认压力、流量正常,确认冷却器运行正常。

(三)注意事项

(1)不允许外排的介质:有毒、有害的介质,温度高于自燃点的介质,易燃、易爆的介质。

(2)投用过程中如发生泄漏,立即打开副线阀,关闭介质入口阀、出口阀,联系修理。

项目八 安全阀的投用操作

CBE021 安全阀的作用

一、相关知识

(一)安全阀的作用

安全阀是启闭件,受外力作用下处于常闭状态,当设备或管道内的介质压力升高超过规定值时,通过向系统外排放介质来防止管道或设备内介质压力超过规定数值的特殊阀门。安全阀属于自动阀类,主要用于锅炉、压力容器和管道上,控制压力不超过规定值,对人身安全和设备运行起重要保护作用。注意安全阀必须经过压力试验才能使用。

(二)安全阀的参数

公称压力:表示安全阀在常温状态下的最高许用压力,高温设备用的安全阀不应考虑高温下材料许用应力的降低。安全阀是按公称压力标准进行设计制造的。

开启压力:也称额定压力或整定压力,是指安全阀阀瓣在运行条件下开始升起时的进口压力,在该压力下,开始有可测量的开启高度,介质呈可由视觉或听觉感知的连续排放状态。

排放压力:阀瓣达到规定开启高度时的进口压力。排放压力的上限需服从国家有关标准或规范的要求。

超过压力:排放压力与开启压力之差,通常用开启压力的百分数来表示。

回坐压力:排放后阀瓣重新与阀座接触,即开启高度变为零时的进口压力。

启闭压差:开启压力与回坐压力之差,通常用回坐压力与开启压力的百分比表示,只有当开启压力很低时采用二者压力差来表示。

背压力:安全阀出口处的压力。

额定排放压力:标准规定排放压力的上限值。

密封试验压力:进行密封试验的进口压力,在该压力下测量通过关闭件密封面的泄漏率。

开启高度:阀瓣离开关闭位置的实际升程。

流道面积:指阀瓣进口端到关闭件密封面间流道的最小截面积,用来计算无任何阻力影响时的理论排量。

流道直径:对应用于流道面积的直径。

帘面积:当阀瓣在阀座上方时,在其密封面之间形成的圆柱面形或圆锥面形通道面积。

排放面积:阀门排放时流体通道的最小截面积。对于全启示安全阀,排放面积等于流道面积;对于微启式安全阀,排放面积等于帘面积。

理论排量:是流道截面积与安全阀流道面积相等的理想喷管的计算排量。

排量系数:实际排量与理论排量的比值。

额定排量系数:排量系数与减低系数(取 0.9)的乘积。

额定排量:指实际排量中允许作为安全阀适用基准的那一部分。

当量计算排量:指压力、温度、介质性质等条件与额定排量的适用条件相同时,安全阀的计算排量。

二、技能要求

(一)准备工作

(1)设备、材料准备,劳动保护用品穿戴齐全。

(2)使用工具:扳手。

(3)人员:2 人操作,持证上岗。

(二)操作步骤

(1)确认安全阀检验合格标志。

(2)确认安全阀安装正常,完好备用。

(3)确认安全阀公称压力,确认设备操作压力在正常范围内。

(4)缓慢打开安全阀保护阀,至全开。

(5)保护阀打开后,确认无泄漏,安全阀正常投用。

(6)安全阀保护阀全开打铅封。

(三)注意事项

安全阀要按规定使用和定期检验。

项目九　测温仪的使用

一、相关知识

一切温度高于绝对零度(大约为-273.15℃)的物体都在不停地向周围空间发出红外辐射能量。物体的红外辐射能量的大小及其按波长的分布与它的表面温度有着十分密切的关系。因此,通过对物体自身辐射的红外能量的测量,便能准确地测定它的表面温度,这就是红外辐射测温所依据的客观基础。光学系统汇集其视场内的目标红外辐射能量,视场的大小由测温仪的光学零件以及位置决定。红外能量聚焦在光电探测仪上并转变为相应的电信号。该信号经过放大器和信号处理电路按照仪器内部的算法和目标发射率校正后转变为被测目标的温度值。除此之外,还应考虑目标和测温仪所在的环境条件,如温度、气氛、污染和干扰等因素对性能指标的影响及修正方法。当用红外辐射测温仪测量目标的温度时首先要测量出目标在其波段范围内的红外辐射量,然后由测温仪计算出被测目标的温度。单色测温仪与波段内的辐射量成比例;双色测温仪与两个波段的辐射量之比成比例。

二、技能要求

(一)准备工作

(1)设备、材料准备,劳动保护用品穿戴齐全。

(2)使用工具:红外测温仪。

(3)人员:2 人操作,持证上岗。

(二)操作步骤

(1)启动测温仪。

(2)显示所测温度。

(3)为了测温准确,应选择几个测温点。

(4)使用完毕关闭测温仪。

(三)注意事项

(1)只测量表面温度,红外测温仪不能测量内部温度。

(2)波长在 5μm 以上不能透过石英玻璃进行测温,玻璃有很特殊的反射和透过特性,不能精确红外温度读数。但可通过红外窗口测温。红外测温仪最好不用于光亮的或抛光的金属表面的测温(不锈钢、铝等)。

(3)定位热点,要发现热点,仪器瞄准目标,然后在目标上作上下扫描运动,直至确定热点。

(4)注意环境条件,如蒸汽、尘土、烟雾等。这些因素阻挡仪器的光学系统而影响精确测温。

(5)环境温度。如果测温仪突然暴露在环境温差为 20℃或更高的情况下,允许仪器在 20min 内调节到新的环境温度。

模块七　事故判断与处理

项目一　压力表失灵的判断

一、相关知识

在企业中，压力表（含压力表、风压表和氧气表）多为弹簧管式一般压力表。《弹簧元件式一般压力表、压力真空表和真空表检定规程》（JJG 52—2013）适用范围为0.1～100MPa系列弹簧管式一般压力表的检定。该标准规定：压力表的检定周期一般不超过半年。

二、技能要求

（一）准备工作

（1）设备、材料准备，劳动保护用品穿戴齐全。

（2）使用工具：活动扳手。

（3）人员：2人操作，持证上岗。

（二）压力表失灵判断方法

（1）压力表指示超量程。

（2）有压力时压力表指示回零。

（3）压力变化时指示无变化。

（4）压力表指针脱落。

（5）压力表指示变化过大与工况不符。

（6）压力表表盘玻璃破损或导压管损坏漏油。

（三）注意事项

注意压力表及导压管是否存在冻凝、堵塞等情况。

项目二　瓦斯管线泄漏的判断

一、相关知识

（一）炼厂气组成

石油炼厂副产的气态烃，主要来源于原油蒸馏、催化裂化、热裂化、石油焦化、加氢裂化、催化重整、加氢精制等过程。不同来源的炼厂气其组成各异，主要成分为C_4以下的烷烃、烯烃以及氢气和少量氮气、二氧化碳等气体，各种来源的炼厂气典型组成见表2-7-1。炼厂气因为组成的差别，硫化氢、硫化物及其他腐蚀性介质的含量也有所不同，腐蚀性便存在差异。

炼厂气的产率随原油的加工深度不同而不同,深度加工的炼厂气一般为原油加工量的6%(质量分数)左右。在美国约有2%的乙烯、60%的丙烯和90%的丁烯来自炼厂气。

表2-7-1 各种来源的炼厂气的典型组成 %(质量分数)

成分	原油蒸馏气	催化重整气	催化裂化气	加氢裂化气	加氢精制气	石油热化气	热裂化气
氢气	—	15.4	0.1	1.4	3.0	0.6	0.4
甲烷	8.5	9.0	3.2	21.8	24.0	35.6	14.7
乙烷	15.4	20.0	4.1	4.4	70.0	20.7	22.8
乙烯	—	—	2.8	—	—	2.7	4.4
丙烷	30.2	27.7	7.3	15.3	3.0	13.4	20.5
丙烷	—	—	20.2	—	—	5.1	14.8
丁烷	45.9	27.9	22.9	57.1	—	5.6	10.8
丁烯	—	—	30.5	—	—	3.8	4.2
其他	—	—	8.9	—	—	12.5	7.4
合计	100.0	100.0	100.0	100.0	100.0	100.0	100.0

CBH019 燃料气中断的处理要点

(二)燃料气中断处理要点

(1)有油火的加大油火,维持操作。

(2)若阻火器前有压力而瓦斯火灭,关瓦斯火嘴手阀,阻火器切换备用阻火器。

(3)瓦斯压力极低,火未灭时,可以联系提高瓦斯压力;若瓦斯火灭,关瓦斯火嘴手阀,瓦斯压力正常后,逐个点火,调整操作。

(4)控制阀故障造成全关时,如长明灯正常,打开控制阀副线、恢复操作;如长明灯熄灭,关瓦斯火嘴手阀,瓦斯控制阀改副线,按规程逐个点火,然后处理瓦斯控制阀。

(5)计量表卡,关瓦斯火嘴,计量表改副线操作,然后按规程逐个点瓦斯火,若孔板堵,切除扫线,拆孔板处理。

(6)瓦斯快切阀故障,关瓦斯火嘴,联系仪表修复,然后按规程逐个点瓦斯火。

二、技能要求

(一)准备工作

(1)设备、材料准备,劳动保护用品穿戴齐全。

(2)使用工具:扳手。

(3)人员:2人操作,持证上岗。

(二)瓦斯管线泄漏的判断方法

(1)根据可燃气体报警仪等相关仪器判断。

(2)根据现场发现瓦斯气味判断。

(3)根据现场气体泄漏异常声响判断。

(4)根据漏点具体情况,通过目视等发现漏点。

(三)注意事项

(1)做好个人安全防护。

(2)禁止使用、携带各种非防爆电气设备和工具。

(3)及时切断、隔绝周围可能的点火源。

(4)根据事故预案,对漏点及时处理,采取切断、蒸汽掩护等防范措施。

项目三　阀门关不严的判断

技能要求

(一)准备工作

(1)设备、材料准备,劳动保护用品穿戴齐全。

(2)使用工具:扳手。

(3)人员:2人操作,持证上岗。

(二)操作步骤

1. 阀门关不严的现象

(1)阀门关闭后,流量不回零。

(2)阀门关闭后,阀后压力不回零。

(3)阀门关闭后,阀后设备温度不变化(经过一定时间后)。

(4)阀门关闭后,仍可听到介质流动声音。

(5)阀门关闭后,阀后放空头介质排放不净。

2. 阀门关不严的原因

(1)有杂质卡在密封面,杂物沉积在阀门底部或垫在阀瓣与阀座之间。

(2)阀杆螺纹生锈,阀门无法转动。

(3)阀门密封面被破坏,介质出现泄漏。

(4)阀杆与阀瓣连接不好,阀瓣与阀座偏斜不能严密接触。

3. 阀门关不严的处理

(1)阀门有时突然关不严,可能是阀门密封面间有杂质卡住,此时不应用力强行关闭,应把阀门稍开大一些,然后再试图关闭,反复试试,一般即可排除,否则应进行检查。

(2)对于通常在开启状态的阀门,偶然关闭时,由于阀杆螺纹已经生锈,也会发生关不严的情况。对于这种情况,可反复开关几次阀门,同时用小锤敲击阀体底部,即能将阀门关严,无需对阀门进行研磨修理。

(3)对于试着多次开关仍然关不紧的情况坏了密封面,应报修。腐蚀、介质中的颗粒划伤等破坏了密封面,应报修。

(三)注意事项

对阀门关闭是否严密的判断应及时,且在保证安全的前提下。

项目四　机械密封泄漏的判断与处理

一、相关知识

（一）机械密封的作用

机械密封是一种旋转机械的轴封装置，比如离心泵、反应釜和压缩机等设备。由于传动轴贯穿在设备内外，这样，轴与设备之间存在一个圆周间隙，设备中的介质通过该间隙向外泄漏，如果设备内压力低于大气压，则空气向设备内泄漏，因此必须有一个阻止泄漏的轴封装置。轴封的种类很多，由于机械密封具有泄漏量少和寿命长等优点，所以世界上机械密封是在这些设备最主要的轴密封方式。机械密封又叫端面密封，在国家有关标准中是这样定义的："由至少一对垂直于旋转轴线的端面在流体压力和补偿机构弹力（或磁力）的作用以及辅助密封的配合下保持贴合并相对滑动而构成的防止流体泄漏的装置。"机械密封结构详见本书第一部分模块六。

（二）泵用机械密封的主要泄漏点

泵用机械密封的泄漏点主要有五处：

（1）轴套与轴间的密封。

（2）动环与轴套间的密封。

（3）动静环间密封。

（4）对静环与静环座间的密封。

（5）密封端盖与泵体间的密封。

一般来说，轴套外伸的轴间，密封端盖与泵体间的泄漏比较容易发现和解决，但需细致观察，特别是当工作介质为液化气体或高压、有毒有害气体时，相对困难些，其余的泄漏直观上很难辨别和判断，须在长期管理、维修实践的基础上，对泄漏症状进行观察、分析、研判，才能得出正确结论。

安装静试时泄漏。机械密封件安装调试好后，一般要进行静试，观察泄漏量。如泄漏量较小，多为动环或静环密封圈存在问题。泄漏量较大时，则表明动、静环摩擦副间存在问题。在初步观察泄漏量，判断泄漏部位的基础上，再手动盘车观察，若泄漏量无明显变化则静、动环密封圈有问题。如盘车时泄漏量有明显变化则可断定是动、静环摩擦副存在问题。如泄漏介质沿轴向喷射，则动环密封圈存在问题居多，泄漏介质向四周喷射或从水冷却孔中漏出，则多为静环密封圈失效。此外，泄漏通道也可同时存在，但一般有主次区别，只要观察细致，熟悉结构，一定能正确判断。

（三）泄漏分类

1. 渗透泄漏

由于密封件的原材料（动植物纤维、矿物纤维、化学纤维等）组织疏松、致密性差，在压力作用下介质通过纤维间的缝隙泄漏，这种现象称为渗透泄漏。

2. 多空隙泄漏

液压元件的各种盖板、法兰接头、板式连接等，通常都要采取紧固措施，由于表面粗糙度的影响,两表面上不接触的微观凹陷处会形成许多大小不一的空隙,液体在压力作用下,就会通过这些空隙泄漏,这种现象就称为多空隙泄漏。

(四)机泵密封漏油着火的处理要点

(1)火势较小,用现场消防设施灭火,切换备用泵。灭火后关闭泵出入口阀,吹扫后联系维修人员处理。

(2)火势大难以控制,马上报火警通知消防队并进行紧急停工操作。若无法靠近机泵,可在配电间停电停运该机泵。无法关闭出入口阀,应关闭离出入口最近处阀门,切断油来源。

二、技能要求

(一)准备工作

(1)设备、材料准备,劳动保护用品穿戴齐全。

(2)使用工具:手电筒,扳手。

(3)人员:2 人操作,持证上岗。

(二)机械密封泄漏的判断方法

(1)密封处输送介质滴出。

(2)密封两旁有输送介质飞溅。

(3)泄漏严重时,输送介质从密封处喷出。

(4)密封处冒烟、起火。

(三)机械密封泄漏的处理步骤

CBH023 机泵密封漏油着火的处理要点

(1)适当加大冷却水量。

(2)适当调节封油量。

(3)若泄漏量大,用蒸汽掩护,切换备用泵,关泄漏泵进出口阀。吹扫后,交出检修。

(4)若冒浓烟或起火,紧急停泵,按事故预案处理。

(四)注意事项

(1)注意人身防护,根据事故预案及时处理。

(2)若发生大火无法靠近,停泵可通知电工在配电间断电。无法关闭泵进出口阀门时,关闭泵两端流程上离进出口最近的阀门。

(3)泄漏泵切除时,封油也应及时关闭。

项目五　离心泵抽空的判断

CBH016 塔底泵抽空的处理方法

一、相关知识

塔底泵抽空的处理要点

(1)检查塔底液位,如液位低马上提高进料、提高液位。装置其余各部物料平衡相应适当调整。

(2)关小或关闭泵出口阀,查找机泵抽空原因并采取相对措施,待泵上量后,再开大出口阀调整至正常流量。

(3)若无法调整至上量,及时切换至备用泵。

(4)流量波动期间,及时降低加热炉炉膛温度,防止因流量波动或降量造成炉管过热、结焦。

(5)流量恢复正常后,逐步恢复正常生产。

(6)若始终无法调节上量,切换备用机泵,如果备用机泵也抽空,装置按紧急停工处理。

二、技能要求

(一)准备工作

(1)设备、材料准备,劳动保护用品穿戴齐全。

(2)使用工具:扳手。

(3)人员:2人操作,持证上岗。

CBG002 机泵抽空的现象

(二)离心泵抽空判断方法

(1)泵流量指示大幅度波动或回零。

(2)压力、电流指示大幅度波动,或明显异常降低。

(3)泵振动较大并有杂音出现。

(4)管线内有异常声音。

(三)注意事项

流量大幅波动应与机泵电流、压力等综合判断,排除其他干扰因素,防止误判。

项目六 使用蒸汽灭火的操作

一、相关知识

(一)火焰燃烧的三要素

燃烧是一种很普遍的现象,但燃烧是有条件的,不是随便就会发生的,它必须是可燃物质、助燃物质和着火源这三个基本要素同时存在,并且相互作用才能发生。

1. 可燃物质

不论固体、液体、气体,凡是能与空气中的氧或其他氧化剂起剧烈化学反应的物质,都为可燃物质。其中,可燃气体如煤气、天然气、石油液化气、沼气、氢气、甲烷、乙炔等;可燃液体如汽油、煤油、柴油、乙醇、甲醇、植物油等;可燃固体如木材、棉花、纸张、煤炭、橡胶、塑料、钾、钠、镁、铝、钙、磷、硫黄、松香等,均属可燃物质。

2. 助燃物质

凡是能帮助和支持燃烧的物质,都为助燃物质。例如,空气、氧、氟、氯、溴和其他氧化剂,均属助燃物质。氧化剂的种类很多,除氧气外,还有许多化合物如硝酸盐、氯酸盐、重铬酸盐、高锰酸钾以及过氧化物等,都是氧化剂。这些化合物含氧较多,当受到热、光或摩擦、撞击等作用时,都能发生分解,放出氧气,起到助氧作用。

3. 着火源

凡是能引起可燃物质燃烧的热源,都为着火源。常见的有以下几种:明火、电火、高温物质、化学热、摩擦热、光能等。

(二)蒸汽灭火的特点

蒸汽灭火系统是以释放水蒸气进行灭火的装置或设施。在蒸汽源十分充足的场合,即正常生产需要大量的水蒸气且着火时能提供足够的灭火用水蒸气的场所,适宜采用蒸汽灭火系统。

1. 蒸汽灭火系统的优点

(1)设备简单、安装方便、使用灵活、维护容易;

(2)蒸汽价格低廉,设备费及安装费均较低,是一种经济可靠的灭火系统;

(3)同其他气体灭火系统相同,淹没性能好,可以扑救空间各点火灾;

(4)扑救高温设备火灾时,不会引起设备热胀冷缩的应力而破坏设备。

2. 限制性

蒸汽灭火体系不适用于下列场所:

(1)遇水蒸气发生猛烈化学反应和爆炸等事故的工艺和装备;

(2)冷却作用不大,不适用于体积大、面积大的火灾;

(3)蒸汽冷凝水具备侵蚀作用,不实用于扑救电气装备、精细仪表、文物档案及其余珍贵物品火灾。

CBH013 装置停蒸汽的处理原则

(三)蒸汽压力下降或蒸汽中断的处理方法

(1)当使用管网蒸汽停汽时,要立即关闭塔底与侧线吹汽、降量,要关闭二级抽真空冷却器放空阀,严防空气吸入减压塔内发生爆炸,并联系调度了解中断原因,如短时间能够恢复,则维持到蒸汽恢复后,再进行调节至正常。抽真空系统有机械抽真空,且可维持负压系统操作的,及时切换机械抽真空系统。

当使用装置自发蒸汽停汽时,要迅速排除蒸汽发生器故障,如不能排除要及时联系调度引管网蒸汽,同时甩蒸汽发生器系统;如自发蒸汽系统热油泵抽空或跳闸,迅速查明原因,启动备泵恢复热源正常。

(2)如中蒸汽控制阀失灵,则开副线,联系仪表维修控制阀。

(3)如稍长时间停汽,则在关闭塔底与侧线吹汽、关闭二级抽真空冷却器放空阀之后,尽量维持降温降量循环。如联系确实长时间不能供汽,则按紧急停工处理。在炉子熄火时,若蒸汽尚有剩余压力,用余汽扫通燃料油线,将瓦斯、燃料油控制阀关死。重质油(减压炉、渣油)管线尽快扫线。

二、技能要求

(一)准备工作

(1)设备、材料准备,劳动保护用品穿戴齐全。

(2)使用工具:消防汽带。

(3)人员:2 人操作,持证上岗。

(二)操作步骤

(1)确认燃烧物质、火灾程度、附近设施、现场条件等情况,确定适合使用蒸汽灭火。

(2)检查胶管是否完好,是否需要绑在其他物体上便于手持或固定。

（3）戴好防护手套，做好个人防护。

（4）固定住胶管头，防止伤人，缓慢打开蒸汽阀，见汽后逐渐开大蒸汽。

（5）站在上风向，用胶带对准火焰根部喷射灭火。

（三）注意事项

（1）如火势火大，不宜使用蒸汽胶管灭火。

（2）防止人身遭蒸汽烫伤或火焰灼伤。

项目七　过滤式防毒面具的使用

一、相关知识

（一）过滤式防毒面具简介

过滤式防毒面具，是防毒面具最为常见的一种，主要由面罩主体和滤毒件两部分组成。面罩起到密封并隔绝外部空气和保护口鼻面部的作用。滤毒件内部填充以活性炭，由于活性炭里有许多形状不同的和大小不一的孔隙，可以吸附粉尘，并在活性炭的孔隙表面，浸渍了铜、银、铬金属氧化物等化学药剂，以达到吸附毒气后与其反应，使毒气丧失毒性的作用。新型活性炭药剂采用分子级渗涂技术，能使浸渍药品分子级厚度均匀附着到载体活性炭的有效微孔内，使浸渍到活性炭有效微孔内的防毒药剂具有最佳的质量性能比。

防毒面罩是一种过滤式大视野面屏，双层橡胶边缘的个人呼吸道防护器材，能有效保护佩戴人员的面部、眼睛和呼吸道免受毒剂、生物战剂和放射性尘埃的伤害，可供工业、农业、医疗、科研等不同领域人员使用，也可供军队，警察和民防使用。

（二）过滤式防毒面具的使用范围

适用环境：适用于危害呼吸系统但不会立即危害生命健康的场所。

防护范围：粉尘、重烟、雾滴、毒气、毒蒸气、粉剂配料地点，家具喷涂，以及肉眼看不见的微小物质。

呼气阻力：≤98Pa（30L/min）；接口：快速旋拧卡口；质量：510g（不含滤毒件）。

视野：总视野≥75%，双目视野≥60%，下方视野≥40%；面罩镜片透光率：≥89%。

（三）小型滤毒罐规格表

小型滤毒罐规格见表2-7-2。

表2-7-2　小型滤毒罐规格表

产品型号及规格	材质	质量，g	GB 2890—2009标色	防护对象举例	防毒类型
1号（B型）小型滤毒罐	铝	210	灰色	无机气体或蒸气： 氢氰酸、氯化氢、砷化氢、光气、双光气、氯化苦、苯、溴甲烷、二氯甲烷、路易氏气、芥子气、磷化氢	综合防毒
3号（A型）小型滤毒罐	铝	210	褐色	有机气体与蒸气： 苯氯气、丙酮、醇类、苯胺类、二氯化碳、四氯化碳、三氯甲烷、溴甲烷、氯甲烷、硝基烷、氯化苦	综合防毒

续表

产品型号及规格	材质	质量,g	GB 2890—2009 标色	防护对象举例	防毒类型
4 号(K 型)小型滤毒罐	铝	210	绿色	氨、硫化氢	单一防毒
5 号(CO 型)小型滤毒罐	铝	265	白色	一氧化碳	单一防毒
7 号(E 型)小型滤毒罐	铝	210	黄色	酸性气体和蒸气:二氧化硫、氯气、硫化氢、氮的氧化物、光气、磷和含氯有机农药	综合防毒
8 号(H_2S 型小型滤毒罐	铝	210	蓝色	硫化氢、氨	单一防毒

二、技能要求

(一)准备工作

(1)设备、材料准备,劳动保护用品穿戴齐全。

(2)使用工具:过滤式防毒面具。

(3)人员:2 人操作,持证上岗。

(二)操作步骤

(1)根据场所选择合适的滤毒罐。

(2)检查导管、面罩是否完好。

(3)检查滤毒罐是否完好、有效。

(4)连接导管、面罩、滤毒罐,打开滤毒罐进口,戴好面罩。

(5)用手捂住滤毒罐进气口做深呼吸,试验看是否漏气。

(6)不漏气后,进入场所作业,在使用中闻到毒气的气味或呼吸不畅,应立即离开毒区。

(7)作业完后,离开现场脱下面罩,未失效的清洗后存放在专柜内。

(三)注意事项

(1)按照相关规定存放、检验、更换防毒面具。

(2)过滤式防毒面具适用于短时间、低浓度情况下的一般作业,对大面积、较严重的毒物泄漏的处置、抢救,应使用正压式空气呼吸器。

项目八 空气呼吸器的使用方法

技能要求

(一)准备工作

(1)设备、材料准备,劳动保护用品穿戴齐全。

(2)使用工具:空气呼吸器。

(3)人员:2 人操作,持证上岗。

(二)操作步骤

1. 使用前准备

(1)检查空气呼吸器各组部件是否齐全,无缺损,接头、管路、阀体连接是否完好。

(2)检查空气呼吸器供气系统气密性和气源压力数值。

(3)关闭供气阀的旁路阀和供气阀门,然后打开瓶阀开关,将全面罩正确地戴在头部深吸一口气,供气阀的阀门应能自动开启并供气。

(4)检查气瓶是否固定牢固。

2. 佩戴

(1)将断开快速接头的空气呼吸器,瓶阀向下背在人体背部;不带快速接头的空气呼吸器,将全面罩和供气阀分离后,将其瓶阀向下背在人体背部;根据身高调节好调节带的长度,根据腰围调节好腰带的长度后,扣好腰带。将压力表调整到便于佩戴者观察的位置。

(2)将快速接头插好,供气阀和全面罩也要连接好;没有快速接头的空气呼吸器要将全面罩的脖带挂在脖子上。

(3)将瓶阀开关打开一圈以上,此时应有一声响亮的报警声,说明瓶阀打开后已充满压缩空气;压力表的指针也应知识相应的压力。

(4)佩戴好全面罩,深吸一口气,供气阀供气后观察压力表,如果有回摆,说明瓶阀开关的开气量不够,应再打开一些,知道压力表不回落为止。

此时空气呼吸器佩戴完成。

(三)注意事项

(1)空气呼吸器必须储存在远离尘埃、光照、无化学物质腐蚀和危险物质的环境中,环境温度在 5~35℃之间,相对湿度不大于 80%的干燥库房中。

(2)空气呼吸器应装在包装箱中存放,全面罩不能被挤压,高压、中压管路应避免小圆弧折弯,压力表壳不能受压。

项目九　报火警

一、相关知识

(一)消防应急预案的编写

各单位应针对本单位具体情况,因地制宜地编制适宜本单位的消防应急预案。消防应急预案是为了做好消防工作,确保人身生命财产安全,落实消防工作“预防为主,防消结合”的基本原则,应付突发的火灾事故,制定的应急预案。预案应包括组织机构、联络方案、本单位地图、主要设备布置图、消防设施配备、报警程序、疏散方案、处置措施等内容。

(二)消防通信器材的配备

应熟悉本装置配备的所有安全仪器仪表、监控设备、通信器材、消防设施的使用方法和放置地点。

(三)供电中断的现象和处理

CBH010 装置全部停电的处理原则

现象:(1)电动泵、电动风机全部停运;(2)照明灯熄、电动仪表断电。

原因:供电系统故障。

处理:炼厂蒸馏装置的泵绝大多数都是电动泵,所以电就成了装置的主要动力,是装置维持正常生产关键所在。供电中断就会导致装置紧急停工。当装置几路供电同时中断时(常发生在雷雨季节),机泵全部停止运转,而在15s内未恢复,这时最主要的是保护加热炉,防止热油停滞在炉管内烧结成焦炭。因而停电一发生,就需要切断燃料油和燃料气,炉膛熄火。如果是瞬间停电,来电后,则需首先启动封油泵和塔底泵,以避免烧坏机泵和防炉管结焦,然后启动原油泵、回流泵及其他机泵及风机,电脱盐送上电。生产特种产品时,要请示调度,将其转入普通产品罐。同时要注意冷却水、蒸汽及净化风的压力变化,注意塔和容器的界位、液面,逐步恢复正常操作条件。短时间停电,立即向炉管吹汽,各塔底与侧线停吹汽。如长时间停电,继续向炉管吹汽,将炉管内的存油赶到塔内去,重质油管线立即扫线,并按紧急停工步骤处理。

CBH011 装置短时间停电的处理原则

(四)装置局部停电的处理原则

CBH009 装置局部停电的处理原则

(1)判断是否短时间停电,立即尝试重启停运机泵。

(2)停运机泵仍无电,尝试启动备用机泵。

(3)能启动机泵,继续生产。

(4)机泵无法启动,能维持生产时维持生产或降低处理量,若重要机泵无法启动,则按紧急停工处理。

(5)如加热炉进料中断,应降低炉温、向炉管内吹入蒸汽保护炉管,如长时间停电,继续炉管吹汽,按停工处理。

(6)若短时间内来电,首先启动塔底泵,然后原油泵、回流泵、其他机泵,逐渐恢复生产。

二、技能要求

(一)准备工作

(1)设备、材料准备,劳动保护用品穿戴齐全。

(2)使用工具:电话。

(3)人员:2人操作,持证上岗。

(二)操作步骤

(1)发生火灾时,拨打“119”火警电话向消防队报警(或本单位火警电话号码)。

(2)电话接通后,报告发生火灾单位和详细地址,起火部位、起火物质和火灾程度,为消防部门扑灭火灾提供方便条件。

(3)报告报警人姓名及所用电话号码。

(4)派人到附近路口等位置迎消防车,指示道路。

(三)注意事项

(1)接通电话后要沉着冷静,还要注意听清对方提出的问题,以便正确回答。

(2)《中华人民共和国消防法》第三十二条明确规定:任何人发现火灾时,都应该立即报警。任何单位、个人都应当无偿为报警提供便利,不得阻拦报警。严禁谎报火警。所以一旦失火，要立即报警，报警越早，损失越小。

CBC016 油水分液罐油水界位的控制要求

项目十　塔顶油水分离罐界位高的处理

一、相关知识

（一）塔顶油水分离罐界位高的原因

（1）控制阀失灵，排水流量下降或回零。

（2）界位仪表指示失灵。

（3）塔顶水冷器内漏，水进入油水分离罐。

（4）塔进料含水量升高。

（5）塔底吹汽量过大。

（6）塔顶注水量过大。

（二）塔顶油水分离罐界位高的危害

塔顶回流油由塔顶油水分离罐抽出，如果油水界位控制不好或失灵，水界位高过正常范围，超过回流油抽出管水平面位置时，回流油将含水。带水的回流油进入塔顶部，由于水的汽化热比油品大4倍以上，水蒸气体积比油品蒸汽体积大10倍，因此造成塔顶压力上升、塔顶温度下降，随后塔下部温度也逐层下降，塔上部过冷，侧线不来油或带水，处理不及时，塔顶压力急剧上升冲塔，安全阀也可能起跳。

CBC015 油水分液罐油位的控制要求

（三）油水分液罐油位的控制要求

油水分离罐油位控制过低，可能造成塔顶回流泵抽空、回流中断。油位控制过高，则可能造成塔顶系统背压上升，甚至可能造成自产瓦斯带液。

CBG007 塔顶回流带水的现象

（四）塔顶回流油带水的现象

当发现塔顶温度明显降低、塔压迅速上升，常一线馏出温度下降，一线泵抽空时可初步断定回流油带水，应迅速检查回流罐油水界位控制是否过高，在仪表控制阀下面打开放空阀直接观察回流油是否含水就可以准确判断。

CBH003 塔顶回流带水的处理原则

（五）回流油罐水界位过高造成回流油带水的处理办法

（1）排除仪表控制故障，开大脱水阀门或副阀门加大切水流量，使水界位迅速降低。

（2）如是冷却器管束泄漏，停止使用及时检修。

（3）适当提高塔顶温度，加速塔内水的蒸发。

（4）塔顶压力上升可启动空冷风机，关小塔底吹汽阀门降低塔内吹汽流量。如电脱盐罐电气运行不正常原油含水过大进入初馏塔，造成初馏塔顶回流带水，应停止原油脱盐罐注水，排除电脱盐罐电气故障尽快送电，可根据脱水情况增加原油破乳剂注入量以利于电脱盐罐操作。

（5）降低塔顶注水量。

遇到回流油带水时，首先要及早判断迅速处理，把油中水脱除，就能很快恢复正常操作，发现迟，处理慢对安全生产带来严重威胁。

(六)塔顶冷回流的作用

CBC008 塔顶冷回流的作用

塔顶冷回流是将部分塔顶产品以过冷液体状态打入的回流,控制塔顶温度,提供塔板上的液相回流,达到气液两相充分接触、传热、传质的目的,另外可取走塔内的剩余热量,维持全塔的热平衡状态,以利于控制产品质量。

CBC009 中段回流的作用

(七)循环回流的作用和设置方法

循环回流的作用首先是可以从下部高温位取出回流热,这部分回流热几乎可以全部用于满足装置本身加热的需求。如果不是采用循环回流取热,那么这些热量将在塔顶全部以回流的形式取出。由于温位很低,这部分热量很难回收,还需要耗用较多的能量去把它们冷却降温,因此,采用循环回流对装置的节能起了重要的作用。其次采用循环回流之后塔内气液相负荷比较均匀,对新设计的蒸馏塔可以减小塔径,节约投资。对于已有的精馏塔采取了中段循环回流之后,一般可以较大幅度地提高其处理能力。国内循环回流一般采用下方抽出从上面打回塔内的方式,每个循环回流一般要占用2~3块塔板作为换热塔板,因此塔的板数应相应有所增加。采用中段循环回流后,由于其上方内回流减少,为了减轻对分馏效果的影响,中段循环回流应设置在尽量靠理论上中段循环回流的数目越多,塔内气、液相负荷越均衡,但流程也越复杂,设备投资也相应增高。对于有三四个侧线的原油蒸馏塔,一般采用两个中段循环回流。

CBC021 塔底吹汽的目的

(八)塔底吹汽的目的

在生产中,常压塔塔底和湿式减压塔塔底,都吹入一定量的过热蒸汽,目的是降低分馏塔内油气分压,提高油品汽化率,以提高拔出率和改善产品质量。

二、技能要求

(一)准备工作

(1)设备、材料准备,劳动保护用品穿戴齐全。

(2)使用工具:扳手。

(3)人员:2人操作,持证上岗。

(二)操作步骤

(1)通过现场液位计确认油水实际界位。

(2)开大脱水阀门或副线阀加大切水流量,使回流罐油水界位降低。

(3)如果是冷却器管束漏,停止使用该设备,及时检修。

(4)适当提高塔顶温度(至100℃以上),保证水从塔内蒸出。

(5)塔顶压力上升可启动空冷风机或水泵。

(6)根据情况关小塔底吹汽。

(7)及时确认、排除仪表、控制阀故障。

(三)注意事项

(1)如果原料带水,按原料带水预案进行处理。

(2)及早判断处理,发现迟、处理慢会对安全生产带来威胁。

项目十一　注中和剂中断的处理

CBC005 塔顶注中和剂的作用

一、相关知识

（一）注中和剂的目的

在塔顶注中和剂，目的是在水蒸气冷凝成液态水之前，中和气相中的酸性气体，抑制塔顶的低温腐蚀。

CBC024 塔顶注中和剂的调节要点

（二）塔顶注中和剂的调节要点

注中和剂用于中和塔顶馏出线内残留的氯化氢和硫化氢，并调节塔顶下水 pH 值至指标范围内。操作中应及时分析塔顶下水的 pH 值及铁离子情况，根据分析结果及时调节塔顶注剂量。

二、技能要求

（一）准备工作

（1）设备、材料准备，劳动保护用品穿戴齐全。

（2）使用工具：扳手。

（3）人员：2 人操作，持证上岗。

（二）操作步骤

1. 注中和剂中断的现象

（1）注剂泵出口压力表压力指示回零或异常。

（2）注剂罐无液位或液位不再下降。

（3）塔顶中和剂流量计指示回零。

2. 处理方法

（1）检查注剂泵运转情况，是否上量或是否运行正常。

（2）检查注剂罐液位是否正常。

（3）检查泵进出口管线是否畅通。

（4）切换备用泵。

（5）联系检查电动机故障。

（6）联系钳工检查泵故障。

（三）注意事项

检查过程中注意防止人身伤害。

项目十二　注缓蚀剂中断的处理

CBC006 塔顶注缓蚀剂的作用

一、相关知识

(一)注缓蚀剂的目的

缓蚀剂是能形成膜的有机胺类化合物。这类物质具有表面活性,能物理或化学吸附在金属表面,形成一层抗水性保护膜,遮蔽金属同腐蚀性水相接触,使金属免受腐蚀。

CBC025 塔顶注缓蚀剂的调节要点

(二)塔顶注缓蚀剂的调节要点

缓蚀剂在其分子内带有极性基因,能吸附在金属表面上形成保护膜,使腐蚀介质不能与金属表面接触,因此具有保护作用。pH 值低(低于 2~3),温度高(>230℃)会使缓蚀剂失效。因此要求在注缓蚀剂前先注氨,控制其 pH 值,在塔顶低温部位使用。流体线速过高也会防碍保护膜的形成。缓蚀剂的注入量一般在 10~20mg/L。

二、技能要求

(一)准备工作

(1)设备、材料准备,劳动保护用品穿戴齐全。

(2)使用工具:扳手。

(3)人员:2 人操作,持证上岗。

(二)操作步骤

1. 注缓蚀剂中断的现象

(1)注剂泵出口压力表压力指示异常。

(2)缓蚀剂罐无液位或液位不再下降。

(3)塔顶缓蚀剂流量计指示回零。

2. 处理方法

(1)检查注剂泵运转情况,是否上量或运行正常。

(2)检查缓蚀剂罐液位是否正常。

(3)检查泵进出口管线是否畅通。

(4)切换备泵。

(5)联系检查电动机故障。

(6)联系钳工检查泵故障。

(三)注意事项

检查过程中注意防止人身伤害。

项目十三　压力表短节泄漏的处理

一、相关知识

（一）压力表的连接方式

（1）螺纹连接；

（2）法兰连接；

（3）夹子连接；

（4）软管连接。

CBH022 热电偶漏油着火的处理要点

（二）热电偶漏油着火的处理要点

（1）火势较小，利用现场消防设施灭火。灭火以后，切断油源，待管线内无压力时，将热电偶保护管拆下更新。

（2）火势大难以控制，马上报火警通知消防队。

（3）关闭着火管线两端阀门，切断着火源。

（4）能维持生产则维持生产，保证人身、设备安全。

（5）严重泄漏，火势难以控制，危及安全生产，紧急停工处理。

二、技能要求

（一）准备工作

（1）设备、材料准备，劳动保护用品穿戴齐全。

（2）使用工具：活动扳手。

（3）人员：2 人操作，持证上岗。

（二）操作步骤

（1）用活动扳手上紧压力表短节。

（2）若仍漏，则关闭压力表阀，拆下压力表。检查密封面，若损坏，则更换缓冲罐或压力表。若完好，装回压力表。打开压力表阀，检查是否泄漏。

（3）有必要时更换新压力表。

（4）若无法更换压力表，或压力表阀关不严，汇报车间处理。

（5）若泄漏量较大，启动相关事故预案处理。

（三）注意事项

注意保护人身安全。

第三部分

中级工操作技能及相关知识

模块一　开车准备

项目一　蒸汽引入装置的操作

一、相关知识

ZBA001 装置蒸汽贯通试压的方法

ZBA002 试压期间的检查要点

(一)进油前进行贯通试压的目的及方法

贯通试压的目的主要有三点:第一是检查流程是否畅通;第二是试漏;第三是扫除管线内脏物。

贯通试压应按操作规程进行,对重点设备或检修过的设备、管线,试压时要详细检查,尤其是接头、焊缝、法兰、阀门等易出问题的部位。对于低温相变、高温重油易腐蚀部位,要重点检查,确定没有泄漏时试压才算合格。

(1)对于检修中更换的新设备,工艺管线贯通试压前必须进行水冲洗。水冲洗时机泵入口须加过滤网,控制阀要拆法兰,防止杂质进入机泵、控制阀。

(2)贯通试压时控制阀、计量表应改走副线。

(3)炉管贯通时应一路路分段贯通。

(4)对于塔、容器有试压指标要求的设备,试压时人不能离开指定压力监控区域(压力表),安装合格压力表,密切注意压力上升情况,防止超压损坏设备。

(5)试压时要放净蒸汽中冷凝水,防止产生水击,水击严重时能损坏设备、管线。

ZBG011 系统蒸汽压力下降的现象

(二)系统蒸汽压力下降的现象

(1)系统蒸汽压力下降或指示回零。

(2)减压塔真空度下降。

(3)烧燃料油时,加热炉雾化不佳,燃烧不正常,烟囱冒黑烟,炉出口温度下降。

(4)以蒸汽为动力的往复泵运行减慢或停运。

(5)过热蒸汽温度下降,带水。

二、技能要求

(一)准备工作

(1)设备、材料准备,劳动保护用品穿戴齐全。

(2)使用工具:扳手。

(3)人员:2人操作,持证上岗。

(二)操作步骤

(1)联系调度确定蒸汽来源、温度及压力等参数情况,联系仪表启动相关仪表。

(2)装置蒸汽系统各压力表,温度计按要求安装好,打开各压力表阀,确认流程是否正常，盲板是否拆除。

(3)关闭各放空阀，改通蒸汽流程。

(4)首先切净来汽的冷凝水。

(5)缓慢打开蒸汽进装置总阀，检查各管线畅通情况。

(6)按实际需要在各末端、各低点打开放空头切除冷凝水，防止发生水击。

(7)逐渐开大进装置总阀至正常。

(三)注意事项

(1)严防蒸汽带水水击。

(2)注意防范蒸汽烫伤。

项目二　循环水引进装置的操作

一、相关知识

水是比较理想的冷却介质。因为水的存在很普遍，和其他液体相比，水的热容或质量热容较大，水的汽化潜热（蒸发潜热）和熔化潜热也很高。在工厂中，冷却水主要用来冷凝蒸汽、冷却产品或设备，如果冷却效果差，就会影响生产效率，使产品的收率和产品的质量下降，甚至会造成生产事故。

ZBA005 开工前装置需要引进的介质

(一)开工前装置需要引进的介质

(1)新鲜水、循环水、软化水、除盐水、除氧水等生产用水。

(2)仪表净化风及工业风引入装置。

(3)准备足量、合格的润滑油及各种注剂待用。

(4)联系收好足量的封油及回流油，并静置脱水。

(5)蒸汽、电、燃料均引入装置。

(6)氮气引入装置。

ZBG017 循环水压力下降的现象

(二)循环水压力下降的现象

(1)循环水压力表指示下降，流量下降。

(2)产品冷后温度上升。

(3)机泵轴承箱温度上升。

(4)真空度下降。

二、技能要求

(一)准备工作

(1)设备、材料准备，劳动保护用品穿戴齐全。

(2)使用工具：扳手。

(3)人员：2 人操作，持证上岗。

(二)操作步骤

(1)联系调度确定循环水的引入情况，联系仪表启动相关流量表。

(2)装置循环水系统各压力表,温度计按要求安装好,打开各压力表阀。
(3)关闭各放空阀,改通循环水流程。
(4)按仪表工要求调节输出风压校对控制阀。
(5)打开循环水进装置总阀,检查畅通情况。
(6)各支路末端放空阀稍开,排尽管线内空气,见水后关闭放空阀。
(7)按生产要求调节好水量。

(三)注意事项

(1)及时确认相关盲板已拆除。
(2)及时检查各部位是否有泄漏。

项目三 装置进油、退油的操作

一、相关知识

ZBB009 进油退油时间的判断依据

(一)常减压装置开工期间进退油的判断

(1)初馏塔塔底见液面后,切换另一路原油。
(2)初馏塔塔底液位达到60%~70%时,可以启动初底泵向常压炉、常压塔进油。
(3)常压塔塔底液位达到60%~70%时,可以启动常底泵向减压炉、减压塔进油。
(4)减压塔塔底液位达到60%~70%时,可以启动减底泵向装置外退油。
(5)开工期间应勤检查液位变化,防止仪表失灵造成机泵抽空。

(二)冷油循环流程示意图

1. 开路循环

开路循环流程(图3-1-1)与正常生产流程接近,升温后无切换原油过程。

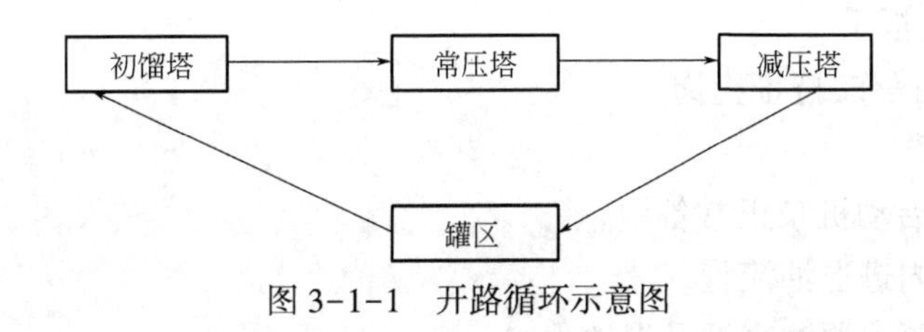

图3-1-1 开路循环示意图

2. 装置内闭路循环

闭路循环(图3-1-2)为利用装置内闭路循环线进行装置内循环,升温后需要切换原油至正常进料状态,因此装置会有所波动。

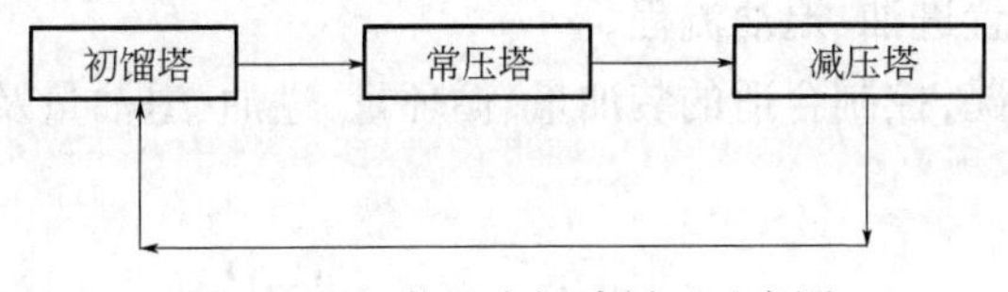

图3-1-2 装置内闭路循环示意图

ZBC010 初馏塔的物料平衡分析

(三)初馏塔的物料平衡分析

物料平衡指的是单位时间内进塔的物料量应等于离开塔的诸物料量之和。物料平衡体现了塔的生产能力,它主要是靠进料量和塔顶、塔底出料量来调节的。操作中,物料平衡的变化具体反应在塔底液面上。当塔的操作不符合总的物料平衡时,可以从塔压差的变化上反映出来。例如进的多,出的少,则塔压差上升。对于一个固定的精馏塔来讲,塔压差应在一定的范围内。塔压差过大,塔内上升蒸气的速度过大,雾沫夹带严重,甚至发生液泛而破坏正常的操作;塔压差过小,塔内上升蒸气的速度过小,塔板上气液两相传质效果降低,甚至发生漏液而大大降低塔板效率。物料平衡掌握不好,会使整个塔的操作处于混乱状态,掌握物料平衡是塔操作中的一个关键。如果正常的物料平衡受到破坏,它将影响另两个平衡,即气液相平衡达不到预期的效果,热平衡也被破坏而需重新予以调整。初馏塔物料平衡主要是原油进料与塔顶、塔底出料之间的平衡。

ZBG009 原油中断的现象

(四)原油中断的现象

当发生原油突然中断时,进装置原油流量下降甚至回零,原油泵出口,电脱盐罐压力下降,进塔原料停止,塔底抽出泵照常抽出物料,所以塔底液位急剧降低,如不及时处理,塔底油泵抽空后,将发生加热炉进料中断,加热炉出口油温度急剧上升等不良后果。

ZBB008 进油退油时塔液面的操作要点

(五)进油、退油时塔液面的操作要点

(1)确保装置内进油、退油流程正确、畅通。

(2)控制好进油、退油量。

(3)根据物料平衡调节好各塔底液位。

(4)保证各机泵运行状态良好,发生异常及时处理或切换机泵。

二、技能要求

(一)准备工作

(1)设备、材料准备,劳动保护用品穿戴齐全。

(2)使用工具:扳手。

(3)人员:2 人操作,持证上岗。

ZBD013 装置退油的方法

(二)操作步骤

(1)确保各待启动机泵正常备用。

(2)改通装置内进退油流程。

(3)联系调度落实原油来源及退油去向。

(4)正确依次序启动机泵。

(5)控制好进退油量。

(三)注意事项

(1)熟练掌握本装置进油、退油流程。

(2)根据本装置情况,控制合适的装油量、循环量,进油、退油量及时与罐区联系、核对。

项目四　新建装置开车准备

一、相关知识

ZBB007　开车时仪表操作的注意事项

(一)开车时仪表检查要点

(1)仪表开车要和工艺密切配合。要根据工艺设备、管道试压试漏要求,及时安装仪表,不能因仪表原因影响工艺开车进度。

(2)拆检仪表回装要注意位号,对号入座,管道、设备安装时要满足耐压密封要求。

(3)检查确认每台仪表都已供电,另外对24VDC电源输出电压值检查,防止过高或偏低。

(4)对气源进行排污,先排气源总管,再排分管,要排至各阀门过滤减压阀,防止气源不干净造成阀门故障。

(5)节流装置、阀门回装时要注意方向,防止装反,垫片要注意厚薄、材料、尺寸检查,安装完毕要及时打开取压阀,取压阀开度建议手轮全开后再返回半圈。

(6)认真排查各仪表开表情况,管路、阀组(现场)、气源阀情况。

(7)气体取压管路在工艺管道充压期间各个接头都应用肥皂水进行试漏,防止泄漏,造成测量误差。

(8)用差变测量蒸汽流量时,应先关闭三阀组正负取压阀,打开平衡阀,检查零位。等导压管内蒸汽冷凝成水后再开表。防止蒸汽未冷凝时开表出现振荡,损坏仪表,或者在开表前通过隔离罐向导压管内灌冷水。

(9)热电偶补偿导线接线注意正负极性,不能接反。热电阻A、B、C三线注意不要混淆。

(10)开车前对仪表要进行联动调校,保证现场一次仪表和控制室二次仪表指示/输出一致。

(11)经历长时间停车要将各联锁功能、跳车值、延时模拟试验,正常三遍以上视为合格,另外修改程序中任一处后也要进行试验。

(12)确认开车前必须确认将各假值、强制旁路取消,要经仿真调试确认。

(13)资料必须准备齐全,必须保证为终版资料,以备故障查找。

(14)执行器(控制阀等)要尽量多调试几遍,正行程反行程两遍。

(15)各机泵开车前须按“仪表系统开车确认单”逐项进行签字确认。

(16)开车前各顺控程序至少空试一遍。

(17)调试时要与工艺密切沟通,注意联系程序。

(18)建议建立各机泵仪控系统档案(运行、检修、改造等情况)。

(二)开工前塔器的检查要点

ZBA003　开工前塔器的检查要点

(1)检查塔器内部构件齐全完好。

(2)检查各安全附件按设计要求装好,符合设计要求。

(3)检查受压容器内部构件、材质及安装完好并符合设计要求。

(4)检查容器整体有无变形,支架牢固,地脚螺栓符合要求,所属人孔的法兰、垫片、垫圈符合设计要求。

(5)检查塔内塔板牢固,螺栓上紧;气液分布器干净无杂物;浮阀灵活,受液盘没有堵塞现象。

(6)检查塔内主梁、支梁不能向下弯曲,并且向上拱直也不得超过3mm。

(7)检查安装好的塔板要水平,要求其最高点和最低点相差不得超过3mm。

ZBB002 重沸器的投用方法

(三)重沸器的投用方法

(1)重沸器应打压试验合格后,方可投用,启用前排净内部存水。

(2)检查各导淋阀、放空阀是否灵活好用及开关位置,压力表、温度计是否装好。

(3)检查基础、支座是否牢固,各部螺栓是否满扣、紧固。

(4)投用时,先投冷流。首先保证副线畅通,缓慢开出口阀,检查无问题后再开入口阀,一定要缓慢开,防止憋压。检查设备变化情况,是否有泄漏。

(5)同样方式投用热流。

(6)热流投用后,检查冷流出入口温度变化,判断冷流是否已正常受热、循环。

(7)重沸器运行正常后,根据工艺需要调整加热量。

ZBA008 原油系统蒸汽试压的方案

(四)原油系统蒸汽试压

(1)改通原油系统流程,原油系统各分支应一路路分段试压。

(2)蒸汽排除冷凝水。

(3)在一路分支阀关闭后,阀后给汽,该路分支流程末端阀门关闭。

(4)缓慢打开蒸汽阀进行贯通,在流程末端打开一放空阀排冷凝水,稍开排汽。

(5)利用给汽量控制管线试压压力,并检查系统是否存在漏点,有漏点停汽后处理。

(6)按照试压要求,无漏点及其他异常情况为试压合格。

(7)每路分支逐一试压合格。

ZBA007 装置开工的主要步骤

(五)装置开工的主要步骤

(1)装油冷循环阶段。

这个阶段的主要工作:装置装油顶水并在各塔底低点放空切水;控制好各塔底液面并联系罐区了解装置装油量;加热炉各分支进料要调均匀,向装置外退油顶水至含水<3%建立装置内冷循环;投用冷油循环流程中各仪表;加热炉点火。

(2)恒温脱水阶段。

主要工作有:平衡好各塔底液面;按40℃/h速度升温到110~130℃;将过热蒸汽引进加热炉并放空,切换各塔底备用泵;视情况投用电脱盐系统;注意各塔顶油水分离器排水情况,防止跑油;调整好渣油冷却器冷却水,保证渣油冷后温度不大于90℃。渣油含水<0.5%时可继续升温。

(3)恒温热紧阶段。

主要工作有:控制好各塔底液面;按50℃/h速度升温到250℃;恒温检查各主要设备、管线;将高温部位的法兰、螺栓进行热紧;各塔顶开始打回流;减压塔建立回流循环。

(4)开侧线阶段。

主要工作有:常压按 40℃/h 速度升温到 300℃以上;逐步自上而下开常压侧线、中段回流;常压塔底开汽提、关闭过热蒸汽放空;切换原油;减压炉按 50℃/h 升温到 360℃时减压塔抽真空;逐步开启减压侧线;投用所有仪表。

(5)调整操作阶段。

主要工作有:常压、减压侧线正常后,投用注氨注缓蚀剂等工艺防腐设备;按生产要求提处理量;按工艺卡片及生产方案调整操作,投用电精制系统及其他附属设施。

(6)常减压加热炉开工升温,典型加热炉开工升温曲线见图 3-1-3。升温速度及升温曲线实际操作以本装置规程为准。

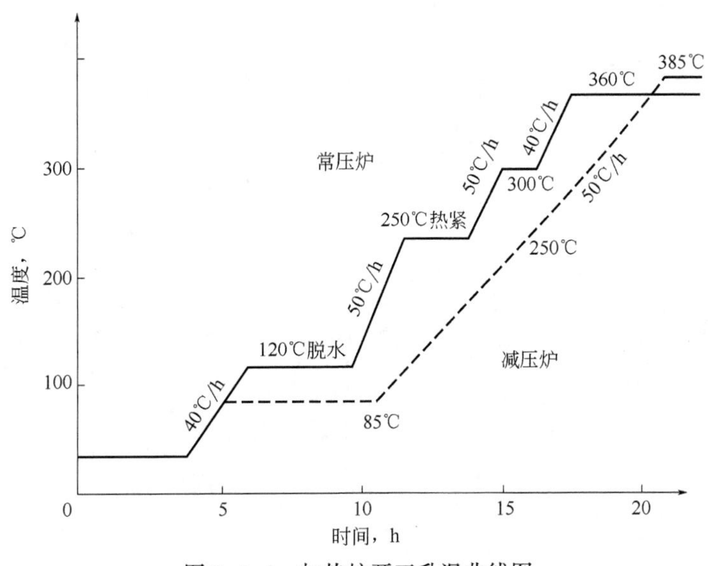

图 3-1-3 加热炉开工升温曲线图

二、技能要求

(一)准备工作

(1)设备、材料准备,劳动保护用品穿戴齐全。

(2)使用工具:扳手。

(3)人员:2 人操作,持证上岗。

(二)操作步骤

ZBA006 装置进油的条件

(1)加热炉的完好检查、烘炉完毕。

(2)设备、管线、仪表等检查符合要求。

(3)法兰、垫片、螺母、人孔、温度计、热电偶等齐全、完好。

(4)开工方案、工艺卡片、经过会签审批。

(5)对所有参加开工人员进行 HSE、开工方案、操作规程等相关培训,考试合格方可上岗操作。

(6)检查消防设施是否完好、卫生状况符合要求。

(7)水、电、风、汽等动力系统检查。

（8）准备足够的润滑油、化工注剂原料、封油、回流油。

（9）检查是否符合"四不开汽"要求。

（10）确认原油罐、各产品用罐安排。

（11）改好所有流程，管线、设备贯通试压合格。

（12）水冲洗试压及联合水运。

（三）注意事项

参照集团公司《炼化企业装置开停工管理规定》等相关规定执行。

模块二 开车操作

项目一 电脱盐罐装油及投用方案

ZBB001 开车时电脱盐系统的投用方案

ZBB015 电脱盐罐启用前的检查

一、相关知识

(一)电脱盐罐启用前的检查

为使脱盐罐能正常启用和运行,启用前应做以下检查:

(1)罐内无杂物。

(2)电工对内部电器检查:电极无损坏变形,各相接头是否正确,其他构件无异常。

(3)封人孔前要进行空载送电试验,现场人员联合电工观察:送电瞬间无打火,变压器声音正常,记录电压、电流变化。空载送电试验以备相电流几乎看不出来为正常。为确保安全,要设专人监护。

(4)内部构件和空载送电无问题后,停电、拉闸、封人孔,开始进水试压。试压中详细检查有无泄漏处,要特别检查电极法兰是否外漏或内漏(引进装置可从变压器看窗观察),要逐个检查看样管及采样线是否畅通。

(5)检查压力表、温度计是否齐全好用,量程是否符合要求。

(6)检查切水控制阀、注水控制阀是否灵活好用。

(二)电脱盐系统开工前试验、检查内容

(1)检查人孔、法兰紧好。

(2)压力表、温度计齐全。

(3)自控仪表投用。

(4)安全阀投用。

(5)管线试压完毕。

(6)破乳剂待用。

电脱盐罐严禁蒸汽长时间加热脱盐罐,因为绝缘棒的材质一般是聚四氟乙烯,不能长时间耐受150℃以上的高温。

二、技能要求

(一)准备工作

(1)设备、材料准备,劳动保护用品穿戴齐全。

(2)使用工具:扳手。

(3)人员:2人操作,持证上岗。

（二）操作步骤

（1）确定电脱盐电气设备状态良好，电气试验正常。

（2）工艺、设备检查合格，相关仪表正常，安全阀投用，注剂系统正常。

（3）人孔、法兰紧固好，管线、罐体试压合格。

（4）改好引油流程，确认阀门状态，电脱盐出入口阀门关闭、原油走副线，注水阀、脱水阀、反冲洗阀、放空头、采样口等关闭，防止跑油、窜油，混合阀全开，退油线加盲板。

（5）引油流程打好，一级电脱盐罐入口阀门关闭，出口打开；二级入口阀门打开，出口阀门关闭，使用副线原油循环。注水、脱水等阀门关闭；混合阀手动全开；退油线加盲板；安全阀投用。

（6）原油开路循环过程中，原油升温至 90℃ 以上时，缓慢打开原油一级罐阀门，副线不动。原油被分流，控制好三塔液位。

（7）打开脱盐罐顶放空线，同时开始注入破乳剂。

（8）密切注意罐顶压力，根据放空线声音和是否冒油判断罐内是否装满。

（9）罐装满后，关闭放空阀和一级入口阀。静置 30min，让界位稳定。

（10）送电，电压可暂时根据装置实际情况设为合适挡位。

（11）打开一级入口、二级出口阀门，缓慢关闭电脱盐副线，正式并入系统。

（12）待温度升至操作指标时，投注水控制阀，注水量控制在原油量的 4%，投界位控制阀。现场通过看样口检查界位正确性，也可等到此时送电。

（13）联系化验分析原油含盐量、含水量，根据工艺卡片和化验数据调整。

（三）注意事项

（1）电脱盐装油时，加强初馏塔液位控制。

（2）电脱盐顶部放空线及时关闭，防止跑油。

ZBB005 减顶水封罐的投用方法

项目二 减顶水封罐的投用操作

ZBB006 减顶水封罐的工作原理

一、相关知识

（一）减顶水封罐的原理

减压塔顶油水分离罐在减压操作中，一是将喷射器抽出介质冷凝物在该罐中分离成气相、油相、水相；二是利用该容器的结构，使容器内产生一定高度的水面，对大气腿进行水封作用，防止空气进入抽真空系统，破坏真空度并产生爆炸危险。

（二）减顶水封罐结构

减顶水封罐结构示意图见图 3-2-1。

ZBA004 抽真空气密试验的要点

（三）开停间接冷却式蒸汽喷射器及减压塔抽真空气密试验

启动蒸汽喷射器前要先对减压塔顶各级水封罐加水，保持水封作用，给冷凝冷却器、一级冷却器、二级冷却器通上冷却水，冷却器是空气冷却器的可开风机，末级冷却器排空阀门应打开，待蒸汽喷射器启动后将减压系统的空气不凝气排出。设有增压喷射器的暂时不开，将其副线阀门打开，全空冷系统第三级空冷和塔顶水封罐放空管线保持畅通，所有阀门要打开。

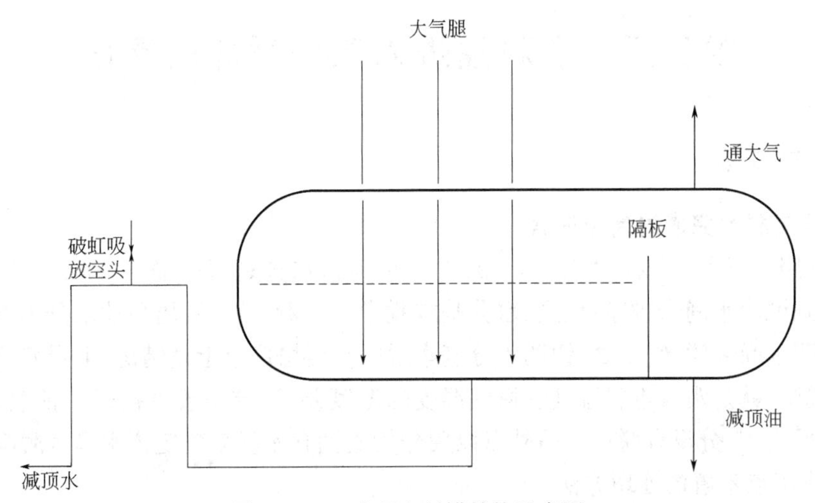

图 3-2-1　减顶水封罐结构示意图

为使真空度逐渐升高先开二级或三级喷射器蒸汽阀门，使塔内真空度达到 80kPa(600mmHg)以上，后开一级喷射器蒸汽阀门使塔内真空度达到 93kPa(700mmHg)左右，有增压喷射器的再开增压器蒸汽，增压喷射器工作正常时逐步关闭副线阀门。

停用蒸汽喷射器时，先打开增压喷射器副线阀门，关闭增压器蒸汽阀门，后逐渐关闭一级喷射器蒸汽阀门，依次关闭二级三级喷射器蒸汽阀门。

进行减压系统气密试验时，首先减压系统，必须先经蒸汽试压符合要求后进行。

一切按开蒸汽喷射器要求做好准备工作，减压塔要关闭各侧线馏出口抽出阀门，中段回流返塔阀门，汽提蒸汽进塔阀门，塔底油抽出阀门和减压炉油进塔阀门，开始抽真空，当减压塔真空度达到指标时，关闭末级放空阀门，关闭蒸汽喷射器蒸汽阀门，注意关闭水封罐顶放空阀门，进行气密试验，规定时间内下降幅度符合指标为气密试验合格。

二、技能要求

(一)准备工作

(1)设备、材料准备，劳动保护用品穿戴齐全。

(2)使用工具：扳手。

(3)人员：2 人操作，持证上岗。

(二)操作步骤

(1)检查有关盲板是否拆除，检查各连接部位是否连接好，各附件齐全好用。

(2)联系仪表工校对启动各指示，控制系统。

(3)打开倒 U 形管顶部阀门，改通进出流程。

(4)打开补充水阀，水位控制在中部。罐来油后启动减顶泵，控制油位在中部。

(5)水位正常后关闭补充水阀。

(三)注意事项

水界位高度要控制好，过高时水会溢流到分油储油罐内，造成外送减顶油带水，水界位过低时油水来不及分离，排水会带油或有乳化的水包油排出，给污水处理带来负担。

项目三 燃料油进入系统循环的操作

ZBB010 恒温脱水完成的判断依据

一、相关知识

(一)恒温脱水完成的判断依据

通常采用"一听""二看""三观察"的方法来判断水分是否脱净。一听,就是听塔内有无声音,有则说明水尚未脱净;反之,水分基本脱净。二看,就是看塔顶油水分离器有无水放出,有则说明水尚未脱净;反之,说明水分基本脱净。看塔底泵上量情况,上量好说明水基本脱净。三观察,就是观察进料温度和塔底温度的温度差,温差小或者接近一常数者,说明水基本脱净;反之,水分没有脱净。另外可以用分析渣油含水量来确定脱水是否脱净。

ZBH014 火嘴点不着的处理方法

(二)火嘴点不着的处理方法

(1)油气联合燃烧器,点火时减小蒸汽量,直到确实点燃后再做调整。

(2)自然送风的燃烧器在低负荷下燃烧时,几乎可以完全停止供一次空气。

(3)瓦斯火嘴无法点燃,目测是否存在结焦、异物堵塞。若始终无法点燃,切除该燃烧器,联系维修,疏通燃料软管及火嘴。

(4)控制烟道挡板开度,防止抽力过大熄灭火嘴。

二、技能要求

(一)准备工作

(1)设备、材料准备,劳动保护用品穿戴齐全。

(2)使用工具:扳手。

(3)人员:2 人操作,持证上岗。

(二)操作步骤

(1)确认燃料油来油、温度、压力情况。

(2)确认燃料油系统储罐、机泵完好,过滤器投用。

(3)确认燃料油性质合格、不含水。

(4)确认燃料油系统伴热完好并投用。

(5)相关仪表完好投用。

(6)改通燃料油系统流程,关闭放空头防止跑油。

(7)打开引油阀门引燃料油(有燃料油泵的启动燃料油泵)。

(8)打开回油阀门,控制燃料油压力在指标范围内。

(9)燃料油开始正常循环。

(三)注意事项

严格确认各阀门状态,防止跑油或蒸汽线窜油,防止燃料油火嘴非正常燃烧。

项目四　启动加热炉风机的操作

一、相关知识

(一) 鼓风机与引风机

鼓风机与引风机从风机的角度而言没有区别，都是由电动机带动风机的扇页旋转。鼓风机、引风机的作用不同是由它们安装的部位决定的，鼓风机是从风门给加热炉送空气，是给加热炉强制通风的；引风机一般是有烟气余热回收的装置采用，从加热炉出口抽烟气，使炉膛产生负压，对烟气起导引作用，所以称为引风机。二者结构基本相同，主要是介质温度差别较大。

(二) 开引(鼓)风机前关闭入口阀的原因

风机启动时，电动机带动转子由静止逐渐升速到额定转数，由于惯性原因，启动转矩较大。因此，使电动机的启动电流也很大，一般约为额定电流的 4~7 倍。如果在启动时不关挡板，就是通常所说的带负荷启动，这样会使启动转矩更大，启动电流势必更加增大，启动时间也要延长，严重时有可能使电动机烧坏。因此规定，风机必须在挡板关闭的情况下启动，待达额定转数后，电动机电流指示正常，才允许逐渐开大挡板，提高负荷。

风机因其工质是气体，压缩性很大，关出口阀启动时会引起强烈振动，对风机安全构成威胁，而关入口阀则不会出现这个问题，而且对气体来说也不存在汽蚀问题，所以风机启动时关入口阀。

ZBB011　点火时“三门一板”的调节方法

(三) 点火时“三门一板”的调节方法

在第二部分模块六介绍了“三门一板”的概念与作用及烟道挡板的调节要求，其调节方法如下：

(1) 加热炉点火前可保持自然通风状态，适当关小加热炉烟道挡板、火嘴风门，防止吸力或供风过大，火焰不易点燃。

(2) 油门、汽门关闭，用瓦斯点火。

在正常操作时，应通过调节烟道挡板，使炉膛负压维持在 -50~-30Pa。当烟道挡板开度过大时，炉膛负压过大，造成空气大量进入炉内，降低了热效率；同时使炉管氧化剥皮而缩短使用寿命。烟道挡板开度过小或炉子超负荷运转时，炉膛会出现正压，加热炉容易回火伤人，不利于安全生产。对流室长期不清灰，积灰结垢严重，阻力增加，也会使炉膛出现正压。故加热炉在检修时应彻底清灰，并在运转过程中加强炉管定期吹灰，以减少对流室的阻力。烟气氧含量决定了过剩空气系数，而过剩空气系数是影响炉热效率的一个重要因素。烟气含氧量太小，表明空气量不足，燃料不能充分燃烧，排烟中含有 CO 等可燃物，使加热炉的热效率降低。烟气氧含量太大，表明炉空气量过多，降低了炉膛温度，影响传热效果，并增加了排烟热损失。因此，要根据烟气含氧量，勤调风门，控制炉空气量。为了完全燃烧，除适量调节空气量外，燃料油和雾化蒸汽也必须调配得当，使燃料雾化良好，充分燃烧。

二、技能要求

（一）准备工作

（1）设备、材料准备，劳动保护用品穿戴齐全。

（2）使用工具：扳手。

（3）人员：2人操作，持证上岗。

（二）操作步骤

（1）检查各风门好用，挡板开关状态正确。

（2）联系电工送电。

（3）风机电机轴承箱按要求加好润滑油并盘车。

（4）各风门开50%开度。

（5）风机出口阀全开，入口阀关闭（或微开），启动风机。

（6）开风机入口阀，调节好所需风量，关闭自然通风或烟道直排阀门。

ZBF008 风机启动的注意事项

（三）注意事项

离心式通风机启动前先检查润滑油、电气系统、仪表系统正常，关闭入口阀，风机启动后，开大入口阀至需要的流量。

项目五　投用塔底吹汽的操作

ZBC024 塔底吹汽对蒸汽的品质要求

一、相关知识

（一）塔底吹汽的控制指标

为了防止蒸汽冷凝水进入塔内，所以吹入的蒸汽经加热炉加热成为过热蒸汽，温度约为380~450℃。压力一般控制在0.3MPa以下，因该压力比常压塔操作压力略高，两者压差小，汽提流量容易调节。

ZBH004 塔底吹汽带水的处理方法

（二）塔底吹汽带水的处理方法

（1）立即关闭塔底吹汽，过热蒸汽改放空。

（2）增开塔顶风机及喷淋水泵，控制塔压不超标。

（3）加强塔顶回流罐界位控制，防止水位过高。

（4）如产品质量不合格联系调度改不合格罐。

（5）检查确认并调节蒸汽发生器液位，自产蒸汽温度、压力在指标范围内，如液位指示失灵联系仪表校对。如蒸汽发生器故障短时间无法排除，切除蒸汽发生器，改用系统主汽。

（6）自产蒸汽温度、压力均恢复正常后，逐步恢复塔底吹汽，恢复正常生产。

ZBB003 蒸汽发生器的投用方法

（三）蒸汽发生器投用操作

（1）改好蒸汽发生器系统的流程。

（2）打开蒸汽发生器软化水/脱氧水上水阀，在各发汽换热器排污处排放，汽包液位设自动控制。

（3）随侧线的开启，产生的蒸汽先在汽包放空，待各侧线开正常后再并网。并网时要缓慢,先开并网阀,后关放空阀,防止憋压安全阀起跳。

(4)0.3MPa 蒸汽可在炉出口过热蒸汽放空处放空,待常压塔塔底汽提开启后关闭放空,关闭放空时注意 0.3MPa 蒸汽压力,及时关小补汽阀门,防止过热蒸汽压力波动。

(5)1.0MPa 蒸汽发生器发汽正常后,逐步关闭装置外补汽阀门,视蒸汽压力情况投用压力控制系统。

(6)蒸汽发生器并网前均要将连通阀门前后管内的冷凝水放净防止水击。

ZBD011　过热蒸汽放空的操作方法

(四)过热蒸汽放空的操作方法

(1)过热蒸汽在炉出口过热蒸汽放空处放空,及时调节蒸汽压力。

(2)逐渐关闭塔底及侧线汽提蒸汽,及时调节产汽量,保持过热蒸汽压力平稳。

ZBB013　常压开侧线后的调整要点

(五)常压开侧线后的调整要点

(1)加热炉出口温度严格按照升温曲线执行,保持平稳。

(2)处理量按照规程平稳提升。

(3)开侧线泵后初期应先小流量,侧线、回流泵运转平稳,塔内气液相负荷趋向平稳后再根据处理量、产品质量情况缓慢提量。

(4)及时处理泵抽空情况。

二、技能要求

(一)准备工作

(1)设备、材料准备,劳动保护用品穿戴齐全。

(2)使用工具:扳手。

(3)人员:2 人操作,持证上岗。

(二)操作步骤

(1)确认蒸汽发生器系统温度、压力、流量、液位等各参数正常。

(2)确认过热蒸汽温度、压力正常。

(3)打开塔底吹汽阀门前,先打开放空头排净冷凝水。

(4)开塔底吹汽阀要缓慢,并及时联系内操注意塔内液位、塔顶压力、塔底温度等参数变化。

(5)严防阀门开得过急、过大,或蒸汽带水,对塔内产生冲击。

(6)小流量稳定注入一定时间后,确定蒸汽已经不带水,再缓慢根据需要开大蒸汽量、调至正常。

(三)注意事项

减压塔注汽要考虑有利于油品汽化,也要考虑吹汽量过大真空度下降的影响。

项目六　瓦斯切液的操作

一、相关知识

(一)炉用瓦斯入炉前操作

炼厂各装置的瓦斯排入瓦斯管网时往往含有少量的液态油滴,在寒冷季节,系统管网瓦斯温度降低，其中重组分会冷凝为凝缩油。当瓦斯带着液态油进入火嘴燃烧时，由于液态油燃烧不完全，导致烟囱冒黑烟，或液态油从火嘴处滴落炉底以致燃烧起火，或液态油在炉膛内猛烈燃烧产生炉管局部过热或正压而损坏炉体，因此炉用瓦斯入炉前必须经过分液罐，充分切除凝缩油，确保入炉瓦斯不带油。为使瓦斯入炉不带油，不少炼厂还采取了在瓦斯分液罐安装蒸汽加热盘管的措施。

（二）瓦斯带液的处理要点

（1）将情况告知厂调度，要求查明原因，尽快协调解决。

（2）瓦斯带油量不大，加强瓦斯脱油。

（3）带油严重，关小或切断瓦斯入炉阀门。调整燃料油运行，保持加热炉温度稳定。如无法维持则装置降温降量。

（4）炉底有油滴低落，用蒸汽带掩护防止起火。炉底部着火，现场用汽带及打开炉膛灭火蒸汽灭火。火势较大控制不住时通知消防队。火势较大难以控制，威胁装置安全生产时，可按紧急停工方案处理。

（5）瓦斯带油脱净后，逐步恢复正常生产。

二、技能要求

（一）准备工作

（1）设备、材料准备，劳动保护用品穿戴齐全。

（2）使用工具：扳手。

（3）人员：2 人操作，持证上岗。

（二）操作步骤

（1）通知班长及内操，监视脱液容器工艺参数。

（2）脱液设备周围无施工和动火，脱液设备无冻凝泄漏。

（3）脱液阀第一道阀门处于打开位置，第二道阀门关闭，缓慢打开第二道脱液阀门，阀门开度在 2~3 扣。

（4）观察脱液液位变化及脱液情况。

（5）容器脱净液，关闭脱液阀门。

（三）注意事项

（1）外操脱液时，现场不能离人，脱液完毕后立即关闭阀门。

（2）外操在脱液结束后，将第二道阀门关闭，如果阀门不严，关闭第一道阀门，并及时汇报更换。

（3）外操在冬季脱液前，要暖脱液阀，防止硬开阀门造成损坏。

模块三　正常操作

项目一　挥发线注中和剂的操作

一、相关知识

ZBC012 常减压蒸馏装置的腐蚀机理

(一)常减压蒸馏装置的腐蚀机理

常减压装置腐蚀是指原油中的氯化物和硫化物在原油蒸馏的过程中受热分解或水解,产生氯化氢和硫化氢,还有有机酸等腐蚀介质,使设备和管线腐蚀。

氯化物主要是氯化钠(NaCl)、氯化钙($CaCl_2$)、氯化镁($MgCl_2$)、在加热至120℃时即开始水解,随温度升高,水解率提高,在常压炉出口360℃左右情况下,$MgCl_2$有近90%、$CaCl_2$近16%水解。

$$MgCl_2+H_2O \longrightarrow Mg(OH)_2+2HCl$$

$$CaCl_2+H_2O \longrightarrow Ca(OH)_2+2HCl$$

水解产生的HCl在分馏塔顶冷凝冷却系统最初冷凝出现冷凝水时,吸收HCl生成较浓的盐酸,对金属造成严重腐蚀。

$$Fe+2HCl \longrightarrow FeCl_2+H_2$$

HCl还能与金属表面上具有保护作用的硫化亚铁反应:

$$FeS+2HCl \longrightarrow FeCl_2+H_2S$$

反应生成溶于水的氯化亚铁,使金属失去保护膜,同时放出具有腐蚀作用的H_2S气体,使金属再次受到H_2S的腐蚀。H_2S对低温硫腐蚀具有强烈的促进作用,加快腐蚀速度。

$$Fe+H_2S \longrightarrow FeS+H_2$$

HCl在有水的情况下,还会对金属产生应力腐蚀开裂,特别是对奥氏体不锈钢。

环烷酸为石油中的有机酸的总称,在高温下与金属生成环烷酸盐,其腐蚀部位多在加热炉管、转油线、分馏塔侧线、塔底等部位。高温环烷酸腐蚀:环烷酸与金属表面或FeS表面膜直接发生反应生成烷酸铁。该物质是一种油溶性腐蚀产物,在工艺物流中立刻溶解,使金属表面不断暴露并受到腐蚀。

$$2RCOOH+Fe \longrightarrow Fe(RCOOH)_2+H_2$$

石油的硫化物,硫化氢、硫醇、单质硫等为活性硫;硫醚、二硫和多硫化物等为中性硫化物,在高温下转化成硫化氢和硫醇,对金属造成腐蚀。

高温硫腐蚀:

(1)240℃以上的重油部位硫、硫化氢和硫醇形成的腐蚀环境,特点是均匀腐蚀。

(2)$S+H_2S+RSH$型高温硫腐蚀:

$$H_2S+Fe \longrightarrow FeS+H_2$$

$$S+Fe \longrightarrow FeS$$

$$RSH+Fe \longrightarrow FeS+不饱和烃$$

（3）高温烟气硫酸露点腐蚀：加热炉中燃料油或瓦斯在燃烧过程中生成含有 SO_2 和 SO_3 的高温烟气，在加热炉的低温部位，与空气中水分共同在露点部位冷凝，产生硫酸露点腐蚀。

（二）挥发线注无机氨的缺点

传统的塔顶挥发线防腐措施是注氨，但氨毒性较大，还会引起垢下腐蚀，故后来多改为注入有机胺作为中和剂。还有的厂家将中和剂和缓蚀剂混合，即成为中和缓蚀剂，进一步简化了操作。

二、技能要求

（一）准备工作

（1）设备、材料准备，劳动保护用品穿戴齐全。

（2）使用工具：扳手。

（3）人员：2 人操作，持证上岗。

（二）操作步骤

（1）做好注剂泵启动前准备。

（2）改通注剂泵进出流程。

（3）打开注剂泵进出口阀。

（4）启动注剂泵。

（5）按要求调节好流量。

（三）注意事项

做好个人安全防护。

ZBC030 常顶（汽油）产品“干点”的控制方法

项目二　塔顶产品干点的调节

ZBC029 初顶（汽油）产品“干点”的控制方法

一、相关知识

（一）塔顶产品干点的影响因素

影响塔顶产品干点的因素有：塔顶温度、压力、进塔原料温度、进塔原料轻重变化、中段回流流量温度变化、侧线产品流量变化、塔底吹汽压力流量、塔顶回流油有否带水及塔板结盐堵塞情况。

（1）塔顶回流量过少，内回流不足，分馏效果变差，可使塔顶产品干点升高，应适当降低一二中段回流量，增大顶回流或顶循环回流流量，改善塔顶的分馏效果，使塔顶塔顶产品干点合格。

（2）塔顶温度是调节塔顶产品干点的主要手段，当塔顶压力降低时，要适当降低塔顶温度，压力升高时，要适当提高塔顶温度。

（3）进塔原料变轻时，塔顶产品干点会降低，应当提高塔顶温度。

（4）中段回流流量突然下降，回流油温度升高，使塔中部热量上移，塔顶产品干点升高，应平稳中段回流流量。

(5)常一线馏出量过大,内回流油减少,分馏效果不好,可引起塔顶产品干点升高,应稳定常一线馏出量。

(6)塔底吹汽压力高、吹汽阀门开度大、吹汽量大、蒸汽速度高、塔底液位高,蒸汽会携带重组分,引起各侧线变重,塔顶塔顶产品干点会变重。

(7)回流油带水可引起塔顶塔顶产品干点升高,要切实做好回流油罐脱水工作。

(8)进初馏塔原油含水量增加时,虽然塔顶压力增大,但由于大量水蒸气的存在降低了油气分压,塔顶塔顶产品干点也会提高,应切实搞好电脱盐脱水工作。

(二)初馏塔、常压塔塔顶温度、压力变化的原因

初馏塔和常压塔塔顶温度和压力是控制产品质量的重要参数,当塔顶温度、压力变化时,不做调节会引起塔顶产品质量变化。影响其变化的原因主要有:

(1)进料温度或炉出口温度升高时,塔内汽化量增大,引起塔顶压力、温度变化。应加大回流量,适当提高塔顶温度,保证产品质量。

(2)原油和初馏塔底油性质变轻时,塔顶压力升高,应适当提高塔顶温度;原油变重时塔顶压力降低,应适当降低塔顶温度。

(3)进初馏塔原油含水量增大,常压塔汽提蒸汽量增大,导致塔顶温度、压力升高,应适当降低塔顶温度,但注意控制塔顶压力不继续上升,如压力继续上升不可再增加回流量。

(4)塔顶回流带水,塔顶温度大幅度下降,塔顶压力上升。

(5)塔进料流量增大,塔顶压力上升,液位过高,如发生装满冲塔,塔顶压力温度将急剧上升。

(6)注意塔顶瓦斯排放管路是否畅通,如作低压瓦斯燃料,应检查火嘴,火嘴不畅通,瓦斯排放受阻,塔顶压力会上升。产品罐因仪表指示失灵或抽出油泵故障,未及时将罐中油送出,造成产品罐装满,也会引起塔顶压力升高,应迅速采取将罐中油抽出送走措施,使塔顶压力恢复正常。

(7)塔内汽化量的增大或减少。吹汽量增大,塔顶压力升高;吹汽量减少,塔顶压力下降。吹汽压力变化与吹汽流量变化一致,吹汽压力升高塔顶压力上升。

ZBC015 塔顶温度的调节方法

(三)初馏塔顶温度对产品质量的影响

ZBC011 初馏塔顶温度对产品质量的影响

一样的塔顶温度,也对应着一定的汽化率,塔顶温度升高,轻组分汽化率增加。塔顶馏出的产品就会增多,初顶产品的干点则提高;反之,塔顶温度降低,轻组分汽化率减小,塔顶馏出的产品就少,初顶塔顶产品的干点则下降。

初顶塔顶产品的干点,还与初馏塔内的气速有关,只是受塔内气速的影响不是很大,一般认为初馏塔内气速增大,会造成重组分被携带至塔顶馏出的现象,这样初顶塔顶产品中掺入了重组分而使干点略微升高。造成塔内气速突然增加的原因有很多,如进料突然变轻、塔顶压力突然降低等。初馏塔进料水含量突然变大,原因也许是电脱盐罐跳闸,但会造成初馏塔操作的紊乱,严重时会造成初馏塔冲塔事故。

气速稳定,进料性质也稳定后,初顶塔顶产品的干点会随着其产率的变化而变化。产率增加,初顶塔顶产品的干点将会升高;产率减少,初顶塔顶产品的干点将会下降。所以初顶塔顶产品的干点也会与常减压蒸馏装置的加工量有微小的关系,装置的加工量下降,会使初顶塔顶产品的产率增加,初顶塔顶产品的干点也会有微小升高。

ZBC023 初馏塔顶压力对产品质量的影响

(四)初馏塔顶压力对产品质量的影响

塔顶压力升高,油品汽化量降低,塔顶及其各侧线产品变轻;塔顶压力降低时,油品汽化量增大,塔顶及其各侧线产品变重。塔顶压力变化调节手段不多,可以用塔顶温度来调节,如塔顶压力升高,可适当减少塔顶回流提高塔顶温度及各侧线的馏出温度,改善塔顶冷却条件可使塔顶压力下降。在塔顶温度不变条件下,压力升高各侧线收率将有所下降。

二、技能要求

(一)准备工作

(1)设备、材料准备,劳动保护用品穿戴齐全。

(2)使用工具:质量指标,质量分析台账。

(3)人员:2 人操作,持证上岗。

(二)操作步骤

(1)落实塔顶产品轻重。

(2)干点高,适当降低塔顶温度或提高塔顶压力使塔顶产品干点降低。

(3)干点低,适当提高塔顶温度或降低塔顶压力使塔顶产品干点升高。

(三)注意事项

(1)综合考虑各种原因对产品质量的影响。

(2)注意调节手段对其他相邻产品质量的影响。

项目三　产品头重尾轻的调节

一、相关知识

馏程是指以油品在规定条件下蒸馏所得到,从初馏点到终馏点表示蒸发特征的温度范围。在规定的试验条件下,将 100mL 试油加热蒸馏,试油从冷凝器的末端馏出第一滴油时的温度称为初馏点。在蒸馏的最后阶段,当全部液体蒸发后的最高温度称为终馏点。试验时,当量筒中回收到的蒸馏出的冷凝液为 10mL、50mL、90mL 的温度分别称为 10%、50%、90%馏出温度。

产品头重,指油品初馏点温度值偏高。产品尾轻,指油品终馏点温度值偏低。

ZBC033 常二初馏点的影响因素

(一)常二初馏点的影响与调节

初馏点低,说明前一馏分未充分分离出去,这不仅影响本抽出线油品质量,还影响上一线的油品收率。因此可以采取以下措施:

(1)提高上一侧线油品的抽出量。

(2)本侧线如果有汽提蒸汽,可以适当提高蒸汽量,使油品中的轻组分挥发出去。

(3)提高本侧线馏出口温度或增加抽出量,此方法可能影响终馏点超标,可以适当增加侧线下部中段循环量或降低循环返塔温度。

(4)提高塔顶温度或降塔压,可以提高侧线初馏点,但破坏了原来的气、液相平衡和热量平衡，需要对中段循环量和馏出口温度进行调整，以建立新的平衡状态，此方法影响因素太多，一般不作为调节手段。

ZBC036 馏分切割效果的判定方法(重叠脱空)

(二)馏分切割效果的判定方法

油品在分馏塔进行分馏，目的就是将产品按规格需要，从轻的至重的分离清楚，要求轻的产品中不含或少含重的组分，重的产品中不含或少含轻组分。从分馏目的本身出发，各产品之间最好都脱空，以表明塔的分馏效率高，但脱空过多则表明物料平衡没搞好，或塔板设置过多。常压塔顶汽油与常一线之间能做到脱空，常一线与常二线之间不大容易实现脱空，减压重质馏分油之间几乎不能脱空。考察较重质油产品时，重叠越少或产品馏程范围越窄，表明分馏效率越高。

由于减压塔塔板比常压塔少，所以各馏分油之间无法实现脱空，为减少产品间的重叠，要有较高的真空度。使减压塔内有较多的内回流，不仅是提高拔出率的需要，而且是提高产品质量的需要。只有油品汽化多、内回流多，分馏效果才能提高，才有可能获得窄馏分。在不影响真空度的前提下，可适当增加塔底吹汽流量。

二、技能要求

(一)准备工作

(1)设备、材料准备，劳动保护用品穿戴齐全。

(2)使用工具:质量指标，质量分析台账。

(3)人员:2 人操作，持证上岗。

(二)操作步骤

(1)发生头重时可适当减少上一侧线抽出量。

(2)尾轻时可适当加大本侧线馏出量或适当增大下侧线抽出量。

(三)注意事项

(1)综合考虑各种原因对产品质量的影响。

(2)从改善塔分馏效果角度考虑调节产品的质量。

项目四　塔顶压力高的调节

一、相关知识

塔顶压力升高的原因

(1)进料含水增加。

(2)进料性质变轻。

(3)进料温度升高。

(4)塔顶回流量增加。

(5)回流性质的变化、带水。

(6)塔顶自产瓦斯放空和烧用情况，排放不畅导致塔压上升。

(7)压力表失灵。

(8)塔顶风机、水泵运行情况的变化,冷后温度升高。

(9)气候变化,外部温度上升。

二、技能要求

(一)准备工作

(1)设备、材料准备,劳动保护用品穿戴齐全。

(2)使用工具:扳手。

(3)人员:2人操作,持证上岗。

ZBC014 塔顶压力的调节方法

(二)操作步骤

(1)确认原油含水量、原油性质、温度、流量是否变化,如有异常进行相应调节。

(2)增开初顶风机、水泵,提高冷却水量,改善冷却效果。

(3)确定初顶瓦斯排放流程是否畅通,不畅通采取相应措施。

(4)保证初顶回流罐液位在正常范围内。

(5)检查确认初顶回流罐油水界位正常、初顶回流不带水。

(6)稳定塔顶吹汽量,确定过热蒸汽温度。

(三)注意事项

判断要迅速果断,严防塔超压、安全阀起跳、回流罐装满造成自产瓦斯带油等情况发生。

项目五　航煤闪点低的调节

一、相关知识

(一)航煤简介

航煤又称喷气燃料,馏程范围一般在130~280℃之间。喷气燃料的主要指标是密度和冰点,要求密度高,冰点低。目前我国生产的喷气燃料分为5个牌号。

1号喷气燃料(RP-1)与2号喷气燃料(RP-2)为煤油型燃料,馏程为135~240℃,结晶点分别为60℃和50℃,两者均用于军用飞机和民航飞机。

3号喷气燃料(RP-3)为较重煤油型燃料,馏程为140~240℃,结晶点不高于46℃,闪点大于38℃,用于民航飞机。

4号喷气燃料(RP-4)为宽馏分型燃料,馏程60~280℃,结晶点不高于40℃,一般用于军用飞机。

5号喷气燃料(RP-5)为重煤油型燃料,馏程为150~280℃,结晶点不高于46℃,闪点大于60℃,适用于舰艇上的飞机使用。

进出口油品中以3号喷气燃料较为常见。

ZBC032 常一初馏点的影响因素

(二)常一初馏点的影响因素及调节

(1)98%点、冰点均高,应降低常一线流量,降低常顶温度及常一线馏出温度,稳定塔顶压力。

(2)初馏点高、干点低、冰点低,应降低常顶温度,提高常一线流量和常顶压力,也可降低常一线再沸器出口温度。

(3)初馏点低、干点高、冰点高,应降低常一线流量,提高常顶温度。

(4)喷气燃料馏程、密度、冰点控制上相互关联,当各指标相互矛盾时,应设法从提高塔的分馏效率着手,如适当降低常一中、常二中流量,增大塔顶回流;塔负荷较低或油较重的情况下,适当增加塔底吹汽量。

(5)搞好再沸器的操作。

(6)平稳初馏塔的操作。

(7)减少初馏塔侧线对常一线的影响,或停初侧线。

二、技能要求

(一)准备工作

(1)设备、材料准备,劳动保护用品穿戴齐全。

(2)使用工具:产品质量指标,产品质量台账。

(3)人员:2人操作,持证上岗。

(二)操作步骤

(1)增大航煤汽提蒸汽量。

(2)开大航煤线返塔阀。

(3)降低航煤汽提塔液面。

(4)提高常顶温度。

(三)注意事项

各装置流程有所不同,根据本装置实际情况调节,如调节常一线重沸器。

项目六　常顶温度低的调节

一、相关知识

常顶温度的影响因素及调整方法

(1)进料温度、进料量波动太大,进料性质变化。稳定进料量、进料性质、进料温度。

(2)塔顶或中段回流量不稳,塔顶回流带水。稳定回流量,防止回流带水,降低常顶回流罐油水界位,加强脱水。

(3)塔顶压力变化。稳定塔顶压力变化,控制瓦斯放空量,调整风机。

(4)侧线抽出量变化太大,中段回流量变化。稳定侧线抽出量及中段回流量。

(5)塔底吹汽量变化。稳定塔底吹汽量。

(6)仪表故障或空冷变频风机故障。及时处理仪表故障或空冷变频风机故障。

二、技能要求

(一)准备工作

(1)设备、材料准备,劳动保护用品穿戴齐全。

(2)使用工具:扳手。

(3)人员:2 人操作,持证上岗。

(二)操作步骤

(1)适当降低常顶回流、顶循环回流量。

(2)降低下一侧线的馏出量。

(3)提高常压炉出口温度。

(4)开大塔底吹汽量。

(三)注意事项

全面考虑塔进料情况、汽化情况、热量分布情况等原因。

项目七　减底液面高的调节

一、相关知识

(一)减底液面的控制方法

减底介质又黏又稠,操作温度高,要求停留时间短,又是真空系统。所以,一般液位测量仪表均不能满足要求,实践中几乎都采用内浮球液位调节器来控制塔底抽出量,保证塔底的液位在限定的范围内波动。

塔底液位调节阀采用气关式,调节器为反作用。

ZBG007 蒸汽喷射器喘气的原因

ZBG015 蒸汽喷射器喘气的现象

(二)蒸汽喷射器喘气的分析

正常使用的蒸汽喷射器抽力足,响声均匀无噪声,当蒸汽喷射器工作不正常时,蒸汽喷射器发生喘气现象,声音不均匀有较大噪声,抽力下降,真空度降低。

(1)同级几台蒸汽喷射器并联操作抽力不同,抽力高的喷射器吸入口压力低,抽力低的喷射器入口压力高,气体有高压向低压流动,产生互相撞击,会引起不均匀的喘气现象。

(2)冷却器冷后温度升高,喷射器入口负荷过大,真空度降低,超过蒸汽喷射器设计的压缩比时,也可引起不均匀的喘气现象。

(3)喷射器末级冷却器不凝气体排空管线不畅通,使喷射器后部压力升高可引起喘气现象。

ZBC016 塔底液面的调节方法

(三)塔底液面的调节方法

保持稳定的塔底液面的平衡必须稳定:

(1)进料量和进料温度;

(2)塔顶、侧线及塔底抽出量;

(3)塔顶压力。

二、技能要求

(一)准备工作

(1)设备、材料准备,劳动保护用品穿戴齐全。

(2)使用工具:扳手。

(3)人员:2 人操作,持证上岗。

(二)操作步骤

(1)提高减压塔真空度。

(2)适当提高减压炉出口温度。

(3)适当提高塔底吹汽量。

(4)提高侧线、减渣抽出量。

(5)降低减压塔进料量。

(三)注意事项

需熟悉物料平衡、热量平衡、气液相平衡的调节。

项目八 减压侧线油品残炭高的调节

一、相关知识

(一)残炭的定义

油品在不通空气的情况下,加热至高温时,油中烃类即发生蒸发和分解反应,排出气体后所剩的鳞片状黑色残余物,称为残炭。残炭的多少以质量百分数表示,主要决定于油品的化学组成,残炭多还说明油品容易氧化生成胶或生成积炭。

ZBC019 馏分油作为二次加工装置原料的要求

(二)馏分油作为二次加工装置原料的要求

蒸馏装置生产的一部分直馏产品,这些产品都有详细的质量指标,容易引起重视,另一部分生产二次加工装置原料,质量指标较少不易引起重视,其实搞好二次加工原料的生产对全厂生产有着重大意义。

搞好二次加工装置生产原料,关键是提高分馏塔产品的分馏精度,产品分馏精度提高后可使产品馏分变窄,产品颜色变浅,各重质成分如残炭减少等。例如在提供铂重整原料时,除原油性质因素影响铂重整原料中的砷含量外,还与原油被预热的温度有关系,预热温度过高会使砷含量增大。因此,要控制作为重整原料的初馏塔塔顶石脑油的馏程和杂质含量。

减压馏分油主要为润滑油、加氢裂化、催化裂化提供原料,渣油为焦化、氧化沥青、丙烷脱沥青提供原料等,这些原料应能满足各自装置对其要求。

例如,提供润滑油原料的馏分油,除有合格的黏度外还应有合适的馏分范围,为酮苯脱蜡装置提高结晶过滤速度以利于该装置的操作。为催化裂化装置提供蜡油时,残炭不能过高,否则催化裂化装置催化剂生焦率增加,再生器超温影响催化裂化装置正常生产。以减压馏分油为原料的加氢裂化装置要求其原料的馏程在需要范围内,以期控制铁、钒等重金属的含量。以常压重油为原料的重油催化裂化装置除对其原料的馏程有要求外,还要求控制 Na^+ 含量 $<1\mu g/g$。

ZBC034 润滑油料馏程的控制方法

(三)润滑油料馏程的控制方法

最容易引起减压侧线馏分油残炭高、颜色深、干点高及重金属含量高的,是减压塔最下一个侧线油,燃料型减压塔一般为减三线,润滑油型减压塔为减四线或减五线。

在干式减压塔中轻重洗涤油量太少或洗涤油返塔泵长时间抽空，洗涤效果不佳可引起油品中重组分进入馏分油中，使残炭高、颜色变深、重金属含量高。馏分油本身拔得过重、减压炉出口温度升高、中段回流量较小、填料上部气相温度高、真空度太高、塔底液位过高等，都可以导致馏分油产品质量变坏。

湿式减压塔中，塔底吹汽量过大或减压塔气相负荷过大时也会导致馏分油产品质量变坏。

设备损坏也会形成馏分油质量变坏，如塔板腐蚀穿孔加大了开孔率、金属破沫网结焦堵塞或吹翻、塔内填料冲翻、回流油或洗涤油分配器发生故障、侧线馏分油换热器管束泄漏、原油窜入馏分油等，都可使产品质量变坏。

如不是设备原因导致馏分油产品变坏，可以通过调节洗涤油的流量来获得合格的产品，如提高轻洗涤油的流量即馏分油本身也就是热回流，作用十分明显，但要降低馏分油本身收率，还可以提高中段回流的流量，降低填料上部气相温度，使产品变轻。控制稳减压炉出口温度和塔底液位，这些对馏分油质量是很重要的。

ZBC035 润滑油料黏度的控制方法

（四）润滑油料黏度的控制方法

用油品黏度指标控制生产减压侧线馏分油，是因为减压侧线馏分油至各后续装置加工为成品润滑油过程中，黏度始终是加工深度的一个主要考核指标，在使用润滑油时如润滑油的黏度比、黏温性质等都以黏度为基础，而油品黏度与油品的化学组成密切相关。因此，从减压塔生产的侧线馏分油也用黏度来控制。

（1）各侧线油馏出量小，各中段回流量大，塔内回流油多，各侧线油黏度小；各侧线油馏出量大，中段回流量小，各侧线油黏度大。

（2）上一侧线馏出量过大，使下层塔板内回流量减少，下一侧线轻组分减少，其产品黏度升高。因此，调节某一侧线馏出量时，应考虑到可能对下一侧线产生的影响。

（3）侧线馏出温度高，产品黏度高，可在一定范围内调节中段回流流量。中段回流量的调节要先保证热平衡，即全塔操作平稳为前提，改变馏出口温度主要是通过侧线馏出量来调节，馏出量大馏出温度升高。

（4）真空度高，重质馏分才能汽化，馏出油黏度升高，真空度下降，馏出油黏度降低，为获得同样黏度的油品就必须升高馏出口温度。所以在真空度发生变化时，为得到相同黏度的侧线油，馏出口温度不相同。

（5）塔底吹汽量增大、减压炉出口温度升高，都使塔内油品汽化量升高，重质馏分油多汽化，这样容易造成靠下面侧线油黏度升高。塔上部侧线，由于汽化量增大，内回流增多，使塔的分馏效果提高，黏度有可能不会上升。

（6）有的装置侧线馏出口有两个，可通过改变上下馏出口位置调节黏度，如黏度太大可改开上面馏出口，黏度低则改开下面馏出口。

二、技能要求

（一）准备工作

（1）设备、材料准备，劳动保护用品穿戴齐全。

（2）使用工具：产品质量指标，产品质量台账。

(3)人员:2 人操作,持证上岗。

(二)操作步骤

(1)提高中段回流、洗涤油流量。

(2)减少馏分油拔出量。

(3)适当降低减压炉出口温度。

(4)降低填料上方气相温度。

(5)塔底液位控在合理范围。

(6)适当降低减压炉炉管、减压塔底吹汽量。

(7)适当降低减压塔气相负荷。

(8)检查换热器是否有内漏。

(9)减压真空度控制在指标范围内。

(三)注意事项

减压各侧线质量情况及其他分析指标共同综合对照分析。

项目九　塔底吹汽量的调节

ZBB012　塔底开汽提蒸汽的方法

一、相关知识

汽提塔的作用是对侧线产品用直接蒸汽汽提或间接加热的办法,以除去侧线产品中的低沸点组分,使产品的闪点和馏程符合规定要求。最常用的汽提方法是采用温度比侧线抽出温度高的水蒸气进行直接汽提。汽提蒸汽的用量一般为产品量的 2%~4%(质量分数)。汽提后的产品质量约比抽出温度低 5~10℃。汽提塔顶的气体则返回侧线抽出层的气相部位。

ZBE002　蒸馏塔汽化段的结构特点

(一)蒸馏塔汽化段的结构特点

蒸馏装置每个塔的进料都是气液混合状态而且流速很高,为了减少进口压力降,减轻对塔壁的冲击引起塔体振动,对于大型减压塔采用低速转油线,沿着塔中心线方向垂直进料。

由于在汽化段实现高速气流与液体的分离,尽管也采取分布器等措施,但为了提供较大的气液分离空间减少雾沫夹带、汽化段的高度要比一般的板间距大。对于减压塔进料段,正好是精馏段与汽提段连接的半球形变径区,故减压塔的进料段空间特别大。即使如此,由于减压塔内气流速度很大,为了减少雾沫夹带,有些减压塔在汽化段上方还增加了破沫网。

进料的温度、压力是现场操作的重要参数,也是蒸馏塔热量衡算的基本依据,因此在汽化段一般均设置温度、压力的测量仪表元件。

ZBC021　过汽化率对装置生产的影响

(二)过汽化率对装置生产的影响

为了保证石油蒸馏塔的拔出率和各侧线产品的收率,进料在汽化段必须有足够的汽化率。为了使最低一个侧线以下几层塔板有一定量的液相回流,原料油进塔后的汽化率应该比塔上部各种产品的总收率略高一些。高出的部分称为过汽化量,过汽化量占进料量的百分数称为过汽化度。石油精馏塔的过汽化度一般为进料量的 2%~5%。过汽化度过高是不适宜的，这是因为在生产实际过程中，加热炉出口温度是受到限制的，在炉出口温度和进料段压力都保持一定的条件下，原油的总汽化率已被决定了。因此，如果选择了过高的过汽化度，势必意味着最低一个侧线收率和总拔出率都要降低。如果在条件允许时可以适当增高炉出口温度来提高进料的总汽化率，但必然会导致生产能耗的上升。过汽化度太低时，随同上部产品蒸发上去的过重的馏分有可能因为最低一个抽出侧线下方内回流不够而带到最低的一个侧线中去，导致最低侧线产品的馏分变宽、残炭及重金属含量上升，影响产品的质量。

二、技能要求

（一）准备工作

（1）设备、材料准备，劳动保护用品穿戴齐全。

（2）使用工具：扳手。

（3）人员：2 人操作，持证上岗。

（二）操作步骤

（1）缓慢开大塔底吹汽控制阀，吹汽量增大。

（2）缓慢关小塔底吹汽控制阀，吹汽量减小。

（3）调节不得过猛，调节过程要注意塔内压力及液位变化。

（三）注意事项

过热蒸汽温度、压力保持稳定。

项目十　减压侧线液面的调节

一、相关知识

减压塔的控制方案设置

减压塔的控制方案设置是根据装置产品方案是然类型还是润滑油型来决定。产品为燃料型时，产品的侧线抽出量均由减压塔中集油箱的液位控制。集油箱抽出的另一物流返塔作为回流，减压塔顶循环回流量和中段回流一般采用流量调节控制系统。产品为润滑油时，产品方案的控制系统比燃料型要复杂些。

二、技能要求

（一）准备工作

（1）设备、材料准备，劳动保护用品穿戴齐全。

（2）使用工具：DCS 操作。

（3）人员：2 人操作，持证上岗。

（二）操作步骤

（1）侧线液面升高，加大侧线放量，减小回流量。

（2）侧线液面降低，减少侧线放量，加大回流量。

(三)注意事项

确认塔内操作正常、稳定,真空度正常,拔出率适当,塔内负荷分布合理。

项目十一　炉膛负压的调节

技能要求

(一)准备工作

(1)设备、材料准备,劳动保护用品穿戴齐全。

(2)使用工具:扳手。

(3)人员:2 人操作,持证上岗。

(二)操作步骤

(1)炉膛负压过大,适当关小烟道挡板。

(2)炉膛负压过小,适当开大烟道挡板。

(三)注意事项

(1)掌握好炉内供风、引风压力平衡的关系,调节炉膛负压。

(2)两炉共用风机的情况,综合考虑两炉间的压力平衡。

ZBC031 常一线产品“干点”的控制方法

项目十二　侧线产品干点的调节

一、相关知识

(一)侧线干点不合格的原因及调节方法

(1)塔顶温度不合适,过高或过低。稳定塔顶温度,比如塔顶温度变高造成侧线馏出温度升高、侧线干点升高,应降低塔顶温度。

(2)液面过高,冲塔。稳定塔底液面在正常范围内。

(3)炉温波动。稳定炉出口温度在指标之内,比如炉温过高造成侧线干点升高,应降低炉温。

(4)塔底或侧线吹汽量不合适。稳定吹汽量,比如塔底吹汽量过大造成侧线产品干点上升,应适当降低塔底吹汽量。

(5)减压塔真空度波动。稳定塔顶真空度,且不宜大幅波动。

(6)侧线馏出量过大或过小。比如侧线馏出量过大造成干点上升,应降低侧线馏出量。

(7)侧线馏出温度太高。适当压低塔顶温度,或调节中段回流流量降低侧线馏出温度。

(8)上一线馏出量过小,造成本侧线轻,而为了其他项目的合格只好提本侧线量,而干点高。

(9)换热器漏,窜入原油。停用换热器走旁路处理。

(10)中段回流流量波动。控制各中段回流流量,调整好各中段回流之间的取热比例。

(11)塔板损坏,分馏效果不好。调节操作、维持生产或停工处理。

(二)常压塔侧线颜色变深的处理方法

(1)内操联系调度,变色侧线改不合格罐。

(2)迅速采取措施,在颜色变深侧线泵出口处、出装置采样口处等位置采样,判断变色是工艺原因还是设备原因。

(3)如是设备原因,及时切除泄漏设备,联系维修。塔底液面计失灵,联系仪表校对塔底液面计。

(4)如是塔底液位过高引起,降低塔底液位。

(5)如是侧线抽出量过大,降低侧线抽出量。

(6)如炉出口温度过高,降低炉出口温度。

(7)如塔内气液相负荷过大,关小或停止塔底吹汽。

(8)如塔板鼓翻,停工处理鼓翻的塔板。

二、技能要求

(一)准备工作

(1)设备、材料准备,劳动保护用品穿戴齐全。

(2)使用工具:产品质量指标,产品质量台账。

(3)人员:2 人操作,持证上岗。

(二)操作步骤

(1)落实塔顶产品轻重。

(2)干点高,适当减少本侧线馏出量,使产品变轻,干点下降,也可采用降低侧线馏出口温度来降低产品干点。

(3)干点低,适当加大本侧线馏出量,使产品变重,干点上升,也可采用提高侧线馏出口温度来提高产品干点。

(三)注意事项

根据塔各侧线馏程、收率综合考虑产品质量的调节手段。

项目十三　优化回流操作

一、相关知识

(一)回流的种类及作用

回流可以提供塔板上的液相回流,造成气液两相充分接触,达到传热、传质的目的;可以取走塔内多余的热量,维持全塔热量平衡,有利于调节产品质量。

回流一般分为塔顶冷回流和中段回流。

ZBC008 塔顶冷回流量对塔顶温度的影响

1. 塔顶冷回流

塔顶冷回流量对塔顶温度的影响:对采用冷回流操作的塔,其冷回流量的大小,对精馏操作的影响是比较显著的。冷回流流量减少,塔内回流量减少,塔顶温度升高,塔顶产品中重组分的含量增加;如冷回流流量增加,情况则相反。

塔顶冷回流是将部分塔顶产品以过冷液体状态打入的回流，控制塔顶温度，提供塔板上的液相回流，达到气液两相充分接触，传热、传质的目的；另外可取走塔内的剩余热量，维持全塔的热平衡状态，以利于控制产品质量。

ZBC007　塔顶循环回流量对塔顶温度的影响

2. 中段回流

ZBC006　塔顶循环回流温度对塔顶温度的影响

塔顶循环回流量和塔顶循环回流温度对塔顶温度的影响：一般来说，塔顶循环回流流量越大，从塔内取出的热量越多，塔内回流流量增大，塔内向上的气相负荷越小，塔顶温度降低。同理，其他条件不变时，塔顶循环回流温度越低，从塔内取出的热量越多，塔内回流流量增大，塔内向上的气相负荷越小，塔顶温度降低。

循环回流的作用，首先是可以从下部高温位取出回流热，这部分回流热几乎可以全部用于满足装置本身加热的需求。如果不是采用循环回流取热，那么这些热量将在塔顶全部以回流的形式取出。由于温位很低，这部分热量很难回收，还需要耗用较多的能量去把它们冷却降温，因此，采用循环回流对装置的节能起了重要的作用。其次采用循环回流之后塔内气液相负荷比较均匀，对新设计的蒸馏塔可以减小塔径，节约投资。对于已有的精馏塔采取了中段循环回流之后，一般可以较大幅度地提高其处理能力。国内循环回流一般采用下方抽出从上面打回塔内的方式，每个循环回流一般要占用2~3块塔板作为换热塔板，因此塔的板数应相应有所增加。采用中段循环回流后，由于其上方内回流减少，为了减轻对分馏效果的影响，中段循环回流应设置在尽量靠理论上中段。循环回流的数目越多，塔内气液相负荷越均衡，但流程也越复杂，设备投资也相应增高。对于有三四个侧线的原油蒸馏塔，一般采用两个中段循环回流。

(二)回流比对精馏操作的影响

回流比是指回流量 L 与塔顶产品 D 之比：$R=L/D$。回流比的大小是根据各组分分离的难易程度（即相对挥发度的大小）以及对产品质量的要求而定。

对于二元或多元物系，它是由精馏过程的计算而定的。石油蒸馏过程国内主要用经验或半经验的方法设计，回流比主要由全塔的热量平衡确定。在生产过程中精馏塔内的塔板数或理论塔板数是一定的，增加回流比会使塔顶轻组分浓度增加、质量变好。对于塔顶、塔底分别得到一个产品的简单塔，在增加回流比的同时要注意增加塔底重沸器的蒸发量；而对于有多侧线产品的复合塔，在增加回流比的同时要注意调整各侧线的开度，以保持合理的物料平衡和侧线产品的质量。

ZBD003　降量过程蒸汽发生器的操作方法

(三)降量过程蒸汽发生器的操作方法

(1)停工前，可引入系统蒸汽补自产蒸汽，蒸汽发生器提前切除。

(2)不提前切除，可在降量过程中同步减少蒸汽发生器发汽量，降至最低限度时，引入系统蒸汽补自产蒸汽，切除蒸汽发生器。

二、技能要求

(一)准备工作

(1)设备、材料准备，劳动保护用品穿戴齐全。

(2)使用工具：扳手。

(3)人员：2人操作，持证上岗。

(二)操作步骤

(1)使塔内负荷分布尽可能均匀。

(2)满足各侧线拔出率要求。

(3)满足塔顶及各侧线产品质量要求。

(4)塔顶回流调节塔顶温度稳定而又灵敏,可认为中段回流流量比较合适。

(5)中段回流尽可能多取下部高温位热量,以利于回收热量。

(三)注意事项

优先考虑产品质量、拔出率、塔的负荷均匀、操作平稳,在此基础上再考虑回收热量。

ZBE011 电脱盐罐操作常识

项目十四 电脱盐的正常操作

一、相关知识

(一)电脱盐脱后原油含水量高的原因及调节

1. 原因

(1)混合阀压降太大;

(2)原料油性质变差,含水量高,油水分离效果差;

(3)高压电压过低,电场作用弱;

(4)破乳剂加入量过小,或者改变破乳剂类型;

(5)油水界位过高;

(6)注水量太大。

2. 调节方法

(1)适当降低混合压降;

(2)联系原油罐区加强原油脱水;

(3)适当提高高压电压,如变压器挡位处于较低挡,可将其调至高挡运行;

(4)适当加大破乳剂注入量;

(5)控制好油水界位;

(6)应降低注水量。

(二)电脱盐脱后原油含盐量高的原因及调节

1. 原因

(1)混合阀压降过低或过高;

(2)注水量不足或太大;

(3)脱盐操作温度过低;

(4)原油含盐量增大或油质变重增加了脱盐难度;

(5)原油加工量过大,停留时间过短;

(6)电脱盐罐内沉积物过多;

(7)破乳剂注入量少;

(8)脱盐罐压力不稳;

(9)送电不正常,跳闸;

(10)脱盐罐油水界面过低或过高。

2. 调节方法

(1)适当提高混合阀压降;

(2)适当调整一级或二级注水量;

(3)提高原油脱盐温度;

(4)联系相关部门稳定原油性质;

(5)适当降低原油量,提高停留时间;

(6)增加反冲洗频次或清罐;

(7)按要求注入破乳剂;

(8)调整脱后原油流量和温度,稳定脱盐罐压力;

(9)联系电工处理;

(10)稳定脱盐罐油水界面,调整至正常界位。

(三)电脱盐电极绝缘棒击穿的分析和处理

ZBG003 电极棒击穿的原因

1. 原因

(1)电极棒制造质量差或生产使用时间太长老化,绝缘棒耐压能力下降时易击穿;

(2)由于电脱盐常跳闸,频繁合闸送电造成绝缘棒反复受到冲击而击穿;

(3)电极绝缘棒上因某种原因附着水滴或能导电的杂质而被击穿。

2. 处理

ZBH007 电脱盐电极棒击穿的处理原则

电脱盐罐电极棒击穿后,停电,停注水注剂,切除、降温、泄压、降低油位,联系维修。

(四)混合原油性质对电脱盐的影响

ZBC001 混合原油对电脱盐的影响

由于各种原油中的胶质、沥青质的含量不同、分子结构不同,还有原油的黏度不同,水的含量、盐的含量、品种均不同,再加上原油运输途中的混合程度也有差异,这就造成乳化液的稳定程度不同。要破坏不同原油的乳化状态,必须使破乳剂能够适应原油品种的变化。但破乳剂很难做到这一点,现在还没有真正能够做到广谱性的破乳剂。所以进行破乳剂筛选工作是装置上常进行的,也是必须进行的一项工作。评价破乳剂效果的标准不只是原油的脱盐率,还要考察原油脱水率的大小,也就是考察脱后含水的高低。

生产中是根据原油的盐含量和原油的乳化程度来确定加入量。流量控制一般采用玻璃浮子流量计或计量泵,两种方法各有利弊。浮子流量计直观、易调节,但量不容易固定,常离开设定值;计量泵流量比较稳定,但流量不直观,不容易控制破乳剂的注入量。破乳剂一般只加注在原油泵入口,即相当于加在一级前。如果原油盐含量较高或者破乳效果不好时,可将破乳剂同时加注在二级脱盐罐混合器前。

ZBC003 电脱盐二级水回注一级的目的

(五)电脱盐二级水回注一级的目的

对有两级电脱盐的装置,可采用第二级电脱盐排水作为第一级电脱盐注水,降低电脱盐系统整体注水量和排水量。

二、技能要求

（一）准备工作

（1）设备、材料准备，劳动保护用品穿戴齐全。

（2）使用工具：扳手。

（3）人员：2人操作，持证上岗。

（二）操作步骤

（1）引油流程打好，一级电脱盐罐入口阀门关闭，出口打开；二级入口阀门打开，出口阀门关闭，使用副线原油循环。注水、脱水等阀门关闭；混合阀手动全开；退油线加盲板；安全阀投用。

（2）原油开路循环过程中，原油升温至90℃以上时，缓慢打开原油一级罐阀门，副线不动。原油被分流，控制好三塔液位。

（3）打开脱盐罐顶放空线，同时开始注入破乳剂。

（4）密切注意罐顶压力，根据放空线声音和是否冒油判断罐内是否装满。

（5）罐装满后，关闭放空阀和一级入口阀。静置30min，让界位稳定。

（6）送电，电压可暂时根据装置实际情况设为合适挡位。

（7）打开一级入口、二级出口阀门，缓慢关闭电脱盐副线，正式并入系统。

（8）待温度升至操作指标时，投注水控制阀，注水量控制在原油量的4%，投界位控制阀。现场通过看样口检查界位正确性，也可等到此时送电。

（9）联系化验分析原油含盐量、含水量，根据工艺卡片和化验数据调整。

ZBC004 电脱盐正常操作时的注意事项

（三）电脱盐罐使用时注意事项

（1）脱盐温度要控制在指标内，使脱盐效果最佳。

（2）脱盐罐压力控制适宜，一般不低于0.5MPa，否则原油将会汽化，脱盐罐不能正常运行。但也不能太高，否则脱盐罐安全阀会跳开。

（3）原油注水量调节时变化不能太大，否则会造成脱盐罐压力波动和电流变化，对低阻抗变压器，甚至会跳闸。

（4）油水混合阀混合强度不能太大，否则会造成原油乳化致使脱盐效果下降，脱盐罐电流上升，对低阻抗变压器，甚至会跳闸。

（5）控制好油水界面，不但要保证自动切水仪表好用，并经常从采样口观察校对液面计是否正确，有问题及时处理。

（6）正常运行中，还要注意变压器油颜色变化，发现变黑，应及时更换。

ZBC013 原油电脱盐油水界位的调节要点

（四）原油电脱盐油水界位的调节要点

（1）电流是原油性质变化的重要指征之一，要勤观察电流的变化趋势。

（2）脱盐温度是否保持110~140℃之间。

（3）注水量是否稳定控制在5%~8%左右；储水罐的液位是否过低。

（4）界位是否正常，界位过高会导致电脱盐电流上升、脱后含水上升；界位过低可能造成下水带油。

（5）混合阀的开度是否发生大的变化等，根据脱后含盐、含水量的分析数据进行相应的调整。

模块四　停车操作

项目一　装置降量操作

ZBD004　降量降温时回流调节的要点

一、相关知识

（一）正常生产装置降量操作原则

（1）各工艺指标不得偏离工艺卡片。

（2）加热炉燃料流量与进料量的调节要交替进行且互相匹配，始终保持炉出口温度在指标范围内，防止波动造成产品质量不合格。

（3）侧线、进料量的降量操作要考虑塔底液面高低安排调节顺序，保持塔底液位不过高或过低。

（4）降量操作每次操作调节幅度不可过大，以免造成设备压力变化过快过大而泄漏。

（5）侧线、中段回流流量可按降量比例相应进行调节，稳定后再根据物料平衡和产品质量情况调整。

ZBD010　加热炉熄火后火嘴吹扫的注意事项

（二）停工过程中加热炉熄火注意事项

停工过程中当常压炉出口温度降至250℃，减压炉出口温度降至300℃时，加热炉开始熄火。装置可根据情况留一个瓦斯火嘴不熄火，以保持炉膛温度，方便炉管扫线。熄火的火嘴要及时扫线，加热炉全部熄火后，要及时扫燃料油线。

特别注意凡是用陶纤衬里的加热炉绝不允许闷炉，因为陶纤吸水性能特别强，大量吹汽会损坏陶纤衬里。

ZBD009　停车时停中段回流的次序

（三）停工时停中段回流的次序

逐步停常二中、常一中、常顶循泵，侧线汽提塔抽干后停泵。停中段时，要以顶回流能够控制塔顶温度为准。

ZBD007　停车时塔顶回流罐的操作方法

（四）停车时塔顶回流罐的操作方法

待初馏塔、常压塔顶温降至80℃以下时停止打回流，塔顶罐中的油全部外送掉。

二、技能要求

（一）准备工作

（1）设备、材料准备，劳动保护用品穿戴齐全。

（2）使用工具：扳手。

（3）人员：2人操作，持证上岗。

（二）操作步骤

（1）原油逐步降量，并降至低限。

（2）降量同时调节各塔顶温度、侧线的抽出量以保证产品质量合格，中段回流量同步减小。

(3)初顶、常顶低压瓦斯改至放火炬;塔底吹汽、汽提蒸汽关小。

(4)炉出口温度保持不变,现场逐步减少火嘴,控制好二次风门。

ZBD006 降量降温时三塔液面的调节要点

(三)注意事项

降量应缓慢平稳,保持塔底液位在正常范围内。调节减压渣油外送温度,不能凝线。

项目二　停工退油时停塔底泵的操作

一、相关知识

ZBD015 装置熄火后循环的流程

装置熄火后循环的流程

(1)电脱盐系统切除、走副线。

(2)主流程保持不变。

(3)减底渣油走冷却器,然后进入循环线,返回原油泵出口线,进入脱前换热系统,实现闭路循环。

二、技能要求

(一)准备工作

(1)设备、材料准备,劳动保护用品穿戴齐全。

(2)使用工具:扳手。

(3)人员:2人操作,持证上岗。

(二)操作步骤

(1)视来油情况逐步关小泵出口阀,完全抽空后关闭出口阀。

(2)停电动机。

(3)每隔30min盘车180°至泵体降至常温。

(4)泵体温度小于75℃停冷却水。

(三)注意事项

严禁长时间抽空,易损坏机泵。

项目三　电脱盐罐退油的操作

一、相关知识

(一)电脱盐罐降温操作

1. 降温的目的

(1)防止退油泵因水汽化抽空;

(2)避免电脱盐罐因油温过高造成水汽化冲击初馏塔,导致冲塔事故。

2. 降温方法

(1)打开电脱盐副线,关闭电脱盐出入口阀门,静置降温。这种方法的缺点是降温速度非常慢。

(2)脱前原油换热器热油端走副线,这样原油相当于不再换热,降温速度很快。可以根据电脱盐罐的容积估算置换成低温原油的时间,以确定停工时间。

ZBD014　装置检修时人孔开启的条件

(二)装置检修时人孔开启的条件

塔和容器需检修开启人孔时,需预先用机泵倒净物料,进行蒸汽吹扫后,有的还需煮塔、蒸塔,待设备内压力完全放空,温度下降到安全温度,并排净残存物料凝液,详细反复检查后,方可开启塔和容器人孔。

二、技能要求

(一)准备工作

(1)设备、材料准备,劳动保护用品穿戴齐全。

(2)使用工具:扳手。

(3)人员:2人操作,持证上岗。

(二)操作步骤

(1)电脱盐罐降温。

(2)停止注水注剂,变压器断电。

(3)提前将退油线盲板拆除,扫通退油线。

(4)降温完毕,打开副线阀,关闭出入口阀门,将电脱盐甩掉。

(5)改好退油流程,切除罐内水位。

(6)开启退油泵,注意泵出口压力、防止抽空,注意罐内压力,罐内压力回零时可注入蒸汽,避免泵抽空。

(7)经常从采样口检查罐内还有多少油。

(8)罐内真正抽干后,停蒸汽,打开放空,向罐内冲水洗涤存油,再开泵抽走。

(9)水抽干后吹扫退油线。

(三)注意事项

电脱盐罐底油脏,泵不易上量,及时注汽、冲水。

项目四　汽煤油管线、设备的吹扫

一、相关知识

轻质油品蒸汽扫线前用水顶的原因

轻质油品扫线前先用水顶是出于安全方面考虑,如果用蒸汽直接吹扫,那么汽煤油等轻质油品遇到高温蒸汽会迅速汽化,大量油气高速通过管线进入储罐,在这个过程中极易产生静电,这是很危险的。如果扫线前先用水顶,那么管线内大部分轻质油品就会被水顶走,然后再扫线就比较安全了。

二、技能要求

(一)准备工作

(1)设备、材料准备,劳动保护用品穿戴齐全。

(2)使用工具:扳手。

(3)人员:2人操作,持证上岗。

(二)操作步骤

(1)确认流程及阀门开关状态,确认吹扫介质去向。

(2)引水置换管线、设备内存油。

(3)用水置换完毕后,放净管线存水,再用蒸汽吹扫管线、设备。

(4)蒸汽吹扫前排净蒸汽内冷凝水。

(5)缓慢打开蒸汽阀吹扫。

(6)检查吹扫是否畅通。

(7)吹扫结束后先关闭末端阀门再停蒸汽。

(三)注意事项

引水置换时,水量要大要充足,否则油水易分层,冲洗效果差。

项目五　馏分油管线、设备的吹扫

ZBH019 汽油线憋压的处理要点

一、相关知识

(一)汽油线憋压的处理要点

(1)尽快改通流程、消除憋压,消压处理。

(2)检查设备、管线是否存在冻凝、堵塞等现象,并及时处理。

(3)如发生泄漏,按管线泄漏事故预案处理。

(二)水击的原因及危害

在压力管道中,由于液体流速的急剧改变,从而造成瞬时压力显著、反复、迅速变化的现象,称为水击,也称水锤。

引起水击的基本原因是:当压力管道的阀门突然关闭或开启时,当水泵突然停止或启动时,因瞬时流速发生急剧变化,引起液体动量迅速改变,而使压力显著变化。管道上止回阀失灵,也会发生水击现象。在蒸汽管道中,若暖管不充分,疏水不彻底,导致送出的蒸汽部分凝结成水,体积突然缩小,造成局部真空,周围介质将高速向此处冲击,也会发出巨大的音响和振动。

水击现象发生时,压力升高值可能为正常压力的好多倍,使管壁材料承受很大应力;压力的反复变化,会引起管道和设备的振动,严重时会造成管道、管道附件及设备的损坏。

二、技能要求

(一)准备工作

(1)设备、材料准备,劳动保护用品穿戴齐全。

(2)使用工具:扳手。

(3)人员:2人操作,持证上岗。

(二)操作步骤

(1)确认流程及阀门开关状态,确认吹扫介质去向,确认蒸汽压力、温度符合要求。

(2)改通吹扫流程。

(3)蒸汽吹扫前排净蒸汽内冷凝水。

(4)缓慢打开蒸汽阀吹扫。

(5)检查吹扫是否畅通。

(6)扫线时必须憋压,重质油品必须反复憋压。

(7)计量表改副线,扫线不能通过计量表。

(8)扫线时所有连通线、正副线、盲肠等管线、控制阀都要扫净,不能留死角。

(9)扫线过程中不允许排放油蒸气,低点放空只能作为检查扫线情况并及时关闭。

(10)吹扫结束后先关闭末端阀门再停蒸汽,放掉管线、设备内蒸汽、冷凝水。

(三)注意事项

吹扫蒸汽压力、流量要充足,才能保证吹扫效果。

项目六　重(渣)油管线、设备的吹扫

一、相关知识

(一)停工扫线吹扫原则

(1)停工前做好扫线的组织工作,条条管线落实到人。

(2)做好扫线联系工作,严防窜线、伤人或出设备事故。

(3)扫线时要统一指挥,确保重质油品管线有足够的蒸汽压力,保证吹扫效果。

(4)扫线给汽前一定要放净蒸汽冷凝水,并缓慢给汽,防止水击。

(5)扫线步骤是先重质油品、易凝油品,后轻质油品、不易凝油品。

(6)扫线时必须憋压,重质油品要反复憋压,这样才能达到较好的扫线效果。

(7)扫线前必须将计量表甩掉改走副线,蒸汽不能通过计量表。

(8)扫线时所有的连通线、正副线、备用线、盲肠等管线,控制阀都要扫净,不允许留有死角。

(9)扫线过程中绝不允许在各低点排空放油蒸气,各低点放空只能作为检查扫线情况并及时关闭。

(10)扫线完毕要及时关闭扫线阀门,并放净设备、管线内蒸汽、冷凝水。

(11)停工扫线要做好记录,给汽点、给汽停汽时间和操作员姓名等,均要做好详细记录,落实责任。

ZBH012　工艺管线泄漏的处理要点

(二)工艺管线漏油处理

(1)漏油不严重,发生着火,经灭火后应立即组织堵漏抢修,并根据情况请示调度决定循环还是继续维持生产。

(2)漏油严重,装置本身无力扑灭,应立即通知消防队与调度,并安排作紧急停工或局部停工的方法堵漏抢修。

(3)工艺管线设备着火要判断正确,找准是哪条管线或设备的什么部位漏油着火。必要时,首先降低该管线压力、流量,严重时,要立即切断油源。设备、管线内存油要尽量想法倒走,并向设备内吹入蒸汽,但不得超压。如发生减压系统泄漏着火,要向减压塔内吹入蒸汽，恢复常压。不准在负压系统管线上动火堵漏。关闭二级抽空冷却器放空阀，严防空气吸入减压塔内发生爆炸。

二、技能要求

（一）准备工作

(1)设备、材料准备，劳动保护用品穿戴齐全。

(2)使用工具：扳手。

(3)人员：2人操作，持证上岗。

（二）操作步骤

(1)改通吹扫流程。

(2)蒸汽吹扫前排净蒸汽内冷凝水。

(3)缓慢打开蒸汽阀吹扫。

(4)若蒸汽量不足可增加给汽点。

(5)吹通后再吹扫 12h 以上。

(6)换热器系统要分别加强单独吹扫。

(7)扫线时所有连通线、正副线、盲肠等管线、控制阀都要扫净，不能留死角。

(8)扫线过程中不允许排放油蒸气，低点放空只能作为检查扫线情况并及时关闭。

(9)吹扫结束后先关闭末端阀门再停蒸汽，放掉管线、设备内蒸汽、冷凝水。

（三）注意事项

流程上多台设备时，要集中蒸汽一台一台吹扫，确保吹扫效果。

ZBD001 装置停车的主要步骤

项目七 装置停车操作

一、相关知识

（一）装置停工前的准备工作

(1)编制好大修计划，制定好停工方案，准备好检修所需设备、材料和必要的工具、阀门扳手等。

(2)联系有关单位落实停工时间，并了解各种油品退油进罐情况，扫线退油流程及扫线罐安排。

(3)留够至停工前所需各种化工原材料。

(4)联系锅炉、仪表、计量、电气、油品等单位做好停工各项准备工作。

(5)提前甩电脱盐罐并退油，停止热出料，并及时扫线。

(6)提前停四注系统。

(7)停工前须将各种特种油品转入普通油品罐。三个塔塔顶低压瓦斯改放低压火炬线。

(8)清理好地沟，准备砂子和黄土（封地漏用）。

(9)全员练兵，进行考试，合格者方可进入岗位。

(二)装置正常停工的步骤

ZBD002 装置停工前降量的方法

ZBD005 降量降温时侧线的调节方法

装置正常停工分为四大步骤:

(1)原油降量。原油降量应缓慢,保持平稳操作,各工艺指标不得偏离,并要保证产品质量。

(2)降温停侧线。降温停侧线是装置停工过程的关键,必须认真执行操作规程降温曲线,特别注意减压塔恢复常压时,抽真空末级尾气放空必须关闭,防止倒气引起事故。

(3)退油。退油时应及时调节渣油冷却器冷却水,保证渣油冷后温度在指标范围内,防止进罐渣油温度过高造成突沸。并注意各塔底液面,没有液面及时停止塔底泵,防止机泵抽空损坏。

(4)扫线蒸塔(罐)、洗塔(罐)。蒸塔给汽要缓慢,以免吹翻塔板,防止超压。洗塔时,塔上部要缓慢给汽,使洗塔水温在65~80℃为宜。

二、技能要求

(一)准备工作

(1)设备、材料准备,劳动保护用品穿戴齐全。

(2)使用工具:扳手,对讲机。

(3)人员:10人操作,持证上岗。

(二)操作步骤

ZBD008 停车时关侧线的次序

(1)降量、各侧线相应减少抽出量。

(2)按要求降量。

(3)有关仪表改为手动,常压炉温度降到320℃左右停常压塔及汽提塔吹汽,过热蒸汽改放空。

(4)减压炉温度降至300℃减压系统破真空。

(5)常压塔、减压塔自上而下停侧线,逐步关小至停火嘴熄火改循环,电脱盐改副线。

(6)停各注剂,停冷却水。

(7)吹扫各回流线、渣油温度降到低于100℃时向外退油,装置全面吹扫。

(三)注意事项

认真组织学习停工相关规定、规程。

模块五 设备维护

项目一 机泵更换润滑油的操作

一、相关知识

润滑油的主要性能指标

润滑油的性能当中,有一些主要性能指标:黏度、黏度指数、密度和相对密度、倾点、闪点、抗乳化性、空气释放性、燃点、起泡性、氧化稳定性、中和值、腐蚀性、防锈性测试、倾点测试、铜板腐蚀测试、闪点测试、抗磨性和极压性测试。

(1)黏度是润滑油最重要的单项性能指标,它是形成润滑膜的主要因素,从而决定了润滑油的承载能力。

黏度可以分为运动黏度、动力黏度、恩氏黏度、雷氏黏度和赛氏黏度,运动黏度是润滑油最常用的黏度表示方式。

运动黏度:是表示油品在重力作用下,对油品流动时所产生内摩擦力能力的度量。运动黏度的单位是斯(St),斯(St)的百分之一为厘斯(cSt),$1cSt=1mm^2/s$。

动力黏度:表示油品在一定剪切应力下对流动时内摩擦力的度量,其值为加于流动液体的剪切应力和剪切速率之比。

运动黏度=动力黏度/密度

(2)黏度指数(VI):是一个实验值,用来表示油品随温度变化的程度。液体的黏度会随着温度的升高而下降,黏度指数越高,则表示油品随温度的变化就越小。

(3)密度和相对密度:液体的密度通常是指在温度为15℃时,液体单位体积的质量,常用单位 kg/m^3;相对密度,是指液体在15℃下的密度与相同体积的水在同温度下密度的比值。

(4)倾点:在指定条件下,使冷却的油品能够流动的最低温度。

(5)闪点:当火焰闪过油面时,能使油气断续点燃的最低温度。它是物质着火危险性的综合指标,一般应高于20~30℃。

(6)腐蚀性/防锈性:对金属防腐蚀防锈的能力。

(7)酸值:也称为中和值,是指用来中和1g油品试样中所有酸性物质所需氢氧化钾的毫克数。

发动机油的碱性添加剂用来中和燃烧产生的酸性物质,保护发动机免受腐蚀。油品氧化会产生酸性物质,因此常用酸值的变化大小来衡量润滑油的氧化程度。

(8)抗乳化性:是指油从水中分离出来的能力,也称为分水性。

(9)抗磨性和极压性:用来衡量油品的承受负载能力。

(10)氧化稳定性:用来指示油品潜在的储存和使用寿命。

(11)水分:是指油品中水的含量,一般以%表示。小于0.03%的水分即为痕迹。

这些主要指标一般是通过典型数据进行呈现,即通过国际标准测试方法进行试验,从而获得一些具有代表性的具体性能参数值,并通过数据报告对外公布。但是典型数据只是说明润滑油好坏的方式之一,还需要通过厂家实力、产品的稳定性、对未来发展的规划等,来综合考量。

润滑油主要以来自原油蒸馏装置的润滑油馏分和渣油馏分为原料。在这些馏分中,既含有理想组分,也含有各种杂质和非理想组分。通过溶剂脱沥青、溶剂脱蜡、溶剂精制、加氢精制或酸碱精制、白土精制等工艺,除去或降低形成游离碳的物质、低黏度指数的物质、氧化安定性差的物质、石蜡以及影响成品油颜色的化学物质等非理想组分,得到合格的润滑油基础油,经过调合并加入适当添加剂后即成为润滑油产品。

二、技能要求

(一)准备工作

(1)设备、材料准备,劳动保护用品穿戴齐全。

(2)使用工具:活动扳手,油壶。

(3)人员:2人操作,持证上岗。

(二)操作步骤

(1)按要求准备好合格的规定型号润滑油。

(2)拆开加油孔及放油孔堵头,放净油箱存油。

(3)加入经"三级过滤"的合适的润滑油。

(4)冲洗油箱,检查流出的润滑油无杂质、无水分。

(5)上好放油孔堵头,加入润滑油至油镜的两红线之间,上紧加油孔堵头。

(三)注意事项

看窗脏应及时更换。

项目二　加热炉的巡检

一、相关知识

(一)炉膛内燃料正常燃烧的现象及条件

燃料在炉膛内正常燃烧的现象是:燃烧完全,炉膛明亮;烧燃料油时,火焰呈黄白色;烧燃料气时,火焰呈蓝白色;烟囱排烟呈无色或淡蓝色。

为了保证正常燃烧,燃料油不得带水、带焦粉及油泥等杂质,温度一般最好保持在130℃以上,且压力要稳定。雾化蒸汽用量必须适当,且不得带水。供风要适中,勤调风门、汽门、油门和挡板(即"三门一板"),严格控制过剩空气系数。燃用瓦斯时,必须充分切除凝缩油。

(二)加热炉操作情况的判断

一般情况下,可通过炉子烟囱排烟情况来判断加热炉操作是否正常,判断方法如下:

(1)炉子烟囱排烟以无色或淡蓝色为正常。

(2)间断冒小股黑烟,表明蒸汽量不足,雾化不好,燃烧不完全或个别火嘴油汽配比调节不当或加热炉负荷过大。

(3)冒大量黑烟是由于燃料突增,仪表失灵,蒸汽压力突然下降或炉管严重烧穿。

(4)冒灰色烟表明瓦斯压力增大或带油。

(5)冒白烟表明雾化蒸汽量过大、过热蒸汽管子破裂或过热蒸汽往烟道排空。

(6)冒黄烟说明操作忙乱,调节不当,造成时而熄火,燃烧不完全。

ZBC022 加热炉进料调节阀的选用形式

(三)加热炉进料调节阀的选用

加热炉燃料上的调节阀一定要选用气开阀。这是从炉子安全角度考虑,当装置动力中断时燃料阀能因气源中断而关闭,切断燃料,以免烧坏炉管造成事故。

ZBH015 加热炉燃烧异常的处理

(四)加热炉燃烧异常的处理

(1)马上确认瓦斯流量是否异常增大或组成变化。

(2)马上检查供风系统是否正常,调整风门向炉膛送风。

(3)马上检查引风机运转是否正常,调整挡板开度防止炉膛正压。

(4)马上检查瓦斯是否带液,及时脱液。

ZBH016 加热炉燃烧不正常的原因及现象

(五)加热炉燃烧不正常的原因及现象

在正常燃烧情况下,燃烧完全,火墙颜色一致,火焰高度适当(圆筒炉的火焰不能长于炉膛的2/3,不能短于炉膛的1/4。

烧燃料油时火焰呈杏黄色,烧瓦斯时火焰呈蓝白色,否则就属不正常现象。燃烧不正常时火焰会出现以下几种现象:

(1)当燃料油与蒸汽配比不当,蒸汽量过小,造成燃料油雾化不良时,火焰发飘,软面无力,火焰根部呈深黑色,甚至烟囱冒黑烟。

(2)当蒸汽、空气量过小时,火焰四散乱飘软而无力,颜色为黑红色或冒烟。

(3)当燃料油黏度过大并带水时,或是油阀开度小蒸汽量过大并含水时,炉膛火焰容易熄灭。

(4)燃料油轻,蒸汽量过大或油阀开度过大,空气量不足,会使燃料喷出后离开燃烧道燃烧。

ZBH018 防止管线冻凝的方法

(六)冬季防冻防凝工作

蒸馏装置设备都是露天布置,有的机泵也放在室外。我国除北回归线以南的少数地区外,都有冬季且冬季寒冷、气温较低。在冬季生产中,我国北方地区,设备及管线内的存水如处于静止状态,就会冻结。轻度冻结,使管线堵塞不通,会影响开工及正常生产的顺利进行。天气很冷时,设备及管线内存水结冰后,体积膨胀,可能发生设备、管线或阀门冻裂、垫片冻坏等事故。如不能及时发现,当冰融化解冻后,很可能造成严重的泄漏,引起跑油、中毒、着火、爆炸等一系列事故,这是很危险的。因此,蒸馏装置开工、停工、正常生产中冬季都必须认真做好防冻防凝工作。具体做法有:

(1)长期停用的设备、管线与生产系统连接处要加好盲板,并把积水排放后吹扫干净。露天的闲置设备和敞口设备要防止积水、积雪冻坏设备。

(2)运转和临时停运的设备、水管、汽管、控制阀要有防冻保温措施,或采取维持小量的长流水、少过汽的办法,达到既节约又防冻的要求。停水、停汽后要吹扫干净。

(3)要加强巡回检查脱水。如各设备低点及管线低点有水的部位要经常检查脱水,泵的冷却水不能中断，备用泵按规定时间盘车，蒸汽伴热系统、取暖系统经常保持畅通。各处的蒸汽与水线甩头应保持长冒汽、长流水，压力表、液面计要经常检查，并做好防冻防凝保温工作。

(4)冬季生产中开不动或关不动的阀门不能硬开硬关。机泵盘不动车，不得启用。

(5)对冻凝的铸铁阀门要用温水解冻或用少量蒸汽慢慢加热，防止骤然受热损坏。

(6)施工和生活用水，要设法排放到地沟或不影响通行的地方，冰溜子要随时打掉。有冰雪的楼梯要打扫干净方能使用。

(7)加强管理，建立防冻防凝台账。

二、技能要求

(一)准备工作

(1)设备、材料准备，劳动保护用品穿戴齐全。

(2)使用工具：护目镜。

(3)人员：2人操作，持证上岗。

(二)操作步骤

(1)检查各工艺参数控制情况。

(2)检查各火嘴燃烧情况。

(3)检查系统各部位泄漏情况。

(4)检查物料各参数情况。

(5)检查鼓引风机运行情况。

(6)设备操作部件灵活好用，平台及地面整洁。

(三)注意事项

加热炉使用多种燃料的，应熟练掌握每种燃料的性质和使用情况，发生异常快速判断是哪一种燃料性质发生变化。

项目三　机械抽真空泵故障停机处理

一、相关知识

(一)机械抽真空泵停机的原因

(1)电气系统故障。

(2)联锁系统动作。

(3)真空泵本身发生机械故障。

(二)真空泵停泵操作要点

ZBD012　真空泵停运的操作要点

先关闭真空泵进水阀门，关闭泵入口阀，停泵后立即关闭泵出口阀，确认泵不转，盘车。

二、技能要求

(一)准备工作

(1)设备、材料准备，劳动保护用品穿戴齐全。

(2)使用工具：扳手。

（3）人员：2 人操作，持证上岗。

ZBH020 真空泵故障的处理方法

（二）操作步骤

（1）确认液环泵因故障停机，无法重新启动。

（2）液环泵有备机的，马上按程序启动备机，恢复减压系统真空度，启动备机前注意液环泵气液分离罐水位，确认在正常范围。

（3）抽真空系统与液环泵并联设置蒸汽抽子的，马上投用蒸汽抽子及相关冷却器等设备，恢复减压系统真空度。

（4）无法启动备机、恢复真空度维持生产的，立即关闭减顶瓦斯末级放空阀门，减压塔恢复常压操作，联系维修液环泵。

（三）注意事项

（1）严防发生空气倒吸入负压系统。

（2）迅速果断处置，避免处理迟导致前级蒸汽抽子背压上升，真空度下降幅度过大。

ZBE021 硫化氢报警仪知识

项目四　便携式硫化氢检测仪的使用

一、相关知识

硫化氢气体报警器由探测器与报警控制主机构成，广泛应用于石油、燃气、化工、油库等存在有毒气体硫化氢的石油化工行业，用以检测室内外危险场所的泄漏情况，是保证生产和人身安全的重要仪器。当被测场所存在有毒气体时，探测器将气信号转换成电压信号或电流信号传送到报警仪表，仪器显示出有毒气体爆炸下限的百分比浓度值。当有毒气体浓度超过报警设定值时发生声光报警信号提示，岗位人员及时采取安全措施，避免燃爆事故发生。

固定式硫化氢报警器安装要求：

（1）硫化氢气体比空气重，硫化氢检测探头安装高度应距地坪（或楼地板）0.3～0.6m。

（2）硫化氢检测探头宜安装在无冲击、无振动、无强电磁场干扰的场所，且周围留有不小于 0.3m 的净空。

（3）硫化氢检测探头的安装与接线按制造厂规定的要求进行，并应符合防爆仪表安装接线的有关规定。

硫化氢报警器的报警值：

（1）高报 3.3ppm（$5mg/m^3$）。

（2）高高报 6.6ppm（$10mg/m^3$）。

二、技能要求

（一）准备工作

（1）设备、材料准备，劳动保护用品穿戴齐全。

（2）使用工具：硫化氢报警仪。

（3）人员：2 人操作，持证上岗。

（二）操作步骤

（1）检查检测仪是否完好。

(2)启动检测仪,检查检测仪显示是否准确并调零。

(3)戴好防毒面具,现场用检测仪检测即得硫化氢浓度。

(4)离开现场,除下防毒面具,关闭检测仪。

(三)注意事项

进入危险区域做好个人防护,严格遵守安全规程。

ZBF009 轴承润滑正常的判断方法

项目五　离心泵轴承温度高的判断

一、相关知识

机泵轴承润滑正常时,机泵运行平稳,出口压力、流量稳定。轴承无异响、无杂音,轴承温度在指标范围内,润滑油油位在 1/2～2/3 内,润滑油颜色正常,润滑油质量分析合格。

ZBF012 机泵正常操作轴承温度的控制指标

(一)离心泵轴承温度指标

滑动轴承≤65℃。滚动轴承≤70℃。

ZBF014 机泵正常操作轴承振动的控制指标

(二)机泵正常操作轴承振动的控制指标

轴承振动:$n=1500$r/min 时,$A_{max}\leqslant 0.09$mm/s;$n=3000$r/min 时,$A_{max}\leqslant 0.06$mm/s。

ZBF013 电动机正常操作外壳温度的控制指标

(三)电动机正常操作外壳温度的控制指标

电动机正常操作外壳温度没有一定的数据,电动机的绝缘等级不同,电动机的正常温度也有所不同,只要不超过额定温度即可,一般应不超过环境温度 25℃。

ZBF004 离心泵轴承超温的原因

(四)离心泵轴承温度高的原因

(1)电动机与泵轴不同心;

(2)润滑油不足;

(3)润滑油带水、乳化变质或有杂质,不合格;

(4)润滑油过多;

(5)冷却水中断;

(6)甩油环跳出固定位置;

(7)轴承等部件机械故障;

(8)轴弯曲,转子不平衡;

(9)离心泵选型不合理或工况与设计工况偏差太大。

ZBG012 机泵冷却水压力下降的现象

(五)机泵冷却水压力下降的现象

(1)冷却水压力表指示下降。

(2)机泵轴承箱、支座等温度上升、超标。

(3)打开放空阀检查,冷却水来量不足。

二、技能要求

(一)准备工作

(1)设备、材料准备,劳动保护用品穿戴齐全。

(2)使用工具:测温仪。

(3)人员:2人操作,持证上岗。

(二)操作步骤

(1)检查发现轴承温度偏高。

(2)用测温仪检测轴承温度是否超标。

(3)检查冷却水是否畅通,润滑油液位、油质等是否正常。

(4)检查轴承箱振动是否超标,是否有异常噪声。

(三)注意事项

(1)若存在机械故障,及时停泵联系处理。

(2)若冷却水、润滑油等存在异常及时处理。

项目六　离心泵抽空的处理

ZAH010 离心泵汽蚀的概念

一、相关知识

汽蚀现象及危害

离心泵安装高度提高时,将导致泵内压力降低,泵内压力最低点通常位于叶轮叶片进口稍后的一点。当此处压力降至被输送液体此时温度下的饱和蒸气压时,将发生汽化,所生成的气泡在随液体从入口向外周流动中,又因压力迅速增大而急剧冷凝,会使液体以很大的速度从周围冲向气泡中心,产生频率很高、瞬时压力很大的冲击,这种现象称为汽蚀现象。

汽蚀时传递到危害叶轮及泵壳的冲击波,加上液体中微量溶解的氧对金属化学腐蚀的共同作用,在一定时间后,可使其表面出现斑痕及裂缝,甚至呈海绵状逐步脱落;发生汽蚀时,还会发出噪声,进而使泵体振动;同时由于蒸汽的生成使得液体的表观密度下降,于是液体实际流量、出口压力和效率都下降,严重时可导致完全不能输出液体。

二、技能要求

(一)准备工作

(1)设备、材料准备,劳动保护用品穿戴齐全。

(2)使用工具:扳手。

(3)人员:2人操作,持证上岗。

ZBF002 离心泵抽空的原因

(二)操作步骤

1. 原因分析

(1)泵进口管线堵塞,流程未导通,或进口管线窜入气体;

(2)泵入口阀门没开或开度过小;

(3)泵叶轮堵塞;

(4)泵进口密封填料漏气严重;

(5)油温过低,吸阻过大;

(6)泵入口过滤器堵塞;

(7)泵内有气未放净;

(8)泵吸入液面过低;

(9)封油过轻,封油温度过低或封油带水。

2. 处理方法

ZBH021 离心泵不上量的处理方法

(1)关小、甚至关死泵出口阀,反复憋压。变频泵调低转速。

(2)查找原因,采取相应对策。

(3)若调节不上量,可切换备泵。

(三)注意事项

严防机泵长时间抽空,容易造成机泵密封泄漏、内件损坏等。

模块六　设备使用

项目一　离心泵的切换操作

一、相关知识

ZBE015　变频泵切换到工频泵的操作方法

（一）变频泵切换到工频泵的操作方法

（1）启动工频泵。

（2）逐渐开大工频泵出口阀，同时逐渐关闭变频泵出口阀。

（3）变频泵出口阀全关后，将变频泵变频器频率降至最低，停变频泵。

（4）工频泵调节出口阀至流量正常。

ZBE016　工频泵切换到变频泵的操作方法

（二）工频泵切换到变频泵的操作方法

（1）变频泵启泵前将变频调速器手动开至100%。

（2）启动变频泵后，逐渐开大泵出口，关小工频泵出口。

（3）工频泵出口全关后，停泵，此时将变频调速器由手动改为自动控制。

（4）工频泵切换至变频泵时，变频器一定要手动全开（此时相当于工频泵状态），切换时注意变频泵出口压力，缓慢打开变频泵出口阀，防止倒流。

ZBF015　机泵交付检修监护的注意事项

（三）机泵交付检修监护要点

（1）确认各项工艺措施如退料、吹扫、置换等落实到位。

（2）确认检修现场周围无安全隐患，设立警戒线和作业区域，按规定能量隔离，上锁挂签。

（3）确认安全器材准备完毕。

（4）对作业现场的安全情况负责，发生安全问题立即停止作业。

ZBF006　电动机的保护常识

（四）电动机的保护常识

有短路保护、欠压保护、失压保护、弱磁保护、过载保护及过电流保护等。

（1）短路保护。因电动机绕组和导线的绝缘损坏，控制电器及线路损坏，误操作碰线等引起线路短路故障时，用保护电器迅速切断电源的措施为短路保护。常用的短路保护电器有熔断器和自动空气断路器。

（2）欠压保护。当电网电压降低时，电动机便在欠压下运行。由于电动机载荷没有改变，所以欠压下电动机转矩下降，定子绕组电流增加，影响电动机的正常运转甚至损坏电动机，此时用保护电器切断电源，为欠压保护。实现欠压保护的电器有接触器和电磁式电压继电器。熔断器和热继电器不能进行欠压保护，因为电动机在欠压下运行时，其定子绕组增加的幅度尚不足以使熔断器和热继电器动作，所以这两种电器不能进行欠压保护。

（3）失压保护。生产机械在工作时，由于某种原因而发生电网突然停电，当重新恢复供电时，保护电器要保证生产机械重新启动后才能运转，不致造成人身和设备事故，这种保护为失压(零压)保护。实现失压(零压)保护的电器有接触器和中间继电器。

(4)弱磁保护。用保护电器保证直流电动机在一定强度的磁场下工作,不致造成磁场减弱或消失,避免使电动机转速迅速升高,甚至发生“飞车”现象,这种保护为弱磁保护。在直流电动机励磁回路中,串入弱磁继电器(即欠电流继电器)可实现弱磁保护。欠电流继电器工作原理:在直流电动机启动、运行过程中,当励磁电流值达到欠电流继电器的动作值时,继电器就吸合,使串接在控制电路中的常开触头闭合,允许电动机启动或维持正常运转;但当励磁电流减小很多或消失时,欠电流继电器就释放,其常开触头断开,切断控制电路,接触器线圈失电,电动机断电停转。

(5)过载保护。当电动机负载过大,启动操作频繁或缺相运行时,会使电动机的工作电流长时间超过其额定电流,导致电动机寿命缩短或损坏。当电动机过载时,用保护电器切断电源的措施为过载保护。

(6)过电流保护。用保护电器限制电动机的启动电流或制动电流,使电动机在安全电流值下运行,不致造成电动机或机械设备损坏,这种保护为过电流保护。

(五)机泵发生抱轴的处理

ZBH011　机泵抱轴的处理方法

(1)立即切换备泵,维持生产。

(2)切除故障机泵,联系维修人员处理。

(3)如发生泄漏、着火,立即切除该设备,利用周围消防设施灭火,启动事故预案。

(六)机泵烧电动机的处理方法

ZBH023　机泵烧电动机的处理方法

(1)立即切换备泵,维持生产。

(2)停运故障机泵,联系维修人员处理。

(七)离心泵盘车不动的原因

ZBF005　离心泵盘车不动的原因

(1)油品凝固。

(2)长期不盘车而卡死。

(3)动静环摩擦、卡住。

(4)轴承烧死。

(5)机泵预热速度不均匀,泵壳与叶轮卡涩。

(八)封油的投用方法

ZBB004　封油的投用方法

(1)检查封油系统设备完好。

(2)检查封油系统流程正常。

(3)封油罐液位正常,油品品质正常、无水分,温度在指标范围内。

(4)启动封油泵,检查封油系统压力正常。

(5)首先打开注入点处排空阀,确认管线无存水,排净盲肠内凉油。

(6)封油温度正常后,关闭排空阀,打开注入点阀门,注入封油,并调节注入点压力、流量至正常。

二、技能要求

(一)准备工作

(1)设备、材料准备,劳动保护用品穿戴齐全。

(2)使用工具:扳手。

（3）人员：2 人操作，持证上岗。

（二）操作步骤

（1）做好备用泵启动前的准备，打开备用泵进口阀，预热的泵停预热。

（2）启动备用泵，检查备用泵运转是否正常。

（3）缓慢打开备用泵出口阀，同时缓慢关闭原泵出口阀，调节流量至正常值。

（4）再次检查备用泵运行情况，停原泵，原运转泵打开预热阀进行预热。

（三）注意事项

备用泵启动前准备工作参照离心泵启动操作。

项目二　热油泵的预热操作

一、相关知识

开侧线时侧线泵容易抽空的原因及处理

开侧线前没有将泵入口管线内存水放尽，遇到高温油品汽化引起泵抽空。脱水阶段塔板上的部分冷凝水进入泵体，遇高温油品汽化引起泵抽空。出现以上两种情况，只要将该侧线泵入口低点放空阀打开，排除存水和气体，该泵一般就能上量。若仍不上量可反复开关该侧线泵出口阀门，使没有排尽的气体经过反复憋压而迅速带走，直至侧线泵正常上量。

塔内该侧线塔板受液槽尚未来油或来油量不足，也会使泵抽空，此时要调整好塔内各中段回流比例，待侧线来油后再开，并控制好侧线抽出量。

二、技能要求

（一）准备工作

（1）设备、材料准备，劳动保护用品穿戴齐全。

（2）使用工具：扳手。

（3）人员：2 人操作，持证上岗。

（二）操作步骤

（1）关闭泵各阀门。

（2）改通预热流程。

（3）打开泵压力表阀。

（4）冷却系统给上冷却水。

（5）打开泵预热阀。

（6）缓慢打开泵出口阀。

（7）控制泵内压力和升温速度符合要求。

（8）每 15min 盘车一次。

（三）注意事项

泵预热设备流程、操作方法各装置均有所不同，应因地制宜地选择适合本装置设备的操作方式。

项目三　加热炉火嘴的拆装

一、相关知识

(一)烧油时使用雾化蒸汽的原因及其要求

使用雾化蒸汽的目的,是利用蒸汽的冲击和搅拌作用,使燃料油呈雾状喷出,与空气得到充分的混合而达到燃烧完全。

雾化蒸汽量必须适当。过少时,雾化不良,燃料油燃烧不完全,火焰尖端发软,呈暗红色;过多时,火焰发白,虽然雾化良好,但易缩火,破坏正常操作。雾化蒸汽不得带水,否则火焰冒火星,喘息,甚至熄火。

(二)加热炉燃料气火嘴调节方法

ZBB014　加热炉火嘴的调节方法

(1)稳定明亮的火焰:良好燃烧。

(2)拉长的绿色火焰:不正常。一般是空气过量,应减少。

(3)光亮发飘的火焰:不正常。一般是空气量不足,应增加。

(4)熄灭:抽力过大,应重新调整负压;火嘴喷头堵塞,应卸下清洗。

(5)回火:抽力不够,应重新调整负压;空气量不足,应增加;火嘴喷头已烧坏,重新更换;燃料气压力大幅波动。

(6)火焰长、软,呈红色,炉膛不明,冒黑烟,炉膛温度上升。原因是燃料气严重带油,应加强燃料气罐脱油,启用蒸汽加热器。

(7)火焰冒火星、缩火。原因是燃料气带水严重,应加强燃料气罐脱水。

二、技能要求

(一)准备工作

(1)设备、材料准备,劳动保护用品穿戴齐全。

(2)使用工具:活动扳手。

(3)人员:2 人操作,持证上岗。

(二)操作步骤

(1)关闭火嘴各阀门,拆开火嘴软管活接。

(2)拔掉火嘴固定鞘,抽出火嘴。

(3)拆开喷头清洗干净后回装。

(4)插入火嘴并插好固定鞘,连接好软管。

(三)注意事项

拆开软管活结前,必须严格确认火嘴各阀门已经关闭且严密,并采取相应安全防范措施。

项目四　翻板液位计的投用操作

一、相关知识

（一）翻板液位计的结构原理

翻板液位计又称磁性液位计、磁翻柱液位计、磁浮子液位计，它是利用磁耦合原理进行工作的，翻板液位计结构如图 3-6-1 所示。弥补了玻璃管液位计不能在高温高压下工作且易碎的多重缺点。

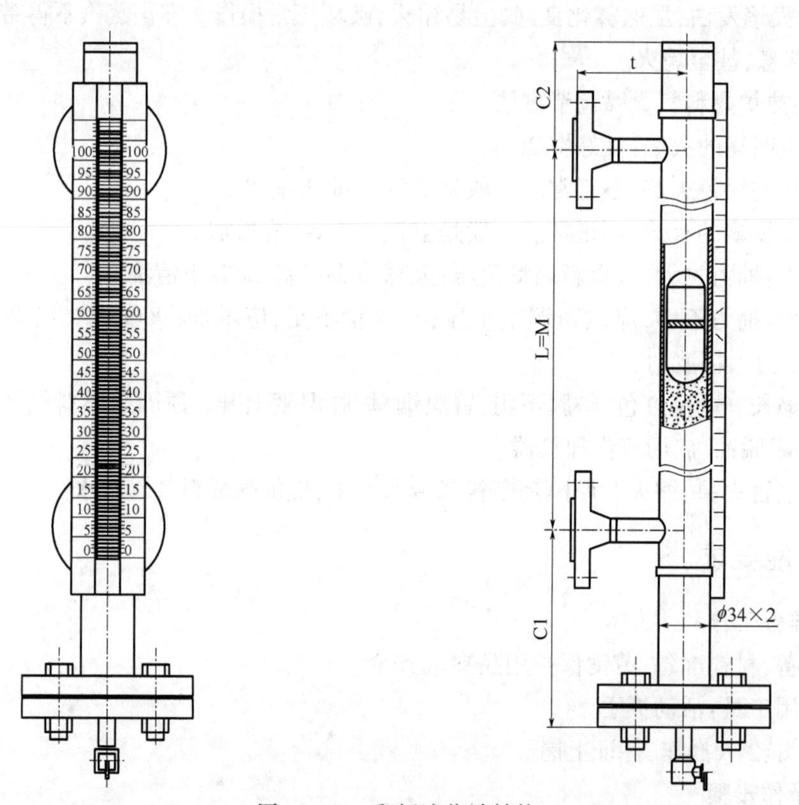

图 3-6-1　翻板液位计结构

指示器由磁性色片组成，当本体管内的磁性浮球随液位上升时色片翻转，即可显示液位高度。本体管采用无缝钢管，连接管处采用拉孔焊接，内部无划痕，适合用于高温、高压、耐腐蚀等场合。有侧装和顶装二种安装方式，不论哪种方式都可以捆绑远传装置，使液位计即可以就地显示液位，又可以远程监控液位。捆绑后的磁翻板液位计可称为远传型磁翻板液位计。

ZBG005　玻璃板液位计指示失灵的判断

（二）玻璃板液位计指示失灵的判断

玻璃板液位计是利用流体 U 形管原理，两个管子中液位保持同一水平面，因此塔内的液位与玻璃板指示的液位一致。正确使用玻璃板液位计，关键是玻璃板上下两端与塔容器连接口应保持畅通,有一端连接口堵塞,都将影响玻璃板液位计正常指示。重质油品冬季气温低,保温不佳会引起重质油凝固;轻质油会有铁锈等杂物堵塞,都可能引起液位计指示失灵,造成假象。使用玻璃板液位计要与仪表控制的液位相对照,发现玻璃板液位计指示的液位有异常要进行检查,伴热是否良好,指示是否灵敏,可将液位或界位提高或降低以考察玻璃板液位指示是否真实。

二、技能要求

(一)准备工作

(1)设备、材料准备,劳动保护用品穿戴齐全。

(2)使用工具:活动扳手。

(3)人员:2 人操作,持证上岗。

(二)操作步骤

(1)确认液位计安装完毕、状态完好。

(2)液位计校准完毕。

(3)应先打开上阀,然后缓慢地打开下阀,使介质慢慢地流入筒体,让翻板逐一翻动跟踪指示。

(4)在使用过程中,因液位突然变化或其他原因造成个别翻板失灵,可用调整磁钢校正。

(三)注意事项

(1)本体周围不容许有导磁物质接近,禁用铁丝固定,否则会影响磁翻板液位计的正常工作。

(2)调试时应先打开上部引管阀门,然后缓慢开启下部阀门,让介质平稳进入主导管(运行中应避免介质急速冲击浮子,引起浮子剧烈波动,影响显示准确性),观察磁性红白球翻转是否正常,然后关闭下引管阀门,打开排污阀,让主导管内液位下降。据此方法操作三次,确属正常,即可投入运行(腐蚀性等特殊液体除外)。

(3)介质内不应含有固体杂质或磁性物质,以免对浮子造成卡阻。

(4)磁翻板液位计应根据介质情况,不定期清洗主导管清除杂质。

(5)使用前应先用校正磁钢将零位以下的小球置成红色,其他球置成白色。

(6)磁翻板液位计的安装位置,应避开或远离物料介质进出口处,避免物料流体局部区域的急速变化,影响液位测量的准确性。

项目五　容器的投用操作

一、相关知识

ZAH009　压力试验的作用

压力试验的作用

压力试验目的是检验压力容器承压部件的强度和严密性。在试验过程中,通过观察承压部件有无明显变形或破裂,来验证压力容器是否具有设计压力下安全运行所必需的承压能力。同时,通过观察焊缝、法兰等连接处有无渗漏,检验压力容器的严密性。

由于压力试验的试验压力要比最高工作压力高,所以应该考虑到压力容器在压力试验时有破裂的可能性。由于相同体积、相同压力的气体爆炸时所释放出的能量要比液体大得多,为减轻锅炉、压力容器在耐压试验时破裂所造成的危害,所以通常情况下试验介质选用液体。因为水的来源和使用都比较方便,又具有做耐压试验所需的各种性能,所以常用水作为耐压试验的介质,故耐压试验也常称为水压试验。

二、技能要求

(一)准备工作

(1)设备、材料准备,劳动保护用品穿戴齐全。

(2)使用工具:扳手。

(3)人员:2 人操作,持证上岗。

(二)操作步骤

(1)检查有关盲板是否拆除,各部件是否连接好。

(2)各附件齐全好用。

(3)联系仪表工启动指示剂控制系统。

(4)改通进出口流程,关闭其余连通阀门,打开压力表阀。

(5)进油后检查是否有泄漏。

(三)注意事项

(1)使用条件比较苛刻。压力容器不但承受着大小不同的压力载荷(在一般情况下还是脉动载荷)和其他载荷,而且有的还是在高温或深冷的条件下运行,工作介质又往往具有腐蚀性,工况环境比较恶劣。

(2)容易超负荷。容器内的压力常常会因操作失误或发生异常反应而迅速升高,而且往往在尚未发现的情况下,容器已破裂。

(3)局部应力比较复杂。例如,在容器开孔周围及其他结构不连续处,常会因过高的局部应力和反复的加载卸载而造成疲劳破裂。

(4)常隐藏有严重缺陷。焊接或锻制的容器,常会在制造时留下微小裂纹等严重缺陷,这些缺陷若在运行中不断扩大,或在适当的条件(如使用温度、工作介质性质等)下都会使容器突然破裂。

项目六　往复式压缩机启动操作

一、相关知识

往复式压缩机的特点

由于设计原理的关系,就决定了活塞压缩机的很多特点:运动部件多,有进气阀、排气阀、活塞、活塞环、连杆、曲轴、轴瓦等;受力不均衡,没有办法控制往复惯性力;需要多级压缩,结构复杂;由于是往复运动,压缩空气不是连续排出、有脉动等。

优点:热效率高、单位耗电量少;加工方便对材料要求低,造价低廉;装置系统较简单;设计、生产早,制造技术成熟;应用范围广。

缺点:运动部件多,结构复杂,检修工作量大,维修费用高;转速受限制;活塞环的磨损、气缸的磨损、皮带的传动方式使效率下降很快;噪声大;控制系统的落后,不适应连锁控制和无人值守的需要,所以尽管活塞机的价格很低,但是也往往不能够被用户接受。

二、技能要求

(一)准备工作

(1)设备、材料准备,劳动保护用品穿戴齐全。

(2)使用工具:扳手。

(3)人员:2 人操作,持证上岗。

ZBE019　压缩机启动的注意事项

(二)操作步骤

(1)做好压缩机启动前准备工作。

(2)压缩机吸入罐排水,并确保排尽,即可启动,启动电动机在无负荷下运转 5min,证明其完全正常,方可升压。

(3)打开压缩机吸入罐出口阀的前后切断阀,关放空阀,缓慢开启吸入罐出口阀,将介质引至压缩机进口阀前,缓慢开压机进口阀,对压缩机进行均压。

(4)缓慢关闭回路阀,逐渐升高压力,至出口压力接近额定的工作压力时打开出口阀门,使机器进入正常运转。注意压缩机出口不要超压。

(三)注意事项

(1)保证压缩机润滑系统良好。

(2)严防液体带入气缸。

项目七　离心泵流量的调节

一、相关知识

(一)离心泵的性能曲线

离心泵的特性曲线是将由实验测定的 Q、H、N、η 等数据标绘而成的一组曲线。此图由泵的制造厂家提供,供使用部门选泵和操作时参考。

不同型号泵的特性曲线不同,但均有以下三条曲线:

(1)$H-Q$ 线,表示压头和流量的关系;

(2)$N-Q$ 线,表示泵轴功率和流量的关系;

(3)$\eta-Q$ 线,表示泵的效率和流量的关系。

离心泵特性曲线上的效率最高点称为设计点,泵在该点对应的压头和流量下工作最为经济。离心泵铭牌上标出的性能参数即为最高效率点上的工况参数。离心泵的性能曲线详见本书第一部分模块六。

ZBE018 离心泵流量降低的因素

（二）离心泵流量不足的原因及解决办法

1. 离心泵流量不足的原因

（1）管道、泵体堵塞；

（2）电压过低；

（3）叶轮磨损；

（4）阀门被关闭；

（5）电动机反转；

（6）进口管道漏气；

（7）泵内有空气；

（8）进水量小；

（9）出口管道阻力太大。

2. 解决办法

（1）进出口管道、离心泵叶轮流道部分堵塞，需要检查管道和泵腔内部，并且清除堵塞物；

（2）电压过低的情况下需要稳定电压；

（3）叶轮磨损的情况下需要更换新的叶轮；

（4）电动机反转或者电动机缺相的话会与正常状态明显不一致，进行接线调整或紧固接线；

（5）离心泵进口管道漏气，会导致离心泵一致处于吸空气的状态，需要检查进口管道漏气点，进行漏气修复，拧紧各个结合面，排除空气；

（6）离心泵没有进行排气作业，会导致泵体内没有灌满液体，存在空气，需要拧开泵上的排气阀，将空气排出；

（7）离心泵进口管路流量不能够满足泵所需流量或者吸程过高，都会导致流量不足；

（8）离心泵泵前安装有底阀，如果底阀的密封不好存在漏水，也会导致泵流量不足；

（9）泵出口管道阻力过大，泵选型不当或者泵的扬程达不到所需扬程，可以减少管路弯道，弯头太多可以装上自动排气阀，排除管道弯道处所凝集的空气，或者重新选泵。

ZBE013 计量泵的性能

（三）计量泵的原理及性能特点

计量泵是一种可以满足各种严格的工艺流程需要，流量可以在0%~100%范围内无级调节，用来输送液体（特别是腐蚀性液体）一种特殊容积泵。计量泵也称定量泵或比例泵，计量泵属于往复式容积泵，用于精确计量，通常要求计量泵的稳定性精度不超过±1%。随着现代化工业朝着自动化操作、远距离自动控制这一形势的不断发展，计量泵的配套性强、适应介质（液体）广泛的优势尤为显得突出。

原理：电动机经联轴器带动蜗杆并通过蜗轮减速使主轴和偏心轮作回转运动，由偏心轮带动弓形连杆的滑动调节座内作往复运动。当柱塞向后死点移时，泵腔内逐渐形成真空，吸入阀打开，吸入液体；当柱塞向前死点移动时，此时吸入阀关闭，排出阀打开，液体在柱塞作用下进一步运动时排出。泵的往复运动工作形成连续有压力、定量的液体排放。

计量泵的性能特点：

（1）流量小而不均匀（脉动），几乎不随扬程变化。

(2)扬程大,且决定于泵本身动力、强度和密封。

(3)扬程和流量几乎无关,只是流量随扬程增加而漏损使流量降低,轴功率随扬程和流量而变化。

(4)吸入高度大,不易产生抽空现象,有自吸能力。

(5)效率较高,在不同扬程和流量下工作效率仍保持较高值。

(6)转速低。

二、技能要求

(一)准备工作

(1)设备、材料准备,劳动保护用品穿戴齐全。

(2)使用工具:扳手。

(3)人员:2人操作,持证上岗。

(二)操作步骤

(1)与内操确认机泵需要的流量大小。

(2)检查确认机泵运转平稳,各部件运转正常。

(3)根据需要调节泵出口阀门至合适开度。

开关过程中注意:缓慢关小泵出口阀门,阀后流量是否减小,缓慢开大泵出口阀门,阀后流量是否增加。缓慢关小泵出口阀门,电动机电流指示是否减小,缓慢开大泵出口阀门,电动机电流指示是否上升。缓慢关小泵出口阀门,泵出口压力是否上升,缓慢开大泵出口阀门,泵出口压力是否下降。

(4)流量调节完毕,再次确认机泵运转平稳,各部件运转正常。

(三)注意事项

(1)注意机泵不可小流量长时间运行。

(2)机泵流量过大可能抽空或电动机超负荷。

(3)电动机电流不能超过红线。

模块七　事故判断与处理

项目一　冷却器小浮头漏的判断

一、相关知识

冷换设备浮头盖(垫片)漏与小浮头漏的判断方法

冷换设备如果浮头盖(垫片)漏,轻微时冒烟、滴油,严重时漏油可成串,甚至着火。而小浮头(垫片)漏可从压力低的一侧油品变色判断。如果是冷却器,可从下水中带油确定。对于颜色相近的油品换热应采样分析判断。

二、技能要求

(一)准备工作

(1)设备、材料准备,劳动保护用品穿戴齐全。

(2)使用工具:手电筒。

(3)人员:2人操作,持证上岗。

(二)原因分析

(1)冷却器下水带油。

(2)冷却器下水变色。

(3)油品带水。

(三)注意事项

冷换设备发生外漏时,及时排查是否存在憋压情况并及时消除异常。

项目二　阀门阀芯脱落的判断

一、相关知识

(一)截止阀的结构原理

截止阀也称为截门,是使用最广泛的一种阀门。结构如图3-7-1所示。它的闭合原理是,依靠阀杆压力,使阀瓣密封面与阀座密封面紧密贴合,阻止介质流通。截止阀只允许介质单向流动,安装时有方向性。它的流体阻力大,长期运行时,密封可靠性不强。它之所以广受欢迎,是由于开闭过程中密封面之间摩擦力小,比较耐用,开启高度不大,制造容易,维修方便,不仅适用于中低压,而且适用于高压。

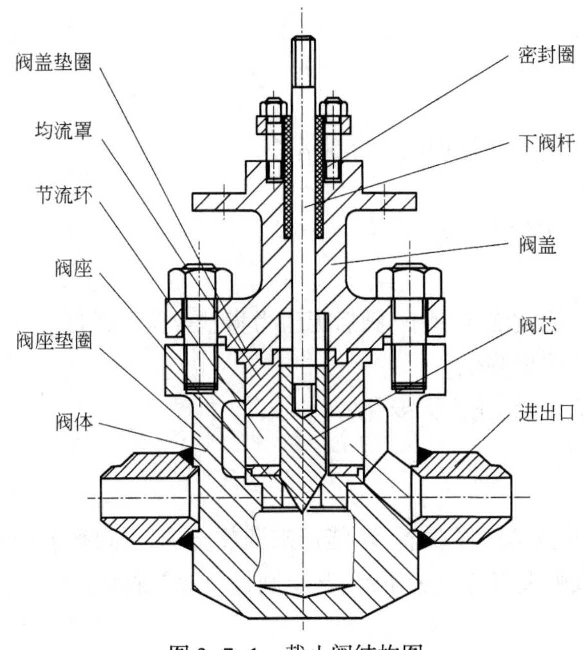

图 3-7-1　截止阀结构图

(二)闸阀的结构原理

闸阀也叫闸板阀,是一种广泛使用的阀门。结构见图 3-7-2。它的闭合原理是闸板密封面与阀座密封面高度光洁、平整一致,相互贴合,可阻止介质流过,并依靠顶模、弹簧或闸板的模型,来增强密封效果。它在管路中主要起切断作用。它的优点是流体阻力小,启闭省劲,可以在介质双向流动的情况下使用,没有方向性,全开时密封面不易冲蚀,结构长度短,不仅适合作小阀门,而且适合作大阀门。

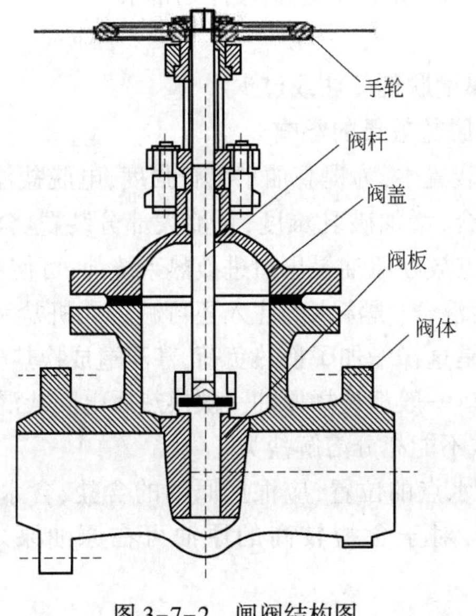

图 3-7-2　闸阀结构图

二、技能要求

(一)准备工作

(1)设备、材料准备,劳动保护用品穿戴齐全。

(2)使用工具:扳手。

(3)人员:2人操作,持证上岗。

(二)原因分析

(1)阀后无流量指示或流量过小,阀后无压力指示或压力过低。

(2)阀后设备温度明显降低。

(3)开关阀门阀后流量、压力无变化。

(4)阀杆关不到位。

(三)注意事项

闸阀一般应处于全开或全关位置,不能用来调节流量,否则闸板处于中间位置会受到介质的冲刷和腐蚀,造成闸板损坏或关不严,甚至闸板与阀杆脱离。

项目三　电脱盐罐变压器电流升高的判断

一、相关知识

(一)电脱盐罐变压器跳闸的原因

(1)油水界位过高,造成原油带水。

(2)混合强度过大,原油乳化严重,造成原油带水。

(3)原油较重,油水难以分离,造成原油带水。

(4)原油注水量突然升高,水量过大,造成原油带水。

(5)电气设备有故障。

(6)原油中加注的金属增脱剂停注或过少。

ZBC002 电脱盐注水点对脱盐效果的影响

(二)电脱盐注水点对脱盐效果的影响

在较早的常减压蒸馏装置中,为提高油水混合强度,电脱盐注水点在原油泵入口,但考虑到离心泵的过度混合,增加破乳难度,目前大部分装置将注水点移至换热系统后进脱盐罐前。也有的将注水点放在原油泵出口进换热系统前,可使油水充分混合,取消静态混合器,又避开离心泵的过度混合;洗涤水的注入还可减少无机盐和悬浮物在换热器中结垢,有利于提高传热系数。但是这样增加了换热负荷,甚至造成换热器憋压、泄漏。

现在电脱盐装置注水口一般都选择原油一次换热后电脱盐混合阀前。但是这会造成水和原油混合时间较短,使水不能充分溶解盐类。

实际操作中电脱盐注水点的位置,应根据原油的含盐、含水量来选择,对于易乳化原油,注水点应在混合阀前,对于含盐较高的原油可在原油泵之后注入,而且要提高注入量。

(三)电脱盐混合器对脱盐效果的影响

ZBC005　电脱盐混合器对脱盐效果的影响

原油注水后,为使水能够与油充分混合,需在注水点后安装混合装置。一般的混合装置包括静态混合器和偏转球形调节阀。静态混合器就是一段管道,内壁安装了几圈导向板,原油流经时,会破坏原来的流动状态,增加湍流效果。它的压降随原油流量的大小而变化。偏转球形调节阀是可控制的,全开时混合强度最小,压降值越大混合强度越大。也有的装置是采用双座调节阀作为混合器。

ZBE010　电脱盐混合器的作用

ZBE014　混合器的调节方法

提高混合效率,可以提高脱盐率,注水后水和油只有充分接触混合,才能把油中包含的水溶性盐溶于水中,而只有溶于水中的盐和被水润湿的固体不溶性盐才能被脱除。油水的混合强度越大,混合效果越好。所以,提高混合强度可以提高脱盐效果。

然而,混合强度越高,分散在原油中的水滴的直径越小,水滴在原油中的沉降速度越小,脱盐率将变小。如果过度混合,注入的水会和原油形成新的牢固的乳化液,难以脱除,并且脱水容易带油,所以混合强度应有一个最佳值。这个值需要摸索,而且原油品种更换后这个最佳值会发生变化,还得重新调整摸索。因此对每一个电脱盐设施,都应进行试验总结,找出较合适的混合强度,一般经验,混合强度值在 0.1~0.15MPa 较为适宜,对于密度、黏度较大的原油应取较大值。

二、技能要求

(一)准备工作

(1)设备、材料准备,劳动保护用品穿戴齐全。

(2)使用工具:扳手。

(3)人员:2 人操作,持证上岗。

(二)原因分析

(1)三相电流同时升高是工艺操作问题。一相电流升高,其他两相电流不变或变化小是电器问题。

(2)电脱盐罐油水界面偏高。

(3)电脱盐罐油水界面区乳化层较厚。

(4)电脱盐操作温度偏高。

(5)混合强度过大原油乳化造成原油带水。

(6)电脱盐罐电气设备有故障。

(7)原油性质变化,原油中金属离子增多。

(三)注意事项

电脱盐电流升高是操作中经常遇到的问题,原因有两种,一种是油品性质方面的因素造成,另一种是电器方面的问题造成。区分两者是处理问题的关键。出现电流升高现象后,首先看是一相电流升高还是三相同时升高,如果操作条件未发生变化,其中一相升高,说明电器或某极板有问题。有时当操作条件未发生变化,会出现三相电流均升高的现象,有可能是原油性质变化造成的。但有时操作条件未发生变化,也会出现三相电流升高,伴随其中一相上升较高,此时就要酌情判断。如果由于原油导电率上升,使电流上升,其中一相略高,可以通过反冲洗等操作来解决。如果在三相电流均升高的同时,一相上升特别高,甚至跳闸,可能某一相电极或电器有问题，重点检查电器方面的问题。

项目四　控制阀失灵的判断

一、相关知识

（一）控制阀失灵常见原因

1. 阀门失控

（1）自控阀阀杆的螺母自行脱落，导致阀门失控。

（2）自控阀不动，电磁阀不动作。

2. 振荡

控制阀的弹簧刚度不足，控制阀输出信号不稳定而急剧变动易引起控制阀振荡。选阀的频率与系统频率相同或管道、基座剧烈振动，使控制阀随之振动。选型不当，控制阀工作在小开度存在着急剧的流阻、流速、压力的变化，当超过阀刚度，稳定性变差，严重时产生振荡。

3. 阀门定位器故障

普通定位器采用机械式力平衡原理工作，即喷嘴挡板技术，主要存在以下故障类型：

（1）因采用机械式力平衡原理工作，其可动部件较多，容易受温度，振动的影响，造成控制阀的波动。

（2）采用喷嘴挡板技术，由于喷嘴孔很小，易被灰尘或不干净的气源堵住，是定位器不能正常工作。

（3）采用力的平衡原理，弹簧的弹性系数在恶劣现场下发生改变，造成控制阀非线性导致控制质量下降。

（4）智能定位器由微处理器（CPU）、A/D，D/A 转换器等部件组成，其工作原理与普通定位器截然不同。给定值和实际值的比较纯是电动信号，不再是力平衡，因此能够克服常规定位器的力平衡的缺点。但在用于紧急停车场合时，如紧急切断阀、紧急放空阀等，这些阀门要求静止在某一位置，只有紧急情况出现时，才需要可靠地动作。长时间停留在某一位置容易使电气转换器失控造成小信号不动作的危险情况。此外用于阀门的位置传感电位器由于工作在现场，电阻值易发生变化造成小信号不动作，大信号全开的危险情况。因此为了确保智能定位器的可靠性和可利用性，必须对它们进行频繁的测试。

ZBG010 净化风中断的现象

（二）净化风中断的现象

（1）净化风压力表指示压力下降较快。

（2）风罐压力下降，当小于 0.1MPa 时，相关仪表、控制阀失灵，风关阀全开，风开阀全关，装置相关工艺参数超标。

二、技能要求

（一）准备工作

（1）设备、材料准备，劳动保护用品穿戴齐全。

(2)使用工具:扳手。

(3)人员:2 人操作,持证上岗。

(二)原因分析

(1)自控状态无法控制操作参数。

(2)手控状态调节输出风压,操作参数无变化或变化小。

(3)现场检查控制阀阀芯卡死。

(三)注意事项

外操现场确认控制阀失灵后,应立即切副线操作,防止生产波动,并及时联系维修人员。

项目五　冷换设备内漏的判断

一、相关知识

(一)浮头式换热器结构

浮头式换热器结构见图 3-7-3。浮头式换热器两端管板中只有一端与壳体固定,另一端可相对壳体自由移动,称为浮头。浮头由浮动管板、钩圈和浮头端盖组成,是可拆连接,管束可从壳体内抽出。管束与壳体的热变形互不约束,因而不会产生热应力。其优点是管间与管内清洗方便,不会产生热应力;但其结构复杂,造价比固定管板式换热器高,设备笨重,材料消耗量大,且浮头端小盖在操作中无法检查,制造时对密封要求较高。浮头式换热器适用于壳体和管束之间壁温差较大或壳程介质易结垢的场合。

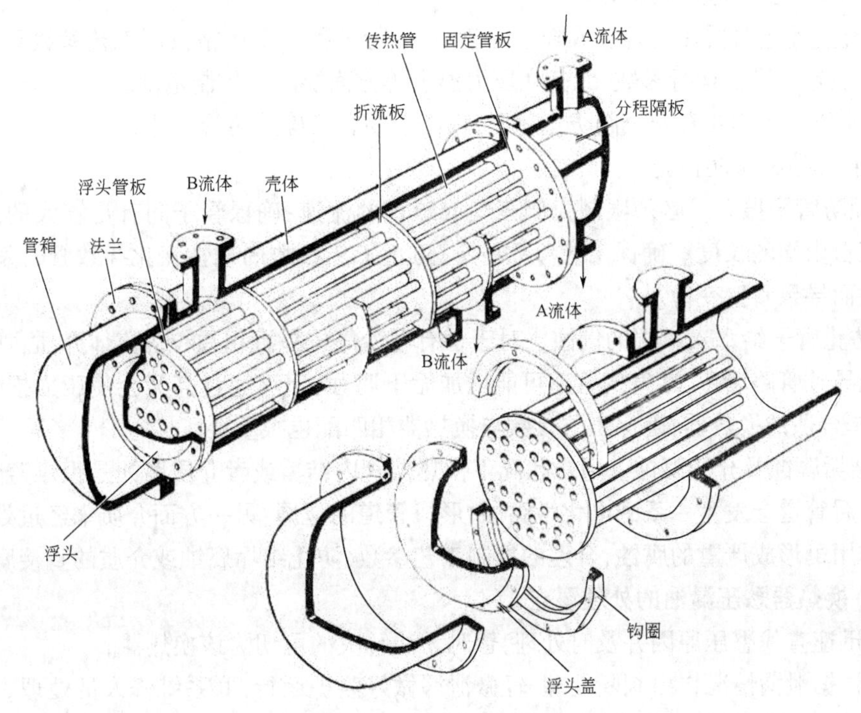

图 3-7-3　浮头式换热器

ZBE007 换热器折流板的作用

换热器折流板的作用:为达到逆流传热,除管程采用多管程外,壳程采用折流挡板来配合趋向逆流换热,以提高传热系数。一般常用的折流板形式有弓形和盘环形。

ZBE008 换热器防冲板的作用

换热器防冲板的作用:为防止壳程入口液体直接冲刷管束,避免冲蚀管束和造成振动,在入口处常常设置防冲板缓冲壳程入口液流,其开孔数量与安装位置可按设计规定执行。

ZBG001 换热器内漏的判断方法

(二)换热器内漏的判断方法

换热器管程和壳程油品相互渗漏,称为换热器内漏,如常压中段回流与原油换热漏进中段回流中,换热器外观无异常现象,污染的中段回流油,进入常压塔引起中段回流入塔处上下两个侧线油颜色变深,在操作中,发现上部侧线油颜色变深,下部侧线油颜色正常或稍有变化,例如常一线油颜色变坏常二线油颜色没变或变化轻微,可确定是一中段回流油换热器内漏,应立即停止用常一中段回流油与原油换热的换热器,将变色油品改送至不合格产品油罐。

产品换热器内漏时,可在泵出口和出装置采样口分别采样对比观察油品颜色是否相同,如泵出口油品颜色正常出装置采样口颜色异常则表明该侧线换热器有内漏,应停止使用有内漏的换热器。

设有塔顶回流和顶循环回流与原油换热的工艺流程装置,当发生换热器内漏时,可引起塔顶汽油颜色变深,发现及时,下部侧线油品颜色可能正常,应立即停止使用有内漏的换热器,否则会引起整个塔产品颜色变坏。

ZBB016 防止换热器泄漏的措施

(三)防止换热器泄漏的措施

(1)在换热器安装过程中严格检查,确保管板的厚度,有良好的管孔加工、堆焊,管子胀接、焊接工艺等都必须良好。

(2)开车停车时要保证升温或降温的速率,运行过程中要严格按照工艺参数要求,换热器介质不能超过设备运行参数,尤其在压力温度等方面要严格控制范围。

(3)换热器水侧要有安全阀防止超压,检修上要有正确的堵管工艺。

(4)管体泄漏预防措施。

① 预防管子振动。必须限制壳侧蒸气或疏水的流速;确保管子间有足够大的间隙,并限制管束自由端的长度。确保工艺参数稳定,防止工艺参数周期性变化导致管子发生振动互相摩擦而导致管壁变薄。

② 防止管子给水入口端的侵蚀。对于含有泥沙等较易沉积颗粒的流体介质,如果流速过低可能导致管路堵塞,堵塞的管道可能增加垢下腐蚀;但流速过高又会使压力损失增加。因此,选择合适的换热器,确保工艺参数与换热器相匹配也很重要。

③ 结垢腐蚀及介质腐蚀。通常状况下换热器管内结垢或者介质腐蚀是很难避免的,一方面结垢后管道会发生一系列电化学腐蚀,形成管道的泄漏;另一方面介质未经过处理与管道直接作用可形成严重的腐蚀,合理的控制工艺参数,防止结垢腐蚀或介质的直接腐蚀。

ZBH005 换热器憋压漏油的处理要点

(四)换热器憋压漏油的处理要点

(1)迅速查找憋压原因并及时处理,暂时无法解决的可切除该换热器。

(2)根据泄漏情况作出判断处理,轻微泄漏做好监护运行,联系维修人员处理。严重泄漏迅速将换热器切除系统,同时检查泄漏油品是否对相邻的设备管线造成影响,避免油品遇到高温部位着火。

(3)如泄漏较大发生着火,立即用消防设施灭火并启动事故预案,报火警。

(五)换热器漏油着火的处理原则

ZBH008 换热器漏油着火的处理原则

(1)汇报厂调度和车间管理人员。

(2)火势较小,用现场消防设施灭火,着小火汽带能灭火时,用汽带掩护生产。

(3)必要时换热器走旁路,甩掉换热器,切断火源。

(4)火势大难以控制,马上报火警通知消防队,必要时对周围设备进行掩护。消防队扑救火灾时,严禁水枪直射高温设备。立即封死地漏,防止漏油着火流入下水井。

(5)可用停泵降压法减轻火势,便于处理。

(6)火势较大难以控制,并可能危及装置安全生产,紧急停工。

二、技能要求

(一)准备工作

(1)设备、材料准备,劳动保护用品穿戴齐全。

(2)使用工具:扳手。

(3)人员:2人操作,持证上岗。

(二)原因分析

(1)从压力低的一侧油品的颜色变化判断。

(2)高压一侧压力降低,低压一侧压力升高。

(3)管壳程油品颜色相近则可采样化验分析判断。

(4)在冷却器水出口处采样检查是否带油,检查油品是否带油。

(三)注意事项

(1)冷换设备投用要先投冷介质,后投热介质;停用要先停热介质,后停冷介质;防止温度或压力的急剧变化。

(2)加强改善设备的防腐工作。

项目六 瓦斯带油进加热炉的判断

一、相关知识

ZBG014 燃料气带水的判断方法

(一)瓦斯带水的现象

瓦斯带水时,从火盆喷口可发现有水喷出,加热炉各点温度,尤其是炉膛和炉出口温度急剧下降,火焰发红。带水过多时,火焰熄灭,少量带水时,会出现缩火现象。

因此,瓦斯带水与瓦斯带油的现象是有显著区别的。

(二)加热炉火嘴漏油的原因及处理方法

ZBH002 火嘴漏油的处理方法

火嘴漏油时要找出原因,然后采取必要的相应措施。

(1)由于火嘴安装不垂直,位置过低,喷孔角度过大以及连接处不严密而产生火嘴漏油时,应及时将火嘴拆下进行修理,并将火嘴安装位置调整对中。

(2)由于雾化蒸汽与油的配比不当或因燃料油和蒸汽压力偏低而产生的火嘴漏油时，必须调节油汽配比或压力，到火焰颜色正常为止。

(3)由于油温过低而产生的火嘴漏油，应采用蒸汽套管加热，使油温加热到130℃以上。油温太低时雾化不好，火嘴漏油。油温太高时，喷头容易结焦堵塞。

(4)由于雾化蒸汽带水或燃料油带水而产生的火嘴漏油，应加强脱水。

(5)火嘴、火盆结焦致使不能正常燃烧亦会造成漏油，应进行清焦处理。

二、技能要求

(一)准备工作

(1)设备、材料准备，劳动保护用品穿戴齐全。

(2)使用工具：扳手。

(3)人员：2人操作，持证上岗。

ZBG016 燃料气带油的现象和原因

(二)原因分析

(1)瓦斯分液罐液面迅速上升，直至满罐。

(2)瓦斯压力波动。

(3)加热炉烟囱冒黑烟，炉膛变正压，严重时火焰蹿出炉外燃烧。

(4)炉膛温度、分支温度、出口温度上升。

(5)带油严重时，炉膛内发生闪爆，防爆门开，甚至损坏加热炉。

(三)注意事项

(1)内操发现瓦斯带液征兆，马上通知外操确认并处理。

(2)注意与瓦斯或燃料油大量进入炉膛的区分。

项目七　炉管结焦的判断

一、相关知识

ZBC027 加热炉出口温度的影响因素

加热炉出口温度调控

1. 影响加热炉出口温度的因素

(1)入炉原料油的温度、流量、性质变化。

(2)燃料油压力或性质变化，燃料气性质、压力变化或带液。燃料流量的变化。

(3)仪表或控制阀故障、自动控制失灵。

(4)外界气候影响。

(5)炉膛温度的变化。

(6)烟风系统变化或异常。

ZBC028 保持加热炉出口温度平稳的措施

2. 保持加热炉出口温度平移的措施

为了保持炉出口温度平稳，应该随时掌握入炉原料油的温度、流量和压力的变化情况，密切注意炉子各点温度的变化，及时调节。其中以辐射管入口温度和炉膛温度尤为重要，这两个温度的波动，预示着炉出口温度的变化。根据这两个温度的变化及时进行调节，

可以实现炉出口温度平稳运行。为了保证出口温度波动在工艺指标范围之内(+1℃),主要调节措施:

(1)首先要做到四勤:勤看、勤分析、勤检查、勤调节,尽量做到各班组之间操作的统一。

(2)及时、严格、准确地进行"三门一板"的调节,做到炉膛内燃烧状况良好。

(3)根据炉子负荷大小、燃烧状况决定点燃的火嘴数,整个火焰高度不大于炉膛高度的2/3,炉膛各部受热要均匀。

(4)保证燃料油、蒸汽、瓦斯压力平稳,严格要求燃料油的性质稳定。

(5)在处理量不变、气候不变时,一般情况下调整和固定好炉子火嘴风门和烟道挡板,调节时幅度要小,不要过猛。

(6)炉出口温度在自动控制状态下控制良好时,应尽量减少人为调节过多造成的干扰

(7)进料温度变化时,可根据进料流速情况进行调节。变化较大时,可采用同时或提前调节出口温度。

(8)提降进料量时,可根据进料流量变化幅度调节。进料量一次变化1%时,一般采取同时调节或提前调节炉出口温度。进料一次变化2%时,必须提前调节。

(9)炉子切换火嘴时,可根据燃料发热值,原火焰长短,原点燃火嘴数,进行间隔切换火嘴。不可集中在一个方向切换。切换的方法是:先将原火焰缩短,开启切换火嘴的阀门,待切换火嘴点燃后,再关闭原火嘴的阀门。

二、技能要求

(一)准备工作

(1)设备、材料准备,劳动保护用品穿戴齐全。

(2)使用工具:扳手。

(3)人员:2人操作,持证上岗。

(二)操作步骤

ZBF007　加热炉结焦的判别方法

1. 炉管结焦原因

(1)炉管受热不均匀,火焰扑管,炉管局部过热;

(2)进料量波动、偏流,使油温忽高忽低或流量过小,油品停留时间过长而裂解;

(3)原料稠环物聚合、分解或含有杂质;

(4)检修时清焦不彻底,开工投产后炉管内的原有焦起了诱导作用,促进了新焦的生成。

ZBG002　炉管结焦的现象

2. 炉管结焦现象的判断

(1)明亮的炉膛中,看到炉管上有灰暗斑点,说明该处炉管已结焦;

(2)处理量未变,而炉膛温度及入炉压力均升高;

(3)炉出口温度反应缓慢,表明热电偶套管处已结焦。

3. 防止结焦措施

(1)保持炉膛温度均匀,防止炉管局部过热,应采用多火嘴,齐火苗,炉膛明亮的燃烧方法;

(2)操作中对炉进料量、压力及炉膛温度等参数加强观察、分析及调节;

(3)搞好停工清扫工作;

(4)严防物料偏流。

(三)注意事项

根据结焦轻重情况及时采取炉管保护措施。

项目八　原油带水进初馏塔的判断

ZBG006 塔顶油水分液罐满罐的现象

一、相关知识

(一)塔顶回流罐满的现象与处理

当塔顶油水分离罐液位控制失灵,或出装置管线堵塞,出装置后路不畅都会造成石脑油送不出,塔顶温度过高馏出量过大,塔顶油出装置泵电动机跳闸未及时发现等原因,可引起塔顶油水分离罐装满油,造成塔顶压力突然直线上升,罐内油品可通过油水分离罐顶至加热炉低压瓦斯线,进入加热炉燃烧,导致加热炉膛温度急骤上升,加热炉烟囱冒黑烟,火嘴下面漏油着火引起火灾等。

发现塔顶油水分离罐装满油时,首先关闭去加热炉燃烧的低压瓦斯阀门,将油改进低压瓦斯系统,立即加大出装置油流量,如后路不通则改进不合格油罐,尽快降低罐内石脑油液位,如果机泵故障,迅速启动备用机泵,降低塔顶温度,减少汽油馏出量。待操作恢复正常,放净低压瓦斯罐内存油,加热炉重新使用低压瓦斯作燃料。

ZBC018 油水分液罐油水界位的调节方法

(二)油水分液罐油水界位的调节方法

油水分液罐水位设有相应界位指示和控制仪表,当界位过高时,加大切水量,界位过低时,减小切水量。

ZBC017 油水分液罐油位的调节方法

(三)油水分液罐油位的调节方法

油水分液罐油位设有相应液位指示和控制仪表,并通过控制油品送出装置量调节罐内油位,当罐内油位升高时,加大油品外送量,油位降低时,减小油品外送量。

二、技能要求

(一)准备工作

(1)设备、材料准备,劳动保护用品穿戴齐全。

(2)使用工具:扳手。

(3)人员:2 人操作,持证上岗。

ZBG008 原油带水的现象

(二)操作步骤

ZBG004 初馏塔进料带水的原因

1. 初馏塔进料带水的原因

(1)原油罐未切水或未切尽,含水过大。

(2)电脱盐注水量过大或电脱盐水位过高、电脱盐跳闸。

2. 分析判断

(1)电脱盐油水界位上升。

(2)原油换热后温度下降,原油换热系统压力上升。

(3)初馏塔顶压力上升。

(4)初馏塔顶温度下降。

(5)初馏塔顶油水分离罐水位上升。

(6)初馏塔底液位下降。

(三)注意事项

(1)从电脱盐、原油换热系统、初馏塔顶系统综合判断是否存在原油带水或回流带水。

(2)及时采取措施防止各部分设备发生超压,并及时检查设备是否发生泄漏。

项目九 初顶出黑油的处理

一、相关知识

(一)初馏塔操作原则

(1)保持原油流量均匀、稳定;

(2)保持塔顶温度稳定,波动范围±2℃;

(3)保持塔底液面正常稳定,稳定初馏塔顶汽油质量及常压塔进料性质;

(4)保持初馏塔进料温度稳定,各路间换热温差不大于5℃;

(5)保持初馏塔顶压力稳定;

(6)保持初馏塔顶回流油温度和流量稳定;

(7)保持初顶回流罐油水界面正常、稳定,严防回流带水;

(8)注意原油性质及含水的变化,及时调节塔顶温度、压力,当含水较大时,要适当提高塔顶温度,防止塔底泵抽空。

ZBH001 初侧线颜色变深的处理方法

(二)初馏塔侧线油颜色变深的原因及处理

初馏塔侧线油在抽出量过大时,即拔出的馏分多、偏重时,会使重组分油馏出,可造成侧线油颜色变深,此时应降低侧线油抽出流量。

初馏塔底油液位过高,气相介质携带重组分油引起侧线油颜色变深。如果抽出量没有变化应检查塔底液位是否控制在正常的位置,将过高的油液位降低,油颜色可以恢复正常。

当初馏塔进料含水量大时,水汽量增大,气相负荷变化,也可以携带重组分油引起侧线油颜色变深。

原油加工量变大或操作不正常,发生冲塔都可引起侧线油颜色变深,严重时会出黑油。初馏塔侧线油经常一中段回流进入常压塔,应小心操作,否则变颜色的油会污染常压塔侧线油,影响常压塔产品质量。如处理量过大,应降低处理量,操作不正常冲塔时,应立即关闭初馏塔侧线,污染的油应改送进不合格油罐。

ZBC009 初侧线的控制方法

(三)初侧线的控制方法

初侧线一方面可以减少常压炉负荷,另一方面可以提高装置处理能力,抽出的初侧线进入常一中,最终从常二、三线拔出,否则这部分油品要经过常压炉汽化后再冷却从常压塔抽出。

初侧线应当在初馏塔稳定后再开，初侧抽出时流量不要过大，否则容易夹带重组分，常压柴油容易变色。另外初馏塔进料带水时，初侧会被污染，要及时切除，否则会污染常压塔。

ZBH010 空冷器漏油着火的处理原则

（四）空冷器泄漏着火的处理

（1）立即汇报车间，启动事故预案，报火警。

（2）就近使用消防器材灭火、控制火势。

（3）根据泄漏部位，关闭该组空冷器入口阀、出口阀，切除该组空冷器，控制、消除火势。

（4）切除泄漏设备、火势能够控制，根据塔顶负荷情况降量维持生产。

（5）无法切除或火势过大、无法控制，装置按紧急停工处理。

二、技能要求

（一）准备工作

（1）设备、材料准备，劳动保护用品穿戴齐全。

（2）使用工具：扳手。

（3）人员：2 人操作，持证上岗。

（二）操作步骤

（1）降低处理量，初顶泵故障则换备用泵。

（2）停初侧线。

（3）初顶油改入污油罐。

（4）改常顶油作初顶回流。

（三）注意事项

（1）停初侧线，防止污染常压塔。

（2）初顶产品被污染后，经冲洗置换，化验合格后改回合格线。

（3）初顶回流罐液位高时，预防自产瓦斯带液进加热炉，引起不正常燃烧。

项目十　装置局部停电的处理

一、相关知识

ZBA009 工艺联锁的目的

（一）工艺联锁的目的

工艺联锁和报警是用于生产装置（或独立单元）超出安全操作范围、机械设备故障、系统自身故障或物料、能源中断时，发出警报直至自动（必要时也可以手动）产生的一系列预先定义动作，使操作人员和生产装置处于安全状态的系统。

目的是保护装置、设备不超温、超压，保护装置、设备、人员处于安全状态，避免事故扩大化。

ZBH017 装置停电的处理方法

（二）装置全部停电的处理

（1）通知厂总调度室，确认停电原因及停电时间和范围。

（2）局部或瞬时停电，立即现场重启动机泵、风机或备用泵恢复生产。

（3）大面积长时间停电，按照紧急停工处理。

(4)加热炉立即熄火降温(可留少量瓦斯火),切断燃料油和瓦斯气,炉膛熄火。各塔底与侧线停吹汽,向炉管吹汽,将炉管内的存油赶到塔内去,重质油管线立即扫线,其余按停工步骤处理。

二、技能要求

(一)准备工作

(1)设备、材料准备,劳动保护用品穿戴齐全。

(2)使用工具:扳手。

(3)人员:2 人操作,持证上岗。

(二)操作步骤

(1)判断是否短时间停电,立即尝试重启停运机泵。

(2)停运机泵仍无电,尝试启动备用机泵。

(3)能启动机泵,继续生产。

(4)机泵无法启动,能维持生产时维持生产或降低处理量,若重要机泵无法启动,则按紧急停工处理。

(5)如加热炉进料中断,应降低炉温、向炉管内吹入蒸汽保护炉管,如长时间停电,继续炉管吹汽,按停工处理。

(6)若短时间内来电,首先启动塔底泵,然后原油泵、回流泵、其他机泵,逐渐恢复生产。

(三)注意事项

停电后重新启动机泵,必须按照机泵启动规程执行,关闭出口阀、盘车等,防止产生次生事故。

项目十一　燃料油中断的处理

一、相关知识

燃料油、瓦斯中断的现象及原因

1. 燃料油中断现象及处理方法

现象:炉火熄灭,炉膛温度和炉出口温度急剧下降,烟囱冒白烟。

原因及处理:

(1)燃料油罐液面低,造成泵抽空。应控制好液面。

(2)燃料油泵跳闸停车,或泵本身故障不上量。立即启动备用泵,如备用泵也起不到备用作用,应改烧燃料气。

(3)切换燃料油泵和预热泵时,造成运转泵抽空。应注意泵预热要充分,切换泵时要缓慢。

(4)燃料油计量表或过滤器堵塞。应改走副线,修计量表或清理过滤器。

2. 瓦斯中断现象及处理方法

现象:瓦斯流量、压力急剧下降,炉膛温度、炉出口温度急剧下降,火嘴熄灭。

主要原因是阻火器堵塞或瓦斯系统供应不足,应切换阻火器或与厂调度及时联系或改用燃料油。

二、技能要求

(一)准备工作

(1)设备、材料准备,劳动保护用品穿戴齐全。

(2)使用工具:扳手。

(3)人员:2人操作,持证上岗。

(二)操作步骤

(1)切换燃料油罐或燃料。

(2)切换燃料油泵。

(3)燃料油流量计或调节阀改副线。

(4)仪表改手控。

(5)停工改循环。

(三)注意事项

迅速判断中断原因并采取相应措施,增加瓦斯火维持炉温,实在维持不住炉温可适当降低处理量。

项目十二　硫化氢中毒的救护

一、相关知识

在石油炼制生产过程中伴有硫化氢存在,加工含硫原油的蒸馏装置的下水井和三顶瓦斯分液罐的切水中有硫化氢逸出。

(一)硫化氢的毒性

硫化氢是石油化工行业排在首位的职业危害因素,分布范围广,接触人员多,毒性危害大。尤其是随着高含硫原油加工量的增加,防止硫化氢中毒应引起企业和员工的高度关注。

硫化氢为无色气体,有臭鸡蛋气味,比空气重,溶于水生成氢硫酸,与浓硝酸或其他强氧化剂剧烈反应,对金属有腐蚀性,与空气混合可发生爆炸;有毒,工作场所空气中最大容许浓度(MAC)为$10mg/m^3$,立即威胁生命或健康的浓度(IDLH)为$430mg/m^3$;可经呼吸道进入人体,主要损害中枢神经、呼吸系统,刺激黏膜,由于能引起嗅觉疲劳,所以警示性低。

急性中毒:出现眼刺痛、畏光、流泪、结膜充血、咽喉部灼热感、咳嗽等,继之出现明显的头痛、头晕、乏力等症状并有轻度至中度意识障碍或有急性气管—支气管炎、支气管周围炎。重者出现急性支气管肺炎、肺水肿,甚至昏迷、多脏器衰竭。高浓度可引起“电击样”死亡。慢性影响:长期低浓度接触可有头痛、头晕、乏力、失眠、记忆力减退等类神经症表现以及多汗、手掌潮湿、皮肤划痕症阳性等自主神经功能紊乱。

(二)硫化氢预防措施

(1)加强设备密封和局部排风,如切水时须站在上风向。

(2)开展“三废”综合利用,用氢氧化钠(烧碱)液喷淋吸收效果良好。

(3)如遇较高浓度时,宜戴苏打水颗粒作滤料的口罩,最好二人操作,相互作监护人。如遇高浓度硫化氢时,必须戴好供气式防毒面具,密切监护。

二、技能要求

(一)准备工作

(1)设备、材料准备,劳动保护用品穿戴齐全。

(2)使用工具:正压式空气呼吸器。

(3)人员:2人操作,持证上岗。

(二)操作步骤

(1)佩戴好正压式空气呼吸器。

(2)将中毒者移至上风向空气新鲜的地方。

(3)进行人工呼吸抢救。

(4)立即通知气防站及医院。

(三)注意事项

日常巡检,按规定携带有毒气体报警器等安全防护设施。

项目十三 泵振动大的处理

ZBF003 离心泵振动大的原因

一、相关知识

(一)离心泵振动原因及消除方法

1. 离心泵振动的原因

(1)地脚螺栓或垫铁松动;

(2)泵与电动机中心不对,或对轮螺丝尺寸不符合要求;

(3)转子平衡不对,叶轮损坏,流道堵塞,平衡管堵塞;

(4)泵进出口管线配置不良,固定不良;

(5)轴承损坏,滑动轴承没有紧力,或轴承间隙过大;

(6)气缚、汽蚀、抽空、大泵打小流量;

(7)转子与定子部件发生摩擦;

(8)泵内部构件松动。

2. 离心泵振动的消除方法

(1)拧紧螺栓,电焊垫铁;

(2)重新校中心,更换对轮螺丝;

(3)校动平衡,更换叶轮,疏通流道等;

(4)重新配置管线并固定好;

(5)更换轴承,锉削轴承中分面,中分面调整紧力,加铜片调整间隙;

(6)提高进口压力,开大进口阀,必要时稍开进出口阀连通阀;

(7)修理,调整;

(8)解体并紧固。

ZBF001 机泵电动机跳闸的原因

(二)机泵电动机跳闸的原因

(1)电网电压低,定子绕组所产生的旋转磁场减弱。由于电磁转矩与电源电压的平方成正比,所以,电动机启动转矩不够,造成电动机过流且过热而跳闸。

(2)电网电压过高时,定子电流增加,导致定子绕组过热而超过允许范围,有保护的回保护动作,无保护的就烧电动机。

(3)机组超负荷。

(4)定子线路短路。

(三)测温仪、测振仪的使用方法

1. 测温仪使用方法

测温时,将仪器对准要测的物体,按触发器,在仪器的 LCD 上读出温度数据,保证安排好距离和光斑尺寸之比。

红外测温仪使用时应注意的问题:

(1)只测量表面温度,红外测温仪不能测量内部温度。

(2)红外测温仪最好不用于光亮的或抛光的金属表面的测温(不锈钢、铝等)。

(3)定位热点,要发现热点,仪器瞄准目标,然后在目标上作上下扫描运动,直至确定热点。

(4)注意环境条件:蒸汽、尘土、烟雾等。它阻挡仪器的光学系统而影响精确测温。

(5)环境温度,如果测温仪突然暴露在环境温差为 20℃ 或更高的情况下,允许仪器在 20min 内调节到新的环境温度。

2. 测振仪使用方法

测振仪顶部有两个参数设置开关,左上角的用以选择高频(HI)、低频(LO),右上角的是用来选择位移、速度或加速度。使用测振仪测振前,首先要检查其参数是否设置正确,再检查探头是否连接完好。根据测量的需要,在测量前分别拨动仪器顶部的两个波动开关,使仪器处于加速度、速度或位移的测量状态,然后再按下测量键进行测量。测量加速度时,将开关置于加速度挡,使显示屏指示单位箭头指向“m/s^2”,同时根据实际需要拨动频率挡使频率指示箭头指向“高频(HI)”或“低频(LO)”挡。测量速度时,将开关置于速度挡,指示单位箭头指向“mm/s”。测量位移时,将开关置于位移挡,指示单位箭头指向“mm”。

测量时,将探头与被测设备保持密切接触,按下检测开关,在 LCD 屏幕上即显示测量值。

二、技能要求

(一)准备工作

(1)设备、材料准备,劳动保护用品穿戴齐全。

(2)使用工具:扳手,手电筒。

(3)人员:2 人操作,持证上岗。

(二)操作步骤

(1)泵抽空严重,调节泵上量。

(2)轴承损坏,切换机泵,联系修理。

(3)同心度不正,切换机泵,联系修理。

(4)发生汽蚀现象,调节、排除故障,无法恢复则切换机泵。

(5)地脚螺栓松动,紧固地脚螺栓。

(6)窜轴严重,切换机泵,联系修理。

(三)注意事项

根据振动严重程度确定是紧急停机还是正常切换备机。

项目十四　泵端密封喷油着火的处理

一、相关知识

(一)密封失效

1. 密封失效的原因

1)密封面打开

在修理机械密封时,85%的密封失效不是因磨损造成,而是在磨损前就已泄漏了。

当密封面一打开,介质中的固体微粒在液体压力的作用下进入密封面,密封面闭合后,这些固体微粒就嵌入软环(通常是右墨环)的面上,这实际成了一个"砂轮",会损坏硬环表面。

由于动环或橡胶圈紧固在轴(轴套)上,当轴窜动时,动环不能及时贴合,而使密封面打开,并且密封面的滞后闭合,就使固体微粒进入密封面中。

同时轴(轴套)和滑动部件之间也存在有固体微粒,影响橡胶圈或动环的滑动(相对动密封点,常见故障)。另外,介质也会在橡胶圈与轴(轴套)摩擦部位产生结晶物,在弹簧处也会存有固体物质,都会使密封面打开。

2)过热

因密封面上会产生热,故橡胶圈使用温度应低于设计规范。氟橡胶和聚四氟乙烯的使用温度为216℃,丁腈橡胶的使用温度为162℃,虽然它们都能承受较高的温度,但因密封面产生的热较高,所以橡胶圈有继续硫化的危险,最终失去弹性而泄漏(冷区考虑冷脆)。

密封面之间还会因热引起介质的结晶,如结炭,造成滑动部件被黏住和密封面被凝结。而且有些聚合物因过热而焦化,有些流体因过热而失去润滑等甚至闪火。

过热除能改变介质的状况外,还会加剧它的腐蚀速率;引起金属零件的变形,合金面的开裂,以及某些镀层裂缝。设计应选用平衡型机械密封,以降低比压防止过热。

3)超差

正确的装配公差,对于安装机械密封是很必要的,轴(轴套)必须有合适的表面粗糙度和正确的尺寸,但制造者很少提供公差数据,这些数据对安装来讲都是很关键的。

机械密封的尺寸精度及形位公差必须符合图纸要求,超差将会导致密封提前失效。

2. 密封失效的分析

密封面本身也会提供密封失效的迹象,如振动时,在传动零件上就会有磨损的痕迹,如痕迹不明显，则一般是装配不当造成的。

对于质量较差的石墨环（动环）来讲，其内部气孔较多，这是因为在制造过程中，聚集在石墨内部的气体膨胀将碳微粒吹出的所致，因此这种低质的石墨环在密封启用中，其碳微粒很容易脱落，而使密封面在密封停用时黏住。

密封面内圆柱面上的伤痕很可能是外面的杂物进入密封面或安装不当造成的。密封面上的环形沟槽，多数是固体微粒沉积于密封面而引起的。

石墨环（动环）的裂纹是由于传动件的振动，橡胶圈的涨大以及石墨环本身的内应力造成的，而结焦则是因高温所致，这在炼油厂的高温热油介质中是常见的。

发烟硫酸、硝酸、氢氟酸、次氯酸钠、王水、过氢氧化物等对石墨有侵蚀作用的几种强氧化剂，其腐蚀作用随温度增加而加剧。

通常硬环（静环）表面的过热会引起密封环的严重磨损，如无冷却的立式泵。在高温、高压下、弹簧压缩过大，轴窜动也会过大的情况下，都会引起密封面的过度磨损。

在检查硬环表面时有四种迹象要注意：(1)陶瓷环破裂；(2)热裂；(3)刻痕；(4)镀层的脱落。

陶瓷环装配过紧是破裂的主要原因，装配不当者也是一个较常见的原因。

由于镀层材料与基体材料二者线胀速率不同，所以温度升高时，环表面会出现裂纹，司太立特合金尤为严重。在较高级的涂层材料中，钴基碳化钨不如镍基涂层。而对密封面进行冷却，能有效地防止热裂，残留在密封面上的固体微粒经常损坏表面，如磨削时砂轮上的砂粒就会损伤硬环表面，导致密封面打开或在密封面之间生成结晶物，而在重新研磨石墨环后，研磨料就会嵌入石墨环表面。

橡胶圈的失效与使用方式有关，通常高压是使压制成型的O形圈失效的一个原因，当发现O形变成矩形或环变硬时，就需要调整压缩量，否则会发热。所以有必要了解一种合成橡胶的使用温度。合成橡胶圈溶胀大多半是因化学侵蚀造成的，它们都具有一些各自的特点，如氟橡胶耐较高温度，而乙烯、丙烯O形圈在石油润滑油中使用会胀大，臭氧对丁腈橡胶有侵蚀作用，所以丁腈橡胶制品不要装在电动机内，因此高温及化学腐蚀通常是造成橡胶制品硬化、裂纹的主要原因。

安装时橡胶制件被割伤和表面有刻痕，也是密封失效常见的原因。而轴上的旧固定螺钉、键槽、花键轴，锋利的轴肩等迹象都会损伤橡胶制件。

这里，对于密封面磨损痕迹尚需补充以下几点，检查磨损痕迹，可以帮助分析故障。

(1)磨损变宽：表明机泵发生了严重的不对中。其原因是：①轴承损坏；②轴振动或轴变形；③轴弯曲；④泵汽蚀产生振动；⑤联轴器未对中；⑥管子严重变形；⑦密封静环倾斜。

(2)磨痕变窄：磨痕比两个密封面的最小宽度还要窄，这说明密封超压，压力或温度使密封面变形。

(3)无磨痕：说明密封面不黏合。检查弹簧等补偿机构是否打滑或受阻碍。

(4)密封面无磨痕但有亮点：密封面翘曲会出现有亮点而无磨痕。压力太高，压盖螺栓未拧好或未夹好，或泵表面粗糙均能形成亮点。当采用两个螺栓的压盖时，其刚度不够，变形也是形成亮点的一个原因。这种症状的出现说明密封可能一开车就发生泄漏。

(5)密封面有切边：这是由于密封面分得太开，而在合拢时断裂。闪蒸（汽化）是较普遍的密封面分开的原因，特别是在热水系统或流体中有凝液时，水从液体膨胀成蒸气，可使密封面分开（冷介质汽化也同样会造成）。

密封的金属零件，如弹簧、固定螺钉，传动件及金属套都可能成为密封失效的根源。受交变应力作用的弹簧受腐蚀是它的首要问题，因为金属在应力作用下会迅速腐蚀，不锈钢弹簧易受氯化物的应力腐蚀，且世界上存在许多的氯化物，所以有部门建议，不要使用不锈钢弹簧，而推荐使用耐蚀性较高的哈斯特合金钢的弹簧。另外，装配不当造成弹簧疲劳是失效的又一原因。

机械密封使用的固定螺钉，不要用硬化后的材料来做，因热处理会降低金属的耐蚀能力，而未经热处理的较软的固定螺钉能紧固在轴上。

振动、偏斜、不同心会使传动件磨损，如密封面启动时有黏住的现象时，传动件会弯曲甚至损坏，而摩擦作用产生的热常常加剧腐蚀。

金属套外圆表面的磨痕，可能是从密封侧进入套内的固体微粒造成的，它干扰密封的随动能力。也可能是偏斜，不同心的原因造成的。

金属在温升过程中要改变颜色，不锈钢在使用时应注意下列温度时的颜色。淡黄色——温度为700~800℉（约370~432℃）；棕色——温度为900~1000℉（约486~540℃）；蓝色——温度为1100℉（约590℃）；黑色——温度为1200℉（约648℃）。

当密封失效不符合上述任何一种时，检修就比较困难，但下面几种情况的泄漏可供参考：

（1）泵轴套泄漏。许多轴套不伸出密封箱，因此要判断泄漏的来源是很困难的。轴套的泄漏通常是稳定的，而密封面的泄漏往往是增加或减小。密封面泄漏后，使表面不平，但有时也会磨合到原状（有时不要急于检修，可观察一段时间再说）。

（2）如密封周围是潮湿的，而且看不出漏。这在启动时泵运转产生的离心力使泄漏的液体回到密封面内，起一道屏障的作用，而从泵上的法兰或接头泄漏的液体滴入填料箱内。

（3）热膨胀能使镶接在金属部件内的石墨环松脱，也可能是因低温使O形环失去弹性，而导致泄漏。

（4）冲洗压力发生波动会引起密封失效，冲洗压力必须比密封腔压力高一些，启用装在泵前的电磁阀和延时开关可保证冲洗中的残留物在泵启动前或停车后冲干净，如使用淬冷的方法来控制温度，一定要维持密封腔的压力。

（5）如果在冷却隔套上沉淀一层水垢，可在密封腔底部装一个石墨衬套，利用它的热屏障作用来解决这些问题。

（6）热交换器的泄漏，往往是冷却面上的积垢阻碍了热的传递，冷却器内的流体流速就加快，或者热交换器的方向装反了。

ZBH024　高温机泵泄漏着火的处理方法

（二）高温机泵泄漏着火的处理方法

（1）火势较小，用现场消防设施灭火，及时用蒸汽、干粉灭火器灭火（重油可用水冷却）。立即切换备泵维持生产，灭火后关闭泵出入口阀，联系修理。

（2）火势大难以控制，马上报火警通知消防队并进行紧急停工操作。无法靠近停泵时，切断该泵电源，立即关闭泵出入口阀门。无法关闭出入口阀时，关闭泵出入口管线上距离泵最近的阀门,切断油来源。

ZBH022 装置沟、井闪爆事故的处理原则

(三)装置沟、井闪爆事故的处理原则

闪爆事故是指当易燃易爆气体,在一个空气不流通相对封闭的空间内,聚集到一定浓度后,一旦遇到明火或电火花就会立刻爆燃发生爆炸反应。一般情况只是发生一次爆炸,如果易燃易爆气体能够得到补充还将发生多次爆炸事故。闪爆的威力相对比较大,对周边人员、设备设施、构筑物、管线可能造成较大的影响和破坏,甚至引发次生事故。因下水井在装置内都是管网连通的,闪爆发生点可能与点火源存在距离,或闪爆的破坏表现在其他地点。

常减压装置内的沟、下水井极易积存可燃气,当可燃气浓度达到爆炸极限后,遇到极细微的火花即可引起闪爆。电器的启动、固定电话甚至手机的接通等极细微的电火花都可能成为引爆的导火索,因此在发生了可燃气体泄漏的场所,不仅不能使用明火和任何电器,连鞋底的钉子、衣物的静电、手机的使用等都是必须注意的细节。此外在装置内进行作业时,要对作业点周边 15m 半径内的地漏封闭,防止火花进入沟、井。如果发生次生事故,引起较大的安全隐患,装置需采取对应的应急措施,甚至紧急停工。

闪爆发生后,因可燃气能量瞬间释放,可燃气浓度下降,一般不再具备爆炸的条件。应迅速查找泄漏源,向沟、井内大量排水,使用蒸汽掩护,停止周边作业等措施。

二、技能要求

(一)准备工作

(1)设备、材料准备,劳动保护用品穿戴齐全。

(2)使用工具:扳手。

(3)人员:2 人操作,持证上岗。

(二)操作步骤

(1)报火警。

(2)若火势不大用蒸汽掩护泄漏点,换泵操作,继续生产。

(3)火势较大立即停泵,无法靠近的通知电工停该泵的电。

(4)停泵后关闭泵进出口阀门,灭火。

(5)切换备泵继续生产。

(6)若火势大无法关闭泵出入口阀门,立即关闭出入口线上最近处阀门,切断油来源,等待灭火后再恢复生产。

(7)火势过大,装置按紧急停工处理。

(三)注意事项

(1)按照泄漏和火势大小进行果断处理。

(2)事故处置必须保证自身人身安全。

项目十五　电脱盐罐原油乳化的处理

一、相关知识

(一)破乳剂简介

破乳剂是一种能破坏乳状液的表面活性剂。破乳剂主要通过部分取代稳定膜的作用使乳状液破坏。用作脱水剂,能把原油及重油中的水分脱出来,使含水量达到要求。

按照目前破乳剂使用的情况,可将破乳剂分为水溶性破乳剂和油溶性破乳剂两大类。

破乳剂属表面活性剂类型,破乳剂分子由亲油、亲水基团组成,亲油部分为碳氢基团,特别是长链碳氢基团构成;而亲水部分则由离子或非离子型的亲水基所构成。破乳剂的种类繁多,若按表面活性剂的分类方法可分为:阳离子型、阴离子型、非离子型、两型离子型破乳剂。

(1)阴离子破乳剂溶于水后生成的亲水基团为带负电荷的离子团,按其亲水基又分为:羧酸类、磺酸类、硫酸酯类和磷酸酯类。阴离子型破乳剂有羧酸盐类、磺酸盐类和聚氧乙烯脂肪硫酸酯盐等,具有用量大、效果差、易受电解质影响而减效等缺点。

(2)阳离子破乳剂溶于水后生成的亲水基团为带正电荷的粒子团,亲水基主要为碱性氮原子,也有磷、硫、碘等。阳离子型破乳剂主要有季铵盐类,其对一般原油有明显效果,但不适合稠油及老化油。

(3)非离子破乳剂溶于水后不离解离子,因而不带电荷。非离子型主要有以胺类为起始剂的嵌段聚醚,以醇类为起始剂的嵌段聚醚,烷基酚醛树脂嵌段聚醚,酚胺醛树脂嵌段聚醚,含硅破乳剂,超高相对分子质量破乳剂,聚磷酸酯,嵌段聚醚的改性产物以及以咪唑啉原油破乳剂为代表的两性离子型破乳剂。

(4)两型破乳剂为溶于水后可生成正、负两种离子。它在酸性溶液中呈阳离子型,在碱性溶液中呈阴离子型。

(二)选择破乳剂的一般原则

破乳剂能使原乳状液稳定的因素消除,从而导致乳状液的聚集、聚结、分层和破乳。乳状液稳定的最主要原因是由乳化剂形成带电的(或不带电的)有一定力学强度或空间阻碍作用的界面膜。因此,破乳剂的主要作用是消除乳化剂的有效作用,选择破乳剂要针对乳化剂的特性进行选择。

选择破乳剂的基本原则如下:

(1)有良好的表面活性,能将乳状液中的乳化剂从界面上顶替下来。乳化剂都有表面活性,否则不能在界面上形成吸附膜,这种吸附作用是自发过程。因此破乳剂也必须有强烈的界面吸附能力才能顶替乳化剂。

(2)破乳剂在油—水界面上形成的界面膜不可以有牢固性,在外界条件作用下或液滴碰撞时易破裂,从而液滴易发生聚结。

(3)离子型的乳化剂可使液滴带电而稳定,选用带相反电荷的离子型破乳剂可使液滴表面电荷中和。

(4)相对分子质量大的非离子或高分子破乳剂溶解于连续相中,可因桥连作用使液滴聚集,进而聚结、分层和破乳。

(5)固体粉末乳化剂稳定的乳状液可选择固体粉末良好的润湿剂作为破乳剂,以使粉体完全润湿进入水相或油相。

由这些原则可以看出,有的乳化剂和破乳剂常没有明显的界限,需视具体体系而定。当然,也有一些表面活性剂只适用于作某一种乳状液的破乳剂,对其他体系既不能作破乳剂也不能作乳化剂。

ZBE009 电脱盐罐中电极板的作用

(三)电脱盐罐中电极板的作用

水平极板式电脱水器采用水平电极板和交流电场,此类电脱水器一般采用两层电极板(有时采用三层电极板),上层接地,下层通电,两层电极板之间形成强电场,下层电极板与油水界面之间形成弱电场(采用三层电极板时,上、下层电极板接地,中层通电,上、中层电极板之间形成强电场,中、下层电极板之间形成弱电场),强弱电场均为交流形式。油水混合物通过位于电脱水罐底部水相中的分配器进入脱水罐,并迅速上升通过油水界面进入弱电场区,然后再经过下层电极板进入强电场区。在电场的作用下,油水混合物中的含盐小水滴聚结成大水滴,并从原油中沉降出来,进入电脱水罐底部的连续水相,并从脱水罐底排出,净化原油则通过位于电脱水罐顶部的集油器从电脱水器顶部流出电脱水器。

二、技能要求

(一)准备工作

(1)设备、材料准备,劳动保护用品穿戴齐全。

(2)使用工具:扳手。

(3)人员:2人操作,持证上岗。

(二)操作步骤

(1)降低电脱盐界位,检查乳化层厚度,降低界位至乳化层切出,重新建立油水界位。

(2)乳化严重送电困难,应切除电脱盐,静置沉降,闭路送电正常后方可慢慢把电脱盐投入系统。

(3)适当降低混合强度。

(4)选用合适破乳剂。

(三)注意事项

(1)及时从各采样口检查各层次切水状态。

(2)如果污水环保分析项目超标,及时按照预案处理,污染水场。

项目十六 炉管结焦的处理

一、相关知识

ZBF011 防止炉管结焦的措施

(一)加工重质油时加热炉炉管注水或注汽的原因

油品在炉管内的流速是加热炉的重要工艺指标之一。如果油品流速太低,在炉管内停留时间过长,靠近管壁处边界层过厚,管内壁附近的油品就会由于过热分解并伴随聚合而结焦,严重时甚至引起炉管破裂,影响安全生产。这一点,对重质油加热炉尤其应注意。在加工重质油时,通常采用向炉管内注汽或注水的办法来提高油品流速,防止结焦。油品流速越快越不易结焦,这是因为加大流速可使油品在管中停留时间缩短。但油品流速受炉管压力降的限制,不能任意提高。

ZBC020 多管程加热炉防止偏流的措施

(二)多管程加热炉防止偏流的措施

多管程的加热炉一旦物料产生偏流,则小流量的炉管极易局部过热而结焦,致使炉管压降增大,流量更小,如此恶性循环直至烧坏炉管。因此,对于多管程的加热炉应尽量避免产生偏流。防止物料偏流的简单办法是各程进出口管路进行对称安装,进出口加设压力表、流量指示器,并在操作过程中严密监视各程参数的变化,要求严格时,应在各程加设流量控制仪表。

ZBG013 炉管破裂的判断方法

(三)炉管破裂的现象与处理

现象:不严重时,从炉管破裂处向外少量喷油,炉膛温度、烟气温度均上升,严重时油大量从炉管内喷出燃烧,烟气从回弯头箱、管板、人孔等处冒出,烟囱大量冒黑烟,炉膛温度突然急剧上升。

判断:近年来由于装置提高了基础设备的检修质量,加强了设备检测和验收工作,炉管破裂事故出现极少,因此必须判断清楚,不要对烟囱冒黑烟炉膛看不清、炉温上升等现象认为是炉管破裂,以致造成错误处理。一般炉管破裂是因为炉管长时间失修,平时巡检就会发现有炉管膨胀鼓泡、脱皮、管色变黑,以致破裂。对自动控制失灵,大量燃料油喷入炉膛以及蒸汽压力低,喷嘴雾化不好,燃料油大量进入炉膛等所产生现象不要误认为炉管破裂。

ZBH009 炉管漏油着火的处理原则

处理:炉管轻度破裂时,降温、降量,按正常停工处理。炉管破裂严重时,加热炉立即全部熄火,停止进料,向炉膛内吹入大量蒸汽,从炉入口给汽向塔扫线(扫线时应注意炉膛内着火情况)。如减压炉着火,立即恢复减压系统为常压,其他按紧急停工处理。操作过程中注意塔压,不能超压。

ZBH013 炉管结焦的处理方法

二、技能要求

(一)准备工作

(1)设备、材料准备,劳动保护用品穿戴齐全。

(2)使用工具:扳手。

(3)人员:2 人操作,持证上岗。

(二)操作步骤

(1)将结焦炉管的流量控制最大。

(2)降低结焦炉管所在的炉膛温度。

(3)有条件的可向结焦处喷射蒸汽或空气降温。

(4)严重时停炉烧焦。

(三)注意事项

轻微结焦采取保护措施后维持生产,严重结焦、生产无法维持时,停工烧焦处理。

项目十七　初馏塔冲塔的处理

一、相关知识

（一）液泛

液泛又称淹塔，是带溢流塔板操作中的一种不正常现象，会严重降低塔板效率，使塔压波动，产品分割不好。表现为降液管内的液位上升和板上泡沫层提升致使塔板间液流相连。造成液泛的原因是液相负荷过大，气相负荷过小或降液管面积过小。为防止液泛现象发生，在设计和生产中必须进行一层塔板所需液层高度以及板上泡沫高度的计算来校核所选的板间距，并对液体在降液管内的停留时间及降液管容量进行核算。

其主要的防止方法：(1)尽量加大降液管截面积，但会减少塔板开孔面积；(2)改进塔板结构，降低塔板压力降。(3)控制液体回流量不太大。

（二）雾沫夹带

雾沫夹带指塔板上的液体以雾滴形态被气流夹带到上一塔板的现象，也包括液滴被气流带出设备（如蒸发器）等。塔板上的雾沫夹带会造成液相在板间的返混，将减小传质推动力而降低板效率。严重时还会造成液泛，故对夹带量有一定的限制，影响夹带量大小的主要因素是气速和分离空间。显然，雾沫夹带的产生会降低传质效率。为了保持较高的传质效率，我们通常控制雾沫夹带量 e（以 kg/kg 蒸气计）不大于 10%，与此相应的气速即为负荷上限。

（三）漏液

筛塔板中气液两相接触过程当气速较小时，气体通过筛孔的动压不足以阻止板上液体的流下，部分液体从筛孔直接落下的现象称为漏液。严重的漏液会使筛板上不能积液而不能正常操作。

要避免漏液，必须使气体分布均匀，使每个筛孔都有气体通过。为使气体分布均匀，应使筛板结构设计合理，并避免气速过小。

二、技能要求

（一）准备工作

(1)设备、材料准备，劳动保护用品穿戴齐全。

(2)使用工具：扳手。

(3)人员：2 人操作，持证上岗。

（二）操作步骤

(1)处理冲塔的原则是降低气液负荷，必要时可降低处理量。

(2)通知厂调度分馏塔产品切入不合格罐。

(3)迅速降低塔底液位。

(4)原油带水影响时，加强电脱盐脱水。

(5)塔顶回流带水时，立即降低回流罐水位。

(6)降低或停塔底吹汽。

(三)注意事项

初馏塔各项参数恢复正常,产品质量分析合格后,才能改回合格罐。

项目十八　停新鲜水的处理

一、相关知识

新鲜水:未经工业使用,第一次进入系统的水或者循环水中补充的水,可以是天然水(地下水、河水、海水等)、自来水、软水或去离子水。

循环水:系统重复利用的水,通常是一个加热—冷却的循环过程。

软化水:经过软化处理的水,除去碳酸钙、碳酸镁、碳酸氢钙、碳酸氢镁等硬物质,有些保留钠盐等软物质,与硬水对应。

脱氧水:也称除氧水,在自然状态下,水中总会含有一定量的氧气,这是由于空气的氧气在水中有一定的溶解性。通常在1atm下,0℃的水中,溶解氧为14mg/L;在90℃的水中,溶解氧为1.6mg/L。脱氧水主要用于锅炉给水,目的就是防止锅炉的氧腐蚀。脱氧方法有热力除氧、真空除氧和化学除氧。脱氧水的化学性质稳定、pH值不变。

二、技能要求

(一)准备工作

(1)设备、材料准备,劳动保护用品穿戴齐全。

(2)使用工具:扳手。

(3)人员:2人操作,持证上岗。

(二)操作步骤

(1)机泵冷却改用循环水(机泵冷却水用新鲜水的装置)。

(2)电脱盐停注水(电脱盐注水用新鲜水的装置)。

(三)注意事项

各装置新鲜水使用情况有所不同,根据本装置实际,尽可能用其他水源替代。

理论知识练习题

初级工理论知识练习题及答案

一、单项选择题(每题有4个选项,只有1个是正确的,将正确的选项填入括号内)

1. AA001 高处作业是指在坠落高度基准面( )(含)以上,有坠落可能的位置进行的作业。
   A. 2m B. 2.5m C. 3m D. 5m
2. AA001 进行( )(含)以上高处作业,应办理"高处作业许可证"。
   A. 10m B. 15m C. 20m D. 30m
3. AA001 高处作业高度在( )时,称为二级高处作业。
   A. 2~10m B. 5~10m C. 5~15m D. 10~15m
4. AA002 化工设备动火检修时,不可直接用于置换可燃气体的介质是( )。
   A. 氦气 B. 氮气 C. 氩气 D. 空气
5. AA002 做动火分析时,取样与动火的间隔超过( ),或动火作业中间停止作业时间超过( ),必须重新取样分析。
   A. 30min,30min B. 30min,60min C. 60min,30min D. 60min,60min
6. AA002 在禁火区进行动火作业时,氧气瓶与乙炔气瓶的间距至少是( )。
   A. 2m B. 3m C. 4m D. 5m
7. AA003 石化生产存在许多不安全因素,其中易燃、易爆、有毒、有( )的物质较多是主要的不安全因素之一。
   A. 腐蚀性 B. 异味 C. 挥发性 D. 放射性
8. AA003 抽堵盲板应按照盲板图进行作业,人员安排应( )。
   A. 有专人负责,并相对固定 B. 一人进行
   C. 一人作业,一人监护 D. 多人同时进行,互相监督
9. AA003 抽堵盲板的作业人员,要进行( ),落实安全技术措施。
   A. 安全交底 B. 安全考试 C. 安全教育 D. 安全谈话
10. AA004 以下生产区域属于受限空间的是( )。
   A. 下水道 B. 仪表间 C. 操作间 D. 中央控制室
11. AA004 受限空间内气体检测( )后,仍未开始作业,应重新进行检测。
   A. 20min B. 30min C. 60min D. 120min
12. AA004 进入受限空间作业,对照明及电气的要求是( )。
   A. 照明电压应不高于24V
   B. 在潮湿容器、狭小容器内作业电压应不高于24V
   C. 使用超过安全电压的手持电动工具作业或进行电焊作业时,应配备漏电保护器
   D. 应有足够的作业空间

13. AA005　空气呼吸器使用前检查压力(　　)时是否报警。

A. 在 0MPa　B. 低于 4～6MPa　C. 低于 24MPa　D. 低于 30MPa

14. AA005　按防毒原理分,呼吸道防毒用品有(　　)。

A. 过滤式防毒面具和隔离式防毒面具

B. 过滤式防毒面具和化学反应式防毒面具

C. 隔离式防毒面具和化学反应式防毒面具

D. 过滤式防毒面具和滤毒罐

15. AA005　空气呼吸器使用前检查压力是否(　　)。

A. ≥0MPa　B. ≥4MPa　C. ≥24MPa　D. ≥30MPa

16. AA006　下列说法不正确的是(　　)。

A. 任何单位和个人不得损坏或者擅自挪用、拆除、停用消防设备、器材

B. 任何单位和个人不得占有防火间距、不得堵塞消防通道

C. 营业性场所不能保障疏散通道、安全出口畅通的,责令限期改正;逾期不改正的,对其直接负责的主管人员和其他直接责任人员依法给予行政处分或者处警告处分

D. 阻拦报火警或者谎报火警的,处警告、罚款或者十日以下拘留

17. AA006　《中华人民共和国消防法》规定,公共场所发生火灾时,该公共场所的现场工作人员不履行组织、引导在场群众疏散的义务,造成人身伤亡,尚不构成犯罪的,处(　　)以下拘留。

A. 十日　B. 十二日　C. 七日　D. 十五日

18. AA006　如果电气设备发生火灾,在许可的情况下,应首先(　　)。

A. 大声喊叫　B. 打报警电话

C. 寻找合适的灭火器灭火　D. 关闭电源开关,切断电源

19. AA007　身处高层建筑,下方发生火灾,不正确的做法是(　　)。

A. 乘坐电梯逃离　B. 远离着火点

C. 用纺织物弄湿捂住口鼻　D. 报警

20. AA007　在禁火区发生化学危险品燃烧时,不正确的做法是(　　)。

A. 快速扑灭初期火灾　B. 迅速报火警

C. 沿着顺风向快速脱离火灾区　D. 若可能,切断燃烧物的供给

21. AA007　在日常生活中,发生火灾时不正确的做法是(　　)。

A. 迅速报警　B. 直接打开房门,迅速向户外撤离

C. 注意防烟　D. 选择正确的逃生路线

22. AB001　计算机应用软件 Word 中常用工具栏中的“格式刷”用于复制文本和段落的格式,若要将选中的文本或段落格式重复用多次,应进行(　　)操作。

A. 双击格式刷　B. 拖动格式刷　C. 右击格式刷　D. 单击格式刷

23. AB001　在计算机应用软件 Word 中要插入一个人工分页符,最直接的方法是在插入点所在位置按下(　　)组合键。

A. Alt+Enter　B. Shift+Ctrl+Enter

C. Ctrl+Enter　D. Shift+Enter

24. AB001　在计算机应用软件 Word 中的编辑状态进行字体设置操作后，按新设置的字体显示的文字是(　　)。

A. 插入点所在段落中的文字　　B. 插入点所在行中的文字

C. 文档的全部文字　　D. 文档中被选择的文字

25. AC001　《中华人民共和国劳动法》规定，安排劳动者延长劳动时间的，用人单位应支付不低于劳动者正常工作时间工资的(　　)的工资报酬。

A. 100%　　B. 150%　　C. 200%　　D. 300%

26. AC001　劳动法规定，劳动者连续工作(　　)以上的，享受带薪年休假。

A. 一年　　B. 二年　　C. 三年　　D. 四年

27. AC001　用人单位在制定、修改或者决定有关劳动报酬、工作时间、休息休假、劳动安全卫生、保险福利、职工培训、劳动纪律以及劳动定额管理等直接涉及劳动者切身利益的规章制度或者重大事项时，应当经(　　)或者全体职工讨论，提出方案和意见，与工会或者职工代表平等协商确定。

A. 上级主管部门　　B. 单位党委　　C. 单位党政领导　　D. 职工代表大会

28. AD001　下列选项中关于硫化氢的说法不正确的是(　　)。

A. 无毒且有臭鸡蛋气味　　B. 是可燃性气体

C. 具有还原性　　D. 比空气略重

29. AD001　按国家规定的标准，硫化氢在空气中最高容许浓度为(　　)。

A. $1mg/m^3$　　B. $10mg/m^3$　　C. $100mg/m^3$　　D. $1000mg/m^3$

30. AD001　以下关于硫化氢性质的叙述正确的是(　　)。

A. 硫化氢比空气重，能扩散　　B. 硫化氢比空气轻，能扩散

C. 硫化氢不溶于水　　D. 硫化氢是有鸡蛋味、有毒的气体

31. AD002　可以与铁直接反应生成硫化亚铁的是(　　)。

A. 单质硫　　B. 硫醚　　C. 二硫醚　　D. 多硫化物

32. AD002　不可以与铁直接反应生成硫化亚铁的是(　　)。

A. 单质硫　　B. 硫化氢　　C. 硫醇　　D. 硫醚

33. AD002　下列选项中不是硫化亚铁产生的原因的是(　　)。

A. 电化学腐蚀反应生成　　B. 氢腐蚀

C. 高温硫腐蚀反应生成　　D. 大气腐蚀反应生成

34. AD003　氢气燃烧的化学方程式是(　　)。

A. $2H_2+O_2 \xlongequal{} 2H_2O$　　B. $H_2+O_2 \xlongequal{} H_2O$

C. $2H_2+O_2 \xlongequal{} H_2O$　　D. $2H_2+2O_2 \xlongequal{} 2H_2O$

35. AD003　下面关于氢气的物理性质的叙述不正确的是(　　)。

A. 在通常状况下，氢气是无色、无味的气体

B. 氢气是最轻的气体

C. 在某些条件下，氢气可以变成固体

D. 氢气易溶于水

36. AD003 下面关于氢气的化学性质的叙述不正确的是( )。

A. 在空气中的爆炸极限为1%~79%(体积分数)

B. 常温下不活泼,加热时能与多种物质反应

C. 具有还原性

D. 与有机物中不饱和化合物可发生加成反应或还原反应

37. AD004 下列物质中有游离态氮元素存在的是( )。

A. 氨水 B. 液氨

C. 空气 D. 硝酸铜受热分解的生成物

38. AD004 下列物质中有毒的是( )。

A. 氟化氢 B. 二氧化碳 C. 氯化氢 D. 氮气

39. AD004 化工设备动火检修时,不可直接用于置换可燃气体的介质是( )。

A. 氦气 B. 氮气 C. 氩气 D. 空气

40. AD005 下列选项中不是过热蒸汽的是( )。

A. 0.4MPa、300℃蒸汽 B. 0.1MPa、100℃蒸汽

C. 0.4MPa、350℃蒸汽 D. 0.4MPa、450℃蒸汽

41. AD005 1个大气压、100℃时的水蒸气称为( )。

A. 过冷蒸汽 B. 过热蒸汽 C. 饱和蒸汽 D. 高温蒸汽

42. AD005 以下关于过热蒸汽的说法不正确的是( )。

A. 干饱和蒸汽继续加热,温度继续上升,会成为过热蒸汽

B. 饱和状态下的液体为饱和液体,其对应的蒸汽是饱和蒸汽

C. 蒸汽从湿饱和加热至干饱和的过程中,温度是不变的

D. 过热蒸汽的温度与压力是一一对应的关系

43. AE001 石油的相对密度一般为( )。

A. 0.45~0.65 B. 0.6~0.88 C. 0.80~0.98 D. 0.90~1.10

44. AE001 通常将含硫量高于( )的石油称为高硫石油。

A. 2.0%(质量分数) B. 1.5%(质量分数)

C. 1.0%(质量分数) D. 0.5%(质量分数)

45. AE001 下列石油商品按照含蜡量分类不正确的是( )。

A. 低蜡原油蜡含量0.5%~2.5% B. 含蜡原油蜡含量2.5%~10%

C. 含蜡原油蜡含量2.5%~15% D. 高蜡原油蜡含量高于10%

46. AE002 原油经过蒸馏加工后,原来的硫化物会更集中在( )馏分中。

A. 汽油 B. 煤油 C. 柴油 D. 渣油

47. AE002 硫在原油中已确定的存在形态不包括( )。

A. 单质硫 B. 硫化氢

C. 硫醇 D. 稠环化合物,硫原子在环结构上

48. AE002 硫在原油中的分布规律,以下正确的是( )。

A. 硫在原油中的分布一般随着馏分沸程的升高而降低

B. 大部分硫集中在直馏轻馏分和渣油中

C. 中间馏分中含硫化合物大部分是稠环化合物

D. 轻组分中的硫醇硫含量占轻馏分总硫含量的40%~50%

49. AE003 常温下,当蒸气压小于体系压力时,该物质是(　　)。

A. 气态　　B. 液态　　C. 共沸物　　D. 固态

50. AE003 常温下,当蒸气压大于体系压力时,该物质是(　　)。

A. 气态　　B. 液态　　C. 共沸物　　D. 固态

51. AE003 蒸气压的大小与(　　)无关。

A. 物质的本性　　B. 相对分子质量大小　　C. 化学结构　　D. 物质的黏度

52. AE004 下列油品中,密度最大的是(　　)。

A. 原油　　B. 煤油　　C. 柴油　　D. 汽油

53. AE004 油品的相对密度通常以(　　)的水为基准。

A. 50℃　　B. 20℃　　C. 16.5℃　　D. 4℃

54. AE004 我国规定油品在(　　)时的密度为其标准密度。

A. 4℃　　B. 20℃　　C. 15.6℃　　D. 100℃

55. AE005 石蜡基原油中含有较多的黏度小的黏温特性较好的烷烃和(　　)。

A. 芳香烃　　B. 少环长侧链的环状烃

C. 多环短侧链的环状烃　　D. 环烷烃

56. AE005 气体的黏度随压强升高而(　　)。

A. 不变　　B. 减小　　C. 增加得很少　　D. 急剧减少

57. AE005 随着压力增加,液体的黏度(　　)。

A. 不变　　B. 减小　　C. 增大　　D. 急剧减少

58. AE006 在测定柴油的闪点时,常测出的是(　　)。

A. 闪火的上限　　B. 闪火的下限　　C. 自燃点　　D. 燃点

59. AE006 在测定汽油的闪点时,测出的是(　　)。

A. 闪火的上限　　B. 闪火的下限　　C. 自燃点　　D. 燃点

60. AE006 柴油的储存安全性用(　　)来表示。

A. 凝点　　B. 灰分　　C. 闪点　　D. 自燃点

61. AE007 在一定的试验条件下,当油品冷却到某一温度,并且将储油的试管倾斜45°角,而且经过1min后,肉眼看不出管内液面位置有所移动,产生这种现象的最高温度就称为该油品的(　　)。

A. 冰点　　B. 凝点　　C. 浊点　　D. 倾点

62. AE007 减压馏分油做润滑油料时,要控制(　　)。

A. 密度　　B. 针入度　　C. 黏度　　D. 凝点

63. AE007 油品能从标准型式的容器中流出的最低温度是(　　)。

A. 冰点　　B. 凝点　　C. 浊点　　D. 倾点

64. AF001 液体内部和表面同时产生大量气泡时的温度为该压力下的(　　)。

A. 泡点　　B. 露点　　C. 沸点　　D. 干点

65. AF001　在一定压力下升高混合液体温度，使其气化，当其混合液体中出现第一个气泡，且气相和液相保持在平衡的状况下开始沸腾，这时的温度称为（　　）。

A. 泡点　　B. 露点　　C. 沸点　　D. 干点

66. AF001　在一定压力下升高混合液体温度，使其全部气化，然后再降低温度当饱和气相出现第一滴液体，这时的温度称为（　　）。

A. 泡点　　B. 露点　　C. 沸点　　D. 干点

67. AF002　以下防腐措施中，可以使露点前移，保护设备的是（　　）。

A. 挥发线注水　　B. 挥发线注缓蚀剂　　C. 挥发线注氨　　D. 原油注破乳剂

68. AF002　露点方程数学表达式不能反映的参数是（　　）。

A. 气体混合物组成　　B. 操作温度

C. 操作压力　　D. 气体混合物的质量

69. AF002　饱和液体线（$t-x$）又称为（　　）。

A. 泡点线　　B. 露点线　　C. 吸收线　　D. 平衡线

70. AF003　在工程计算中，石油馏分在任一温度下的密度，可以根据其（　　）、相对密度和中平均沸点三个参数中的任意两者，由有关的图查得。

A. 平均分子质量　　B. 特性因数　　C. 体积平均沸点　　D. 油品的黏度

71. AF003　石油馏分的实分子平均沸点可借助（　　）与蒸馏曲线斜率由图查得。

A. 质量平均沸点　　B. 体积平均沸点

C. 立方平均沸点　　D. 中平均沸点

72. AF003　对于某一液态物质，其饱和蒸气压等于外压时的温度，称为该液体在该压力下的（　　）。

A. 沸程　　B. 沸点　　C. 临界温度　　D. 泡点

73. AF004　具有结构简单、压力降小、易于用耐腐蚀非金属材料制造等优点的塔是（　　）。

A. 板式塔　　B. 填料塔　　C. 湍球塔　　D. 乳化塔

74. AF004　以下不属于塔的内构件的是（　　）。

A. 塔板　　B. 填料　　C. 液体分布器　　D. 封头

75. AF004　孔板波纹填料塔与板式塔相比，孔板波纹填料塔的（　　）。

A. 换热效果差　　B. 阻力降较大　　C. 处理量大　　D. 阻力降较小

76. AF005　精馏段是指（　　）。

A. 精馏塔进料口以下至塔底部分　　B. 精馏塔进料口以上至塔顶部分

C. 循环回流以上至塔顶部分　　D. 循环回流以下至塔底部分

77. AF005　下列关于精馏段的表述错误的是（　　）。

A. 液相回流是精馏段操作的必要条件

B. 精馏段顶部的轻组分质量浓度高

C. 液相回流中轻组分质量浓度自上而下不断降低，而温度不断上升

D. 精馏段的作用是将进料的液相组分提浓

78. AF005　分馏塔精馏段内从塔顶逐层溢流下来的液体称为（　　）。

A. 内回流　　B. 外回流　　C. 气相回流　　D. 热回流

79. AF006　下列关于提馏段的表述错误的是(　　)。
A. 提馏段中液相重组分被提浓　　B. 液相回流是提馏段操作的必要条件
C. 液相中轻组分被提出　　D. 提馏段中发生传质传热过程

80. AF006　提馏段是指(　　)。
A. 精馏塔进料口以下至塔底部分　　B. 精馏塔进料口以上至塔顶部分
C. 循环回流以上至塔顶部分　　D. 循环回流以下至塔底部分

81. AF006　提馏段的液相中轻重组分的变化是(　　)。
A. 轻组分自上而下质量浓度不断增大,重组分质量浓度不断减小
B. 轻组分质量浓度不变,重组分质量浓度减小
C. 轻组分自上而下质量浓度不断减小,重组分质量浓度不断增大
D. 轻组分质量浓度不变,重组分质量浓度增大

82. AF007　蒸馏过程的热力学基础是(　　)。
A. 溶解平衡　　B. 气液平衡　　C. 吸附平衡　　D. 离子交换平衡

83. AF007　蒸馏是分离(　　)的方法。
A. 气体混合物　　B. 气液混合物　　C. 固体混合物　　D. 液体混合物

84. AF007　蒸馏是根据混合物中各组分的(　　)不同来实现分离的。
A. 溶解度　　B. 密度　　C. 挥发度　　D. 沸点

85. AF008　回流比是(　　)。
A. 塔顶回流量与塔顶产品之比　　B. 塔顶回流量与进料之比
C. 塔顶回流量与塔底产品之比　　D. 塔顶产品与塔底产品之比

86. AF008　增加回流比会使(　　)。
A. 塔顶轻组分质量浓度增加　　B. 塔顶轻组分质量保持不变
C. 塔顶轻组分收率增加　　D. 塔的处理能力上升

87. AF008　下列关于回流比的说法错误的是(　　)。
A. 回流比大,操作费用大
B. 塔板数一定的条件下,要提高精馏段产品分离效果,可以增加塔顶回流比
C. 塔板数一定的条件下,要提高提馏段产品分离效果,可以增加塔底气相回流比
D. 回流比越小,分离效果越好

88. AG001　下列选项中属于叶片式泵的是(　　)。
A. 齿轮泵和螺杆泵　　B. 轴流泵和离心泵
C. 往复泵和混流泵　　D. 柱塞泵和旋涡泵

89. AG001　炼油化工装置通常用作输送强腐介质的泵是(　　)。
A. 隔膜泵　　B. 往复泵　　C. 离心泵　　D. 计量泵

90. AG001　离心泵主要依靠叶轮的高速旋转产生(　　)提高液体压力而径向流出叶轮。
A. 离心力　　B. 离心力和轴向力　　C. 轴向力　　D. 切向力

91. AG002　泵是炼油化工装置不可缺少的(　　)机械。
A. 气体输送　　B. 液体输送　　C. 固体输送　　D. 能量输送

92. AG002　离心泵适用于(　　)液体。

A. 流量大、扬程低　　B. 流量小、扬程高

C. 流量小、扬程高　　D. 流量大、扬程高

93. AG002　启动泵前,必须先灌泵的是(　　)。

A. 计量泵　　B. 离心泵　　C. 蒸汽往复泵　　D. 漩涡泵

94. AG003　其他条件不变,液体黏度增大,离心泵的扬程(　　)。

A. 升高　　B. 降低　　C. 不变　　D. 不能确定

95. AG003　离心泵在运转时,其他条件不变,流量增加,则电动机电流(　　)。

A. 增大　　B. 减小　　C. 不变　　D. 不能确定

96. AG003　其他条件不变,液体黏度增大,则离心泵的轴功率(　　)。

A. 减小　　B. 增加　　C. 不变　　D. 不能确定

97. AG004　下列换热器中不是通过管壁传热的是(　　)。

A. 浮头式　　B. 固定管板式　　C. U 形管式　　D. 板式

98. AG004　下列选项中属于新型高效换热器的是(　　)。

A. 浮头式　　B. 固定管板式　　C. U 形管　　D. 板式

99. AG004　换热器温度一般用(　　)控制。

A. 换热器进口阀　　B. 换热器出口阀　　C. 换热器副线阀　　D. 换热器排空阀

100. AG005　一次性使用的泄放装置是(　　)。

A. 安全阀　　B. 爆破片　　C. 单向阀　　D. 自动阀

101. AG005　当压力容器内的压力超过正常工作压力时,能自动开启,将容器内的气体排出一部分,而当压力降至正常工作压力时,又能自动关闭,保证压力容器不至于因超压运行而发生事故的是(　　)。

A. 安全阀　　B. 爆破片　　C. 单向阀　　D. 自动阀

102. AG005　具有密封性能较好、泄压反应较快、气体内所含的污物对其影响较小等特点的安全泄放装置是(　　)。

A. 安全阀　　B. 爆破片　　C. 单向阀　　D. 自动阀

103. AG006　阀瓣在阀杆的带动下,沿阀座密封面的轴线做升降运动而达到启闭目的的阀门,称为(　　)。

A. 闸阀　　B. 隔膜阀　　C. 旋塞阀　　D. 截止阀

104. AG006　下列选项中不是阀门型号通常应表示出的要素是(　　)。

A. 阀门类型、驱动方式　　B. 连接形式、结构特点

C. 密封面材料、阀体材料和公称压力　　D. 垫片材料

105. AG006　中压阀是公称压力(　　)的阀门。

A. $PN \leqslant 1.6$MPa　　B. 2.5MPa $\leqslant PN \leqslant$ 6.4MPa

C. 10.0MPa $\leqslant PN \leqslant$ 80.0MPa　　D. $PN \geqslant 100$MPa

106. AG007　接触式密封是(　　)。

A. 填料密封和普通机械密封　　B. 迷宫密封和垫片密封

C. 浮环密封和机械密封　　D. 浮环密封和干气密封

107. AG007　全封闭式密封的泵是(　　)。

A. 磁力偶合泵和屏蔽泵　　B. 离心泵和磁力偶合泵

C. 屏蔽泵和往复泵　　D. 柱塞泵和螺杆泵

108. AG007　非接触式密封是(　　)。

A. 填料密封和普通机械密封　　B. 干气密封和 O 形圈密封

C. 浮环密封和泵耐磨环密封　　D. 浮环密封和迷宫密封

109. AG008　根据润滑油“五定”中“定人”的规定,机泵轴承箱的润滑应由(　　)负责保持油位。

A. 电工　　B. 钳工　　C. 操作工　　D. 设备管理人员

110. AG008　润滑油“五定”是指定人、(　　)、定时、定质、定量。

A. 定期　　B. 定点　　C. 定额　　D. 定员

111. AG008　润滑油的注入量一般控制在轴承箱液面计的(　　)。

A. 红线顶部　　B. 红线下

C. 两红线之间　　D. 任意位置,看见即可

112. AH001　发生触电事故的危险电压一般是从(　　)开始。

A. 24V　　B. 36V　　C. 65V　　D. 110V

113. AH001　国际规定,电压在(　　)以下不必考虑防止直接电击的危险。

A. 36V　　B. 65V　　C. 25V　　D. 110V

114. AH001　如果工作场所潮湿,为避免触电,使用手持电动工具的人应(　　)。

A. 站在铁板上操作　　B. 穿布鞋操作

C. 站在绝缘胶板上操作　　D. 穿防静电鞋操作

115. AH002　电器着火时不能使用(　　) 灭火。

A. 四氯化碳　　B. 沙土　　C. 水　　D. 干粉

116. AH002　泡沫灭火器主要适用于扑救(　　)的初起火灾。

A. 易燃、可燃液体　　B. 带电设备

C. 精密仪器、仪表　　D. 贵重的物资、珍贵文物、图书档案

117. AH002　下列不适用于扑灭电气火灾的是(　　)。

A. 1211 灭火器　　B. 二氧化碳灭火器　　C. 泡沫灭火器　　D. 干粉灭火器

118. AI001　下列装置应选用风关阀的是(　　)。

A. 油水分离器的排水线　　B. 容器压力的进料调节

C. 蒸馏塔的流出线　　D. 蒸馏塔的回流线

119. AI001　停风时,投用自控的气开控制阀会(　　)。

A. 全关　　B. 全开　　C. 保持原开度　　D. 先开后关

120. AI001　控制阀使用气开阀还是气关阀,是从(　　)的角度考虑的。

A. 节能　　B. 安全　　C. 环保　　D. 操作是否方便

121. AI002　生产管道上一般使用(　　)。

A. 标准压力表　　B. 弹簧压力表　　C. 真空压力表　　D. 负压计

122. AI002　高温介质管道上一般使用（　　）。
A. 耐酸碱压力表　B. 弹簧压力表　C. 真空压力表　D. 耐高温压力表

123. AI002　选用压力表时主要以介质的压力、（　　）为根据。
A. 液位　B. 温度及性质　C. 流量　D. 流量及性质

124. AI003　计量表精度等级是依据计量表的（　　）来划分的。
A. 最大引用误差　B. 相对误差　C. 绝对误差　D. 测量值

125. AI003　椭圆流量计是一种（　　）流量计。
A. 速度式　B. 质量　C. 差压式　D. 容积式

126. AI003　涡轮流量计是一种（　　）流量计。
A. 速度式　B. 质量　C. 差压式　D. 容积式

127. AI004　下列关于热电阻温度计的叙述不正确的是（　　）。
A. 电阻温度计的工作原理：利用金属线（例如铂线）的电阻随温度做几乎线性的变化
B. 电阻温度计在温度检测时有时间延迟的缺点
C. 与电阻温度计相比，热电偶温度计能测更高的温度
D. 因为电阻体的电阻丝是用较粗的线做成的，所以有较强的耐振性能

128. AI004　下列关于双金属温度计的说法不正确是（　　）。
A. 由两片膨胀系数不同的金属牢固地粘在一起
B. 可将温度变化直接转换成机械量变化
C. 是一种固体膨胀式温度计
D. 长期使用后精度更高

129. AI004　DCS 上读到炉膛的温度是由（　　）测量温度的仪表测量的。
A. 热电偶测温计　B. 双金属温度计
C. 热电阻测温计　D. 膨胀式玻璃温度计

130. AI005　下列应选用风开阀的是（　　）。
A. 加热炉的进料系统　B. 加热炉的燃料油系统
C. 压缩机旁路调节阀　D. 压缩机入口调节阀

131. AI005　对于风开式气动调节阀，信号增加，阀门开度（　　）。
A. 变大　B. 变小　C. 不变　D. 不能确定

132. AI005　对于风开式气动调节阀，无信号时，阀门处于（　　）状态。
A. 全开　B. 全关　C. 原来位置　D. 半开

133. BA001　机泵正常情况下运行中的电动机电流应（　　）。
A. 等于额定电流　B. 不超过额定电流的 95%
C. 不超过额定电流的 120%　D. 不超过额定电流的 50%

134. BA001　机泵正常运行中，一般电动机外壳温度应（　　）。
A. 不高于 70℃　B. 不高于 75℃　C. 不高于 85℃　D. 不高于 100℃

135. BA001　启动调频机泵时，电动机应在（　　）给上调频信号。
A. 开泵前　B. 开泵后　C. 开泵过程中　D. 流量稳定后

136. BA002　设备是否有泄漏可以在(　　)时期发现并处理。
A. 开车准备　B. 检修期间　C. 恒温脱水　D. 分段试压
137. BA002　下列选项中不属于开工炉子点火前检查内容的是(　　)。
A. 炉风机　B. 供风系统　C. 炉管　D. 烟道挡板
138. BA002　装置开工点火时,若火灭后要重新点火,必须保证吹汽时间不少于(　　)。
A. 3min　B. 5min　C. 10min　D. 15min
139. BA003　下列各项中不属于"四不开汽"内容的是(　　)。
A. 安全设施　B. 检修项目　C. 现场卫生　D. 健康状况
140. BA003　下列关于"四不开工"的叙述错误的是(　　)。
A. 检修质量不合格不开工　B. 设备隐患未消除不开工
C. 安全设施未做好不开工　D. 动火项目未完不开工
141. BA003　下列关于"四不开工"的叙述正确的是(　　)。
A. 检修质量不合格不开工　B. 领导不在现场不开工
C. 操作人员未考试不开工　D. 夜间不开工
142. BA004　蒸汽使用过程应(　　)。
A. 一步到位　B. 快速开关
C. 进行分步给汽提压　D. 给最小蒸汽
143. BA004　引入蒸汽使用时应(　　)。
A. 一步到位　B. 快速开关
C. 分步给汽　D. 进行脱水、暖管、分步给汽提压
144. BA004　停车扫线时,各低点放空只能作为(　　)。
A. 检查扫线情况点　B. 末端排蒸汽点　C. 末端排油点　D. 末端排油水点
145. BA005　下列不是装置进行蒸汽贯通试压目的的是(　　)。
A. 赶去设备杂物　B. 校验控制阀
C. 检查设备严密情况　D. 贯通流程
146. BA005　下列是装置进行蒸汽贯通试压目的的是(　　)。
A. 热紧　B. 脱水　C. 贯通流程　D. 试验仪表
147. BA005　装置开车进油前,要提前落实(　　)流程,并给汽吹扫贯通。
A. 进油　B. 侧线产品　C. 汽油　D. 馏分油
148. BA006　装置开车时,分段试压可对设备的(　　)进行初步检查。
A. 严密性　B. 耐温性　C. 腐蚀性　D. 强度
149. BA006　管线及设备试压的目的是(　　)。
A. 贯通流程　B. 检查流程的正确性
C. 检查泄漏点并处理　D. 预热管线及设备
150. BA006　下列关于合理利用蒸汽进行分段试压的叙述错误的是(　　)。
A. 先试压力低的管线、设备,后试压力高的管线、设备
B. 试塔、容器之前,先试与塔、容器相连的管线,这些管线试压完毕后,将管线内蒸汽排入塔、容器

C. 先试压力高的管线、设备，后试压力低的管线、设备
D. 分段试压是为了节省蒸汽
151. BA007　开工前减压塔抽真空试验的目的是(　　)。
A. 检查常压系统是否泄漏　　B. 检查常压炉是否泄漏
C. 检查真空泵是否满足工艺要求　　D. 检查减底泵是否满足工艺要求
152. BA007　下列不是开工前减压塔抽真空试验目的的是(　　)。
A. 熟悉减压塔系统抽真空的操作　　B. 检查减压系统是否泄漏
C. 检查真空泵是否满足工艺要求　　D. 检查常压炉是否泄漏
153. BA007　减压塔的抽真空系统冷凝器排液管高度至少应有(　　)。
A. 5m　　B. 10m　　C. 15m　　D. 20m
154. BA008　装置开车前收汽油，以下说法错误的是(　　)。
A. 适用于原油较重的装置
B. 适用于原油较轻的装置
C. 常压塔顶回流罐可以收汽油
D. 装置开车前是否收汽油，应根据本装置实际情况选择
155. BA008　常压塔塔顶冷回流的介质是(　　)。
A. 水　　B. 汽油　　C. 煤油　　D. 柴油
156. BA008　为保证初顶、常顶在开车时能建立塔顶回流，控制塔顶温度，装置开车前应收汽油，适用于(　　)。
A. 原油较重的情况　　B. 原油较轻的情况
C. 原油含水较高的情况　　D. 原油含水较低的情况
157. BA009　以下不可以作为封油组分的是(　　)。
A. 煤油组分　　B. 重柴油组分　　C. 轻蜡油组分　　D. 减二线油
158. BA009　对封油的要求不包括(　　)。
A. 洁净、不含颗粒　　B. 不易蒸发气化
C. 不影响产品质量　　D. 黏度较小
159. BA009　封油的作用不包括(　　)。
A. 润滑、冷却作用　　B. 防止输送介质泄漏
C. 负压下空气或冷却水进入填料函　　D. 降低轴承箱温度
160. BA010　为保证减顶在开车时能建立塔顶回流，装置开车前应收(　　)。
A. 汽油　　B. 煤油　　C. 柴油　　D. 馏分油
161. BA010　开车前收馏分油是为(　　)建立塔顶回流做准备。
A. 初馏塔　　B. 常压塔　　C. 闪蒸塔　　D. 减压塔
162. BA010　下列关于开车前收馏分油的说法不正确的是(　　)。
A. 减压塔开车前必须靠收馏分油建立塔顶回流
B. 重柴油可以作为减压塔开工馏分油
C. 煤油可以作为减压塔开工馏分油
D. 收馏分油后应检查、切水

163. BB001　装置开路循环是为了(　　)。

A. 装油、赶水　B. 装置试压

C. 装置进油顺畅　D. 防止装置进油逼压

164. BB001　装置开路循环时,不用开的泵是(　　)。

A. 原油泵　B. 渣油泵　C. 汽油泵　D. 常底泵

165. BB001　下列不是装置进行冷循环目的的是(　　)。

A. 测试仪表　B. 建立三塔底平衡　C. 脱水、冲洗管线　D. 装置气密

166. BB002　装置热循环期间补油的原因是(　　)。

A. 原油中轻油全部蒸发　B. 原油中大量的水蒸发

C. 原油高温膨胀　D. 循环量过小

167. BB002　装置开车过程中,由于温度升高,一般开(　　)进行补油。

A. 渣油泵　B. 接力泵

C. 原油泵　D. 平衡三塔液面,不用补油

168. BB002　装置开路循环时,下列流程正确的是(　　)。

A. 电脱盐→原油泵→初馏塔→加热炉→常压塔→加热炉→减压塔→出装置

B. 原油泵→电脱盐→初馏塔→加热炉→常压塔→加热炉→减压塔→出装置

C. 电脱盐→原油泵→加热炉→初馏塔→常压塔→加热炉→减压塔→出装置

D. 原油泵→电脱盐→初馏塔→常压塔→加热炉→加热炉→减压塔→出装置

169. BB003　装置进行冷循环的目的是(　　)。

A. 脱盐

B. 气密

C. 脱水、冲洗管线、测试仪表、建立三塔底平衡

D. 设备热紧

170. BB003　下列选项中不是开工引油冷循环阶段工作的是(　　)。

A. 引油顶水,在各塔底低点放空切水　B. 控制好各塔底液面

C. 加热炉各分支流量调节均匀　D. 设备热紧

171. BB003　下列选项中是开工引油冷循环阶段工作的是(　　)。

A. 在各塔底低点放空切水　B. 升温到110~130℃

C. 设备热紧　D. 引过热蒸汽至炉顶放空

172. BB004　装置冷循环过程中,要注意控制好(　　)的液面平衡。

A. 初馏塔、常压塔、汽提塔　B. 初馏塔、常压塔、减压塔

C. 常压塔、减压塔、汽提塔　D. 初馏塔、减压塔、汽提塔

173. BB004　装置冷循环过程中,要注意控制好(　　)的流量。

A. 常压炉　B. 燃料油　C. 减压炉　D. 原油

174. BB004　装置开车过程,(　　)前必须处理完“蒸汽试压”发现的问题。

A. 冷循环　B. 恒温脱水　C. 装置进油　D. 热循环

175. BB005　装置开车过程中,由于温度升高,一般在(　　)期间需要进行补油。

A. 开路循环　B. 冷循环　C. 恒温脱水　D. 试油压

176. BB005　下列关于开工恒温脱水目的的叙述错误的是(　　)。
A. 防止塔内存水大量汽化,造成塔压急剧上升
B. 防止塔底存水造成机泵抽空
C. 防止存水造成计量表失灵
D. 防止水大量汽化冲翻塔盘
177. BB005　开车时进行恒温脱水,温度应控制在(　　)。
A. 50~90℃　B. 120~170℃　C. 280~300℃　D. 350~400℃
178. BB006　恒温脱水时,塔底液面有响声说明(　　)。
A. 循环油含水未脱尽　B. 原油含水未脱尽
C. 塔顶容器含水未脱尽　D. 电脱盐含水未脱尽
179. BB006　恒温脱水时,判断水分是否脱尽的方法有“一听、二看、三观察”和(　　)。
A. 分析循环油含水量　B. 分析原油含水量
C. 分析塔顶容器含水量　D. 分析电脱盐脱水量
180. BB006　装置恒温循环时,要特别注意循环温度的目的是(　　)。
A. 减少损失　B. 防止冲塔
C. 防止塔底泵抽空　D. 防止液面超高
181. BB007　开工时需要热紧的部位是(　　)。
A. 加热炉出口　B. 原油泵出口　C. 塔顶馏出线　D. 电脱盐罐出口
182. BB007　由于各种材料的热膨胀系数不一样,(　　)在温度升高后可能会泄漏。
A. 焊缝　B. 法兰密封面　C. 管线　D. 弯头
183. BB007　下列关于开工恒温热紧的说法错误的是(　　)。
A. 法兰、螺栓等各种材料的热膨胀系数不一样
B. 常温常压下紧固好的螺栓,升温后紧固力下降
C. 温度升高以后,高温部位密封面有可能发生泄漏
D. 高温、低温部位都需热紧
184. BB008　开车中,当250℃恒温热紧后,继续升温升至(　　)时,需再进一次恒温热紧。
A. 270℃　B. 300℃　C. 350℃　D. 380℃
185. BB008　开车中,当加热炉温度出口升至250℃恒温热紧,需要恒温热紧的部位有(　　)。
A. 200℃以上的所有法兰螺栓　B. 机泵对轮螺栓
C. 200℃以下的法兰螺栓　D. 瓦斯管线法兰螺栓
186. BB008　开车中,当加热炉温度升至(　　)时,开始恒温热紧。
A. 130℃　B. 200℃　C. 250℃　D. 360℃
187. BB009　开工前减压塔的抽真空使用的介质是(　　)。
A. 系统蒸汽　B. 常压重油　C. 自产蒸汽　D. 空载运行
188. BB009　启动蒸汽喷射器抽真空前,下列操作错误的是(　　)。
A. 水封罐给上水封　B. 各级冷却器通上冷却水
C. 打开各级冷却器降液阀　D. 关闭各级冷却器降液阀

189. BB009　一个完整的抽真空系统一般由(　　)组成。
A. 一级蒸汽喷射器和二级蒸汽喷射器
B. 一级蒸汽喷射器、回流器和二级蒸汽喷射器
C. 塔顶冷凝器和一、二级蒸汽喷射器
D. 增压器和一、二级蒸汽喷射器及后冷器

190. BB010　开车前抽真空时,应(　　)。
A. 先给水,后给汽　B. 先给汽,后给水
C. 同时给水给汽　D. 以上三项都正确

191. BB010　开汽过程投用抽真空时,要确保(　　)。
A. 水封罐顶放空阀打开　B. 水封罐顶放空阀关闭
C. 水封罐无水　D. 水封罐有油

192. BB010　开车前抽真空试验时,抽真空速度不宜过快,否则会(　　)。
A. 把塔抽瘪　B. 冲翻塔盘或损坏内部构件
C. 浪费蒸汽　D. 损坏蒸汽喷射器

193. BB011　加热炉点火前,必须确保(　　)。
A. 炉火嘴瓦斯阀全关　B. 炉火嘴瓦斯阀全开
C. 炉防爆门全开　D. 看火窗全开

194. BB011　加热炉点火前必须对炉膛进行(　　)。
A. 蒸汽吹扫　B. 烘炉　C. 烟气分析　D. 吹灰

195. BB011　加热炉点火前,(　　)不必改入相应的介质。
A. 辐射室炉管　B. 对流室蒸汽管　C. 对流室水管　D. 吹灰器

196. BB012　点火前炉膛吹扫的标准:可燃气体含量小于(　　)。
A. 1%　B. 0.5%　C. 0.2%　D. 0.1%

197. BB012　下列炉膛吹扫操作错误的是(　　)。
A. 改好炉膛吹扫流程　B. 吹扫蒸汽脱水
C. 缓慢打开吹扫蒸汽阀门,引入吹扫蒸汽　D. 稍开烟道挡板

198. BB012　在加热炉点火前操作中,应向炉膛吹入(　　),以吹扫炉膛内的可燃气体。
A. 蒸汽　B. 氮气　C. 氧气　D. 氯气

199. BB013　加热炉瓦斯管线上设有(　　),以防止回火爆炸。
A. 闸阀　B. 单向阀　C. 阻火器　D. 控制阀

200. BB013　点火前吹扫瓦斯管线的目的防止(　　)。
A. 瓦斯含水量大　B. 瓦斯含油量大
C. 瓦斯含氧气量大　D. 瓦斯含氮气量大

201. BB013　下列关于点火前吹扫瓦斯管线目的的叙述错误的是(　　)。
A. 管线设备试压　B. 管线设备查找漏点
C. 置换管线内空气　D. 瓦斯含氮气量大

202. BB014 加热炉燃料油点火前的循环不是为了检验燃料油系统（ ）。
A. 仪表控制系统 B. 管线管件受压情况
C. 管线法兰密封 D. 减底泵运行情况

203. BB014 在加热炉操作中，燃料油点火前要（ ）。
A. 将仪表改手控 B. 将仪表改自控
C. 设定燃料油压力 D. 开副线操作

204. BB014 加热炉燃料油点火前的循环是为了脱除燃料油中的（ ）。
A. 水分 B. 轻组分 C. 盐 D. 杂质

205. BC001 电脱盐罐中，原油和水是靠油水（ ）不同进行沉降分离的。
A. 密度 B. 温度 C. 黏度 D. 表面张力

206. BC001 装置开工时电脱盐尽可能早送电参加循环，目的是（ ）。
A. 加快脱水速度，尽快使装置恢复正常
B. 缩短开工时间
C. 避免含水引起换热器泄漏
D. 避免常减压正常后再波动

207. BC001 电脱盐罐的尺寸取决于（ ）。
A. 原油密度 B. 原油中含水比例
C. 原油在电场中停留时间 D. 电场强度

208. BC002 典型的电脱盐工艺流程中，混合器的安装位置是（ ）。
A. 原油泵前 B. 一级电脱盐罐前 C. 一级电脱盐罐后 D. 注水入口前

209. BC002 典型的电脱盐工艺流程中一般不采用（ ）。
A. 原油泵前注破乳化剂 B. 原油泵后注破乳化剂
C. 一级电脱盐罐后注破乳化剂 D. 原油泵前后注水

210. BC002 一般直流电脱盐罐设有（ ）电极板。
A. 1 层 B. 2~3 层 C. 4~5 层 D. 6~7 层

211. BC003 电脱盐温度（ ），有利于破乳和聚结。
A. 适当降低 B. 适当升高 C. 适当波动 D. 稳定不变

212. BC003 电脱盐罐中，当（ ）时，聚结力急剧增大。
A. 水滴减小 B. 水滴间距缩小 C. 水滴增多 D. 水滴间距增大

213. BC003 为使电脱盐罐内的无机盐脱除得更彻底，在原油进罐前注入（ ）。
A. 氨 B. 水 C. 缓蚀剂 D. 碱

214. BC004 原油加工量为 5200t/d，向破乳剂槽中加 8 桶破乳剂，每桶 15kg，经 16h 用完，则破乳剂注入量是（ ）。
A. 5 kg/h B. 7.5kg/h C. 15kg/h D. 120kg/h

215. BC004 为使电脱盐罐内的油与水分离得更好，在原油进罐前注入（ ）。
A. 氨 B. 碱 C. 缓蚀剂 D. 破乳化剂

216. BC004 电脱盐注破乳化剂是为了破坏原油的（ ）。
A. 乳化状态 B. 水滴密度 C. 有机盐 D. 环烷酸

217. BC005 当塔顶酸性水 pH 值偏低时,应该( )。
A. 加大塔顶注中和剂量 B. 减小塔顶注中和剂量
C. 加大塔顶注水量 D. 减小塔顶注水量
218. BC005 注氨的作用主要是中和( ),提高防腐效果。
A. 氯化钠 B. 氯化氢、硫化氢 C. 硫酸 D. 氢氧化钠
219. BC005 挥发线上注水、注中和剂及注缓蚀剂的次序是( )。
A. 水、缓蚀剂、中和剂 B. 中和剂、水、缓蚀剂
C. 水、中和剂、缓蚀剂 D. 中和剂、缓蚀剂、水
220. BC006 低温露点腐蚀主要发生在( )。
A. 加热炉出口 B. 渣油换热器
C. 初馏塔、常减压塔下部 D. 初馏塔、常减压塔上部
221. BC006 高温硫和高温环烷酸的主要腐蚀部位是( )。
A. 电脱盐罐 B. 减压塔顶 C. 加热炉出口 D. 常压塔顶
222. BC006 下列关于塔顶注缓蚀剂作用的叙述错误的是( )。
A. 缓蚀剂具有表面活性,吸附于金属表面形成保护膜
B. 增加硫化氢的溶解度
C. 补充保护作用
D. 使沉淀物疏松,便于清洗
223. BC007 为使塔顶注缓蚀剂发挥更好效果,一般在注缓蚀剂之后注( )。
A. 中和剂 B. 碱 C. 碱性水 D. 破乳化剂
224. BC007 塔顶冷却器冷却效果变差时,应当( )。
A. 减小破蚀剂注入量 B. 减小缓蚀剂注入量
C. 减小挥发线注水量 D. 加大挥发线注水量
225. BC007 塔顶酸性水色样变深时,应当( )。
A. 减小破蚀剂注入量 B. 减小缓蚀剂注入量
C. 加大挥发线注水量 D. 减小挥发线注水量
226. BC008 塔顶冷回流越大,则( )。
A. 塔的分馏效果越好 B. 塔顶产品收率越高
C. 装置能耗越低 D. 塔的拔出率越高
227. BC008 塔顶冷回流的作用是( )。
A. 控制塔中部温度 B. 回收塔顶热量 C. 控制塔顶压力 D. 控制塔顶温度
228. BC008 塔顶冷回流属于( )。
A. 外回流 B. 内回流 C. 热回流 D. 循环回流
229. BC009 中段回流流量大有利于( )。
A. 热量回收 B. 提高分馏效果
C. 塔顶质量控制 D. 侧线产品质量控制
230. BC009 其他条件不变的情况下,增加常顶循环回流量,则塔顶压力( )。
A. 上升 B. 下降 C. 先升后降 D. 不受影响

231. BC009 常压塔塔顶循环回流的介质是( )。
A. 水 B. 汽油 C. 煤油 D. 柴油

232. BC010 电脱盐主要设备不包括( )。
A. 高压配电系统 B. 原油注水、切水系统
C. 含盐污水预处理系统 D. 采样系统

233. BC010 电脱盐罐内原油入口分配器的作用是( )。
A. 使原油沿罐的水平截面均匀分布 B. 使原油沿罐的垂直截面均匀分布
C. 使原油与水的乳化液在电场中加速上升 D. 过滤原油中的杂质

234. BC010 原油进电脱盐罐前一般设有混合器,目的是( )。
A. 降低电脱盐罐压力 B. 使油水充分混合
C. 增加原油停留时间 D. 减少原油停留时间

235. BC011 电脱盐罐油水界位偏低时,有可能造成( )。
A. 脱后原油含水上升 B. 下水带油
C. 脱后原油含水下降 D. 电脱盐电流上升

236. BC011 电脱盐罐油水界位偏低时,应该( )。
A. 减小注水量 B. 加大排水量 C. 加大注水量 D. 减小排水量

237. BC011 电脱盐罐油水界位偏高时,应该( )以降低油水界位。
A. 减小注水量 B. 加大排水量
C. 加大注水量 D. 加大破乳化剂量

238. BC012 其他条件不变,常压塔塔顶压力过高,会造成( )。
A. 塔顶产品分离效果差 B. 塔顶产品分离效果好
C. 塔顶温度下降 D. 塔顶产品质量不受影响

239. BC012 其他条件不变的情况下,减小常顶循环回流量,塔顶压力( )。
A. 上升 B. 下降 C. 先升后降 D. 不受影响

240. BC012 常减压蒸馏装置初馏塔顶、常压塔顶的压力大致为( )。
A. 0.001~0.01MPa B. 0.01~0.1MPa
C. 0.1~1MPa D. 1~10MPa

241. BC013 以下因素会引起常压塔顶温度上升的是( )。
A. 塔顶回流量上升 B. 塔顶回流量下降
C. 塔顶回流温度下降 D. 中段回流流量上升

242. BC013 减压塔顶温度通常比( )。
A. 初馏塔顶温度高 B. 常压塔顶温度高
C. 电脱盐罐温度高 D. 常压塔顶温度低

243. BC013 初馏塔顶温度大致控制在( )。
A. 80℃以下 B. 90~120℃ C. 150~200℃ D. 200~250℃

244. BC014 初馏塔底液面偏低时,应该( )。
A. 提高常压炉进料量 B. 减小常压炉进料量
C. 提高常压炉出口温度 D. 降低常压炉出口温度

245. BC014 常减压蒸馏装置常压塔塔底液面一般应选用(　　)液位计。
A. 玻璃管　B. 玻璃板　C. 雷达式　D. 双法兰液面计

246. BC014 减压塔底液面偏高时,正确的处理方法是(　　)。
A. 开大减底泵出口阀　B. 关小减底泵出口阀
C. 加大减压炉进料量　D. 降低减压炉进料量

247. BC015 初馏塔顶油水分液罐油位过高会造成(　　)。
A. 罐底汽油泵抽空　B. 初馏塔顶压力降低
C. 初馏塔顶压力上升　D. 初馏塔顶温度升高

248. BC015 常压塔顶油水分液罐油位过高会造成(　　)。
A. 罐底汽油泵抽空　B. 常压塔顶压力降低
C. 常顶瓦斯带油增加　D. 常压塔顶温度升高

249. BC015 初馏塔顶油水分液罐油位过低会造成(　　)。
A. 初馏塔顶回流中断,塔顶压力降低　B. 初馏塔顶回流中断,塔顶温度升高
C. 初顶瓦斯带油增加　D. 初馏塔顶回流中断,塔顶温度降低

250. BC016 常压塔顶油水分液罐油水界位过低会造成(　　)。
A. 罐底汽油泵抽空　B. 常顶回流带水
C. 酸性水带油　D. 塔顶温度升高

251. BC016 常压塔顶油水分液罐油水界位过高会造成(　　)。
A. 罐底汽油泵抽空　B. 常顶回流带水　C. 酸性水带油　D. 塔顶温度升高

252. BC016 常减压蒸馏装置的油水分液罐油水界位,正常情况下控制在(　　)。
A. 20%以下　B. 80%~90%　C. 20%~80%　D. 90%以上

253. BC017 其他条件不变的情况下,当提高装置处理量时,加热炉总出口温度应(　　)。
A. 适度升高　B. 适度降低
C. 保持不变　D. 在小范围内波动

254. BC017 减压炉总出口温度控制指标一般为(　　)。
A. 320~350℃　B. 370~400℃　C. 400~420℃　D. 430~480℃

255. BC017 当原油变重(即轻组分较少),常压炉出口温度应(　　)。
A. 适当提高　B. 不变
C. 适当降低　D. 不变,同时降低处理量

256. BC018 正常情况下,一般通过调节(　　),使加热炉炉膛维持一定的负压。
A. 风道挡板　B. 烟道挡板　C. 风门　D. 油门

257. BC018 当加热炉炉膛温度超标,而出口温度达不到指标时,应该(　　)。
A. 增加燃料用量　B. 适当降量　C. 适当提量　D. 减少燃料用量

258. BC018 常减压蒸馏装置加热炉的炉膛温度的控制指标为(　　)。
A. 不高于 370℃　B. 不高于 600℃　C. 不高于 800℃　D. 不高于 1200℃

259. BC019 在某地操作的蒸馏装置的塔顶真空度读数为 80×10^3Pa,当地的平均大气压强为 85.3×10^3Pa,则蒸馏装置的塔顶绝对压强(残压)是(　　)。
A. 1570Pa　B. 2100Pa　C. 5300Pa　D. -5300Pa

260. BC019 其他条件不变的情况下,减压塔顶真空度升高,则产品（ ）。
A. 收率升高 B. 收率下降 C. 收率不变 D. 渣油量增加

261. BC019 减压塔顶真空度指标一般为（ ）。
A. 不低于 60kPa B. 不低于 70kPa C. 不低于 80kPa D. 不低于 93kPa

262. BC020 适度提高脱盐温度,下列说法错误的是（ ）。
A. 原油黏度降低 B. 减少水滴运动阻力
C. 油水界面张力降低 D. 电脱盐电流降低

263. BC020 下列关于电脱盐温度的说法正确的是（ ）。
A. 脱盐温度越高越好 B. 脱盐温度越低越好
C. 脱盐温度应根据装置热量回收需要调整 D. 脱盐温度一般应控制在 120~140℃

264. BC020 下列关于适度提高电脱盐温度的说法正确的是（ ）。
A. 脱盐率会下降 B. 脱盐率会上升 C. 脱盐率不变 D. 影响无法确定

265. BC021 湿式常减压蒸馏装置（ ）设有吹汽。
A. 在初馏塔底 B. 在常压塔底
C. 在减压塔底 D. 在常压塔底与减压塔底

266. BC021 塔底吹汽采用的介质是（ ）。
A. 过热水蒸气 B. 饱和水蒸气 C. 氮气 D. 空气

267. BC021 下列关于常压塔底吹汽主要目的的叙述错误的是（ ）。
A. 降低塔底重油中 350℃以前馏分的含量 B. 提高轻质油的收率
C. 提高汽化段的油气分压 D. 减轻减压塔的负荷

268. BC022 在减压炉炉管内注汽,可提高油品在炉管内的（ ）,防止结焦。
A. 黏度 B. 流速 C. 压力 D. 温度

269. BC022 常减压蒸馏装置采用炉管注汽的部位有（ ）。
A. 常压炉 B. 减压炉
C. 常压炉和减压炉 D. 以上选项均不正确

270. BC022 减压炉管注汽采用的介质是（ ）。
A. 过热水蒸气 B. 饱和水蒸气 C. 氮气 D. 空气

271. BC023 下列加热炉火嘴调节的要求正确的是（ ）。
A. 火嘴分布尽量均匀 B. 火焰越短越好
C. 火焰越长越好 D. 烧瓦斯时火焰呈黄色

272. BC023 下列加热炉火嘴调节的要求正确的是（ ）。
A. 火苗发飘、过长,应关小雾化蒸汽 B. 火苗发飘、过长,应开大雾化蒸汽
C. 火焰呈红黑色,减小二次风 D. 火焰呈红黑色,应关小雾化蒸汽

273. BC023 下列选项中不是加热炉火嘴结焦原因的是（ ）。
A. 燃料油雾化效果不好 B. 风门开度大
C. 风门开度小 D. 油枪安装不当

274. BC024 为使塔顶注缓蚀剂发挥更好效果,一般在注缓蚀剂之前注（ ）。
A. 中和剂 B. 碱 C. 碱性水 D. 破乳化剂

275. BC024 下列关于塔顶挥发线注中和剂的目的的叙述错误的是(　　)。
A. 中和硫化氢　　B. 中和氯化氢
C. 在设备表面形成保护膜　　D. 降低塔顶冷凝系统腐蚀

276. BC024 下列选项中最适合作为中和剂的是(　　)。
A. 氨　　B. 有机胺　　C. 磷酸三钠　　D. 氨水

277. BC025 塔顶注缓蚀剂可以(　　),达到防腐作用。
A. 中和酸性物质　　B. 中和碱性物质　　C. 形成保护膜　　D. 脱盐

278. BC025 缓蚀剂在(　　)条件下效果较好。
A. 弱碱性　　B. 碱性　　C. 中性　　D. 强酸性

279. BC025 下列关于装置开车时塔顶注缓蚀剂的说法正确的是(　　)。
A. 开车时应加大剂量;正常后适当减小　　B. 开车时应减小剂量,正常后适当加大
C. 一直维持正常量不变　　D. 注入量越大越好

280. BC026 塔顶 Fe^{2+} 超标时,应当(　　)。
A. 加大缓蚀剂注入量　　B. 减小缓蚀剂注入量
C. 加大挥发线注水量　　D. 减小挥发线注水量

281. BC026 下列关于塔顶挥发线注水调节注意事项的叙述错误的是(　　)。
A. 注水量不要长时间固定一个量,定期调整,保证冲洗效果
B. 注水量尽量大些
C. 应能提高露点处的 pH 值
D. 三注按流程走向的顺序是注水、注有机胺、注缓蚀剂

282. BC026 塔顶注(　　)可减轻胺盐垢下腐蚀。
A. 水　　B. 中和剂　　C. 缓蚀剂　　D. 破乳剂

283. BC027 汽油采样时应(　　)。
A. 缓慢放油　　B. 快速放油　　C. 用蒸汽掩护　　D. 加温

284. BC027 对侧线油品采样分析时,应冷却后再采,否则会(　　)。
A. 高温烫伤　　B. 突沸　　C. 数据准确　　D. 数据偏差

285. BC027 采脱后原油进行含水量分析时,应冷却后再采,否则分析出来的含水量(　　)。
A. 偏高　　B. 偏低
C. 为零　　D. 以上选项均不正确

286. BC028 烟气氮氧化物含量不得超过(　　)。
A. 150mg/L　　B. 300mg/L　　C. 200mg/L　　D. 80mg/L

287. BC028 下列选项不属于烟气分析项目的是(　　)。
A. 氧气　　B. 一氧化碳　　C. 二氧化碳　　D. 氮气

288. BC028 加热炉烟气采样的准确位置是(　　)。
A. 炉烟囱出口　　B. 炉对流室出口　　C. 炉对流室入口　　D. 炉膛

289. BC029 常减压蒸馏装置的初顶可做(　　)的原料。
A. 催化裂化　　B. 重整　　C. 加氢裂化　　D. 延迟焦化

290. BC029　为使重整料(　　)含量合格,常减压蒸馏装置要设初馏塔。
A. 钒　B. 砷　C. 镍　D. 硅

291. BC029　初馏塔的选用与否与(　　)和加工流程有关。
A. 装置规模　B. 原油性质　C. 装置处理量　D. 原油含水量

292. BC030　常减压蒸馏装置的初顶、常顶可作为(　　)。
A. 煤油　B. 柴油　C. 润滑油基础油　D. 乙烯原料

293. BC030　初顶、常顶汽油可作为(　　)。
A. 分子筛料　B. 重整原料　C. 酮苯原料　D. 航煤

294. BC030　常减压蒸馏装置的初顶、常顶可作为(　　)。
A. 煤油　B. 溶剂油　C. 汽油　D. 柴油

295. BC031　常减压蒸馏装置的减压侧线可作为(　　)原料。
A. 制氢装置　B. 石蜡　C. 汽油加氢　D. 重整装置

296. BC031　常减压蒸馏装置的减压侧线可作为(　　)原料。
A. 制氢装置　B. 沥青　C. 重整装置　D. 润滑油基础油

297. BC031　常减压蒸馏装置的减压侧线可作为(　　)原料。
A. 催化裂化　B. 催化重整　C. 汽油加氢　D. 沥青

298. BC032　减压渣油可作为(　　)原料。
A. 延迟焦化装置　B. 制氢装置　C. 柴油加氢装置　D. 石蜡装置

299. BC032　减压渣油可作为(　　)原料。
A. 制氢装置　B. 石蜡装置　C. 渣油加氢装置　D. 重整装置

300. BC032　减压渣油可作为(　　)原料。
A. 制氢装置　B. 石蜡装置
C. 柴油加氢装置　D. 催化裂化装置

301. BD001　停车吹扫瓦斯管线,下列做法错误的是(　　)。
A. 关闭瓦斯进装置总阀　B. 手动打开瓦斯控制阀至100%
C. 开瓦斯进装置总阀后蒸汽阀吹扫　D. 关闭所有瓦斯火嘴上、下阀门

302. BD001　装置停车时,瓦斯管线吹扫规定时间为不少于(　　)。
A. 2h　B. 4h　C. 8h　D. 12h

303. BD001　装置停车时,瓦斯管线使用(　　)吹扫。
A. 净化风　B. 非净化风　C. 氮气　D. 蒸汽

304. BD002　轻油(汽油、煤油)管线吹扫时,装置蒸汽压力要求(　　)。
A. 不高于0.2MPa　B. 不高于0.5MPa　C. 不高于1.0MPa　D. 不低于1.0MPa

305. BD002　装置停车时,汽油线扫线前应先用(　　)。
A. 风扫　B. 氮气扫　C. 水顶　D. 柴油顶

306. BD002　装置停车时,(　　)管线扫线前应先用水顶空后再用蒸汽吹扫。
A. 汽油　B. 蜡油　C. 渣油　D. 瓦斯

307. BD003　下列介质的管线停用时,(　　)管线必须开伴热蒸汽。
A. 渣油　B. 煤油　C. 汽油　D. 柴油

308. BD003 扫线时,下列各项中应先扫的是(　　)。
A. 汽油　B. 柴油　C. 蜡油　D. 渣油
309. BD003 下列重油管线吹扫的做法错误的是(　　)。
A. 扫线时必须反复憋压
B. 所有计量表改副线
C. 先重质、易凝油品,后轻质不易凝油品
D. 各低点放空必须打开,以便检查吹扫效果
310. BD004 换热器吹扫给汽前,应(　　)。
A. 先切净水、后缓慢给汽　B. 先切净水、后迅速给汽
C. 直接缓慢给汽　D. 直接快速给汽
311. BD004 换热器给汽吹扫汽时,应(　　)。
A. 一程吹扫,另一程应关闭　B. 一程吹扫,另一程应加盲板
C. 一程吹扫,另一程应有通路　D. 一程吹扫,另一程应打开现场排空阀
312. BD004 换热器切出,给汽吹扫时,换热器中的油应(　　)。
A. 就地排放　B. 接胶带排至地沟
C. 接胶带排至油桶回收　D. 经污油线排放至污油罐
313. BD005 冷却器吹扫时,水源侧阀应(　　)。
A. 打开进出口　B. 关闭进出口并放空　C. 关进口,开出口　D. 开进口,关出口
314. BD005 装置停车时,冷却器停车吹扫规定时间为不少于(　　)。
A. 8h　B. 12h　C. 24h　D. 48h
315. BD005 冷却器吹扫时,水源侧应(　　)。
A. 不吹扫　B. 蒸汽吹扫　C. 水冲洗　D. 氮气吹扫
316. BD006 装置停车降温时,加热炉应(　　)。
A. 自然降温　B. 由加热炉温控仪表投自动控制
C. 各支路均匀降温　D. 切断进料
317. BD006 装置停车降温时,应遵守(　　)的原则。
A. 先降温后降量　B. 先降量后降温　C. 快速降温　D. 熄火降温
318. BD006 装置停车降温,加热炉熄火应在炉出口温度(　　)时。
A. 常压炉为 200℃、减压炉为 300℃　B. 常压炉为 250℃、减压炉为 300℃
C. 常压炉为 300℃、减压炉为 250℃　D. 常压炉为 300℃、减压炉为 300℃
319. BD007 装置停车时,加热炉熄全部自产低压瓦斯嘴时应(　　)。
A. 直接关闭油嘴阀　B. 直接关低压瓦斯总阀
C. 直接关低压瓦斯火嘴阀　D. 自产瓦斯改放空后熄火嘴
320. BD007 装置停车时,加热炉熄单个自产低压瓦斯嘴时,应(　　)。
A. 直接关闭油嘴阀　B. 直接关低压瓦斯总阀
C. 直接关该低压瓦斯火嘴阀　D. 自产瓦斯改放空后熄该火嘴
321. BD007 装置停车时,加热炉熄真空瓦斯嘴的顺序(　　)。
A. 先熄其他所有火嘴,再熄真空瓦斯嘴

B. 先破减压真空，再熄真空瓦斯嘴

C. 先关闭外来瓦斯入罐阀后，再熄真空瓦斯嘴

D. 先熄真空瓦斯嘴后再改真空瓦斯放空

322. BD008 燃料油线吹扫时，从油嘴处给汽吹扫燃料油线时应关闭（ ）。

A. 油嘴上游阀 B. 油嘴下游阀 C. 温控阀下游阀 D. 温控阀下游阀

323. BD008 装置停车，加热炉熄油嘴时，应（ ）。

A. 停一个吹扫一个 B. 全部停完集中吹扫

C. 同燃料油线同时吹扫 D. 等炉膛温度常温时才吹扫

324. BD008 装置停车，加热炉油火全部熄灭后，应及时吹扫（ ）线。

A. 燃料油 B. 原油 C. 高压瓦斯 D. 低压瓦斯

325. BD009 装置停车退油时，下列各泵中最后停的是（ ）。

A. 原油泵 B. 初底泵 C. 常底泵 D. 渣油泵

326. BD009 装置退油前，应该检查（ ）是否畅通。

A. 渣油冷却器冷却水 B. 原油线

C. 燃料油循环线 D. 渣油线

327. BD009 装置停车前，应该检查（ ）是否畅通。

A. 退油线 B. 原油线 C. 燃料油线 D. 渣油线

328. BD010 装置停车时，在（ ）开始调小各回流泵的量。

A. 降量后 B. 降温后 C. 熄火后 D. 循环后

329. BD010 装置停车时，在（ ）停侧线泵。

A. 降量后 B. 降温后 C. 侧线无油后 D. 退油后

330. BD010 装置停车时，在（ ）可以吹扫侧线机泵。

A. 机泵抽空后

B. 机泵停泵后

C. 确认侧线汽提塔无油后

D. 确认侧线汽提塔无油，关闭汽提塔抽出阀后

331. BE001 下列选项中不属于加热炉“三门一板”的是（ ）。

A. 风门 B. 油门 C. 汽门 D. 看火门

332. BE001 加热炉“三门一板”中“一板”是指（ ）。

A. 风机挡板 B. 烟道挡板 C. 风道挡板 D. 小蝶阀挡板

333. BE001 加热炉“三门一板”中“三门”是指（ ）。

A. 风门、油门和汽门 B. 防爆门、油门和汽门

C. 看火门、油门和汽门 D. 看火门、油门和防爆门

334. BE002 炉膛负压过大时，应（ ）。

A. 适度将炉子烟囱的烟道挡板开大 B. 适度将炉子烟囱的烟道挡板关小

C. 将炉子烟囱的烟道挡板关闭 D. 保持炉子烟囱的烟道挡板开度不变

335. BE002 加热炉烟道挡板开度过小时，炉膛会出现（ ）。

A. 正压 B. 负压 C. 温度超高 D. 不能确定

336. BE002 加热炉雾化蒸汽量正常,火嘴火焰过长,这时应(　　)。

A. 关小烟道挡板　　B. 开大烟道挡板
C. 适当关小燃烧器风门　　D. 适当开大燃烧器风门

337. BE003 下列选项属于设备管理“四懂”的是(　　)。

A. 懂调节　　B. 懂用途　　C. 懂应用范围　　D. 懂维护方法

338. BE003 下列选项属于设备管理“三会”的是(　　)。

A. 会调节　　B. 会使用　　C. 会应用范围　　D. 会维修

339. BE003 下列选项属于设备管理“三会”的是(　　)。

A. 会调节　　B. 会应用范围　　C. 会维修　　D. 会排除故障

340. BE004 N 型曲轴柱塞式计量泵泵头主要由排液阀、液缸、吸液阀、(　　)和柱塞等零部件组成。

A. 活塞　　B. 蜗轮　　C. 十字头　　D. 填料函

341. BE004 N 型曲轴柱塞式计量泵主要由(　　)和传动调节机构组成。

A. 密封机构　　B. 泵头　　C. 连接机构　　D. 活塞

342. BE004 隔膜式计量泵的泵缸与隔膜泵之间为(　　)密封,故能做到绝对防漏。

A. 动　　B. 静　　C. 滚动　　D. 滑动

343. BE005 减少活塞或栓塞的行程,计量泵的流量(　　)。

A. 增加　　B. 减少　　C. 不变　　D. 不能确定

344. BE005 对于计量泵,一般通过(　　)来调节流量。

A. 关小进口阀　　B. 关小出口阀
C. 关小回流阀　　D. 改变活塞或栓塞的行程

345. BE005 下列关于计量泵不排液或排液不足原因的叙述错误的是(　　)。

A. 吸入管路堵塞　　B. 填料密封泄漏严重
C. 传动机构中油箱内油量过多　　D. 吸入液面太低

346. BE006 机械密封是一种(　　)的装置。

A. 防止摩擦　　B. 传递动力　　C. 防止流体泄漏　　D. 冷却

347. BE006 机械密封中的(　　)容易磨损。

A. 动环　　B. 静环　　C. 推环　　D. 防转销

348. BE006 机械密封冲洗方法不包括(　　)。

A. 自冲洗　　B. 正冲洗　　C. 反冲洗　　D. 间接冲洗

349. BE007 联轴器的作用是将(　　)和泵轴连接起来,把电动机的机械能传给泵轴,使泵获得能量。

A. 轴承　　B. 电动机轴　　C. 叶轮　　D. 转子

350. BE007 在载荷具有冲击、振动,且轴的转速较高、刚度较小时,一般选用(　　)。

A. 刚性固定式联轴器　　B. 刚性可移式联轴器
C. 弹性联轴器　　D. 安全联轴器

351. BE007 以下不会引起机泵震动的是(　　)。

A. 联轴器未对中　　B. 联轴器未紧固到位
C. 电机地脚螺栓松动　　D. 电机接地线松动

352. BE008　离心泵的流量与(　　)成正比关系。
A. 叶轮出口宽度　B. 扬程　C. 效率　D. 液体密度
353. BE008　离心泵的理论扬程与叶轮直径大小成(　　)关系。
A. 正比　B. 反比　C. 无关　D. 平方
354. BE008　离心泵选型时流量应按(　　)选择。
A. 正常操作流量　B. 正常操作流量 1.5 倍
C. 最大流量　D. 最大流量 1.5 倍
355. BE009　一般情况下,机泵输送介质温度(　　)时轴承即需要进行冷却。
A. 大于 50℃　B. 大于 80℃　C. 大于 100℃　D. 大于 120℃
356. BE009　一般情况下,机泵输送介质温度(　　)时机泵支座需要进行冷却。
A. 大于 100℃　B. 大于 150℃　C. 大于 180℃　D. 大于 200℃
357. BE009　热油泵停运后一般应待泵体温度(　　)再完全关闭冷却水。
A. 降至环境温度　B. 低于 50℃　C. 低于 75℃　D. 低于 100℃
358. BE010　在炼油化工装置内,(　　)调节阀不需要再进行防爆处理。
A. 风动　B. 电动　C. 电磁　D. 电动液压
359. BE010　在炼油化工装置内,(　　)调节阀需要进行防爆处理。
A. 风动阀　B. 自力阀　C. 液动调节阀　D. 电动阀
360. BE010　(　　)调节阀主要根据电流大小变化来运作。
A. 风动　B. 电动　C. 电磁　D. 液压
361. BE011　由于调频机泵启动时转速较慢,所以切换前应注意(　　)防止反转。
A. 调频泵出口压力　B. 在用泵进口压力
C. 调频泵进口压力　D. 在用泵出口压力
362. BE011　由于调频机泵启动时转速较慢,所以切换前应适当(　　)防止反转。
A. 关小在用泵出口阀　B. 关小在用泵进口阀
C. 关小调频泵出口阀　D. 关小调频泵进口阀
363. BE011　以下情况会引起机泵反转的是(　　)。
A. 利用泵出口阀预热机泵时开度过大　B. 泵预热时进口阀门开度过大
C. 泵运行时出口阀门开度关小　D. 泵预热时进口阀门开度过小
364. BE012　石化行业关于机械密封漏损的要求:轻质油不能超过(　　)。
A. 1 滴/min　B. 5 滴/min　C. 10 滴/min　D. 20 滴/min
365. BE012　石化行业关于填料密封漏损的要求:轻质油不能超过(　　)。
A. 1 滴/min　B. 5 滴/min　C. 10 滴/min　D. 20 滴/min
366. BE012　石化行业关于机械密封漏损的要求:重质油不能超过(　　)。
A. 1 滴/min　B. 5 滴/min　C. 10 滴/min　D. 20 滴/min
367. BE013　下列机泵预热操作正确的是(　　)。
A. 在预热中,不应盘车 180°
B. 预热温度,一般每小时升温大于 50℃

C. 预热时,泵的封油应打开少量流通

D. 预热的泵填料箱(大盖)冷却水套不要通入冷却水

368. BE013 下列机泵预热原因的叙述错误的是(　　)。

A. 泵体凉,热油进入后,冷热差异大,引起泄漏

B. 泵内冷油、存水,遇到热油进入会导致机泵抽空

C. 热油泵输送的介质黏度大,在常温下和低温下会凝固

D. 泵体凉、阻力大,电动机无法启动

369. BE013 下列机泵预热操作错误的是(　　)。

A. 为确保泵体预热充分,预热阀应开至最大

B. 预热时,出口管线的油可使预热泵入口的油压回去,起到预热作用

C. 预热时,泵的封油应有少量流通

D. 预热时,泵的冷却水应打开

370. BE014 离心泵备用泵盘车,要求(　　)盘车一次。

A. 1h　　B. 8h　　C. 24h　　D. 48h

371. BE014 离心泵备用泵盘车能防止(　　)。

A. 轴承抱轴　　B. 叶轮变形　　C. 轴承变形　　D. 轴弯曲

372. BE014 备用热油泵开始预热时,应(　　)左右盘车一次。

A. 5min　　B. 30min　　C. 90min　　D. 120min

373. BE015 根据润滑油“五定”中“定人”的规定,电动机的润滑应由(　　)负责。

A. 电工　　B. 钳工　　C. 操作工　　D. 设备管理人员

374. BE015 润滑油“五定”规定中不包括(　　)。

A. 定质　　B. 定量　　C. 定点　　D. 定区域

375. BE015 润滑油“五定”规定中不包括(　　)。

A. 定质　　B. 定期　　C. 定点　　D. 定人

376. BE016 轴承箱的自注式油杯润滑油加油应加到油杯的(　　)位置。

A. 1/3~1/2　　B. 1/3~2/3　　C. 杯顶　　D. 1/2~2/3

377. BE016 机泵运行一段时间后,润滑油会损耗一部分,因此需要(　　)。

A. 增加润滑油　　B. 更换润滑油品种　　C. 更换润滑油　　D. 补充润滑油

378. BE016 运转机泵换润滑油时应(　　)。

A. 把握时机,边放边加,始终保持油位在最低限度上

B. 可以先放干净油,后加油

C. 根据情况,A 或 B 都可以

D. 换油时油位应保持在油位计的 2/3 之上

379. BE017 当气关阀停风时,应到现场(　　)处理。

A. 适当开大副线　　B. 适当关小副线

C. 适当关小调节阀上游阀　　D. 以上选项均不正确

380. BE017 手动调节正作用、气关阀的仪表时,加大输出值时,现场控制阀开度将(　　)。

A. 不变　　B. 开大

C. 关小　　D. 根据测量值自动调整

381. BE017　表示手动调节的常用英文字母是(　　)。

A. A　　B. R　　C. M　　D. L

382. BE018　阀门型号 Z41H-25 DN100 中“Z”表示(　　)。

A. 安全阀　　B. 截止阀　　C. 闸阀　　D. 疏水阀

383. BE018　实际应用中主要利用闸阀的(　　)功能。

A. 节流　　B. 调节压力

C. 接通或截断介质　　D. 防止介质倒流

384. BE018　下列不是闸阀特点的是(　　)。

A. 流体流过闸板时不改变流动方向,因而阻力小

B. 适合做切断阀,但不宜用于流量控制

C. 阀的底部有空间,不适合有固体沉积物的液体

D. 关闭力矩要比同直径的截止阀大,全启全闭所需的时间比同口径的截止阀短

385. BE019　下列不是截止阀特点的是(　　)。

A. 流体流过阀门时压力降较小

B. 密封面结构比较耐腐蚀,通常用于需要节流的场合

C. 流体向上流过阀座,阀座上有沉积物时影响严密性,一般不用于有悬浮固体的流体

D. 所需启闭力矩比同直径闸阀要大,所需的全启时间比闸阀少

386. BE019　当管道的直径(　　)时,截止阀的节流性能将变差。

A. >100mm　　B. >150mm　　C. <50mm　　D. <15mm

387. BE019　实际应用中主要利用截止阀的(　　)功能。

A. 节流　　B. 混合　　C. 接通或截断介质　　D. 防止介质倒流

388. BE020　热静力型疏水阀由介质的(　　)控制疏水阀的启闭。

A. 温度　　B. 压力　　C. 流量　　D. 性质

389. BE020　疏水阀的主要作用是(　　)。

A. 阻汽排水　　B. 控制冷凝水流量　　C. 控制蒸汽压力　　D. 控制蒸汽流量

390. BE020　疏水阀通常安装在(　　)。

A. 蒸汽管线的头部　　B. 蒸汽管线的尾部

C. 蒸汽管线的中部　　D. 蒸汽管线的上方

391. BE021　安全阀的自动启闭是根据系统的(　　)变化来确定的。

A. 温度　　B. 压力　　C. 流量　　D. 流速

392. BE021　系统压力超高时,安全阀能自动开启泄压,当系统压力(　　)时又能自动闭合防止介质继续泄漏。

A. 为零　　B. 低于定压值　　C. 等于定压值　　D. 稳定

393. BE021　安全阀的上下游手阀在开汽过程中要(　　)。

A. 全关　　B. 打开少量开度

C. 上游手阀全开,下游手阀打开少量开度　　D. 全开

394. BE022　止回阀按(　　)分类,有升降式和旋启式两种。

A. 阀盘的动作情况　　B. 工作压力　　C. 工作温度　　D. 介质

395. BE022　升降式止回阀的阀体一般与(　　)的阀体相同。
A. 闸阀　B. 截止阀　C. 球阀　D. 旋塞阀

396. BE022　升降式止回阀的阀瓣一般为(　　)。
A. 盘形　B. 圆锥流线形　C. 长方形　D. 圆柱形

397. BE023　加热炉吹灰器的主要作用是(　　)。
A. 清除烟囱杂物　B. 防止炉管结焦
C. 吹扫对流室积垢,提高热效率　D. 防腐

398. BE023　加热炉激波吹灰器使用的介质是(　　)。
A. 系统蒸汽　B. 净化风　C. 非净化风和瓦斯　D. 氮气

399. BE023　下列加热炉吹灰器的作用正确的是(　　)。
A. 回收烟气热量
B. 克服露点腐蚀
C. 吹扫对流室积灰、积垢,改善传热面传热效果
D. 防止炉管结焦

400. BE024　以下属于加热炉烟囱作用的是(　　)。
A. 控制排烟温度　B. 控制烟气氧含量
C. 减少地面污染　D. 控制炉膛氧含量

401. BE024　加热炉烟囱主要对空气与烟气起(　　)作用。
A. 排放　B. 控制流量　C. 抽吸　D. 控制氧含量

402. BE024　决定加热炉烟囱抽吸力最主要的因素是(　　)。
A. 直径　B. 高度　C. 结构形式　D. 材质

403. BE025　闸阀的闸板由阀杆带动沿阀座密封面做(　　)运动,从而控制介质流动。
A. 前后　B. 翻转　C. 升降　D. 旋转

404. BE025　在工艺流程图中,表示闸阀的符号是(　　)。
A. —▷●◁—　B. —▷◁—　C. —▷●◁—(带T形顶杆)　D. c —⊡—

405. BE025　对于暗杆式闸阀,闸板启闭时阀杆(　　)。
A. 升降部分露出手轮上方　B. 升降部分不露出手轮上方
C. 只升降不旋转　D. 不动

406. BE026　截止阀是(　　)阀门。
A. 向上闭合式　B. 向下闭合式　C. 升降式　D. 旋启式

407. BE026　截止阀的阀瓣为(　　)。
A. 圆锥形　B. 盘形　C. 圆形　D. 方形

408. BE026　截止阀缺点是结构复杂价格贵、(　　)。
A. 安装复杂　B. 局部阻力较大　C. 不耐高温　D. 不耐高压

409. BE027　利用凝结水和蒸汽的密度差进行工作的疏水阀是(　　)。
A. 恒温型　B. 热膨胀型　C. 热力型　D. 浮子型

410. BE027　安装机械型疏水阀时,其阀体必须(　　)安装。
A. 水平　B. 垂直　C. 与地面成30°角　D. 与地面成45°角

411. BE027　机械型疏水阀利用蒸汽与凝结水的(　　)来工作。

A. 温度差　　B. 密度差　　C. 压差　　D. 性能差别

412. BE028　用于不会污染环境的气体的压力容器上,排出的气体一部分通过排气管,一部分从阀盖和阀杆之间的间隙中漏出的安全阀是(　　)。

A. 全封闭式安全阀　　B. 半封闭式安全阀

C. 敞开式安全阀　　D. 杠杆式式安全阀

413. BE028　石化生产装置中广泛使用的安全阀是(　　)安全阀。

A. 杠杆式　　B. 弹簧式　　C. 脉冲式　　D. 重锤式

414. BE028　排出的气体直接由阀瓣上方排入周围的大气空间的安全阀是(　　)。

A. 全封闭式安全阀　　B. 半封闭式安全阀

C. 敞开式安全阀　　D. 杠杆式式安全阀

415. BE029　选用压力表时,压力表量程一般为所属压力容器最高工作压力的(　　)。

A. 1 倍　　B. 1.5~3 倍　　C. 4 倍　　D. 5 倍以上

416. BE029　按规定中压以上容器装设的压力表精度应(　　)。

A. 不低于 2.5 级　　B. 不高于 2.5 级　　C. 不高于 1.5 级　　D. 不低于 1.5 级

417. BE029　真空压力表可以直接测量(　　)。

A. 流量　　B. 负压　　C. 温度　　D. 液位

418. BE030　阻火器发生堵塞时,应(　　)。

A. 直接停用　　B. 改副线操作

C. 切换备用阻火器后进行清理　　D. 维持操作

419. BE030　阻火器内装铜丝网的主要作用是(　　)。

A. 过滤　　B. 散热冷却　　C. 缓冲　　D. 净化

420. BE030　阻火器是用来阻止可燃气体和易燃液体蒸汽火焰蔓延和(　　)而引起爆炸的安全设备。

A. 防止燃烧　　B. 防止回火　　C. 防止窜料　　D. 防止泄漏

421. BE031　强检压力表校验周期一般为(　　)。

A. 3 个月　　B. 6 个月　　C. 一年　　D. 装置运行周期

422. BE031　如怀疑压力表失灵,最可靠的办法是(　　),就可以判定压力表是否失效。

A. 关闭引出阀,再打开,看压力表是否回零

B. 更换几个新压力表,进行数值对比

C. 将该压力表卸下再装上,进行数值对比

D. 更换压力表垫片,进行数值对比

423. BE031　下列关于压力表更换的说法错误的是(　　)。

A. 更换压力表时应与系统物料切断

B. 选压力表应选测量范围在 1/3 量程以内的压力表

C. 压力表应安装在操作人员易于观察的部位

D. 应根据被测介质的性质来选择压力表

424. BE032 下列压力表选用要求不正确的是(　　)。

A. 介质温度超过200℃应选用耐高温压力表

B. 腐蚀介质应选用耐腐蚀压力表

C. 压力表精度要符合工艺生产要求

D. 最高工作压力等于压力表满量程压力

425. BE032 下列正常生产时,更换压力表的注意事项正确的是(　　)。

A. 关闭压力表入口阀,压力表若不回到零位,禁止更换压力表

B. 关闭压力表入口阀,无放空阀的,要加保护措施,随拆随泄压至零位才拆下表

C. 安装压力表时,可不用压力表垫片,利用生料带密封

D. 关闭压力表入口阀,快速拆下压力表

426. BE032 按规定低压容器装设的压力表精度应(　　)。

A. 不低于2.5级　B. 不高于2.5级　C. 不低于0.5级　D. 不低于1.5级

427. BE033 启动离心泵时,应将泵出口阀关闭,否则容易发生(　　)现象。

A. 跳闸　B. 抽空　C. 汽蚀　D. 剧烈震动

428. BE033 启动离心泵时,应(　　)。

A. 泵入口阀全开,出口阀全关　B. 泵入口阀全关,出口阀全关

C. 泵入口阀全开,出口阀全开　D. 泵入口阀全关,出口阀全开

429. BE033 启动泵时,必须关出口阀的是(　　)。

A. 计量泵　B. 离心泵　C. 蒸汽往复泵　D. 齿轮泵

430. BE034 切换离心泵操作中,启动备泵前应(　　)。

A. 开排污阀　B. 开进口阀　C. 开出口阀　D. 开进出口阀

431. BE034 切换离心泵操作中,启动备泵前应(　　)。

A. 开排污阀　B. 开出口阀　C. 开预热阀　D. 关预热阀

432. BE034 切换离心泵操作中,启动备泵正常后应(　　)。

A. 关小在用泵出口阀,打开备泵出口阀

B. 先慢打开备用泵出口阀,同时慢关小在用泵出口阀

C. 关闭在用泵出口阀,开大备泵出口阀

D. 开大在用泵出口阀,开大备泵出口阀

433. BE035 渣油泵停泵备用时错误的操作是(　　)。

A. 保持冷却水　B. 关闭冷却水　C. 开预热　D. 关出口阀

434. BE035 离心泵停泵时必须(　　)。

A. 先慢慢关入口,后停电动机　B. 先停电动机,再慢慢关出口阀

C. 关出口和停电动机同时进行　D. 先慢慢关出口,后停电动机

435. BE035 离心泵停泵后,下列做法错误的是(　　)。

A. 热油泵要进行预热　B. 停机泵冷却水

C. 机泵按规定盘车　D. 按规定更换润滑油

436. BE036　启动计量泵，下列操作错误的是（　　）。

A. 打开进口阀、关闭出口阀　　B. 打开进出口阀

C. 流量调节器调至零位　　D. 打开进出口连通阀

437. BE036　启动计量泵前应先（　　）。

A. 关入口阀、开出口阀　　B. 开入口阀、关出口阀

C. 开进出口阀　　D. 关进出口阀

438. BE036　启动计量泵前机泵流量调节器应调至（　　）。

A. 零位　　B. 30%位置　　C. 50%位置　　D. 最大位置

439. BE037　停下计量泵后应将流量调节器调至（　　）。

A. 零位　　B. 30%位置　　C. 50%位置　　D. 最大位置

440. BE037　以下关于停计量泵操作的叙述错误的是（　　）。

A. 先关出口阀再停电动机　　B. 先停电动机再关出口阀

C. 停泵后关闭进出口阀　　D. 停泵后关闭回流阀

441. BE037　以下关于停计量泵的操作正确的是（　　）。

A. 先关出口阀再停电动机　　B. 先停电动机再关出口阀

C. 停泵后打开进出口阀　　D. 停泵后打开回流阀

442. BE038　真空泵开泵前准备的操作错误的是（　　）。

A. 投用气液分离罐上水系统　　B. 投用水冷器

C. 真空泵入口阀全开，出口阀关闭　　D. 确认工作液液位正常

443. BE038　真空泵开泵后如果出现下列情况，不需立即停泵的是（　　）。

A. 异常泄漏　　B. 异常震动

C. 异常声响　　D. 工作液液位快速下降

444. BE038　真空泵开泵后如果出现下列情况，不需立即停泵的是（　　）。

A. 异常泄漏　　B. 异常震动　　C. 电流波动　　D. 异味、烟气

445. BE039　真空泵停泵操作，下列做法正确的是（　　）。

A. 关闭泵出口阀，停电动机　　B. 泵出口阀打开，停电动机

C. 关闭泵入口阀，停电动机　　D. 泵入口阀打开状态，停电动机

446. BE039　真空泵停泵操作，下列做法错误的是（　　）。

A. 首先确认真空泵运转状态是否正常　　B. 缓慢关闭泵入口阀

C. 关闭泵入口阀后，停电动机　　D. 关闭泵出口阀后，停电动机

447. BE039　真空泵正常运转时，下列错误的是（　　）。

A. 泵无异常振动　　B. 轴承温度正常，减速机温度正常

C. 电流正常稳定　　D. 出口压力为负压

448. BE040　备用热油泵预热时，不用（　　）。

A. 盘车　　B. 开冷却水　　C. 开封油　　D. 启动

449. BE040　备用热油泵预热速度为（　　）。

A. 30℃/h　　B. 50℃/h　　C. 70℃/h　　D. 100℃/h

450. BE040　下列关于备用热油泵预热量的说法错误的是(　　)。

A. 预热量过小,预热效果差,甚至泵体变凉　　B. 预热量过大,会导致机泵反转

C. 预热量过大,影响运行泵输出流量　　D. 预热量过大,会导致运行泵超负荷

451. BE041　紧急停炉时,下列烟道挡板调节操作正确的是(　　)。

A. 紧急停炉时,烟道挡板开度打开到最大

B. 紧急停炉时,烟道挡板开度打开到约 1/3

C. 紧急停炉时,烟道挡板应关闭

D. 紧急停炉时,烟道挡板应由自动控制

452. BE041　加热炉烟道挡板的作用是(　　)。

A. 控制风量　　B. 控制蒸汽量

C. 控制雾化程度　　D. 控制炉膛负压

453. BE041　启动加热炉激波吹灰器前,应将(　　)。

A. 炉子烟囱的烟道挡板开大　　B. 炉子烟囱的烟道挡板关小

C. 炉子烟囱的烟道挡板关闭　　D. 保留正常炉子烟囱的烟道挡板开度

454. BE042　空气预热器的作用是(　　)。

A. 提高燃料的温度　B. 提高排烟温度　C. 提高炉膛温度　D. 回收余热

455. BE042　加热炉采用空气预热器(　　)。

A. 降低了排烟温度,提高了加热炉热效率

B. 降低了排烟温度,减低了加热炉热效率

C. 提高了排烟温度,提高了加热炉热效率

D. 提高了排烟温度,减低了加热炉热效率

456. BE042　烟气—空气预热器的作用是(　　)。

A. 提高燃料的温度　　B. 提高排烟温度

C. 提高空气入炉温度,降低排烟温度　　D. 提高炉膛温度

457. BE043　机泵运行一段时间后,润滑油会变质失去应有的作用,因此需要(　　)。

A. 增加润滑油　B. 更换润滑油品种　C. 更换润滑油　D. 补充润滑油

458. BE043　离心泵添加润滑油时,液面一般应处于轴承箱液位计(　　)位置。

A. 1/3　B. 中心　C. 1/2~2/3　D. 顶部

459. BE043　新安装运转的机泵(　　)。

A. 更换润滑油周期与正常运行泵的周期一样

B. 更换润滑油周期比正常运行泵的周期要长

C. 更换润滑油周期比正常运行泵的周期要短

D. 更换多润滑油品种

460. BF001　电动机运转时,发生下列情况不需要立即停机的是(　　)。

A. 火花　B. 冒烟　C. 噪声　D. 电流持续超高

461. BF001　电动机运转时,发生下列情况不需要立即停机的是(　　)。

A. 电流持续超高　　B. 冒烟

C. 异常震动　　D. 电动机温度上升

462. BF001　电动机运转时，发生下列情况不需要立即停机的是（　　）。
A. 冒烟　B. 火花　C. 电动机温度超高　D. 电流偏高

463. BF002　下列关于机泵润滑油作用的叙述不正确的是（　　）。
A. 减振　B. 冲洗　C. 防腐　D. 密封

464. BF002　下列关于机泵润滑油作用的叙述正确的是（　　）。
A. 加荷、减振、密封　B. 冲洗、密封、冷却、润滑
C. 密封、防腐、冷却　D. 防腐、密封、冲洗

465. BF002　以下不属于机泵润滑油的主要作用是（　　）。
A. 冲洗　B. 降温　C. 密封　D. 减压

466. BF003　机泵润滑油“三级过滤”中第二级过滤是指（　　）。
A. 油桶放油过滤　B. 注油器加油过滤　C. 小油桶放油过滤　D. 漏斗过滤

467. BF003　机泵润滑油“三级过滤”中第一级过滤是指（　　）。
A. 漏斗过滤　B. 注油器加油过滤　C. 小油桶放油过滤　D. 油桶放油过滤

468. BF003　机泵润滑油“三级过滤”中第三级过滤是指（　　）。
A. 漏斗过滤　B. 注油器加油过滤　C. 小油桶放油过滤　D. 油桶放油过滤

469. BF004　下面不属于离心泵完好标准的是（　　）。
A. 主体整洁，运行状况良好　B. 满足工艺要求
C. 铭牌数据准确完整　D. 运行效能良好

470. BF004　下面不属于离心泵完好标准的是（　　）。
A. 主体整洁，运行状况良好　B. 满足工艺要求
C. 运行效能良好　D. 泵出口阀开度小

471. BF004　下面设备可参与评选完好标准的是（　　）。
A. 换热器技术资料齐全，管箱垫片轻微泄漏
B. 往复泵运行情况良好，出口管线振动大
C. 离心泵轴承温度偏高
D. 活塞式压缩机出口温度偏高

472. BF005　保温结构一般由保温层和（　　）组成。
A. 保护层　B. 密封层　C. 铝皮　D. 衬里

473. BF005　在保温材料的物理、化学性能满足工艺要求前提下，一般应选用（　　）的保温材料。
A. 密度大　B. 导热系数高　C. 导热系数低　D. 不易拆装

474. BF005　一般情况下，设备、管道内介质凝点（　　）时，应进行保温处理。
A. 高于环境温度　B. 低于 30℃　C. 介于 0~30℃　D. 低于环境温度

475. BF006　下列关于热电偶温度计测量温度原理的叙述错误的是（　　）。
A. 热电效应
B. 同一导体或半导体材料的两端处于不同温度环境时将产生热电势
C. 热电势大小只与材料两端温度有关
D. 将一根导体或半导体材料制成热电偶，一端作为工作端，一端作为冷端

476. BF006 热电偶温度计测量温度的原理是(　　)。
A. 不同物质热膨胀系数的不同　　B. 热电效应
C. 物质的热胀冷缩　　D. 浓差电势

477. BF006 下列装置中测量温度仪表的应用错误的是(　　)。
A. 炉膛采用热电偶测温计
B. 冷却器现场测温采用固体膨胀式双金属温度计
C. 机泵电动机现场测温采用热电阻测温计
D. 炉膛采用液体膨胀式玻璃温度计

478. BF007 下列关于生产中常用测量液位仪表的叙述错误的是(　　)。
A. 浮力式液位计:浮子式液位计、浮筒式液位计
B. 差压式液位计:有压力式液位计、差压式液位计
C. 电学式物位计:有电阻式液位计、电容式液位计、电感式液位计
D. 微波式物位计:浮子式液位计、浮筒式液位计

479. BF007 减压塔底液面的双法兰液位计属于(　　)。
A. 浮力式液位计　　B. 差压式液位计　　C. 电学式物位计　　D. 微波式物位计

480. BF007 用压力法测量开口容器液位时,液位的高低取决于(　　)。
A. 取压点位置和容器的横截面　　B. 取压点位置和介质密度
C. 介质密度和横截面　　D. 容器高度和介质密度

481. BF008 下列关于压力表更换的说法错误的是(　　)。
A. 更换压力表时先关闭压力表保护阀
B. 检查备用压力表检验合格证、检验日期等是否符合使用要求
C. 缓慢拧松压力表,观察压力是否下降、保护阀是否关严
D. 关闭保护阀后,马上卸下原压力表,更换新压力表

482. BF008 下列关于压力表更换的说法错误的是(　　)。
A. 更换压力表时先关闭压力表保护阀
B. 选压力表应选测量范围在1/3量程以内的压力表
C. 压力表应安装在操作人员易于观察的部位
D. 应根据被测介质的性质来选择压力表

483. BF008 更换压力表时,发现压力表保护阀不严,下列做法错误的是(　　)。
A. 再次关闭压力表保护阀,尝试关严
B. 再次关闭压力表保护阀后,确认可以关严,继续更换压力表操作
C. 若泄漏量较小,可以继续更换压力表操作
D. 若始终无法关严压力表保护阀,停止更换压力表操作,汇报车间

484. BF009 目前大多数机泵轴封采用(　　)冷却水冷却。
A. 急冷法　　B. 间冷法　　C. 循环冷却法　　D. 冲洗法

485. BF009 机泵冷却水一般选用(　　)。
A. 软化水　　B. 循环水或新鲜水　　C. 自来水　　D. 净化水

486. BF009　机泵冷却水的作用是(　　)。
A. 降低轴承箱的温度　　B. 防止输送介质泄漏
C. 冷却泵支座　　D. 改善机械密封的工作条件
487. BF010　下列情况下泵要冷却的是(　　)。
A. 输送介质温度大于 150℃时,轴承需要冷却
B. 大于 200℃时,密封腔一般需要冷却
C. 大于 150℃时,密封腔一般需要冷却
D. 大于 150℃时,泵的支座一般需要冷却
488. BF010　以下不属机泵冷却水作用的是(　　)。
A. 降低轴承温度　　B. 冷却泵支座　　C. 降低封油温度　　D. 传导摩擦热
489. BF010　热油泵停运、备用后,端面冷却水应(　　)。
A. 同时停　　B. 不停　　C. 30min 后停　　D. 1min 后停
490. BF011　热油泵停运准备检修,下列说法错误的是(　　)。
A. 关闭出入口阀门　　B. 关闭泵预热
C. 泵体温度降低后停封油　　D. 冷却水不必停
491. BF011　热油泵停运后,一般应待泵体温度降至(　　)吹扫。
A. 环境温度　　B. 100℃以下(含)
C. 150℃以下(含)　　D. 200℃以下(含)
492. BF011　热油泵停运准备检修,下列说法错误的是(　　)。
A. 关闭出入口阀门　　B. 出入口阀门确认关严后开蒸汽吹扫
C. 泵体温度降低后停封油　　D. 泵体温度降低后停冷却水
493. BF012　输送介质为轻油的离心泵,拆检前可不进行(　　)操作。
A. 切断电源　　B. 吹扫　　C. 泄压　　D. 关闭进出口阀
494. BF012　机泵停工拆修前准备工作的要点有误的是(　　)。
A. 确认停电　　B. 进出口阀关严
C. 关封油、冷却水　　D. 开动火作业票
495. BF012　机泵停运后一般应每半小时盘车一次,直至泵体温度降至(　　)。
A. 环境温度　　B. 50℃以下　　C. 80℃以下　　D. 100℃以下
496. BF013　备用机泵定期盘车的作用是(　　)。
A. 冷却　　B. 减荷
C. 防止泵体内油品凝固、黏结　　D. 密封
497. BF013　备用机泵定期盘车的作用是(　　)。
A. 冷却　　B. 润滑　　C. 减荷　　D. 密封
498. BF013　备用机泵定期盘车的作用是(　　)。
A. 冷却　　B. 密封
C. 减荷　　D. 防止泵轴弯曲变形
499. BF014　离心泵机械密封注封油后动静环端面形成油膜作用是(　　)。
A. 卸荷　　B. 润滑　　C. 密封　　D. 减压

500. BF014　离心泵机械密封注封油的作用是(　　)。

A. 冷却　B. 减压　C. 增压　D. 卸荷

501. BF014　下列选项中关于封油作用的说法错误的是(　　)。

A. 密封作用　B. 润滑作用　C. 保温作用　D. 冲洗作用

502. BF015　润滑油变质、乳化会造成(　　)。

A. 轴承温度高　B. 电动机温度高　C. 密封泄漏　D. 压力波动大

503. BF015　下列选项中不可以判断运行中机泵润滑油已变质的是(　　)。

A. 产生乳化　B. 有水泡　C. 油温偏高　D. 有气泡

504. BF015　运行中可判断机泵润滑油变质的是(　　)。

A. 大量油沫　B. 油位偏高　C. 油温偏高　D. 产生乳化

505. BG001　下列关于电脱盐罐压力的叙述正确的是(　　)。

A. 越低越好,有利于油水分离

B. 越高越好,有利于油水分离

C. 压力过高,原油可能会汽化,脱盐罐无法正常运行

D. 压力过低,原油可能会汽化,脱盐罐无法正常运行

506. BG001　下列关于电脱盐罐压力过高现象的叙述正确的是(　　)。

A. 电脱盐罐界位上升　B. 电脱盐罐压力仪表指示上升

C. 电脱盐罐电流上升　D. 电脱盐罐电压波动

507. BG001　下列关于电脱盐罐压力的叙述错误的是(　　)。

A. 电脱盐罐压力应保持平稳

B. 电脱盐罐压力对电脱盐效果影响不大

C. 压力过低,原油可能会汽化,脱盐罐无法正常运行

D. 压力过高,电脱盐罐安全阀可能会起跳

508. BG002　下列关于机泵抽空现象的叙述错误的是(　　)。

A. 机泵流量大幅波动　B. 机泵电流波动

C. 机泵电流回零　D. 机泵出口压力大幅波动

509. BG002　下列关于机泵抽空现象的叙述正确的是(　　)。

A. 机泵流量一定回零　B. 机泵电流波动

C. 机泵电流回零　D. 机泵出口压力一定回零

510. BG002　下列关于机泵抽空现象的叙述错误的是(　　)。

A. 机泵流量大幅波动或回零　B. 机泵发出异常声响

C. 电动机发出异常声响　D. 机泵出口压力大幅波动或回零

511. BG003　下列关于加热炉鼓风机突然停机现象的叙述错误的是(　　)。

A. 加热炉炉膛氧含量快速下降甚至回零　B. 加热炉炉膛温度快速下降

C. 加热炉炉膛变为正压　D. 加热炉炉出口温度快速下降

512. BG003　下列关于加热炉鼓风机突然停机现象的叙述正确的是(　　)。

A. 加热炉炉膛氧含量快速下降甚至回零　B. 加热炉炉膛温度快速上升

C. 加热炉炉膛变为正压　D. 加热炉炉出口温度快速上升

513. BG003　下列关于加热炉鼓风机突然停机现象的叙述正确的是(　　)。

A. 加热炉炉膛氧含量快速上升　　B. 加热炉炉膛温度快速上升

C. 加热炉炉膛温度快速下降　　D. 加热炉炉膛负压快速下降

514. BG004　下列关于管线冻凝现象的叙述错误的是(　　)。

A. 管线温度明显低于正常操作温度,甚至低于0℃

B. 管线介质流量回零

C. 管线压力回零

D. 管线内没有介质流动声响

515. BG004　下列关于管线冻凝现象的叙述错误的是(　　)。

A. 管线温度明显低于正常操作温度,甚至低于0℃

B. 管线介质流量变小

C. 打开管线放空阀无介质流出

D. 管线内没有介质流动声响

516. BG004　下列关于管线冻凝现象的叙述正确的是(　　)。

A. 管线伴热线故障　　B. 管线介质流量变小

C. 管线压力回零　　D. 管线内没有介质流动声响

517. BG005　下列关于加热炉燃料气中断现象的叙述正确的是(　　)。

A. 加热炉炉膛氧含量快速下降甚至回零　　B. 加热炉炉膛温度快速上升

C. 加热炉炉膛温度快速下降　　D. 加热炉炉出口温度快速上升

518. BG005　下列关于加热炉燃料气中断现象的叙述正确的是(　　)。

A. 加热炉炉膛负压快速下降　　B. 加热炉炉膛氧含量快速上升

C. 加热炉炉膛温度快速上升　　D. 加热炉炉出口温度快速上升

519. BG005　下列关于加热炉燃料气中断现象的叙述错误的是(　　)。

A. 加热炉炉膛氧含量快速上升　　B. 加热炉炉膛温度快速上升

C. 加热炉炉膛温度快速下降　　D. 加热炉炉出口温度快速下降

520. BG006　电脱盐罐超压原因的叙述错误的是(　　)。

A. 电脱盐注水量过大　　B. 电脱盐后部流程不畅通

C. 破乳剂注入量过大　　D. 原油含水量过大

521. BG006　电脱盐罐超压原因的叙述错误的是(　　)。

A. 电脱盐注水量过大　　B. 原油含盐量过大

C. 电脱盐后部流程不畅通　　D. 原油含水量过大

522. BG006　电脱盐罐超压原因的叙述正确的是(　　)。

A. 原油含盐量过大　　B. 电脱盐后部流程不畅通

C. 破乳剂注入量过大　　D. 电脱盐混合强度过大

523. BG007　塔顶回流带水现象的叙述错误的是(　　)。

A. 塔顶温度快速下降　　B. 塔顶压力快速上升

C. 塔顶回流罐油水界位过高　　D. 塔顶回流罐油位过高

524. BG007　塔顶回流带水现象的叙述错误的是(　　)。
A. 塔顶温度快速下降　　B. 塔顶回流温度下降
C. 塔顶回流罐油水界位过高　　D. 塔顶压力快速上升
525. BG007　塔顶回流带水现象的叙述正确的是(　　)。
A. 塔顶温度快速下降　　B. 塔顶回流温度下降
C. 塔顶回流罐油水界位下降　　D. 塔顶压力快速下降
526. BG008　汽包给水中断现象的叙述错误的是(　　)。
A. 汽包给水流量回零　　B. 汽包液位快速下降
C. 汽包产汽量快速下降　　D. 汽包给水压力快速下降甚至回零
527. BG008　汽包给水中断现象的叙述错误的是(　　)。
A. 汽包给水流量回零　　B. 汽包产汽压力快速下降
C. 汽包液位快速下降　　D. 汽包给水压力快速下降甚至回零
528. BG008　汽包给水中断现象的叙述正确的是(　　)。
A. 汽包给水流量回零　　B. 汽包产汽压力快速下降
C. 汽包液位快速上升　　D. 汽包给水压力上升
529. BG009　电脱盐罐电极棒击穿现象的叙述错误的是(　　)。
A. 电脱盐罐变压器跳闸　　B. 系统电压电流指示异常
C. 电脱盐罐压力上升　　D. 电脱盐变压器可能送不上电
530. BG009　电脱盐罐电极棒击穿现象的叙述错误的是(　　)。
A. 电脱盐罐变压器跳闸　　B. 系统电压电流指示异常
C. 电脱盐变压器可能送不上电　　D. 电脱盐油水界位偏低
531. BG009　电脱盐罐电极棒击穿现象的叙述正确的是(　　)。
A. 电脱盐罐变压器跳闸　　B. 电脱盐油水界位偏低
C. 电脱盐罐压力上升　　D. 电脱盐罐温度升高
532. BG010　机泵发生抱轴现象的叙述错误的是(　　)。
A. 机泵轴承箱过热　　B. 机泵轴承箱冒烟
C. 机泵发生抽空　　D. 机泵电动机停运
533. BG010　机泵发生抱轴现象的叙述错误的是(　　)。
A. 机泵轴承箱过热　　B. 机泵轴承箱冒烟
C. 机泵轴承箱震动、噪声　　D. 轴承箱油位过高
534. BG010　机泵发生抱轴现象的叙述正确的是(　　)。
A. 机泵发生抽空　　B. 机泵出口压力波动
C. 机泵轴承箱震动、噪声　　D. 轴承箱油位过高
535. BG011　塔顶空冷风机突然停机现象的叙述错误的是(　　)。
A. 塔顶冷后温度快速上升　　B. 塔顶压力快速上升
C. 塔顶回流罐油位上升　　D. 塔顶自产瓦斯流量上升

536. BG011　塔顶空冷风机突然停机现象的叙述错误的是(　　)。
A. 塔顶冷后温度快速上升　B. 塔顶回流罐油水界位上升
C. 塔顶压力快速上升　D. 塔顶自产瓦斯流量上升

537. BG011　塔顶空冷风机突然停机现象的叙述正确的是(　　)。
A. 塔顶冷后温度快速下降　B. 塔顶回流罐油水界位上升
C. 塔顶压力快速上升　D. 塔顶自产瓦斯流量下降

538. BG012　加热炉回火现象的叙述错误的是(　　)。
A. 防爆门被顶开　B. 炉膛内产生正压　C. 炉出口温度上升　D. 火焰喷出炉膛

539. BG012　加热炉回火现象的叙述正确的是(　　)。
A. 炉出口温度上升　B. 炉膛负压波动　C. 炉膛内产生正压　D. 炉膛温度上升

540. BG012　加热炉回火现象的叙述正确的是(　　)。
A. 炉出口温度上升　B. 炉膛负压波动　C. 炉膛内发生闪爆　D. 炉膛温度上升

541. BH001　加热炉烟囱冒黑烟处理的叙述错误的是(　　)。
A. 马上确认瓦斯流量是否异常增大
B. 马上现场确认具体是哪个炉膛燃烧变差导致冒黑烟
C. 马上检查加热炉进料量是否正常
D. 马上检查鼓风机运转是否正常

542. BH001　加热炉烟囱冒黑烟处理的叙述错误的是(　　)。
A. 马上确认瓦斯流量是否异常增大　B. 马上检查瓦斯是否带液
C. 马上检查供风系统是否正常　D. 炉膛若出现正压应立即打开风道快开门

543. BH001　加热炉烟囱冒黑烟处理的叙述错误的是(　　)。
A. 马上确认瓦斯流量是否异常增大
B. 烟囱冒大量黑烟有可能是炉管破裂造成的
C. 马上检查供风系统是否正常
D. 若鼓风机停运应立即打开烟道直排挡板

544. BH002　蒸汽吹扫管线操作的叙述错误的是(　　)。
A. 打开扫线蒸汽前应充分脱除管线内存水
B. 蒸汽管道上有疏水阀的应打开切水
C. 打开吹扫蒸汽阀门时应大量、快速给汽
D. 打开吹扫蒸汽阀门时应小量、缓慢给汽

545. BH002　蒸汽吹扫管线操作的叙述错误的是(　　)。
A. 打开扫线蒸汽前应充分脱除管线内存水
B. 蒸汽管道上有疏水阀的应打开切水
C. 如发生水击现象,应关小或关闭吹扫蒸汽,加强脱水和暖管后再逐渐开大
D. 吹扫前管线保证畅通即可,无须脱水

546. BH002　蒸汽吹扫管线操作的叙述错误的是(　　)。
A. 打开吹扫蒸汽阀门时应大量、快速给汽
B. 蒸汽管道上有疏水阀的应打开切水

C. 如发生水击现象,应关小或关闭吹扫蒸汽,加强脱水和暖管后再逐渐开大

D. 吹扫前应在管线、设备低点尽量脱除存水

547. BH003　塔顶回流带水处理的叙述错误的是(　　)。

A. 迅速降低回流罐油水界位

B. 迅速降低回流罐油位

C. 适当降低塔顶回流量,提高塔顶温度至高于100℃

D. 增开空冷风机,降低塔顶压力

548. BH003　塔顶回流带水处理的叙述错误的是(　　)。

A. 迅速降低回流罐油水界位

B. 停运空冷风机,适当提高塔顶冷后温度

C. 如回流罐油水界位仪表失灵,联系仪表人员处理

D. 增开空冷风机,降低塔顶压力

549. BH003　塔顶回流带水处理的叙述错误的是(　　)。

A. 迅速降低回流罐油水界位

B. 可在塔顶汽油采样口采样确认,塔顶汽油是否带水

C. 适当降低回流量,提高塔顶温度高于100℃

D. 适当提高塔顶回流量,降低塔顶温度

550. BH004　关于管线发生冻凝判断的叙述错误的是(　　)。

A. 可以通过管线温度判断

B. 可以通过管线流量判断

C. 可以通过介质流动声音消失判断

D. 打开排空阀无介质流出,管线一定发生了冻凝

551. BH004　处理设备管线冻凝时,用蒸汽解冻前,以下做法错误的是(　　)。

A. 了解设备、管道内的介质温度和压力

B. 如内部为高压或高温介质,应采取相应防护措施

C. 打开放空导淋

D. 蒸汽使用前先脱除冷凝水

552. BH004　管线、设备冻凝处理方法的叙述正确的是(　　)。

A. 冬季瓦斯罐脱液前,要暖脱液阀,防止硬开阀门造成损坏

B. 冻凝的铸铁阀门可以用大量蒸汽加热解冻

C. 机泵盘不动车,若无其他问题,可以启动

D. 冬季开不动的阀门,不能硬开

553. BH005　塔顶空冷风机突然停机处理方法的叙述错误的是(　　)。

A. 若其他工艺参数无异常,塔顶冷后温度突然上升,应立即检查空冷风机、水泵运行情况

B. 若确认空冷风机停机,马上启动备用风机

C. 检查确认空冷风机停机原因,并联系处理

D. 塔顶冷后温度突然上升一定是空冷风机突然停机造成的

554. BH005　塔顶空冷风机突然停机处理方法的叙述错误的是(　　)。

A. 可以提高其他运行的变频风机的转速,控制冷后温度

B. 若确认空冷风机停机,马上启动备用风机

C. 检查确认空冷风机停机原因,并联系处理

D. 降低塔顶负荷,维持冷后温度不超标

555. BH005　塔顶空冷风机突然停机处理方法的叙述正确的是(　　)。

A. 塔顶回流罐加强切水

B. 若确认空冷风机停机,马上启动备用风机

C. 降低塔顶负荷,维持冷后温度不超标

D. 塔顶冷后温度突然上升一定是空冷风机突然停机造成的

556. BH006　电动机温度超标处理方法的叙述错误的是(　　)。

A. 检查电动机电流是否超标,若超标可以适当降低机泵负荷

B. 检查电动机风翅运行情况

C. 电动机注油

D. 检查电动机电压是否正常

557. BH006　电动机温度超标处理方法的叙述错误的是(　　)。

A. 检查电动机电流是否超标,若超标可以适当降低机泵负荷

B. 检查电动机风翅运行情况是否正常

C. 电动机温度超标一定是电气原因造成的

D. 若处理后温度仍超标,切换备机,联系电工检查处理

558. BH006　电动机温度超标处理方法的叙述正确的是(　　)。

A. 检查电动机电流是否超标,若超标可以适当降低机泵负荷

B. 检查电动机电压是否正常

C. 电动机轴承温度应低于 80℃

D. 电动机温度超标一定是电气原因造成的

559. BH007　电动机电流超标的原因不包括(　　)。

A. 电源原因　　B. 电动机本身原因

C. 通风散热原因　　D. 电动机负载过大

560. BH007　负载原因导致电动机电流超标,以下叙述错误的是(　　)。

A. 所拖动的机械负载工作不正常,运行时负载时大时小,导致电动动机过载

B. 电动机的负载功率小于电动机的额定功率

C. 电动机与负载轴线不对齐

D. 被拖动的机械有故障,转动不灵活或被卡住,将使电动机过载

561. BH007　电机电流超标处理方法的叙述正确的是(　　)。

A. 马上检查机泵负荷是否过大

B. 电动机电流超标有可能是机泵流量过小造成的

C. 电动机电流超标一定是机泵负荷过大造成的

D. 电动机电流超标,应立即切换备用机泵

562. BH008　装置汽包给水中断,潜在的风险不包括(　　)。
A. 塔底吹汽中断
B. 加热炉对流段过热蒸汽炉管干烧
C. 汽包干锅后猛然进水,温度变化剧烈,造成设备泄漏
D. 常压塔发生冲塔

563. BH008　装置汽包给水中断并发生干锅的处理,叙述错误的是(　　)。
A. 汽包如发生干锅,等供水恢复后应立即补
B. 及时打开 1.0 蒸汽补自产蒸汽阀门,保证塔底吹汽系统平稳
C. 切除汽包热源
D. 供水恢复后,及时建立液位,逐步投用热源、恢复自产蒸汽

564. BH008　装置汽包给水中断处理的叙述正确的是(　　)。
A. 汽包如发生干锅,等供水恢复后应立即补水
B. 若控制阀故障,立即打开副线阀补水
C. 关小热源,减少汽包发汽量
D. 若给水无法恢复,关闭热源切除汽包系统即可

565. BH009　装置发生局部停电后处理的叙述错误的是(　　)。
A. 通知厂总调度室,确认停电原因及停电时间和范围
B. 立即现场重启机泵、风机,恢复生产
C. 处理原则是尽力保证产品质量合格
D. 处理过程中,内操必须控制好物料平衡,避免冲塔或泵抽空

566. BH009　装置发生局部停电后处理的叙述错误的是(　　)。
A. 通知厂总调度室,确认停电原因及停电时间和范围
B. 立即现场重启机泵、风机,恢复生产
C. 机泵无法重新启动的,立即切换备机
D. 若鼓风机停运,立即打开烟道直排挡板

567. BH009　装置发生局部停电后处理的叙述错误的是(　　)。
A. 重启机泵的顺序应是原油泵、塔底泵、回流泵、侧线泵
B. 立即现场重启机泵、风机,恢复生产
C. 机泵无法重新启动的,立即切换备机
D. 产品质量不合格时,联系油品改不合格罐

568. BH010　装置发生全部停电后处理的叙述错误的是(　　)。
A. 联系厂总调度室,确认停电原因、停电时间和范围
B. 如短时间停电,立即重新启动机泵,恢复生产
C. 如长时间停电,按照紧急停工处理
D. 装置发生全部停电后,加热炉立刻全部熄火

569. BH010　装置发生全部停电后处理的叙述错误的是(　　)。
A. 联系厂总调度室,确认停电原因、停电时间和范围
B. 如短时间停电,立即重新启动机泵,恢复生产

C. 只要发生全部停电，都按照紧急停工处理

D. 稍后供电可以恢复，加热炉可留一两个燃烧良好的瓦斯火，为恢复生产创造方便条件

570. BH010　装置发生全部停电后处理的叙述错误的是(　　)。

A. 联系厂总调度室，确认停电原因、停电时间和范围

B. 侧线泵停运后，该侧线冷却器无须处理

C. 如长时间停电，按照紧急停工处理

D. 冬季停电时间较长，要及时吹扫重油管线

571. BH011　装置发生短时间停电后处理的叙述错误的是(　　)。

A. 联系厂总调度室，确认停电原因、停电时间和范围

B. 立即重新启动机泵，恢复生产

C. 如备泵无法启动，切换备用机泵

D. 停运机泵出口阀原已打开，直接启动电动机即可

572. BH011　装置发生短时间停电后处理的叙述错误的是(　　)。

A. 联系厂总调度室，确认停电原因、停电时间和范围

B. 立即重新启动机泵，恢复生产

C. 冬季吹扫重油管线

D. 优先启动塔底泵，防止炉管结焦

573. BH011　装置发生短时间停电后处理的叙述错误的是(　　)。

A. 切除蒸汽发生器系统　　B. 立即重新启动机泵，恢复生产

C. 如机泵无法启动，切换备用机泵　　D. 优先启动塔底泵，防止炉管结焦

574. BH012　装置发生循环水中断后处理的叙述错误的是(　　)。

A. 联系调度，确认中断原因及时间

B. 能切换备用水源的，切换备用水源

C. 循环水中断后，立即按紧急停工处理

D. 长时间循环水中断，无法维持生产的，按紧急停工处理

575. BH012　装置发生循环水中断后果的叙述错误的是(　　)。

A. 产品冷后温度无法控制　　B. 蒸汽发生器水源中断

C. 机泵轴承箱无法冷却　　D. 抽真空系统无法正常运转

576. BH012　装置发生循环水中断后处理的叙述错误的是(　　)。

A. 联系调度，确认中断原因及时间

B. 能切换备用水源的，切换备用水源

C. 侧线冷后温度超标，可以适当降低处理量

D. 长时间循环水中断，装置改闭路循环处理

577. BH013　装置发生蒸汽中断后处理的叙述错误的是(　　)。

A. 联系调度查明原因和中断时间

B. 根据蒸汽压力下降情况，降量维持生产

C. 蒸汽中断主要影响常压系统操作

D. 蒸汽压力回零，减压系统立即恢复常压

578. BH013　装置发生蒸汽中断后处理的叙述错误的是(　　)。

A. 联系调度查明原因和中断时间

B. 根据蒸汽压力下降情况,降量维持生产

C. 蒸汽中断,加热炉油火无法正常燃烧,需改烧瓦斯

D. 蒸汽压力回零,减压系统应维持负压操作

579. BH013　装置发生蒸汽中断后处理的叙述错误的是(　　)。

A. 蒸汽中断只对减压系统操作有影响

B. 根据蒸汽压力下降情况,降量维持生产

C. 蒸汽中断主要影响减压系统操作

D. 蒸汽压力回零,减压系统立即恢复常压

580. BH014　装置冷换设备发生内漏后处理的叙述错误的是(　　)。

A. 关键是准确判断哪台设备发生内漏

B. 侧线泵出口处油品颜色正常,采样口处油品变色,说明该侧线上某一换热器发生内漏

C. 沿流程对每台冷换设备的前后采样分析,可查找到泄漏设备

D. 对性质相近的换热介质,无法判断出设备发生内漏

581. BH014　装置冷换设备发生内漏后处理的叙述错误的是(　　)。

A. 关键是准确判断哪台设备发生内漏

B. 侧线泵出口处油品颜色正常,采样口处油品变色,说明该侧线上某一换热器发生内漏

C. 对装置所有产品质量进行分析,一定可查找到泄漏设备

D. 对性质相近的换热介质,判断内漏可以分析油品密度和馏程

582. BH014　装置冷换设备发生内漏后处理的叙述错误的是(　　)。

A. 关键是准确判断哪台设备发生内漏

B. 找到内漏换热设备后,将该设备切除,交付检修

C. 切除冷换设备时,先关闭冷换设备出入口阀,再打开冷换设备副线阀

D. 对性质不同的换热介质,判断内漏可以分析油品密度和馏程

583. BH015　装置机泵振动值超标后处理的叙述错误的是(　　)。

A. 检查地脚螺栓是否松动

B. 检查泵与电动轴承连接情况、震动情况、是否串轴

C. 检查轴承箱温度、振动情况、润滑情况

D. 检查电动机电流、电压情况

584. BH015　装置机泵振动值超标后处理的叙述错误的是(　　)。

A. 检查地脚螺栓是否松动

B. 振动值若无法恢复到正常值,加强对机泵的维护和观察

C. 检查机泵运行情况是否正常

D. 检查泵流量是否过小或者过大

585. BH015　装置机泵振动值超标后处理的叙述错误的是(　　)。

A. 离心泵抽空、汽蚀、流量过小,都可能导致振动值超标

B. 振动值若无法恢复至正常值,及时切换备泵,并联系修理

C. 检查轴承箱温度、振动情况、润滑情况

D. 机泵入口过滤网堵塞不会造成机泵振动值超标

586. BH016　装置塔底泵发生抽空后处理的叙述错误的是(　　)。

A. 适当关小泵出口阀,调整机泵上量,再调整流量至正常

B. 若塔底液位过低,及时提高塔底液位

C. 若无法调节机泵上量,及时切换备用泵

D. 塔底泵抽空后,装置要立刻降低处理量

587. BH016　装置塔底泵发生抽空后处理的叙述错误的是(　　)。

A. 塔底泵发生抽空后,要马上切换备用泵

B. 若塔底液位过低,及时提高塔底液位

C. 若无法调节机泵上量,及时切换备用泵

D. 塔底泵发生抽空后,要及时调整物料平衡,防止发生冲塔等次生事故

588. BH016　装置塔底泵发生抽空后处理的叙述错误的是(　　)。

A. 适当关小泵出口阀,调整机泵上量,再调整流量至正常

B. 若塔底液位过低,及时提高塔底液位

C. 常底泵长时间抽空,减压炉应稍降炉膛温度

D. 长时间抽空会损坏机泵密封,造成泄漏

589. BH017　控制阀发生故障需要切除处理的叙述错误的是(　　)。

A. 首先稍开控制阀副线阀

B. 打开控制阀副线阀后,稍关控制阀上游手阀

C. 控制阀上游手阀关死后,控制阀即可交付检修

D. 与内操及时联系,缓慢开副线阀,缓慢关控制阀上游手阀,尽量保持流量平稳

590. BH017　控制阀发生故障需要切除处理的叙述错误的是(　　)。

A. 首先稍开控制阀副线阀

B. 打开控制阀副线阀后,稍关控制阀上游手阀

C. 控制阀上游手阀关严后,关严控制阀下游手阀

D. 控制阀上下游手阀均关严后,控制阀即可交付检修

591. BH017　控制阀发生故障需要切除处理的叙述错误的是(　　)。

A. 打开控制阀副线阀后,稍关控制阀上游手阀

B. 与内操及时联系,缓慢开副线阀,缓慢关控制阀上游手阀,尽量保持流量平稳

C. 控制阀上游手阀关严后,关严控制阀下游手阀

D. 控制阀上下游手阀均关严后,打开放空阀,将存油排至地沟

592. BH018　塔底液位指示失灵判断的叙述错误的是(　　)。

A. 根据物料平衡分析判断

B. 根据塔的拔出率分析判断

C. 塔底液位指示拉直线一定是液位指示失灵

D. 根据仪表趋势曲线与塔进料量、塔底抽出量的操作调节规律判断

593. BH018 塔底液位指示失灵处理的叙述错误的是( )。

A. 马上联系仪表维护人员处理

B. 塔底有一块以上液位指示仪表的,参照其他液位指示仪表操作

C. 唯一的液位指示仪表失灵,根据物料平衡暂时调节塔进出料,且尽量保持液位平稳,防范液位过高或过低

D. 根据塔底泵出口压力判断塔底液位的高低

594. BH018 塔底液位指示失灵处理的叙述错误的是( )。

A. 塔底有一块以上液位指示仪表的,参照其他液位指示仪表操作

B. 若塔底泵发生抽空,一方面调节塔进出料流量、提高液位,另一方面调节塔底泵上量

C. 浮球液位计失灵,一般可以通过现场压浮球粗略判断液位的高低情况

D. 塔底液位高些对操作影响不大

595. BH019 燃料气突然中断处理的叙述错误的是( )。

A. 马上联系调度,查明中断原因和时间

B. 检查确认是一台炉发生燃料气中断,还是两台炉全部中断

C. 若因控制阀故障导致燃料气突然中断,在炉火未全部熄灭的前提下,马上打开控制阀副线

D. 燃料气突然中断,马上按照紧急停工处理

596. BH019 燃料气突然中断处理的叙述错误的是( )。

A. 马上联系调度,查明中断原因和时间

B. 燃料气中断,若有燃料油等其他燃料,可适当降量维持生产

C. 若因控制阀故障导致燃料气突然中断,马上打开控制阀副线

D. 若炉火已全部熄灭,重新点火必须按照点火规程操作

597. BH019 燃料气突然中断处理的叙述正确的是( )。

A. 燃料气中断,若有燃料油等其他燃料,可适当降量维持生产

B. 若因控制阀故障导致燃料气突然中断,马上打开控制阀副线

C. 燃料气突然中断,马上按照紧急停工处理

D. 若炉火已全部熄灭,可马上引瓦斯利用炉膛温度点火

598. BH020 水冷器泄漏处理的叙述错误的是( )。

A. 能在线紧固、处理的,马上联系维修人员处理

B. 无法在线处理的,切除水冷器

C. 切除水冷器后,侧线可通过降量等操作,保持冷后温度在指标范围内

D. 水冷器泄漏后,只切除壳程即可,管程不必切除

599. BH020 水冷器泄漏处理的叙述错误的是( )。

A. 能在线紧固、处理的,马上联系维修人员处理

B. 切除水冷器冷后温度无法控制,因此装置必须降低处理量

C. 切除水冷器后,侧线可通过降量等操作,保持冷后温度在指标范围内

D. 因处理水冷器,侧线降量后产品质量不合格的,联系油品改不合格罐

600. BH020 水冷器泄漏处理的叙述错误的是( )。

A. 能在线紧固、处理的,马上联系维修人员处理

B. 无法在线处理的,切除水冷器

C. 切除水冷器后,冷后温度指标可暂时不控制或放宽指标

D. 因处理水冷器,侧线降量后产品质量不合格的,联系油品改不合格罐

601. BH021 常压塔顶空冷器泄漏处理的叙述错误的是( )。

A. 泄漏不大能在线紧固、处理的,马上联系维修人员处理

B. 泄漏较大无法在线处理的,马上切除泄漏的空冷器

C. 切除泄漏的空冷器后,冷后温度无法维持的,装置可适当降量

D. 空冷器泄漏较大,应找到漏点后再切除

602. BH021 常压塔顶空冷器泄漏处理的叙述错误的是( )。

A. 泄漏不大能在线紧固、处理的,马上联系维修人员处理

B. 空冷器切除一组后,一般已无法维持正常生产

C. 汽油大量泄漏,可接水带冲洗掩护

D. 切除泄漏的空冷器后,冷后温度无法维持的,装置可适当降量

603. BH021 常压塔顶空冷器泄漏处理的叙述正确的是( )。

A. 切除泄漏的空冷器后,冷后温度无法维持的,装置可适当降量

B. 空冷器切除一组后,一般已无法维持正常生产

C. 汽油大量泄漏,可接胶带用蒸汽掩护

D. 空冷器泄漏较大,应找到漏点后再切除

604. BH022 热电偶保护套管漏油着火处理的叙述错误的是( )。

A. 判断漏油部位及泄漏程度

B. 必要时及时将漏点切除

C. 组织灭火

D. 火势较大,可以用水枪直射高温起火部位

605. BH022 热电偶保护套管漏油原因的叙述错误的是( )。

A. 设备腐蚀 B. 受流体冲击,载荷过大

C. 热电偶套管本身加工缺陷 D. 介质压力过高

606. BH022 热电偶保护套管漏油原因的叙述错误的是( )。

A. 套管加工缺陷,导致应力集中 B. 介质温度过高

C. 流体诱发套管振动 D. 套管所受应力超过极限

607. BH023 机泵密封漏油着火处理的叙述错误的是( )。

A. 火势不大可一边灭火,一边切换备用泵

B. 火势较大应立即紧急停泵,关闭泵出入口阀门、封油,切断火源

C. 火势过大无法靠近机泵关闭出入口阀的,应关闭距泵出入口端流程上最近处的阀门切断火源

D. 火势过大无法靠近机泵停泵的,设法关闭距泵出入口端流程上最近处的阀门切断火源

608. BH023 机泵密封漏油着火处理的叙述错误的是( )。

A. 火势不大可一边灭火,一边切换备用泵

B. 火势较大应立即紧急停泵,关闭泵出入口阀门、封油,切断火源

C. 侧线泵密封漏油着火,导致两台泵均无法启动,装置应紧急停工

D. 处理过程中,内操加强物料平衡控制,防止发生次生事故

609. BH023 机泵密封漏油着火处理的叙述错误的是( )。

A. 火势不大可迅速灭火,关闭着火机泵出入口阀、封油阀,再切换备用泵

B. 火势较大应立即紧急停泵,关闭泵出入口阀门、封油,切断火源

C. 火势过大无法靠近机泵停泵的,联系电工停该泵的电

D. 处理过程中,内操加强物料平衡控制,防止发生次生事故

二、判断题(对的画“√”,错的画“×”)

( )1. AA001 安全带应高挂高用。

( )2. AA002 动火作业人将动火安全作业证(票)交给动火现场负责人检查,确认证(票)所列安全措施已经落实无误后,方可按规定的时间、地点、内容进行动火作业。

( )3. AA003 装置如果遇到紧急状况必须立即堵漏时,可以边办理动火作业票,边进行动火堵漏作业。

( )4. AA004 进入受限空间前应事先编制隔离核查清单,隔离相关能源和物料的外部来源,与其相连的附属管道应拆除一段管线或盲板隔离并挂牌。

( )5. AA005 有传染病、高血压、心脏病者不能使用空气呼吸器。

( )6. AA006 火灾报警时讲清楚起火单位、地点即可。

( )7. AA007 高层建筑发生火灾时,应乘坐电梯迅速逃离。

( )8. AB001 在计算机应用软件 Word 中页面上插入页码,可以放在页面的页眉位置或页脚位置。

( )9. AC001 企业确因生产经营需要加班加点的,用人单位有权决定加班加点,不需要与工会和劳动者商量。

( )10. AD001 硫化氢溶于水后所形成的氢硫酸是强酸。

( )11. AD002 200℃以上,硫化氢与铁直接反应生成硫化亚铁。

( )12. AD003 H_2 中 H 的化合价是+1。

( )13. AD004 在标准状况下,氮气比空气重。

( )14. AD005 在相同压力下,过热蒸汽的焓值比饱和蒸汽的高。

( )15. AE001 我国主要油区的原油相对密度大多为 0.85~0.95,属于偏重的常规原油。

( )16. AE002 如果石油只进行常压蒸馏而没有经过二次加工,测定蒸馏产物中含硫量可以正确反映原来石油馏分中硫的真正分布情况。

( )17. AE003 蒸气压越低的液体越容易汽化。

( )18. AE004 当属性相近的两种或多种油品混合时，其混合物的密度不能按可加性计算。

( )19. AE005 当温度升高时，所有油品的黏度都升高，温度降低时则黏度降低。

( )20. AE006 引起闪燃的最高温度称为闪点。

( )21. AE007 油品的沸点越低，特性因数越小，则凝点就越高。

( )22. AF001 液体开始沸腾的温度为该压力下的泡点。

( )23. AF002 饱和蒸气线又称露点线。

( )24. AF003 在石油加工生产和设备计算中，常以沸点来简便地表征石油馏分的蒸发及气化性能。

( )25. AF004 一般来说，精馏塔内必须有塔板或填料等传质传热部件才能起到蒸馏作用。

( )26. AF005 易挥发组分在精馏段的气相中质量浓度不断增大。

( )27. AF006 间歇精馏塔只有提馏段而无精馏段。

( )28. AF007 对于组分挥发度相差较大、分离要求不高的场合，可采用平衡蒸馏或简单蒸馏。

( )29. AF008 精馏操作过程中回流比越小，分离效果越好。

( )30. AG001 螺杆泵是依靠螺杆旋转产生的离心力而输送液体的泵，故属叶片式泵。

( )31. AG002 离心泵适用于输送黏度较大的液体。

( )32. AG003 离心泵的主要性能参数是流量、扬程、功率和轴功率 4 项。

( )33. AG004 按照换热方式的不同，换热器可分为 3 类：间壁式换热器、蓄热式换热器和混合式换热器。

( )34. AG005 压力容器常用安全附件包括安全阀、爆破片装置、压力表、液面计等。

( )35. AG006 动力驱动阀只有电动阀、气动阀。

( )36. AG007 机械密封的主要作用是防止高压液体从泵内向外泄漏及防止空气进入泵内。

( )37. AG008 按润滑材料的不同，润滑可分为流体（液体、气体）润滑和固体润滑。

( )38. AH001 有人低压触电时，应立即将他拉开。

( )39. AH002 干粉灭火器可用于扑灭电气火灾。

( )40. AI001 DCS 死机，投用自控的气关控制阀会全关。

( )41. AI002 按照使用压力分，压力表可分为正压表、负压表。

( )42. AI003 计量表的精度级别是根据绝对误差来划定的。

( )43. AI004 压力式温度计中的毛细管越长，则仪表的反应时间越短。

( )44. AI005 在汽油出装置流量调节系统中，当调节阀装在出口管线上时，应选风开式调节阀。

( )45. BA001 新装置开车前必须对每台机泵进行单机试运。

( )46. BA002 开工前要对全体人员进行装置改造及检修项目交底，组织学习开工方案。

(　　)47. BA003　现场卫生不合格,只要不影响开工操作即可。

(　　)48. BA004　为了节省蒸汽,防止蒸汽压力不足,贯通试压时应一路路分程分段贯通试压。

(　　)49. BA005　贯通试压前必须放净系统和管线的存水,吹扫蒸汽脱水。

(　　)50. BA006　装置分段试压可以节省蒸汽用量。

(　　)51. BA007　抽真空系统试验的目的是检查抽真空系统及有关设备是否泄漏、真空泵是否满足工艺要求,同时可使操作人员进一步熟悉减压塔系统抽真空的操作。

(　　)52. BA008　开车前应将汽油收入电脱盐罐。

(　　)53. BA009　开工初期尚未升温,热油泵可先不打入封油。

(　　)54. BA010　收馏分油只是为了缩短开工时间,不收馏分油减压塔也可正常开工。

(　　)55. BB001　装置开路循环是为了装油、赶水等。

(　　)56. BB002　装置开路循环流程:原油泵→初馏塔→电脱盐→加热炉→常压塔→加热炉→减压塔→出装置。

(　　)57. BB003　装置进行闭路冷循环的目的是测试管线设备气密性。

(　　)58. BB004　装置冷循环时必须联系仪表工做好仪表的启动工作。

(　　)59. BB005　装置恒温脱水期间,塔底液面偏低不宜进行补油。

(　　)60. BB006　恒温脱水阶段,水分主要是从常压塔底脱除。

(　　)61. BB007　高温换热器在200℃时一般应做热紧处理。

(　　)62. BB008　装置开工时进行热紧后经详细检查无问题,常压炉可继续升温。

(　　)63. BB009　开汽过程投用抽真空时,要确保水封罐建立水封,水封罐顶放空阀关闭。

(　　)64. BB010　启动蒸汽喷射器抽真空时,先开末级,打开末级冷却器顶放空,待塔内达到一定真空度后再逐级启动。

(　　)65. BB011　炉子点火前加热炉的所有控制阀为手控,烟道挡板为关闭。

(　　)66. BB012　如果点火失败,为防止回火爆炸,必须重新吹扫炉膛。

(　　)67. BB013　加热炉瓦斯管线上设有单向阀,可以防止回火爆炸。

(　　)68. BB014　加热炉燃料油点火前的循环是为了脱除燃料油中的水。

(　　)69. BC001　电脱盐装置主要脱除原油中的有机盐。

(　　)70. BC002　电脱盐罐一般不用设安全阀。

(　　)71. BC003　在其他工艺条件不变的条件下,电脱盐注水量提高,脱盐效果明显。

(　　)72. BC004　在一定温度和压力条件下,加入破乳化剂使原油破乳化的方法称为化学脱水法。

(　　)73. BC005　当塔顶酸性水 pH 值偏低时,应该减小塔顶注中和剂的量。

(　　)74. BC006　缓蚀剂能够中和氯化氢、硫化氢等酸性物质。

(　　)75. BC007　塔顶冷却器冷却效果变差时,应当增大挥发线注水量冲洗中和剂盐。

(　　)76. BC008　塔顶冷回流是控制分馏塔顶温度的重要手段。

(　　)77. BC009　常减压蒸馏塔设中段回流可以降低塔内气相负荷,使塔中上部的负荷不至于过大。

( )78. BC010 变压器是为电脱盐提供强电场的电源设备。
( )79. BC011 为使电脱盐脱后原油含水量减少，电脱盐罐油水界位控制得越低越好。
( )80. BC012 由于初馏塔、常压塔顶设有安全阀，因此塔顶压力超高也无所谓。
( )81. BC013 塔顶温度太高，塔顶部很容易产生露点腐蚀。
( )82. BC014 当常压塔底液面过高时，要关塔底吹汽，避免携带黑油到常压侧线。
( )83. BC015 当常顶油水分液罐油位过高时，应关小分液罐底汽油泵出口阀。
( )84. BC016 初顶油水分液罐油水界位过低会造成酸性水带油。
( )85. BC017 原油变重时，常压炉出口温度指标相对要低些。
( )86. BC018 加热炉炉膛温度是由燃烧器决定的。
( )87. BC019 减压塔真空度大多数是通过多级蒸汽喷射器串联运行来实现的。
( )88. BC020 电脱盐罐内油品温度过高会产生氯化盐水解，产生盐酸腐蚀。
( )89. BC021 初馏塔塔底一般都设有塔底吹汽。
( )90. BC022 在减压炉炉管内注汽，可提高油品收率。
( )91. BC023 加热炉火嘴调节的要求：多火嘴、短火焰、齐火苗。
( )92. BC024 塔顶冷凝水 pH 试纸（常见）颜色变蓝，应提高中和剂的注入量。
( )93. BC025 塔顶注缓蚀剂应当先加大剂量，使管壁形成保护膜，然后逐渐减少剂量。
( )94. BC026 塔顶注水的目的是调整塔顶系统冷凝水的 pH 值。
( )95. BC027 采脱后原油进行含水量分析时，应冷却后再采，否则分析出来的含水量偏高。
( )96. BC028 加热炉烟气采样的准确位置是炉对流室出口。
( )97. BC029 初馏塔的选用与否是由装置处理量决定的。
( )98. BC030 蒸馏汽油作乙烯裂解料的质量指标比作重整料时干点要高。
( )99. BC031 常减压蒸馏装置的减压侧线可生产催化裂化、加氢裂化、润滑油基础油及石蜡原料等。
( )100. BC032 减压渣油可作为丙烷脱沥青装置原料。
( )101. BD001 点火前吹扫瓦斯管线的目的：防止系统管线瓦斯含水量大，导致点火时发生熄火。
( )102. BD002 扫线时应先扫重油后扫轻油。
( )103. BD003 装置停车时，重油管线吹扫应采用反复憋压、泄压的方法，以确保吹扫干净。
( )104. BD004 换热器吹扫时，一程吹扫，另一程应放空。
( )105. BD005 吹扫冷却器时，冷却器应打开上下冷却水放空，放掉存水后再吹扫。
( )106. BD006 加热炉熄火后，应根据炉膛温度下降情况关小一次、二次风门及烟道挡板。
( )107. BD007 装置停车，加热炉熄瓦斯嘴时，由内操直接关控制阀即可。
( )108. BD008 装置停车，加热炉油火全部熄灭后，应及时吹扫燃料油线。
( )109. BD009 装置停车前，须将普通油品改入特种油罐。
( )110. BD010 装置停车阶段，发现机泵有抽空现象应立即停泵。

(　　)111. BE001　加热炉“三门一板”中“一板”是指烟道挡板。
(　　)112. BE002　加热炉风门开度越大,炉内空气量越大,燃烧更充分,所以风门开得越大越好。
(　　)113. BE003　设备管理“四懂三会”中“三会”是指会使用、会维护保养、会排除故障。
(　　)114. BE004　隔膜式计量泵的泵缸与隔膜泵之间的密封是动密封。
(　　)115. BE005　通过关小出口阀来调节计量泵流量容易造成电动机超负荷。
(　　)116. BE006　机械密封是为了防止输送介质从泵中泄漏或空气进入泵内的装置,用于隔绝输送介质于泵内。
(　　)117. BE007　联轴器是连接两轴或轴与回转件,在传递运动和动力过程中一同回转,在正常情况下不脱开的一种装置。
(　　)118. BE008　离心泵选型应重点考虑流量、扬程、汽蚀余量等因素。
(　　)119. BE009　机泵冷却水能带走从轴封渗漏出来的少量液体,并传导出摩擦热。
(　　)120. BE010　电动阀通常由电动执行机构和阀门组成,以电能为动力,通过电动执行机构来驱动阀门,实现阀门的开关动作。
(　　)121. BE011　机泵预热时泵入口阀门开度过大,容易造成机泵反转。
(　　)122. BE012　石化行业标准关于填料密封漏损的要求:轻质油不能超过 20 滴/min。
(　　)123. BE013　备用状态下热油泵不管在冬天、夏天都要预热。
(　　)124. BE014　吹扫重油泵时,适当盘车能提高吹扫效果,缩短吹扫时间。
(　　)125. BE015　润滑油定点:保证机动设备每个活动及摩擦点达到充分润滑。
(　　)126. BE016　添加机泵润滑油时,润滑油液面一般不应高于轴承箱液位计指示的 2/3 位置。
(　　)127. BE017　MAN button 是自动控制选择键,点击该键,则选择了自动控制模式,此时回路处在自动状态。
(　　)128. BE018　闸阀的底部有空间,不宜于有固体沉积物的液体;闸阀关闭力矩要比同直径的截止阀小,全启全闭所需的时间比同口径的截止阀长。
(　　)129. BE019　截止阀一般有直通形、角形、Y 形直流式、针形阀等。
(　　)130. BE020　化工管道中使用疏水阀能充分利用蒸汽潜能提高热效率。
(　　)131. BE021　安全阀上下游手阀在开汽过程中要全开。
(　　)132. BE022　升降式止回阀的阀瓣一般为圆锥流线形。
(　　)133. BE023　激波吹灰器是通过压缩空气生成激波的。
(　　)134. BE024　烟囱抽力的作用之一是将烟气排入高空,减少地面污染。
(　　)135. BE025　明杆式闸阀闸板启闭时,阀杆升降部分露出手轮上方。
(　　)136. BE026　截止阀安装时应该保证流体流向和阀门进出口流向一致。
(　　)137. BE027　机械型疏水阀是利用蒸汽与凝结水的温度差来进行工作。
(　　)138. BE028　安全阀每年至少校验一次。
(　　)139. BE029　选用压力表时,压力表量程一般为所属压力容器最高工作压力的 3 倍。
(　　)140. BE030　阻火器能阻止可燃、易爆气体进入设备,从而避免引起火灾。
(　　)141. BE031　压力表是测量管线或设备内介质压力的元件。

(　　)142. BE032　更换压力表时,压力表的量程符合标准即可使用。

(　　)143. BE033　离心泵启动时,出口阀未关,可能造成电动机超载。

(　　)144. BE034　切换离心泵操作中,缓慢打开原备泵出口阀,缓慢关闭原在运泵出口阀,原在运泵出口阀关死后停泵。

(　　)145. BE035　对于正常停运不需要检修的离心泵,预热时不需打开泵出口放空以排尽泵内存水和气体。

(　　)146. BE036　启动计量泵前应手动转动联轴器,使泵转动两圈以上,防止机泵运转障碍。

(　　)147. BE037　计量泵长时间停运,则需对泵内料液排除干净,以防泵体堵塞、锈蚀。

(　　)148. BE038　真空泵启动前,应出口阀全开、入口阀全关。

(　　)149. BE039　真空泵正常运转时,泵出口为微正压。

(　　)150. BE040　热油泵预热时应停下冷却水,以保证预热温度。

(　　)151. BE041　烟道挡板开度越大,通风量大,燃烧更完全,炉子热效率会更高。

(　　)152. BE042　经过预热的空气比冷空气更有利于燃烧。

(　　)153. BE043　对于运行中的机泵,可通过轴承箱温度来判断润滑油是否已变质。

(　　)154. BF001　检查机泵电动机时,可用手触摸轴承部位,若感觉发麻则证明振动可能已超标,应进一步用振动表测量。

(　　)155. BF002　机泵加注润滑油可以减少摩擦阻力,减少零件的磨损,降低动力消耗,延长机泵使用寿命。

(　　)156. BF003　机泵润滑油“三级过滤”中第三级过滤是指漏斗过滤。

(　　)157. BF004　完好机泵技术资料应具有设备履历卡片、检修及验收记录、运行及缺陷记录、易损配件图纸。

(　　)158. BF005　一般情况下,设备、管道内介质凝点低于 30℃时,应进行保温处理。

(　　)159. BF006　在热电偶测温回路中,只要显示仪表和连接导线两端温度相同,热电偶总热电势值不会因它们的接入而改变,这是根据中间导体定律而得出的结论。

(　　)160. BF007　减压塔底液面的双法兰液位计属于浮力式液位计。

(　　)161. BF008　更换压力表时,关闭保护阀后,缓慢拧松压力表,观察压力是否下降、是否有介质流出,保护阀是否关严。

(　　)162. BF009　机泵冷却水能冷却泵支座,防止热膨胀引起泵与电动机的同心偏移。

(　　)163. BF010　一般情况下,机泵输送介质温度低于 100℃时轴承无须进行冷却。

(　　)164. BF011　热油泵停运后,一般应待泵体温度降至 100℃以下再吹扫。

(　　)165. BF012　重油泵检修前进行吹扫时经常盘车能提高吹扫效果、缩短吹扫时间。

(　　)166. BF013　机泵备用泵定期盘车能防止泵轴弯曲变形。

(　　)167. BF014　使用机械密封的热油泵注封油能提高密封腔介质温度。

(　　)168. BF015　若润滑油出现乳化现象,可判断其已变质。

(　　)169. BG001　电脱盐罐压力过高安全阀可能会起跳。

(　　)170. BG002　由于调频机泵启动时转速较慢,所以特别容易抽空。

( )171. BG003 加热炉鼓风机突然停机,导致炉膛供风中断,火嘴火焰燃烧变差甚至熄火,因此炉膛温度会快速下降。
( )172. BG004 打开管线放空阀无介质流出,一定是管线发生冻凝。
( )173. BG005 加热炉燃料气中断,炉膛氧含量会快速下降。
( )174. BG006 原油含水量过大会导致电脱盐罐超压。
( )175. BG007 塔顶回流带水,会造成塔顶温度快速下降、塔顶压力快速上升。
( )176. BG008 汽包给水中断,汽包产汽量会快速下降。
( )177. BG009 电脱盐罐电极棒击穿,电脱盐变压器可能送不上电。
( )178. BG010 机泵发生抱轴时,电动机可能因超负荷而跳闸。
( )179. BG011 塔顶空冷风机突然停机,塔顶冷后温度迅速上升、塔顶压力上升。
( )180. BG012 加热炉发生回火时,炉膛温度急剧上升。
( )181. BH001 如果瓦斯带油造成冒黑烟,应及时与有关单位联系处理。
( )182. BH002 蒸汽吹扫管线的操作,如发生水击现象,应关小或关闭吹扫蒸汽,加强脱水和暖管后再逐渐开大。
( )183. BH003 塔顶回流带水是塔顶回流罐油水界位过高造成的。
( )184. BH004 冬季冻凝的铸铁阀门可以用少量蒸汽缓慢加热解冻。
( )185. BH005 塔顶空冷风机突然停机,可以提高其他运行的变频风机的转速,控制冷后温度。
( )186. BH006 电动机温度超标时,应检查电动机电流是否超标,若超标可以适当降低机泵负荷。
( )187. BH007 电动机电流超标应马上检查机泵负荷是否过大。
( )188. BH008 装置汽包给水中断,马上检查给水中断原因,若控制阀故障,立即打开副线阀补水。
( )189. BH009 装置发生局部停电后,立即现场重启机泵或启动备用泵,尽快恢复生产。
( )190. BH010 装置发生全部停电后,立即按照紧急停工处理。
( )191. BH011 装置发生短时间停电后,立即重新启动机泵,恢复生产。
( )192. BH012 装置短时间发生循环水中断,降量能维持生产的则维持生产。
( )193. BH013 装置蒸汽长时间中断,减顶真空度维持不了时,减压系统尽量维持负压操作。
( )194. BH014 装置冷换设备发生内漏,侧线泵出口处油品变色,采样口处油品变色,说明该侧线上某一换热器发生内漏。
( )195. BH015 离心泵抽空、汽蚀、流量过小,都可能导致振动值超标。
( )196. BH016 装置塔底泵发生抽空后若长时间无法调整塔底泵正常上量,装置改闭路循环处理。
( )197. BH017 控制阀发生故障需要切除,外操独立操作即可,无须与内操联系。
( )198. BH018 浮球液位计失灵,一般可以通过现场压浮球粗略判断液位的高低情况。
( )199. BH019 若控制阀故障导致燃料气突然中断,在确认炉火未全部熄灭的前提下,马上打开控制阀副线，并逐渐调整瓦斯流量至正常。

(　　)200. BH020　水冷器泄漏后，因处理水冷器，侧线降量产品质量不合格的，联系油品改不合格罐。

(　　)201. BH021　常压塔顶空冷器泄漏大量汽油，可接胶带用蒸汽掩护。

(　　)202. BH022　热电偶保护套管泄漏起火，火热较大，可以用水检直射高温起火部位降温、灭火。

(　　)203. BH023　机泵密封漏油着火，火势较大应立即紧急停泵，关闭泵出入口阀门、封油，切断电源。

答　案

一、单项选择题

1. A　2. B　3. C　4. D　5. A　6. D　7. A　8. A　9. C　10. A
11. B　12. C　13. B　14. A　15. C　16. C　17. D　18. D　19. A　20. C
21. B　22. A　23. C　24. D　25. B　26. A　27. D　28. A　29. B　30. A
31. A　32. D　33. B　34. A　35. D　36. A　37. C　38. A　39. D　40. B
41. C　42. D　43. C　44. A　45. C　46. D　47. D　48. D　49. B　50. A
51. D　52. A　53. D　54. B　55. B　56. C　57. C　58. B　59. A　60. C
61. B　62. C　63. D　64. C　65. A　66. B　67. A　68. D　69. A　70. B
71. B　72. B　73. B　74. D　75. D　76. B　77. D　78. A　79. B　80. A
81. C　82. B　83. D　84. C　85. A　86. A　87. D　88. B　89. A　90. A
91. B　92. A　93. B　94. B　95. A　96. B　97. D　98. D　99. C　100. B
101. A　102. B　103. D　104. D　105. B　106. A　107. A　108. D　109. C　110. B
111. C　112. C　113. C　114. C　115. C　116. A　117. C　118. D　119. A　120. B
121. B　122. D　123. B　124. A　125. D　126. A　127. D　128. D　129. A　130. B
131. A　132. B　133. B　134. C　135. A　136. D　137. C　138. D　139. D　140. D
141. A　142. C　143. D　144. A　145. B　146. C　147. A　148. A　149. D　150. C
151. C　152. D　153. B　154. B　155. B　156. A　157. A　158. D　159. D　160. D
161. D　162. C　163. A　164. C　165. D　166. B　167. C　168. B　169. C　170. D
171. A　172. B　173. A　174. C　175. C　176. C　177. B　178. A　179. A　180. C
181. A　182. B　183. D　184. B　185. A　186. C　187. A　188. D　189. C　190. A
191. A　192. B　193. A　194. A　195. D　196. C　197. D　198. A　199. C　200. C
201. D　202. D　203. A　204. A　205. A　206. A　207. C　208. B　209. C　210. B
211. B　212. B　213. B　214. B　215. D　216. A　217. A　218. B　219. D　220. D
221. C　222. B　223. C　224. D　225. C　226. A　227. D　228. A　229. A　230. B
231. C　232. D　233. A　234. B　235. B　236. D　237. B　238. A　239. A　240. B
241. B　242. D　243. B　244. B　245. D　246. A　247. C　248. C　249. B　250. C
251. B　252. C　253. C　254. B　255. A　256. B　257. B　258. C　259. C　260. A
261. D　262. D　263. D　264. B　265. D　266. A　267. C　268. B　269. B　270. A
271. A　272. B　273. B　274. A　275. C　276. B　277. C　278. A　279. A　280. A
281. D　282. A　283. A　284. A　285. B　286. A　287. D　288. B　289. B　290. B
291. B　292. D　293. B　294. C　295. B　296. D　297. A　298. A　299. C　300. D
301. D　302. C　303. D　304. B　305. C　306. A　307. A　308. D　309. D　310. A

311. C	312. D	313. B	314. C	315. A	316. C	317. A	318. B	319. D	320. C
321. D	322. B	323. A	324. A	325. D	326. A	327. A	328. A	329. C	330. D
331. D	332. B	333. A	334. B	335. A	336. C	337. B	338. B	339. D	340. D
341. B	342. B	343. B	344. D	345. C	346. C	347. B	348. D	349. B	350. C
351. D	352. A	353. A	354. C	355. C	356. D	357. C	358. A	359. D	360. B
361. A	362. A	363. A	364. C	365. D	366. B	367. C	368. D	369. A	370. C
371. D	372. B	373. A	374. D	375. B	376. C	377. D	378. A	379. C	380. C
381. C	382. C	383. C	384. D	385. A	386. B	387. A	388. A	389. A	390. B
391. B	392. B	393. D	394. A	395. B	396. A	397. C	398. C	399. C	400. C
401. C	402. B	403. C	404. B	405. B	406. B	407. B	408. B	409. D	410. B
411. B	412. B	413. B	414. C	415. B	416. A	417. B	418. C	419. B	420. B
421. B	422. B	423. B	424. D	425. B	426. D	427. A	428. A	429. B	430. B
431. D	432. B	433. B	434. D	435. B	436. C	437. C	438. A	439. A	440. A
441. B	442. C	443. D	444. C	445. C	446. D	447. D	448. D	449. B	450. D
451. A	452. D	453. A	454. D	455. A	456. C	457. C	458. C	459. C	460. C
461. D	462. D	463. C	464. B	465. D	466. C	467. D	468. B	469. C	470. D
471. B	472. C	473. C	474. A	475. D	476. B	477. D	478. D	479. B	480. B
481. D	482. B	483. C	484. B	485. B	486. B	487. C	488. C	489. B	490. D
491. D	492. B	493. B	494. D	495. C	496. C	497. B	498. D	499. C	500. A
501. C	502. A	503. C	504. C	505. D	506. B	507. B	508. C	509. B	510. C
511. C	512. A	513. C	514. C	515. B	516. D	517. C	518. B	519. B	520. C
521. B	522. B	523. D	524. B	525. A	526. C	527. B	528. A	529. C	530. D
531. A	532. C	533. D	534. C	535. C	536. B	537. C	538. C	539. C	540. C
541. C	542. D	543. D	544. C	545. D	546. A	547. B	548. B	549. D	550. D
551. C	552. A	553. D	554. D	555. B	556. D	557. C	558. A	559. C	560. B
561. A	562. D	563. A	564. B	565. C	566. D	567. A	568. D	569. C	570. B
571. D	572. C	573. A	574. C	575. B	576. D	577. C	578. D	579. A	580. D
581. C	582. C	583. D	584. B	585. D	586. D	587. A	588. C	589. C	590. D
591. D	592. C	593. D	594. D	595. D	596. C	597. A	598. D	599. B	600. C
601. D	602. B	603. A	604. D	605. D	606. B	607. D	608. C	609. A	

二、判断题

1.× 正确答案：安全带应高挂低用。 2. √ 3. × 正确答案：任何作业都必须先办理动火作业票，再进行动火作业。 4. √ 5. √ 6. × 正确答案：火灾报警时讲清楚起火单位、地点，燃烧部位、燃烧物质、火灾程度，并到附件路口迎接消防车。 7. × 正确答案：高层建筑发生火灾时，不能乘坐电梯逃离。 8. √ 9.× 正确答案：企业确因生产经营需要加班加点的，用人单位也需要与工会和劳动者商量。 10. × 正确答案：硫化氢溶于水后所形成的氢硫酸是弱酸。 11. √ 12. × 正确答案：在 H_2 中 H 的化合价是 0。 13. ×

正确答案：在标准状况下，氮气比空气轻。 14. √ 15. √ 16. × 正确答案：石油馏分中的硫化物在加热炉中受热分解，因此测定蒸馏产物中含硫量无法正确反映原来石油馏分中硫的真正分布情况。 17. √ 18. × 正确答案：当属性相近的两种或多种油品混合时，其混合物的密度能按可加性计算。 19. × 正确答案：当温度升高时，油品的黏度一般都降低，而温度降低时则黏度升高。 20. × 正确答案：引起闪燃的最低温度称为闪点。 21. × 正确答案：油品的沸点越低，特性因数越大，则凝点就越低。 22. × 正确答案：泡点指多组分液体混合物在某一压力下加热至刚刚开始沸腾，即出现第一个小气泡时的温度。 23. √ 24. × 正确答案：在石油加工生产和设备计算中，常以馏程来简便地表征石油馏分的蒸发及气化性能。 25. √ 26. √ 27. × 正确答案：间歇精馏塔只有精馏段而无提馏段。 28. √ 29. × 正确答案：通常来讲，精馏操作过程中回流比越大，分离效果越好。 30. × 正确答案：螺杆泵是依靠螺杆旋转，螺杆和衬套形成密封腔的容积变化来吸入和排出液体的，故属容积式泵。 31. × 正确答案：离心泵不适用于输送黏度较大的液体。 32. × 正确答案：离心泵的主要性能参数是流量、扬程、功率和效率 4 项。 33. √ 34. √ 35. × 正确答案：动力驱动阀有电动阀、气动阀、液动阀。 36. √ 37. √ 38. × 正确答案：有人低压触电时，应设法切断电源。 39. √ 40. × 正确答案：DCS 死机，投用自控的气关控制阀可能会全开。 41. √ 42. × 正确答案：计量表的精度级别是根据最大引用误差来划定的。 43. × 正确答案：压力式温度计中的毛细管越长，则仪表的反应时间越长。 44. √ 45. √ 46. √ 47. × 正确答案：现场卫生必须合格，才能开工操作。 48. √ 49. √ 50. √ 51. √ 52. × 正确答案：开车前应将汽油收入塔顶回流罐。 53. √ 54. × 正确答案：不收馏分油减压塔不能正常开工。 55. √ 56. × 正确答案：装置开路循环时流程：原油泵→电脱盐→初馏塔→加热炉→常压塔→加热炉→减压塔→出装置。 57. × 正确答案：测试管线设备气密性应在装置闭路冷循环之前完成。 58. √ 59. × 正确答案：装置恒温脱水期间，塔底液面偏低宜进行补油。 60. × 正确答案：恒温脱水阶段，水分主要是从常压塔顶脱除。 61. √ 62. √ 63. × 正确答案：开汽过程投用抽真空时，要确保水封罐建立水封，水封罐顶放空阀打开。 64. √ 65. × 正确答案：炉子点火前加热炉的所有控制阀为手控，烟道挡板稍开。 66. √ 67. × 正确答案：加热炉瓦斯管线上设有阻火器，可以防止回火爆炸。 68. √ 69. × 正确答案：电脱盐装置主要脱除原油中的无机盐。 70. × 正确答案：电脱盐罐一般设安全阀。 71. √ 72. √ 73. × 正确答案：当塔顶酸性水 pH 值偏低时，应该增大塔顶注中和剂的量。 74. × 正确答案：缓蚀剂具有表面活性，吸附于金属表面形成保护膜，避免金属同腐蚀介质接触。 75. √ 76. √ 77. √ 78. √ 79. × 正确答案：为使电脱盐脱后原油含水量减少，电脱盐罐油水界位控制得低些好，但过低会造成电脱盐下水带油。 80. × 正确答案：初馏塔、常压塔顶设有安全阀，塔顶压力必须在控制指标范围内。 81. × 正确答案：塔顶温度低，塔顶部很容易产生露点腐蚀。 82. √ 83. × 正确答案：当常顶油水分液罐油位过高时，应开大常顶汽油泵出装置控制阀。 84. √ 85. × 正确答案：原油变重时，常压炉出口温度指标可适当高些。 86. × 正确答案：加热炉炉膛温度是由加热炉设计及生产需要决定的。 87. √ 88. √ 89. × 正确答案：初馏塔塔底一般都没有塔底吹汽。 90. × 正确答案：在减压炉炉管内注汽，不会改变油品收率。 91. √ 92. × 正确答案：塔顶冷凝水 pH 试纸(常见)颜色变蓝,应降低中和剂的注入量。 93. √ 94. × 正确答案:塔顶注水的目的是使冷换设备的露点前移,冲洗塔顶系统盐分。 95. × 正确答案:采脱后原油进行含水量分析时,应冷却后再采,否则分析出来的含水量偏低。 96. √ 97. × 正确答案:初馏塔的选用与否是由原油性质、加工方案等因素决定的。 98. √ 99. √ 100. √ 101. × 正确答案:点火前吹扫瓦斯管线的目的:吹扫脏物、置换空气、试验气密性、贯通流程。 102. √ 103. √ 104. √ 105. √ 106. √ 107. × 正确答案:装置停车,加热炉熄瓦斯嘴时,由外操现场操作。 108. √ 109. × 正确答案:装置停车开始降温前,须将普通油品改入不合格罐。 110. × 正确答案:装置停车阶段,发现机泵有抽空现象应及时关小泵出口调节上量,或先停泵等待液位上升再重新启泵,尽量将存油抽净。 111. √ 112. × 正确答案:加热炉风门开度越大,炉内空气量越大,燃烧更充分,但风量过大会导致加热炉热效率低。 113. √ 114. × 正确答案:隔膜式计量泵的泵缸与隔膜泵之间的密封是静密封。 115. √ 116. √ 117. √ 118. √ 119. √ 120. √ 121. × 正确答案:机泵预热时泵预热量过大,容易造成机泵反转。 122. √ 123. √ 124. √ 125. × 正确答案:润滑油“五定”是指定人、定点、定时、定质、定量。 126. √ 127. × 正确答案:MAN button 是手动控制选择键,点击该键,则选择了手动控制模式,此时回路处在手动状态。 128. √ 129. √ 130. √ 131. √ 132. × 正确答案:升降式止回阀的阀瓣一般为盘形。 133. × 正确答案:激波吹灰器是通过可燃气体燃烧生成激波的。 134. √ 135. √ 136. √ 137. × 正确答案:机械型疏水阀是利用蒸汽与凝结水的密度差来进行工作。 138. √ 139. × 正确答案:选用压力表时,压力表量程一般为所属压力容器最高工作压力的 1.5~3 倍。 140. × 正确答案:阻火器能瞬间通过器内多层金属网将管内火焰冷却、熄灭,达到阻燃的目的。 141. √ 142. × 正确答案:更换压力表时,压力表的量程、材质、型号、合格证书、检验证书等均符合标准才能使用。 143. √ 144. √ 145. √ 146. √ 147. √ 148. √ 149. √ 150. × 正确答案:热油泵预热时冷却水不停。 151. × 正确答案:烟道挡板开度过大,炉膛负压过大、漏风量增加,炉子热效率会降低。 152. √ 153. × 正确答案:对于运行中的机泵,可通过润滑油颜色来判断润滑油是否已变质。 154. √ 155. √ 156. × 正确答案:机泵润滑油“三级过滤”中第三级过滤是指注油器加油过滤。 157. √ 158. × 正确答案:一般情况下,设备、管道内介质凝点高于环境温度时,应进行保温处理。 159. √ 160. × 正确答案:减压塔底液面的双法兰液位计属于差压式液位计。 161. √ 162. √ 163. √ 164. × 正确答案:热油泵停运后,一般应待泵体温度降至 200℃以下再吹扫。 165. √ 166. √ 167. × 正确答案:机械密封注封油能防止输送介质泄漏和负压下空气或冲洗水进入填料函。 168. √ 169. √ 170. × 正确答案:由于调频机泵启动时转速较慢,所以不容易抽空。 171. √ 172. × 正确答案:打开管线放空阀无介质流出,不一定是管线发生冻凝,也可能是放空阀堵塞。 173. × 正确答案:加热炉燃料气中断,炉膛氧含量会快速上升。 174. √ 175. √ 176. × 正确答案:汽包给水中断,在汽包液位回零前,汽包产汽量不会快速下降。 177. √ 178. √ 179. √ 180. × 正确答案:加热炉发生回火时,炉膛温度剧烈波动。 181. √ 182. √ 183. √ 184. √ 185. √ 186. √ 187. √ 188. √ 189. √ 190. × 正确答案:装置发生全部停电后,若短时间内无法恢复供电,立即按照紧急停工处理。 191. √ 192. √ 193. × 正确答案:

装置蒸汽长时间中断,减顶真空度维持不了时,减压系统立即恢复常压操作。 194.× 正确答案:装置冷换设备发生内漏,侧线泵出口处油品颜色正常,采样口处油品变色,说明该侧线上某一换热器发生内漏。 195.√ 196.√ 197.× 正确答案:控制阀发生故障需要切除,外操与内操及时联系,缓慢开副线阀,缓慢关控制阀上游手阀,尽量保持流量平稳。 198.√ 199.√ 200.√ 201.× 正确答案:常压塔顶空冷器泄漏大量汽油,可接水带冲洗掩护。 202.× 正确答案:热电偶保护套管泄漏起火,火势较大,严禁水枪直射高温部分。 203.√

中级工理论知识练习题及答案

一、**单项选择题**(每题有4个选项,只有1个是正确的,将正确的选项号填入括号内)

1. AA001　交接班的“五不接”中卫生不好不接,不包括(　　)。
   A. 设备卫生　B. 操作室卫生　C. 现场卫生　D. 个人卫生
2. AA001　填写交接班记录时不需要的是(　　)。
   A. 填写清楚　B. 工艺数据统计
   C. 在要求时间范围内填写　D. 严禁撕页重写
3. AA001　下列记录中不属于运行记录的是(　　)记录。
   A. 交接班　B. 设备点检　C. 工艺数据统计　D. DCS 操作
4. AA002　不允许在设备巡检记录中出现(　　)。
   A. 凭旧换新　B. 划改内容　C. 撕页重写　D. 双方签字
5. AA002　以下设备巡检记录填写要求,错误的是(　　)。
   A. 数据真实有效　B. 填写时间符合要求
   C. 不允许更改　D. 字迹清晰工整
6. AA002　以下设备巡检记录填写要求,错误的是(　　)。
   A. 数据真实有效　B. 填写时间符合要求
   C. 允许按要求方式更改　D. 允许他人代签字
7. AB001　在 HSE 管理体系中,造成死亡、职业病、伤害、财产损失或环境破坏的事件称为(　　)。
   A. 灾害　B. 毁坏　C. 事故　D. 不符合
8. AB001　识别危害时应充分考虑人员、设备、(　　)、环境、方法五个方面。
   A. 材料　B. 物资　C. 地址　D. 气候
9. AB001　造成生产安全事故的原因主要是人的不安全行为、物的不安全状态(　　)。
   A. 生产环境恶劣　B. 设备未按时检修　C. 违反劳动纪律　D. 管理缺陷
10. AB002　为了做好防冻防凝工作,低温处的阀门井、消火栓、管沟要逐个检查,排除积水,采取(　　)措施。
    A. 加固　B. 疏导　C. 防冻保温　D. 吹扫
11. AB002　为了做好防冻防凝工作,停用的设备、管线与生产系统连接处要加好(　　),并把积水排放吹扫干净。
    A. 阀门　B. 盲板　C. 法兰　D. 保温层
12. AB002　防冻防凝工作,以下做法错误的是(　　)。
    A. 停用设备、管线与系统连接处加好盲板　B. 加强巡检力度
    C. 汽头直排蒸汽　D. 水头长流水

13. AB003　与化工生产密切相关的职业病是(　　)。
A. 耳聋　B. 职业性皮肤病　C. 关节炎　D. 眼炎

14. AB003　不属于石化行业职业病的是(　　)。
A. 佝偻　B. 尘肺病
C. 刺激性物质引起的皮炎　D. 电光性眼炎

15. AB003　在职业病危害因素来源中,不属于环境因素的是(　　)。
A. 可见光　B. 工业毒物　C. 高温　D. 夜班作业

16. AB004　吸入微量的硫化氢感到头痛恶心的时候,应立即吸入(　　)。
A. Cl_2　B. SO_2　C. CO_2　D. 大量新鲜空气

17. AB004　现场安装的固定式硫化氢报警仪的报警设定值为(　　)。
A. 10ppm　B. 20ppm　C. 25ppm　D. 50ppm

18. AB004　按国家规定的卫生标准,硫化氢在空气中最高允许浓度是(　　)。
A. $1mg/m^3$　B. $10mg/m^3$　C. $20mg/m^3$　D. $50mg/m^3$

19. AB005　受限空间作业监护人的安全职责,错误的是(　　)。
A. 清楚可能存在的危害和对作业人员的影响
B. 在入口处监护,对未经授权人员进入进行登记
C. 掌握作业人员情况并与其保持沟通
D. 负责作业人员进入和出来时的清点并登记名字

20. AB005　受限空间作业监护人的安全职责,错误的是(　　)。
A. 不清楚安全防范措施
B. 在入口处监护,防止未经授权人员进入
C. 掌握作业人员情况并与其保持沟通
D. 负责作业人员进入和出来时的清点并登记名字

21. AB005　可以进入汽油储罐作业的分析数据为(　　)。
A. 氧含量 17.5%,可燃气体浓度 0.11%(体积分数)
B. 氧含量 19.5%,可燃气体浓度 0.11%(体积分数)
C. 氧含量 19.5%,可燃气体浓度 0.51%(体积分数)
D. 氧含量 24%,可燃气体浓度 0.11%(体积分数)

22. AB006　在高处作业防坠落的最后措施为(　　)。
A. 安全带　B. 安全网　C. 安全帽　D. 安全绳

23. AB006　不属于高处作业防坠落措施的是(　　)。
A. 安全带　B. 安全网　C. 安全帽　D. 安全绳

24. AB006　在作业基准面(　　)以上进行的高处作业是特殊高处作业。
A. 30m　B. 25m　C. 50m　D. 20m

25. AB007　施工作业前,应重点进行危害辨识,不包括(　　)。
A. 作业环境　B. 天气条件　C. 作业过程　D. 作业时机

26. AB007　作业前的技术、安全交底,不包括的内容是(　　)。
A. 作业工程造价　B. 作业内容　C. 安全措施　D. 应急措施

27. AB007　重大危险的施工作业，应由（　　）同时派出安全监护人。

A. 区域管理单位、施工单位　　B. 施工单位、监理单位

C. 施工单位、设计单位　　D. 区域管理单位、监理单位

28. AB008　下列关于动火安全作业证制度说法，不正确的是（　　）。

A. 在禁火区进行动火作业应办理"动火安全作业证"，严格履行申请、审核和批准手续

B. 动火作业人员在接到动火证后，要详细核对各项内容，如发现不符合动火安全规定，有权拒绝动火，并向单位防火部门报告

C. 动火地点或内容变更时，应在动火安全作业证上标明，否则不得动火

D. 高处进行动火作业和设备内动火作业时，除办理"动火安全作业证"外，还必须办理"高处安全作业证"和"受限空间作业证"

29. AB008　下列叙述中，不符合动火分析规定的是（　　）。

A. 取样要有代表性，特殊动火的分析样品要保留到动火作业结束

B. 取样时间与动火作业的时间不得超过 60min，如超过此间隔时间或动火停歇超过 60min 以上，必须重新取样分析

C. 若有两种以上的混合可燃气体，应以爆炸下限低者为准

D. 进入设备内动火，同时还需分析测定空气中有毒有害气体和氧含量，有毒有害气体含量不得超过《工业企业设计卫生标准》（GBZ 1—2010）中规定的最高容许浓度，氧含量应为 18%～22%

30. AB008　不符合"四不动火"要求的是（　　）。

A. 没有签发合格的动火作业票不动火

B. 动火地点或内容变更时，应在动火安全作业证上标明，否则不得动火

C. 安全防范措施没有落实不动火

D. 动火作业监护人不在现场不动火

31. AB009　临时照明应遵循的安全要求是（　　）。

A. 使用金属材料悬挂导线，保证悬挂牢固、不移位

B. 行灯电源电压不超过 72V，灯泡外部有非金属保护罩

C. 在特别潮湿场所、导电良好的地面、锅炉或金属容器内的照明电源电压不得大于 36V

D. 现场照明应满足所在区域安全作业亮度、防爆、防水等要求

32. AB009　临时照明应遵循的安全要求是（　　）。

A. 使用金属材料悬挂导线，保证悬挂牢固、不移位

B. 行灯电源电压不超过 72V，灯泡外部有非金属保护罩

C. 在特别潮湿场所、导电良好的地面、锅炉或金属容器内的照明电源电压不得大于 12V

D. 现场照明应满足所在区域安全作业亮度要求

33. AB009　临时照明应遵循的安全要求是（　　）。

A. 使用金属材料悬挂导线，保证悬挂牢固、不移位

B. 行灯电源电压不超过 72V，灯泡外部有非金属保护罩

C. 在非易燃易爆区进行临时用电作业时，必须办理临时用电许可证和动火作业许可证

D. 现场照明应满足所在区域安全作业亮度、防爆、防水等要求

34. AB010 吊装作业许可证申请前应准备的资料不包括( )。

A. 风险评估结果 B. 吊装作业计划

C. 安全培训记录 D. 起重机出厂合格证书

35. AB010 下列选项中,( )不符合起重作业要求。

A. 起重司机具备 5 年以上操作经验

B. 有资质的起重机检查人员

C. 在起重机司机或其他指定人员知晓的情况下,加油工也可进入驾驶室从事职责范围内的作业

D. 学习满半年以上的实习起重机司机可以在有资质的司机直接监督下作业

36. AB010 吊装作业许可证申请前应准备的资料不包括( )。

A. 作业人员健康记录

B. 吊装作业计划

C. 安全培训记录

D. 起重机外观检查结果、钢丝绳和吊钩检查结果

37. AB011 下列选项中不传递安全信息含义的颜色是( )。

A. 红 B. 蓝 C. 绿 D. 白

38. AB011 ( )色表示给人们提供允许、安全的信息。

A. 红 B. 蓝 C. 黄 D. 绿

39. AB011 ( )色表示禁止、停止、危险以及消防设备的意思。

A. 红 B. 蓝 C. 黄 D. 绿

40. AB012 关于急性化学中毒患者急救的说法,正确的是( )。

A. 在中毒现场立即救治

B. 迅速脱去或剪去被毒物污染的衣物,保留内衣内裤

C. 进入有毒环境急救的人员需戴防毒面具及安全带,并避免处于上风向

D. 经口中毒者,毒物为非腐蚀性者,应立即用催吐或洗胃方法清除

41. AB012 发现触电事故,下列急救方法不正确的是( )。

A. 电源开关离救护人员很近时,应立即拉掉开关切断电源

B. 当电源开关离救护人员较远时,可用绝缘手套或木棒将电源切断

C. 当触电者脱离电源后,立即送往医院

D. 心跳停止的要立即采取心肺复苏术施救

42. AB012 关于火灾中烧伤患者急救说法,不正确的是( )。

A. 迅速扑灭火灾烧伤患者的火点 B. 拨打急救电话 120

C. 危重病人应立即送往医院 D. 心跳呼吸停止者立即行心肺复苏

43. AC001 在计算机应用软件 Word 中不能进行的文档操作是( )。

A. 当前文档与另一同类型的文档合并成一个新文档

B. 打开纯文本文档

C. 当前文档保存为纯文本文档

D. 删除当前文档

44. AC001 在计算机应用软件 Word 的“页面设置”对话框中,不可以设置的选项为(   )。

A. 字体　　B. 位置　　C. 纸型　　D. 纸张大小

45. AC001 计算机应用软件 Word 的“文件”命令菜单底部显示的文件名所对应的文件是(   )。

A. 当前已经打开的所有文档　　B. 当前被操作的文档

C. 扩展名是 DOC 的所有文档　　D. 最近被操作过的文档

46. AC002 在计算机应用软件 Excel 工作表中,单元格区域 D2:E4 所包含的单元格个数是(   )。

A. 5　　B. 6　　C. 7　　D. 8

47. AC002 在计算机应用软件 Excel 工作表中,可按需拆分窗口,一张工作表最多拆分为(   )个窗口。

A. 3　　B. 4　　C. 5　　D. 任意多

48. AC002 在计算机应用软件 Excel 工作表中,选定某单元格,单击“编辑”菜单下的“删除”选项,不可能完成的操作是(   )。

A. 删除该行　　B. 右侧单元格左移

C. 删除该列　　D. 左侧单元格右移

49. AD001 在室温下,把 2.3g 钠块溶于 97.7g 水里,所得溶液的质量分数是(   )。

A. 2.3%　　B. 4%　　C. 小于 4%　　D. 大于 4%

50. AD001 在室温下,把 10g 食盐溶于 90g 水里,所得溶液的质量分数是(   )。

A. 10%　　B. 11.1%　　C. 90%　　D. 大于 11.1%

51. AD001 1L 质量浓度为 10%的食盐溶液,如果从其中取出 100mL,那么这 100mL 食盐溶液的质量浓度是(   )。

A. 1%　　B. 10%　　C. 90%　　D. 50%

52. AD002 同摩尔浓度、同体积的下列溶液中,所含溶质的离子数最多的是(   )。

A. 氯化钠溶液　　B. 氯化钙溶液　　C. 硫酸钠溶液　　D. 硫酸铝溶液

53. AD002 1mol 某种液体混合物,其组分的摩尔分数(x)为:$x(A)=0.8$,$x(B)=0.2$;组分 A 的相对分子质量为 18,组分 B 的相对分子质量为 40,则该混合物的质量为(   )。

A. 22.4g　　B. 29g　　C. 18g　　D. 40g

54. AD002 98g 纯硫酸完全溶于水后加水稀释至 1L,其摩尔浓度是(   )。

A. 0.1mol/L　　B. 1mol/L　　C. 0.04mol/L　　D. 0.05mol/L

55. AE001 石油的微量元素的含量与石油的属性有关,(   ),这是我国原油的一大特点。

A. 含镍低,含钒高　　B. 含镍高,含钒低　　C. 含镍高,含钒高　　D. 含镍低,含钒低

56. AE001 石油中微量元素主要集中在(   )馏分。

A. 汽油　　B. 煤油　　C. 柴油　　D. 渣油

57. AE001 在石油中,一部分微量金属是以无机的水溶性盐类形式存在的,下列正确的是(   )。

A. 镍的卟啉络合物　　B. 铁的氧化物

C. 钠的氯化物　　D. 钒的卟啉络合物

58. AE002　互相混合的两油品的组成及性质相差越大、黏度相差越大，则混合后实测的黏度与用加和法计算出的黏度两者相差就（　　）。

A. 越大　B. 越小　C. 等于零　D. 基本不变

59. AE002　油品的黏度增大，其（　　）。

A. 密度增大　B. 平均沸点小

C. 特性因数 K 值变小　D. 相对分子质量变大

60. AE002　当油品温度升高时，油品内部不会发生的现象是（　　）。

A. 分子间距离拉远　B. 流体体积膨胀

C. 分子相互作用增强　D. 黏度下降

61. AE003　油品黏度与化学组成的关系，下列说法错误的是（　　）。

A. 含环状烃多则黏度高

B. 当环数相同时，其侧链越长则黏度越大

C. 三环及三环以上的化合物中，环烷烃黏度小于芳香烃黏度

D. 馏程升高，则黏度升高

62. AE003　润滑油理想组分是（　　）的烃类。

A. 黏度小，且随着温度的变化，黏度变化较小

B. 黏度大，且随着温度的变化，黏度变化较小

C. 黏度小，且随温度变化，黏度变化较大

D. 黏度大，且随温度变化，黏度变化较大

63. AE003　润滑油理想组分的化学组成应包含（　　）。

A. 少环长侧链的烷烃—环烷烃、芳香烃　B. 多环长侧链的烷烃—环烷烃、芳香烃

C. 少环短侧链的烷烃—环烷烃、芳香烃　D. 多环短侧链的烷烃—环烷烃、芳香烃

64. AE004　与物质的质量热容大小无关的为（　　）。

A. 物质的量　B. 温度高低　C. 压力高低　D. 体积变化

65. AE004　压力对于液态烃类质量热容的影响一般可以忽略；但压力对于气态烃类质量热容的影响是明显的，当压力（　　）时，其质量热容就需要做压力校正。

A. 大于 0.45MPa　B. 大于 0.15MPa　C. 大于 0.25MPa　D. 大于 0.35MPa

66. AE004　就不同族的烃类而言，当相对分子质量接近时，（　　）的质量热容最大。

A. 轻芳香烃　B. 环烷烃　C. 烷烃　D. 重芳香烃

67. AE005　查有关图表确定石油馏分的常压汽化热不需要用到（　　）。

A. 中平均沸点　B. 平均相对分子质量

C. 相对密度　D. 混合黏度

68. AE005　单位质量物质在一定温度下由液态转化为气态所吸收的热量称为（　　）。

A. 质量定压热容　B. 汽化热　C. 恒压热　D. 质量热容

69. AE005　当相对分子质量接近时，（　　）的汽化热最大。

A. 芳香烃　B. 异构烷烃　C. 环烷烃　D. 正构烷烃

70. AE006　油品的特性因数 K 值大小与（　　）有关。

A. 中平均沸点　B. 临界温度　C. 混合黏度　D. 质量

71. AE006　油品的特性因数 K 值是油品的平均沸点和(　　)的函数。
A. 黏度　B. 相对密度　C. 汽化热　D. 质量平均沸点

72. AE006　当油品的(　　)相近时，油品的特性因数 K 值大小的顺序为：芳香烃<环烷烃<烷烃。
A. 混合黏度　B. 临界温度　C. 相对分子质量　D. 汽化热

73. AF001　不可压缩流体在管内流动，下列说法错误的是(　　)。
A. 输入量等于输出量　B. 任两个截面的流速相等
C. 任两个截面的质量流量相等　D. 单位时间任两个截面的体积流量相等

74. AF001　不可压缩流体在管路中流动，下列物料衡算表达式错误的是(　　)。
A. 质量流量 $w_{s1}=w_{s2}$　B. 质量流量 $w_s = u_1A_1\rho_1 = u_2A_2\rho_2$
C. 体积流量 $V_s = u_1A_1 = u_2A_2$　D. 体积流量 $V_s = u_1A_1 = u_2A_2$ 而 $w_{s1} \neq w_{s2}$

75. AF001　不可压缩流体在管内流动，下列说法正确的是(　　)。
A. 输入量略大于输出量　B. 任两个截面的流速相等
C. 任两个截面的质量流量相等　D. 任两个截面的体积流量与流速成正比

76. AF002　流体输送管路的直径可以根据流量和(　　)来选择。
A. 温度　B. 密度　C. 压力　D. 流速

77. AF002　在定态流动系统中，水连续地从粗管流入细管。粗管内径为细管的 2 倍，那么细管内水的流速是粗管的(　　)倍。
A. 2　B. 4　C. 6　D. 8

78. AF002　用 ϕ108mm×4mm 的无缝钢管以 1.77m/s 流速输送水，则体积流量是(　　)。
A. 40m^3/h　B. 60m^3/h　C. 50m^3/h　D. 70m^3/h

79. AF003　热负荷与下列(　　)无关。
A. 流体的流量　B. 流体的平均比热
C. 流体的流速　D. 流体传热前后的温差

80. AF003　换热器传热过程中，两流体的出入口温差变大，则热负荷(　　)。
A. 变小　B. 变大　C. 不变　D. 不确定

81. AF003　两流体传热过程中，热负荷随流体流量的增大而(　　)。
A. 增大　B. 减小　C. 不变　D. 不确定

82. AF004　不能强化传热的途径为(　　)。
A. 防止设备结垢　B. 增大总传热系数
C. 降低平均温差　D. 增大传热面积

83. AF004　下列方法可以强化传热的是(　　)。
A. 采用少孔物质结构　B. 减小流体的扰动　C. 采用逆流传热　D. 增大管径

84. AF004　下列方法可以强化传热的是(　　)。
A. 减小流体流速　B. 采用大直径管　C. 采用平板面　D. 采用翅片面

85. AF005　对于精馏塔的物料衡算，下列正确的是(　　)。
A. 进塔原料量等于塔顶冷凝水、塔底产品、塔顶产品与侧线产品之和
B. 进塔原料量等于塔底产品、塔顶产品与侧线产品之和

C. 进塔原料量与汽提蒸汽量之和等于塔底产品、塔顶产品与侧线产品之和

D. 塔顶冷凝水的量等于塔底汽提蒸汽与侧线汽提蒸汽之和

86. AF005 已知某塔顶产品量 $20m^3/h$,塔顶回流比为 2,则塔顶回流量为( )。

A. $10m^3/h$ B. $20m^3/h$ C. $22m^3/h$ D. $40m^3/h$

87. AF005 对于装置的物料平衡,操作上重点关注的是( )。

A. 塔顶压力稳定 B. 侧线产品流量相等

C. 三塔底液位稳定 D. 加热炉出口温度符合要求

88. AF006 对于冷液进料(提馏段下降液体流量 L' 与精馏段回流液流量 L、原料液流量 F、精馏段的蒸汽流量 V 与提馏段蒸汽流量 V'),下列关系正确的是( )。

A. $L'=L$ B. $V'>V$ C. $L'=L+F$ D. $L'<L+F$

89. AF006 对于冷液进料(原料液的温度低于泡点),提馏段下降液体流量 L' 与精馏段回流液流量 L、原料液 F 的关系为( )。

A. $L'=L$ B. $L'=L+F$ C. $L'>L+F$ D. $L'<L+F$

90. AF006 对于泡点进料,提馏段下降液体流量 L' 与精馏段回流液流量 L、原料液流量 F 的关系为( )。

A. $L'=L$ B. $L'<L+F$ C. $L'>L+F$ D. $L'=L+F$

91. AF007 关于液泛,下列说法正确的是( )。

A. 对一定的液体流量,气速越大越好

B. 液体流量过大时,降液管截面不足以使液体通过,容易产生液泛

C. 板间距小,可提高液泛速度

D. 板面气流分布不均匀,容易产生液泛

92. AF007 产生液泛的原因是( )。

A. 气液相之一的流量增大 B. 塔板间距大

C. 液相厚度不均匀 D. 板面形成液面落差

93. AF007 发生液泛时的现象是( )。

A. 降液管液面低 B. 塔压降不变 C. 塔压降下降 D. 塔压降上升

94. AF008 下列因素中可导致雾沫夹带量大的是( )。

A. 空塔气速低 B. 空塔气速高

C. 塔板间距大 D. 降液管截面积大

95. AF008 上升气流穿过塔板上液层时,将板上液体带入上层塔板的现象是( )。

A. 淹塔 B. 漏液 C. 雾沫夹带 D. 液泛

96. AF008 雾沫夹带对塔操作的影响表现在( )。

A. 塔压降大 B. 增大气液两相传质面积

C. 塔板效率下降 D. 塔板效率提高

97. AF009 造成漏液的主要原因为( )。

A. 气速低 B. 气速高 C. 塔板间距大 D. 气流分布均匀

98. AF009 造成漏液的主要原因为( )。

A. 塔压降大 B. 液体量大 C. 气速高 D. 气速低

99. AF009　漏液对塔操作的影响表现在(　　)。
A. 塔压降大　B. 增大气液两相传质面积
C. 塔板效率下降　D. 塔板效率提高

100. AF010　精馏操作过程，不是必须具备的条件有(　　)。
A. 混合液各组分相对挥发度不同　B. 气液两相接触时必须存在密度差
C. 塔内有气相回流和液相回流　D. 具有气液两相充分接触的场所

101. AF010　不是精馏操作过程必须具备的条件是(　　)。
A. 混合液各组分相对挥发度不同　B. 塔内有气相回流和液相回流
C. 气液两相的溶解度不同　D. 具有气液两相充分接触的场所

102. AF010　精馏塔自上而下存在(　　)。
A. 流速差　B. 质量差　C. 体积差　D. 温度差

103. AF011　不影响精馏操作的因素为(　　)。
A. 进料量　B. 回流比大小　C. 进料组成　D. 塔釜压力

104. AF011　回流比大对精馏塔操作的影响，下列说法错误的是(　　)。
A. 塔负荷高　B. 分离效果变差
C. 操作费用高　D. 传质推动力增加

105. AF011　通常精馏操作回流比取为最小回流比的(　　)倍。
A. 0.5～1　B. 1～1.2　C. 1.1～2　D. 2～5

106. AF012　下列流体在直管内流动，其雷诺数如下，属于层流的是(　　)。
A. $Re=1500$　B. $Re=4000$　C. $Re=3500$　D. $Re=3000$

107. AF012　流体在直管内流动时，当雷诺数(　　)时，流体的流动属于湍流。
A. $Re\geqslant 4000$　B. $Re\leqslant 2000$
C. $Re\geqslant 3000$　D. $2000\leqslant Re\leqslant 4000$

108. AF012　流体在直管内流动时，当雷诺数(　　)时，流体的流动属于过渡流。
A. $Re\geqslant 4000$　B. $Re\leqslant 2000$
C. $Re\geqslant 3000$　D. $2000\leqslant Re\leqslant 4000$

109. AG001　目前，我国石油及其产品的计量方式不允许使用(　　)。
A. 人工检尺　B. 衡器计量　C. 流量计计量　D. 估算计量

110. AG001　液体、气体和蒸汽等流体的管道输送，一般采用(　　)计量方法。
A. 人工检尺　B. 衡器计量　C. 流量计　D. 液位计

111. AG001　瓶装、桶装石油产品或袋装、盒装固体产品，石油产品用汽车或铁路罐车运输时，一般采用(　　)计量方法。
A. 人工检尺　B. 衡器计量　C. 流量计　D. 液位计

112. AG002　对有旁路阀的新物料计量表的投用步骤：先开旁路阀，流体先从旁路管流动一段时间；缓慢开启上游阀；缓慢(　　)；缓慢关闭旁路阀。
A. 开启上游阀　B. 关闭上游阀　C. 开启下游阀　D. 关闭下游阀

113. AG002　新物料计量表投用前，应重点检查的内容不包括(　　)。
A. 计量表显示屏红线标识是否正确　B. 检验证书是否有效
C. 计量表安装方向是否正确　D. 计量表外观有无油污、破损

114. AG002　物料计量表投入使用后,应做的工作不包括(　　)。

A. 检查显示屏是否正确　　B. 打开旁路阀门检查流程是否导通

C. 指针式表盘是否存在卡顿现象　　D. 计量表两端法兰是否存在泄漏

115. AH001　一台泵的级数越多,流量(　　)。

A. 越大　　B. 越小　　C. 不变　　D. 成正比增大

116. AH001　增加离心泵的级数,目的是(　　)。

A. 增加流量　　B. 增加扬程　　C. 减少功率　　D. 减少水力损失

117. AH001　离心泵压出室的径向导叶用于(　　)。

A. 收集液体和增速　　B. 增速和扩压

C. 收集液体和扩压　　D. 增加动能和增加压力能

118. AH002　离心泵单弹簧式机械密封在高速下使用,弹簧容易变形,故适用于小轴径的机械密封。而多弹簧式机械密封在高速下使用,弹簧不容易变形,适用于(　　)的机械密封。

A. 大轴径　　B. 低速　　C. 小轴颈　　D. 低速

119. AH002　介质压力对平衡型机械密封影响较小,故平衡型机械密封特别适用于(　　)离心泵。

A. 低扬程　　B. 高扬程　　C. 各种扬程　　D. 中扬程

120. AH002　离心泵中介质泄漏方向与离心力方向相同的机械密封为(　　)机械密封。

A. 全流型　　B. 混合型　　C. 内流型　　D. 外流型

121. AH003　U 形管换热器在壳程内可按工艺要求安装(　　)。

A. 折流板　　B. 止回阀　　C. 加热管　　D. 管箱

122. AH003　浮头式换热器的结构复杂,下面不是主要零部件的是(　　)。

A. 防冲板　　B. 挡板　　C. 浮头管板　　D. 试压阀

123. AH003　采用焊接方式与壳体连接固定两端管板的是(　　)。

A. U 形管式换热器　　B. 浮头式换热器

C. 固定管板式换热器　　D. 填料函式换热器

124. AH004　管式加热炉按传热方式可称为(　　)。

A. 圆筒炉　　B. 方箱炉　　C. 辐射室炉　　D. 纯加热炉

125. AH004　圆筒炉的主要结构一般不含(　　)。

A. 鼓风机　　B. 辐射管　　C. 对流管　　D. 烟囱

126. AH004　对流室位于辐射室上部,烟囱安设在对流室的上部,并装有烟道挡板,可用来调节风量,火嘴在炉底中央,火焰向上喷射,这种炉子是(　　)。

A. 箱式炉及斜顶炉　　B. 圆筒炉　　C. 立式炉　　D. 无焰炉

127. AH005　不是透平压缩机的在用润滑油进行定期抽检主要项目的是(　　)。

A. 黏度、闪点　　B. 水分、杂质　　C. 抗乳化性　　D. 灰分、残炭

128. AH005　非设备润滑的“三级过滤”要求的是(　　)。

A. 从大桶过滤到中桶　　B. 从中桶过滤到加油壶

C. 在过滤机中加三层滤布　　D. 加油壶过滤到轴承箱

129. AH005　设备润滑的“五定”是(　　)。

A. 定人、定时、定质、定量、定点　　B. 定员、定时、定标、定量、定点
C. 定员、定编、定量、定点、定质　　D. 定时、定质、定量、定点、定编

130. AH006　腐蚀是指金属在周围介质(最常见的是液体和气体)作用下,不是因为(　　)而产生的破坏。

A. 化学变化　　B. 电化学变化　　C. 物理溶解　　D. 机械损伤

131. AH006　金属在完全没有湿气凝结在其表面的情况下所发生的腐蚀称为(　　)。

A. 气体腐蚀　　B. 非电解液的腐蚀
C. 电解液的腐蚀　　D. 应力腐蚀

132. AH006　炼油设备的壁温高于(　　)时,任何处于含硫环境下的金属都会受到高温硫化氢不同程度的腐蚀。

A. 250℃　　B. 200℃　　C. 300℃　　D. 350℃

133. AH007　最高工作压力大于等于 0.1MPa 小于 1.6MPa 的压力容器属于(　　)。

A. 低压容器　　B. 中压容器　　C. 高压容器　　D. 超高压容器

134. AH007　最高工作压力大于等于 1.6MPa 小于 10MPa 的压力容器属于(　　)。

A. 低压容器　　B. 中压容器　　C. 高压容器　　D. 超高压容器

135. AH007　对夹套容器,其最高工作压力是指压力容器在正常使用过程中,(　　)可能产生的最高压力差值。

A. 夹套底部　　B. 夹套内部　　C. 夹套中部　　D. 夹套顶部

136. AH008　输送无毒、非可燃流体介质,设计压力小于或者等于 1.0MPa,并且设计温度高于-20℃但是不高于 185℃的管道属于(　　)级工业管道。

A. GC1　　B. GC2　　C. GC3　　D. GC4

137. AH008　输送可燃流体介质、有毒流体介质,设计压力 3.0MPa,并且设计温度 300℃的工业管道属于(　　)级工业管道。

A. GC1　　B. GC2　　C. GC3　　D. GC4

138. AH008　输送非可燃流体介质、无毒流体介质,设计压力大于 10.0MPa,并且设计温度大于等于 400℃的工业管道属于(　　)级工业管道。

A. GC4　　B. GC3　　C. GC2　　D. GC1

139. AH009　容器制成以后或经检修投入生产之前应进行压力试验,压力试验的目的是检查容器的(　　)。

A. 材质是否合格　　B. 垫片安装是否正确
C. 阀门是否泄漏　　D. 强度是否达到设计要求

140. AH009　钢制固定式压力容器的气压试验压力为设计压力的(　　)倍。

A. 1.0　　B. 1.15　　C. 1.25　　D. 1.50

141. AH009　钢制固定式压力容器的液压试验压力为设计压力的(　　)倍。

A. 1.0　　B. 1.15　　C. 1.25　　D. 1.50

142. AH010　设计泵前系统和安装位置时,不能提高离心泵抗汽蚀的措施有(　　)。

A. 增大泵前压力　　B. 减小泵前管路的流动损失
C. 提高吸上装置的安装高度　　D. 提高地面上储罐安装高度

143. AH010 离心泵的有效汽蚀余量随流量的增加而减小，离心泵的必须汽蚀余量随流量的增加而( )。

A. 减小 B. 不变 C. 增大 D. 不能确定

144. AH010 离心泵的有效汽蚀余量与吸入系统有关,而与泵本身无关。而离心泵的必须汽蚀余量与吸入系统无关,与泵本身( )。

A. 设计无关 B. 设计有关 C. 安装位置有关 D. 制造无关

145. AI001 已知某并联电路 $R_1=8\Omega$,$R_2=8\Omega$,并联电路的总电流 $I=18A$,流经 R_2 的电流 I_2 是( )。

A. 5.4A B. 9A C. 4.8A D. 1.8A

146. AI001 下列电气元件通常可以装在防爆操作柱上的是( )。

A. 热继电器 B. 接触器 C. 按钮或扳把开关 D. 转速表

147. AI001 在燃料油生产装置中的现场照明线路控制通常使用的开关是( )。

A. 防爆开关 B. 空气开关 C. 胶盒开关 D. 拉线开关

148. AI002 关于设备接地线的说法,错误的是( )。

A. 油罐的接地线主要用于防雷防静电保护

B. 电机的接地线主要用于防过电压保护

C. 管线的接地线主要用于防静电保护

D. 独立避雷针的接地线主要用于接闪器和接地体之间的连接

149. AI002 独立避雷针一般组成部分有( )。

A. 接闪器、引下线、接地体 B. 避雷针、铁塔

C. 避雷塔、接地极 D. 避雷针、避雷线

150. AI002 防雷装置的接地电阻,一般要求为( )以下。

A. 1Ω B. 4Ω C. 10Ω D. 100Ω

151. AI003 下列选项中,通常不列入电动机铭牌的有( )。

A. 电动机额定转速 B. 电动机额定电流

C. 电动机噪声分贝数额定功率 D. 电动机效率

152. AI003 已知一台型号为 YB-250S-4 的电动机,下列说法错误的是( )。

A. Y 表示节能型三相交流异步电动机 B. B 表示隔爆型电动机

C. 250 表示该电机直径 250mm D. 4 表示该电动机为 4 极电动机

153. AI003 电动机的型号主要表示电动机的( )。

A. 电动机的类型、用途和技术结构特征 B. 电动机的电压

C. 电动机的电流 D. 电动机的容量

154. AJ001 某调节系统采用比例积分作用调节器,某人用先比例后加积分的试凑法来整定调节器的参数,若比例带的数值已基本合适,在加入积分作用的过程中,则( )。

A. 适当减小后再提高比例 B. 适当增加比例带

C. 适当减小比例带 D. 无须改变比例带

155. AJ001　在 PID 调节中,比例作用是依据(　　)来动作的,在系统中起着稳定被调参数的作用。

A. 偏差变化速度　　B. 余差变化速度

C. 余差　　D. 偏差的大小

156. AJ001　属于串级调节系统的参数整定方法有(　　)。

A. 两步整定法　　B. 经验法

C. 临界比例度法　　D. 衰减曲线法

157. AJ002　由前一个调节器的输出作为后一个调节器的设定值,后一个调节器的输出送到调节阀,这样的控制系统是(　　)系统

A. 前馈控制　　B. 串级控制　　C. 分程控制　　D. 均匀控制

158. AJ002　关于串级控制系统,下列说法不正确的是(　　)。

A. 是由主、副两个调节器串接工作

B. 主调节器的输出作为副调节器的给定值

C. 目的是实现对副变量的定值控制

D. 副调节器的输出去操纵调节阀

159. AJ002　下列选项中,不是串级调节系统调节器选择依据的是(　　)。

A. 工艺要求　　B. 对象特性　　C. 干扰性质　　D. 安全要求

160. AJ003　分程调节系统调节器的形式不能依据(　　)而定。

A. 工艺要求　　B. 对象特性　　C. 干扰性质　　D. 安全要求

161. AJ003　下列选项中,可以满足开停车时小流量和正常生产时的大流量的要求,使之都能有较好的调节质量的控制方案是(　　)。

A. 简单　　B. 串级　　C. 分程　　D. 比值

162. AJ003　有两个调节阀,其可调比 $R_1=R_2=30$,第一个阀最大流量 $Q_{1\max}=100\text{m}^3/\text{h}$,第二个阀最大流量 $Q_{2\max}=4\text{m}^3/\text{h}$,采用分程调节时,可调比达到(　　)。

A. 740　　B. 300　　C. 60　　D. 900

163. AJ004　关于联锁的概念,下列说法错误的是(　　)。

A. 电磁阀一般使用的是长期带电的电磁阀

B. 故障检测元件的接点一般采用常闭型,工艺正常时接点闭合,越限时断开

C. 所有的工艺参数越限都会引发联锁的动作

D. 重要设备的联锁应采用“三取二检测系统”

164. AJ004　得到电压或电流信号以后,经过一定时间再动作的继电器称为(　　)。

A. 时间继电器　　B. 电压继电器　　C. 电流继电器　　D. 中间继电器

165. AJ004　工业中应用较多的氧含量分析仪器有(　　)。

A. 红外线气体分析仪　　B. 氧化锆式氧含量分析仪

C. 磁氧式分析仪　　D. 气相色谱仪

166. BA001　关于贯通试压的方法,正确的是(　　)。

A. 先贯通流程后调整流程最后一道阀门试压

B. 直接调整流程最后一道阀门试压

C. 关死流程最后一道阀门试压

D. 关死流程最后一道阀门用泵出口阀门调节压力

167. BA001 贯通试压时发现有泄漏应( )处理。

A. 先消压后　B. 立即

C. 带压　D. 试完压一起处理

168. BA001 贯通试压时,下列设备应走副线的是( )。

A. 罐　B. 换热器　C. 冷却器　D. 脉冲式流量计

169. BA002 换热器水试压符合要求,而用水蒸气试压时造成泄漏,主要原因是( )。

A. 蒸汽温度高　B. 蒸汽压力高

C. 蒸汽量过大过猛　D. 蒸汽渗透力强

170. BA002 为了更好地检验设备,贯通试压时给汽要慢,( )提压。

A. 快速　B. 分步　C. 先快后慢　D. 一步

171. BA002 初底油线蒸汽试压过程要对( )进行吹扫试压。

A. 备用设备　B. 温度计　C. 所有压力表　D. 液位计

172. BA003 装置开车前要检查塔、容器的( )和采样阀是否完全关闭。

A. 压力表　B. 安全阀　C. 温度计　D. 底部放空阀

173. BA003 装置开车前要检查塔内的( )是否安装齐全,符合要求。

A. 塔板、保温　B. 部件、保温　C. 保温　D. 塔板、部件

174. BA003 装置检修时开启容器人孔的非必备条件为( )。

A. 残液退净　B. 吹扫完毕

C. 压力、温度降到安全标准　D. 天气晴朗

175. BA004 减压抽真空试验时要求真空度要在( )。

A. 620mmHg 以上　B. 620mmHg 以下　C. 720mmHg 以上　D. 720mmHg 以下

176. BA004 减压塔顶油水分离罐水封被破坏,会使减顶( )下降。

A. 压力　B. 真空度　C. 回流量　D. 温度

177. BA004 抽真空试验前应做的准备工作不包括( )。

A. 关闭减压塔各出入口阀门　B. 检查各导淋阀门是否关闭

C. 减顶液封罐加水　D. 减底泵试运

178. BA005 开车前,一般应将( )引入装置,作为回流使用。

A. 汽油　B. 煤油　C. 柴油　D. 渣油

179. BA005 常减压蒸馏装置开车前,应收配好中和胺、( ),待作初馏塔、常压塔、减压塔顶挥发管线防腐使用。

A. 汽油　B. 煤油　C. 柴油　D. 缓蚀剂

180. BA005 常减压蒸馏装置的离心泵一般使用( )。

A. HL32 气缸油　B. HL46 液压油　C. $2^{\#}$锂基脂　D. $3^{\#}$锂基脂

181. BA006 装置在( )工作结束后,可以准备进油。

A. 开车前检查　B. 贯通试压、抽真空试验、试油压

C. 开车前检查、贯通试压　D. 开车前检查、贯通试压、抽真空试验

182. BA006 装置开车进油前,应改好流程并经( )三级大检查确认无误。
A. 车间、班组、技术员 B. 操作人员、车间、技术员
C. 操作人员、技术员、班长 D. 操作人员、班长、车间

183. BA006 常减压蒸馏装置开车前,不是油品系统准备的是( )。
A. 煤油 B. 原油 C. 缓蚀剂 D. 柴油

184. BA007 装置开车,开常压侧线时,侧线泵常抽空,主要原因是( )。
A. 侧线抽出温度过高 B. 侧线内含水
C. 侧线泵预热未够时间 D. 常压炉出口温度低

185. BA007 装置开车的过程中,下列各步骤:(1)切换原油;(2)点火脱水热紧;(3)升温开常压;(4)开减压。正确步骤次序是( )。
A. (1)(2)(3)(4) B. (3)(2)(1)(4)
C. (2)(1)(4)(3) D. (2)(3)(1)(4)

186. BA007 装置开车的过程中,下列各步骤:(1)抽真空试验,(2)贯通试压,(3)点火升温,(4)进退油试油压。正确步骤次序是( )。
A. (1)(2)(3)(4) B. (3)(2)(1)(4)
C. (2)(1)(4)(3) D. (2)(4)(3)(1)

187. BA008 原油系统蒸汽试压过程要特别注意( )设备,严禁憋压损坏。
A. 非受压 B. 换热器 C. 控制阀 D. 冷却器

188. BA008 常减压蒸馏装置初馏塔前,按原油流程排列的主要设备是( )。
A. 电脱盐、换热器、原油泵、初馏塔 B. 原油泵、换热器、电脱盐、初馏塔
C. 换热器、电脱盐、原油泵、初馏塔 D. 原油泵、电脱盐、换热器、初馏塔

189. BA008 常底油系统试压流程是由常底泵到( )。
A. 减压塔 B. 减压炉进料控制阀前
C. 减压炉出口 D. 减压塔塔底

190. BA009 如果生产过程超出安全操作范围,工艺联锁控制系统可以使装置或独立单元进入( )。
A. 平稳状态 B. 事故状态 C. 停车状态 D. 安全状态

191. BA009 工艺联锁控制系统用于监视装置或( )的操作。
A. 机泵 B. 加热炉 C. 塔 D. 独立单元

192. BA009 ESD 是( )。
A. 集散控制系统 B. 计算机控制系统
C. 报警系统 D. 自动联锁保护系统

193. BB001 下列选项中,( )不是开常压系统时侧线泵容易抽空的原因。
A. 泵入口管线内存水没放尽,开侧线遇高温油品汽化
B. 脱水阶段塔板上部分冷凝水进入泵体,开侧线遇高温油品汽化
C. 塔内该侧线塔板受液槽尚未来油或来油不足
D. 侧线来油轻

194. BB001　装置开车过程中,机泵如发生抽空,此时泵出口压力表情况是(　　)。
A. 指示为 0　　B. 指示超红线
C. 压力回零或接近零　　D. 压力与进口压力相同

195. BB001　离心泵在启动之前,最严重的错误是未进行(　　)。
A. 盘车　　B. 检查地脚螺栓　　C. 机泵卫生　　D. 扫线

196. BB002　对原油系统进行试压时,由于蒸汽温度过高,故对(　　)只进行水试压。
A. 混合柱　　B. 换热器　　C. 电脱盐罐　　D. 原油泵

197. BB002　在电脱盐开车准备时,应对电脱盐罐进行(　　)。
A. 蒸汽试压　　B. 贯通试验　　C. 空载试验　　D. 装油试验

198. BB002　对原油系统进行试压时,由于蒸汽温度过高,应将(　　)切除。
A. 初馏塔　　B. 电脱盐罐　　C. 换热器　　D. 原油泵

199. BB003　下列各项中,不会对热虹吸式换热器运行造成影响的因素有(　　)。
A. 塔底液面　　B. 汽化率　　C. 液位压头　　D. 介质

200. BB003　热虹吸式换热器(　　)很重要,特别是进料管口和返塔管口,如果不合适就无法很好地运行。
A. 换热面积　　B. 安装位置　　C. 传热系数　　D. 换热量

201. BB003　热虹吸式重沸器是指重沸器中由于(　　),导致汽液混合物的相对密度显著减少,使重沸器的入方和出方产生静压差,因此不需用泵循环。塔底流体不断被“虹吸”入重沸器,(　　)后返回塔内。
A. 冷却、冷凝　　B. 加热、升华　　C. 冷冻、凝固　　D. 加热、汽化

202. BB004　蒸汽发生器采用(　　)进行产汽。
A. 软化水　　B. 生活用水　　C. 新鲜水　　D. 循环水

203. BB004　汽包液位过高会引起(　　)。
A. 气阻　　B. 水击　　C. 压力降低　　D. 压力升高

204. BB004　(　　)是保证蒸汽质量的指标之一。
A. 蒸发面积　　B. 蒸发量　　C. 蒸发速度　　D. 蒸发强度

205. BB005　离心泵输送有毒强腐蚀介质,对密封要求严格,不允许外泄或输送介质中含有固体颗粒,使用双端面机构密封时需要打入(　　)。
A. 封油　　B. N32 气缸油　　C. N46 液压油　　D. 锂基脂

206. BB005　封油投用时应先(　　)。
A. 升温　　B. 降压　　C. 脱水　　D. 无特别要求

207. BB005　下列选项中,热油泵预热操作错误的是(　　)。
A. 通入冷却水　　B. 关闭进口阀　　C. 及时打上封油　　D. 加强盘车

208. BB006　减顶水封罐在操作中(　　)应特别注意控制好。
A. 水封罐水界位的高度　　B. 水封罐油位高度
C. 水封罐的压力　　D. 水封罐的温度

209. BB006　对减顶水封罐作用阐述错误的是(　　)。
A. 将喷射器抽出的介质分离成油和水

B. 利用该容器的结构，使容器内产生一定高度的水面，对大气腿进行水封作用

C. 将喷射器抽出的介质分离成油和水、瓦斯

D. 防止空气进入抽真空系统，破坏真空度并产生爆炸危险

210. BB006 减压水封破坏会造成（ ）空气进入，引起火灾爆炸事故。

A. 减顶气分液罐 B. 减压塔 C. 减顶冷却器 D. 减顶污水系统

211. BB007 装置开车时，对仪表投用阐述正确的是（ ）。

A. 装置开车蒸汽试压时，所有仪表就应启动投用

B. 装置开车开始进油时，所有仪表就应启动投用

C. 装置开车正常时，所有仪表才能启动投用

D. 只有装置开车正常后，仪表才能投用自动控制

212. BB007 仪表风含有油雾和（ ）对气动仪表的运行有较大影响。

A. 空气 B. 水 C. 氧气 D. 氮气

213. BB007 净化风所用气源的压力一般要求为（ ）。

A. 0.01~0.05MPa B. 0.1~0.3MPa C. 0.5~0.7MPa D. 1.0~1.2MPa

214. BB008 进退油时，三塔液面控制（ ）。

A. 越高越好 B. 控制稍高一点 C. 控制稍低一点 D. 越低越好

215. BB008 退油时，控制好（ ）是保证全塔物料平衡的关键。

A. 塔顶温度 B. 塔顶压力 C. 侧线温度 D. 塔底液位

216. BB008 退油时，应先退（ ）系统的油。

A. 原油 B. 初底油 C. 常底油 D. 减底油

217. BB009 开车进油时，减压塔底见液面后，启动（ ）向外退油。

A. 原油泵 B. 初底泵 C. 常底泵 D. 减底泵

218. BB009 在开车进油前，应将原油引到原油泵进口，并（ ）。

A. 放空见油 B. 打开出口阀排空

C. 吹扫原油泵 D. 预热原油泵

219. BB009 开车进油时，初馏塔底见液面后，启动（ ）向常压炉进油。

A. 原油泵 B. 初底泵 C. 常底泵 D. 减底泵

220. BB010 恒温脱水时观察（ ），可以判断水是否已脱尽。

A. 进料温度和塔顶温度的温度差 B. 塔底温度和塔顶温度的温度差

C. 进料温度和塔底温度的温度差 D. 进料温度和汽化温度的温度差

221. BB010 恒温脱水时观察（ ），可以判断水是否已脱尽。

A. 在进出料不变的情况下，塔底液位不再下降

B. 在进出料不变的情况下，塔底液位不再上升

C. 进料温度和塔顶温度的温度差

D. 塔底温度和塔顶温度的温度差

222. BB010 恒温脱水时观察（ ），可以判断水是否已脱尽。

A. 进料温度和塔顶温度的温度差

B. 塔底温度和塔顶温度的温度差

C. 在物料平衡的情况下，塔顶回流罐水界位不再上升

D. 在物料平衡的情况下，塔顶回流罐水界位不再下降

223. BB011 加热炉操作要控制好“三门一板”，使燃料完全燃烧，以减少(　　)的排量。

A. O_2　　B. CO_2　　C. N_2　　D. CO

224. BB011 为使加热炉燃烧处于正常状态，应合理调配燃烧所需的燃料量，以及(　　)量。

A. 介质　　B. 过热蒸汽　　C. 空气　　D. 瓦斯

225. BB011 加热炉点火时，应(　　)。

A. 关小烟道挡板，开大风门　　B. 开大烟道挡板，开大风门

C. 关小烟道挡板，关小风门　　D. 开大烟道挡板，关小风门

226. BB012 塔内吹入过热蒸汽可使油品的油气分压(　　)。

A. 升高　　B. 降低　　C. 不变　　D. 无法确定

227. BB012 塔底给汽提蒸汽时，应(　　)。

A. 先切净水、后缓慢给汽　　B. 先切净水、后迅速给汽

C. 直接缓慢给汽　　D. 直接快速给汽

228. BB012 汽提蒸汽用量与需要提馏出来的轻馏分含量有关，国内一般采用蒸汽量为被汽提油品质量的(　　)。

A. 0.01%~0.02%(质量分数)　　B. 0.1%~0.5%(质量分数)

C. 2%~4%(质量分数)　　D. 10%~20%(质量分数)

229. BB013 增加侧线馏出量，其他操作条件不变，该侧线产品(　　)。

A. 馏程的90%点升高　　B. 馏程的90%点降低

C. 不变　　D. 闪点降低

230. BB013 当常压塔塔顶(　　)上升时，侧线产品会变轻，收率下降。

A. 温度　　B. 压力　　C. 温度及压力　　D. 注氨量

231. BB013 常一(煤油)线产品闪点低、干点高，则应(　　)。

A. 适当增大常一馏出量　　B. 适当减少常一馏出量

C. 适当加大塔底汽提蒸汽量　　D. 适当降低常一线重沸器温度

232. BB014 加热炉用瓦斯点第一个火嘴时，一次点不着时应(　　)。

A. 换一个瓦斯嘴继续点　　B. 继续点此瓦斯嘴，点着为止

C. 改点油嘴　　D. 重新吹扫炉膛再进行点火

233. BB014 加热炉点火前要确保燃料油的雾化蒸汽引入，雾化蒸汽压力(　　)燃料油的压力。

A. 大于　　B. 小于　　C. 等于　　D. 大于或小于

234. BB014 加热炉在使用燃料油时，利用(　　)的冲击和搅拌作用使燃料油成雾状喷出与空气充分混合而达到燃烧完全。

A. 油嘴　　B. 雾化蒸汽　　C. 瓦斯　　D. 吹灰器

235. BB015 电脱盐罐内部构件和空送电无问题后，可封人孔(　　)。

A. 进水试压　　B. 进油试压　　C. 蒸汽试压　　D. 进油启动

236. BB015　电脱盐罐进水试压中详细检查有无泄漏处，要特别检查(　　)有无泄漏。
A. 变压器　B. 采样阀　C. 混合器　D. 电极法兰

237. BB015　电脱盐罐温度要适宜，一般不宜低于(　　)。
A. 130℃　B. 110℃　C. 120℃　D. 140℃

238. BB016　换热器在投用时，(　　)可减少温差应力的产生，防止换热器泄漏。
A. 先投用热介质　B. 先投用冷介质
C. 冷、热介质同时投用　D. 无法确定

239. BB016　油换热器由于验收前需要进行水压试验，所以在进行试蒸汽压时要特别注意检查(　　)是否拆除。
A. 垫片　B. 盲板　C. 放空堵头　D. 螺栓

240. BB016　常减压装置往往在(　　)使用 U 形管换热器，以避免泄漏，影响产品质量。
A. 常顶或常顶循环　B. 初底线　C. 常三线　D. 减三线

241. BC001　原油混杂会造成电脱盐罐电流(　　)。
A. 变小　B. 变大　C. 不变　D. 无法确定

242. BC001　原油混杂电脱盐注破乳化剂量应适当(　　)。
A. 减小　B. 加大　C. 不作调整　D. 停注破乳化剂

243. BC001　电脱盐罐进罐温度过高，应进行的操作是(　　)。
A. 加大注水量
B. 减小注水量
C. 视侧线冷后温度情况，适当打开部分换热器热源副线
D. 提高处理量

244. BC002　关于电脱盐注水点的说法，正确的是(　　)。
A. 注在原油泵进口不利于油水充分混合
B. 注在原油泵进口有利于油水充分混合
C. 注在原油泵进口、出口效果一样
D. 注在原油泵进口不易乳化

245. BC002　通常情况下，原油进电脱盐罐温度应控制在(　　)。
A. 80~100℃　B. 110~130℃　C. 130~150℃　D. 150~160℃

246. BC002　电脱盐罐进罐温度过低，应进行的操作是(　　)。
A. 加大注水量
B. 减小注水量
C. 进电脱盐罐前换热器热源有副线的关小副线
D. 降处理量

247. BC003　电脱盐二级排水回注一级的目的是(　　)。
A. 简化流程　B. 降低脱盐温度　C. 增加脱盐率　D. 节水

248. BC003　电脱盐二级排水回注一级可以实现(　　)。
A. 降低污水排放量　B. 降低脱盐温度
C. 提高原油量　D. 降低污水含油

249. BC003　电脱盐单级注水量通常是原油量的(　　)。

A. 10%~12%　　B. 15%~20%　　C. 2%~4%　　D. 3%~8%

250. BC004　电脱盐正常操作时的注意事项不包括(　　)。

A. 脱盐温度要控制在指标内　　B. 原油注水量调节变化不能太大

C. 油水混合阀混合强度不能太大　　D. 控制好原油含盐量

251. BC004　电脱盐运行日常检查中,要注意电脱盐油水混合阀(　　)不能太大,否则会使脱盐效果差。

A. 管径　　B. 开度　　C. 混合强度　　D. 压力

252. BC004　电脱盐罐压力要控制适宜,一般不宜低于(　　)。

A. 1.6MPa　　B. 1.0MPa　　C. 0.8MPa　　D. 0.5MPa

253. BC005　电脱盐罐油水混合器混合强度太大会造成(　　)。

A. 原油进罐温度升高　　B. 原油过度乳化

C. 电脱盐罐注水量下降　　D. 电脱盐罐电流下降

254. BC005　电脱盐罐油水混合器混合强度可以通过改变(　　)进行调整。

A. 混合压差阀开度　　B. 电脱盐罐温度

C. 电脱盐罐注水量　　D. 电脱盐罐变压器电压

255. BC005　电脱盐罐油水混合器的作用有(　　)。

A. 提高原油进罐温度　　B. 降低原油进罐温度

C. 使油水充分混合、密切接触　　D. 提高注水量

256. BC006　其他操作参数一定情况下,塔顶循环回流返塔温度越高,说明该循环回流带走的热量(　　)。

A. 越多　　B. 越少　　C. 没有变化　　D. 无法确定

257. BC006　在其他工艺参数一定情况下,塔顶循环回流返塔温度升高,塔顶温度(　　)。

A. 升高　　B. 降低　　C. 没有变化　　D. 无法确定

258. BC006　下列选项中,在其他工艺参数一定的情况下,可以使塔顶温度升高的是(　　)。

A. 降低塔顶回流量　　B. 提高塔顶回流量

C. 提高塔顶压力　　D. 降低塔顶压力

259. BC007　塔顶循环回流返塔温度不变,塔顶循环回流量越大带走的热量(　　)。

A. 越多　　B. 越少　　C. 不变　　D. 无法确定

260. BC007　下列选项中,在其他工艺参数不变的情况下,可以使塔顶温度降低的是(　　)。

A. 减少塔顶循环回流量　　B. 增加塔顶循环回流量

C. 提高进塔流量　　D. 降低进塔流量

261. BC007　其他工艺参数不变,塔顶循环回流量升高,塔顶温度(　　)。

A. 升高　　B. 降低　　C. 不变　　D. 无法确定

262. BC008　其他工艺参数不变,加大塔顶冷回流量,塔顶温度(　　)。

A. 升高　　B. 降低　　C. 不变　　D. 无法确定

263. BC008　用塔顶冷回流量调节塔顶温度的调节方法，在装置（　　）时不能起到很好的调节作用。

A. 加工高含硫原油　　B. 加工高酸值原油

C. 塔顶负荷过大　　D. 处理量较小

264. BC008　下列选项中，会导致塔顶负荷过大，使塔顶冷回流量对塔顶温度的调节失效的情况是（　　）。

A. 原油性质变轻，汽油组分增多　　B. 原油脱盐效果不好，含盐高

C. 原油性质变重，汽油组分减少　　D. 原油含硫、含酸较高

265. BC009　若发现初馏塔顶出黑油，下列处理正确的是（　　）。

A. 提高初侧线流量　　B. 降低初侧线流量

C. 停初侧　　D. 保持初侧线量不变

266. BC009　其他条件不变，初侧线抽出温度升高，初顶汽油干点（　　）。

A. 升高　　B. 降低　　C. 不变　　D. 不确定

267. BC009　若初馏塔发生冲塔，应立刻（　　）。

A. 提高初侧线流量　　B. 降低初侧线流量

C. 停初侧　　D. 保持初侧线不变

268. BC010　提高初馏塔进料量会出现（　　）的现象。

A. 初底液面瞬间升高　　B. 初底液面下降

C. 初馏进料温度剧升　　D. 初馏塔进料温度剧降

269. BC010　初馏塔物料处于不平衡状态时表现为（　　）。

A. 初馏塔底液面不稳定　　B. 初馏塔底抽出量不稳定

C. 减压塔底液面不稳定　　D. 常压塔底液面不稳定

270. BC010　初馏塔物料处于平衡状态时，进入初馏塔的原油量应等于（　　）。

A. 初底抽出量　　B. 初顶、初侧抽出量之和

C. 初顶、初侧、初底抽出量之和　　D. 常压炉进料之和

271. BC011　初顶汽油干点过高，下列调整正确的是（　　）。

A. 适当降低初馏塔顶温度

B. 适当提高初馏塔顶温度

C. 降低初馏塔顶压力

D. 同时减小初顶冷回流量和初顶循环回流量

272. BC011　提高初顶温度，其他工艺条件不变，则初顶汽油（　　）。

A. 干点降低　　B. 干点不变　　C. 干点升高　　D. 初馏点降低

273. BC011　初顶压力降低时，为保持初顶汽油干点不变应（　　）。

A. 降低处理量　　B. 适当提高初顶温度

C. 保持初顶温度稳定　　D. 适当降低初顶温度

274. BC012　环烷酸在高温下与金属生成环烷酸盐，其腐蚀部位不易发生在（　　）。

A. 塔顶冷凝系统　　B. 加热炉管

C. 转油线　　D. 塔底抽出线

275. BC012 原油中的氯化物在原油被蒸馏过程中受热分解或水解,产生( )使设备及管线造成腐蚀。

A. 氯化氢 B. 氯化镁 C. 氯化钠 D. 氯化钙

276. BC012 初、常顶冷却器冷凝水 pH 值一般控制在( )。

A. 2~3 B. 4~5 C. 6~8 D. 10~11

277. BC013 电脱盐罐水位过低,容易造成电脱盐罐( )。

A. 电流过高 B. 电流过低 C. 电器跳闸 D. 排水带油

278. BC013 当电脱盐罐水位较低时,应通过( )来调节。

A. 开大电脱盐罐排水量 B. 关小电脱盐罐排水量

C. 加大注水量 D. 降低原油加工量

279. BC013 电脱盐罐水位过高,不易造成电脱盐罐( )。

A. 电流大幅波动 B. 脱盐率变化 C. 电压大幅波动 D. 排水带油

280. BC014 其他工艺参数不变,提高塔底吹汽量,塔顶压力会( )。

A. 升高 B. 降低 C. 不变 D. 剧升

281. BC014 其他工艺参数不变,加大塔顶循环回流量,减小塔顶冷回流量,塔顶压力会( )。

A. 升高 B. 降低 C. 不变 D. 剧升

282. BC014 塔顶回流带水会造成( )。

A. 塔顶温度大幅下降 B. 塔顶温度大幅升高

C. 塔顶压力不变 D. 塔顶压力下降

283. BC015 装置停开初顶回流线,初顶温度过高时,可以通过( )调节。

A. 提高塔进料量 B. 适当减小初顶冷回流量

C. 适当加大初顶冷回流量 D. 降低塔顶压力

284. BC015 塔顶温度是由( )调节。

A. 塔进料量 B. 塔顶回流量 C. 塔底液面 D. 塔顶压力

285. BC015 因初馏塔进料带水造成初侧线颜色变深时,正确的处理是( )。

A. 降低塔顶温度 B. 提高塔顶压力

C. 加大初侧线量 D. 降低初侧线量

286. BC016 原油性质变重初馏塔底抽出量应适当( )。

A. 增加 B. 减少 C. 不变 D. 失灵

287. BC016 影响塔底液面变化的原因有( )。

A. 塔底吹汽量 B. 原油性质变化

C. 侧线出装置温度 D. 塔顶污水流量

288. BC016 塔底液面偏高,应通过( )方法来降低液面。

A. 加大塔进料量 B. 降低塔底抽出量

C. 加大塔底抽出量 D. 提高塔进料温度

289. BC017 油水分离罐油位过低,可通过( )提高油位。

A. 降低油抽出量 B. 提高油抽出量

C. 提高油水界位 D. 降低原油处理量

290. BC017　其他条件不变,原油性质变轻,初馏塔顶油水分离罐(　　)。
A. 油位升高　B. 油位降低　C. 油位不变　D. 油水界位降低

291. BC017　不会影响常顶油水分离罐油位变化的因素有(　　)。
A. 常顶油水分离罐油的抽出量　B. 常顶油水分离罐界位
C. 原油性质变化　D. 常压塔塔顶温度变化

292. BC018　常顶油水分离罐油水界位过高,可通过(　　)降低油水界位。
A. 降低油抽出量　B. 提高油抽出量
C. 提高排水量　D. 降低排水量

293. BC018　影响常顶油水分离罐油水界位变化的因素有(　　)。
A. 塔顶注水罐液位变化　B. 常压塔塔底吹汽量大小
C. 原油处理量大小　D. 常压塔塔底液面高低

294. BC018　其他条件不变,原油脱后含水变大,会造初馏塔顶油水分离罐(　　)。
A. 油水界位降低　B. 油位瞬间升高
C. 油水界位不变　D. 油水界位瞬间升高

295. BC019　减压馏分油作加氢裂化装置原料时一般残炭要求在(　　)以下。
A. 0.1%　B. 0.2%　C. 0.3%　D. 0.4%

296. BC019　若减压馏分油含水大于(　　),易造成加氢裂化催化剂失活和降低催化剂的强度。
A. 200ppm　B. 300ppm　C. 400ppm　D. 500ppm

297. BC019　常压馏分油作为分子筛原料要求控制的指标是(　　)。
A. 干点　B. 重金属含量　C. 含水量　D. 闪点

298. BC020　以下可以防止多管程加热炉偏流的措施是(　　)。
A. 炉管注汽
B. 炉管各程进出口管路进行不对称安装
C. 炉管各程进出口管路进行对称安装
D. 炉管进行随意安装

299. BC020　在炉管各程加设(　　),并在操作过程中严密监控各路流量,是防止多管程加热炉偏流较为有效的措施。
A. 压力表　B. 流量控制表　C. 热电偶　D. 注汽点

300. BC020　在炉管各程加设(　　),不能作为防止多管程加热炉偏流较为有效的措施。
A. 压力表　B. 流量控制表　C. 热电偶　D. 测厚仪

301. BC021　常压炉炉出口温度和常压塔进料段压力不变,如果过汽化率过低则(　　)。
A. 最顶一条侧线馏分变宽　B. 中间的侧线馏分变宽
C. 最低一条侧线馏分变宽　D. 最低一条侧线馏分变窄

302. BC021　常压塔进料段压力及各侧线收率一定条件下,提高常压炉炉出口温度(塔进料温度),则(　　)。
A. 进料总汽化率不变　B. 进料总汽化率降低
C. 过汽化率提高　D. 过汽化率降低

303. BC021　原料油进入塔后的汽化率应该比塔上部各种产品的总收率略高一些,高出的部分称为(　　)。

A. 汽化率　B. 过汽化量　C. 原油收率　D. 过汽化度

304. BC022　加热炉进料调节阀选用气关阀的原因是(　　)。

A. 动作快捷　B. 方便操作　C. 节约成本　D. 保证安全

305. BC022　加热炉进料调节阀一定要选用(　　)。

A. 气开调节阀　B. 气关调节阀　C. 三通调节阀　D. 四通调节阀

306. BC022　气关阀调节阀的图纸符号是(　　)。

A. O. C　B. F. C　C. O. F　D. F. O

307. BC023　初顶压力升高,其他参数不变则(　　)。

A. 初顶产品变重　B. 初顶产品变轻

C. 初顶产品不变　D. 油品汽化率升高

308. BC023　初顶压力降低,其他参数不变则(　　)。

A. 初顶产品变重　B. 初顶产品变轻

C. 初顶产品不变　D. 油品汽化率降低

309. BC023　初顶压力稳定,塔顶温度升高,那么塔顶产品(　　)。

A. 干点提高　B. 干点降低　C. 干点不变　D. 含水降低

310. BC024　塔底吹汽蒸汽压力一般控制在(　　)。

A. 0. 01MPa 以下　B. 0. 03MPa 左右　C. 0. 4MPa 左右　D. 0. 5MPa 以上

311. BC024　塔底吹汽对吹入蒸汽温度要求为(　　)。

A. 150~200℃　B. 200~250℃　C. 250~300℃　D. 380~450℃

312. BC024　下列选项中,属于对塔底吹汽品质要求的是(　　)。

A. 蒸汽流量　B. 蒸汽温度　C. 原油量　D. 以上都不是

313. BC025　加热炉不冒黑烟时,提高加热炉过剩空气系数,则(　　)。

A. 对加热炉热效率无影响　B. 加热炉热效率将升高

C. 加热炉热效率将下降　D. 有利于提高加热炉的热负荷

314. BC025　加热炉冒黑烟时,小幅提高加热炉过剩空气系数,则(　　)。

A. 不利于加热炉安全运行　B. 加热炉热效率将升高

C. 对加热炉热效率无影响　D. 有利于提高加热炉的热负荷

315. BC025　加热炉使用燃气时,过剩空气系数合理的控制范围是(　　)。

A. 1. 25~1. 35　B. 1. 00~1. 20　C. 1. 20~1. 30　D. 1. 10~1. 15

316. BC026　加热炉过剩空气系数一般控制在(　　)。

A. 0. 5~1　B. 1. 05~1. 2　C. 2. 0~4. 0　D. 4. 0~6. 0

317. BC026　下列选项中的字母表示加热炉热效率的为(　　)。

A. a　B. b　C. c　D. η

318. BC026　加热炉热效率是全炉有效热负荷与(　　)之比。

A. 燃料热值　B. 理论热负荷　C. 燃料总发热量　D. 加热炉总负荷

319. BC027　不会影响加热炉出口温度的有(　　)。

A. 入炉原料油的温度　　B. 入炉原料油的流量

C. 炉膛温度　　D. 炉膛氧含量

320. BC027　加热炉炉膛温度及进料温度不变条件下,提高加热炉进料量,则(　　)。

A. 炉出口温度升高　　B. 炉出口温度下降

C. 炉出口温度不变　　D. 炉出口温度无法确定

321. BC027　加热炉炉进料温度及进料量不变条件下,提高炉膛温度,则(　　)。

A. 炉出口温度升高　　B. 炉出口温度下降

C. 炉出口温度不变　　D. 炉出口温度无法确定

322. BC028　为稳定加热炉炉出口温度,以下措施不正确的是(　　)。

A. 及时、严格准确地进行“三门一板”的调节

B. 保证燃料油、蒸汽、瓦斯压力平稳

C. 炉出口温度在自动控制状态下控制良好时,应尽量减少人为调节过多造成的干扰

D. 控制好火嘴火焰高度要大于炉膛的三分之二

323. BC028　控制加热炉火嘴燃烧,烧瓦斯时火焰高度应不大于炉膛的(　　)。

A. 二分之一　　B. 三分之一　　C. 三分之二　　D. 四分之一

324. BC028　加热炉燃料油压力过大,会出现的现象有(　　)。

A. 火焰发红　　B. 火焰发白　　C. 火焰短而无力　　D. 火焰短而有力

325. BC029　(　　)是调节初顶(汽油)产品干点的主要参数。

A. 初底温度　　B. 初顶温度　　C. 初侧温度　　D. 初底液面

326. BC029　初顶干点偏高,可适当(　　)。

A. 加大初顶回流　　B. 提高初顶回流温度

C. 减小初顶循环回流　　D. 减小初顶冷回流

327. BC029　正常操作过程中,初顶压力不变,初顶温度升高,则(　　)。

A. 初顶干点升高　　B. 初顶干点降低

C. 初顶干点不变　　D. 初顶初馏点降低

328. BC030　正常操作过程中,常顶压力不变,常顶温度升高,则(　　)。

A. 常顶干点升高　　B. 常顶干点降低

C. 常顶干点不变　　D. 常顶初馏点降低

329. BC030　常顶回流量过少,可使常顶干点升高,应适当(　　)。

A. 增大常顶回流　　B. 降低常顶回流

C. 提高常顶温度　　D. 降低常顶压力

330. BC030　(　　)是常顶(汽油)产品干点的主要调节参数。

A. 常底温度　　B. 常顶温度　　C. 常顶压力　　D. 常底液面

331. BC031　通常情况下,降低常一(煤油)线产品干点的措施有(　　)。

A. 适当加大常一馏出量　　B. 适当减少常一馏出量

C. 适当减少常顶冷回流量　　D. 适当减少常一中回流量

332. BC031 常一(煤油)线产品干点偏高,可(　　)。
A. 适当加大常一馏出量　　B. 适当减少常一馏出量
C. 减少常顶冷回流量　　D. 减少常一中回流量

333. BC031 常一(煤油)线产品闪点偏低,可(　　)。
A. 提高常一重沸器温度　　B. 降低常一重沸器温度
C. 提高常顶压力　　D. 降低常一抽出量

334. BC032 常二(柴油)线产品“95%馏出口温度”偏高,则可(　　)。
A. 适当增大常二馏出量　　B. 适当减少常二馏出量
C. 适当降低常压塔进料温度　　D. 适当提高常二线馏出汽相温度

335. BC032 不影响常一(煤油)初馏点的因素有(　　)。
A. 常顶温度　　B. 常一重沸器温度
C. 常顶回流量　　D. 初馏塔进料温度

336. BC032 其他条件不变,提高常一线重沸器温度,则(　　)。
A. 常一干点降低　　B. 常一干点升高
C. 常一初馏点降低　　D. 常一初馏点升高

337. BC033 下列选项中,不是影响常二(柴油)初馏点的因素有(　　)。
A. 常二线的馏出温度　　B. 常二汽提蒸汽量
C. 常一线的馏出量　　D. 常三线的馏出温度

338. BC033 影响常二(柴油)初馏点的因素有(　　)。
A. 常二线的馏出温度　　B. 常三汽提蒸汽量
C. 常一线馏出温度　　D. 常三线的馏出温度

339. BC033 加大常二线汽提蒸汽量,则(　　)。
A. 常二干点降低　　B. 常二干点升高
C. 常二初馏点降低　　D. 常二初馏点升高

340. BC034 润滑油料馏程过窄,可适当(　　),以提高收率。
A. 增大该侧线馏出量　　B. 减少该侧线馏出量
C. 增大汽提塔吹汽　　D. 降低汽提塔吹汽温度

341. BC034 润滑油料馏程合格但黏度低,可适当(　　),以实现窄馏分。
A. 增大该侧线馏出量　　B. 减少该侧线馏出量
C. 减少汽提塔吹汽　　D. 加大上一侧线的馏出量

342. BC034 润滑油料馏程过宽,可适当(　　),以实现窄馏分。
A. 提高该侧线馏出量　　B. 降低该侧线馏出量
C. 提高汽提塔吹汽量　　D. 减少汽提塔吹汽量

343. BC035 不能提高润滑料油黏度的措施是(　　)。
A. 增大该侧线馏出量　　B. 减少该侧线馏出量
C. 减少各中段回流量　　D. 提高该侧线馏出温度

344. BC035 不能降低润滑料油黏度的措施是(　　)。
A. 增大该侧线馏出量　　B. 减少该侧线馏出量
C. 加大各中段回流量　　D. 降低该侧线馏出温度

345. BC035　润滑油料黏度偏小,则应(　　)。

A. 增大该侧线馏出量　　B. 减少该侧线馏出量

C. 增大各中段回流量　　D. 降低该侧线馏出温度

346. BC036　分馏塔相邻两侧线之间重叠越少,说明(　　)。

A. 分馏塔分馏效果越差　　B. 分馏塔分馏效果越好

C. 分馏塔分馏效率越低　　D. 分馏塔操作异常

347. BC036　分馏塔相邻两侧线之间如果存在脱空,可以采取的措施是(　　)。

A. 提高上面侧线的收率　　B. 提高下面侧线的收率

C. 提高中段回流流量　　D. 提高塔底吹汽量

348. BC036　若操作上调节较好,(　　)之间能做到脱空,但常一与常二线之间不太容易实现脱空。

A. 常二与常三线　　B. 常三与常四线　　C. 常顶与常一线　　D. 常顶与初顶

349. BD001　停车过程中,常压炉出口温度降至(　　)时熄火。

A. 120℃　　B. 150℃　　C. 260℃　　D. 320℃

350. BD001　不是常减压停车主要步骤的是(　　)。

A. 降量、降温　　B. 停侧线　　C. 恒温脱水　　D. 循环、退油

351. BD001　装置停车降温时,加热炉炉温控制仪表应(　　)。

A. 关调节阀上下游阀　　B. 改副线　　C. 投用自动　　D. 投用手动

352. BD002　停车降量时,应先降低(　　)的量。

A. 原油　　B. 初底油　　C. 常底油　　D. 渣油

353. BD002　装置停车降量时,下列操作错误的是(　　)。

A. 减少侧线的抽出量　　B. 增加侧线的抽出量

C. 减少中段回流量　　D. 减少火嘴

354. BD002　装置停车降量时,非正常步骤的是(　　)。

A. 减少侧线的抽出量　　B. 减少中段回流量

C. 减少火嘴　　D. 增加运转机泵

355. BD003　装置停车降量时,蒸汽发生器所产的蒸汽(　　)。

A. 逐步减少　　B. 逐步增多　　C. 不变　　D. 时大时小

356. BD003　装置停车降量时,对蒸汽发生器供软化水量操作正确的是(　　)。

A. 逐步减少　　B. 逐步增多　　C. 不变　　D. 停供软化水

357. BD003　装置停车降量时,过热蒸汽不足的处理方法是(　　)。

A. 产多少用多少　　B. 节约使用　　C. 停塔底吹汽　　D. 引管网蒸汽

358. BD004　装置停车降量、降温时,下列各回流中,(　　)是最后停的。

A. 常一中回流　　B. 常二中回流

C. 常顶循环回流　　D. 常顶冷回流

359. BD004　装置停车降量、降温时,尽可能保持回流的原因是(　　)。

A. 保证塔顶压力稳定　　B. 保持物料平衡

C. 保证产品质量　　D. 加快装置整体降温速度

360. BD004　装置停车降量、降温过程,各中段回流应(　　)。

A. 保持不变　B. 逐渐减少　C. 逐渐增多　D. 立即停止

361. BD005　装置停车降量降温时,侧线产品量应(　　)。

A. 不变,保证产品质量

B. 先降低,产品改不合格罐后,保持一定抽出量直至抽空

C. 快速提高至抽空后停泵

D. 立即停止抽出

362. BD005　装置停车降量降温时,侧线产品停出后,该侧线冷却器的正确操作是(　　)。

A. 热源改副线　B. 关闭冷却水　C. 开大冷却水　D. 不调整

363. BD005　装置停车降量降温时,侧线抽出量应(　　)。

A. 逐渐减少　B. 逐渐增大　C. 不变　D. 立即停止

364. BD006　装置停车降量、降温时,为控制平稳三塔液面,应适当(　　)。

A. 关小原油泵　B. 关小各回流泵　C. 开大各回流泵　D. 开大原油泵

365. BD006　装置停车降量、降温时,为控制平稳三塔液面,应适当(　　)。

A. 关大塔底泵　B. 关小各回流泵　C. 开大各回流泵　D. 关小塔底泵

366. BD006　装置停车降量、降温时,为控制平稳初馏塔液面,应适当(　　)。

A. 开大原油泵及初底泵　B. 关小原油泵及初底泵

C. 开大各回流泵　D. 关小各回流泵

367. BD007　装置停车时,塔顶汽油回流罐进行蒸罐应(　　)。

A. 打开顶放空阀　B. 打开回流泵出口阀

C. 关闭底放空阀　D. 打开玻璃液位计上下引出阀

368. BD007　装置停车降量时,塔顶汽油回流罐不应(　　)。

A. 控好油水界面　B. 抽空水位　C. 控好油面　D. 控好压力

369. BD007　装置停车,塔顶汽油回流罐蒸罐前应(　　)。

A. 控好液面　B. 关抽出阀　C. 抽尽存油　D. 关入口阀

370. BD008　装置停车时,关常压侧线的次序为(　　)。

A. 先中间,后两头　B. 先两头,后中间　C. 自上而下　D. 自下而上

371. BD008　装置停车时,停常压侧线先(　　)。

A. 关侧线泵出口　B. 关塔壁抽出　C. 关侧线出装置　D. 关汽提塔抽出

372. BD008　装置停车时,停常压侧线操作顺序正确的是(　　)。

A. 先关侧线出装置　B. 先关侧线泵出口

C. 先关塔壁抽出　D. 先关汽提塔抽出

373. BD009　装置停车时,停中段回流的次序为(　　)。

A. 先中间,后两头　B. 先两头,后中间

C. 自下而上　D. 自上而下

374. BD009　装置停车时,停中段回流先(　　)。

A. 关回流泵出口　B. 关回流控制阀

C. 关回流抽出　D. 关回流返回

375. BD009　装置停车时，停中段回流的时机是（　　）。
A. 加热炉熄火　　B. 原油量下降至 60%负荷以下
C. 集油箱液位为零，机泵出口压力下降　　D. 减压塔恢复正压

376. BD010　停加热炉燃烧器时应先（　　）吹扫。
A. 关闭燃料总阀，打开氮气阀门置换后改用蒸汽
B. 关闭各分支燃烧器燃料阀门，再进行蒸汽
C. 同时打开燃烧器上、下游阀
D. 同时关闭燃烧器上、下游阀

377. BD010　停加热炉燃烧器后，管线吹扫时应（　　）。
A. 关闭烟道挡板，降低炉内负压
B. 打开烟道挡板，保持通风良好
C. 关闭自然通风门，防止炉膛进入空气
D. 将燃烧器软管断开，防止残余燃料进入炉膛

378. BD010　加热炉主火嘴点火失效或熄灭的原因不包括（　　）。
A. 长明灯和主火嘴的相对位置有误
B. 没有置换出惰性气体
C. 工艺流程不通或存在堵塞问题，造成燃料、空气、蒸汽没有引到火嘴前
D. 燃料气压力较高

379. BD011　装置停车时，过热蒸汽改放空应（　　）。
A. 先关塔底吹汽，再开放空　　B. 先开放空，再关塔底吹汽
C. 先停汽包给水　　D. 先停用汽包

380. BD011　停车时蒸汽发生器改放空应在（　　）进行。
A. 降量后　　B. 降温后　　C. 停塔底吹汽后　　D. 循环后

381. BD011　装置停车时，过热蒸汽改放空，应防止（　　）。
A. 蒸汽发生器内漏，蒸汽带油　　B. 汽包液位下降
C. 蒸汽管线压力下降　　D. 蒸汽管线温度

382. BD012　装置停车减顶停抽真空时，下列操作正确的是（　　）。
A. 先停一级
B. 先停二级
C. 一、二级一起停
D. 破二级真空时打开减顶冷却器不凝气放空阀

383. BD012　破一级真空时减顶冷却器不凝气放空阀应先（　　）。
A. 关闭　　B. 全开
C. 保持不动　　D. 看具体情况决定是否关闭

384. BD012　装置停车停真空泵时，应先关闭（　　）。
A. 工作液阀门　　B. 无具体要求　　C. 出口阀　　D. 入口阀

385. BD013　装置停车时，闭路循环停止后，三塔存油（　　）。
A. 存放塔内　　B. 退出装置　　C. 在塔底放空　　D. 蒸塔时再处理

386. BD013　装置停车退油时，需要处理常压塔内的油，操作正确的是(　　)。
A. 吹扫完再处理　B. 开塔底放空排
C. 及时用泵抽掉　D. 待蒸塔时再处理

387. BD013　装置停车时，闭路循环结束，停泵顺序为：(　　)。
A. 先初底，然后常底再减底　B. 先减底，然后初底再常底
C. 先常底，然后减底再初底　D. 塔底泵应同时停

388. BD014　常减压蒸馏装置检修时，开启塔人孔的顺序是(　　)。
A. 自上而下　B. 自下而上
C. 先中间再两端　D. 便于拆卸即可

389. BD014　存在以下(　　)的情况，不能开启容器人孔。
A. 容器经检查无安全隐患　B. 容器内残液退净
C. 容器的压力、温度未降到安全标准　D. 容器吹扫干净

390. BD014　容器设置人孔的目的是(　　)。
A. 美观大方　B. 便于安装、检修内部构件
C. 方便容器泄压　D. 增加紧急泻放口

391. BD015　装置停车时，加热炉熄火后改循环，循环油不经过(　　)。
A. 渣油冷却器　B. 原油泵　C. 常压炉　D. 减压炉

392. BD015　装置停车时，加热炉熄火后改闭路循环，主要目的是(　　)。
A. 保证产品质量　B. 保持降温曲线，防止设备泄漏
C. 降低劳动强度　D. 保持塔底液位

393. BD015　装置停车时，加热炉熄火后改循环，必须关闭(　　)出装置阀门。
A. 汽油　B. 煤油　C. 馏分油　D. 渣油

394. BE001　关于网孔塔板的叙述，正确的是(　　)。
A. 操作范围较宽　B. 生产能力小
C. 其分馏效率较低　D. 多用于燃料油型减压塔

395. BE001　关于浮阀塔板的叙述，正确的是(　　)。
A. 效率较低　B. 压力降大
C. 生产能力大　D. 多用于分离要求高的蒸馏塔

396. BE001　关于泡罩塔板的叙述，正确的是(　　)。
A. 生产能力大　B. 塔板不易堵塞
C. 其分馏效率高　D. 多用于润滑油型减压塔

397. BE002　减压塔的汽化段高度要比一般的板间距(　　)。
A. 大　B. 小
C. 一样　D. 视塔直径大小定

398. BE002　蒸馏装置中塔的汽化段一般均需设置(　　)测量仪表组件。
A. 温度　B. 流速　C. 流量　D. 液位

399. BE002　浮阀塔板的操作范围比较宽，(　　)，适用于常压分馏塔。
A. 体积大　B. 体积小　C. 效率高　D. 效率低

400. BE003 以下对于离心泵的描述错误的是（ ）。
A. 流量与转速成正比 B. 扬程与转速成正比
C. 扬程与叶轮级数有关 D. 扬程与介质比重无关

401. BE003 离心泵主要靠（ ）来吸入液体介质的。
A. 压力 B. 扬程 C. 压差 D. 大气压

402. BE003 泵的比转数能反映流量、扬程、转数的相互关系，小流量大扬程的泵比转数（ ）。
A. 一样 B. 不能确定 C. 大 D. 小

403. BE004 换热器型号 FB-700-120-25-4，其中 120 表示（ ）。
A. 公称压力 B. 换热面积 C. 设计温度 D. 壳体直径

404. BE004 换热器型号 FB-700-120-25-4，其中 B 表示（ ）。
A. 管子规格为 ϕ19mm×2mm B. 管子规格为 ϕ19mm×2. 5mm
C. 管子规格为 ϕ25mm×2mm D. 管子规格为 ϕ25mm×2. 5mm

405. BE004 换热器型号 FB-700-120-25-4，其中 700 表示（ ）。
A. 壳程直径 700mm B. 壳程半径 700mm
C. 壳体总长 7000mm D. 筒体长度 7000mm

406. BE005 下列选项中，属于固定管板式换热器特点的是（ ）。
A. 结构简单 B. 结构复杂 C. 操作弹性大 D. 壳体直径大

407. BE005 常减压蒸馏装置中固定管板式换热器管束的排列方式一般采用（ ）。
A. 圆形 B. 正方形错列 C. 等边三角形 D. 正方形

408. BE005 换热器型号 FB-700-120-25-4，其中 25 表示（ ）。
A. 壳体直径 B. 操作温度 C. 公称压力 D. 管束长度

409. BE006 常减压蒸馏装置中浮头式换热器管束的排列方式一般采用（ ）。
A. 正方形直列 B. 正方形错列 C. 正三角形 D. 圆形

410. BE006 浮头式换热器的管束一般采用（ ）。
A. 不锈钢管 B. 钉头管 C. 螺纹管 D. 翅片管

411. BE006 浮头式换热器公称直径≤400mm 时一般采用（ ）管箱。
A. 平盖 B. 封头 C. 方形 D. 圆形

412. BE007 换热器加装折流板主要是为了使介质（ ），以提高传热效果。
A. 顺流换热 B. 逆流换热 C. 降低流速 D. 降低流程

413. BE007 换热器壳弓形折流板的切口方位对介质流动有较大影响，一般情况下均采用（ ）切口。
A. 平行 B. 30°角 C. 垂直 D. 45°角

414. BE007 换热器壳程横向折流板的板距缩小，介质（ ）。
A. 流程不变 B. 流程减少 C. 流速降低 D. 流速加大

415. BE008 为防止入口液体直接冲刷管束，换热器常在入口处设置（ ）。
A. 防冲板 B. 导流筒 C. 温度 D. 压力表

416. BE008 防冲板外表面到圆筒内壁的距离，应不小于接管外径的（ ）。
A. 1/2 B. 2/3 C. 1/3 D. 1/4

417. BE008　换热器安装防冲板的作用有(　　)。
A. 降低流速　B. 提高流速　C. 防止流体冲蚀　D. 保护壳体

418. BE009　电脱盐罐中电极板的作用是(　　)。
A. 产生均匀磁场　B. 产生均匀电场
C. 脱盐　D. 脱水

419. BE009　原油电脱盐的电极结构是多种多样的,(　　)是国内外最广泛采用的形式。
A. 水平式电极　B. 立式悬挂电极
C. 单层　D. 多层鼠笼式电极

420. BE009　水平电极板一般在电脱盐罐内设置二层或(　　)电极板。
A. 四层　B. 单层　C. 五层　D. 三层

421. BE010　一般通过(　　)来提高电脱盐原油的混合强度。
A. 开大混合阀　B. 关小混合阀
C. 提高处理量　D. 提高泵出口压力

422. BE010　正常操作时,通过调节电脱盐罐混合器的(　　)来改变混合效果。
A. 前后压差　B. 前后温差　C. 进口压力　D. 流量

423. BE010　一般情况下,处理较高密度原油时,要将混合阀的压差(　　)。
A. 不变　B. 无法确定　C. 调小　D. 调大

424. BE011　下列选项中,不利于电脱盐罐正常操作的有(　　)。
A. 电压高　B. 电阻大　C. 电流高　D. 电流低

425. BE011　电脱盐罐操作中,大多数装置将注水点设在(　　)为好。
A. 原油泵入口　B. 换热系统后进电脱盐罐前
C. 初馏塔进口处　D. 电脱盐罐之后

426. BE011　电脱盐罐操作中,不易造成油品乳化的有(　　)。
A. 注剂混合太激烈　B. 注剂浓度过高
C. 掺炼污油　D. 注剂混合不足

427. BE012　适合于高温高压条件下使用的垫片有(　　)。
A. 石棉橡胶垫片　B. 石墨垫片
C. 聚四氟乙烯垫片　D. 缠绕式垫片

428. BE012　常减压蒸馏装置常用的软垫片一般由(　　)为主体配以橡胶等材料制造而成。
A. 石棉　B. 石墨　C. 塑料　D. 金属丝

429. BE012　常减压蒸馏装置常用的半金属垫有(　　)。
A. 石棉橡胶垫片　B. 缠绕式垫片
C. 四氟乙烯垫片　D. 八角垫

430. BE013　对于计量泵,在其他条件不变,介质的温度降低时,则下列说法正确的是(　　)。
A. 该泵体积流量增大　B. 该泵体积流量减少
C. 该泵体积流量不变　D. 该泵体积流量先增大后减少

431. BE013 N 型轴柱塞式计量泵通过转动调节手轮带动 N 形轴上下移动,从而改变(　　)来实现计量泵流量从零到 100%额定流量的调节。

A. 偏心距　B. 行程　C. 柱塞间距　D. 摇杆间距

432. BE013 对于计量泵,启动时应先将(　　)。

A. 行程调至零位　B. 行程调至目标位

C. 出口阀关闭　D. 入口阀关闭

433. BE014 通过(　　)混合阀可以提高电脱盐原油的混合强度。

A. 开大　B. 关小

C. 先关小后开大　D. 全开

434. BE014 下列关于电脱盐原油的混合强度的操作,正确的是(　　)。

A. 控制混合器开度是为了促进原油和水分离

B. 混合强度不随加工量变化

C. 混合强度降低可促进原油乳化

D. 混合强度提高可促进原油乳化

435. BE014 电脱盐混合器一般由静态混合器与(　　)组成。

A. 偏转球形阀　B. 偏心球形阀　C. 单座直通阀　D. 双座直通阀

436. BE015 工频泵切换到调频泵操作中,启动调频泵前应(　　)。

A. 将风开式调节阀的副线阀全开　B. 开排污阀

C. 关闭工频泵出口阀　D. 关小工频泵出口阀

437. BE015 调频泵切换到工频泵操作中,启动工频泵前应(　　)。

A. 开排污阀　B. 开预热阀　C. 开出口阀　D. 关出口阀

438. BE015 启动工频泵前的检查工作应包括(　　)。

A. 关闭冷却水　B. 检查润滑油位　C. 打开出口阀　D. 关闭压力表阀

439. BE016 工频泵切换到调频泵时,因调频泵启动转速较慢,所以开泵前应适当关小(　　)。

A. 工频泵入口阀　B. 工频泵出口阀　C. 调频泵入口阀　D. 调频泵出口阀

440. BE016 工频泵切换到调频泵时,开泵前应将风开式调节阀的副线阀(　　)。

A. 全开　B. 全关　C. 打开 50%　D. 保持原位

441. BE016 工频泵切换到调频泵操作中,启动调频泵前应(　　)。

A. 开排污阀　B. 关闭压力表阀　C. 开出口阀　D. 关出口阀

442. BE017 装置开车过程中,机泵如发生半抽空,此时泵出口压力表情况是(　　)。

A. 指示为 0　B. 指示超红线

C. 压力一直在“晃”　D. 压力与进口压力相同

443. BE017 离心泵在启动之前,最严重的错误是未进行(　　)。

A. 盘车　B. 检查地脚螺栓　C. 机泵卫生　D. 扫线

444. BE017 停运离心泵的步骤不包括(　　)。

A. 缓慢关闭出口阀

B. 切断电源后关入口阀、压力表阀

C. 热油泵,待泵体温度降低后停冷却水和封油

D. 机泵出入口装盲板

445. BE018　下列选项中,不会导致离心泵流量降低的有(　　)。

A. 密封环磨损　B. 叶轮磨损　C. 轴承温度过高　D. 叶轮脱落

446. BE018　导致离心泵流量降低的原因可能是(　　)。

A. 机泵抽空　B. 出口压力高

C. 润滑油油位过高　D. 润滑油油位过低

447. BE018　下列选项中,会导致离心泵流量降低的有(　　)。

A. 润滑油油位过高　B. 流体黏度增大

C. 轴承温度高　D. 机泵震动大

448. BE019　为了往复式压缩机的安全运行,启动前,应重点检查(　　)。

A. 润滑油　B. 预热线　C. 电流　D. 温度

449. BE019　往复式压缩机启动前,必须(　　)。

A. 开入口阀　B. 开出口阀　C. 开放空阀　D. 开回流阀

450. BE019　为了往复式压缩机的安全运行,待(　　)后,才可启动。

A. 出口放空阀打开　B. 入口阀打开　C. 润滑系统正常　D. 回流阀关闭

451. BE020　型号为 XP-316-A 的可燃气体报警仪表盘上包括(　　)。

A. 电力显示和可燃气体浓度　B. 电力显示、校验浓度和可燃气体浓度

C. 校验浓度和可燃气体浓度　D. 电力显示和校验浓度

452. BE020　XP-316-A 可燃气体报警仪在使用后(　　)。

A. 可以继续使用

B. 失效

C. 需要对报警仪内的传感器进行再生

D. 报警仪内的传感器无法再生,需要更换后才能使用

453. BE020　可燃气体报警仪安装的位置是在(　　)。

A. 装置上风向　B. 装置下风向　C. 全装置　D. 管架上

454. BE021　使用新购的便携式硫化氢报警仪前,需要的准备工作为(　　)。

A. 无须准备,直接使用

B. 需要对电池进行检查

C. 需要对电池进行检查,正常后要进行开机检查

D. 需要对电池进行检查,正常后要进行开机检查,当仪器进入稳定状态后便可在清洁空气环境完成调零校对,同时必须标定传感器

455. BE021　对于固定式硫化氢报警仪的使用,下列说法中正确的是(　　)。

A. 仪器的报警设定点及零点是固定的,不能经常检查

B. 定期用现场的硫化氢气体来校对传感器

C. 更换传感器时要小心操作,以免破坏了探头的防爆结构

D. 现场的探头可以被任何物体遮盖或遮罩

456. BE021　固定式硫化氢报警仪检测探头安装高度应距地坪(或楼地板)(　　)。
A. 0.2~0.5m　B. 0.3~0.6m　C. 0.4~0.7m　D. 0.5~0.8m

457. BF001　下列选项中,容易引起泵电动机跳闸的原因有(　　)。
A. 超电流　B. 冷却水温度高　C. 泵体振动大　D. 泵出口压力高

458. BF001　不容易引起泵跳闸的原因有(　　)。
A. 超电流　B. 泵体振动大
C. 泵负荷高　D. 电动机轴承磨损

459. BF001　下列选项中,容易引起泵跳闸的原因是(　　)。
A. 润滑油不足　B. 冷却水温度高　C. 泵负荷过大　D. 泵体振动大

460. BF002　不容易引起离心泵抽空的有(　　)。
A. 介质温度突然升高　B. 轴承磨损
C. 窜汽　D. 叶轮堵塞

461. BF002　容易引起离心泵抽空的原因有(　　)。
A. 进口液面过低　B. 进口液面过高　C. 泵负荷过大　D. 轴承磨损

462. BF002　当离心泵不上量时,应(　　)入口阀、(　　)出口阀。
A. 关小;开大　B. 关小;关小　C. 开大;开大　D. 开大;关小

463. BF003　不容易引起离心泵泵体振动的原因有(　　)。
A. 泵轴与电动机轴不同心　B. 汽蚀
C. 叶轮堵塞　D. 窜轴

464. BF003　容易引起离心泵泵体振动过大的原因有(　　)。
A. 叶轮堵塞　B. 窜汽　C. 出口阀开度小　D. 轴承磨损

465. BF003　容易引起离心泵泵体振动过大的原因有(　　)。
A. 叶轮堵塞　B. 轴承磨损　C. 出口阀开度小　D. 入口阀开度大

466. BF004　下面各项中,不容易造成离心泵轴承发热的是(　　)。
A. 润滑油变质　B. 泵抽空　C. 润滑油有杂质　D. 超负荷运行

467. BF004　不容易造成离心泵轴承发热的是(　　)。
A. 同心度不正　B. 润滑油有杂质　C. 泵抽空　D. 轴承磨损

468. BF004　容易造成离心泵轴承发热的是(　　)。
A. 润滑油有杂质　B. 泵满负荷
C. 泵抽空　D. 泵体介质温度高

469. BF005　下列各项中,容易造成离心泵盘车不动的是(　　)。
A. 润滑油脂过少　B. 润滑油脂过多　C. 轴弯曲　D. 密封磨损

470. BF005　装置停工3个月后泵盘车不动,拆开发现泵轴弯曲,原因是(　　)。
A. 进口阀没有关　B. 进口阀没有开
C. 泵内有残余物料　D. 装置停工时间长,未按规定盘车

471. BF005　容易造成离心泵盘车不动的是(　　)。
A. 机泵预热不均匀　B. 机泵预热量大
C. 润滑油脂过少　D. 润滑油脂过多

472. BF006 低压电动机的一种保护形式是( )。
A. 电阻保护 B. 过载保护 C. 断路保护 D. 高温保护

473. BF006 电动机短路保护启动的原因不包括( )。
A. 电动机绕组和导线的绝缘损坏 B. 控制电器及线路损坏
C. 误操作碰线 D. 清扫机泵卫生

474. BF006 不属于低压电动机保护形式的是( )。
A. 电阻保护 B. 过载保护 C. 短路保护 D. 过流保护

475. BF007 减压炉四路进料控制阀后 D 路压力最高,四路炉管出口无阀门,以下判断正确的是( )。
A. 若 D 路出口温度最高,流量最大,可以判定该路炉管结焦最严重
B. 若 D 路出口温度最低,流量最小,可以判定该路炉管结焦最严重
C. 若 D 路出口温度最低,流量最小,可以判定该路炉管结焦最轻
D. 只要流量及出口温度相同,就可以判定四路炉管结焦程度相同

476. BF007 加热炉正常燃烧情况下,以下现象中不能判断炉管已结焦的有( )。
A. 炉管呈暗红色
B. 炉管有灰暗斑点
C. 炉出口温度升高
D. 处理量不变,炉膛温度及入炉压力大幅升高

477. BF007 减压炉进料 A、B、C、D 四路控制阀后压力分别为 0.4MPa、0.46MPa、0.45MPa、0.48MPa,四路炉管出口无阀门,操作室 DCS 显示流量相同、四支路出口温度相同,可以判断( )炉管结焦较严重。
A. A 路 B. B 路 C. C 路 D. D 路

478. BF008 启动风机后,注意观察温度变化,应保证风机滚动轴承温度( )。
A. 不大于 50℃ B. 不大于 60℃ C. 不大于 70℃ D. 不大于 80℃

479. BF008 以下关于启动鼓风机前出口蝶阀的操作,不正确的是( )。
A. 蝶阀操作开关灵活 B. 出口阀全关
C. 出口阀设定 80%开度 D. 转动手柄润滑良好,螺栓牢固齐全

480. BF008 启动风机后,注意观察温度变化,应保证电动机轴承温度( )。
A. 不大于 55℃ B. 不大于 60℃ C. 不大于 65℃ D. 不大于 70℃

481. BF009 离心泵的轴承箱油位应保持在( )位置。
A. 两条红线之间 B. 低于第一条红线
C. 高于第二条红线 D. 任意

482. BF009 机泵轴承润滑油异常的有( )。
A. 不变质 B. 油位合适 C. 无杂质 D. 乳白色

483. BF009 为保证轴承润滑,离心泵的轴承箱油位应保持在( )位置。
A. >1/2 B. 1/2~2/3 C. >2/3 D. >3/4

484. BF010 输送易燃易爆介质的工业管道外部检查时必须定期检查防静电接地电阻,其中管道对地电阻不得大于( )。
A. 10Ω B. 20Ω C. 50Ω D. 100Ω

485. BF010　输送易燃易爆介质的工业管道外部检查时必须每(　　)检查一次防静电接地电阻。

A. 6 个月　B. 1 年　C. 2 年　D. 3 年

486. BF010　输送易燃易爆介质的工业管道外部检查时必须定期检查防静电接地电阻,其中法兰间接触电阻应小于(　　)。

A. 0. 01Ω　B. 0. 02Ω　C. 0. 03Ω　D. 0. 04Ω

487. BF011　防止加热炉炉管结焦措施有(　　)

A. 采用多火嘴、齐火苗　B. 延长油品在炉管内的停留时间

C. 减少火嘴数量　D. 用进料平衡好支路温差

488. BF011　以下操作容易造成加热炉炉管结焦的是(　　)。

A. 加强检查　B. 延长油品在炉管内的停留时间

C. 保持炉膛温度均匀　D. 防止物料偏流

489. BF011　能够防止加热炉炉管结焦措施有(　　)。

A. 减少火嘴、高火苗　B. 加强监控

C. 降低炉出口温度　D. 炉管注汽

490. BF012　离心泵正常运转时,滑动轴承温度应控制在(　　)。

A. ≤65℃　B. ≤70℃　C. ≤80℃　D. ≤85℃

491. BF012　离心泵正常运转时,应控制的轴承温度包括(　　)。

A. 无法确定　B. 滑动轴承温度

C. 滚动轴承温度不用控制　D. 滑动轴承温度不用控制

492. BF012　机泵巡检测温的内容不包括(　　)。

A. 润滑油温　B. 轴承温度　C. 泵出口温度　D. 电动机温度

493. BF013　引起电动机外壳温度升高的因素不包括(　　)。

A. 负载过小　B. 通风不良　C. 绕组短路　D. 环境温度过高

494. BF013　离心泵正常运转时,电动机外壳的温度应控制在(　　)。

A. ≤65℃　B. ≤70℃　C. ≤80℃　D. ≤85℃

495. BF013　电动机正常运转时,一般应控制(　　)。

A. 振动值　B. 电压

C. 电动机的外壳温度　D. 电动机的转速

496. BF014　离心泵正常运转时,对于转速为 3000r/min 的轴承其振动值应(　　)。

A. ≤0. 05mm/s　B. ≤0. 06mm/s　C. ≤0. 08mm/s　D. ≤0. 09mm/s

497. BF014　离心泵正常运转时,对于转速为 1500r/min 的轴承其振动值应(　　)。

A. ≤0. 05mm/s　B. ≤0. 06mm/s　C. ≤0. 08mm/s　D. ≤0. 09mm/s

498. BF014　离心泵正常运转时,对于转速为(　　)的轴承其振动值应不大于 0. 09mm/s。

A. 1500r/min　B. 2000r/min　C. 2500r/min　D. 3000r/min

499. BF015　输送介质为轻油的离心泵,交付检修采用的措施不包括(　　)。

A. 切断电源　B. 吹扫　C. 泄压　D. 关闭进出口阀

500. BF015　为提高吹扫效果,重油泵检修前进行吹扫时应(　　)。

A. 经常盘车　B. 开大冷却水　C. 关冷却水　D. 稍开出口阀

501. BF015　重油泵吹扫前应进行(　　)。

A. 打开预热阀　B. 盘车　C. 打开封油　D. 自然冷却

502. BG001　当换热器内漏时,通常采用的判断方法是(　　)。

A. 检查冷流换热后温度是否上升　B. 关闭换热器出入口阀门

C. 检查流量是否变化　D. 分析管壳程油品的组成变化

503. BG001　常一线油颜色变坏常二线油颜色没变或变化轻微,可能的原因是(　　)。

A. 塔顶换热器内漏　B. 一中换热器内漏

C. 二中换热器内漏　D. 常一冷却器内漏

504. BG001　设有塔顶回流和顶循环回流与原油换热的工艺流程装置,如果出现整个塔产品颜色变坏,原因可能是(　　)。

A. 塔顶油气与原油换热器内漏　B. 加热炉出口温度过高

C. 汽提塔液位装高　D. 空冷停机,冷后温度升高

505. BG002　当处理量不变,油品不变,炉出口温度控制指标不变时,加热炉炉管结焦会造成(　　)。

A. 炉膛氧含量升高　B. 炉膛温度升高

C. 炉膛温度降低　D. 热风温度升高

506. BG002　炉管出口热电偶处结焦,会造成(　　)。

A. 炉出口温度变化反应缓慢　B. 炉出口温度指示升高

C. 炉出口温度指示不变　D. 炉出口温度指示波动

507. BG002　如果油品在炉管内(　　)太低,则易造成加热炉炉管结焦。

A. 温度　B. 压力　C. 流速　D. 黏度

508. BG003　正常生产中,造成击穿电脱盐罐电极棒的原因不包括(　　)。

A. 电极棒质量差　B. 油水界面低

C. 电脱盐经常跳闸,送电频繁　D. 原油乳化严重

509. BG003　当原油混杂,油泥较多时不会出现(　　)。

A. 电脱盐电流不变　B. 电脱盐罐送电不正常

C. 原油脱水效果不好　D. 原油带水进初馏塔

510. BG003　下列选项中,易导致电脱盐罐送电不正常的操作有(　　)。

A. 注碱量不足　B. 油温低　C. 界位高　D. 界位低

511. BG004　初馏塔进料带水会出现(　　)。

A. 初馏塔塔顶压力降低　B. 初馏塔塔顶回流温度降低

C. 初馏塔塔底液面下降　D. 初馏塔进料量减少

512. BG004　初馏塔进料带水出现的现象不包括(　　)。

A. 塔顶分液罐排水增加

B. 在常压炉进料量不变的情况下,塔底液面下降

C. 严重时可能造成初馏塔冲塔

D. 初馏塔塔进料温度高

513. BG004　初馏塔进料带水是由于(　　)造成。

A. 原油混合强度过大　　B. 原油罐切水未尽或沉降时间不够

C. 原油进罐温度高　　D. 破乳化剂注量过大

514. BG005　正常生产中,当初馏塔塔底液面计失灵时,可根据(　　)进行判断。

A. 初底泵进口压力　　B. 初馏塔汽化段压力

C. 塔底温度与汽化段温度差　　D. 初底泵出口压力

515. BG005　下列各项中,一般用来判断初馏塔塔底液面计是否失灵的是(　　)。

A. 初底泵抽空　　B. 塔底温度与汽化段温度差变大

C. 塔底温度与汽化段温度差变小　　D. 初馏塔出黑油

516. BG005　正常生产中,当初馏塔塔底液面计失灵时,要防止出现(　　)。

A. 进料温度升高　　B. 塔顶温度波动

C. 塔顶压力升高　　D. 机泵抽空

517. BG006　初馏塔塔顶油水分离罐满罐,出现的现象不包括(　　)。

A. 加热炉低压瓦斯带油

B. 初馏塔塔顶回流不变

C. 初馏塔塔顶油水分离罐满罐、液面计满程或报警

D. 初馏塔塔顶压力升高

518. BG006　初馏塔塔顶油水分离罐满罐,会出现的现象有(　　)。

A. 回流量不变　　B. 回流温度上升

C. 出装置流量增加　　D. 出装置温度上升

519. BG006　初馏塔塔顶油水分离罐满罐,可能出现的现象有(　　)。

A. 加热炉低压瓦斯带油　　B. 塔顶污水流量下降

C. 塔顶污水流量增加　　D. 初馏塔塔顶温度下降

520. BG007　蒸汽喷射器喘气不是由(　　)造成的。

A. 真空泵故障　　B. 蒸汽喷射器后部压力(背压)高

C. 减顶冷凝器冷后温度高　　D. 减顶冷凝器冷后温度低

521. BG007　下列各项中,喷射器最适宜采用的工作介质为(　　)。

A. 压缩风　　B. 水蒸气　　C. 水　　D. 油

522. BG007　蒸汽喷射器蒸汽一般选用(　　)。

A. 1. 0MPa　　B. 3. 5MPa　　C. 0. 3MPa　　D. 1. 3MPa

523. BG008　正常生产中,当原油带水时,会出现的现象有(　　)。

A. 电脱盐罐排水增大　　B. 原油进电脱盐温度升高

C. 电脱盐电流下降　　D. 原油系统压力降减小

524. BG008　正常生产中,当原油带水时,不会出现的现象有(　　)。

A. 电脱盐罐排水增大　　B. 初馏塔压力升高

C. 原油换热后温度下降　　D. 电脱盐罐压力降减小

525. BG008 正常生产中,当原油带水时,不会出现的现象有( )。
A. 原油进塔温度低 B. 初馏塔顶压力高
C. 初馏塔底液面降低 D. 初馏塔液面升高

526. BG009 下列各项中,属于原油中断的现象为( )。
A. 初馏塔塔底液面不变 B. 初馏塔塔底温度不变
C. 初馏塔底液面下降 D. 初馏塔底液面上升

527. BG009 正常生产中,原油中断不会造成( )。
A. 原油进塔温度降低 B. 原油流量下降或回零
C. 初馏塔液面降低 D. 原油泵不上量或抽空

528. BG009 下列各项中,不属于原油中断的现象为( )。
A. 原油泵进口压力为零 B. 初馏塔底液面下降
C. 原油泵出口压力下降 D. 原油泵电流上升

529. BG010 正常生产中,净化风中断会造成( )。
A. 常压炉进料量减少 B. 常压炉进料量增大
C. 初馏塔进料量减少 D. 减压塔进料量减少

530. BG010 正常生产中,净化风中断的现象有( )。
A. 加热炉出口温度下降 B. 加热炉出口温度不变
C. 馏出口温度下降 D. 馏出口温度上升

531. BG010 正常生产中,净化风中断会出现( )。
A. 风开阀控制的流量不变 B. 风关阀控制的流量为零
C. 风开阀控制的流量最大 D. 风关阀控制的流量最大

532. BG011 正常生产中,系统蒸汽压力下降或中断,会出现的现象是( )。
A. 加热炉冒黑烟 B. 加热炉冒黄烟
C. 加热炉冒白烟 D. 加热炉冒蓝烟

533. BG011 正常生产中,当系统蒸汽压力下降时会出现的现象是( )。
A. 加热炉出口温度下降 B. 初顶压力上升
C. 减顶真空度下降 D. 塔底液面下降

534. BG011 正常生产中,当系统蒸汽压力下降时,不会出现的现象是( )。
A. 减顶真空度下降 B. 总蒸汽压力指示下降
C. 加热炉冒黑烟 D. 炉出口温度上升

535. BG012 机泵冷却水压力下降不会造成( )。
A. 机泵轴承温度上升 B. 机泵进、出水温差变大
C. 机泵密封泄漏 D. 机泵窜轴

536. BG012 机泵冷却水压力下降会造成( )。
A. 机泵轴承温度上升 B. 泵振动大
C. 泵出口压力回零 D. 电动机温度上升

537. BG012 机泵冷却水压力下降不会造成( )。
A. 机泵轴承温度上升 B. 机泵抽空
C. 机泵进、出水温差变大 D. 机泵密封泄漏

538. BG013　当加热炉炉管破裂时，不会出现的现象是(　　)。
A. 加热炉冒黑烟　B. 炉膛温度不变　C. 炉膛温度上升　D. 烟气温度上升
539. BG013　当加热炉发生炉管严重破裂的紧急情况时，应急措施错误的是(　　)。
A. 加热炉立即全部熄火　B. 关闭烟道挡板
C. 停止进料　D. 向炉膛内吹入大量蒸汽
540. BG013　当加热炉炉管破裂时，会出现的现象是(　　)。
A. 加热炉冒白烟　B. 炉膛明亮　C. 烟气温度上升　D. 炉膛负压上升
541. BG014　加热炉燃料油带水时，炉膛温度会出现(　　)。
A. 温度上升　B. 温度下降
C. 温度变化不大　D. 温度高低变化较大
542. BG014　加热炉燃料油带水时，不会出现的现象是(　　)。
A. 炉膛火焰冒火星　B. 燃料油压力波动　C. 炉膛温度升高　D. 火焰易熄灭
543. BG014　加热炉燃料油带水时，出口温度会出现(　　)。
A. 温度下降　B. 温度上升
C. 温度变化不大　D. 温度高低变化较大
544. BG015　当蒸汽喷射器喘气时，会出现的现象有(　　)。
A. 减压塔真空度上升　B. 蒸汽喷射器抽力上升
C. 蒸汽喷射器声音不均匀有较大噪声　D. 蒸汽喷射器声音均匀
545. BG015　当蒸汽喷射器发生喘气现象时，原因可能是(　　)。
A. 减顶回流量过大　B. 减压炉温度升高
C. 减冷冷后温度升高　D. 减底液位高
546. BG015　因喷射器末级冷却器不凝气体排空管线不畅通使喷射器发生喘气现象时，可能会发生(　　)。
A. 减二线油闪点提高　B. 减顶真空度上升
C. 冷温度下降　D. 减二线油收率下降
547. BG016　当加热炉燃料气带油时，会出现的现象有(　　)。
A. 加热炉无烟　B. 火焰发白　C. 炉膛温度升高　D. 炉膛温度降低
548. BG016　当加热炉燃料气带油时，会出现的现象有(　　)。
A. 燃料气压力上升　B. 炉膛氧含量降低
C. 炉膛温度降低　D. 火焰发蓝
549. BG016　造成加热炉燃料气带油的主要原因是(　　)。
A. 塔顶温度高　B. 塔顶温度低
C. 塔顶油气冷后温度低　D. 塔顶油气冷后温度高
550. BG017　正常生产中，循环水压力低时，会出现的现象有(　　)。
A. 减顶真空度下降　B. 初顶压力升高　C. 减顶真空度升高　D. 初顶压力下降
551. BG017　正常生产中，发生(　　)现象时，可以初步判断为循环水压力下降。
A. 换后终温升高　B. 炉出口温度上升
C. 产品冷后温度同时上升　D. 塔顶回流温度上升

552. BG017　正常生产中，发生循环水压力下降时，可采取的措施有（　　）。

A. 降低原油量　　B. 增开空冷风机

C. 产品改为热出料　　D. 提高电脱盐注水量

553. BH001　常压侧线抽出量过大引起侧线油品颜色变深时应（　　）。

A. 加热炉降温　　B. 加大塔底吹汽量

C. 降低侧线抽出量　　D. 提高塔顶温度

554. BH001　发现常压侧线油品颜色变深后，应立即（　　）。

A. 停下该侧线　　B. 联系调度改走轻污线

C. 降低该侧线抽出温度　　D. 减少该侧线的抽出量

555. BH001　常压侧线油变黑后，应检查是否由于（　　）而引起。

A. 常压塔底液位过高　　B. 汽提塔液位过高

C. 常顶回流罐液位过高　　D. 侧线抽出量过小

556. BH002　因雾化蒸汽带水造成加热炉火嘴漏油时，应当（　　）。

A. 降低雾化蒸汽用量　　B. 降低雾化蒸汽压力

C. 降低燃料油压力　　D. 雾化蒸汽加强脱水

557. BH002　加热炉火嘴漏油后，应避免（　　）。

A. 增加雾化蒸汽量　　B. 增加燃料油阀后压力

C. 增加火嘴风量　　D. 提高雾化蒸汽压力

558. BH002　燃料油黏度大、雾化不好造成加热炉火嘴漏油时，应当（　　）。

A. 降低雾化蒸汽用量　　B. 提高雾化蒸汽压力

C. 降低燃料油压力　　D. 雾化蒸汽加强脱水

559. BH003　下列各项中，会造成加热炉炉膛各点温度差别大的原因有（　　）。

A. 相邻火嘴燃烧的燃料不相同　　B. 雾化蒸汽带水

C. 雾化蒸汽与油的配比不当　　D. 个别火嘴的燃烧强度大

560. BH003　加热炉炉膛各点温度差别较大时，正确的处理是（　　）。

A. 停用燃烧火焰较长的火嘴　　B. 调整在用火嘴的火焰高度

C. 用炉进料量调整支路温度　　D. 调整各炉膛的风量

561. BH003　造成加热炉炉膛各点温度差别大的主要原因是（　　）。

A. 在用火嘴分布不均匀　　B. 雾化蒸汽带水

C. 雾化蒸汽太大　　D. 燃料油黏度太大

562. BH004　塔底吹汽带水不能采取的措施有（　　）。

A. 增大塔底吹汽　　B. 减少或停塔底吹汽

C. 塔底吹汽加强排凝　　D. 提高吹汽的温度

563. BH004　塔底吹汽带水，应检查（　　）。

A. 蒸汽压力是否过高　　B. 蒸汽发生器是否液位过高

C. 蒸汽温度是否过高　　D. 蒸汽发生器热源流量是否波动

564. BH004　塔底吹汽带水，要采取的措施有(　　)。

A. 提高塔底吹汽压力　　B. 调整蒸汽发生器液位

C. 提高塔底温度　　D. 提高塔进料温度

565. BH005　正常生产中，当换热器憋压漏油时，处理不正确的是(　　)。

A. 将该换热器走副线　　B. 打开换热器排污阀

C. 用消防蒸汽掩护　　D. 关闭换热器进出口阀

566. BH005　常二线换热器发生憋压漏油，与以下(　　)无关。

A. 产品后路流程改动　　B. 调节阀故障

C. 机泵抽空　　D. 计量表故障

567. BH005　正常生产中，当换热器憋压漏油时应首先(　　)。

A. 开换热器副线阀　　B. 关换热器进口阀

C. 开换热器排污阀　　D. 关换热器出口阀

568. BH006　正常生产中，加热炉燃料气带油时，应采取的处理方法有(　　)。

A. 多烧燃料气　　B. 对燃料气加强脱液

C. 关小风门　　D. 关小烟道挡板

569. BH006　低压瓦斯带液严重，与以下(　　)无关。

A. 天气较冷　　B. 瓦斯分液罐液位高

C. 瓦斯火嘴伴热蒸汽未投用　　D. 塔顶油气冷后温度高

570. BH006　低压瓦斯带液严重，与以下(　　)有关。

A. 下大雨　　B. 瓦斯分液罐压力低

C. 瓦斯火嘴伴热蒸汽量大　　D. 塔顶油气冷后温度高

571. BH007　电脱盐罐电击棒击穿，应(　　)。

A. 电脱盐罐停注水　　B. 装置紧急停车

C. 降低原油入电脱盐罐温度　　D. 提高破乳剂注入量

572. BH007　当电脱盐电流回零，可能的原因是(　　)。

A. 变压器电压挡位设定过低　　B. 破乳剂注入量过低

C. 电极棒击穿　　D. 电脱盐操作温度过低

573. BH007　电脱盐罐电击棒击穿，错误的做法是(　　)。

A. 电脱盐罐停注水　　B. 将变压器停电

C. 切除电脱盐罐　　D. 装置紧急停车

574. BH008　正常生产中，当换热器漏油着大火时，应首先(　　)。

A. 改通流程降压　　B. 换热器退料

C. 停该流程机泵　　D. 换热器改副线

575. BH008　正常生产中，如换热器漏油着小火时，处理不正确的是(　　)。

A. 改通流程降压　　B. 用蒸汽灭火　　C. 用蒸汽掩护漏点　　D. 装置紧急停车

576. BH008　正常生产中，如换热器漏油着小火时，应采取的措施是(　　)。

A. 减压塔破真空　　B. 用蒸汽灭火和掩护漏点

C. 立即报火警　　D. 装置紧急停车

577. BH009　正常生产中,如常压炉炉管漏油严重着大火时,应(　　)。
A. 降量　B. 降温　C. 维持生产　D. 紧急停车

578. BH009　正常生产中,如常压炉炉管漏油着火不大时,应(　　)。
A. 维持生产　B. 降量,降温,切换支路判断漏点
C. 向炉膛开灭火蒸汽　D. 紧急停车

579. BH009　正常生产中,如常压炉炉管漏点判断准确后,应(　　)。
A. 维持生产　B. 关闭该路进料,争取按正常停工处理
C. 关闭烟道挡板　D. 紧急停车

580. BH010　正常生产中,如常顶空冷小漏油应(　　)。
A. 提高塔顶温度　B. 降低塔顶温度
C. 停下漏油的空冷器,进行堵漏处理　D. 提高塔顶压力

581. BH010　可能导致常顶空冷漏油的措施是(　　)。
A. 加强脱盐　B. 加大缓蚀剂注入量
C. 降低塔顶 pH 值　D. 其他工艺防腐措施

582. BH010　正常生产中,常顶空冷泄漏原因不会是(　　)。
A. 塔顶介质腐蚀　B. 空冷管束冻凝
C. 塔顶 pH 值长时间超标　D. 塔顶压力高

583. BH011　机泵抱轴时要采取的措施有(　　)。
A. 紧急停下该泵,启动备泵运行　B. 更换润滑油
C. 降负荷处理　D. 加大冷却水量

584. BH011　机泵出现抱轴前,会出现(　　)的现象。
A. 泵出口压力升高　B. 轴承箱温度升高
C. 机泵出现抽空　D. 对轮杂音增大

585. BH011　为预防机泵抱轴,巡检时要重点检查(　　)。
A. 电动机温度　B. 预热线是否正常　C. 润滑油油位和颜色　D. 封油温度

586. BH012　正常生产中,如柴油管线泄漏着火不大时,应首先采取的措施是(　　)。
A. 维持生产
B. 漏油不大时使用消防蒸汽灭火、掩护
C. 报火警
D. 采取堵漏抢修,根据生产情况维持生产

587. BH012　初顶油出装置管线泄漏,应采取的措施有(　　)。
A. 报火警
B. 停工处理
C. 降量降温维持生产,初顶油只维持打回流
D. 装置改循环

588. BH012　正常生产中,如重油管线泄漏冒烟时,应首先采取的措施是(　　)。
A. 维持生产　B. 停侧线泵,切断油源
C. 报火警　D. 装置停工

589. BH013　加热炉炉管烧焦时,炉膛温度控制在(　　)。

A. 300~400℃　B. 400~500℃　C. 500~600℃　D. 600℃以上

590. BH013　加热炉炉管烧焦时,主要是生成(　　)。

A. CO　B. CO_2　C. SO_2　D. SO_3

591. BH013　减压炉炉管一般不采用(　　)方法防止炉管结焦。

A. 选择合适的管程数　B. 炉管注水

C. 炉管注汽　D. 逐步扩径

592. BH014　加热炉火嘴点不着,可以采取的方法有(　　)。

A. 开大烟道挡板　B. 关小烟道挡板

C. 开大燃料气阀门　D. 开大雾化蒸汽量

593. BH014　加热炉火嘴点不着的主要原因是(　　)。

A. 炉膛负压太小　B. 风门开得太小　C. 油嘴结焦或堵塞　D. 雾化蒸汽太小

594. BH014　加热炉火嘴点不着,不可以采用的方法有(　　)。

A. 调小烟道挡板　B. 调小炉膛负压　C. 开大燃料气阀门　D. 开大火嘴风量

595. BH015　正常生产中,加热炉冒黑烟时,应(　　)。

A. 开大风门　B. 提高燃料流量　C. 关小风门　D. 关小烟道挡板

596. BH015　正常生产中,当风门执行机构出故障造成加热炉冒烟时,正确的处理方法是(　　)。

A. 打开自然通风　B. 炉子降温　C. 炉子熄火　D. 关小烟道挡板

597. BH015　正常生产中,加热炉冒黑烟时,应(　　)。

A. 关小风门　B. 提高燃料流量　C. 关小烟道挡板　D. 开大烟道挡板

598. BH016　下列各项中,会造成加热炉燃烧不正常的有(　　)。

A. 烟道挡板开度过大　B. 雾化蒸汽压力升高

C. 雾化蒸汽压力突降　D. 加热炉负荷过大

599. BH016　正常生产中,加热炉燃烧不正常时,可采取的处理方法有(　　)。

A. 降低负荷　B. 关小烟道挡板

C. 关小雾化蒸汽　D. 停下加热炉吹灰

600. BH016　下列各项中,不会影响加热炉燃烧的有(　　)。

A. 燃料突增　B. 雾化蒸汽压力升高

C. 雾化蒸汽压力突降　D. 仪表失灵

601. BH017　当装置停电时,应立即(　　)。

A. 切断加热炉燃料　B. 切断加热炉进料

C. 减压塔恢复正压　D. 关小侧线冷却器冷却水

602. BH017　当装置瞬间停电时,来电后应首先启动(　　)。

A. 原油泵　B. 塔底泵　C. 侧线泵　D. 回流泵

603. BH017　当装置长时间停电时,最主要的操作是(　　)。

A. 确保加热炉不超温　B. 控好塔底液面

C. 关泵出口阀　D. 减压破真空

604. BH018　为防止管线设备冻凝,以下所采取的措施(　　)是错误的。
A. 备用泵定期盘车　B. 重油管线投用伴热
C. 开大备用泵的冷却水　D. 停用管线要吹扫干净

605. BH018　为防止管线设备冻凝,不可采取的措施有(　　)。
A. 备用泵按规定盘车　B. 重油管线停用伴热系统
C. 停用的设备把积水排放干净　D. 停用管线要吹扫干净

606. BH018　在冬天对冻凝的铸铁阀门,可采取的处理方法有(　　)。
A. 大量蒸汽加热　B. 温水解冻　C. 拆下处理　D. 用力扳动阀门

607. BH019　为防止停用的汽油管线憋压,可采取的处理方法有(　　)。
A. 关闭两端阀门　B. 打开放空阀
C. 如有可能稍开一端的阀门　D. 充入氮气保护

608. BH019　正常生产中,当汽油线憋压时,可采取的处理方法有(　　)。
A. 尽快改通流程降压处理　B. 投用伴热系统
C. 打开低点放空泄压　D. 用消防蒸汽掩护

609. BH019　正常生产中,当汽油线憋压小漏时,不可采取的处理方法为(　　)。
A. 尽快改通流程降压　B. 迅速处理地面汽油
C. 用蒸汽掩护漏点　D. 打开低点放空泄压

610. BH020　正常生产中,如减压抽真空泵严重泄漏,要采取的措施为(　　)。
A. 停下漏故障抽真空泵,进行维修处理　B. 装置紧急停车
C. 装置降量　D. 切换至备用泵

611. BH020　减压抽真空泵发生严重泄漏,应(　　)。
A. 切换至蒸汽抽空器　B. 打开不凝气排大气阀
C. 减压塔内给汽恢复正压　D. 全关减顶油气进口阀

612. BH020　正常生产中,如减压抽真空泵发生泄漏,主要现象有(　　)。
A. 出口压力上升　B. 真空泵电流下降
C. 减压塔真空度波动趋于下降　D. 工作液液面上升

613. BH021　机泵发生半抽空,此时可以(　　)处理。
A. 多加润滑油　B. 多开停几次
C. 停泵,用水浇淋冷却　D. 缓慢关小出口阀

614. BH021　输送物料温度过高,有可能发生(　　)现象。
A. 泵轴发热　B. 泵抽空
C. 泵体振动　D. 电动机电流过大

615. BH021　当离心泵不上量时,应(　　)入口阀、(　　)出口阀。
A. 开大;开大　B. 开大;关小　C. 关小;开大　D. 关小;关小

616. BH022　发生小范围的装置沟、井爆炸,应(　　)。
A. 装置紧急停工处理　B. 迅速组织灭火
C. 往沟、井排水　D. 用沙子盖住沙井盖

617. BH022　装置沟、井爆炸事故时,错误的处理原则为(　　)。
A. 对于大面积爆炸破坏的按停车处理
B. 小范围爆炸事故的如个别边沟、井盖修复后维持生产
C. 报火警处理
D. 用蒸汽掩护

618. BH022　装置沟、井等容易有油气积聚的地方,应安装有(　　)。
A. 硫化氢检测报警仪表　B. 可燃气检测报警仪表
C. 温度检测报警仪表　D. 压力检测报警仪表

619. BH023　机泵烧电动机时,应采取的措施有(　　)。
A. 停下该泵,启动备泵　B. 停下该泵,迅速更换电动机
C. 装置停车检修　D. 用消防蒸汽灭火

620. BH023　为预防机泵烧电动机,应采取的措施有(　　)。
A. 机泵冷却水保证畅通　B. 定期更换电动机润滑脂
C. 保证机泵润滑油油位正常　D. 保持机泵封油压力正常

621. BH023　机泵烧电动机时,错误的做法为(　　)。
A. 停下该泵,启动备泵　B. 停泵,断电
C. 关闭机泵出口阀,降低负荷　D. 用干粉灭火器灭火

622. BH024　正常生产中,如高温机泵泄漏着火时,错误的方法为(　　)。
A. 装置紧急停工
B. 紧急停下该泵,如现场无法停下,通知电工在变电所停电
C. 关闭进出口阀,如无法关闭,必须关闭就近的相关阀门
D. 启动备用泵维持生产

623. BH024　正常生产中,如高温机泵泄漏时,首先采取的措施是(　　)。
A. 关闭进出口阀　B. 紧急停下该泵
C. 装置降量　D. 启动备用泵维持生产

624. BH024　高温机泵泄漏着火,人不能靠近时,首先应采取的措施是(　　)。
A. 在安全的地方组织灭火　B. 用消防蒸气在远处扑救
C. 通知电工拉闸将机泵停电　D. 启动备用泵维持生产

二、判断题(对的画"√",错的画"×")

(　　)1. AA001　交接班记录需要领导审阅签字。
(　　)2. AA002　设备巡检记录不属于运行记录。
(　　)3. AB001　HSE 管理体系中,危害主要是指危险源和事故隐患。
(　　)4. AB002　对已冻结的铸铁管线、阀门等可以用高温蒸汽迅速解冻。
(　　)5. AB003　职业中毒不属于职业病。
(　　)6. AB004　采样时需要携带便携式硫化氢报警仪,装置正常巡检可以不带。
(　　)7. AB005　进入受限空间前必须办理受限空间作业许可证。
(　　)8. AB006　高处作业时,安全带应高挂低用。

(　　)9. AB007　为提高工作效率,接到施工任务后,应立即组织施工作业。

(　　)10. AB008　动火作业必须经过动火分析并合格后方可进行。

(　　)11. AB009　若生产需要,可以将临时用电直接转为正式用电。

(　　)12. AB010　起重机吊臂回转范围内应采用警戒带或其他方式隔离,无关人员不得进入该区域内。

(　　)13. AB011　红色表示指令,要求人们必须遵守的规定。

(　　)14. AB012　心跳一般通过触摸手腕处的桡动脉、颈部的颈动脉来判断。

(　　)15. AC001　在使用计算机应用软件 Word 的"查找"功能查找文档中的字串时,可以使用通配符。

(　　)16. AC002　保存工作簿的快捷键是 Ctrl+F。

(　　)17. AD001　由于达到化学平衡状态时的正逆反应速率相等,所以,该状态下反应混合物中各组分的质量分数保持一定,不再改变。

(　　)18. AD002　用溶液中某一组分物质的量与该溶液中所有组分物质的量之和的比来表示的溶液组成方法为摩尔分数。

(　　)19. AE001　石油中的微量元素按其化学属性可划分成如下三类:一是变价金属;二是碱金属和碱土金属;三是卤素和其他元素。

(　　)20. AE002　互相混合的两油品的组成及性质相差越大、黏度相差越大,则混合后实测的黏度与用加和法计算出的黏度两者相差就越大。

(　　)21. AE003　油品的黏度通常随其馏程的升高而增加。

(　　)22. AE004　温度高低、压力高低、体积变化与物质的质量热容大小有关。

(　　)23. AE005　烃类的汽化热比水的大些。

(　　)24. AE006　油品的特性因数 K 值大小与中平均沸点有关。

(　　)25. AF001　对于定态流动系统,单位时间进入各截面的流体质量相等。

(　　)26. AF002　体积流量一定时,流速与管径成反比。

(　　)27. AF003　热负荷是单位时间内两流体间的传热量。

(　　)28. AF004　增加管壳式换热器的管程数可得到较大的平均温差,从而可强化传热。

(　　)29. AF005　对于没有侧线产品的蒸馏塔,塔顶产品等于进入塔的原料量和塔底产品之差。

(　　)30. AF006　精馏塔冷液进料,上升到精馏段的蒸气流量比提馏段的蒸气流量要大。

(　　)31. AF007　塔的气速增高,气液相形成湍流的泡沫层,使传质效率提高,所以气速越大越好。

(　　)32. AF008　过量的雾沫夹带造成液相在塔板间的返混,塔板效率下降。

(　　)33. AF009　造成漏液的主要原因是气速太大和板面上液面落差所引起的气流的分布不均匀。

(　　)34. AF010　混合物各组分的溶解度不同是精馏操作的依据。

(　　)35. AF011　回流比大,分离效果好,因此回流比越大越好。

(　　)36. AF012　流体在直管内流动时,当雷诺数等于 1000 时,流动类型属于层流。

(　　)37. AG001　用于企业内部经济核算的能源、物料计量器具,属于 B 级计量器具的范围。

(　　)38. AG002　对有旁路阀的新物料计量表的投用步骤:先开旁路阀,流体先从旁路管流动一段时间;缓慢开启上游阀;缓慢开启下游阀;缓慢关闭旁路阀。

(　　)39. AH001　一般来说,离心泵闭式叶轮比开式叶轮泄漏量大,效率低。

(　　)40. AH002　离心泵中内装式机械密封属于外流型机械密封,外装式机械密封属于内流型机械密封。

(　　)41. AH003　管壳式换热器是把管子和管板连接,再用壳体固定。它的形式大致分为固定管板式、浮头式、U 形管式、滑动管板式、填料函式及套管式等几种。

(　　)42. AH004　无焰炉的炉体近似于立式炉,在长方形的辐射室上部为对流室,在炉底部设有喷火嘴,燃料在辐射室两侧炉墙上布满的无焰燃烧器内进行燃烧。

(　　)43. AH005　润滑油库的新旧油桶要摆放整齐有序、废弃旧油桶不能利用、旧油桶的油塞要拧紧,做到防雨、防晒、防尘,防冻。存放 3 个月以上润滑油(脂)须经分析合格后方可使用。

(　　)44. AH006　金属和外部介质直接进行化学反应称为金属的化学腐蚀,如金属与干的气体反应或在高温中的氧化,都属于这一类腐蚀。

(　　)45. AH007　压力容器的最高工作压力是指容器顶部在正常工作情况下,其顶部可能达到的最高绝对压力。

(　　)46. AH008　输送毒性程度为极度危害介质、高度危害气体介质和工作温度高于其标准沸点的高度危害的液体介质的管道属于 GC2 级工业管道。

(　　)47. AH009　已经做过气压强度试验并合格的容器,必须再做气密性试验。

(　　)48. AH010　离心泵出现汽蚀现象即是液体汽化—冲击空穴—气体凝结—叶片剥蚀的过程。

(　　)49. AI001　已知 $R_1 = R_2 = R_3 = 3\Omega$,这三个电阻并联后的总电阻也是 3Ω。

(　　)50. AI002　埋在地下的接地线一般采用带有绝缘的单芯电缆。

(　　)51. AI003　型号为 YB 的电动机属于增安型防爆电动机。

(　　)52. AJ001　调节器的积分时间 Ti 越小,则积分速度越大,积分特性曲线的斜率越大,积分作用越强,消除余差越快。

(　　)53. AJ002　在串级控制中,一般情况下主回路常选择 PI 或 PI 调节器,副回路常选择 P 或 PID 调节器。

(　　)54. AJ003　分程控制中所有调节阀的风开风关必须一致。

(　　)55. AJ004　当压力开关的被测压力等于额定值时,弹性元件的自由端产生位移直接或经过比较后推动开关元件,改变开关元件的通断状态。

(　　)56. BA001　冷却器蒸汽贯通试压时,水程应放空。

(　　)57. BA002　贯通试压时给汽越快越好。

(　　)58. BA003　装置开车前,对容器的检查包括各设施齐全完好、残留物是否清除、液面计指示引出管是否畅通、标尺是否对应等。

(　　)59. BA004 抽真空试验合格后停真空泵,真空度由其自行消掉。

(　　)60. BA005 常减压蒸馏装置开车前,储运系统应提前准备好开工用原油、煤油、柴油。

(　　)61. BA006 装置开车前应组织操作人员学习讨论开车方案。

(　　)62. BA007 装置开车时,开常减压侧线应自下而上逐个开。

(　　)63. BA008 原油冷进料线由于进加热炉,不用试压。

(　　)64. BA009 如果生产过程超出安全操作范围,工艺联锁控制系统可以使装置或独立单元进入安全状态。

(　　)65. BB001 开车过程中由于侧线泵来油较轻,易引起泵抽空。

(　　)66. BB002 电脱盐罐进行水试压装水时,顶出口放空阀应关闭。

(　　)67. BB003 热虹吸式换热器安装位置很重要,特别是进料管口和返塔管口,如果不合适就无法很好地运行。

(　　)68. BB004 蒸汽发生器采用的是纯净软化水进行产汽,日常生产中不必再进行排污。

(　　)69. BB005 封油在投用时,要保证封油泵出口压力在正常值,防止被注封油机泵的介质倒窜入封油系统。

(　　)70. BB006 减顶水封罐在投用后,要经常检查实际的油水界位高度,与仪表控制的是否一致,防止出现假界面。

(　　)71. BB007 装置开车进油时,各塔底流量控制仪表应投用自动控制,这样有利于各塔底液位平衡。

(　　)72. BB008 装置冷循环中应联系仪表工将有关仪表投用,并根据冷循环时仪表指示与正常生产仪表指示的误差来判断仪表使用情况。

(　　)73. BB009 装置开车时退油目的是把装置内含水较多的原油改到原油罐区去沉降脱水。

(　　)74. BB010 恒温脱水时可以看塔顶油水分离器有无水放出,无则说明水分基本脱尽。

(　　)75. BB011 炉子负荷增加时,应先增加燃料量,再增送风量,最后增引风量。

(　　)76. BB012 给汽提蒸汽时要注意塔内压力变化和塔底液位的变化。

(　　)77. BB013 塔顶回流带水会导致塔顶温度上升,压力下降。

(　　)78. BB014 加热炉调节好火嘴的风、汽、油门,使火嘴的燃烧正常。烧燃料油火焰呈杏黄色,烧燃料气火焰呈天蓝色。

(　　)79. BB015 电脱盐罐空送电试验以备相电流达到额定值为正常。

(　　)80. BB016 换热器泄漏和换热介质的温度变化无关。

(　　)81. BC001 原油混杂会造成电脱盐罐脱水困难,甚至会引起电脱盐罐跳闸。

(　　)82. BC002 电脱盐一级注水注入原油泵出口比注入原油泵进口的混合效果更好。

(　　)83. BC003 电脱盐二级排水回注一级的目的是节能降耗,同时也可以减少污水处理的负荷。

( )84. BC004 电脱盐进罐温度要控制在指标内,使脱盐效果更佳。

( )85. BC005 电脱盐罐油水混合器混合强度太大会造成原油进罐温度升高。

( )86. BC006 调节塔顶回流返塔温度是调节塔顶温度的主要手段。

( )87. BC007 塔顶循环回流流量大,对塔上部分的分馏效果有利。

( )88. BC008 其他工艺参数不变,加大塔顶冷回流量,塔顶温度升高。

( )89. BC009 初侧线抽出作常一中回流时,初侧线抽出温度升高,常一侧线产品质量干点升高。

( )90. BC010 降低初馏塔进料量时,初底液面一定会下降。

( )91. BC011 只要初馏塔顶温度保持不变,初顶汽油干点就不会改变。

( )92. BC012 塔顶低温腐蚀主要是由 $HCl-H_2S-H_2O$ 造成。

( )93. BC013 电脱盐油水界位应用注水量来调节。

( )94. BC014 其他工艺参数不变,减少塔底吹汽量,塔顶压力会降低。

( )95. BC015 在塔顶负荷过大,塔顶冷回流不能调节塔顶温度时,应设法减少塔顶负荷,增加中段回流量,减少塔底汽提蒸汽量。

( )96. BC016 原油性质变轻应适当增加初馏塔底抽出量。

( )97. BC017 其他条件不变,原油性质变轻,初馏塔顶油水分离罐油位下降。

( )98. BC018 常顶油水分离罐油水界位过低,可通过降低排水量来提高油水界位。

( )99. BC019 馏分油作为催化裂化原料时,其残炭越小越好。

( )100. BC020 多管程的加热炉一旦物料产生偏流,则小流量的炉管极易局部过热而结焦,致使炉管压降增大,流量更小,严重时烧坏炉管。

( )101. BC021 过汽化度太低时,随同上部产品蒸发上去的过重馏分有可能因为最低一个抽出侧线下方内回流不够,而带到最低的一个侧线中去,导致最低侧线产品的馏分变宽。

( )102. BC022 加热炉进料调节阀选用气关阀是从方便操作方面考虑的。

( )103. BC023 在初顶温度不变条件下,初顶压力升高,初顶产品收率将有所下降。

( )104. BC024 塔底吹汽蒸汽压力一般控制在 0.5MPa 左右。

( )105. BC025 加热炉的过剩空气系数越小,其热效率就越高,所以过剩空气系数控制为 1 时最好。

( )106. BC026 加热炉热效率是指加热炉炉管内物料所吸收的热量与燃料燃烧所发出的热量及其他供热之和的比值。

( )107. BC027 天气变化,如下大雨不会对炉出口温度有影响。

( )108. BC028 为了保证加热炉炉出口温度在工艺指标范围之内,提降进料量时,可根据进料流量变化幅度调节。

( )109. BC029 初顶压力升高,则初顶产品干点一定下降。

( )110. BC030 常顶(汽油)干点偏高,可适当减小常顶回流。

( )111. BC031 增大常一线抽出量是提高常一(煤油)线产品闪点的最有效方法。

( )112. BC032 其他条件不变,提高常一线重沸器温度,则常一初馏点升高。

(　　)113. BC033　常二(柴油)初馏点降低其干点不一定降低。

(　　)114. BC034　稳定汽提塔的液位,减少汽提塔吹入的过热蒸汽,可以使润滑油头部变重。

(　　)115. BC035　在真空度发生变化时,为得到相同黏度的侧线油,馏出口温度不相同。例如真空度高,馏出油黏度升高,为获得同样的黏度就必须降低馏出口温度。

(　　)116. BC036　为了减少减压产品间的重叠,要有较高的塔顶温度。

(　　)117. BD001　装置停车时应先降量,控制好温度防止超温,达到降温条件后,按速度要求降温,防止温度下降过快引起设备泄漏。

(　　)118. BD002　停车降量应快速降量,以节约时间。

(　　)119. BD003　装置停车降量过程蒸汽发生器需要增大软化水量,以多产蒸汽。

(　　)120. BD004　装置停车降量、降温过程时,各中段和塔顶循环回流量要及时相应减少,防止泵抽空打乱操作。

(　　)121. BD005　装置停车降温时,侧线产品应继续送合格罐。

(　　)122. BD006　装置停车降量、降温时,为控制平稳三塔液面,应适当关小侧线泵及回流泵。

(　　)123. BD007　装置停车,塔顶汽油回流罐超压时,不可通过放空线进行泄压。

(　　)124. BD008　装置停车时,关常压侧线的次序是自下而上。

(　　)125. BD009　装置停车时,停中段回流的次序是自上而下。

(　　)126. BD010　装置熄火后,加热炉真空瓦斯嘴可不进行吹扫。

(　　)127. BD011　装置停车时,由于汽包热源已少,过热蒸汽需进行放空。

(　　)128. BD012　装置停车停真空泵时,先关真空泵出口阀,再关抽真空蒸汽。

(　　)129. BD013　装置停车退油时,达到低液位时要及时停泵防止抽空。

(　　)130. BD014　容器所装介质为气体的,可先打开人孔再进行吹扫。

(　　)131. BD015　装置停车时,加热炉熄火后,停渣油泵改循环。

(　　)132. BE001　固舌塔板具有压降小、结构简单等优点,但塔板负荷弹性小,效率较低,用于部分炼油装置中。

(　　)133. BE002　浮阀塔板的操作范围比较宽,效率高,适用于常压分馏塔。

(　　)134. BE003　同一台泵,在不同的工况下具有相同的比转数。

(　　)135. BE004　换热器型号 FA-700-120-25-4,其中 A 表示管子规格为 ϕ19mm×2mm,正三角形排列,管心距为 25mm 的系列。

(　　)136. BE005　固定管板式换热器壳程清洗较难,不能进行机械清洗。

(　　)137. BE006　浮头式换热器,一端可相对壳体滑动,可承受较大的管壳间温差热应力,浮头端可拆卸,管束可抽出。

(　　)138. BE007　换热器壳程一般加装横向折流板。

(　　)139. BE008　换热器安装防冲板能起保护管束作用,但也易产生部分传热死区。

(　　)140. BE009　电脱盐罐中电极板的作用是在电极板间形成均匀磁场。

(　　)141. BE010　通过开大混合阀可以提高电脱盐原油的混合强度。

(　　)142. BE011　电脱盐罐进罐温度高,有利于脱盐脱水,因此温度越高越好。
(　　)143. BE012　常减压蒸馏装置常用的软垫片一般以石墨为主体配以橡胶等材料制造而成。
(　　)144. BE013　N型轴柱塞式计量泵通过转动调节手轮带动N形轴上下移动,从而改变行程来实现计量泵流量从零到100%额定流量的调节。
(　　)145. BE014　一般情况下,处理较大密度原油时,要将混合阀的压差调小。
(　　)146. BE015　调频泵切换到工频泵操作中,启动工频泵前应开进口阀,关出口阀。
(　　)147. BE016　工频泵切换到调频泵时,因调频泵启动转速较慢,所以开泵前应适当关小工频泵出口阀。
(　　)148. BE017　离心泵在启动之前出口阀需全关。
(　　)149. BE018　离心泵发生汽蚀现象,机泵流量没有明显变化。
(　　)150. BE019　当要启动活塞式压缩机时,为了减少电动机的启动电流,应采用50%负荷控制。
(　　)151. BE020　型号为XP-316-A的可燃气体报警仪是一种探针型报警仪。
(　　)152. BE021　在使用便携式硫化氢报警仪时,要快速移动报警仪,这样才能得到全面准确的判断。
(　　)153. BF001　供电系统晃电,会引起泵跳闸。
(　　)154. BF002　机泵抽空时,不会损坏叶轮及轴封元件。
(　　)155. BF003　离心泵振动大会引起密封泄漏,如处理不及时,会引发着火事故。
(　　)156. BF004　机泵运行时润滑油油位过高也会造成轴承发热。
(　　)157. BF005　离心泵盘车不动时,可以启动电动机,待机泵转动后,再迅速按停电动机。
(　　)158. BF006　电动机运行过程中三相熔断丝中有一相熔断会使电动机转速降低。
(　　)159. BF007　若处理量及油品不变而炉膛温度及入炉压力均降低则可初步判断炉管已结焦。
(　　)160. BF008　启动鼓风机前应全开进口蝶阀。
(　　)161. BF009　机泵润滑油含少量的水分并不会影响轴承的润滑。
(　　)162. BF010　输送易燃易爆介质的工业管道外部检查时必须定期检查防静电接地电阻,其中管道对地电阻不得大于10Ω。
(　　)163. BF011　减压炉采用适当增加炉管吹汽量来防止炉管结焦。
(　　)164. BF012　离心泵正常运转时,滑动轴承温度应不大于75℃。
(　　)165. BF013　电动机外壳温度升高一定是电动机超负荷引起的。
(　　)166. BF014　离心泵正常运转时,对于转速为3000r/min的轴承其振动值应不大于0.09mm。
(　　)167. BF015　重油泵检修前进行吹扫时经常盘车,能提高吹扫效果、缩短吹扫时间。
(　　)168. BG001　换热器内漏可以从压力高一侧油品颜色变化作判断。
(　　)169. BG002　加热炉炉管结焦从炉管外表面无法判断。
(　　)170. BG003　电脱盐罐电极棒击穿的原因主要是电极棒附有水滴或导电杂质。

(　　)171. BG004　初馏塔进料带水定会造成塔顶温度上升。
(　　)172. BG005　初馏塔底液面计失灵时其指示值会波动较大。
(　　)173. BG006　初馏塔塔顶油水分离罐液面满,会造成加热炉低压瓦斯带液,炉膛温度上升,烟囱冒黑烟,火嘴漏油或炉底着火。
(　　)174. BG007　蒸汽喷射器喘气是由于蒸气压力高造成的。
(　　)175. BG008　原油进初馏塔温度低的原因之一是原油含水量小。
(　　)176. BG009　原油中断会造成初馏塔液面下降,塔底温度上升。
(　　)177. BG010　净化风中断会使调节阀自动关闭。
(　　)178. BG011　正常生产中,系统停蒸汽,装置不会受到影响。
(　　)179. BG012　停机泵冷却水,会造成机泵密封泄漏。
(　　)180. BG013　炉管破裂会造成加热炉出口温度超高。
(　　)181. BG014　加热炉冒黑烟一定是燃料油带水所引起。
(　　)182. BG015　蒸汽喷射器喘气一定会发出异常响声。
(　　)183. BG016　加热炉燃料气带油会造成加热炉出口温度升高。
(　　)184. BG017　正常生产中,循环水压力降低会造成常压塔操作压力下降。
(　　)185. BH001　常一线油颜色变深后,应立即检查常二线油的颜色。
(　　)186. BH002　由于雾化蒸汽与油的配比不当造成火嘴漏油时,必须调节油汽配比,直至火焰颜色正常为止。
(　　)187. BH003　加热炉炉膛各点温度差别较大时应停用燃烧火焰较长的火嘴。
(　　)188. BH004　塔底吹汽带水,应检查是否蒸汽发生器液位过高。
(　　)189. BH005　换热器因为憋压而泄漏,应打开放空阀泄压。
(　　)190. BH006　低压瓦斯带液严重的主要原因是瓦斯管线的伴热蒸汽未投用或蒸汽量小。
(　　)191. BH007　当电脱盐电极棒击穿,无需将该电脱盐罐切出,可以在线更换电极棒。
(　　)192. BH008　换热器漏油着火,应用蒸汽灭火和掩护漏点。
(　　)193. BH009　正常生产中,如常压炉炉管漏油严重着大火时,应按正常停车处理。
(　　)194. BH010　塔顶空冷器发生漏油,应立即将该空冷器停电。
(　　)195. BH011　机泵抱轴主要是由于机泵超负荷运行而引起的。
(　　)196. BH012　当工艺管线泄漏着大火时,要立即切断油源。
(　　)197. BH013　炉管发生结焦应停工处理。
(　　)198. BH014　加热炉火嘴在点火时点不着,可继续开大燃料气阀门即可点着。
(　　)199. BH015　若燃料气带液导致加热炉烟囱冒大量黑烟,应立即停下燃料气入炉。
(　　)200. BH016　正常生产中,当加热炉燃烧不正常冒烟时,应开大烟道挡板。
(　　)201. BH017　装置停电后恢复来电,应首先启动回流泵。
(　　)202. BH018　为了防止冻凝,对伴热系统或冷却水系统必须保留少量长冒汽、长流水。
(　　)203. BH019　停用的汽油管线因憋压造成泄漏,应打开放空阀排放泄压。
(　　)204. BH020　减压抽真空泵故障会出现窜气,吸入管发热,扩压管发热等现象。

(　　)205. BH021　当两台泵同时运行、抢量时,应调整两台泵的出口阀至压力相同。
(　　)206. BH022　为防止电缆沟发生爆炸事故,应在电缆沟内填入沙子。
(　　)207. BH023　电动机装了短路保护和过载保护后就能避免烧电动机事故的发生。
(　　)208. BH024　高温机泵泄漏着火应立即关闭进、出口阀门。

答　　案

一、单项选择题

1. D　2. B　3. C　4. C　5. C　6. D　7. C　8. A　9. D　10. C
11. B　12. C　13. B　14. A　15. D　16. D　17. A　18. B　19. B　20. A
21. B　22. B　23. C　24. A　25. B　26. A　27. A　28. C　29. B　30. B
31. D　32. C　33. D　34. D　35. A　36. A　37. D　38. D　39. A　40. D
41. C　42. C　43. D　44. A　45. D　46. B　47. B　48. D　49. D　50. A
51. B　52. D　53. A　54. B　55. B　56. D　57. C　58. B　59. A　60. C
61. C　62. B　63. A　64. A　65. D　66. C　67. D　68. B　69. A　70. A
71. B　72. C　73. B　74. D　75. C　76. D　77. B　78. C　79. C　80. B
81. A　82. C　83. C　84. D　85. B　86. D　87. C　88. B　89. C　90. D
91. B　92. A　93. D　94. B　95. C　96. C　97. A　98. D　99. C　100. B
101. C　102. D　103. D　104. B　105. C　106. A　107. A　108. D　109. D　110. C
111. B　112. C　113. A　114. B　115. C　116. B　117. C　118. A　119. B　120. D
121. A　122. D　123. C　124. C　125. A　126. B　127. D　128. C　129. A　130. D
131. A　132. B　133. A　134. B　135. D　136. C　137. B　138. D　139. D　140. B
141. C　142. D　143. C　144. B　145. B　146. C　147. A　148. B　149. A　150. C
151. D　152. C　153. A　154. C　155. D　156. A　157. B　158. C　159. D　160. D
161. C　162. A　163. C　164. A　165. B　166. A　167. A　168. D　169. C　170. B
171. A　172. D　173. D　174. D　175. C　176. B　177. D　178. C　179. D　180. B
181. D　182. D　183. C　184. B　185. D　186. C　187. A　188. B　189. B　190. D
191. D　192. D　193. D　194. C　195. A　196. C　197. C　198. B　199. D　200. B
201. D　202. A　203. B　204. D　205. A　206. C　207. B　208. A　209. C　210. B
211. B　212. B　213. C　214. B　215. D　216. D　217. D　218. A　219. B　220. C
221. A　222. C　223. D　224. C　225. C　226. B　227. A　228. C　229. A　230. B
231. B　232. D　233. A　234. B　235. A　236. D　237. B　238. B　239. B　240. A
241. B　242. B　243. C　244. B　245. B　246. C　247. D　248. A　249. D　250. D
251. C　252. D　253. B　254. A　255. C　256. B　257. A　258. A　259. A　260. B
261. B　262. B　263. C　264. A　265. C　266. A　267. C　268. A　269. A　270. C
271. A　272. C　273. D　274. A　275. A　276. C　277. D　278. B　279. D　280. A
281. B　282. A　283. C　284. B　285. D　286. A　287. B　288. C　289. A　290. A
291. B　292. C　293. B　294. D　295. B　296. D　297. A　298. C　299. B　300. D
301. C　302. C　303. B　304. D　305. B　306. D　307. B　308. A　309. A　310. C

311. D 312. B 313. C 314. B 315. D 316. B 317. D 318. C 319. D 320. B
321. A 322. D 323. C 324. A 325. B 326. A 327. A 328. A 329. A 330. B
331. B 332. B 333. A 334. B 335. D 336. D 337. D 338. A 339. D 340. A
341. D 342. B 343. B 344. A 345. A 346. B 347. A 348. C 349. C 350. C
351. D 352. A 353. B 354. D 355. A 356. A 357. D 358. D 359. D 360. B
361. B 362. B 363. A 364. A 365. D 366. B 367. A 368. B 369. C 370. D
371. B 372. C 373. D 374. A 375. C 376. A 377. B 378. D 379. A 380. C
381. A 382. A 383. C 384. D 385. B 386. C 387. A 388. A 389. C 390. B
391. B 392. B 393. D 394. C 395. C 396. B 397. A 398. A 399. C 400. B
401. C 402. D 403. B 404. D 405. A 406. A 407. D 408. C 409. C 410. C
411. A 412. B 413. C 414. D 415. A 416. D 417. C 418. B 419. A 420. D
421. B 422. A 423. D 424. C 425. B 426. D 427. D 428. A 429. B 430. C
431. B 432. A 433. B 434. D 435. A 436. A 437. D 438. B 439. B 440. A
441. C 442. C 443. A 444. D 445. C 446. A 447. B 448. A 449. D 450. C
451. B 452. A 453. C 454. D 455. C 456. B 457. A 458. B 459. C 460. B
461. A 462. D 463. C 464. D 465. B 466. B 467. C 468. A 469. C 470. D
471. A 472. B 473. D 474. A 475. B 476. C 477. D 478. D 479. B 480. C
481. A 482. D 483. B 484. D 485. B 486. C 487. A 488. B 489. D 490. A
491. B 492. C 493. A 494. D 495. C 496. B 497. D 498. A 499. B 500. A
501. D 502. D 503. B 504. A 505. B 506. A 507. C 508. B 509. A 510. C
511. C 512. D 513. B 514. C 515. C 516. D 517. B 518. C 519. A 520. D
521. B 522. A 523. A 524. D 525. D 526. C 527. A 528. D 529. B 530. A
531. D 532. A 533. C 534. D 535. D 536. A 537. B 538. B 539. B 540. C
541. B 542. C 543. A 544. C 545. C 546. D 547. C 548. B 549. D 550. A
551. C 552. A 553. C 554. B 555. A 556. D 557. C 558. B 559. D 560. B
561. A 562. A 563. B 564. B 565. B 566. C 567. A 568. B 569. C 570. D
571. A 572. C 573. D 574. C 575. D 576. B 577. D 578. B 579. B 580. C
581. C 582. D 583. A 584. B 585. C 586. B 587. C 588. B 589. C 590. B
591. B 592. B 593. C 594. C 595. A 596. A 597. D 598. C 599. A 600. B
601. A 602. B 603. A 604. C 605. B 606. B 607. C 608. A 609. D 610. D
611. A 612. C 613. D 614. B 615. B 616. B 617. C 618. B 619. A 620. B
621. D 622. A 623. B 624. C

二、判断题

1. √ 2. × 正确答案:设备巡检记录属于运行记录。 3. √ 4. × 正确答案:对已冻结的铸铁管线、阀门等不可以用高温蒸汽迅速解冻,防止损坏设备。 5. × 正确答案:职业中毒属于职业病。 6. × 正确答案:采样时需要携带便携式硫化氢报警仪,装置正常巡检也应携带。 7. √ 8. √ 9. × 正确答案:为提高工作效率,接到施工任务后,应制定落实施工安全措施和应急处理措施，办理相关票据后组织施工作业。 10. √ 11. × 正确答案：不可以将临时用电直接转为正式用电。 12. √ 13. × 正确答案：红色表示禁止、停止、危险以及消防设备的意思。 14. √ 15. √ 16. × 正确答案：保存工作簿的快捷键是 Ctrl+S。 17. √ 18. √ 19. √ 20. × 正确答案：互相混合的两油品的组成及性质相差越大、黏度相差越大，则混合后实测的黏度与用加和法计算出的黏度两者相差就越小。 21. √ 22. √ 23. × 正确答案：烃类的汽化热比水的小。 24. √ 25. √ 26. × 正确答案：体积流量一定时，流速与管径平方成反比。 27. √ 28. × 正确答案：增加管壳式换热器的壳程数可得到较大的平均温差，从而可强化传热。 29. √ 30. × 正确答案：精馏塔冷液进料，上升到精馏段的蒸气流量比提馏段的蒸气流量要小。 31. × 正确答案：塔的气速增高，气液相形成湍流的泡沫层，使传质效率提高，但应控制在液泛速度以下。 32. √ 33. × 正确答案：造成漏液的主要原因是气速太小和板面上液面落差所引起的气流的分布不均匀。 34. × 正确答案：混合物各组分的相对挥发度差异是精馏操作的依据。 35. × 正确答案：回流比大，分离效果好，但能耗增加，因此应选用合适的回流比。 36. √ 37. √ 38. √ 39. × 正确答案：一般来说，离心泵闭式叶轮比开式叶轮泄漏量小，效率高。 40. × 正确答案：离心泵中介质泄漏方向与离心力方向相反的机械密封为内流型机械密封，介质泄漏方向与离心力方向相同的机械密封为外流型机械密封。 41. √ 42. × 正确答案：无焰炉的炉体近似于立式炉，在长方形的辐射室上部为对流室，在炉底部设有喷火嘴，燃料在炉底布满的无焰燃烧器内进行燃烧。 43. √ 44. √ 45. × 正确答案：压力容器的最高工作压力是指容器顶部在正常工作情况下，其顶部可能达到的最高压力。 46. × 正确答案：输送毒性程度为极度危害介质、高度危害气体介质和工作温度高于其标准沸点的高度危害的液体介质的管道属于 GC1 级工业管道。 47. × 正确答案：已经做过气压强度试验并合格的容器，需根据图纸是否要求做气密性试验。 48. × 正确答案：离心泵出现汽蚀现象即是液体汽化—气体凝结—冲击空穴—叶片剥蚀的过程。 49. × 正确答案：已知 $R_1 = R_2 = R_3 = 3\Omega$，这三个电阻并联后的总电阻是 1Ω。 50. × 正确答案：埋在地下的接地线一般不采用带有绝缘的单芯电缆，而采用导体。 51. × 正确答案：型号为 YB 的电动机属于隔爆型三相异步电动机。 52. √ 53. × 正确答案：在串级控制中，一般情况下主回路常选择 PI 或 PID 调节器，副回路常选择 P 或 PI 调节器。 54. × 正确答案：分程控制中所有调节阀的风开风关不一定一致。 55. × 正确答案：当压力开关的被测压力大于或小于额定值时，弹性元件的自由端产生位移直接或经过比较后推动开关元件，改变开关元件的通断状态。 56. √ 57. × 正确答案：贯通试压时给汽时应缓慢升压。 58. √ 59. × 正确答案：抽真空试验合格后应打开真空泵平衡阀，逐渐降低真空度，然后停真空泵。 60. √ 61. × 正确答案：装置开车前应组织所有人员学习讨论开车方案。 62. × 正确答案：装置开车时，开常减压侧线应自上而下逐个开。 63. × 正确答案：原油冷进料线也需要试压。 64. √ 65. × 正确答案：开车过程中由于侧线泵入口管线有水，易引起泵抽空。 66. × 正确答案：电脱盐罐进行水试压装水时，顶出口放空阀打开见水后关闭。 67. √ 68. × 正确答案：蒸汽发生器采用的是纯净软化水进行产汽，日常生产中应定期进行排污。 69. √ 70. √ 71. × 正确答案：装置开车进油时，各塔底流量控制仪表应投手动控制，这样有利于各塔底液位平衡。 72. √ 73. √ 74. √

75. √ 76. √ 77. × 正确答案:塔顶回流带水会导致塔顶温度下降,压力上升。 78. √ 79. × 正确答案:电脱盐罐空送电试验以备相电流几乎看不出来为正常。 80. × 正确答案:换热器泄漏和换热介质的温度变化关系较大。 81. √ 82. × 正确答案:电脱盐一级注水注入原油泵入口比注入原油泵出口的混合效果更好。 83. √ 84. √ 85. × 正确答案:电脱盐罐油水混合器混合强度太大对原油进罐温度无影响。 86. × 正确答案:调节塔顶回流量是调节塔顶温度的主要手段。 87. √ 88. × 正确答案:其他工艺参数不变,加大塔顶冷回流量,塔顶温度降低。 89. √ 90. × 正确答案:其他工艺条件不变,降低初馏塔进料量时,初底液面会下降。 91. × 正确答案:其他工艺条件不变,降低初顶温度,初顶汽油干点会降低。 92. √ 93. × 正确答案:电脱盐油水界位一般应用排水量来调节。 94. √ 95. √ 96. × 正确答案:原油性质变轻应适当减少初馏塔底抽出量。 97. × 正确答案:其他条件不变,原油性质变轻,初馏塔顶油水分离罐油位上升。 98. √ 99. × 正确答案:馏分油作为催化裂化原料时,其残炭应在控制范围内。 100. √ 101. √ 102. × 正确答案:加热炉进料调节阀选用气关阀是从保证安全方面考虑的。 103. √ 104. × 正确答案:塔底吹汽蒸汽压力一般控制在0.4MPa左右。 105. × 正确答案:加热炉的过剩空气系数越小,其热效率就越高,一般燃气加热炉过剩空气系数应控制在1.05~1.1时最好。 106. √ 107. × 正确答案:天气变化,如下大雨浸湿保温后会对炉出口温度有影响。 108. √ 109. × 正确答案:初顶压力升高,则初顶产品干点升高。 110. × 正确答案:常顶(汽油)干点偏高,可适当增加常顶回流。 111. × 正确答案:提高塔顶温度是提高常一(煤油)线产品闪点的最有效方法。 112. √ 113. √ 114. × 正确答案:稳定汽提塔的液位,减少汽提塔吹入的过热蒸汽,可以使润滑油头部变轻。 115. √ 116. × 正确答案:为了减少减压产品间的重叠,要适当降低塔顶温度。 117. √ 118. × 正确答案:停车降量应按统筹速度均匀降量,保持平稳操作。 119. × 正确答案:装置停车降量过程蒸汽发生器需要逐步减少软化水量,保持液面稳定。 120. √ 121. × 正确答案:装置停车降温时,侧线产品应联系调度改往不合格罐。 122. × 正确答案:装置停车降量、降温时,为控制平稳三塔液面,根据温度变化可适当提高侧线泵及回流泵流量,尽快拿空集油箱。 123. × 正确答案:装置停车,塔顶汽油回流罐超压时,可以通过放空线进行泄压。 124. √ 125. × 正确答案:装置停车时,停中段回流的次序是自下而上。 126. × 正确答案:装置熄火后,加热炉真空瓦斯嘴必须进行吹扫。 127. √ 128. × 正确答案:装置停车停真空泵时,先关真空泵入口阀,再关抽真空蒸汽。 129. × 正确答案:装置停车退油时,退净油后应及时停泵防止抽空。 130. × 正确答案:容器所装介质为气体的,必须吹扫干净,降温降压合格后再打开人孔。 131. × 正确答案:装置停车时,加热炉熄火后,渣油冷却器出口改循环继续降温。 132. √ 133. √ 134. × 正确答案:同一台泵,在不同的工况下具有不同的比转数。 135. √ 136. √ 137. √ 138. √ 139. √ 140. × 正确答案:电脱盐罐中电极板的作用是在电极板间形成均匀电场。 141. × 正确答案:通过关小混合阀可以提高电脱盐原油的混合强度。 142. × 正确答案:电脱盐罐进罐温度高,有利于脱盐脱水,但不宜超过150℃。 143. × 正确答案:常减压蒸馏装置常用的软垫片一般以石棉为主体配以橡胶等材料制造而成。 144. √ 145. × 正确答案:一般情况下,处理较大密度原油时,要将混合阀的压差调大。 146. √ 147. √ 148. √ 149. ×

正确答案:离心泵发生汽蚀现象,机泵流量会下降。 150. × 正确答案:当要启动活塞式压缩机时,为了减少电动机的启动电流,应采用零负荷控制。 151. × 正确答案:型号为 XP-316-A 的可燃气体报警仪是一种抽吸式报警仪。 152. × 正确答案:在使用便携式硫化氢报警仪时,不能快速移动报警仪,这样才能得到全面准确的判断。 153. √ 154. × 正确答案:机泵抽空时,会损坏叶轮及轴封元件。 155. √ 156. √ 157. × 正确答案:离心泵盘车不动时,不可以启动电动机。 158. √ 159. × 正确答案:若处理量及油品不变而炉膛温度及入炉压力均升高则可初步判断炉管已结焦。 160. × 正确答案:启动鼓风机前应全关进口蝶阀。 161. × 正确答案:机泵润滑油含少量的水分会影响轴承的润滑。 162. × 正确答案:输送易燃易爆介质的工业管道外部检查时必须定期检查防静电接地电阻,其中管道对地电阻不得大于 100Ω。 163. √ 164. × 正确答案:离心泵正常运转时,滑动轴承温度应不大于 65℃。 165. × 正确答案:电动机外壳温度升高有多种原因,但电动机长时间超负荷运行会引起温度升高。 166. × 正确答案:离心泵正常运转时,对于转速为 3000r/min 的轴承其振动值应不大于 0.06mm。 167. √ 168. × 正确答案:换热器内漏可以从压力低一侧油品颜色变化作判断。 169. × 正确答案:加热炉炉管结焦时炉管外表面变暗红有灰斑,可以进行结焦的初步判断。 170. √ 171. × 正确答案:初馏塔进料带水定会造成塔顶压力上升。 172. × 正确答案:初馏塔底液面计失灵时其指示值不准确。 173. √ 174. × 正确答案:蒸汽喷射器喘气一般是由于蒸汽压力低造成的。 175. × 正确答案:原油进初馏塔温度低的原因之一是原油含水量大。 176. √ 177. × 正确答案:净化风中断会使分开阀自动关闭。 178. × 正确答案:正常生产中,系统停蒸汽,装置将不能维持生产。 179. √ 180. √ 181. × 正确答案:加热炉冒黑烟是由于燃烧不完全造成的。 182. √ 183. √ 184. × 正确答案:正常生产中,循环水压力降低不会对常压塔操作压力有直接影响。 185. √ 186. √ 187. × 正确答案:加热炉炉膛各点温度差别较大时应调小燃烧火焰较长的火嘴。 188. √ 189. × 正确答案:换热器因为憋压而泄漏,应立即打开副线泄压。 190. × 正确答案:低压瓦斯带液严重的主要原因是塔顶冷后温度高。 191. × 正确答案:当电脱盐电极棒击穿,需将该电脱盐罐切出,退油后更换电极棒。 192. √ 193. × 正确答案:正常生产中,如常压炉炉管漏油严重着大火时,应按紧急停车处理。 194. × 正确答案:塔顶空冷器发生漏油,应立即将该空冷器切除。 195. × 正确答案:机泵抱轴主要是由于机泵润滑不好而引起的。 196. √ 197. √ 198. × 正确答案:加热炉火嘴在点火时点不着,可调小挡板。 199. × 正确答案:若燃料气带液导致加热炉烟囱冒大量黑烟,应立即降低燃料气用量,打开风门,燃料气脱液。 200. √ 201. × 正确答案:装置停电后恢复来电,应首先启动塔底泵。 202. √ 203. × 正确答案:停用的汽油管线因憋压造成泄漏,禁止打开放空阀排放泄压。 204. √ 205. √ 206. √ 207. × 正确答案:电动机装了短路保护和过载保护后由报警信号通过继电接触器紧急切断电源就能避免烧电动机事故的发生。 208. × 正确答案:高温机泵泄漏着火应立即停泵。

附 录

附录1　职业技能等级标准

1. 工种概述

1.1　专业名称

原油蒸馏工。

1.2　工种名称

常减压蒸馏装置操作工。

1.3　工种代码

6-10-01-01-02。

1.4　工种定义

以原油为原料,通过初馏、常压蒸馏、减压蒸馏,分馏出气体、汽油、煤油、柴油等中间产品及可作润滑油原料或加氢裂化、催化裂化原料的各种中间馏分的人员。

1.5　工作内容概述

(1)操作电脱盐等相关设备,按工艺要求对原油进行脱盐、脱水。

(2)操作换热器、加热炉、机泵等相关设备,按工艺要求将原油输转加热到一定温度。

(3)操作初馏塔、常压分馏塔、减压分馏塔等相关设备,按工艺要求分离出产品。

(4)操作专用蒸汽发生器等设备,按工艺要求平衡好热量。

(5)操作仪表及自动控制系统,进行必要的开工、停工和事故判断及应急处理,保持安全、环保、连续生产。

1.6　适用范围

常压蒸馏、减压蒸馏各岗位。

1.7　工种等级

本工种共设五个等级,分别为:初级(五级)、中级(四级)、高级(三级)、技师(二级)、高级技师(一级)。

1.8　工作环境

室外且大部分时间在常温下工作,工作场所中会存在一定的油品蒸汽、化学试剂、烟尘、有害气体和噪声,部分岗位为室内作业。

1.9 工种能力特征

身体健康，具有一定的学习理解和表达能力，四肢灵活，动作协调，听、嗅觉较灵敏，视力良好，具有分辨颜色的能力。

1.10 基本文化程度

高中毕业（或同等学力）。

1.11 培训要求

初级技能不少于120标准学时；中级技能不少于180标准学时；高级技能不少于210标准学时；技师不少于180标准学时；高级技师不少于180标准学时。

1.12 鉴定要求

1.12.1 适用对象

（1）新入职完成本职业（工种）培训内容，经考核合格的操作技能人员；

（2）在操作技能岗位工作的人员；

（3）其他需要鉴定的人员。

1.12.2 申报条件

具备以下条件之一者可申报初级工：

（1）新入职完成本职业（工种）培训内容，经考核合格人员。

（2）从事本工种工作1年及以上的人员。

具备以下条件之一者可申报中级工：

（1）从事本工种工作5年以上，并取得本职业（工种）初级工职业技能等级证书。

（2）各类职业、高等院校大专及以上毕业生从事本工种工作3年及以上，并取得本职业（工种）初级工职业技能等级证书。

具备以下条件之一者可申报高级工：

（1）从事本工种工作14年以上，并取得本职业（工种）中级工职业技能等级证书的人员。

（2）各类职业、高等院校大专及以上毕业生从事本工种工作5年及以上，并取得本职业（工种）中级工职业技能等级证书的人员。

技师需取得本职业（工种）高级工职业技能等级证书3年以上，工作业绩经企业考核合格的人员。

高级技师需取得本职业（工种）技师职业技能等级证书3年以上，工作业绩经企业考核合格的人员。

1.12.3 鉴定方式

分理论知识考试和操作技能考核。理论知识考试采用闭卷笔试方式为主，推广无纸化考试形式；操作技能考核采用现场操作、模拟操作、实际操作笔试等方式。理论知识考试和操作技能考核均实行百分制，成绩皆达60分以上（含60分）者为合格。技师、高级技师还需进行综合评审,综合评审包括技术答辩和业绩考核。综合评审成绩是技术答辩和业绩考核两部分的平均分。

1.12.4 鉴定时间

理论知识考试90分钟;操作技能考核不少于60分钟;综合评审的技术答辩时间40分钟(论文宣读20分钟,答辩20分钟)。

2. 基本要求

2.1 职业道德

(1)遵规守纪,按章操作;
(2)爱岗敬业,忠于职守;
(3)认真负责,确保安全;
(4)刻苦学习,不断进取;
(5)团结协作,尊师爱徒;
(6)谦虚谨慎,文明生产;
(7)勤奋踏实,诚实守信;
(8)厉行节约,降本增效。

2.2 基础知识

2.2.1 石油及油品基础知识

(1)石油的分类和组成;
(2)石油产品的性质及评价。

2.2.2 常减压装置概况

(1)常减压工艺、原料、产品;
(2)辅助设施和材料。

2.2.3 无机化学基础知识

(1)基本概念和定律;
(2)溶解与溶液;
(3)热力学基础知识;
(4)石油天然气生产中常见单质及化合物。

2.2.4 有机化学基础知识

(1)有机化合物的分类、命名和结构;
(2)烃和烃的衍生物。

2.2.5 单元操作基础知识

(1)流体流动与输送;
(2)传热;
(3)蒸馏。

2.2.6　炼油机械与设备

(1)化工机械常用材料和零件；

(2)转动设备；

(3)静止设备；

(4)设备润滑；

(5)设备密封与密封材料；

(6)设备腐蚀与腐蚀防护；

(7)设备维护。

2.2.7　制图与识图

(1)机械制图基础知识；

(2)管道、设备图的识读。

2.2.8　计量基础知识

(1)计量单位；

(2)计量检测设备。

2.2.9　安全环保基础知识

(1)防火防爆；

(2)安全用电；

(3)危险化学品；

(4)职业卫生与劳动防护；

(5)作业许可证制度；

(6)HSE 管理；

(7)防冻、防凝知识；

(8)法律常识；

(9)技师控制知识。

2.2.10　计算

(1)产率、收率的概念及计算；

(2)装置成本、物耗与能耗计算；

(3)加热炉计算。

2.2.11　计算机和管理基础知识

(1)常用办公软件；

(2)管理知识；

(3)公文写作知识。

3. 工作要求

3.1 初级

职业功能	工作内容	技能要求	相关知识
一、工艺操作	(一)开车准备	1. 能根据指令改通开车流程； 2. 能使用开车所需工器具； 3. 能使用蒸汽、氮气、水和风等介质； 4. 能完成排污、脱水等操作，能配合油品采样； 5. 能协助完成装置气密、吹扫、加热炉点火等操作； 6. 能投用蒸汽伴热线； 7. 能增、减火嘴数量，调节炉温、炉膛负压、烟气氧含量	1. 装置流程； 2. 原料、产品及公用工程介质的物理、化学性质； 3. 岗位操作法； 4. 装置开车吹扫、气密方案； 5. 油品及烟气采样注意事项； 6. 加热炉火嘴的类型和结构
	(二)开车操作	1. 能操作抽真空系统； 2. 能配制化工助剂	1. 抽真空系统注意事项及原理； 2. 化工助剂的性质及配制方法
	(三)正常操作	1. 能完成日常的巡回检查； 2. 能规范填写相关记录； 3. 能改动常用工艺流程； 4. 能发现异常工况并汇报处理； 5. 能检查核对现场压力、温度、液(界)位、阀位等； 6. 能改控制阀副线； 7. 能投用炉管除灰系统设施	1. 巡检内容及制度； 2. 工艺指标； 3. 加热炉除灰系统操作步骤
	(四)停车操作	1. 能按指令吹扫简单的工艺系统； 2. 能停运简单动、静设备； 3. 能灭加热炉火嘴； 4. 能使用装置配备的各类安全防护器材	1. 安全、环保、消防器材使用知识； 2. 吹扫方案； 3. “三废”排放标准
二、设备使用与维护	(一)使用设备	1. 能根据工艺要求调节阀门开度； 2. 能开、停离心泵等简单动设备； 3. 能操作空冷器等冷换设备； 4. 能投用液位计、安全阀、压力表等； 5. 能看懂设备铭牌； 6. 能使用硫化氢、可燃气体报警仪； 7. 能投用疏水器； 8. 能合理调节加热炉油门、气门、风门和烟道挡板； 9. 能操作注剂系统机泵并调节流量； 10. 能操作气动阀与电动阀； 11. 能调节加热炉燃烧器	1. 不同型号阀门结构、性能、特点； 2. 泵的类型结构、原理、性能； 3. 液位计、安全阀、压力表等的使用知识； 4. 硫化氢、可燃气体报警仪操作说明； 5. 注剂系统机泵的特性及工作原理； 6. 气动阀、电动阀的工作原理及操作方法
	(二)维护设备	1. 能完成机泵的盘车操作； 2. 能添加和更换机泵的润滑油； 3. 能完成设备、管线日常检修的监护工作； 4. 能做好机泵、管线的防冻防凝工作； 5. 能确认机泵检修的隔离和动火条件； 6. 能更换压力表、温度计和液位计等	1. 设备常用润滑油(脂)的规格、品种和使用规定； 2. 机泵的润滑知识； 3. 机泵盘车规定； 4. 防冻防凝方案

续表

职业功能	工作内容	技能要求	相关知识
三、事故判断与处理	（一）判断事故	1. 能判断现场机泵、管线、法兰泄漏等一般事故； 2. 能发现主要运行设备超温、超压、超电流等异常现象	1. 设备运行参数； 2. 装置生产特点及危害性
	（二）处理事故	1. 能使用消防器材扑灭初期火灾； 2. 能使用气防器材进行急救和自救； 3. 能处理简单跑、冒、滴、漏事故； 4. 能报火警，打急救电话； 5. 能协助处理装置停原料、水、蒸汽、电、风、燃料等各类突发事故； 6. 能处理普通离心泵的抽空、泄漏事故； 7. 能处理界位、液位等仪表指示失灵事故； 8. 能处理注剂系统注入中断事故	1. 跑、冒、滴、漏事故处理方法； 2. 消防、气防知识； 3. 消防、气防报警程序； 4. 现场急救知识； 5. 机泵密封知识； 6. 液位计、界位计测量原理； 7. 注剂系统工艺流程
四、绘图与计算	（一）绘图	1. 能绘制本岗位工艺流程图和装置原则流程图； 2. 能识读设备简图	绘图方法
	（二）计算	1. 能完成常用单位的换算； 2. 能计算化工助剂的加入量	常用单位换算知识

3.2 中级

职业功能	工作内容	技能要求	相关知识
一、工艺操作	（一）开车准备	1. 能引水、汽、风等介质进装置； 2. 能改开车流程； 3. 能做好系统隔离操作； 4. 能完成加热炉点火操作； 5. 能配合仪表工对联锁、控制阀阀位进行确认； 6. 能看懂化验单内容； 7. 能投用空气预热器，开、停鼓风机、引风机	1. 全装置工艺流程； 2. 开车方案； 3. 系统隔离注意事项； 4. 一般工艺、设备联锁知识； 5. 空气预热器投用方法
	（二）开车操作	1. 能投用电脱盐系统； 2. 能投用重沸器； 3. 能操作蒸汽发生器； 4. 能投用机泵封油系统； 5. 能完成油品的开、闭路循环操作； 6. 能完成减顶水封罐的投用操作	1. 电脱盐及注剂操作法； 2. 重沸器投用方法； 3. 低压蒸汽发生器投用方法； 4. 封油系统流程； 5. 减顶水封罐工作原理及操作方法
	（三）正常操作	1. 能配制与加入常用助剂； 2. 能完成产品质量的调节； 3. 能运用常规仪表、DCS 操作站对工艺参数进行常规调节； 4. 能判断电脱盐罐内原油乳化现象	1. 常规仪表知识； 2. DCS 操作一般知识； 3. 常用助剂的性质与作用； 4. 原油乳化的判断及乳化层厚度确定方法
	（四）停车操作	1. 能完成降温降量操作； 2. 能停用大型机泵；3. 能停用加热炉； 4. 能配合完成烘炉的配汽操作； 5. 能置换、退净设备、管道内的物料并完成吹扫工作	1. 烘炉原理及方案； 2. 停车方案

续表

职业功能	工作内容	技能要求	相关知识
二、设备使用与维护	(一)使用设备	1. 能开、停、切换常用机泵等设备; 2. 能使用测速、测振、测温等仪器; 3. 能完成重油、热油泵的预热及相关操作; 4. 能投用塔、罐、冷换、加热炉等设备; 5. 能完成电脱盐系统混合阀压降的调节操作	1. 机泵的操作方法; 2. 机泵预热要点; 3. 测速、测振、测温等仪器使用方法; 4. 加热炉操作法; 5. 混合阀压降的调节方法
	(二)维护设备	1. 能对机泵、加热炉、阀门等进行常规的维护保养; 2. 能完成机组检修前后的氮气置换操作; 3. 能判断机泵运行故障并作相应的处理; 4. 能做好设备的润滑工作	1. 设备完好标准; 2. 设备密封知识; 3. 润滑油管理制度
三、事故判断与处理	(一)判断事故	1. 能现场判断阀门、机泵、加热炉等运行常见故障; 2. 能判断反应器、罐、冷换设备等压力容器的泄漏事故; 3. 能判断冲塔、窜油等常见事故; 4. 能判断一般性着火事故的原因; 5. 能判断一般产品质量事故	1. 冷换设备等压力容器的结构及使用条件; 2. 阀门、机泵常见故障判断方法
	(二)处理事故	1. 能按指令处理装置停原料、水、电、气、风、蒸汽、燃料等突发事故; 2. 能处理加热炉、机泵等常见设备故障; 3. 能完成紧急停机、停炉操作; 4. 能处理冲塔、窜油等事故; 5. 能处理装置一般性着火事故; 6. 能处理 H_2S 等中毒事故; 7. 能协助处理仪表、电气事故; 8. 能处理一般产品质量事故; 9. 能处理减压系统泄漏事故	1. CO、H_2S 中毒机理及救护知识; 2. 仪表、电气一般知识; 3. 紧急停车方案; 4. 减压系统泄漏的判断方法
四、绘图与计算	(一)绘图	1. 能绘制装置工艺流程图; 2. 能识读设备结构简图	设备简图知识
	(二)计算	1. 能计算收率、回流比等; 2. 能完成班组经济核算; 3. 能完成简单物料平衡计算	1. 收率、回流比等的基本概念、意义; 2. 班组经济核算方法; 3. 物料平衡计算方法

3.3 高级

职业功能	工作内容	技能要求	相关知识
一、工艺操作	(一)开车准备	1. 能引入燃料、原料等开车介质; 2. 能安排开车流程的更改; 3. 能完成装置开车吹扫、气密等操作; 4. 能投用和切除工艺联锁; 5. 能完成化工原材料的准备工作	1. 工艺联锁操作法; 2. 清洁生产基本知识
	(二)开车操作	1. 能完成原油的循环升温操作; 2. 能完成加热炉烘炉操作; 3. 能投用复杂控制系统; 4. 能根据脱盐率情况对电脱盐系统进行调整	1. 加热炉烘炉操作步骤; 2. 复杂控制回路及投用知识; 3. 脱盐率的计算方法

续表

职业功能	工作内容	技能要求	相关知识
一、工艺操作	（三）正常操作	1. 能操作常规仪表、DCS操作站； 2. 能根据原料性质的变化调节工艺参数； 3. 能根据分析结果控制产品质量； 4. 能处理各种扰动引起的工艺波动； 5. 能调节PID参数； 6. 能投用联锁系统； 7. 能协调各岗位的操作	1. DCS操作知识； 2. 产品质量标准； 3. APC（先进过程控制）基本知识； 4. 仪表PID知识
	（四）停车操作	1. 能完成停车装置的吹扫工作； 2. 能按照曲线控制升温曲线并能完成烘炉操作； 3. 能按标准验收已吹扫完毕的设备、管道； 4. 能完成防硫化亚铁自燃的钝化操作； 5. 能通过常规仪表、DCS操作站控制停车速度	1. 加热炉烘炉操作步骤； 2. 硫化亚铁钝化原理
二、设备使用与维护	（一）使用设备	1. 能完成抽真空系统的开、停运操作； 2. 能完成热油泵的预热、切换等操作	1. 抽真空系统的开、停运步骤； 2. 高温热油泵预热、切换操作要点
	（二）维护设备	1. 能根据设备运行情况，提出维护措施； 2. 能配合验收检修后动、静设备； 3. 能做好一般设备、管线交出检修前的安全确认工作	1. 设备维护保养制度； 2. 关键设备特级维护制度要点； 3. 设备验收知识
三、事故判断与处理	（一）判断事故	1. 能根据操作参数、分析数据判断质量事故； 2. 能判断大型机组运行故障； 3. 能判断各类仪表故障； 4. 能及时发现事故隐患； 5. 能判断冷换设备故障	大型机组结构及故障产生原因
	（二）处理事故	1. 能处理因仪表（包括DCS）故障、联锁引起的事故； 2. 能针对装置异常程度提出开、停建议； 3. 能处理产品质量事故； 4. 能提出消除事故隐患的建议； 5. 能处理冷换设备内漏引起的事故； 6. 能处理原油带水事故； 7. 能处理电脱盐系统超压事故； 8. 能处理加热炉炉管结焦、烧穿事故； 9. 能处理原油中断事故	1. 事故处理预案； 2. 报警联锁值； 3. 事故等级分类标准； 4. 原油带水处理方法； 5. 炉管结焦、烧穿处理方法
四、绘图与计算	（一）绘图	1. 能识读仪表联锁图； 2. 能绘制设备结构简图； 3. 能绘制工艺配管单线图	1. 工艺配管单线图知识； 2. 仪表联锁图知识
	（二）计算	1. 能完成简单热量平衡计算； 2. 能完成经济核算分析； 3. 能查油品数据图表	热量平衡的计算方法
五、培训与指导	培训与指导	1. 能指导初、中级操作人员进行操作； 2. 能协助培训初、中级操作人员	培训基本知识

3.4 技师

职业功能	工作内容	技能要求	相关知识
一、工艺操作	(一)开车准备	1. 能完成开车流程的确认工作； 2. 能完成开车化工原材料的准备工作； 3. 能按进度组织完成开车盲板的拆装操作； 4. 能组织做好装置开车介质的引入工作； 5. 能组织完成装置检修项目的验收； 6. 能按开车网络计划要求，组织完成装置吹扫、试漏工作； 7. 能参与装置开车条件的确认工作	1. 流程确认要求； 2. 安全环保的有关制度
	(二)开车操作	能根据开车网络安排，组织完成原油处理、循环、升温操作	原油处理、循环、升温操作要点
	(三)正常操作	1. 能优化操作工况，降低装置物耗、能耗； 2. 能指导装置的日常操作； 3. 能独立处理和解决技术难题； 4. 能根据上下游装置重大工况变化提出本装置的处理方案	1. 装置历年主要技术改造情况； 2. 工艺指标、产品质量指标的制定依据
	(四)停车操作	1. 能组织完成装置停车吹扫工作； 2. 能按进度组织完成停车盲板的拆装工作； 3. 能组织完成装置检修项目的验收； 4. 能控制并降低停车过程中的物耗、能耗	检修项目验收标准
二、设备使用与维护	(一)使用设备	1. 能处理复杂的设备故障； 2. 能组织设备的验收工作； 3. 能提出设备大修和改进意见； 4. 能落实设备的防冻防凝、防腐蚀等技术措施； 5. 能做好装置的防腐蚀工作； 6. 能完成封油系统的启停操作	1. 设备验收标准； 2. 设备检修内容、技术要求； 3. 常减压腐蚀机理与防腐技术； 4. 封油系统流程
	(二)维护设备	1. 能根据装置特点提出设备防腐措施； 2. 能根据设备运行中存在的问题提出大、中修项目及改进措施，并参与编制设备大修计划； 3. 能参与制定设备维护保养制度； 4. 能组织完成硫化亚铁钝化技术的实施工作； 5. 能检查确认紧急停车系统运行状况	1. 设备大、中修规范； 2. 设备防腐知识； 3. 硫化亚铁钝化技术； 4. 紧急停车系统原理及操作法
三、事故判断与处理	(一)判断事故	1. 能判断复杂事故； 2. 能组织复杂事故应急预案的演练	事故预案
	(二)处理事故	1. 能针对装置发生的各类事故，分析原因，提出预防措施； 2. 能在紧急情况下采取果断措施，防止事故扩大； 3. 能指挥处理减压塔泄漏事故； 4. 能指挥处理装置高温重油部位泄漏、着火等复杂事故	事故预案

续表

职业功能	工作内容	技能要求	相关知识
四、绘图与计算	(一)绘图	1. 能绘制技术改进简图； 2. 能识读一般零件图	1. 装置设计资料； 2. 零件图知识
	(二)计算	能完成一般的热量平衡和传质计算	
五、管理	(一)质量管理	1. 能组织 QC 小组开展质量攻关活动； 2. 能按质量管理体系要求指导生产	1. 全面质量管理方法； 2. 质量管理体系运行要求
	(二)生产管理	1. 能组织、指导班组进行经济核算和经济活动分析； 2. 能应用统计技术对生产工况进行分析； 3. 能参与装置的标定工作	1. 工艺技术管理规定； 2. 统计基础知识
	(三)编写技术文件	1. 能撰写生产技术总结； 2. 能参与编写装置开、停车方案	1. 技术总结撰写方法； 2. 装置开、停车方案编写方法
	(四)技术改进	能参与技措、技改项目的实施	国内同类装置常用技术应用信息
六、培训与指导	培训与指导	1. 能培训初、中、高级操作人员； 2. 能传授特有的操作经验和技能	教案编写方法

3.5 高级技师

职业功能	工作内容	技能要求	相关知识
一、工艺操作	(一)开车准备	1. 能编写、审核开车方案及网络计划； 2. 能组织确认装置开车条件	开、停车网络计划及方案的编写、审核要求
	(二)开车操作	1. 能指挥新装置开车； 2. 能指导同类装置的试车、投产工作	开、停车网络计划及方案的编写、审核要求
	(三)正常操作	1. 能解决同类装置的工艺技术难题； 2. 能对生产工况进行指导优化	开、停车网络计划及方案的编写、审核要求
	(四)停车操作	能指导同类装置的停车检修工作	开、停车网络计划及方案的编写、审核要求
二、设备使用与维护	(一)使用设备	1. 能分析各类设备的使用情况并提出操作改进意见； 2. 能对设备的安装、调试提出建议	1. 设备安装、调试的有关知识； 2. 各类设备腐蚀机理及防腐措施
	(二)维护设备	1. 能根据原料和工艺条件的变化提出装置防腐措施； 2. 能完成重要设备、管线等工况安全的确认工作	1. 设备安装、调试的有关知识； 2. 各类设备腐蚀机理及防腐措施
三、事故判断与处理	事故判断与处理	1. 能判断并处理工艺、设备等疑难故障； 2. 能对国内外同类装置的事故原因进行分析	同类装置事故典型案例
四、绘图与计算	(一)绘图	能参与审定技术改造图	工艺设计规范
	(二)计算	能完成较复杂的热量平衡和传质传热计算	工艺设计规范

续表

职业功能	工作内容	技能要求	相关知识
五、管理	(一)质量管理	能提出产品质量的改进方案并组织实施	质量管理知识
	(二)生产管理	1. 能组织实施节能降耗措施; 2. 能参与装置经济活动分析	经济活动分析方法
	(三)编写技术文件	1. 能撰写技术论文; 2. 能参与制定各类生产方案; 3. 能参与制定岗位操作法和工艺技术规程; 4. 能参与编制装置标定方案; 5. 能参与编制重大、复杂的事故处理预案	1. 技术论文撰写方法; 2. 标定报告、技术规程等编写格式
	(四)技术改进	1. 能组织技术改造和技术革新; 2. 能参与重大技术改造方案的审定	国内外同类装置工艺、设备、自动化控制等方面的技术发展信息
六、培训与指导	培训与指导	1. 能系统讲授本职业相应模块的基本知识,并能指导学员的实际操作; 2. 能制订本职业相应模块的培训班教学计划、大纲; 3. 能合理安排教学内容,选择适当的教学方式	培训计划、大纲的编写方法

4. 比重表

4.1 理论知识

项目		初级(%)	中级(%)	高级(%)	技师、高级技师(%)
基本要求	基础知识	34	26	22	23
相关知识	开车准备	5	4	3	4
	开车操作	7	8	8	6
	正常操作	16	18	20	20
	停车操作	5	7	6	6
	设备使用	11	10	10	11
	设备维护	6	7	8	3
	事故判断	6	8	11	10
	事故处理	10	12	9	13
	绘图	0	0	1	1
	计算	0	0	2	3
合计		100	100	100	100

4.2 技能操作

项目		初级(%)	中级(%)	高级(%)	技师(%)	高级技师(%)
技能要求	开车准备	8	4	4	4	4
	开车操作	12	12	12	20	8
	正常操作	24	20	12	16	12
	停车操作	12	12	12	8	4
	设备维护	8	8	8	8	4
	设备使用	12	12	12	12	8
	事故判断	12	16	16	12	30
	事故处理	12	16	24	20	30
合计		100	100	100	100	100

附录2 初级工理论知识鉴定要素细目表

行为领域	代码	鉴定范围	鉴定比重(%)	代码	鉴定点	重要程度	备注
基础知识A 34%(29:9:6)	A	安全环保基础知识	4	001	高处作业的防护措施	Y	
				002	用火作业安全知识	Y	上岗要求
				003	能量隔离安全知识	Y	
				004	进入受限空间作业安全知识	X	
				005	空气呼吸器的使用方法	X	上岗要求
				006	报火警的程序	X	上岗要求
				007	火场逃生知识	X	上岗要求
	B	计算机基础知识	1	001	Word文档的录入与排版方法	Z	
	C	法律常识	1	002	劳动者的休息休假制度	Z	
	D	化学基础知识	3	001	硫化氢的性质	X	
				002	硫化亚铁的物化性质	X	
				003	氢气的性质	Z	
				004	氮气的性质	Z	
				005	过热蒸汽的概念	X	
	E	石油及油品基础知识	5	001	石油的一般性质	X	
				002	石油中硫的分布	Y	
				003	油品的蒸气压	X	
				004	油品的密度	X	
				005	油品黏度与温度的关系	X	
				006	油品的闪点	X	
				007	油品的凝点	X	
	F	化工基础知识	8	001	泡点的概念	X	
				002	露点的概念	Y	
				003	沸点的概念	Y	
				004	填料的作用	X	
				005	精馏段的概念	Y	
				006	提馏段的概念	X	
				007	蒸馏的概念	Y	
				008	回流比的概念	X	

续表

行为领域	代码	鉴定范围	鉴定比重(%)	代码	鉴定点	重要程度	备注
基础知识 A 34% (29：9：6)	G	炼油机械与设备	8	001	常见泵的种类	X	
				002	离心泵的工作原理	X	上岗要求
				003	离心泵的主要性能参数	X	上岗要求
				004	换热器的种类	Y	
				005	安全附件的种类	X	
				006	常用阀门的种类	X	
				007	密封的概念	X	
				008	润滑的概念	X	
	H	电工基础知识	1	001	防触电常识	Z	
				002	装置电气设备灭火常识	Z	
	I	仪表基础知识	3	001	常用控制阀的分类	X	上岗要求
				002	压力测量仪表的分类	X	
				003	流量测量仪表的分类	X	
				004	温度测量仪表的分类	X	
				005	控制阀的风开风关原则	X	上岗要求
相关知识 B 66% (127：24：8)	A	开车准备	5	001	开车前机泵电动机试验的要点	X	
				002	装置开工的基本条件	X	
				003	“四不开工”的原则	Z	
				004	蒸汽使用的注意事项	X	
				005	装置贯通试压的目的	X	
				006	装置分段试压的目的	X	
				007	开车前抽真空试验的目的	X	上岗要求
				008	开车前装置收汽油的目的	Z	
				009	开车前装置收封油的目的	X	
				010	开车前装置收馏分油的目的	X	
	B	开车操作	7	001	装置开路循环的目的	X	
				002	装置开路循环的流程	X	上岗要求
				003	装置冷循环的目的	X	
				004	装置冷循环的操作要点	X	上岗要求
				005	装置恒温脱水的目的	Y	
				006	装置恒温脱水的操作要点	X	上岗要求
				007	装置设备热紧的目的	X	
				008	装置设备热紧的操作要点	X	
				009	抽真空的原理	X	
				010	抽真空系统的投用要点	X	上岗要求

续表

行为领域	代码	鉴定范围	鉴定比重(%)	代码	鉴定点	重要程度	备注
相关知识 B 66% (127:24:8)	B	开车操作	7	011	加热炉点火的必备条件	X	上岗要求
				012	点火前炉膛吹扫的标准	X	上岗要求
				013	点火前吹扫瓦斯管线的目的	Y	
				014	点火前燃料油循环的目的	Z	
	C	正常操作	16	001	原油电脱盐的原理	X	上岗要求
				002	电脱盐典型的工艺流程	Y	
				003	原油电脱盐注水的作用	X	上岗要求
				004	原油电脱盐注破乳剂的作用	X	上岗要求
				005	塔顶注中和胺的作用	X	上岗要求
				006	塔顶注缓蚀剂的作用	X	上岗要求
				007	塔顶注水的作用	X	上岗要求
				008	塔顶冷回流的作用	X	上岗要求
				009	中段回流的作用	X	
				010	电脱盐设备的作用	Y	
				011	原油电脱盐油水界位对生产操作的影响	X	上岗要求
				012	塔顶压力的影响因素	X	上岗要求
				013	塔顶温度的影响因素	X	上岗要求
				014	塔底液面的影响因素	X	
				015	油水分液罐油位的控制要求	X	
				016	油水分液罐油水界位的控制要求	X	上岗要求
				017	加热炉总出口温度的控制要求	Y	上岗要求
				018	加热炉炉膛温度的控制要求	Y	上岗要求
				019	减压塔顶真空度的控制要求	X	上岗要求
				020	电脱盐温度的控制要求	X	上岗要求
				021	塔底吹汽的目的	X	
				022	减压炉管注汽的目的	X	
				023	加热炉火嘴调节的要求	X	上岗要求
				024	塔顶注中和剂的调节要点	Y	
				025	塔顶注缓蚀剂的调节要点	Y	
				026	塔顶注水的调节要点	X	
				027	油品的采样方法	X	上岗要求
				028	烟气的采样方法	X	上岗要求
				029	初馏塔设置的目的	Y	
				030	初、常顶产品的用途	Z	
				031	减压侧线产品的用途	Z	
				032	减压渣油产品的用途	Z	

续表

行为领域	代码	鉴定范围	鉴定比重(%)	代码	鉴定点	重要程度	备注
相关知识B 66%（127：24：8）	D	停车操作	5	001	瓦斯管线的置换方法	X	上岗要求
				002	轻油(汽煤油)管线的吹扫方法	Y	上岗要求
				003	重油管线的吹扫方法	X	上岗要求
				004	换热器的吹扫方法	X	上岗要求
				005	冷却器的吹扫方法	X	上岗要求
				006	加热炉降温的方法	X	上岗要求
				007	加热炉熄瓦斯嘴的方法	X	
				008	加热炉熄火后燃料油线的处理要点	X	
				009	停工前工艺流程的调整	X	
				010	停车过程机泵的调节方法	X	上岗要求
	E	设备使用	11	001	加热炉“三门一板”的概念	X	
				002	加热炉“三门一板”的作用	X	上岗要求
				003	设备管理“四懂三会”的内容	X	上岗要求
				004	计量泵的结构	Z	
				005	计量泵流量的调节方法	X	
				006	机械密封的作用	X	
				007	联轴器的作用	X	
				008	离心泵的主要运行指标	X	上岗要求
				009	机泵冷却的作用	X	
				010	电动阀的调节方法	X	
				011	离心泵反转的原因	X	
				012	机泵密封泄漏的标准	X	上岗要求
				013	高温离心泵密封预热的意义	X	
				014	机泵盘车的规定	X	
				015	润滑油“五定”的概念	X	
				016	机泵润滑油定量的意义	X	
				017	气动阀的调节方法	X	上岗要求
				018	闸阀的作用	Y	
				019	截止阀的作用	X	
				020	疏水阀的作用	X	
				021	安全阀的作用	X	上岗要求
				022	升降式止回阀的结构	X	
				023	吹灰器的作用	X	
				024	烟囱的作用	X	
				025	闸阀的特点	X	

续表

行为领域	代码	鉴定范围	鉴定比重(%)	代码	鉴 定 点	重要程度	备注
相关知识 B 66% (127:24:8)	E	设备使用	11	026	截止阀的特点	Y	
				027	疏水阀的特点	Z	
				028	安全阀的特点	Y	
				029	压力表的种类	Y	
				030	阻火器的概念	Y	
				031	压力表的作用	Y	
				032	压力表的使用依据	Y	上岗要求
				033	离心泵开泵的注意要点	X	上岗要求
				034	离心泵切换的注意要点	X	上岗要求
				035	离心泵停泵的注意要点	X	上岗要求
				036	计量泵开泵的注意要点	X	
				037	计量泵停泵的注意要点	X	
				038	真空泵开泵的注意要点	X	上岗要求
				039	真空泵停泵的注意要点	X	上岗要求
				040	机泵预热的要点	X	上岗要求
				041	烟道挡板调节的要求	X	上岗要求
				042	空气预热器的作用	X	
				043	机泵润滑油更换的方法	X	
	F	设备维护	6	001	电动机正常运转时的检查要点	Y	
				002	润滑油(脂)的作用	Y	
				003	润滑油“三级过滤”的注意要点	X	
				004	机泵完好标准	X	上岗要求
				005	保温的常识	X	
				006	温度测量仪表的种类	X	
				007	液位测量仪表的种类	X	
				008	更换压力表的注意事项	X	
				009	机泵冷却的方法	Y	
				010	机泵冷却的注意事项	X	
				011	热油泵停运降温的注意事项	X	
				012	机泵停工检修前准备工作的要点	X	
				013	机泵盘车的作用	X	上岗要求
				014	封油的作用	X	
				015	润滑油变质的判断方法	X	上岗要求
	G	事故判断	6	001	电脱盐罐超压的现象	X	
				002	机泵抽空的现象	X	

续表

行为领域	代码	鉴定范围	鉴定比重(%)	代码	鉴定点	重要程度	备注
相关知识 B 66% (127：24：8)	G	事故判断	6	003	加热炉鼓风机突然停机的现象	Y	
				004	管线设备冻凝的现象	X	
				005	燃料气中断的现象	X	
				006	电脱盐罐超压的原因	X	
				007	塔顶回流带水的现象	X	
				008	汽包给水中断的现象	X	
				009	电脱盐罐电极棒击穿的现象	X	
				010	机泵发生抱轴的现象	X	
				011	塔顶空冷风机突然停机的现象	X	
				012	加热炉回火的现象	X	
	H	事故处理	10	001	烟囱冒黑烟的处理方法	X	上岗要求
				002	蒸汽吹扫时发生水击现象的处理要点	X	
				003	塔顶回流带水的处理原则	X	
				004	管线设备冻凝的处理方法	X	上岗要求
				005	塔顶空冷风机突然停机的处理方法	X	
				006	电动机温度超标的处理方法	X	
				007	电动机电流超标的处理方法	X	
				008	装置汽包给水中断的处理原则	X	
				009	装置局部停电的处理原则	X	上岗要求
				010	装置全部停电的处理原则	Y	
				011	装置短时间停电的处理原则	X	上岗要求
				012	装置停循环水的处理原则	X	上岗要求
				013	装置停蒸汽的处理原则	Y	
				014	换热器出现内漏的处理方法	X	
				015	机泵振动超标的处理方法	X	上岗要求
				016	塔底泵抽空的处理方法	X	上岗要求
				017	调节阀故障切出的步骤	Y	上岗要求
				018	塔底液位指示失灵的处理要点	X	上岗要求
				019	燃料气中断的处理要点	X	
				020	水冷器泄漏的处理要点	X	上岗要求
				021	常压塔顶空冷器泄漏的处理要点	X	上岗要求
				022	热电偶漏油着火的处理要点	X	
				023	机泵密封漏油着火的处理要点	X	

附录3 初级工操作技能鉴定要素细目表

行为领域	代码	鉴定范围	鉴定比重	代码	鉴定点	重要程度	备注
操作技能A 100% (22：3：1)	A	开车准备	8	001	机泵启动前的准备	Z	上岗要求
				002	配合仪表工校对控制阀的操作	Y	上岗要求
	B	开车操作	12	001	原油泵的开泵操作	X	上岗要求
				002	增加瓦斯火嘴数量的操作	X	上岗要求
				003	电脱盐罐送电操作	X	上岗要求
	C	正常操作	24	001	机泵的巡检	X	上岗要求
				002	控制阀改副线的操作	X	上岗要求
				003	加热炉的吹灰操作	Y	上岗要求
				004	加热炉烟气采样操作	Y	上岗要求
				005	容器的巡检	X	上岗要求
				006	泵注封油的操作	X	上岗要求
	D	停车操作	12	001	加热炉停风机的操作	X	上岗要求
				002	开吹扫蒸汽的操作	X	上岗要求
				003	原油停注水的操作	X	上岗要求
	E	设备维护	8	001	运行泵润滑油质量的检查	X	上岗要求
				002	重油机泵的吹扫操作	X	上岗要求
	F	设备使用	12	001	离心泵的开泵操作	X	上岗要求
				002	空冷器的投用操作	X	上岗要求
				003	冷却器的投用操作	X	上岗要求
	G	事故判断	12	001	压力表失灵的判断	X	上岗要求
				002	阀门关不严的判断	X	上岗要求
				003	离心泵抽空的判断	X	上岗要求
	H	事故处理	12	001	使用蒸气灭火的操作	X	上岗要求
				002	过滤式防毒面具的使用	X	上岗要求
				003	塔顶油水分离罐界位高的处理	X	上岗要求
				004	压力表短节泄漏的处理	X	上岗要求

附录4 中级工理论知识鉴定要素细目表

行为领域	代码	鉴定范围	鉴定比重(%)	代码	鉴定点	重要程度
基础知识 A 26% (23∶22∶10)	A	记录填写基础知识	1	001	岗位交接班记录的填写要求	Y
				002	关键设备巡检记录的填写要求	Y
	B	安全环保基础知识	6	001	HSE危害的概念、危害因素	X
				002	防冻、防凝的知识	X
				003	职业病的概念	Y
				004	硫化氢的防护方法	X
				005	进入受限空间的作业程序	X
				006	高处作业的安全程序	X
				007	施工作业的安全程序	Y
				008	用火作业的安全程序	X
				009	临时用电的安全程序	X
				010	起重作业的安全程序	Y
				011	安全色的含义及用途	Y
				012	常见现场伤害的急救要点	X
	C	计算机基础知识	1	001	Word表格处理知识	Y
				002	Excel工作表的建立方法	Y
	D	化学基础知识	1	001	质量分数的概念	Y
				002	溶液摩尔分数的概念	Y
	E	石油及油品基础知识	3	001	石油中微量元素	Y
				002	油品的混合黏度	Y
				003	油品黏度与化学组成的关系	Y
				004	烃类的热容	Z
				005	油品的汽化热	Z
				006	油品的特性因数	Z
	F	化工基础知识	6	001	稳态流动流体的物料衡算	X
				002	动力学基本方程的应用	Z
				003	热负荷的基本概念	X
				004	强化传热的途径	Y
				005	蒸馏塔的物料衡算	X
				006	进料热状况对精馏操作的影响	Z

续表

行为领域	代码	鉴定范围	鉴定比重(%)	代码	鉴定点	重要程度
基础知识 A 26% (23：22：10)	F	化工基础知识	6	007	液泛的概念	X
				008	雾沫夹带的概念	X
				009	漏液产生的原因	X
				010	实现精馏的必要条件	X
				011	影响精馏操作的主要因素	X
				012	流体流动类型的判断	Z
	G	计量基础知识	1	001	A 级计量设备的种类	Z
				002	新物料计量表投用的步骤	Z
	H	炼油机械与设备	5	001	离心泵的基本结构	X
				002	机械密封结构	Y
				003	管壳式换热器的结构形式	Y
				004	加热炉的结构	X
				005	润滑管理常识	Y
				006	化学腐蚀的概念	X
				007	压力容器的概念	Z
				008	压力管道的概念	Z
				009	压力试验的作用	X
				010	离心泵汽蚀的概念	X
	I	电工基础知识	1	001	电气使用常识	Y
				002	防雷防静电的常识	X
				003	常用电动机型号含义	Y
	J	仪表基础知识	1	001	简单回路 PID 参数的概念	Y
				002	串级控制的概念	X
				003	分程控制的概念	Y
				004	联锁的基本概念	Y
相关知识 B 74% (125：26：2)	A	开车准备	4	001	装置蒸汽贯通试压的方法	Y
				002	试压期间的检查要点	Y
				003	开工前塔器的检查要点	Y
				004	抽真空气密试验的要点	Y
				005	开工前装置需要引进的介质	Y
				006	装置进油的条件	X
				007	装置开工的主要步骤	X
				008	原油系统蒸汽试压的方案	X
				009	工艺联锁的目的	X

续表

行为领域	代码	鉴定范围	鉴定比重(%)	代码	鉴定点	重要程度
相关知识 B 74% （125：26：2）	B	开车操作	8	001	开车时电脱盐系统的投用方案	X
				002	重沸器的投用方法	X
				003	蒸汽发生器的投用方法	X
				004	封油的投用方法	X
				005	减顶水封罐的投用方法	X
				006	减顶水封罐的工作原理	X
				007	开车时仪表操作的注意事项	Y
				008	进油退油时塔液面的操作要点	Y
				009	进油退油时间的判断依据	X
				010	恒温脱水完成的判断依据	X
				011	点火时“三门一板”的调节方法	X
				012	塔底开汽提蒸汽的方法	X
				013	常压开侧线后的调整要点	X
				014	加热炉火嘴的调节方法	Y
				015	电脱盐罐启用前的检查	Y
				016	防止换热器泄漏的措施	X
	C	正常操作	18	001	混合原油对电脱盐的影响	Y
				002	电脱盐注水点对脱盐效果的影响	X
				003	电脱盐二级水回注一级的目的	Y
				004	电脱盐正常操作时的注意事项	X
				005	电脱盐混合器对脱盐效果的影响	X
				006	塔顶循环回流温度对塔顶温度的影响	X
				007	塔顶循环回流量对塔顶温度的影响	X
				008	塔顶冷回流量对塔顶温度的影响	Y
				009	初侧线的控制方法	X
				010	初馏塔的物料平衡分析	X
				011	初馏塔顶温度对产品质量的影响	X
				012	常减压蒸馏装置的腐蚀机理	X
				013	原油电脱盐油水界位的调节要点	X
				014	塔顶压力的调节方法	X
				015	塔顶温度的调节方法	X
				016	塔底液面的调节方法	X
				017	油水分液罐油位的调节方法	X
				018	油水分液罐油水界位的调节方法	X

续表

行为领域	代码	鉴定范围	鉴定比重(%)	代码	鉴 定 点	重要程度
相关知识 B 74% (125 : 26 : 2)	C	正常操作	18	019	馏分油作为二次加工装置原料的要求	X
				020	多管程加热炉防止偏流的措施	X
				021	过汽化率对装置生产的影响	X
				022	加热炉进料调节阀的选用形式	X
				023	初馏塔顶压力对产品质量的影响	X
				024	塔底吹汽对蒸汽的品质要求	X
				025	加热炉过剩空气系数的控制范围	X
				026	加热炉热效率的定义	X
				027	加热炉出口温度的影响因素	X
				028	保持加热炉出口温度平稳的措施	X
				029	初顶(汽油)产品“干点”的控制方法	X
				030	常顶(汽油)产品“干点”的控制方法	X
				031	常一线产品“干点”的控制方法	X
				032	常一初馏点的影响因素	X
				033	常二初馏点的影响因素	X
				034	润滑油料馏程的控制方法	Y
				035	润滑油料黏度的控制方法	X
				036	馏分切割效果的判定方法(重叠脱空)	X
	D	停车操作	7	001	装置停车的主要步骤	X
				002	装置停工前降量的方法	X
				003	降量过程蒸汽发生器的操作方法	X
				004	降量降温时回流调节的要点	X
				005	降量降温时侧线的调节方法	X
				006	降量降温时三塔液面的调节要点	X
				007	停车时塔顶回流罐的操作方法	X
				008	停车时关侧线的次序	X
				009	停车时停中段回流的次序	X
				010	加热炉熄火后火嘴吹扫的注意事项	X
				011	过热蒸汽放空的操作方法	X
				012	真空泵停运的操作要点	X
				013	装置退油的方法	X
				014	装置检修时人孔开启的条件	Y
				015	装置熄火后循环的流程	X
	E	设备使用	10	001	蒸馏塔塔板结构的主要形式	X
				002	蒸馏塔汽化段的结构特点	X

续表

行为领域	代码	鉴定范围	鉴定比重(%)	代码	鉴定点	重要程度
相关知识 B 74% (125：26：2)	E	设备使用	10	003	离心泵的性能	X
				004	换热器型号的表示方法	X
				005	固定管板式换热器的特点	X
				006	浮头式换热器的特点	X
				007	换热器折流板的作用	X
				008	换热器防冲板的作用	Y
				009	电脱盐罐中电极板的作用	X
				010	电脱盐混合器的作用	X
				011	电脱盐罐操作常识	X
				012	垫片常用材质的类型	Y
				013	计量泵的性能	Y
				014	混合器的调节方法	X
				015	变频泵切换到工频泵的操作方法	X
				016	工频泵切换到变频泵的操作方法	X
				017	离心泵操作的注意事项	X
				018	离心泵流量降低的因素	X
				019	压缩机启动的注意事项	Y
				020	可燃气体报警仪知识	X
				021	硫化氢报警仪知识	X
	F	设备维护	7	001	机泵电动机跳闸的原因	X
				002	离心泵抽空的原因	X
				003	离心泵振动大的原因	X
				004	离心泵轴承超温的原因	X
				005	离心泵盘车不动的原因	Y
				006	电动机的保护常识	X
				007	加热炉结焦的判别方法	X
				008	风机启动的注意事项	X
				009	轴承润滑正常的判断方法	X
				010	工业管道外部检查的要点	X
				011	防止炉管结焦的措施	X
				012	机泵正常操作轴承温度的控制指标	X
				013	电动机正常操作外壳温度的控制指标	X
				014	机泵正常操作轴承振动的控制指标	X
				015	机泵交付检修监护的注意事项	X

续表

行为领域	代码	鉴定范围	鉴定比重(%)	代码	鉴定点	重要程度
相关知识 B 74% (125:26:2)	G	事故判断	8	001	换热器内漏的判断方法	X
				002	炉管结焦的现象	X
				003	电极棒击穿的原因	X
				004	初馏塔进料带水的原因	X
				005	玻璃板液位计指示失灵的判断	X
				006	塔顶油水分液罐满罐的现象	X
				007	蒸汽喷射器喘气的原因	X
				008	原油带水的现象	X
				009	原油中断的现象	X
				010	净化风中断的现象	X
				011	系统蒸汽压力下降的现象	X
				012	机泵冷却水压力下降的现象	X
				013	炉管破裂的判断方法	X
				014	燃料气带水的判断方法	X
				015	蒸汽喷射器喘气的现象	X
				016	燃料气带油的现象和原因	Y
				017	循环水压力下降的现象	X
	H	事故处理	12	001	初侧线颜色变深的处理方法	X
				002	火嘴漏油的处理方法	X
				003	加热炉炉膛各点温度差别大的调节方法	X
				004	塔底吹汽带水的处理方法	X
				005	换热器憋压漏油的处理要点	X
				006	燃料气带油的处理要点	X
				007	电脱盐电极棒击穿的处理原则	Z
				008	换热器漏油着火的处理原则	Z
				009	炉管漏油着火的处理原则	Y
				010	空冷器漏油着火的处理原则	Y
				011	机泵抱轴的处理方法	Y
				012	工艺管线泄漏的处理要点	Y
				013	炉管结焦的处理方法	Y
				014	火嘴点不着的处理方法	Y
				015	加热炉燃烧异常的处理	X
				016	加热炉燃烧不正常的原因及现象	X
				017	装置停电的处理方法	X
				018	防止管线冻凝的方法	X

续表

行为领域	代码	鉴定范围	鉴定比重(%)	代码	鉴定点	重要程度
相关知识 B 74% (125∶26∶2)	H	事故处理	12	019	汽油线憋压的处理要点	X
				020	真空泵故障的处理方法	X
				021	离心泵不上量的处理方法	X
				022	装置沟、井闪爆事故的处理原则	X
				023	机泵烧电动机的处理方法	X
				024	高温机泵泄漏着火的处理方法	X

附录5 中级工操作技能鉴定要素细目表

行为领域	代码	鉴定范围	鉴定比重	代码	鉴定点	重要程度
技能要求（23：3：1）	A	开车准备	4	001	蒸汽引入装置的操作	Y
				002	装置进油、退油的操作	X
	B	开车操作	12	001	减顶水封罐的投用操作	X
				002	启动加热炉风机的操作	Y
				003	投用塔底吹汽的操作	X
	C	正常操作	20	001	塔顶产品干点的调节	X
				002	塔顶压力高的调节	X
				003	减底液面高的调节	X
				004	塔底吹汽量的调节	X
				005	炉膛负压的调节	X
	D	停车操作	12	001	装置降量操作	X
				002	汽煤油管线、设备的吹扫	X
				003	重(渣)油管线、设备的吹扫	X
	E	设备维护	8	001	机泵更换润滑油的操作	X
				002	加热炉的巡检	X
	F	设备使用	12	001	离心泵的切换操作	X
				002	热油泵的预热操作	X
				003	翻板液位计的投用操作	Z
				004	容器的投用操作	X
	G	事故判断	16	001	冷却器小浮头漏的判断	X
				002	电脱盐罐变压器电流升高的判断	X
				003	控制阀失灵的判断	X
				004	冷换设备内漏的判断	X
	H	事故处理	16	001	初顶出黑油的处理	X
				002	装置局部停电的处理	X
				003	泵振动大的处理	X
				004	电脱盐罐原油乳化的处理	Y

附录6 高级工理论知识鉴定要素细目表

行为领域	代码	鉴定范围	鉴定比重(%)	代码	鉴定点	重要程度	备注
基础知识 A 22% (22：5：8)	A	记录填写基础知识	1	001	班组交接记录的填写要求	X	
				002	班组安全活动记录填写要求	X	
	B	识图基础知识	1	001	化工设备图表示方法	X	
	C	安全环保基础知识	2	001	石油化工行业水体污染物的种类	X	
				002	常见危险化学品的火灾扑救方法	X	
	D	质量基础知识	1	001	不合格品的处置途径	X	
				002	质量统计控制图	Y	
	E	计算机基础知识	1	001	Excel 公式与函数的运用知识	Y	
				002	Excel 简单的图表处理方法	X	
	F	法律常识	1	001	劳动合同的经济补偿与赔偿规定	Y	
	G	化学基础知识	1	001	溶解度的计算	Y	JS
				002	物质的量浓度的计算	Y	JS
	H	石油及油品基础知识	1	001	石油的元素组成	X	
				002	石油的馏分组成	X	
	I	化工基础知识	2	001	对流传热系数的影响因素	X	
				002	回流比对精馏操作的影响	X	
				003	汽提的基本原理	X	
	J	计量基础知识	1	001	物料计量表检定要求	Z	
				002	计量误差的概念	Z	
	K	炼油机械与设备	5	001	离心式压缩机的工作原理	X	
				002	离心式压缩机的结构	X	
				003	离心泵并联操作特点	X	JS
				004	泵检修的验收标准	Z	
				005	换热器日常检查及维护	Z	
				006	常见防腐蚀的方法	X	JD
				007	压力容器定期检验常识	Z	
				008	压力管道定期检验常识	Z	
	L	电工基础知识	1	001	装置用电设备的防护等级的常识	X	
				002	变频器的工作原理	Z	

续表

行为领域	代码	鉴定范围	鉴定比重(%)	代码	鉴定点	重要程度	备注
基础知识 A 22% (22:5:8)	M	仪表基础知识	2	001	比值控制的概念	Z	
				002	调节阀一般故障的判断方法	X	
				003	控制回路的正反作用判断	X	
	N	生产管理	1	001	班组管理的基本要求和内容	X	
				002	班组的成本核算	X	
	O	编写技术文件	1	001	总结与报告的格式	X	
相关知识 B 78% (106:19:0)	A	开车准备	3	001	贯通试压的压力要求	X	
				002	试压出现问题的处理原则	X	
				003	加热炉燃料引入的要点	X	
				004	加热炉烘炉的目的	X	JD
				005	封油循环的目的	X	
				006	开工过程切换塔底泵的目的	X	
	B	开车操作	8	001	常压塔开侧线的目的	X	
				002	塔液面的平衡要点	X	
				003	提量的调节要点	X	
				004	开车时加热炉升温的方法	X	
				005	塔、容器进油的注意事项	X	
				006	加热炉升温的注意事项	X	
				007	升温脱水过程机泵的注意事项	X	
				008	开侧线前的准备工作	X	
				009	常压塔开侧线的操作	X	
				010	汽包的投用方案	X	
				011	减压汽提塔的投用方法	X	
				012	塔底吹汽的投用原则	X	
				013	串级控制回路的目的和投用方法	X	
				014	装置串级控制回路的使用部位	Y	
	C	正常操作	20	001	电脱盐在线水冲洗的操作	X	
				002	电脱盐注水混合压差的调节	X	
				003	电脱盐效果影响因素的分析	X	
				004	不同油种对初馏塔顶压力的影响	Y	
				005	塔底吹汽对塔操作的影响	X	
				006	初馏塔进料带水对初馏塔的影响	X	
				007	初侧线对处理量的影响	X	
				008	减压炉出口温度对产品质量的影响	X	
				009	加热炉露点腐蚀的原因	X	

续表

行为领域	代码	鉴定范围	鉴定比重（%）	代码	鉴定点	重要程度	备注
相关知识 B 78%（106：19：0）	C	正常操作	20	010	加热炉的传热过程	X	
				011	加热炉过剩空气系数的计算	X	
				012	燃料发热值的定义和种类	X	
				013	加热炉温控阀的调节方法	X	
				014	精馏塔平稳操作的要点	X	JD
				015	侧线汽提塔液位对产品质量的影响	Y	
				016	侧线汽提塔汽提蒸汽量对产品质量的影响	X	
				017	减压塔真空度的影响因素	X	
				018	减压塔顶温度的影响因素	X	JD
				019	减压塔底液面的影响因素	X	JD
				020	减压塔顶油水分液罐正常操作的要点	X	
				021	减压塔收率的影响因素	X	
				022	减压塔进料温度对装置操作的影响	Y	
				023	常减压装置能耗的影响因素	X	
				024	降低加热炉负荷的措施	X	JD
				025	装置降低蒸汽用量的措施	X	
				026	侧线产品脱空与重叠的影响因素	X	
				027	常压炉出口温度对常压塔操作的影响	X	
				028	减压炉出口温度对减压塔操作的影响	X	
	D	停车操作	6	001	降量过程“三注”的操作要点	X	
				002	塔器的蒸煮方法	X	
				003	压力容器的蒸煮方法	X	
				004	硫化亚铁的钝化原理	X	
				005	硫化亚铁避免自燃的措施	X	
				006	装置停车熄火循环的操作要点	X	
				007	常减压蒸馏装置的主要污染源	X	
				008	停工过程中常、减压侧线的调节要点	X	
				009	“四不动火”的原则	X	
	E	设备使用	10	001	冷换设备开工热紧的目的	X	JD
				002	空气预热器的作用	X	
				003	减压塔的结构特点	X	
				004	一类压力容器的划分标准	Y	
				005	二类压力容器的划分标准	Y	
				006	三类压力容器的划分标准	Y	
				007	换热器的完好标准	X	

续表

行为领域	代码	鉴定范围	鉴定比重(%)	代码	鉴定点	重要程度	备注
相关知识B 78% (106：19：0)	E	设备使用	10	008	压力容器的划分标准	X	
				009	加热炉对流室炉管的选型依据	Y	
				010	机械密封的原理	X	
				011	差压式流量仪表的测量原理	X	
				012	电脱盐装置的基本原理	X	JD
				013	气动调节阀的选用标准	X	
				014	板式塔的溢流类型	Y	
				015	填料的选用原则	Y	
				016	压力容器的表示方法	X	
				017	机泵的完好标准	X	
				018	机械抽真空知识	X	
				019	流量计的工作原理	X	
				020	填料塔的结构特点	Y	
	F	设备维护	8	001	加热炉提高热效率的方法	X	JD
				002	离心泵流量的调节方法	X	
				003	容积泵流量的调节方法	Y	
				004	机泵润滑加油(脂)的标准	X	
				005	热电偶的使用知识	Y	
				006	常减压常见的腐蚀类型	X	
				007	常减压蒸馏塔检修验收的标准	Y	
				008	分馏塔停工检修的注意事项	X	
				009	蒸汽喷射抽真空泵安装的注意事项	X	
				010	安全阀安装的注意事项	X	
				011	机泵采用封油的注意事项	X	
				012	串级调节的概念	X	
	G	事故判断	11	001	初馏塔进料带水的现象	X	
				002	减压系统泄漏的现象和判断方法	X	JD
				003	工艺管线超压的现象	X	
				004	分馏塔冲塔的现象	X	
				005	塔、罐突沸的现象	X	
				006	分馏塔装满油的现象	X	
				007	减压塔真空度下降的现象	X	JD
				008	分馏塔填料自燃烧结的现象	X	
				009	初、常顶回流罐满的现象	X	
				010	孔板流量计失灵的判断	X	
				011	液位计失灵的判断	X	

续表

行为领域	代码	鉴定范围	鉴定比重(%)	代码	鉴定点	重要程度	备注
相关知识B 78%（106∶19∶0）	H	事故处理	9	001	塔底吹汽带水的处理方法	X	JD
				002	炉膛温度超高的处理要点	X	
				003	系统蒸汽压力下降的处理要点	X	
				004	原油中断的处理方法	X	
				005	塔顶回流带水的处理方法	X	
				006	分馏塔装满油的处理方法	X	JD
				007	加热炉不完全燃烧的处理方法	X	
				008	塔、罐突沸的处理要点	X	
				009	减压真空度下降的处理要点	X	
				010	常压塔侧线出黑油的处理要点	X	JD
				011	减压塔侧线出黑油的处理要点	X	JD
				012	减压系统泄漏的处理要点	X	JD
				013	初底泵抽空的处理要点	X	JD
				014	常底泵抽空的处理要点	X	
				015	减底泵抽空的处理要点	X	
				016	仪表风中断的处理要点	X	JD
				017	原油严重带水的处理方法	X	
				018	塔壁漏油着火的处理要点	X	
	I	绘图	1	001	管道布置图的内容	Y	
				002	管道的表示方法	Y	
				003	管道布置图的阅读	Y	
				004	炼化设备图的尺寸标注	Y	
	J	计算	2	001	静力学方程式的应用	Y	JS
				002	常压塔物料平衡的计算	X	JS
				003	减压塔物料平衡的计算	X	JS

附录 7 高级工操作技能鉴定要素细目表

行为领域	代码	鉴定范围	鉴定比重	代码	鉴 定 点	重要程度
技能要求（22：3：0）	A	开车准备	4	001	蒸汽贯通初底油流程操作	X
				002	瓦斯引入操作	X
	B	开车操作	12	001	引原油进行开路循环操作	X
				002	改闭路循环操作	X
				003	加热炉点火操作	X
	C	正常操作	12	001	原料性质变轻调整操作	X
				002	减压侧线温度调节	X
				003	加热炉出口温度调节	X
	D	停车操作	12	001	减压塔防止硫化亚铁自燃操作	X
				002	停用加热炉操作	X
	E	设备维护	8	001	离心泵检修后验收	Y
				002	泵轴承有杂音处理	X
	F	设备使用	12	001	减底渣油泵切换操作	X
				002	蒸汽发生器投用操作	X
				003	离心泵并联操作	Y
	G	事故判断	16	001	常底泵抽空判断	X
				002	减底液面控制阀失灵判断	X
				003	液面浮球脱落判断	X
				004	初馏塔冲塔判断	X
	H	事故处理	24	001	冷换设备内漏处理	X
				002	原油中断处理	X
				003	减三出黑油处理	X
				004	DCS 死机处理	Y
				005	塔顶回流中断处理	X
				006	燃料气中断处理	X

附录8 技师、高级技师理论知识鉴定要素细目表

行为领域	代码	鉴定范围	鉴定比重(%)	代码	鉴定点	重要程度	备注
基础知识 A 23%（21：12：3）	A	识图基础知识	1	001	设备布置图基础知识	Y	
				002	化工设备图基础知识	Y	
	B	安全环保基础知识	3	001	应急预案的编制方法	X	
				002	事故风险控制的基本过程	X	
				003	防火防爆的技术措施	Z	
				004	扑救化学品火灾时的注意事项	Y	
	C	质量基础知识	1	001	现场质量管理的主要内容	X	
				002	质量改进的概念	X	
	D	计算机基础知识	1	001	幻灯片的制作方法	X	
				002	应用设计模板的内容	Y	
	E	石油及油品基础知识	1	001	恩氏蒸馏的概念	X	
	F	化工基础知识	2	001	换热器总传热系数的影响因素	Y	JD
				002	适宜回流比的确定	Z	
				003	汽提的方式及要求	X	
	G	计量基础知识	1	001	消除误差的方法	Y	
				002	计量误差的主要来源	Y	
	H	炼油机械与设备	6	001	离心泵性能曲线的意义	X	
				002	离心泵功率的计算	X	JS
				003	离心泵扬程的计算	X	JS
				004	机械密封失效的原因	X	
				005	塔检修方案的主要内容	Y	
				006	压缩机的分类	Y	
				007	离心泵串联操作特点	Y	
				008	离心泵验收注意事项	Y	
				009	换热器及管道检修的验收标准	X	
				010	常见的腐蚀环境类型	X	
	I	电工基础知识	1	001	电功率及功率因数计算方法	Z	
	J	仪表基础知识	1	001	先进控制的概念	Y	
				002	测温元件的安装要求	X	

续表

行为领域	代码	鉴定范围	鉴定比重(%)	代码	鉴定点	重要程度	备注
基础知识 A 23% (21∶12∶3)	K	生产管理	2	001	生产管理理念	X	
				002	设备管理理念	X	
				003	现场管理理念	X	
	L	编写技术文件	1	001	技术论文的编写格式	X	
	M	技术改进	1	001	技术改造的目的、程序、主要内容	X	
	N	培训与指导	1	001	培训教案编写的要求	X	
				002	培训教学的实施	X	
相关知识 B 77% (107∶12∶5)	A	开车准备	4	001	工艺联锁投用的方法	X	
				002	开工条件确认的内容	X	
				003	抽真空试验的方法	X	
				004	真空试验时真空度低的原因	X	
				005	加热炉烘炉的方法	X	
				006	装置开工的注意事项	X	
				007	抽真空试验的气密标准	X	
	B	开车操作	6	001	升温过程对设备的要求	X	JD
				002	塔顶压力升高的原因	X	
				003	开工时回流量调节的要点	X	
				004	装油冷循环阶段的主要工作	X	
				005	开工试油压的方法	X	
				006	加热炉的升温曲线	X	
				007	恒温脱水时循环量对脱水效果的影响	X	
				008	分馏塔操作知识	X	
				009	常减压装置腐蚀产生的机理	X	
	C	正常操作	20	001	电脱盐电流高的原因	X	JD
				002	电脱盐排水带油的原因	X	
				003	初馏塔的热平衡分析	X	
				004	塔顶 Fe^{2+} 超标的原因	X	
				005	塔顶 Cl^{-} 超标的原因	X	
				006	流量异常原因分析	X	
				007	减顶水封罐的操作要点	X	
				008	塔内气液相负荷的分析	Y	
				009	加热炉管程数确定的依据	X	
				010	炉管结焦程度的判断	Y	
				011	加热炉减缓烟气露点腐蚀的途径	X	
				012	不同原油对加热炉管材质的要求	X	

续表

行为领域	代码	鉴定范围	鉴定比重(%)	代码	鉴定点	重要程度	备注
相关知识 B 77% (107：12：5)	C	正常操作	20	013	填料性能的评价参数	X	JD
				014	减压塔的设计特点	X	
				015	常见蒸馏塔板的种类及特点	X	
				016	板式塔溢流的形式及适用场合	X	
				017	高硫原油加工要点	X	
				018	生产窄馏分润滑油的要点	X	
				019	提高产品收率的要点	X	
				020	提高常压炉进料温度的措施	Z	
				021	提高塔分离效率的措施	X	
				022	降低塔进料段油气分压的措施	X	
				023	各中段回流取热的分配原则	Y	JD
				024	回收加热炉烟气余热的途径	X	
				025	装置节电的途径	X	
				026	装置节水的途径	X	
				027	装置能耗的概念	X	
				028	加热炉炉膛负压产生的机理	X	
				029	加热炉烟道温度过高的原因	X	
				030	减压深拔的工艺措施	X	
				031	减压深拔的操作优化要点	X	JD
				032	板式塔异常操作的现象	X	
	D	停车操作	6	001	电脱盐系统的停工方案	Y	
				002	蒸汽发生器的停用方案	X	
				003	装置吹扫的方案	Y	
				004	设备蒸洗的方案	X	
				005	设备管线容器吹扫后的验收标准	X	
				006	停工后下水井的处理方案	X	
				007	装置停工交付检修施工的条件	X	
				008	紧急停工条件的确认	X	
				009	紧急停工的处理原则	X	
	E	设备使用	11	001	烟气露点腐蚀的机理	X	
				002	常减压蒸馏常用填料的性能指标	X	
				003	蒸汽喷射器的工作原理	X	
				004	蒸汽喷射器的主要性能指标	X	
				005	压力容器的选材常识	Y	
				006	提高冷换设备传热系数 K 的方法	X	

续表

行为领域	代码	鉴定范围	鉴定比重(%)	代码	鉴定点	重要程度	备注
相关知识 B 77% (107：12：5)	E	设备使用	11	007	常减压蒸馏塔塔内构件选材的注意事项	Y	
				008	机泵验收的注意事项	X	
				009	压力容器的完好标准	X	
				010	安全阀的完好标准	X	JD
				011	氧化锆分析仪的原理	X	JD
				012	流量调节器的操作常识	X	JD
				013	变频调速器的原理	X	
				014	换热器管、壳程介质安排的原则	Y	
				015	双端面机械密封的特点	X	
				016	硫化氢腐蚀的原理	Y	
				017	机泵油雾润滑技术	X	
				018	调节器主要参数的作用	X	JD
				019	液环泵的工作原理	X	
	F	设备维护	3	001	工业管道试压的标准	X	
				002	加热炉的验收标准	X	
				003	塔验收的标准	Y	
				004	管壳式换热器压力试验的注意事项	X	
				005	炉管整体水压试验的方法	X	
	G	事故判断	10	001	常压炉原料中断的现象	X	
				002	减压炉原料中断的现象	X	
				003	塔盘结盐堵塞的现象	X	
				004	塔盘吹翻的判断方法	X	
				005	减压水封破坏的现象	X	
				006	加热炉回火现象	X	JD
				007	短时间停循环水的现象	X	
				008	塔底吹汽带水的现象	X	
				009	燃料油带水的现象	X	
				010	减压系统泄漏的现象	X	
				011	DCS 黑屏或死机的现象	Y	
				012	工艺管线超压的判断	X	
				013	装置开工时减压塔容易遇到的问题	X	JD
				014	减压塔填料结焦的现象	X	JD
				015	蒸汽喷射器喘气的原因	X	
				016	分馏塔淹塔的原因	X	

续表

行为领域	代码	鉴定范围	鉴定比重(%)	代码	鉴定点	重要程度	备注
相关知识B 77%（107：12：5）	H	事故处理	13	001	常压塔中段回流中断的处理方法	X	
				002	减压系统泄漏的处理方法	X	
				003	加热炉出现正压回火的处理方法	X	JD
				004	紧急停工的步骤	Z	
				005	减压塔真空度急降的处理方法	X	JD
				006	填料型减压塔停工检修时防止填料自燃的方法	X	
				007	初顶出黑油的处理方法	X	JD
				008	常压侧线颜色变黑的处理方法	X	JD
				009	电脱盐电流高导致变压器跳闸的处理方法	X	
				010	装置停工检修时加拆盲板的注意要点	X	
				011	换热器漏油着火的处理方法	X	
				012	加热炉炉管破裂的处理方法	X	JD
				013	原料中断的处理方法	X	
				014	原油带水的处理方法	Z	JD
				015	冷进料及转油线漏油着火的处理方法	X	
				016	DCS 黑屏或死机事故处理方法	X	
				017	加热炉进料中断的处理方法	X	
				018	分馏塔发生冲塔的处理方法	Z	
				019	蒸汽喷射器喘气的处理方法	X	
	I	绘图	1	001	管道轴测图的阅读	X	
				002	炼化设备图的标准化零部件	X	
	J	计算	3	001	加热炉燃料用量的计算	X	JS
				002	加热炉热效率的计算	Z	JS
				003	炉管表面热强度的计算	X	JS
				004	换热器传热量的计算	X	JS
				005	流体力学计算	X	JS
				006	对数平均温差的计算	Y	JS

附录 9 技师操作技能鉴定要素细目表

行为领域	代码	鉴定范围	鉴定比重	代码	鉴 定 点	重要程度
技能要求（20：3：0）	A	开车准备	4	001	减压抽真空气密试验操作	X
	B	开车操作	20	002	进退油流程检查确认	X
				003	装置改闭路循环的操作	X
				004	升温操作	X
				005	开减压操作	X
	C	正常操作	16	001	PID 参数调整	X
				002	减少装置燃料消耗的操作	Y
				003	降低装置水耗量操作	X
				004	提高减压馏分油收率操作	X
	D	停车操作	8	001	减压炉管烧焦操作	Y
				002	塔蒸洗操作	X
	E	设备维护	8	001	降低电脱盐出口含盐操作	X
				002	降低挥发线腐蚀操作	Y
	F	设备使用	12	001	压缩机停用操作	X
				002	电脱盐罐反冲洗操作	X
	G	事故判断	12	001	原油中断判断	X
				002	塔顶回流中断判断	X
				003	塔顶冷却器内漏判断	X
	H	事故处理	20	001	常底泵喷油着火处理	X
				002	渣油换热器泄漏着火处理	X
				003	管线穿孔漏油处理	X
				004	常压塔转油线穿孔着火处理	X
				005	原油带水进初馏塔处理	X

附录 10　高级技师操作技能鉴定要素细目表

<table>
<tr><th>行为领域</th><th>代码</th><th>鉴定范围</th><th>鉴定比重</th><th>代码</th><th>鉴定点</th><th>重要程度</th></tr>
<tr><td rowspan="25">技能要求
（20：2：1）</td><td>A</td><td>开车准备</td><td>4</td><td>001</td><td>装置开车条件确认</td><td>Y</td></tr>
<tr><td rowspan="2">B</td><td rowspan="2">开车操作</td><td rowspan="2">8</td><td>001</td><td>装置开车操作</td><td>X</td></tr>
<tr><td>002</td><td>原油系统试压操作</td><td>X</td></tr>
<tr><td rowspan="3">C</td><td rowspan="3">正常操作</td><td rowspan="3">12</td><td>001</td><td>提高总拔出率操作</td><td>X</td></tr>
<tr><td>002</td><td>提高加热炉热效率操作</td><td>X</td></tr>
<tr><td>003</td><td>减压深拔的操作</td><td>Z</td></tr>
<tr><td>D</td><td>停车操作</td><td>4</td><td>001</td><td>减压破真空操作</td><td>X</td></tr>
<tr><td>E</td><td>设备维护</td><td>4</td><td>001</td><td>加工高含硫原油防腐操作</td><td>X</td></tr>
<tr><td rowspan="2">F</td><td rowspan="2">设备使用</td><td rowspan="2">8</td><td>001</td><td>冷换设备安装试压验收</td><td>Y</td></tr>
<tr><td>002</td><td>分馏塔结盐后操作调整</td><td>X</td></tr>
<tr><td rowspan="6">G</td><td rowspan="6">事故判断</td><td rowspan="6">30</td><td>001</td><td>装置停循环水判断</td><td>X</td></tr>
<tr><td>002</td><td>装置停电判断</td><td>X</td></tr>
<tr><td>003</td><td>装置停风判断</td><td>X</td></tr>
<tr><td>004</td><td>装置停蒸汽判断</td><td>X</td></tr>
<tr><td>005</td><td>电脱盐罐跳闸判断</td><td>X</td></tr>
<tr><td>006</td><td>常压塔冲塔判断</td><td>X</td></tr>
<tr><td rowspan="7">H</td><td rowspan="7">事故处理</td><td rowspan="7">30</td><td>001</td><td>装置循环水中断处理</td><td>X</td></tr>
<tr><td>002</td><td>装置全面停电处理</td><td>X</td></tr>
<tr><td>003</td><td>装置仪表风中断处理</td><td>X</td></tr>
<tr><td>004</td><td>装置蒸气中断处理</td><td>X</td></tr>
<tr><td>005</td><td>隔油池瓦斯浓度超高处理</td><td>X</td></tr>
<tr><td>006</td><td>减压抽真空系统泄漏处理</td><td>X</td></tr>
<tr><td>007</td><td>常压塔冲塔的处理</td><td>X</td></tr>
</table>

附录 11 操作技能考核内容层次结构表

内容	操作技能								时间合计
项目	开车准备	开车操作	正常操作	停车操作	设备维护	设备使用	事故判断	事故处理	
初级	8 分 9~10min	12 分 9~10min	24 分 9~10min	12 分 9~10min	8 分 9~10min	12 分 9~10min	12 分 9~10min	12 分 9~10min	100 分 72~80min
中级	4 分 9~10min	12 分 9~10min	20 分 9~10min	12 分 9~10min	8 分 9~10min	12 分 9~10min	16 分 9~10min	16 分 9~10min	100 分 72~80min
高级	4 分 9~10min	12 分 9~10min	12 分 9~10min	12 分 9~10min	8 分 9~10min	12 分 9~10min	16 分 9~10min	24 分 9~10min	100 分 72~80min
技师	4 分 9~10min	20 分 9~10min	16 分 9~10min	8 分 9~10min	8 分 9~10min	12 分 9~10min	12 分 9~10min	20 分 9~10min	100 分 72~80min
高级技师	4 分 9~10min	8 分 9~10min	12 分 9~10min	4 分 9~10min	4 分 9~10min	8 分 9~10min	30 分 9~10min	30 分 9~10min	100 分 72~80min

参考文献

[1] 中国石油化工集团公司人事部,中国石油天然气集团公司人事服务中心.炼油基础知识.北京:中国石化出版社,2012.

[2] 中国石油化工集团公司人事部,中国石油天然气集团公司人事服务中心.常减压蒸馏装置操作工.北京:中国石化出版社,2013.

[3] 徐春明,杨朝合.石油炼制工程.4版.北京:石油工业出版社,2009.

[4] 唐孟海,胡兆灵.常减压蒸馏装置技术问答.北京:中国石化出版社,2011.

[5] 宋天民,宋尔明.炼油工艺与设备.北京:中国石化出版社,2014.

[6] 王兵,胡佳,高会杰.常减压蒸馏装置操作指南.北京:中国石化出版社,2006.

[7] 中国石油化工集团公司职业技能鉴定指导中心.常减压蒸馏装置操作工.北京:中国石化出版社,2006.